高级生物化学

主编　张林生

科学出版社

北　京

内 容 简 介

高级生物化学以生物大分子的结构与功能为核心，选择有代表性的 8 个专题加以介绍，即蛋白质的结构与功能、酶的结构与功能、生物膜的结构与功能、糖蛋白与蛋白聚糖、细胞内蛋白质的降解、蛋白质的翻译后修饰、细胞信号转导和植物脂类合成代谢。通过生物化学的基本理论，深刻地揭示生命运动的本质，力图较全面地反映当代生物化学热门研究领域的概况和发展趋势，以期帮助同学们开阔视野，增强创新意识和科学思维，提高自学能力，为后续专业课学习和开展研究工作开拓思路。

本书适于生物学、农学、林学、园艺、植物保护、资源环境科学、食品科学与工程类、动物科学、动物医学等相关专业的硕士研究生使用。

图书在版编目（CIP）数据

高级生物化学 / 张林生主编. —北京：科学出版社，2024.3

ISBN 978-7-03-077802-4

Ⅰ. ①高…　Ⅱ. ①张…　Ⅲ. ①生物化学－高等学校－教材　Ⅳ. ①Q5

中国国家版本馆 CIP 数据核字（2024）第 006780 号

责任编辑：刘　畅　韩书云 / 责任校对：严　娜
责任印制：吴兆东 / 封面设计：无极书装

科学出版社出版
北京东黄城根北街 16 号
邮政编码：100717
http://www.sciencep.com
北京中石油彩色印刷有限责任公司印刷
科学出版社发行　各地新华书店经销
*
2024 年 3 月第　一　版　开本：787×1092　1/16
2024 年11月第二次印刷　印张：21 1/2
字数：550 400

定价：98.00 元

（如有印装质量问题，我社负责调换）

《高级生物化学》编委会名单

主编　张林生

编委　（以姓氏笔画为序）

文树基（西北农林科技大学）
刘　杰（西北农林科技大学）
孙　超（西北农林科技大学）
巫光宏（华南农业大学）
张　斌（西北农林科技大学）
张林生（西北农林科技大学）
陈　鹏（西北农林科技大学）
武永军（西北农林科技大学）
侯锡苗（西北农林科技大学）
洪　梅（华南农业大学）
黄卓烈（华南农业大学）

前　言

生物化学是研究生命有机体的化学组成及其在生命过程中的变化与生物学功能的科学，即研究生命活动化学本质的科学。在现代生命科学的发展进程中，生物化学既是承前启后的基础学科，又是开创生命科学新纪元的带头学科之一。20 世纪初，生物化学和遗传学以独立学科的身份问世，经历数十年的互相渗透与融合，于 20 世纪中期衍生出分子生物学，随即在生命科学领域内引发了一场空前的分子革命，如雨后春笋般地涌现出诸如分子遗传学、分子细胞生物学、分子免疫学、分子病理学等冠以“分子”的新学科，把经典的生物学转变成利用数学、物理学、化学和信息科学的理论与手段研究生命活动本质的新兴科学。生物化学的基本理论知识和技术不仅被用来深刻地揭示生命活动的奥秘，而且日益广泛地深入工农业生产、医药卫生、环境保护、刑侦取证、古生物学和人民生活的诸多领域。

生物化学是当代发展最快的学科之一，重要研究成果层出不穷，有关的文献资料浩如烟海，与生命科学有关的专业均把高级生物化学设置为硕士研究生的学位课或必选课。高级生物化学应当涵盖哪些内容，各学校见仁见智，有相当大的差异。为此，在西北农林科技大学汪佩宏教授的倡议与主持下，全国 30 所高等农业院校于 1996 年 8 月派出代表齐聚一堂，经过认真研究讨论取得以下共识：①以生物大分子的结构与功能为主轴，全面拓展和深化基础理论，力争能较为全面地反映当代生物化学热门研究领域的重大成果和发展趋势；②做好相关课程间的协调配合，尽量避免不必要的重复，适度体现农林院校的专业特色；③在传授知识的同时要注意对学生创新意识和科学思维方法及自学能力的培养；④各校和教师可以根据自己的实际和学科建设的需要，安排一定学时的机动讲座。本着以上共识，于 1997 年 5 月共同制定了农林院校“硕士研究生高级生物化学教学大纲”。

根据上述教学大纲的精神，并结合多年在教学中的心得体会及本课程当前的实际情况，我们围绕生物大分子的结构与功能，安排了 8 个专题：①蛋白质的结构与功能，概要地介绍球状蛋白质分子的结构层次，并以肌红蛋白和血红蛋白为例，阐述分子结构与生物学功能的内在联系；②酶的结构与功能，回顾酶动力学和酶的抑制作用，通过几个例子认识酶的催化机制及活性调节机制；③生物膜的结构与功能，除了生物膜结构与功能的一般知识，重点介绍膜蛋白在物质跨膜运输中的作用；④糖蛋白与蛋白聚糖，通过糖蛋白糖链部分的生物学合成及其生物学意义，使学生对糖生物学有初步的了解；⑤细胞内蛋白质的降解，介绍细胞内蛋白质降解的不同途径与分子机制；⑥蛋白质的翻译后修饰，重点介绍蛋白质的共价修饰与可逆磷酸化作用；⑦细胞信号转导，了解几种重要的细胞信号跨膜转导的途径与分子机制；⑧植物脂类合成代谢，鉴于农林院校大部分专业涉及植物代谢，这一专题的安排希望能够反映植物代谢的多样性和复杂性。

生命科学日新月异，尤其在大数据和人工智能蓬勃发展的今天，研究生的课程必须与时俱进，教材和教学内容应该及时更新完善。以上专题仅仅是根据我们的经验与理解做出的选择，希望能有助于学生们开阔视野，认识当代生物化学的发展趋势和研究思路，为今后进一步学习有关课程奠定坚实的基础。由于篇幅有限，本书文字比较简约，插图的数量和质量或许不足，参考文献也局限于较常见的教科书和广为引用的文献综述，可能不能满足研究生教学的需求。我们诚恳地期待任课教师能利用图书馆和互联网扩大阅读范围，随时注意学科发展最新动态，不断用新的知识充实教学内容，尤其要注意激发学生的学习兴趣。因为对未知事物的好奇心是人们探索世界的推动力，兴趣是最好的老师，长久地保持这种好奇心和兴趣，才能在科学研究的道路上走得更远。生物化学与人类的生老病死、衣食住行有着十分密切的联系，只要注意搜集，并善加利用，学好高级生物化学是完全可能的。

本书的编写一直得到我们所在院校各级领导的鼓励与支持，也离不开所在教研室各位同仁的协助与指点，科学出版社也给予了大力帮助，在此一并表示诚挚的谢意。由于我们的水平有限，想要深入地介绍这么多热门研究领域实感力不从心，不当之处恐在所难免，竭诚希望各位同仁不吝赐教。

编　者

2024 年 2 月

目　录

第一章

蛋白质的结构与功能

蛋白质译自 albuminoid，该词来自拉丁文 *albumina*。1838 年，德国化学家穆尔德（Mulder）建议采用 protein 一词，立即得到瑞典著名化学家贝尔赛柳斯（Berzelius）的支持，后逐渐被学术界普遍采用，该词源自希腊文 προτο，意为最原始、最基本、最重要的。可见，蛋白质自发现起就一直受到化学家和生物学家的重视。蛋白质是活细胞中含量最丰富、功能最复杂的生物大分子，是各种生物功能主要的体现者。蛋白质是以核酸为模板合成的，是基因表达的主要产物，因此人们将核酸称为“遗传大分子”，而把蛋白质称为“功能大分子”。近 50 年来，以核酸和蛋白质的结构、功能及其相互关系为中心，逐渐形成了分子生物学，成为带领生命科学进入新时代的龙头。

蛋白质是由 20 种天然氨基酸缩合成的大分子，分子质量从 10 kDa 至数百 kDa，有着极其复杂的结构。1952 年，丹麦生物化学家林德斯特伦-朗（Linderstrom-Lang）提出蛋白质三级结构的概念，把蛋白质研究纳入正轨。越来越多的证据表明，蛋白质的功能与其特殊的结构有着十分密切的内在联系，结构是特定功能的内在依据，功能则是特定结构的外在表现。目前，对于蛋白质功能的认识包括以下三个方面：①蛋白质对生命活动的贡献，即其生物学意义；②蛋白质的分子功能，即它参与完成的生化活动；③蛋白质的亚细胞定位，即其发挥功能的位置与环境。以水通道蛋白（aquaporin）为例，它的四聚体定位于红细胞、肾细胞等的质膜中，形成一个通道，其功能就是允许水分子通过，为维持细胞内外渗透压平衡做出贡献。因此，阐明蛋白质的分子结构及其与功能的关系是现代生物化学的基本命题，是揭示生命活动规律的必由之路，应当受到所有生命科学工作者的关注。随着这些生物大分子及其复合物精确三维结构的测定以指数曲线增长，人们已累积了相当多的有关数据。在此基础之上，几十年来形成了以研究生物大分子及其复合物和组装体的三维结构、运动和相互作用，以及它们与生物学功能和病理现象的关系为主要内容的新兴学科——结构生物学，生命科学进入新的时代。

第一节　蛋白质的分子结构

按结构特点，天然蛋白质可划分为球状蛋白质（globular protein）、纤维状蛋白质（fibrous protein）、膜蛋白（membrane protein）和天然无序蛋白质（intrinsically disordered protein），其中被研究得最早、最多和最深入的当属球状蛋白质。1952 年，丹麦生物化学家林德斯特伦-朗把球状蛋白质的分子结构划分为三个不同的组织层次（level hierarchy）：①一级结构（primary structure），是指多肽链中氨基酸残基的数目、组成及其排列顺序（N 端→C 端），即由共价键维系的多肽链的一维（线性）结构，不涉及空间排列。②二级结构（secondary structure），是多肽链主链（backbone）在氢键等次级键作用下折叠成的构象单元或局部空间结构，未考虑侧链的构象和整个肽链的空间排布。③三级结构（tertiary structure），是指整个肽链在氨基酸残基侧链基团互相作用及与环境间的相互作用下形成的三维结构。1958 年，英国晶体学家伯纳尔（Bernal）发现寡聚蛋白质由具有三级结构的亚基在次级键作用下结合而成，遂把寡聚体内亚基的空间排列称为四级结构（quaternary structure）。上述蛋白质分子一、二、三、四级结构的概念已被国际生物化学与分子生物学联合会命名委员会正式采纳和定义。1973 年，罗斯曼（Rossman）发现相邻的二级结构往往形成某种有规律的、空间上可辨认的、更高层次的折叠单元，称为超二级结构（super-secondary structure）或折叠单元（folding unit），主要涉及这些构象元件在空间上如何聚集。与此同时，温特劳弗尔（Wetlaufer）观察到蛋白质分子中存在相对稳定的球状亚结构，其间由单肽链相互连接，并将其命名为结构域（structural domain）。图 1-1 和图 1-2 展示了蛋白质（主要指球状蛋白质）分子结构的不同层次及其相互联系。

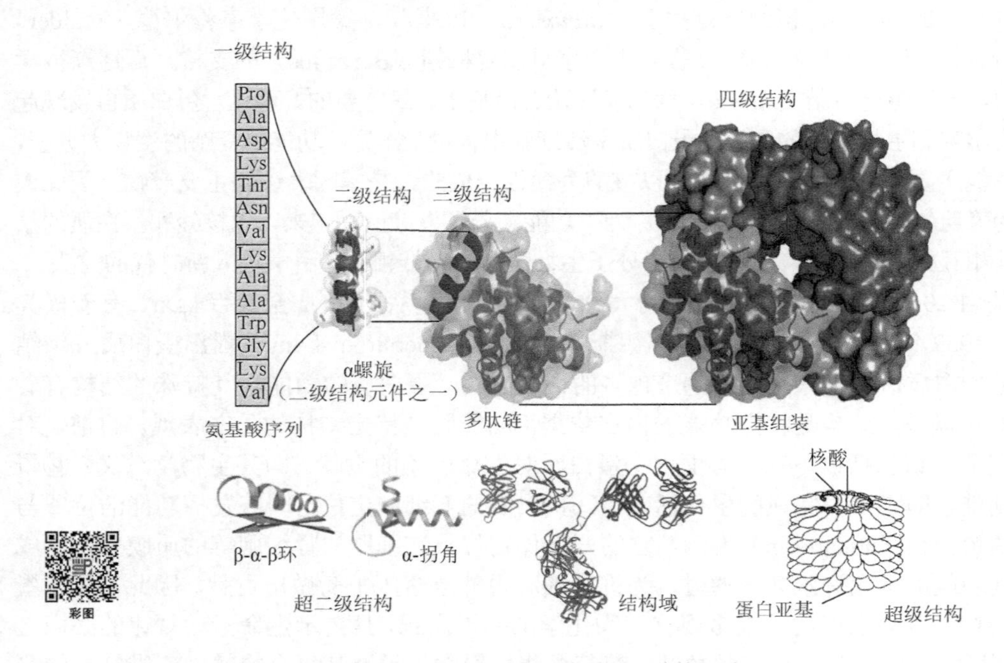

图 1-1　蛋白质分子的结构层次

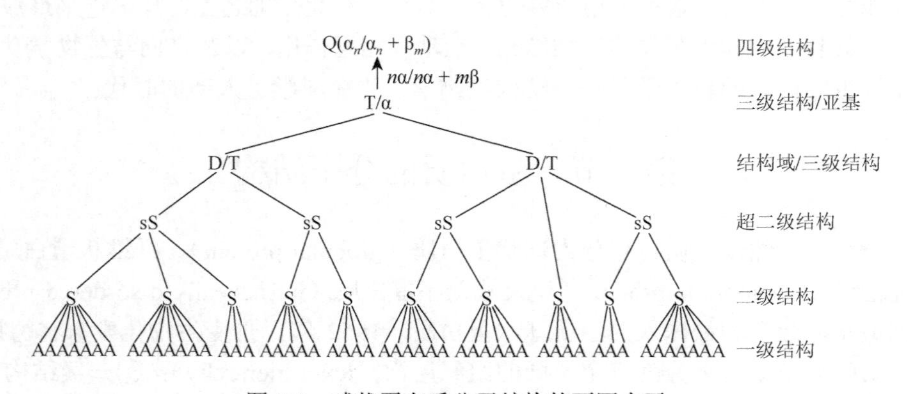

图 1-2　球状蛋白质分子结构的不同水平

A 表示组成一级结构的各种氨基酸；S 和 sS 分别表示蛋白质中的二级结构和由它们组合成的超二级结构；D/T 表示蛋白质的结构域或三级结构；同样，T/α 表示由结构域构成的蛋白质的三级结构或亚基；Q 表示蛋白质的四级结构，可以是 n 个相同亚基 α 装配成的同源聚集体，也可以是 n 个 α 亚基和 m 个 β 亚基形成的异源聚集体

一、蛋白质的一级结构

（一）蛋白质氨基酸

氨基酸是蛋白质的构件分子。在蛋白质生物合成中，mRNA 指令 20 种 α-氨基酸依次掺入，形成特定的多肽链。这 20 种蛋白质氨基酸除 Gly 外，其 α 碳原子均属不对称碳原子，因而都具有光学活性，且均为 L-型氨基酸。多肽链中氨基酸残基的侧链基团（R）各不相同，对多肽链的构象有很大影响。蛋白质氨基酸的一些重要参数可参见表 1-1。

表 1-1 蛋白质氨基酸的某些特性

氨基酸缩写符号	相对分子质量	体积/Å^{3}①	可接触面积/Å^2	疏水性（K-D 法相）	总频率*/%	在内部的频率/%	在外部的频率/%	转移自由能/(kcal②/mol)
Ala（A）	89.09	88.6	115	1.8（7）	8.7	11.0	7.9	0.20
Arg（R）	174.04	173.4	225	−4.0（20）	3.1	0.4	4.0	−1.34
Asn（N）	132.60	117.7	160	−3.5（15）	5.2	2.0	6.3	−0.69
Asp（D）	133.60	111.1	150	−3.5（15）	6.1	2.2	7.4	−0.72
Cys（C）	121.12	108.5	135	2.5（5）	2.7	5.4	1.8	0.67
Gln（Q）	146.08	143.9	180	−3.5（15）	3.6	1.3	4.5	−0.74
Glu（E）	147.08	138.4	190	−3.5（15）	4.9	1.0	6.2	−1.09
Gly（G）	75.05	60.1	75	0.4（8）	9.0	9.7	8.8	0.06
His（H）	155.09	153.2	195	−3.2（14）	2.2	2.4	2.2	0.04
Ile（I）	131.11	166.7	175	4.5（1）	4.9	10.5	3.0	0.74
Leu（L）	131.11	166.7	170	3.8（3）	6.5	12.8	4.3	0.65
Lys（K）	146.13	168.7	200	−3.9（19）	6.7	0.3	8.9	−2.00
Met（M）	149.15	162.9	185	1.9（6）	1.5	3.0	0.9	0.71
Phe（F）	165.09	189.9	210	2.8（4）	3.8	7.7	2.5	0.67
Pro（P）	115.08	122.7	145	−1.6（13）	4.0	2.2	4.7	−0.44
Ser（S）	105.06	89.0	115	−0.8（10）	7.0	5.0	8.9	−0.34
Thr（T）	119.18	116.1	140	−0.7（9）	6.4	4.6	7.1	−0.26
Trp（W）	204.11	227.8	255	−0.9（11）	1.6	2.7	1.3	0.45
Tyr（Y）	181.09	193.6	230	−1.3（12）	4.4	3.3	4.8	−0.22
Val（V）	117.09	140.0	155	4.2（2）	6.6	12.7	4.6	0.61

*46 种蛋白质共 5436 个残基中各种氨基酸残基所占百分比为总频率；在分子内部每种残基总数被内部残基总数（1396）除所得百分比为在内部的频率；在分子表面每种残基总数除以表面残基总数（4040）得到的百分比为在外部的频率

根据侧链基团的性质，20 种蛋白质氨基酸可划分为非极性氨基酸（Ile、Val、Leu、Phe、Ala、Pro、Met、Trp）和极性氨基酸，后者又可分为碱性氨基酸（Arg、Lys、His）、酸性氨基酸（Asp、Glu）和中性氨基酸（Gly、Cys、Ser、Thr、Tyr、Asn、Gln）。一般认为，如果发生同类氨基酸

① 1 Å = 0.1 nm=10^{-10} m

② 1 kcal = 4184 J

取代，不会对蛋白质的结构和性质产生明显影响。但是，如果这种取代发生在蛋白质的关键位点，尤其是许多同类氨基酸的翻译后修饰有很大区别时，很可能出现突出的差异。例如，Lys 的 ε-氨基与 Arg 的胍基都带有正电荷，但前者可被乙酰化、泛素化，后者可被二磷酸腺苷核糖（ADPR）基化；Tyr 的苯环还可被碘化，羟基可被磷酸化，Phe 则不能。对嗜热微生物的研究表明，它们的蛋白质中明显偏爱一些氨基酸，如碱性氨基酸中的 Lys，酸性氨基酸中的 Glu，非极性氨基酸中的 Ile 等。这种选择性很可能与嗜热微生物蛋白质结构的稳定性和超强的耐热性相关。

除上述 20 种蛋白质氨基酸外，还在含硒蛋白质中发现了硒代半胱氨酸（selenocysteine），实际上其是在蛋白质合成过程中出现的特殊的 Ser-tRNA 修饰产物，识别终止密码子 UAG，掺入多肽链，在这些含硒蛋白质中具有重要的功能。

（二）蛋白质一级结构研究进展

蛋白质的一级结构即多肽链中氨基酸残基的排列顺序（N 端→C 端）是由基因编码的，是蛋白质高级结构的基础，因此一级结构的测定为十分重要的基础研究。1945～1955 年，英国生物化学家桑格（Sanger）率先完成了人胰岛素的序列测定。20 世纪 50 年代，瑞典科学家埃德曼（Edman）发明了以他的名字命名的 N 端测定法，并与贝格（Begg）在 1967 年发明了序列仪，极大地推动了蛋白质一级结构的测定工作。尽管如此，蛋白质一级结构测定仍是一项相当耗费时间和资金的工作，因而测序方法和技术的改进与创新势在必行。随着现代分析仪器的发展，人们运用质谱法、气质联用、圆二色光谱术等技术可以快速分析蛋白质的序列。主要进展包括以下几方面。

1. Edman 降解法试剂和方法的改进

Edman 降解法最初使用异硫氰酸苯酯，在许多方面已不能满足测定需要，因此要求进一步提高 Edman 降解法试剂的专一性，并使降解产物（氨基酸衍生物）易于鉴定并提高检测灵敏度。例如，采用 4-*N*, *N*-二甲基氨基偶氮苯-异硫氰酸酯/异硫氰酸苯酯双偶合法，可将测定精度提高 1～2 个数量级。同位素标记的降解试剂可用于 10^{-12} mol 的肽测序。

2. 序列仪的改进与创新

早期的液相序列仪样品和试剂用量大，一次只能连续测定 20～40 个残基。20 世纪 80 年代中期以来发展并改良的固相法采用聚偏二氟乙烯（PVDF）膜，与待测蛋白质的 C 端偶联，样品用量减至 1～10 nmol，一次可连续测定 60 个残基。同时问世的气相测序仪灵敏度高，样品用量最少为 5 pmol，溶剂和试剂消耗为液相序列仪的 10%，而且检测速度快。

3. 质谱法在蛋白质测序中的应用

随着质谱技术的发展，分子量的测定已从传统的有机小分子扩展到生物大分子。基质辅助激光解吸电离-质谱（matrix-assisted laser desorption ionization-mass spectrometry，MALDI-MS）技术以其极高的灵敏度、精确度在蛋白质分析中得到了广泛的应用。该技术不仅可测定各种疏水性、亲水性蛋白质和糖蛋白的分子量，还可直接测定蛋白质混合物的分子量。质谱技术作为蛋白质组研究的三大支撑技术之一，除了被用于多肽、蛋白质的分子量测定，还被广泛用于肽质量指纹谱及氨基酸序列测定。肽质量指纹谱（peptide mass fingerprinting，PMF）测定是对蛋白质酶解或降解后所得多肽混合物进行质谱分析的方法。质谱分析所得肽段与多肽蛋白质数据库中蛋白质的理论肽段进行比较，判断出所测蛋白质是已知还是未知。

4. 核酸测序与蛋白质测序有机结合，相互印证，仍是当前的最佳选择

据 2023 年统计，主要的蛋白质序列数据库 SWISS-PROT 已收入 569 516 个完整蛋白质的序列，另外还有大量根据 cDNA 或 DNA 序列推测的蛋白质序列。

二、蛋白质的二级结构

（一）决定蛋白质高级结构的因素

1. 肽链的折叠模式取决于其特定的氨基酸序列

20 世纪 60 年代，安芬森（C. Anfinsen）的牛胰核糖核酸酶变性-复性实验证实（图 1-3），多肽链中氨基酸序列包含着决定其三维结构的信息，称为蛋白质卷曲密码（code of protein folding）或立体化学密码（stereochemistry code），至今尚未完全破译。

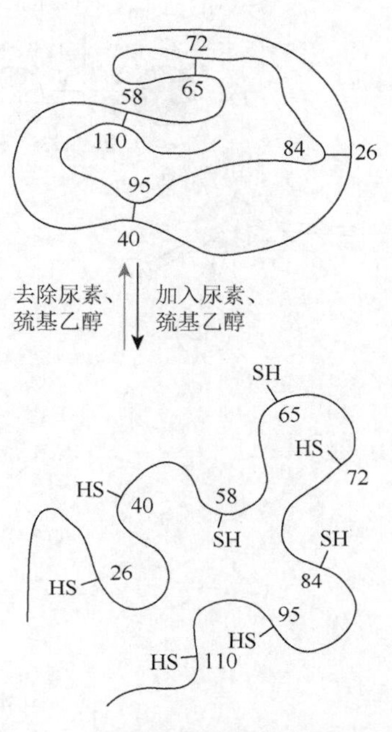

图 1-3　核糖核酸酶的变性-复性实验

2. 细胞内特有的微环境

pH、离子强度、水、温度等是多肽链折叠成天然构象的重要环境因素。

3. 维持蛋白质三维结构的作用力

蛋白质的三维结构主要靠二硫键和一些弱的相互作用或非共价键（次级键）来维持，包括氢键、盐键、疏水作用和范德瓦耳斯力（van der Waals force）等，它们的键能见表 1-2。

表 1-2　蛋白质中的二硫键和几种次级键的键能

键	键能[a]/(kJ/mol)
二硫键	210
盐键	12～30
氢键	13～30
疏水作用	12～20[b]
范德瓦耳斯力	4～8

a 键能是指断裂该键所需的自由能；

b 此数值表示在 25℃条件下，非极性侧链从蛋白质内部转移到水介质中所需的自由能。它与其他键的键能不同，此数值在一定温度范围内随温度的升高而增加。实际上它并不是键能，此能量的大部分并不用于伸展过程中键的断裂

（二）肽键的性质

鲍林（Pauling，1945 年）和莫曼尼（Momany，1975 年）先后测定了肽键的基本数据，如图 1-4 所示。由于反式构型中两个 C_α 及其取代基团互相远离，而顺式构型中它们彼此接近，易发生空间位阻，因而反式构型比顺式构型更稳定。但脯氨酸残基吡咯环 δ-碳原子在反式构型中与邻近的氨基酸侧链发生空间位阻，因此形成顺式构型。

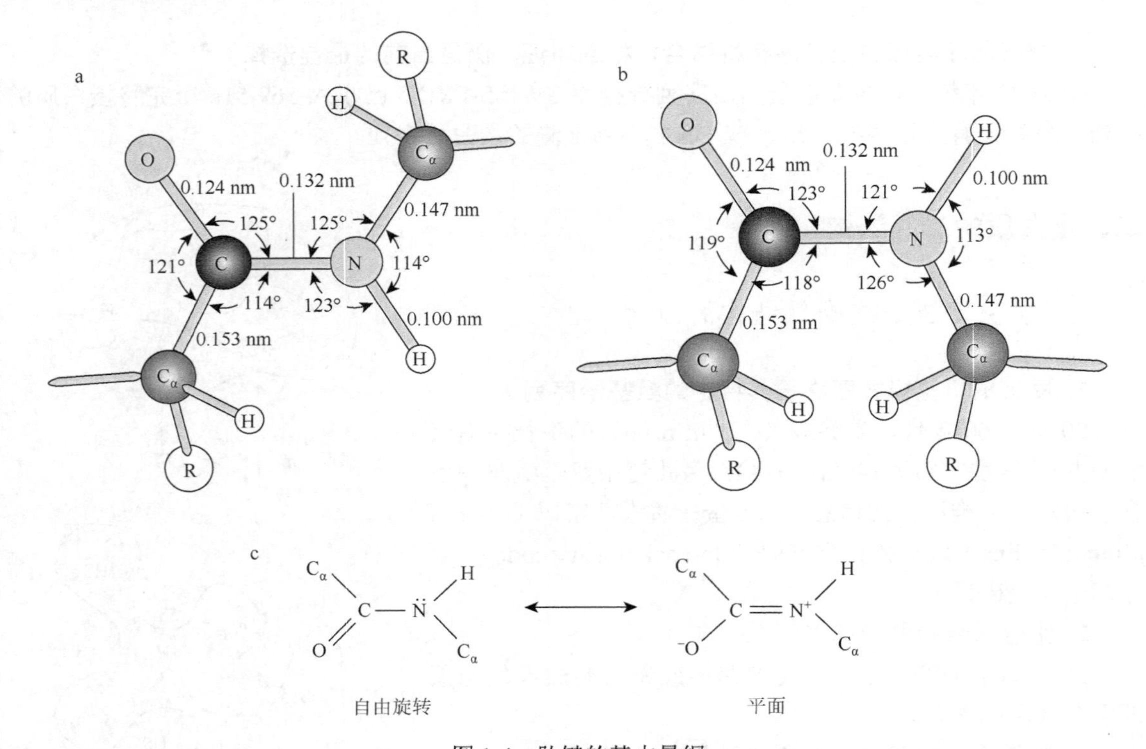

图 1-4　肽键的基本量纲

a. 常见的反式肽键；b. 稀有的顺式肽键；c. 肽键的共振

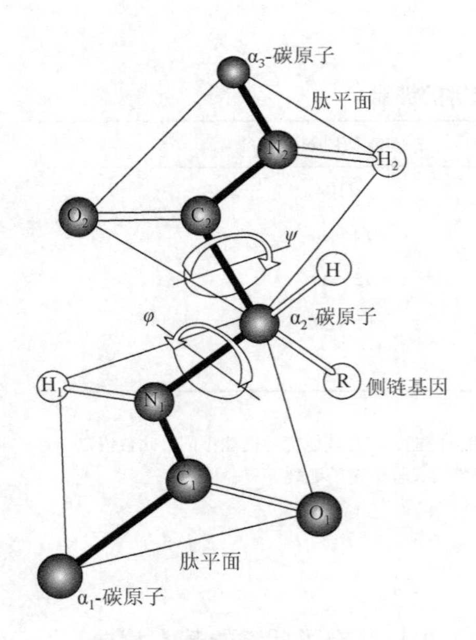

图 1-5　肽平面与二面角示意图

由于肽键具有部分双键的性质，肽键两端有关原子（羰基 C、羰基 O、羰基 C 连接的 C_α、氨基 N、氨基 H 和氨基 N 连接的 C_α）必须处于同一平面，称为肽平面。绕 C-C_α 单键转动的为 ψ 角，绕 N-C_α 单键转动的为 φ 角，相邻的肽平面通过 C_α 彼此连接（图 1-5）。ψ 角以 C_α-C 对 N-H 键呈反式时为 0°，φ 角以 N-C_α 对 C-O 键呈反式时为 0°。从 C_α 看，C_α-C 键或 N-C_α 键沿顺时针方向旋转用“+”号表示，沿逆时针方向旋转用“−”号表示。

分子内非键合原子间的最小距离已经测定，小于这个距离会产生空间位阻，实际上是不允许的。正因为如此，图 1-4a 的反式肽键比图 1-4b 的顺式肽键更加稳定。在理论上，φ 和 ψ 的旋转范围都是 360°（−180°到+180°）。由于肽链中氨基酸侧链基团的大小、形状和性质各异，有的相互吸引或排斥，有的相互作用，从而限制了肽平面间相对旋转的角度，实际允许的二面角只占很少一部分，正如印度学者拉马钱德兰（Ramachandran）根据 13 种蛋白质 2500 个残基的二面角所作的构象图所示（图 1-6）。

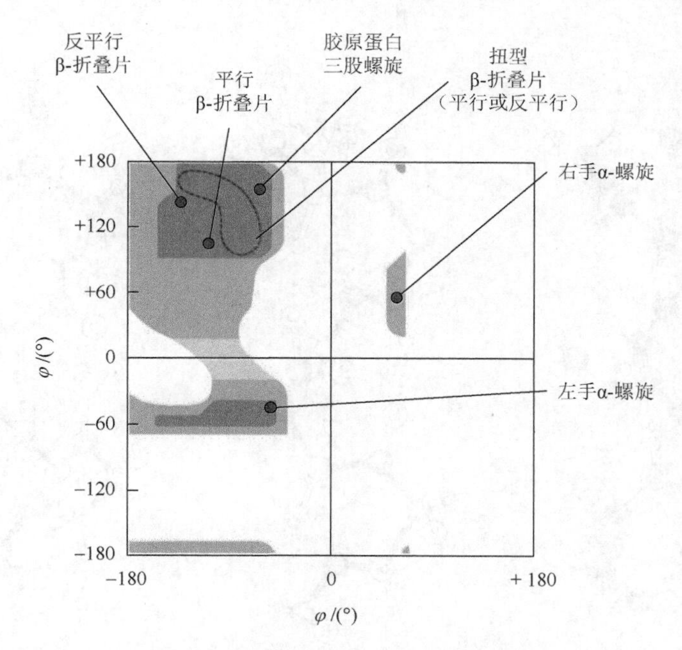

图 1-6　Ramachandran 构象图

（三）蛋白质二级结构的类型

多肽链中的氨基酸均为 L-型（除 Gly），因而多肽链也具有手性，必须遵循一定的规律盘旋折叠。另外，构成蛋白质的氨基酸侧链基团既有疏水的，又有亲水的，只有尽量减少疏水基团与水的接触，尽可能多地使亲水基团与水形成氢键，才有利于使其构象保持最低的能量分布。在这些因素的驱动下，多肽链的主链由以下主要构象单元形成。

1. 螺旋（helix）

多肽链主链 C_α-C-N 的重复排列，使它容易形成有规律的卷曲构型，即形成螺旋。通常用每圈螺旋的残基数（s）、氢键环中的原子数（m）和螺旋的手性（R 或 L）表示不同的螺旋（图 1-7）。

（1）α-螺旋。3.6_{13R}，即每圈约 3.6 个残基，每个肽键 N 上的 H 与后面第四个残基上肽键羰基 O 之间形成氢键，其间包括 13 个原子，为右手螺旋，是球蛋白中最常见的结构。螺旋半径 $r = 2.3$ Å，每个残基沿轴上升距离 $d = 1.5$ Å；$\varphi = -57°$，$\psi = -47°$。

（2）3_{10R}-螺旋。仅见于 α-螺旋最末一圈。$r = 1.9$ Å，$d = 2.0$ Å；$\varphi = -49°$，$\psi = -26°$。

（3）π-螺旋。4.4_{16R}，存在于某些天然蛋白质中，如过氧化氢酶等。$r = 2.8$ Å，$d = 1.1$ Å。

此外，在天然蛋白质中还发现了 γ-螺旋（5.1_{17}）、δ-螺旋（4.3_{14L}）、胶原螺旋（3.3_L）和 3.6_{13L} 等螺旋构象。

2. β-折叠片（β-pleated sheet）

两股或多股几乎完全伸展的肽链并列聚集，靠主链肽键 N 上的 H 与相邻链羰基 C 上的 O 间规律的氢键，形成 β-折叠片。β-折叠片有的是平行的，有的是反平行的（图 1-8）。β-折叠片在蛋白质结构中占有重要地位，如丝蛋白、羽毛蛋白和一些球蛋白含有大量的 β-折叠片。天然蛋白质中的 β-折叠片往往是非平面的，具有左手扭曲以便进一步组装。

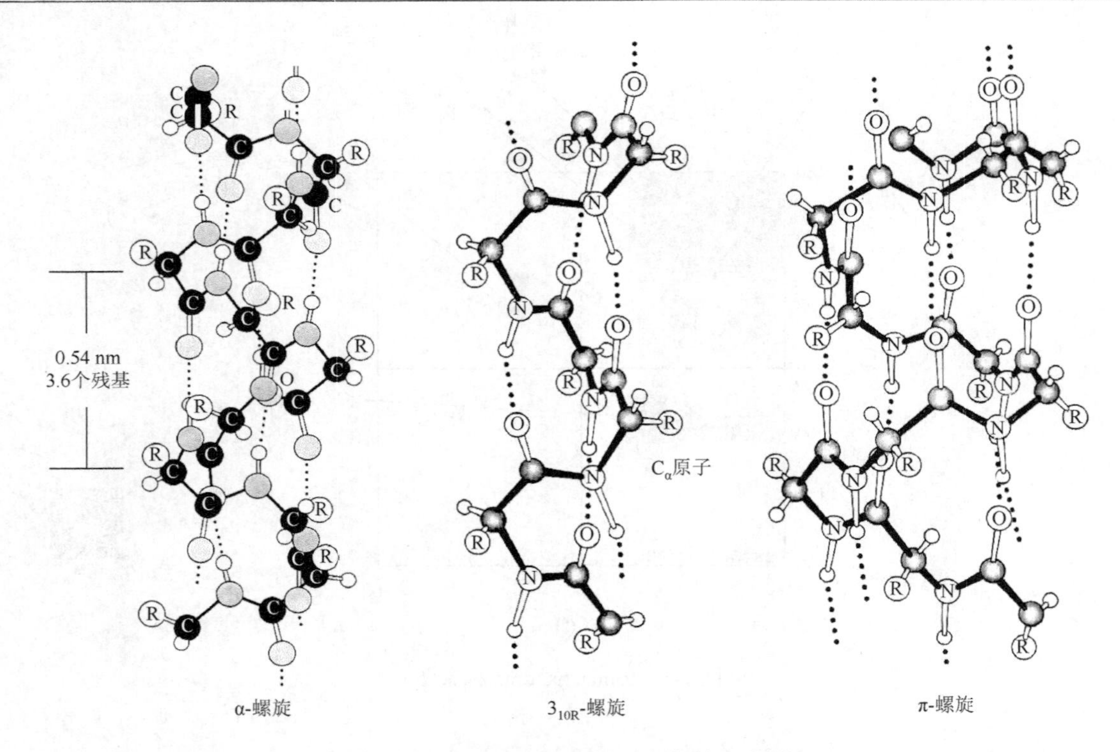

图 1-7　α-螺旋、3_{10R}-螺旋和 π-螺旋示意图

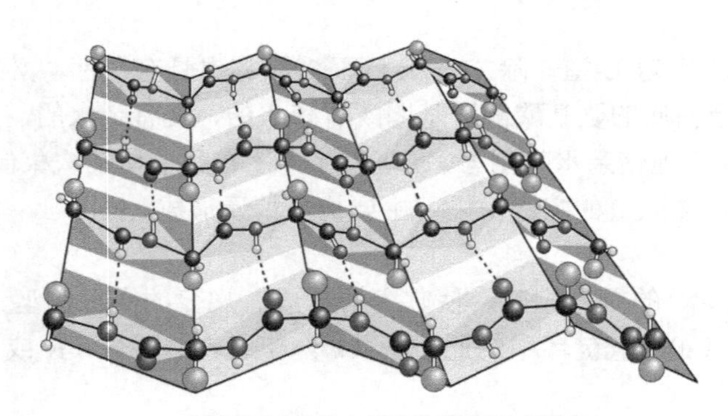

在纸“折叠片”上画出的反平行β-折叠片

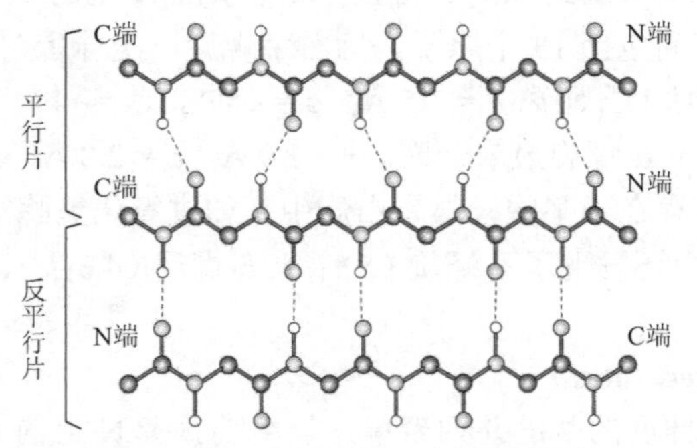

平行和反平行β-折叠片中氢键的排列

图 1-8　β-折叠片示意图

3. 转角（reverse turn）

肽链要折叠成坚实的球形，必须以某种方式多次改变其方向，如同一肽链形成的 β-折叠股之间的连接肽。3～4 个氨基酸残基通过特殊的氢键系统使肽链走向改变 180°称为转角或回折。

（1）β-转角。由 4 个氨基酸残基组成，即第一个残基的羰基 O 与第四个氨基酸残基 α-氨基上的 H 之间形成氢键，包括Ⅰ型和Ⅱ型，常分布在球蛋白表面，可占其全部残基的 1/3（图 1-9a 和 b）。

（2）γ-转角。由 3 个氨基酸残基组成，第一个残基的羰基 O 与第三个残基的 α-氨基 H 之间形成氢键，常出现在反平行 β-折叠股之间（图 1-9c）。

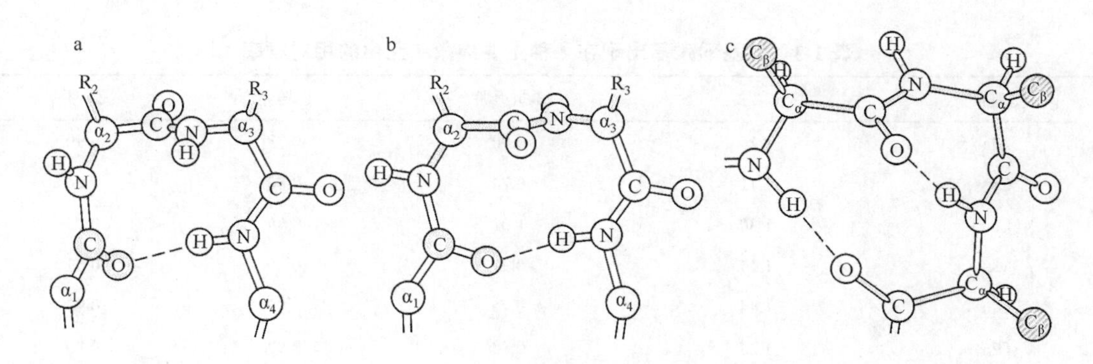

图 1-9　β-转角和 γ-转角示意图

a. Ⅰ型 β-转角；b. Ⅱ型 β-转角，R_3 总是 Gly；c. γ-转角

4. Ω-环（Ω-loop）

Ω-环是多肽链中由 6～16 个氨基酸残基（多于 β-转角的残基数，少于复合环的残基数）组成的环状节段，两端距离小于 0.1 nm，状似“Ω”字形，因此得名。Ω-环形成一个内部空腔，被环上残基的侧链基团包裹，成为致密的球状构象。根据 67 种蛋白质、11 885 个残基的结构分析，处于 α-螺旋、β-折叠、β-转角和 Ω-环中的残基分别占 26%、19%、26%和 21%。Ω-环以亲水残基为主，几乎总是位于蛋白质分子表面，与生物活性有关。例如，溶菌酶 18～25、44～52、60～75 的残基构成三个 Ω-环，其中的 Asn19、Arg21、Arg45、Asp48 和 Cys64 为其抗原决定簇的组分。

5. 连接条带（无规卷曲）

伸展的肽链条带（strap）连接在结构元件之间，它们的长度、走向颇不规则，有的使肽链走向改变，有些使肽链微微弯曲，可使肽链密集，也可出现扭结，在蛋白质肽链的卷曲、折叠过程中具有明确的结构作用。主链连接条带 $-\overset{\overset{\displaystyle O}{\|}}{C}-$ 与 $-\overset{\overset{\displaystyle H}{|}}{N}-$ 之间一般不形成氢键，但常位于蛋白质分子表面，多数是带电荷或有极性的氨基酸残基，能与环境中的水分子形成氢键。比较不同种属的同源蛋白质氨基酸序列，发现连接区常有氨基酸残基的取代、插入、消除等变异，说明连接肽段具有易突变的特点。从功能角度看，连接条带往往参与形成酶的活性部位或蛋白质的结合部位。

α-螺旋、β-折叠片可视为蛋白质三维结构的骨架，称为规范的或规整的结构元件，转角、

Ω-环和连接条带则称为部分规整的二级结构，不仅把规整的结构元件连接成更复杂的空间结构，而且包含了大部分蛋白质生物学活性必需的基团。

根据部分球状蛋白质的三维结构，统计了各种氨基酸残基出现在α-螺旋、β-折叠片、β-转角与Ω-环4类二级结构中的概率（表1-3）。其中，氨基酸残基特有的结构与其出现在某种二级结构中的概率存在着一定的联系。例如，Pro、Gly、Asn等易形成β-转角，破坏α-螺旋的连续性。但是，决定二级结构（和其他高级结构）的主要是氨基酸序列，涉及残基附近其他残基的近距离相互作用甚至远距离相互作用。目前根据同源序列类推和数学模型计算，利用氨基酸序列预测二级结构的成功率最高可达75%。随着蛋白质结构研究的不断深入和大型计算机的应用，预测成功率将会大大提高。

表1-3 氨基酸残基出现在4种主要构象单元中的相对频率

氨基酸	α-螺旋	β-折叠片	β-转角	Ω-环
Ala	1.29	0.90	0.78	0.90
Cys	1.11	0.74	0.80	1.16
Leu	1.30	1.02	0.59	0.75
Met	1.47	0.97	0.39	0.57
Glu	1.44	0.75	1.00	0.93
Gln	1.27	0.80	0.97	0.90
His	1.22	1.80	0.69	1.01
Lys	1.23	0.77	0.96	1.02
Val	0.91	1.49	0.47	0.69
Ile	0.97	1.45	0.51	0.68
Phe	1.07	1.32	0.58	0.85
Tyr	0.72	1.25	1.05	1.06
Trp	0.99	1.14	0.75	0.90
Thr	0.82	1.21	1.03	1.00
Gly	0.56	0.92	1.64	1.35
Ser	0.82	0.95	1.33	1.41
Asp	1.04	0.72	1.41	1.29
Asn	0.90	0.76	1.28	1.48
Pro	0.52	0.64	1.91	1.33
Arg	0.96	0.99	0.88	1.00

蛋白质的二级结构具有某种可变性。例如，pH、温度、溶剂、配体等环境因素会影响蛋白质的二级结构。某些序列相同的片段在不同蛋白质中或呈α-螺旋或为β-折叠，称为两可肽。例如，磷酸丙糖异构酶112～116位氨基酸序列VAHAL呈α-螺旋；灰色链孢霉的蛋白酶25～29位同样的氨基酸序列VAHAL却呈现β-折叠。这是因为在磷酸丙糖异构酶中107～111位片段倾向于形成α-螺旋；而在灰色链孢霉蛋白酶中20～24位片段倾向于形成β-折叠。

三、超二级结构

两个或多个相邻的构象元件被长度、走向不规则的连接肽彼此连接，进一步组合成有规律的、空间上可以辨认的局部折叠，称为超二级结构。其是形成完整三维结构的过渡性结构层次。

（一）简单的超二级结构

两个或少数构象单元与连接肽形成简单的超二级结构，又称模体（motif）。从 240 种蛋白质的高分辨率结构中发现了 4 种频繁出现的简单超二级结构。

1）α-拐角（α-corner）　两个 α-螺旋经连接肽转 90°的弯（图 1-10a，b）。

2）α-发夹（α-hairpin）　两个 α-螺旋经连接肽转 180°的角（图 1-10c，d）。

3）β-发夹（β-hairpin）　两个等长、反平行的 β-折叠股被连接肽连接，两股之间形成 1～6 个氢键（图 1-10f～j）。

4）拱形结构（arch）　两个不在同一平面的构象元件经连接肽连接而成，如一个 α-螺旋与一个扭曲的 β-折叠股形成的拱形结构（图 1-10e，k）。

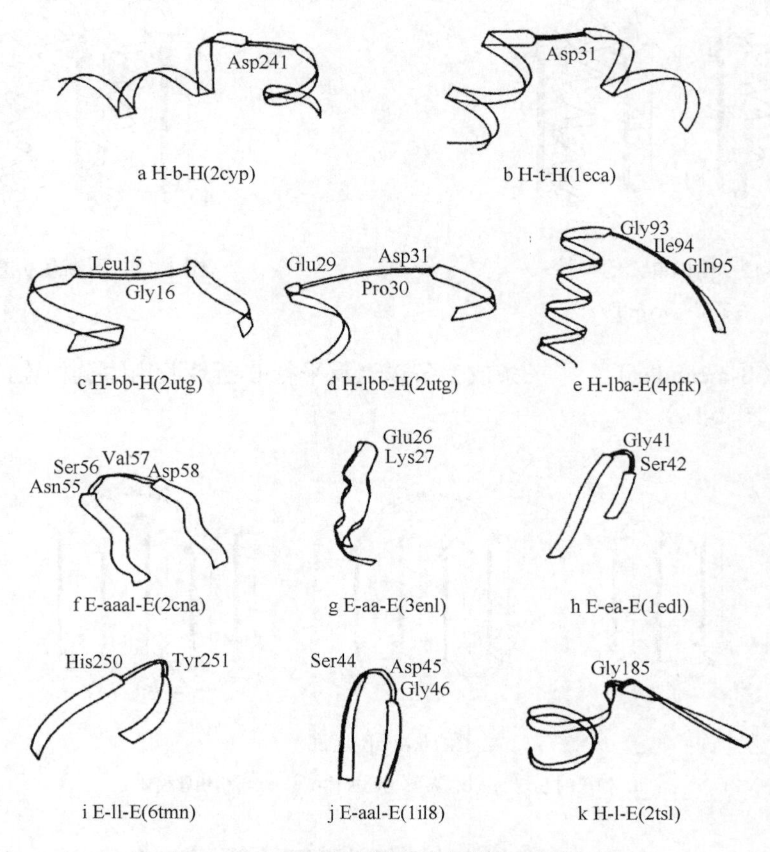

图 1-10　11 种比较频繁发生的超二级结构

括号内列出了各结构在蛋白质结构数据库（PDB）中对应的序列号

（二）复杂的超二级结构

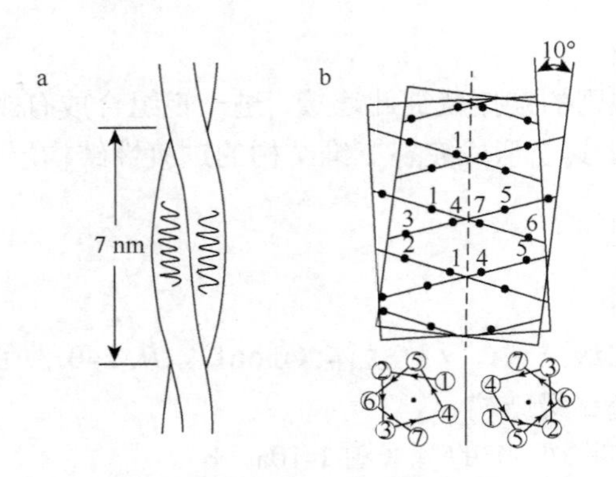

图 1-11　复绕 α-螺旋

a. 复绕 α-螺旋形成左手超螺旋；b. 两螺旋间界面的疏水相互作用

多个构象元件或简单的超二级结构可进一步组合成复杂的超二级结构。

1）复绕 α-螺旋（coiled-coil α-helix）　两个 α-螺旋绕同一中心轴形成左手超螺旋，两螺旋的疏水残基多分布于螺旋接触面，侧链彼此啮合，螺距 14 nm。其常见于 α-角蛋白、原肌球蛋白等纤维状蛋白中（图 1-11）。

2）βχβ-单元（βχβ-unit）　两条平行的 β-折叠股由一个 χ 结构连接，如 χ 为 α-螺旋则为 βαβ-单元；如 χ 为 β-折叠股则为 βββ-单元；如 χ 为无规卷曲则为 βcβ-单元。βχβ-单元有右手型和左手型（图 1-12），在天然蛋白质中仅观察到右手型的。两组 βαβ-单元组合在一起，形成的超二级结构称为罗斯曼折叠（Rossman fold），常见于许多球蛋白中（图 1-13）。

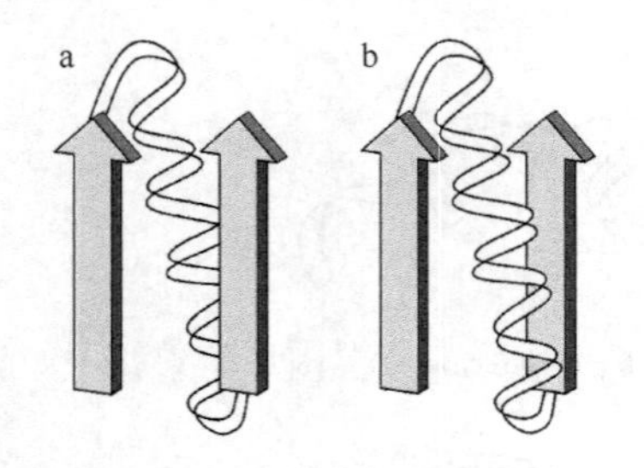

图 1-12　βχβ-单元的手性

a. 右手型；b. 左手型

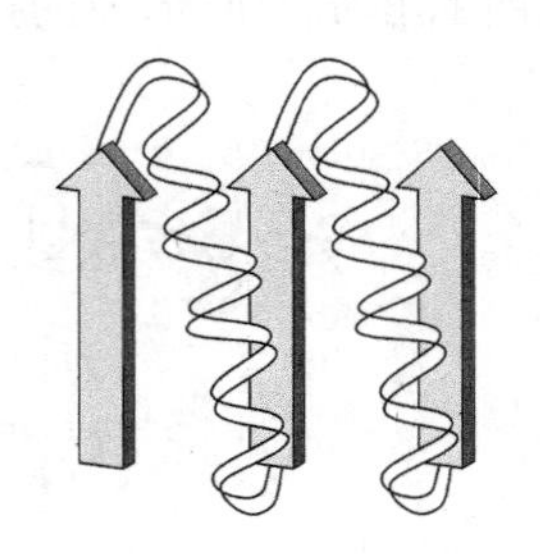

图 1-13　罗斯曼折叠

3）β-迂回（β-meander）　三条或三条以上反平行 β-折叠股由短链相连，可形成多种不同形式的结构（图 1-14）。

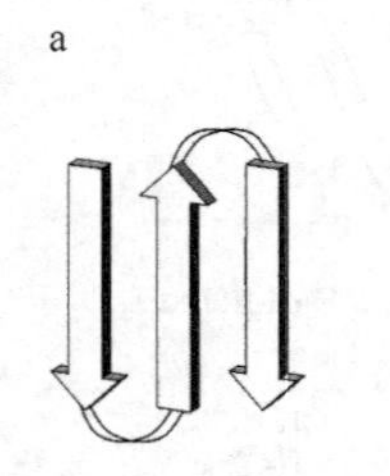

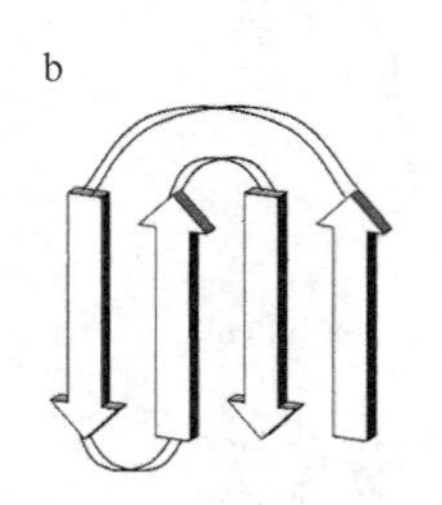

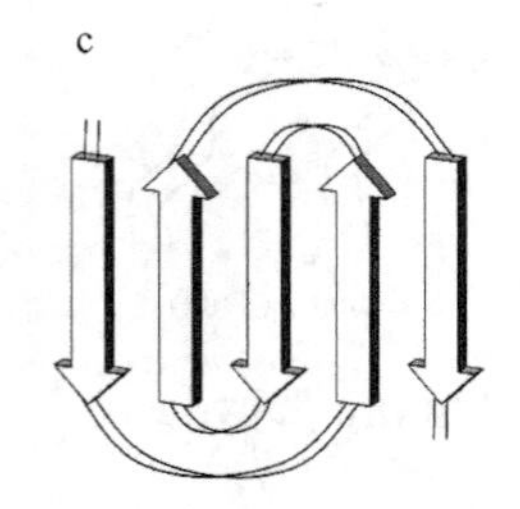

图 1-14　β-迂回

a. 简单的 β-迂回；b. 希腊钥匙模体；c. 双希腊钥匙模体

4）β-桶（β-barrel）　5～15 条扭曲的 β-折叠股可围成一个圆筒状结构，片层两端的 β-折叠股之间以氢键相连，桶的中心由疏水侧链组成。若 β-折叠股排列方向相同，则为平行 β-桶；如彼此反方向排列，则为反平行 β-桶（图 1-15）。

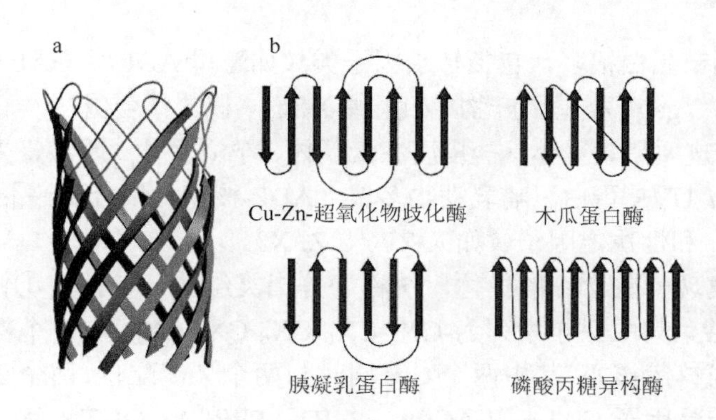

图 1-15　β-桶

a. 反平行 β-桶；b. 展开的各种 β-桶

（三）一些已知功能的超二级结构

有些超二级结构与某种功能相关，成为研究结构与功能联系的热点和从头设计蛋白质的重点，如下面介绍的一些与 DNA 相互作用的蛋白因子和钙结合蛋白特有的模体。

1. 螺旋-转角-螺旋（helix-turn-helix，HTH）

最先发现于 λ 噬菌体 cro 阻遏蛋白（Matthews et al.，1983），由两个 α-螺旋通过一个 β-转角连接而成，含有 66 个氨基酸残基。HTH 羧基端螺旋可嵌入 DNA 双螺旋主槽中，螺旋暴露的氨基酸侧链基团与主槽中暴露的碱基之间形成专一的氢键（图 1-16）。其他调控蛋白，如 *E. coli* 的 CAP、酵母的 MATα₂、动物的 Hemeo box 蛋白家族中均有 HTH 模体。

2. 锌指（zine finger，ZF）

1983 年，哈马斯（Hamas）发现爪蟾 TF-ⅢA 与 DNA 结合部含 Zn^{2+}，稍后米勒（Miller）和伯格（Berg）提出并完善了锌指结构的概念。在不同蛋白质中，ZF 模体含有 14～48 个氨基酸，通常约含 30 个残基，其线性序列可概括为：$-X_n-C(H)-X_{2\sim4}-C(H)-X_{4\sim20}-C(H)-X_{2\sim4}-C(H)-X_n$。$Zn^{2+}$与其中的两个半胱氨酸（Cys）和两个组氨酸（His）残基的 4 个配位原子以四面体方式配位，中间的 $X_{4\sim20}$ 形成指状凸出。锌指蛋白与 DNA 相互作用时，锌指部分嵌入主槽，识别特定的碱基序列，每个锌指大约识别 5 个碱基对（图 1-17）。

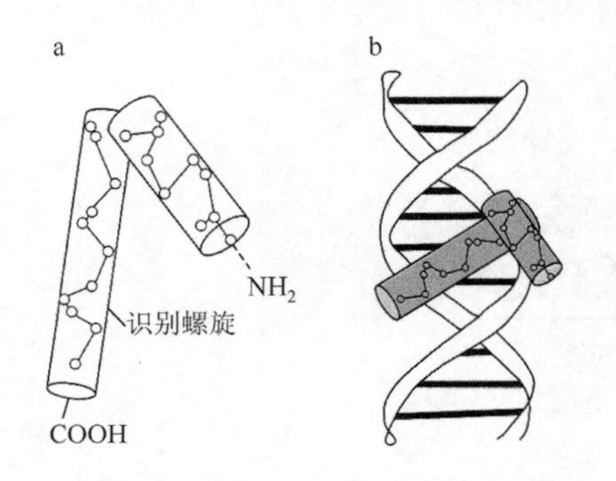

图 1-16　螺旋-转角-螺旋模体

a. HTH 的结构，两个 α-螺旋用圆柱体表示，小圆圈表示氨基酸残基，羧基端的 α-螺旋为识别螺旋；b. 识别螺旋嵌入 DNA 主槽，识别特定的碱基序列信息

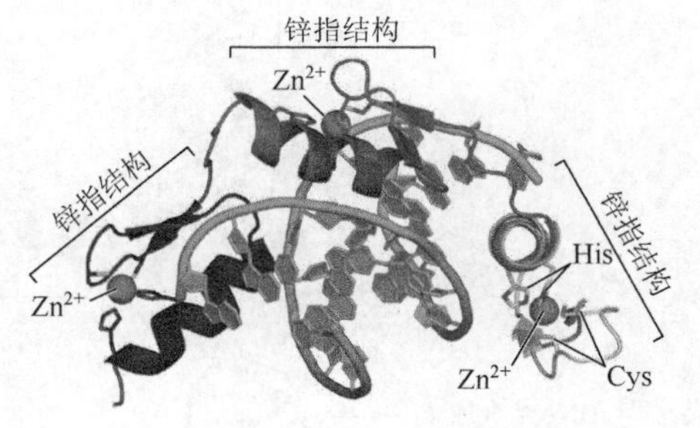

图 1-17　锌指结构模体

小鼠转录因子含有三个锌指结构，识别特定的碱基序列。图中黑色小球代表 Zn^{2+}

含锌指结构的调节蛋白很多，包括转录因子类（如酵母 ADP1、GAL4，爪蟾的 TF-IIIA，哺乳动物的 SP1 等）；“gag”类基因产物（如果蝇 Xfin）；核酸结合蛋白（如腺病毒 ELA 蛋白）；甾类激素受体（如糖皮质激素受体、盐皮质激素受体、孕酮受体、雌激素受体、VD3 受体等）；修复蛋白［如 *E. coli* UVR 蛋白、哺乳动物多聚（ADP-核糖）聚合酶等］；原癌基因产物（如人 V-eabA、C-erbA）和性决定因子（如人 ZFY、ZFX）。

继锌指之后又发现一些含锌的模体，统称为锌指类结构，包括：①锌簇（zine cluster，ZC），约 60 个氨基酸，其中保守序列为-CX_2-CX_6-CX_6-CX_2-CX_6C-，6 个保守的半胱氨酸残基与两个 Zn^{2+}配位形成锌簇核心，其中两个 Cys 同时与两个 Zn^{2+}配位，两个 Zn^{2+}相距约 0.35 nm。含锌簇的蛋白质有转录因子 GAL4、LAC9A、PPR1、PPR1A、QUTA 等。②锌纽（zine twist，ZT），最初被发现于哺乳动物甾类激素受体（如 GR、MR、PR、AR 等）直接与 DNA 作用的区段（40～60 个氨基酸），其中-CX_2C-X_7-H-X_5-CX_2C-X_{11}-H-X_3C-X_5-C-X_9-CX_2C-包含 8 个相同的 Cys 残基，与两个 Zn^{2+}分别形成两个四面体配位结构，二者之间被 15 个左右的氨基酸残基形成的纽隔开，两个 Zn^{2+}相距约 1.5 nm。③锌带（zinc ribbon，ZR），最初被发现于转录因子ⅡS 等中，包括三条反平行 β-折叠股，其中的保守序列-CX_2C-X_{24}-CX_2C-的 4 个 Cys 残基与一个 Zn^{2+}配位。

3. 亮氨酸拉链（leucine zipper，LZ）

1988 年，蓝德夏尔斯（Landschalz）在细胞色素 c 基因调节蛋白（Cyt c3），原癌基因 *myc*、*v-jun*、*v-fos* 的产物和 CCAAT box 结合蛋白（CBP）中发现了 LZ 结构。LZ 结构的 C 端为螺旋区，靠近 N 端一侧是一段富含碱性残基的螺旋，其后的一段螺旋每隔 6 个残基就有 1 个 Leu，每个这样的螺旋不少于 4 个 Leu，且都处于螺旋同一侧。这样，当含 LZ 结构的蛋白形成同源或异源二聚体时，LZ 结构中的 Leu 残基借助于疏水作用彼此靠拢，形同拉链（图 1-18）。

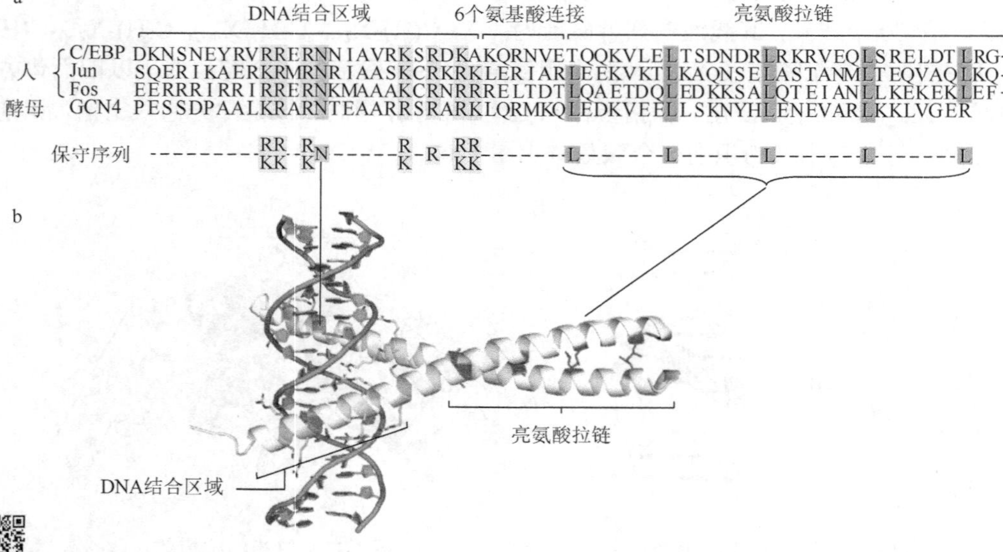

图 1-18 亮氨酸拉链结构示意图

a. 亮氨酸拉链二聚体模式图；b. 亮氨酸拉链二聚体结构与 DNA 结合，形成倒“Y”字形，两个与 DNA 结合的单螺旋识别主槽内特定的碱基

4. 螺旋-环-螺旋（helix-loop-helix，HLH）

HLH 结构是 J.维斯瓦德（J. Visvader）等于 1991 年发现的，由三部分组成：α-螺旋 1 约含 12 个疏水残基，中间是约 60 个残基组成的几个 β-转角构成的环，螺旋 2 约含 15 个疏水残基。HLH 以同源或异源二聚体形式与 DNA 相互作用（图 1-19）。已报道的数十种含 HLH 的蛋白质几乎都与转录调控和肿瘤发生有关，包括增强子结合蛋白（EBP）和原癌基因 *c-myc*、*myd-D* 等的产物。

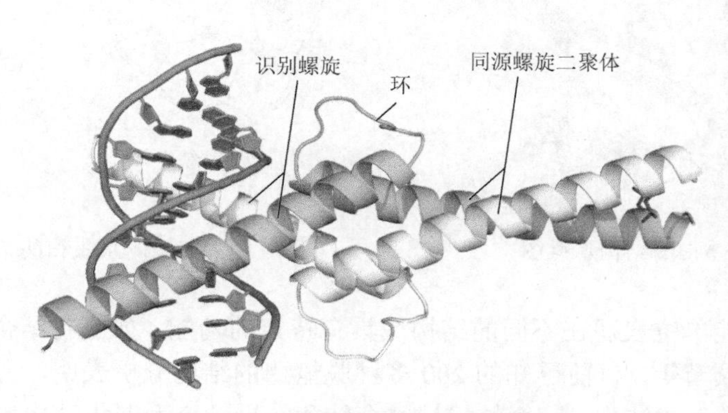

图 1-19　螺旋-环-螺旋结构示意图

HLH 蛋白二聚体中每个单元中两个 α-螺旋由环连接，α-螺旋结合特定的 DNA 序列

5. EF 手（EF-hand）

克里琴格（Kretsinger）在小清蛋白中首先发现了 EF 手结构。其由两个 α-螺旋（E 和 F）与连接它们的环组成，E 螺旋含 9 个残基，用右手食指表示；与 Ca^{2+}结合的环含 12 个残基，用弯曲的中指表示；F 螺旋含有 18 个残基，用拇指表示（图 1-20）。在生理条件下，EF 手上 Ca^{2+}的解离常数约为 1 μmol/L。已在 160 多种钙结合蛋白中发现了 EF 手结构，大多数含有 2～8 个 EF 手模体。

彩图

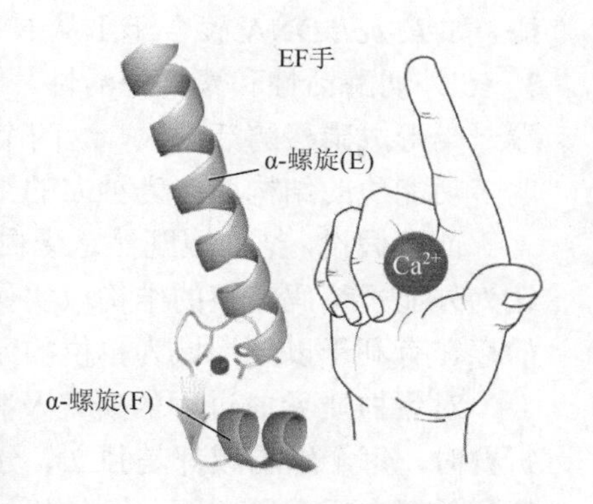

图 1-20　蛋白质的 EF 手结构

四、结构域

（一）结构域的概念

最初在观察一些球蛋白经 X 射线衍射得到的三维结构时，发现在分子内存在紧密的球状亚结构，称为结构域（domain）。现在，结构域的概念具有三种不同而又相互联系的含义，即独立的结构单位、独立的功能单位和独立的折叠单位。

作为独立的结构单位，结构域具有内在的稳定性，结构域之间通过柔性肽链相互连接，构成所谓的组件排列（modular model）。多数蛋白质分子包含多个结构域，每个由 100～250 个氨基酸残基组成，其大小相当于直径约 2.5 nm 的小球。一个蛋白质分子可以由结构相似的结构域组成，如弹性蛋白酶包含两个相似的结构域（图 1-21）；有的则由不同的结构域组成，如木瓜蛋白酶结构域 1 的构象单元主要是 α-螺旋，而结构域 2 主要含反平行 β-折叠股（图 1-22）。

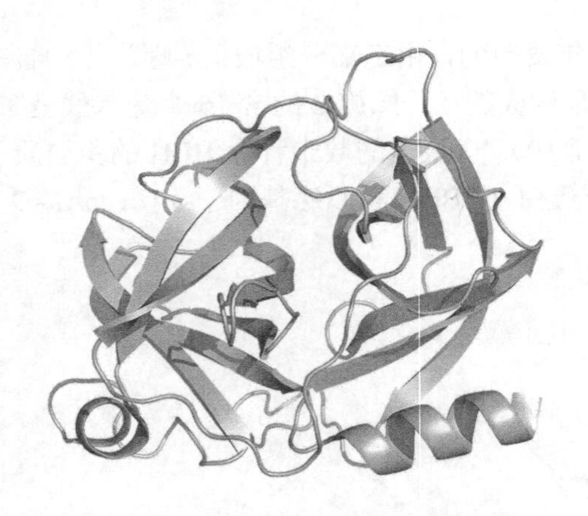

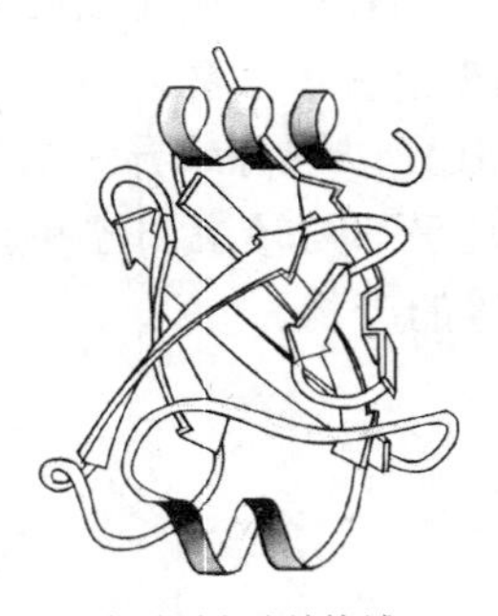

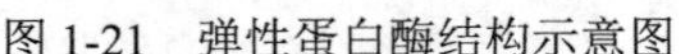

图 1-21 弹性蛋白酶结构示意图

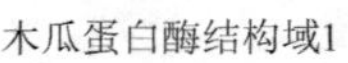

图 1-22 木瓜蛋白酶结构示意图

结构域作为功能单位表现在不同的结构域具有特定的功能，如底物结合、催化反应、亚基间相互作用和活性调节等。目前已知的 200 多种脱氢酶的结构分析表明，它们均由两个结构域形成所谓“刚体铰链”式结构，一个结构域结合辅酶，另一个为催化结构域。有些功能域则位于结构域之间的裂隙中，如胰凝乳蛋白酶活性中心的 His57、Asp102 位于结构域 1，活性中心 Ser195 和底物结合部位则位于结构域 2。结构域作为独立的结构功能单位的极端情况是多功能酶，如 *E. coli* DNA 聚合酶 I 从 N 端到 C 端依次形成三个结构域，分别具有 5′→3′外切酶活性、3′→5′外切酶活性和聚合酶活性。哺乳动物肝中磷酸果糖激酶 2 的 N 端一半为激酶活性区，C 端一半形成磷酸酶活性区，这两个结构域分别类似于磷酸果糖激酶 1 和磷酸甘油酸变位酶，表明多功能酶的结构域作为独立的结构功能单位有其深刻的进化渊源。

前人假设，结构域既然是蛋白质的结构功能单位，就应当与基因中的外显子相对应。其实，认为外显子编码完整的结构域实属误解，多数结构域的编码序列被内含子分隔。不过，内含子的存在有利于以结构域为单位的元件重组（module shuffing），推进了分子进化。

对蛋白质卷曲过程的研究及有限水解的蛋白质片段在体外的变性/复性实验证明，多肽链折叠时，每个结构域都是独立、分别进行折叠，形成不同的结构域，然后再靠拢形成具有天然构象的蛋白质分子。因此，结构域是独立的折叠单位。

（二）结构域的运动

结构域本身都是紧密装配的，结构域之间通过松散的肽链形成牢固而又柔韧的连接，为域间较大幅度的相对运动提供了可能，这种结构调整与其整体功能的行使密切相关。对马乳酸脱氢酶（LDH）的 X 射线衍射结构分析表明，去辅基 LDH 与 NAD^+结合后发生显著的构象变化：域间相对运动使之从去辅基 LDH 的封闭形式转换为 LDH 全酶的开放形式，有利于底物进入活性部位。

（三）结构域的分类

按照结构域中二级结构单元的种类、数量及其排布，可将结构域粗略地划分成 5 类。

1）α-螺旋域　所含构象元件主要是α-螺旋，如蚯蚓血红蛋白（图1-23a）。

2）β-折叠域　主要由β-折叠股构成，如免疫球蛋白G（IgG）V_L结构域（图1-23b）。

3）α＋β域　由α-螺旋与β-折叠股不规则堆积而成，如3-磷酸甘油醛脱氢酶结构域2（图1-23c）。

4）α/β域　中央为β-折叠片，周围是α-螺旋，α-螺旋与β-折叠股交替排布，如丙酮酸激酶结构域1和磷酸甘油酸激酶结构域2（图1-23d，e）。

5）无α-螺旋和β-折叠股域　没有或只有少量α-螺旋和β-折叠股，如麦胚凝集素就没有α-螺旋，只有12%的残基形成β-折叠股（图1-23f）。

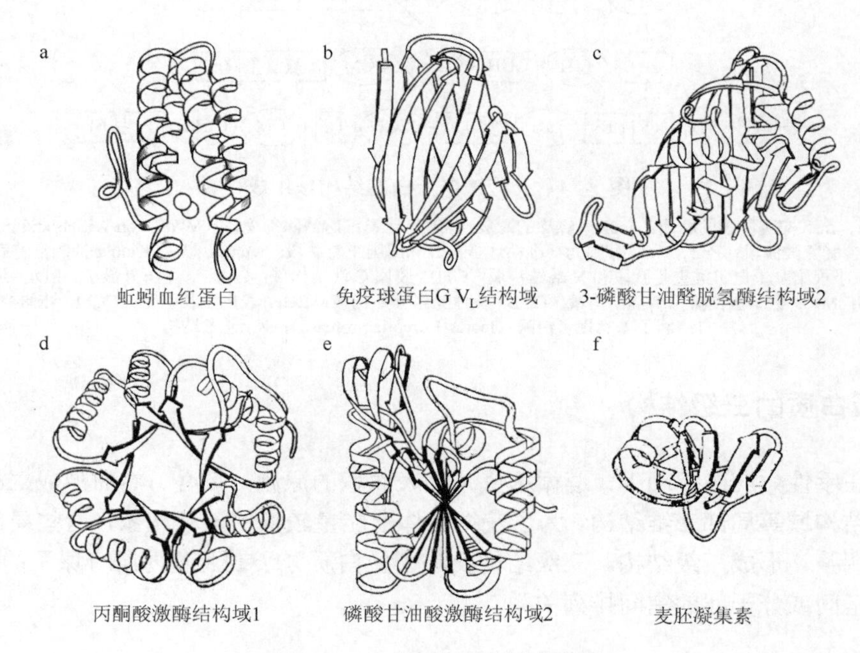

图1-23　5种不同类型的结构域

（四）结构域的组合

在较复杂的蛋白质分子中，结构域的组合主要有以下三种类型。

1）由序列和结构相似的结构域组合而成　例如，免疫球蛋白G的两条重链和两条轻链以二硫键相连，共含有12个相似的全β结构域（图1-14c和图1-23b）。编码这类蛋白质的基因可能是同一始祖基因在分子进化中复制后串联而成的。

2）由两种不同的结构域组合而成　例如，木瓜蛋白酶的C端为全α结构域，N端为全β结构域（图1-22）；嗜热菌蛋白酶和T_4噬菌体溶菌酶的C端为全α结构域，N端为α＋β结构域；醇脱氢酶的N端为全α结构域，C端为α/β结构域；谷胱甘肽还原酶的N端和中间两个结构域均为α/β型，C端为全β结构域；酪氨酸tRNA合成酶的N端和C端各有一个全α结构域，中间为α/β结构域。这类蛋白质的结构基因可能是两个不同的始祖基因在分子进化中融合的产物。

3）多结构域蛋白由两种以上的多个结构域镶嵌而成　图1-24所示为几种多结构域镶嵌蛋白。这类蛋白质的结构基因可视为不同基因外显子重新组合的结果。

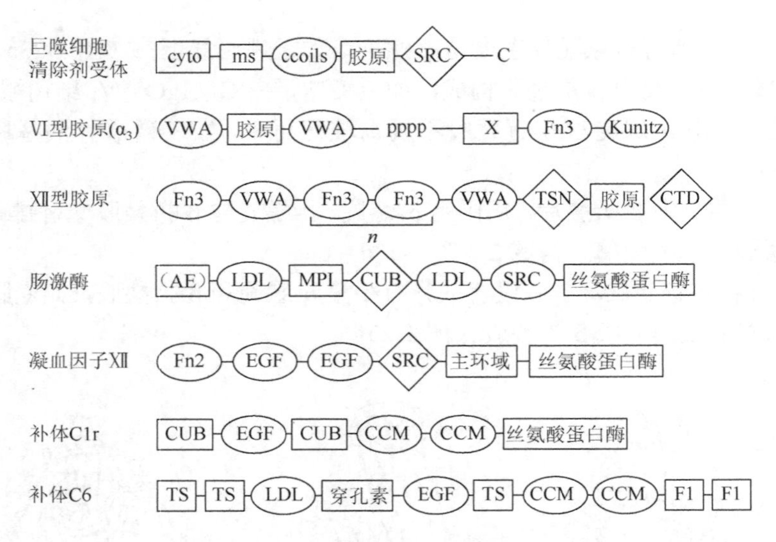

图 1-24　一些镶嵌蛋白的结构域组成

cyto. 胞液内肽段；ms. 穿越质膜的肽段；ccoils. 螺旋的螺旋；SRC. 巨噬细胞清除剂受体；VWA. von Willebrand 因子的 A 类重复肽段；-pppp-. 富含脯氨酸肽段；Fn2、Fn3. 分别为纤维粘连蛋白Ⅱ和Ⅲ类重复肽段；Kunitz. 大豆 Kunitz 抑制剂特有的结构域；TS 和 TSN. 分别为血小板结合蛋白Ⅰ类重复肽段和 N 端结构域；CTD. 胶原 C 端结构域；（AE）. 两可外显子；LDL. 低密度脂蛋白受体结构域；MPI. 金属蛋白酶抑制剂结构域；CUB. 补体亚组分结构域；EGF. 表皮生长因子；CCM. 补体控制域；F1：因子 1 隐性蛋白酶（factor 1 cryptic protease）；X. 任意结构

五、球状蛋白质的三级结构

多肽链在手性效应的驱动下，遵循尽量减小表面积的原则，折叠、卷曲形成二级结构、超二级结构和结构域等局部三维结构。为了获得整体上能量较低的天然构象，这些局部三维结构还需进一步调整，形成三级结构。三级结构反映了蛋白质分子或亚基内所有原子的空间排布，但不涉及亚基间或分子间的空间排列关系。

（一）球状蛋白质三维结构的特征

截至 2023 年，蛋白质结构数据库（PDB）发布的蛋白质原子坐标已达 218 942 个，这个数量还在以几何级数迅速增加。尽管每种球状蛋白质都有其独特的三维结构，但它们中间仍有某些共同的特征。

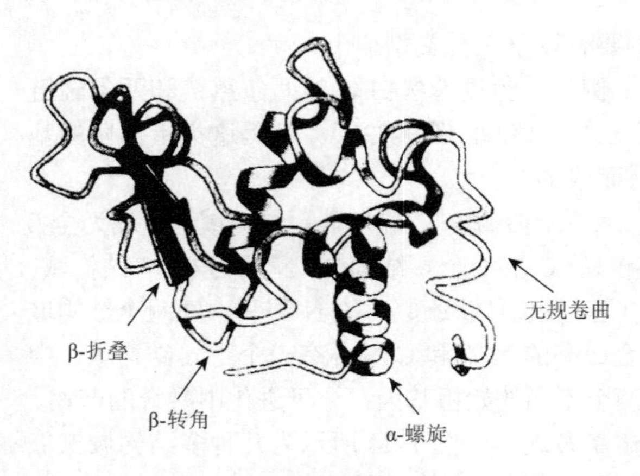

图 1-25　溶菌酶的三级结构

1. 球状蛋白质分子含有多种二级结构元件

以溶菌酶为例，它的分子中含有 α-螺旋、β-折叠、β-转角和无规卷曲等（图 1-25）。不同的球状蛋白质中各种元件含量不同（表 1-4）。

2. 球状蛋白质三维结构具有明显的折叠层次

如前所述（图 1-2），球状蛋白质的结构具有明显的折叠层次。多肽链中相邻的残基首先形成二级结构元件；随着肽链的进一步卷曲，若干相邻的结构元件形成超二级结构；超二级结构进一步组装成结构域；两个或多个结构域再装配成紧密的球状或椭球状的三级结构。寡聚蛋白质中具有三级结构的亚基最终结合形成四级结构。

表 1-4　几种蛋白质中 α-螺旋、β-折叠和 β-转角的含量　（%）

蛋白质（残基总数）	结构元件（残基百分比）*		
	α-螺旋	β-折叠	β-转角
肌红蛋白（153）	78	0	16
溶菌酶（129）	40	12	19
核糖核酸酶 A（124）	26	35	—
牛 Cu·Zn-SOD 亚基（151）	14	47	17
胰凝乳蛋白酶（247）	14	45	28
羧肽酶 A（307）	38	17	17

* 其余部分为无规卷曲等

注：SOD 为超氧化物歧化酶

3. 球状蛋白质分子是紧密的球状或椭球状实体

蛋白质氨基酸组成的范德瓦耳斯体积总和（组成原子依范德瓦耳斯力作用范围所占的总体积）除以蛋白质所占体积即得装配密度，一般为 0.72～0.77。这表明即使紧密装配，蛋白质总体积约有 25%也并未被蛋白质原子占据。这个空间几乎全为很小的空腔，偶尔有水分子大小或更大的空腔存在。值得注意的是，邻近活性部位的区域密度比平均值低得多，这可能意味着活性部位有较大的空间可塑性，允许其中的结合基团和催化基团有较大的活动范围。这大概就是功能蛋白与其配体相互作用的结构基础。

4. 球状蛋白质具有疏水的内核和亲水的表面

蛋白质折叠形成三级结构的驱动力是形成可能的最稳定结构。首先，肽链必须满足自身结构固有的限制，包括手性效应和 α 碳二面角在折叠上的限制；其次，肽链在熵因素驱动下必须尽可能地埋藏疏水侧链，使之与溶剂水的接触降到最低程度，同时让亲水侧链暴露在分子表面，与环境中水分子形成广泛的氢键联系。疏水的内核几乎全部由 β-折叠片和 α-螺旋组成，β-转角、Ω-环和连接条带多位于分子表面。虽然多肽链主链是极性的，但由于 α-螺旋和 β-折叠片有很好的氢键网，有效地中和了主链的极性，使之稳定地处于疏水核心区。球状蛋白质中，多数 α-螺旋具有两亲性（amphipathy），主要由极性和带电残基组成的一面向外暴露于溶剂，富含疏水残基的一面向内。平行 β-折叠片一般存在于疏水内核，反平行 β-折叠片疏水一侧向内，亲水一侧与溶剂接触。

5. 球状蛋白质分子表面有一空穴

球状蛋白质分子表面有一个分布着许多疏水残基的空穴或裂隙，常是结合底物、效应物等配体并行使生物学功能的活性部位，这样的空穴为发生化学反应营造了一个低介电区域。

（二）球状蛋白质的分类

根据结构域的特点，理查森（Richardson）于 1982 年把球状蛋白质分为四大类：全 α-结构、α/β-结构、全 β-结构和小的富含金属或二硫键的结构。除少数混合型结构之外，大多数已知结构的蛋白质都为这 4 种类型之一。每种结构类型包括若干折叠模式或折叠子（fold）。折叠子包括蛋白质核心结构的二级结构元件及其相对排布位置和肽链走向，是对蛋白质进行结构分类的基础。据估计，自然界存在的折叠子不足 1000 种。具有同一种折叠子的蛋白质构成一个超家族，多数折叠子只含一个蛋白质超家族，少数含 2～4 个超家族，个别折叠子含多个超家族。按照序列同源性＞30%或者结构-功能相近，每个超家族又划分成数目不等的蛋白质家族，大多数的超家族只有一个家族，少数包括 2～4 个家族，只有很少的蛋白质超家族含多个家族。这样就形成了一个蛋白质结构类型→折叠子→蛋白质超家族→蛋白质家族→蛋白质或结构域的树状结构层次。有关信息可根据需要在蛋白质结构分类（SCOP）数据库（http://scop.mrc-lmb.cam.ac.uk/scop）查找。

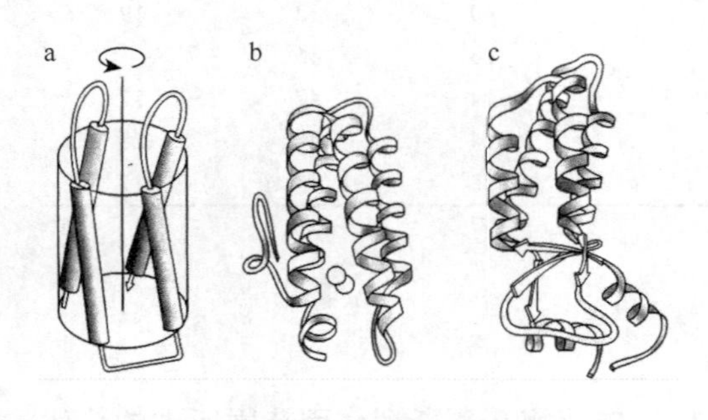

图 1-26　反平行 α-螺旋结构蛋白质

a. 四螺旋束结构示意图；b. 蚯蚓血红蛋白；c. 烟草花叶病毒外壳蛋白（亚基）

1. 全 α-结构（反平行 α-螺旋结构）蛋白质

此类结构中 α-螺旋占有极大比例，按反平行方式排列，相邻螺旋以环连接成筒状螺旋束，因而也称为上下型螺旋束，最常见的是四螺旋束。螺旋疏水面向内，亲水面向溶剂，活性部位残基位于螺旋束的一端，由不同螺旋上的残基构成。多数螺旋束是均匀规则的结构，如蚯蚓血红蛋白；少数情况下有螺旋突出束外。有时在螺旋束一端有小的高度扭曲的反平行 β-折叠片，如烟草花叶病毒外壳蛋白（图 1-26）。

全 α-结构的另一亚类相邻的两个螺旋采取接近相互垂直的取向，整个多肽链折叠成两层，交叉堆积，如去辅基肌红蛋白和血红蛋白。

2. α/β-结构（平行或混合型 β-折叠片结构）蛋白质

此类结构以平行或混合型（含平行和反平行 β-折叠片）β-折叠片为基础，分为两个亚类：单绕平行 β-桶和双绕平行 β-折叠片或马鞍形扭曲片。

单绕平行 β-桶由 8 个平行的 β-折叠片按罗斯曼折叠单向卷曲环形排列，第 1 与第 8 两片之间借氢键形成闭合圆筒，是一种高度对称的结构。作为右手交叉连接的 7 个 α-螺旋和 C 端螺旋都在圆筒外侧，形成了一个与内桶同轴平行的外桶。两个桶都是右手扭曲，紧挨在一起，在二者之间是一个疏水夹层。中央空间只能容纳 β-折叠片内侧的疏水侧链，构成此类分子的疏水核心。连接 α-螺旋和 β-折叠股的回环区上有关残基构成活性中心，如磷酸丙糖异构酶（图 1-27a）。

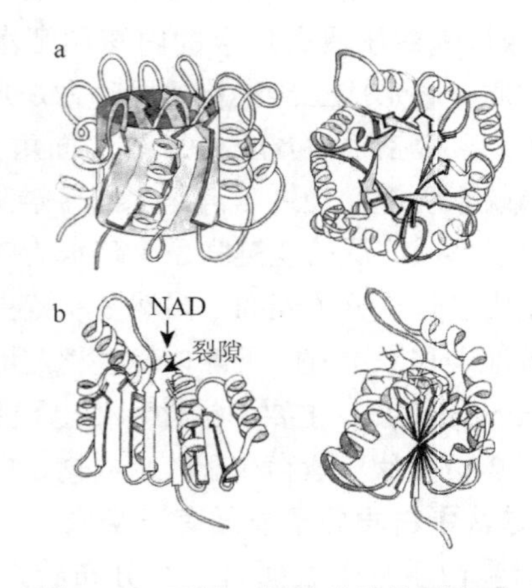

图 1-27　平行 β-折叠片结构蛋白质

a. 磷酸丙糖异构酶；b. 乳酸脱氢酶结构域 1，NAD. 烟酰胺腺嘌呤二核苷酸。左侧图为侧视图，右侧图为俯视图

双绕平行 β-折叠片如乳酸脱氢酶结构域 1（图 1-27b），中间由 4～9 个平行的 β-折叠片或混合型 β-折叠片构成马鞍形扭曲片，β-折叠片的两侧为 α-螺旋和环状区段。这种结构可看成肽链从 β-折叠片的中部开始沿相反的两个方向向外卷绕，即按一个方向卷绕形成罗斯曼折叠，α-螺旋覆盖在扭曲片的一侧，然后翻转 180°向相反方向卷绕再形成罗斯曼折叠，α-螺旋覆盖在扭曲片的另一侧。

3. 全β-结构（反平行β-折叠片结构）蛋白质

此类结构主要由反平行β-折叠片排列形成，β-折叠股之间以β-转角或跳过相邻β-折叠股的条带相连。最常见的一类是希腊钥匙模体β-桶，如Cu·Zn-SOD亚基（图1-28a），它的β-折叠股呈逆时针方向盘绕，桶的相对两边β-折叠股呈右手交叉连接。

另一类型称为上下型β-桶，相邻的β-折叠股一上一下反平行排列，通过长短不一的β-发夹连接，其配体结合部位在桶的疏水内部，如视黄醇结合蛋白（图1-28b）。由3～15个β-折叠股形成的单层反平行β-折叠片称为露面夹心（open-face sandwish）结构，其一侧可有一层α-螺旋和回环，片层另一侧暴露于溶剂，如细菌叶绿素蛋白（图1-28c）。

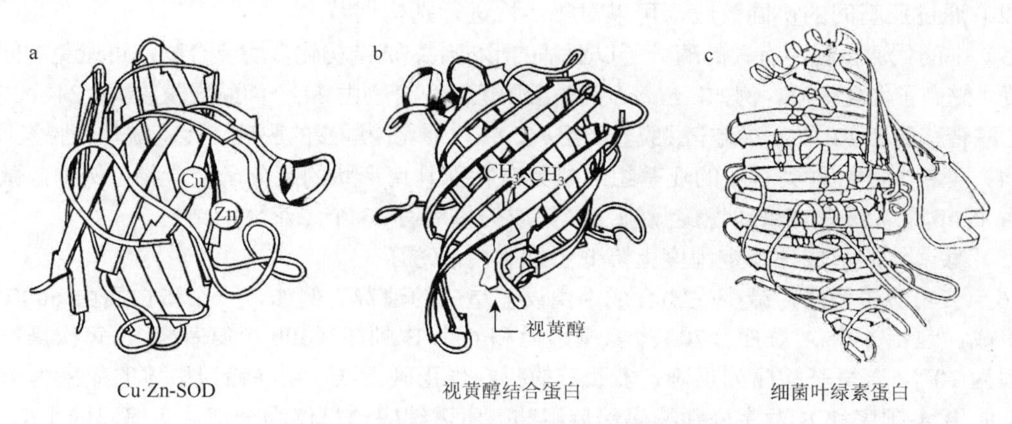

图1-28　反平行β-折叠片结构蛋白质

4. 富含金属或二硫键（小的不规则）蛋白质

许多不足100个氨基酸残基组成的小蛋白质或结构域往往不规则，只有少量的二级结构元件，但富含金属或二硫键，通过金属形成的配位键或二硫键稳定其构象，如胰岛素、二节荠蛋白、高氧还势铁蛋白和铁氧还蛋白（图1-29）。

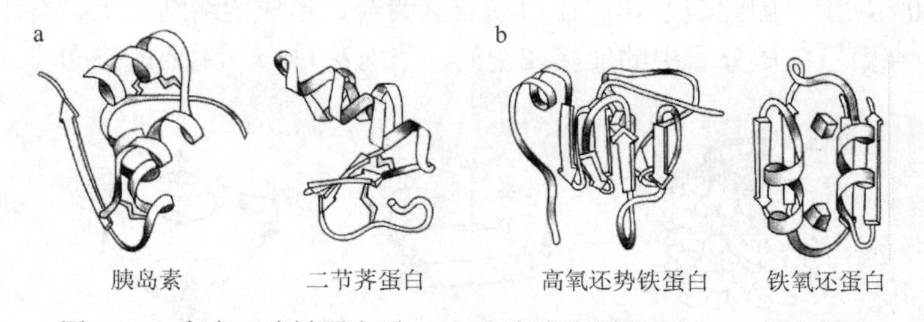

图1-29　富含二硫键蛋白质（a）和富含金属蛋白质（b）的实例

六、球状蛋白质的四级结构

分子量较大的球状蛋白质多由两条或多条肽链组成，每条肽链具有自己的三级结构，称为亚基（subunit），由彼此间的次级键组装成聚集体，称为寡聚蛋白质（oligomeric protein）。由几十个甚至上千个亚基组装而成的蛋白质称为多聚蛋白质（polymeric protein）。这些蛋白质中亚基的种类、数目、空间排布及其间的相互作用就是四级结构，在这里不考虑亚基本身的构象。

由相同的亚基组成的寡聚蛋白质称为同源寡聚体（homologous oligomer），含不同亚基的寡聚蛋白质称为异源寡聚体（heterologous oligomer）。自然界寡聚蛋白质分子内亚基数多为偶数。除亚基外，文献中类似的名称还有原体（protomer）和单体（monomer）。在许多情况下，原体、单体与亚基的含义相同，均指寡聚蛋白质中一条多肽链形成的结构单位。原体有时指异种亚基缔合成的寡聚体解聚后最小的结构与功能单位，如血红蛋白解聚成两个原体。单体通常指大分子复合物中的重复单位；有时指只有一条多肽链的蛋白质。

四级结构的形式具有以下优越性。

（1）四级结构赋予蛋白质更加复杂的结构，以便执行更为复杂的功能。例如，除功能简单的水解酶外，大多数酶均为寡聚体。

（2）通过亚基间的协同效应，可以对酶活性进行别构调节。

（3）中间代谢途径中有关的酶分子以亚基的形式组装成结构化多酶复合物，可避免中间产物的浪费，提高了催化效率。例如，*E. coli* 丙酮酸脱氢酶复合物由 24 个丙酮酸脱羧酶、24 个二氢硫辛酸乙酰转移酶和 12 个二氢硫辛酸脱氢酶组成，依次催化丙酮酸的脱羧、转乙酰基和脱氢反应。

（4）可将大小、种类有限的亚基组装成具有特殊几何形状的超分子复合物。例如，微管是由数百个 αβ 微管蛋白二聚体螺旋盘绕，聚集成的每周有 13 个二聚体的结构。

（5）寡聚体的形成在一定程度上降低了细胞内渗透压。

（6）节约遗传信息，减少生物合成中由误差造成的浪费。例如，一个蛋白质由 6000 个氨基酸组成，包括 6 个 A 顺序（700 个氨基酸）和 6 个 B 顺序（300 个氨基酸），每次操作的误差概率为 10^{-8}，若氨基酸序列正确，多肽链的折叠也正确无误，剔除错误原体的效率为 100%。显然，如果 A 顺序和 B 顺序分别编码然后组装，所需编码信息仅为全部从头编码的 1/6。从头合成的总误差率为 6×10^{-5}，而由 6 个原体（AB）组装，因为已将有缺陷的原体剔除，组装过程只需 5 次操作，其误差率仅为 5×10^{-8}。

寡聚蛋白质含有较多的疏水氨基酸，不能将其全部埋藏在亚基内部，以致在表面还留有不少疏水残基。为了尽量减少疏水残基与水的接触，亚基彼此缔合，把疏水残基藏在亚基接触面，寡聚体亲水的表面与周围水分子形成氢键，使整个分子处于能量最低的状态。据统计，亚基接触面疏水氨基酸占 60%以上，因此疏水作用在启动亚基缔合、形成四级结构上具有十分重要的作用。除了少数情况，寡聚蛋白质分子中的亚基在空间上呈对称排布，主要的排布方式见图 1-30。

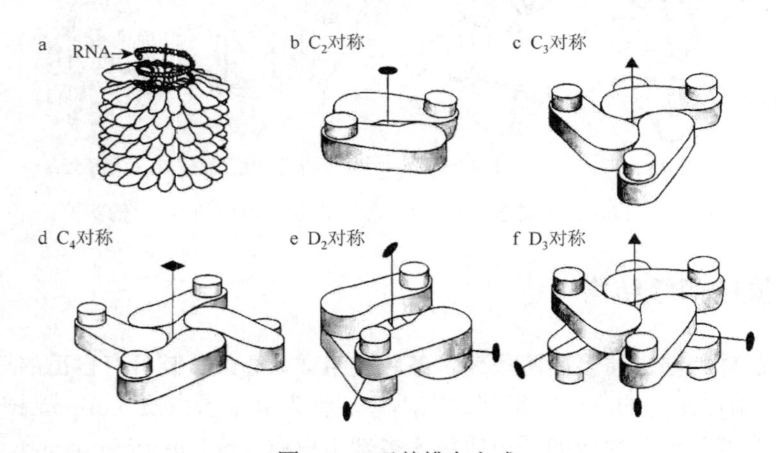

图 1-30　亚基排布方式

a. 烟草花叶病毒的外壳蛋白亚基绕中心轴呈螺旋状排列；b. C_2 对称的二聚体，每个亚基绕中心轴旋转 180°可与另一亚基重合；c. C_3 对称的三聚体，每个亚基绕中心轴旋转 120°可与另一亚基重合；d. C_4 对称的四聚体，每个亚基绕中心轴旋转 90°可与另一亚基重合；e. D_2 对称的四聚体；f. D_3 对称的六聚体

七、纤维状蛋白质的结构

纤维状蛋白质外形呈纤维或细棒状，这种规则的线性结构与其肽链特有的氨基酸序列形成规律的二级结构有关。纤维状蛋白质构成动物体的基本支架和外保护成分，占脊椎动物体蛋白质总量的一半或更多。纤维状蛋白质可分为两类：不溶于水的，如角蛋白（keratin）、胶原蛋白、丝心蛋白等；可溶于水的，如血纤维蛋白原。

（一）α-角蛋白

α-角蛋白是毛发、指甲等结构中主要的蛋白质，其多肽链中部311～314个氨基酸残基呈α-螺旋，两侧为较小的非螺旋区。毛发α-角蛋白中，两股右手α-螺旋相缠绕，拧成一根称为原纤维（microfibril）的结构元件（图1-31）。

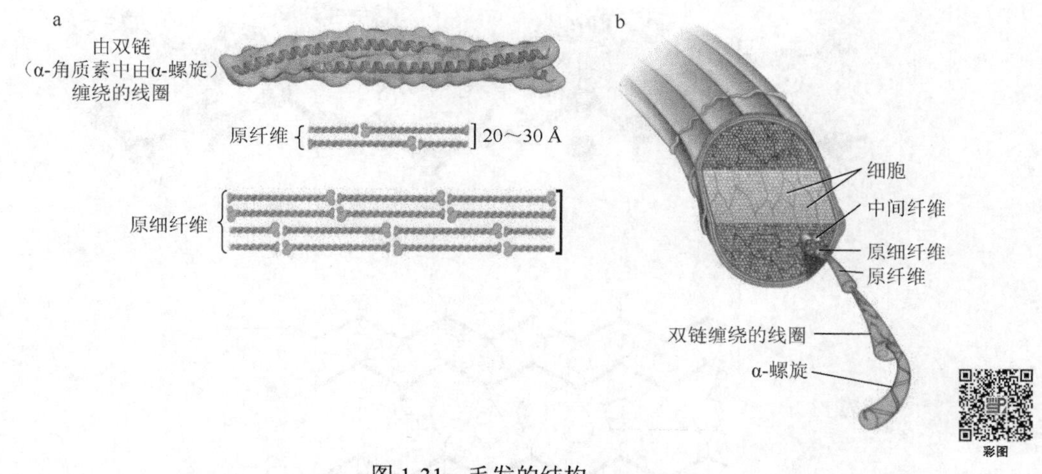

图1-31　毛发的结构

a. 毛发α-角质素是一种延长的α-螺旋，在靠近氨基端和羧基端处含有稍微粗一点的组成元件。成对的α-螺旋以左手螺旋的方式缠绕成双链状线圈，再进一步组合成更高级的结构，称为原纤维与原细纤维。每4条原细纤维（即32股α-角质素）形成一条中间纤维。b. 一根毛发是由许多α-角质素纤丝排列组合而成的，各种次级结构组成元件如图1-31a所示

原纤维之间可以形成二硫键交联，交联程度越高纤维越坚牢。羊毛中的二硫键很少，因而柔软而富有伸缩性；而指甲及鸟喙中角蛋白的二硫键很多，因此特别坚固且不能伸展。

α-角蛋白中富含疏水性氨基酸残基如Ala、Val、Leu、Ile、Met与Phe。在α-角蛋白缠绕的构造中个别多肽链具有简单的三级结构，这是受到螺旋轴心缠绕成左手超螺旋的α-螺旋所支配的。纤维状蛋白质的强度可由多肽链间的共价交叉连接加以强化。

（二）丝心蛋白

丝心蛋白（fibroin）是蚕丝和蜘蛛丝中主要的蛋白质，其中大片的反平行β-折叠片以平行的方式堆积成多层结构。链间主要以氢键连接，层间主要靠范德瓦耳斯力维系。丝心蛋白多肽链很多区段为下列重复排列：Gly-Ala-Gly-Ala-Gly-Ser-Gly-Ala-Ala-Gly(Ser-Gly-Ala-Gly-Ala-Gly)$_8$。可

见整个氨基酸序列中几乎每隔一个残基就是 Gly，意味着 Gly 将全部位于 β-折叠片的同一侧，而 Ser 及 Ala 残基位于片层另一侧，从而使交替叠成的 β-折叠片之间分别为 Gly 残基聚集区和 Ala（Ser）残基聚集区，片层间的距离分别为 0.35 nm 和 0.57 nm（图 1-32）。由于这种结构方式中丝心蛋白多肽链已处于相当伸展的状态，片层内相邻肽链之间有许多氢键，以及片层之间由范德瓦耳斯力维系，因此丝很柔软，有很高的抗张强度却不易拉伸。

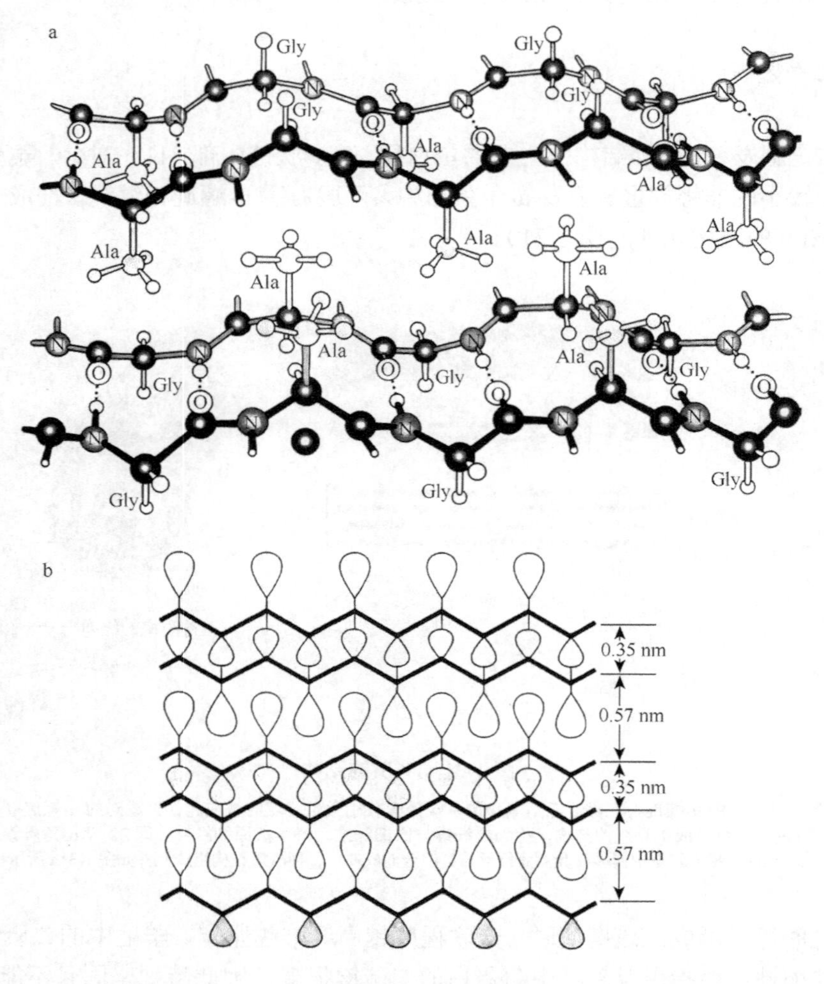

图 1-32　丝心蛋白的结构

a. 堆积的 β-折叠片结构原子模型；b. 片层堆积方式示意图

实际上丝心蛋白中尚含有少量 Val、Tyr 等侧链较大的残基，由它们构成无规则的非晶状区。分子中有序的晶状区与无序的非晶状区交替出现，赋予丝纤维一定的伸展度。

（三）胶原

胶原（collagen）是动物体内含量最丰富的蛋白质，占人体蛋白质总量的 30%以上，遍布于各种组织器官，是胞外基质中的框架结构。迄今已发现 19 种不同类型的胶原，是不同结构基因编码的，具有不同的化学结构和不同的免疫学特性。各种类型的胶原分子基本的结构单位都是由三条肽链构成的三股螺旋结构。以Ⅰ型胶原为例，由三条α_1(Ⅰ)链或两条α_1(Ⅰ)与一条α_2(Ⅰ)链构成。每条α链含1056个氨基酸残基，96%由重复的Gly-X-Y序列组成，X主要为Pro，Y代表任一氨基酸，常为羟脯氨酸（Hyp）。Pro + Hyp可高达20%～25%。特殊的氨基酸序列使胶原单肽链呈左手螺旋，每旋转一圈有3.3个氨基酸残基，螺旋半径0.16 nm，螺距0.95 nm。三股这样的螺旋再相互盘绕成右手超螺旋，螺距9.6 nm，即超螺旋每转一圈，每条单链要经历10个胶原螺旋。三链超螺旋中心的空间很小，除Gly外容纳不下任何其他氨基酸，故三链排列紧密（图1-33）。

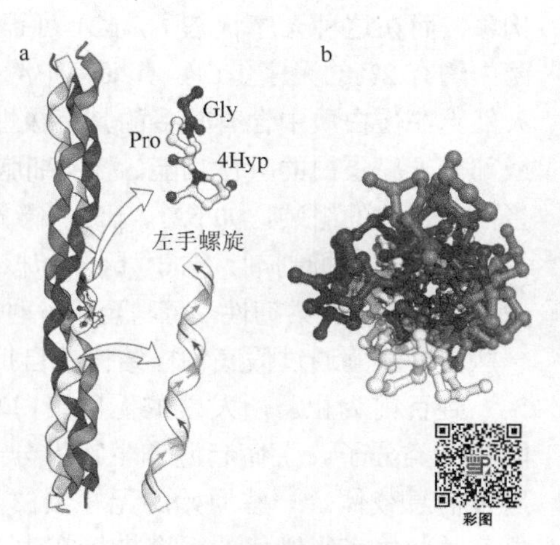

图1-33　胶原蛋白结构示意图

a. 侧面结构图；b. 横截面结构图

新生的胶原肽链称为前α链，两端各具有一段不含重复序列的前肽。三条前α链借助于C端前肽链间二硫键“对齐”排列，形成三链超螺旋结构，称为前胶原（procollagen）。在形成前胶原之前要对Pro和Lys残基进行必要的羟基化修饰，部分羟赖氨酸（Hyl）残基还要糖基化。羟基化的氨基酸有助于链间氢键的形成，稳定三链超螺旋。催化羟基化反应的是膜结合的酶，维生素C是脯氨酰羟化酶必需的辅因子。完成翻译后修饰的前胶原在高尔基体中被包装进分泌小泡运到细胞外。然后由细胞外两种特异蛋白酶分别切除N端和C端前肽而成为原胶原（tropocollagen）。原胶原错位阶梯式排列，并发生链间侧向共价交联，聚合成直径50～200 nm、长150 nm至数μm的原纤维。胶原原纤维中侧向相邻的Lys和Hyl残基氧化后产生的两个醛基可缩合产生醛醇交联。一个原胶原N端与相邻原胶原C端之间也可形成交联。原胶原交联后不溶于水，且具有抗张强度。

八、无序蛋白

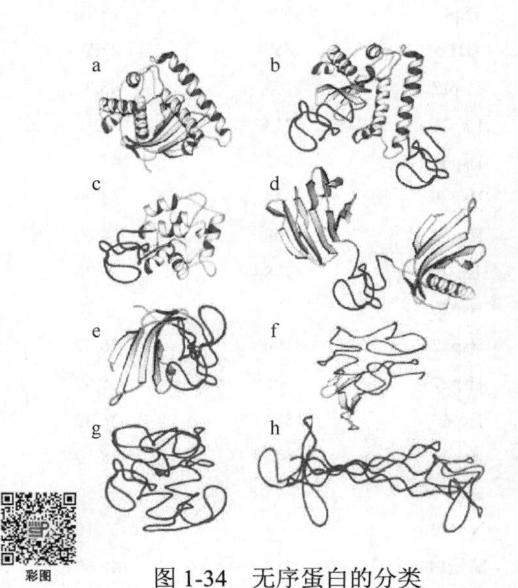

图1-34　无序蛋白的分类

a. 有序蛋白；b～f. 部分无序蛋白；g、h. 完全无序蛋白

研究表明，有些天然蛋白质完全没有或仅有很小一部分形成规整的二级结构元件，整体呈现出伸展、灵活的无序状态，被称为天然无序蛋白质（intrinsically disordered protein）、天然无结构蛋白质（intrinsically unstructured protein）或天生的变性/去折叠蛋白质（natrual denatural/unfolding protein）。根据所含无序结构的多少，可将无序蛋白分为完全无序蛋白（全序列无序）和部分无序蛋白（局部超过30个残基的区域无序）两大类（图1-34）。它们通常具有序列重复性高、亲水性高与带电性及编码基因序列简单的结构特征，同时还具有易结合、空间优越性和高度协调性的生物学优势。

1996年，理查德·W. 克里瓦基（Richard W. Kriwacki）利用核磁共振谱法研究一种阻止细胞疯狂增殖的蛋白质p21，结果发现它完全没有固定的构象，而在这种无序状态下，p21 可正常地行使其功能。无序蛋白广泛分布于各种生物中：古细菌中约有 2%的无序蛋白，真细菌中约有 4.2%，酵母和人分别为 18%和 35%。与有序蛋白相比，天然无序蛋白质中含有较多的具有极性侧链基团的氨基酸残基。迄今，大约已证实了 600 种全部或部分无序蛋白的具体功能，涉及细胞周期的调控、细胞信号转导、转录和翻译的调控及多组分蛋白复合体的组装，如 p27、p53、微管相关蛋白 tau、老年痴呆淀粉样前体蛋白的非 AB 组分、需 Ca^{2+}蛋白酶抑制剂、抗 σ^{28} 因子和核孔复合物中央通道内填充的天然无序蛋白质等。无序蛋白 p27 具有高度的柔韧性，可与至少 6 种不同的蛋白激酶结合并抑制其活性，这种作用方式有点像一些蛋白激酶通过假底物样结构的自抑制结构域或调节亚基抑制活性时的机制。

到目前为止，所发现的无序蛋白功能已超过 30 种，其中伴侣分子是最能体现无序蛋白功能的一类分子。生命起源和生物大分子进化研究显示，RNA 很可能是最原始的生物催化剂和遗传信息载体。一些原始的无序蛋白与 RNA 结合，帮助其正确折叠并维持生物活性需要的构象。对遗传密码进化的研究支持在生命发生早期就形成了无序蛋白的观点。研究表明，无序区域普遍存在于 RNA 伴侣与蛋白质伴侣中，50%的 RNA 伴侣与 36%的蛋白质伴侣分子中含无序结构。常见的含无序结构的 RNA 伴侣和蛋白质伴侣分子见表 1-5。

表 1-5 含无序结构的 RNA 伴侣和蛋白质伴侣分子

RNA 伴侣			蛋白质伴侣		
名称	长度/aa	无序结构占比/%	名称	长度/aa	无序结构占比/%
hnRNPA1	371	35.04	La Ag	408	33.33
hnRNPC1/C2	306	55.23	朊蛋白	253	50.99
hnRNPU	824	46.97	DdRBPl	291	54.98
SF2	247	45.34	IbpA	137	36.50
U2AF65	475	53.26	IbpB	142	30.30
PSF	707	72.70	DnaK	637	40.40
FUS	526	72.62	GroEL	547	45.50
Yralp	226	73.89	HtpG	624	23.70
gBP21	206	23.30	C1Pb	857	47.50
核仁素	706	56.37	Hspl2	109	45.90
p50	324	87.35	Hsp26	213	26.30
FMRP	632	43.04	Hsp60	572	43.50
eIp4B	611	76.60	Hsp70	644	33.90
核糖体 S12	123	60.98	Hsp82	709	24.80
Xlrbpa	298	24.50	Hsp104	908	36.70
Ncp7	71	47.89	Hsp20	175	34.30
Ncp9	59	91.53	Hsp22	196	36.20
I 因子	426	35.92	Hsp27	205	55.60
0RFIpL	357	47.62	Hsp60	573	36.30
TYA1	440	56.36	Hsp70	641	28.10
δ Ag	214	82.71	Hsp90	723	31.50
DnaX	643	40.28	NACP	140	37.10
StpA	134	73.13	酪蛋白	313	40.60
CspA	69	21.74			

天然无序蛋白质的发现颠覆了蛋白质必须在翻译后经历跨膜转位、翻译后修饰和卷曲折叠，形成特定的天然构象，才能具备生物学活性的传统观念，为蛋白质结构与功能研究揭开了新的篇章。

九、生物超分子体系

为了胜任在生物体内的功能，许多蛋白质要进一步组装成比四级结构更为复杂的超分子体系。除了蛋白质外，一些生物超分子体系还包含其他生物大分子，如核酸、糖类和脂类，甚至有某些金属离子和其他小分子物质。按存在状态，生物超分子体系大体上可分为三类：①离散型，如胞液中糖酵解酶系，很可能不同程度地与细胞骨架缔合；②膜结合型，如线粒体内膜上的呼吸链和 F_1-F_0-ATPase 系统、质膜上的信号转导系统等；③紧密的非共价组合型，如 DNA 复制体系、转录起始体系，蛋白酶体、肌肉和鞭毛等运动系统。

生物超分子体系在功能上表现出超过其组分单独存在时各自的功能，呈现出分子机器的特征，其优越性主要表现为：①反应效率高；②获得多样性功能；③集成化组装可产生更高层次的识别反应性；④有利于发挥反馈调节机制；⑤通过分子间集合可使一个信号向多个方向传递，体系内分子组件的组合变化还能实现信号的正负转换、增幅和加速及阻断等功能。因此，生物超分子体系不仅是一个重要的结构层次，而且在一系列重大生命运动中扮演着关键性的角色。

第二节　蛋白质分子结构与功能的联系

了解蛋白质的三维结构是理解蛋白质如何行使其功能的基础。首先，蛋白质功能总是跟蛋白质与其他分子相互作用相联系，被蛋白质可逆结合的其他分子称为配体。蛋白质-配体相互作用的瞬时性质对生命至关重要，因为它允许生物体在内、外环境变化时，能迅速、可逆地做出反应。蛋白质上的配体结合部位与配体在大小、形状、电荷及疏水或亲水性质等方面都是互补的。其次，蛋白质在特定的时空以其特有的结构行使特定的功能，如果发生时空混乱，后果对细胞或机体很可能是灾难性的。例如，胰腺分泌的消化酶原本应在进食后在肠腔内激活，如在胰腺内被激活，则会对胰腺自身造成广泛破坏，导致急性胰腺炎。原癌基因产物对早期胚胎发育是必要的，成年后如果再过度表达则导致癌变。因此，深刻认识蛋白质的时空特征，是从分子水平阐明许多生物学现象的重要基础。

一、肌红蛋白的结构与功能

（一）肌红蛋白的结构

肌红蛋白（myoglobin，Mb）存在于肌肉中，能贮藏 O_2，供生物氧化使用。抹香鲸肌红蛋白是第一个经 X 射线衍射测定出精确三维结构的球蛋白，它的分子包括一条由 153 个氨基酸残基组成的多肽链和一个血红素，其多肽链的氨基酸序列见图 1-35。

V L S E G E W Q L E L H V W A K V E A D
NA1 A1 A5 A10 A16 AB1 B1

25 30 35 40
V A G H G Q D I L I R L F K S H P E T L
B5 B10 B16 C1 C5

45 50 55 60
E K F D R F K H L K T E A E M K A S E D
C7 CD1 CD5 CD8 D1 D5 D7 E1

65 70 75 80
L K K H G V T V L T A L G A I L K K K G
E5 E10 E15 E20 EF1

85 90 95 100
H H E A E L K P L A Q S H A T K H K I P
EF5 EF8 F1 F5 F9 FG1 FG5 G1

105 110 115 120
I K Y L E F I S E A I I H V L H S R H P
G5 G10 G15 G19 GH1

125 130 135 140
G N F G A D A Q G A M N K A L E L F R K
GH6 H1 H5 H10 H15

145 150
D I A A K W K E L G Y Q G
H20 H24 HC1 HC5

图 1-35 抹香鲸肌红蛋白的氨基酸序列

残基符号上面的数字表示其顺序号。下面的线表示螺旋区段，线下面的字母和数字分别表示螺旋区和非螺旋区的名称及氨基酸残基在该区段中的位置

肌红蛋白多肽链中的残基有 75%～80%处于 α-螺旋中，其余为无规卷曲，整个肽链有 8 个长短不一的螺旋段，即 A～H，在侧链基团相互作用下盘曲形成 4.3 nm×3.5 nm×2.3 nm 扁圆的球体。绝大多数亲水残基分布在分子表面，使肌红蛋白可溶于水；疏水残基则埋藏于分子内部。

肌红蛋白分子表面有一狭缝，E 螺旋和 F 螺旋位于狭缝两侧，形成一个疏水微环境。肌红蛋白的辅基血红素就结合在这个狭缝内（图 1-36）。血红素的侧链丙氨酸残基伸到分子表面，在生理 pH 下，它们带负电荷，Fe^{2+}与卟啉环 4 个吡咯 N 配位，F8-His 残基咪唑环 N3 占据第五个配位位置，Fe^{2+}在邻接 His（F8）一侧，距离卟啉平面约 0.03 nm。O_2 占据第六配位位置，在卟啉平面另一侧与血红素可逆地结合。脱氧肌红蛋白中第六配位空置；而在高铁（Fe^{3+}）肌红蛋白中 H_2O 占据这个位置。在狭缝另一边 E7-His 并未与血红素结合，称为远侧组氨酸，靠近第六配位位置（图 1-37）。

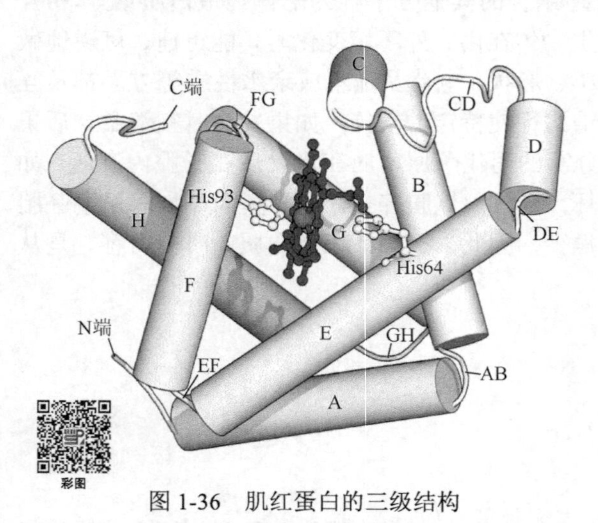

图 1-36 肌红蛋白的三级结构

圆柱体表示 8 个 α-螺旋，被标记为 A～H。α-螺旋相互连接的片段被标记为 AB、CD、EF 等。红色部分为血红素

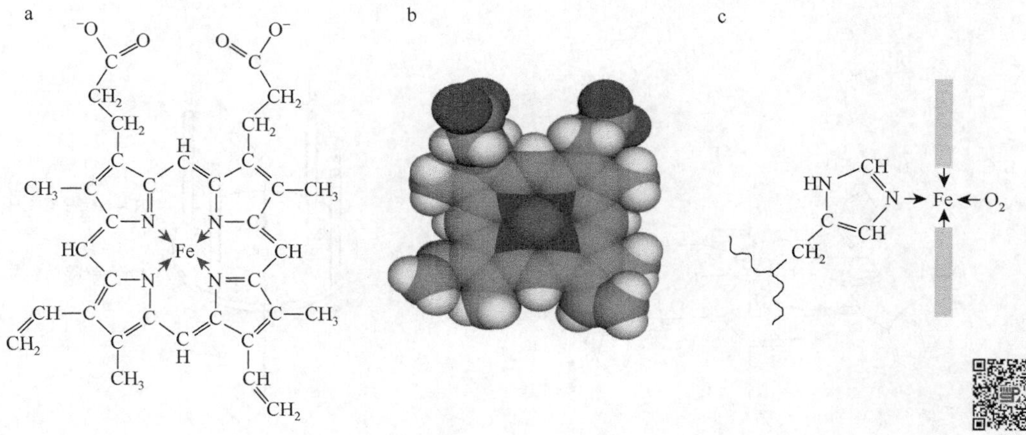

图 1-37　肌红蛋白的结构（a、b）和肌红蛋白中 O_2 的结合部位（c）

肌红蛋白由 3 个外显子编码：外显子Ⅰ编码 1～30（NA1～B2），外显子Ⅱ编码 31～105（B3～G6），外显子Ⅲ编码 106～153（G7～HC5）。研究表明，32～139（B13～H14）的片段与血红素结合关系密切。有人用蛋白酶从去辅基肌红蛋白的 N 端和 C 端各切去一段，制备出相当于 32～139 的多肽，加入血红素后构成微型肌红蛋白，在体外系统能可逆地与 O_2 结合，与天然肌红蛋白相似。就氧合功能而言，1～31 和 140～153 贡献不大，但不排除这些片段在稳定分子结构，促进合成、折叠和运输及种系发生等方面可能发挥着作用。

（二）肌红蛋白的功能

血红素在水中可以短暂地氧合，然后形成血红素-O_2-血红素夹层中间物，很快产生不能氧合的高铁血红素。虽然肌红蛋白中真正与 O_2 结合的是血红素，但是肽链起着围篱作用。由于血红素结合在肽链绕成的疏水狭缝中，远侧 His 的位阻效应防止了夹层复合物的形成，避免了 Fe^{2+} 氧化或流失，使血红素可以长时间可逆地氧合-放氧，完成 O_2 载体的使命。同样是血红素辅基，它在细胞色素中是电子载体，在过氧化氢酶中参与过氧化氢分解为水和氧的催化过程。可见辅基的功能在一定程度上依赖于它所结合的多肽链提供的微环境。

为了给肌红蛋白肽链的围篱作用提供实验支持，詹姆斯（James）和科尔曼（Collman）合成了围篱铁卟啉复合物，在铁卟啉平面一侧有一个咪唑衍生物占据 Fe^{2+} 第五个配位位置，另一侧由疏水侧链基团形成保护 O_2 结合的围篱（图 1-38），它对 O_2 的亲和力与肌红蛋白相仿。

CO 是许多含碳物质不完全燃烧的产物，也是血红素在体内降解的产物之一。游离血红素对 CO 的亲和力比对 O_2 的亲和力大 25 000 倍；而肌红蛋白对 CO 的亲和力仅比对 O_2 的亲和力大 200 倍。这是因为游离血红素与 CO 结合时，C-Fe^{2+} 键与 C≡O 键在一条直线上；而血红素与 O_2 结合时，Fe^{2+}-O 键与 C ═ O 键之间形成 120°的夹角。在肌红蛋白中，远侧 His（E7）的存在对其与 CO 的结合显然会产生更大的位阻效应，结果大大降低了对 CO 的亲和力和 CO 中毒的危险，保证在生理条件下肌红蛋白能有效地履行贮藏和输送 O_2 的功能（图 1-39）。

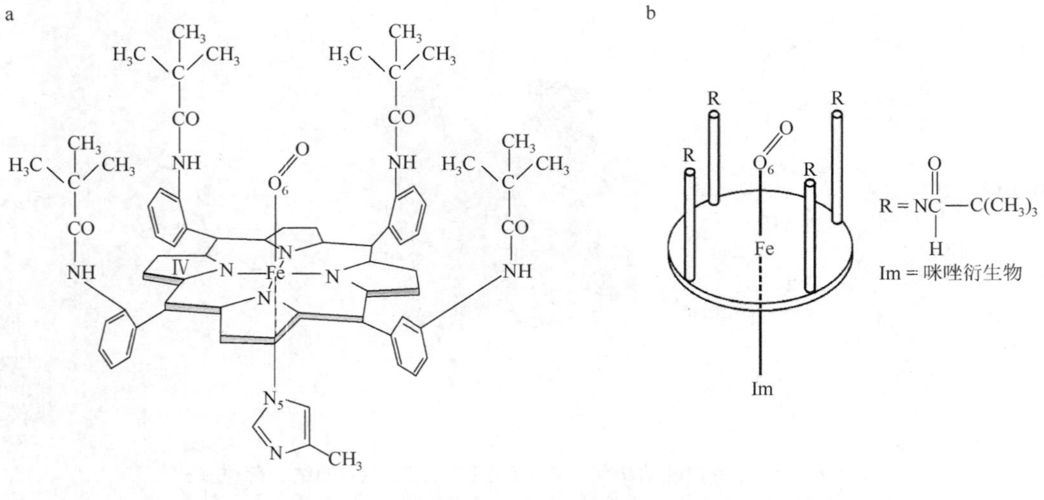

图 1-38　围篱复合物的结构式（a）和围篱复合物氧合示意图（b）

围篱防止了两个这样的卟啉合在一起形成氧化中的主要中间体

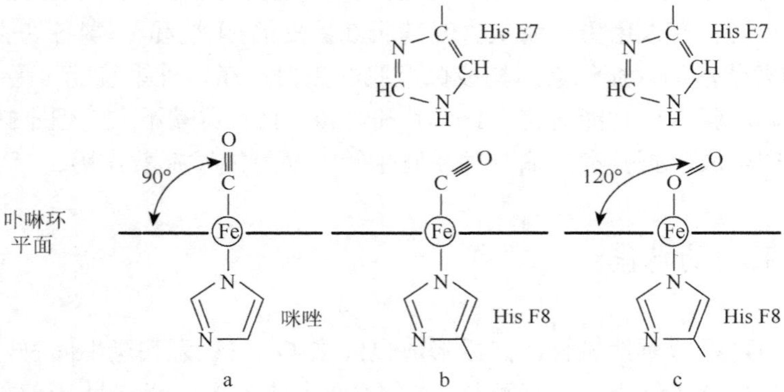

图 1-39　肌红蛋白对 CO 低亲和力的结构基础

a. CO 与游离血红素以直线方式结合；b. CO 与肌红蛋白结合时，远侧 His 的位阻效应大大降低了对 CO 的亲和力；c. O_2 与肌红蛋白的结合

脱氧肌红蛋白中 α-螺旋含量约为 60%，三维结构比较松散，稳定性下降。与血红素结合后，构象发生变化，α-螺旋含量恢复至 75%，分子结构比较紧凑，稳定性也明显提高。这说明血红素辅基对肽链的折叠也有影响。

二、血红蛋白的结构与功能

血红蛋白（hemoglobin，Hb）存在于脊椎动物红细胞中，是运输 O_2 和 CO_2 的工具。Hb 是第一个得到 X 射线衍射结构分析初步结果的蛋白质，也是第一个与生理功能相联系的蛋白质。研究人员从异常血红蛋白一级结构研究中提出了分子病的概念，从 Hb 与 O_2 结合中发现了协同效应，从而成为迄今认识蛋白质结构与功能关系最好的范例。

（一）血红蛋白的结构

血红蛋白由 4 个亚基（$\alpha_2\beta_2$）组成，每个亚基含一条多肽链和一个血红素辅基。α 亚基有 141 个氨基酸残基，称为α-链；β 亚基有 146 个氨基酸残基，称为β-链。二者有 60 个相同，约占 42%，其中有 23 个残基与 Mb 相同。Hb 的亚基与 Mb 的氨基酸序列虽有明显不同，但血红素结合部却非常保守，而且它们的二、三级结构也十分相似，经仔细对比才能发现一些差异（表 1-6）。

表 1-6　血红蛋白 α-链和 β-链与肌红蛋白二、三级结构的异同

肽链区段	肌红蛋白（Mb）	α-链（α）	β-链（β）
A 螺旋	α-螺旋	= Mb	= Mb
AB 非螺旋	非螺旋	A16～B1 不同	少 2 个残基
B 螺旋	α-螺旋	= Mb	= Mb
BC 螺旋	非螺旋	= Mb	= Mb
C 螺旋	α-螺旋	有 3_{10} 螺旋	有 3_{10} 螺旋
CD 螺旋	无规卷曲	都不同于 Mb	CD5～7 不同于 Mb
D 螺旋	α-螺旋	不存在	= Mb
E 螺旋	α-螺旋	无规卷曲	E18～20 为无规卷曲
EF 螺旋	无规卷曲	EF2～5 不同于 Mb	α = β
F 螺旋	α-螺旋	= Mb	= Mb
FG 螺旋	无规卷曲	= Mb	= Mb
G 螺旋	α-螺旋	G1～3 为 3_{10} 螺旋	α = β
GH 螺旋	无规卷曲	≈Mb	GH1～3 不同于 Mb
H 螺旋	α-螺旋（24 个残基）	含 20 个残基	α = β
HC 螺旋	含 5 个残基	含 3 个残基	α = β
残基总数	153	141	146

血红蛋白的 4 个亚基按四面体排布，亚基间凹凸互补，构成一个 6.5 nm×5.5 nm×5.0 nm 的四面体。两个 α 与两个 β 亚基按双重对称轴排布，沿 *X* 或 *Y* 轴旋转 180°，外形相似；沿 *Y* 轴两个 α 与两个 β 亚基间均有空隙，形成中心空穴（图 1-40）。α_1/β_1 或 α_2/β_2 之间的接触面较大，包括 G10～H9 之间以及 B、D 螺旋的 34 个残基，由 17～19 个氢键将其缔合成稳定的二聚体（α_1/β_1 和 α_2/β_2），不受血红素和 O_2 结合的影响。α_1/β_2 或 α_2/β_1 之间的接触面较小，涉及 α_1 的 CD 和 β_2 的 FG 非螺旋区中 19 个残基，将两个二聚体缔合为四聚体，此种结合易受 O_2 和血红素结合的影响。

在脱氧血红蛋白中，亚基间的静电相互作用（图 1-41），以及分子中心空穴周围两个 β-链的 N 端-NH_3^+、Lys-82（EF6）、His2 和 His143（HC1）共 8 个正电荷与空穴中的效应剂分子 2, 3-二磷酸甘油酸（BPG）之间的静电相互作用（图 1-42）对稳定脱氧血红蛋白的四级结构发挥着重要作用。这些静电相互作用在血红蛋白氧合后不复存在。

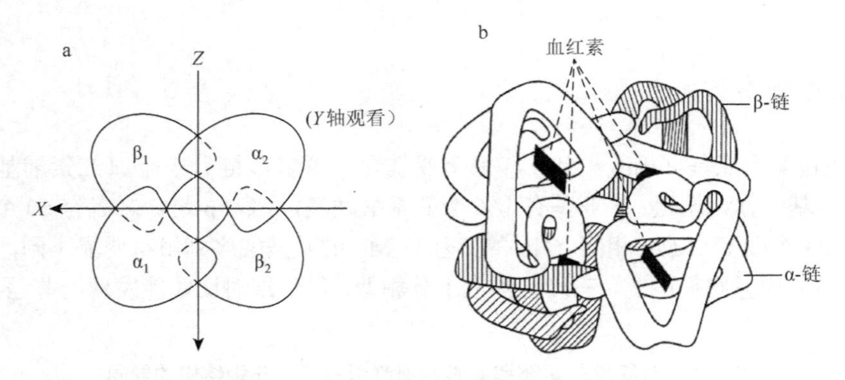

图 1-40 血红蛋白分子的四级结构

a. $\alpha_2\beta_2$ 四面体排布示意图；b. 氧合血红蛋白的四级结构

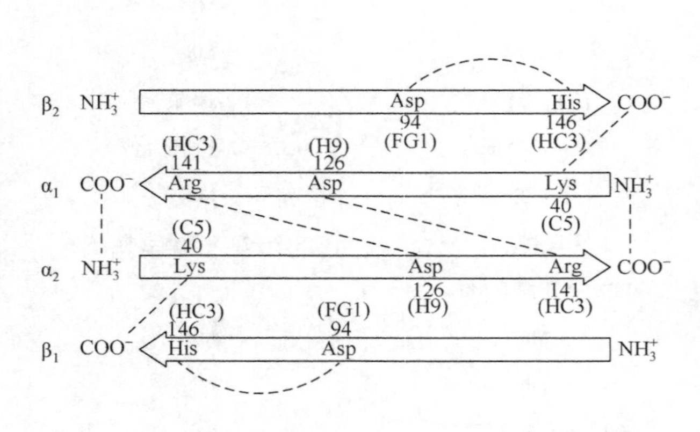

图 1-41 脱氧血红蛋白中亚基间的静电相互作用

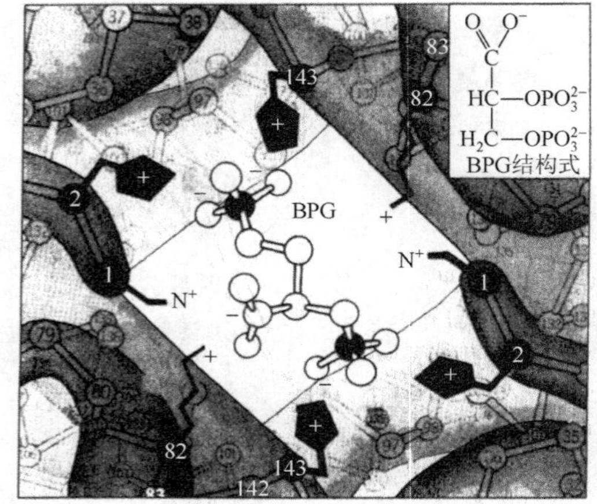

图 1-42 BPG 与脱氧血红蛋白分子中心空穴周围正电荷的相互作用

（二）血红蛋白的变构效应

Mb 和 Hb 均为贮藏和运输 O_2 的载体，Mb 是单体，Hb 为四聚体，在氧分压较低时 Mb 对 O_2 的亲和力远大于 Hb，如以 P_{50} 表示一半结合部位被 O_2 饱和时的氧分压，Hb 的 $P_{50}=26$ Torr①，Mb 的 $P_{50}=1$ Torr。

$$\mathrm{Mb}+\mathrm{O_2} \rightleftharpoons \mathrm{MbO_2}$$

设 K 为 MbO_2 解离常数，则 $K=\frac{[\mathrm{Mb}][\mathrm{O_2}]}{[\mathrm{MbO_2}]}$；若 Y 为 Mb 氧饱和度，则 $Y=\frac{[\mathrm{O_2}]}{[\mathrm{O_2}]+K}$；

用 P_{O_2} 代替$[O_2]$，P_{50} 代替 K，上式可改写为

$$Y=\frac{P_{O_2}}{P_{O_2}+P_{50}}$$

① 1 Torr = 1.333 22×10^2 Pa

这是一个典型的双曲线方程。

对 Hb 来说，

$$Hb + nO_2 \rightleftharpoons Hb(O_2)_n$$

$$Y = \frac{\left(P_{O_2}\right)^n}{\left(P_{O_2}\right)^n + (P_{50})^n}, \quad 或 \quad \frac{Y}{1-Y} = \left(\frac{P_{O_2}}{P_{50}}\right)^n$$

取对数

$$\lg\left(\frac{Y}{1-Y}\right) = n\lg P_{O_2} - n\lg P_{50}$$

上式即希尔方程（Hill equation），是一个直线方程，当 $Y=0.5$ 时，n（斜率）值即希尔系数。Mb 的 $n=1$，Hb 的 $n=2.8$，表明 Hb 与 O_2 结合存在协同效应（或变构效应），即先结合的 O_2 影响同一分子中空闲的 O_2 结合部位对后续 O_2 的亲和力。若以纵坐标表示 Y，横坐标表示 P_{O_2}，Mb 的氧合曲线为双曲线，Hb 的是 S 形曲线（图 1-43）。

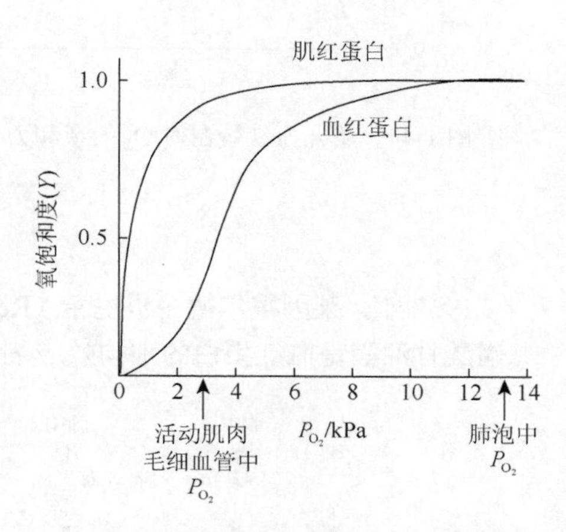

图 1-43　Mb 和 Hb 的氧合曲线

Hb 的氧合曲线反映了 HbO_2 的解离特征，即在氧分压较高的区间，只有很少 HbO_2 解离，表现为 S 形曲线上段；在氧分压很低时，只剩下不多的 HbO_2 缓慢地解离，表现为 S 形曲线下段；只有在 S 形曲线中段相应的氧分压区间，HbO_2 随 P_{O_2} 下降快速解离。如果肺泡中 $P_{O_2}=100$ Torr，活动肌肉毛细血管中 $P_{O_2}=20$ Torr，$P_{50}=30$ Torr，$n=2.8$，在肺泡中 $Y=0.97$，在活动肌肉毛细血管中 $Y=0.25$，二者之差 $\Delta Y=0.72$，即在此条件下血液从肺泡流到活动肌肉中将释放所携带的 72%的 O_2。假如没有协同效应，即 $n=1$，其他条件不变，那么 $Y_{肺泡}=0.77$，$Y_{毛细血管}=0.41$，$\Delta Y=0.36$，可见在同样条件下协同效应使 Hb 的 O_2 释放量增加一倍。实际测算结果表明，P_{O_2} 从 100 Torr 降至 20 Torr，MbO_2 只释放 10%的 O_2。显然，血红蛋白适合于从肺泡到组织的 O_2 运输，肌红蛋白则适合于通过组织间液从血液接受 O_2，将它储藏在细胞内备用。

人体的血红蛋白除 HbA（$\alpha_2\beta_2$）外，还有 HbA_2（$\alpha_2\delta_2$）和 HbF（$\alpha_2\gamma_2$）。β、γ、δ 链的一级结构仅有个别氨基酸不同，二、三级结构非常相似。成人血液中 HbA_2 仅占 2%，HbF 不到 1%，而胎儿血液中 HbF 是主要血红蛋白，在足月的新生儿血液中 HbF 占 70%～80%。在生理条件下，HbF 对 O_2 的亲和力大于 HbA，使得胎儿通过胎盘循环从母体得到 O_2（图 1-44）。

Hb 对 O_2 的亲和力对 pH 和[CO_2]的变化敏感，pH 下降时，Hb 对 O_2 的亲和力降低，HbO_2 解离曲线右移，S 形渐趋向双曲线型。实际上血液 pH 变化很小，而[CO_2]增大同样导致 Hb 对 O_2 的亲和力下降。Hb α 链 N 端氨基可逆地与 CO_2 结合。在代谢活跃的组织中，[CO_2]增大或 pH 下降促进 HbO_2 释放 O_2，而 O_2 的释放又促进 Hb 与 CO_2 结合，这种现象称为波尔效应（Bohr effect）（图 1-45）。

$$HbO_2 + CO_2 + H^+ \underset{在肺泡中}{\overset{在代谢活跃的组织中}{\rightleftharpoons}} Hb\begin{matrix} H \\ CO_2 \end{matrix} + O_2$$

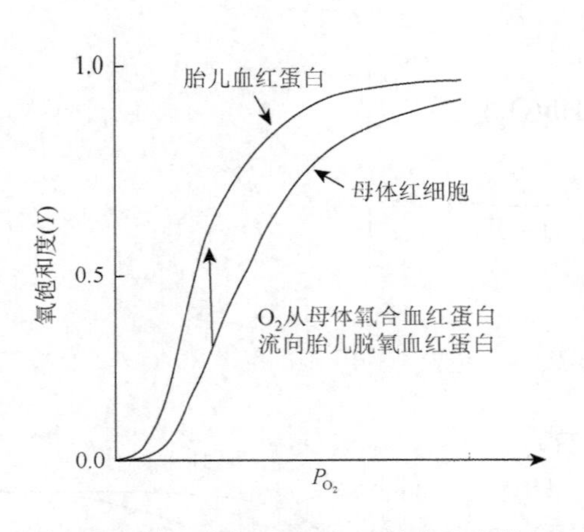

图 1-44 胎儿血红蛋白对 O_2 的亲和力情况

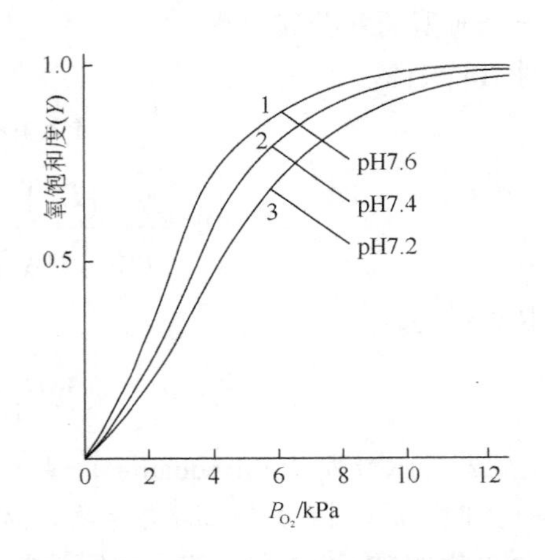

图 1-45 pH 和 CO_2 分压对 HbO_2 解离曲线的影响

1. pH7.6（P_{CO_2} = 25.5 mmHg，1 mmHg = 0.133kPa）；2. pH7.4（P_{CO_2} = 39.7 mmHg）；3. pH7.2（P_{CO_2} = 61.3 mmHg）

1967 年，莱因霍尔德·贝尼希（Reinhold Benesch）和鲁思·贝尼希（Ruth Benesch）发现 2, 3-二磷酸甘油酸是血红蛋白的别构效应剂。在人的成熟红细胞中[Hb]≈[BPG]，每个 Hb 在其中央空穴结合 1 分子 BPG，通过与周围正电荷基团的相互作用使 Hb 的四级结构更趋稳定（图 1-42）。如果没有 BPG，Hb 的氧合就不存在协同效应，在生理条件下，BPG 的结合使 Hb 对 O_2 的亲和力下降到 1/26。在某些内外因素影响下净输氧量下降时，机体可通过调整 BPG 浓度进行补偿。例如，肺气肿患者因支气管气流受阻，Hb 不能充分氧合，动脉血 P_{O_2} 仅为 50 Torr，只有正常值的一半。由于 BPG 浓度从 4.5 mmol/L 升至 8.0 mmol/L，P_{50} 从 26 Torr 升至 31 Torr，动脉 O_2 饱和度从 0.86 变到 0.82，静脉 O_2 饱和度从 0.60 变为 0.49，因此净输 O_2 量 ΔY 从 0.26 增至 0.33。又如，一个人从海拔 0 m 到海拔 4500 m 时，48 h 内他的红细胞中[BPG]从 5 mmol/L 增至 8 mmol/L，净输 O_2 量相应增大（图 1-46）。γ 亚基 HC 螺旋的第一个残基是 Ser 而不是 His，不能与 BPG 形成盐键，致使胎儿血红蛋白 HbF（$\alpha_2\gamma_2$）对 BPG 的结合力小于 HbA（$\alpha_2\beta_2$），因此对 O_2 的亲和力较高。

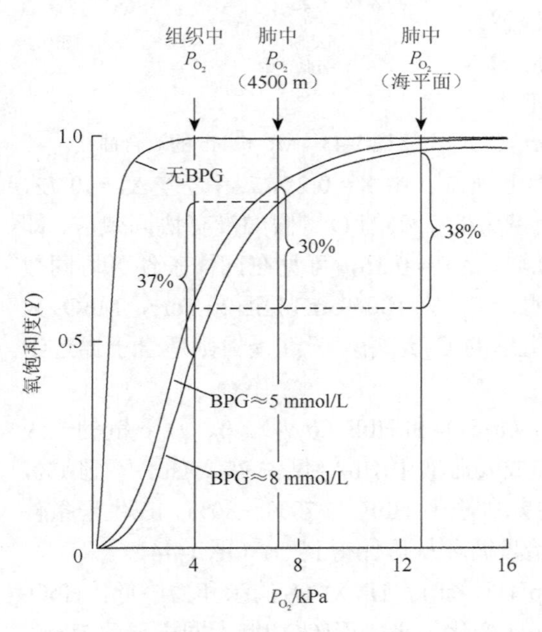

图 1-46 BPG 对 Hb 氧合曲线的影响

（三）血红蛋白别构效应的分子机制

Hb α 亚基的单体具有对 O_2 的高亲和力，氧合曲线为双曲线，与 Mb 极为相似。孤立的 β 亚基易形成四聚体，β_4 被称为 HbH，没有 HbA 的变构效应。因此，血红蛋白的别构性质来源于亚基间的相互作用。

1. 氧合中血红素铁原子的变化

在脱氧血红蛋白中，由于连接血红素的 F8-His 咪唑环与血红素卟啉环间的位阻斥力，以及血红素铁外层电子处于高自旋状态，半径较大，不能进入卟啉环中央小孔，而离开卟啉平面约 0.06 nm；同时血红素向 F8-His 方向稍微隆起，呈现圆顶状（图 1-47）。在氧合过程中，铁外层电子变成低自旋状态，半径缩小了 13%，移动 0.06 nm，进入卟啉平面中央小孔，血红素完全呈平面状态。血红素的状态既受 O_2 结合的影响，又依赖于 Hb 整体的四级结构。

2. 亚基三级结构的变化

在血红蛋白亚基中，血红素及 F8-His 与邻近的 15 个侧链基团有紧密的联系。因此，氧合过程中铁原子的位移牵动 F8-His、F 螺旋、EF 和 FG 片段等的位移（图 1-48）。F 螺旋向 H 螺旋移动，二者之间的空隙变小，迫使 HC2 的 Tyr 侧链从空隙中移开，导致链间盐键的断裂。这样，血红素上氧合引起的变化，触发亚基内部的构象改变，导致亚基界面上的结构改变。

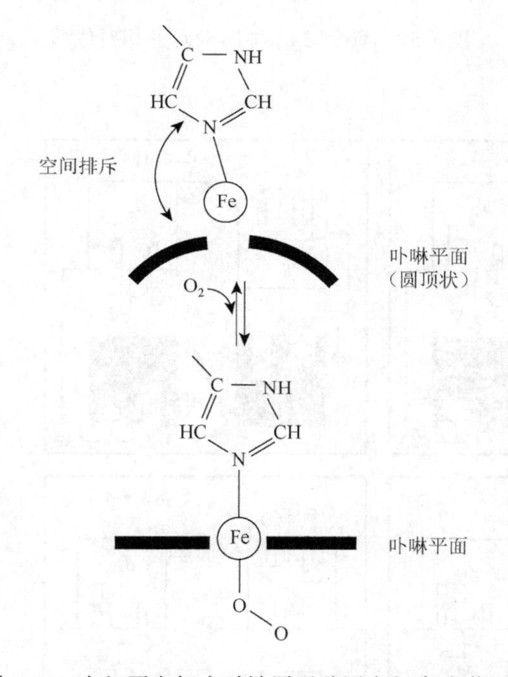

图 1-47　血红蛋白氧合时铁原子移近血红素卟啉平面

近侧组氨酸（F8）与铁原子一起被拉动，
Fe-N 键变成垂直于血红素卟啉平面

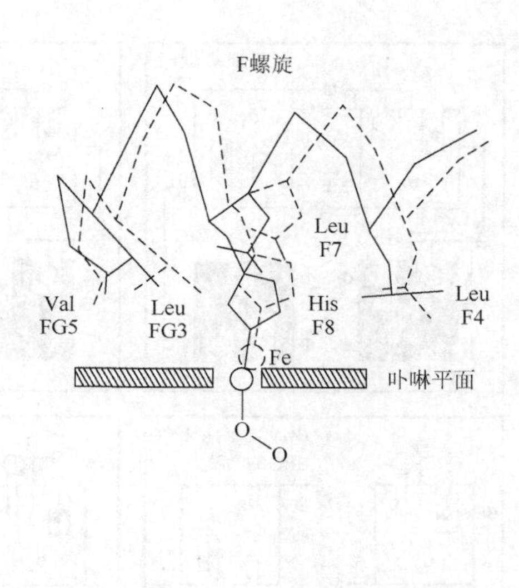

图 1-48　氧合过程中铁原子位移引发的构象改变

虚线代表氧合前的位置，实线表示氧合后的位置

3. 四级结构的变化

氧合引发的构象变化传递到亚基界面上，促使两个原体（$\alpha_1\beta_1$）与（$\alpha_2\beta_2$）相对旋转 15°，平移 0.08 nm（图 1-49）。脱氧状态时 α_1 亚基 C7-Tyr42 酚基与 β_2 亚基 G1-Asp99 羧基间的氢键，在氧合引起的亚基位移中被破坏，而在 α_1 亚基 G1-Asp94 的羧基与 β_2 亚基 G4-Asn102 酰胺基间产生 1 个新的氢键（图 1-50）。氧合过程中亚基的旋转和位移，使维持四级结构的盐键断裂，两个 β 亚基的铁原子间的距离从 3.99 nm 减为 3.31 nm，分子中央空穴变小以致容纳不下 BPG。盐键的断裂也引起 β 亚基的构象改变，如 E11-Val 侧链移开，解除了 O_2 结合的空间位阻。按照序变模型，上述血红蛋白氧合过程变构效应的机制概括于图 1-51。

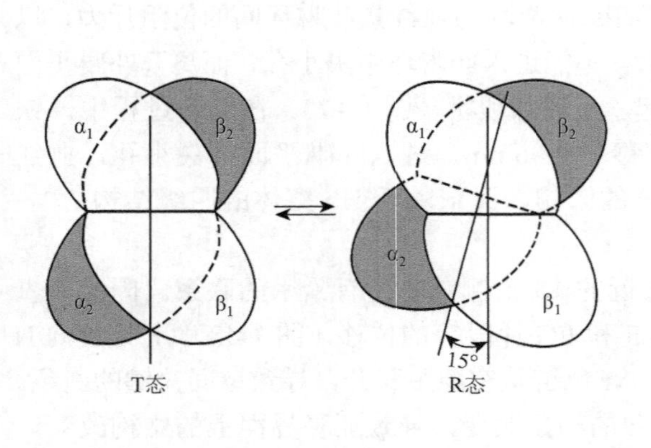

图 1-49　氧合过程中血红蛋白四级结构的变化图

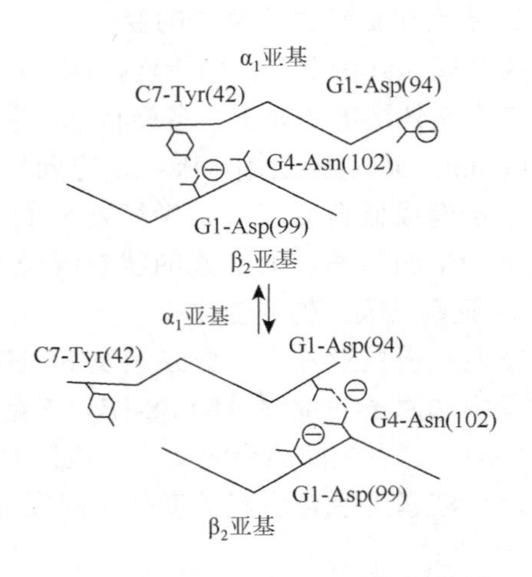

图 1-50　氧合时 α_1 与 β_2 亚基的相对位移

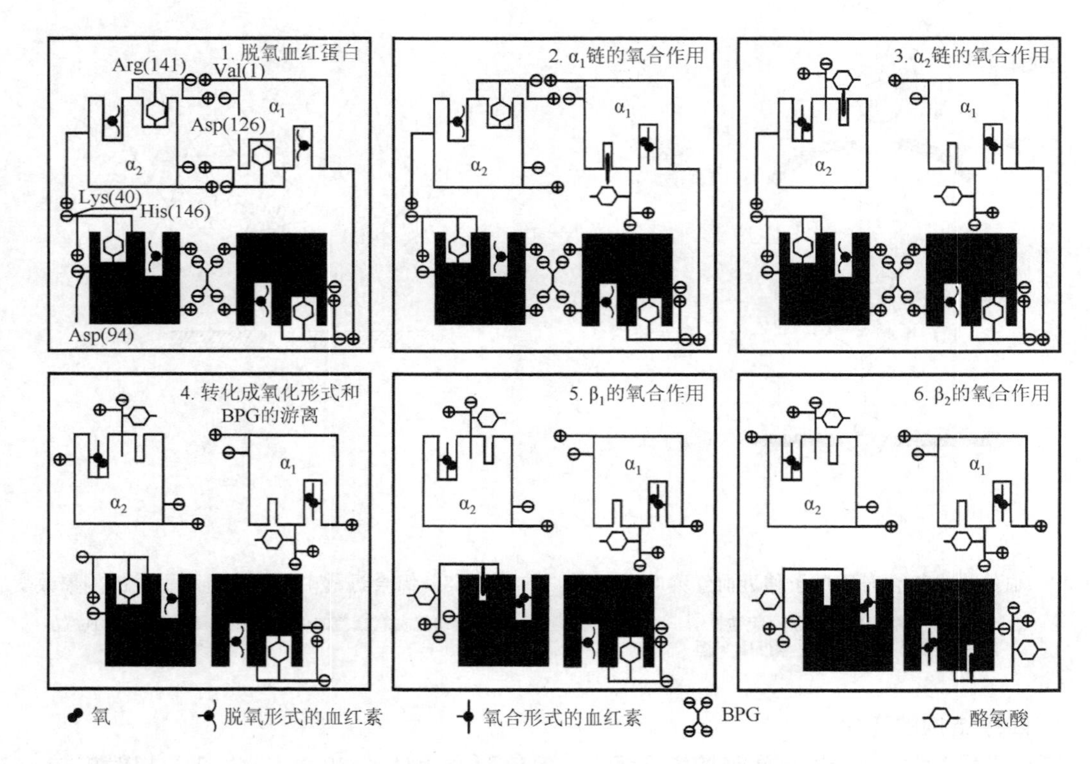

图 1-51　血红蛋白氧合过程中构象变化

BPG. 2, 3-二磷酸甘油酸

（四）异常血红蛋白

编码血红蛋白多肽链的基因发生突变，导致个别氨基酸取代、缺失，肽段融合、延长甚至整个肽链的缺失，形成 300 种以上的异常血红蛋白。由于取代发生的位置、范围、性质各不相同，对血红蛋白结构和正常功能的影响也有所不同，有的异常血红蛋白结构和功能均无重大改变，有些异常血红蛋白的结构发生显著变化而导致疾病，因此，对于阐明蛋白质结构与功能的联系极有参考价值。根据变异的性质，可将异常血红蛋白分为以下 4 类。

1. 分子表面发生变异的 Hb

分子表面发生取代的异常 Hb 已发现 100 多种，绝大多数不影响 Hb 的稳定性和功能，在临床上是无害的。但有少数可引起临床症状，尤其是镰状细胞贫血，患者红细胞含异常的 HbS，红细胞呈镰刀形，易破碎，寿命短，从而导致严重的贫血，甚至危及生命。现已查明，镰状细胞贫血患者编码球蛋白 β 链的基因有 1 个碱基突变（T→A），导致 β6（A3）的 Glu 被 Val 取代，致使 HbS 比 HbA 少 2～4 个负电荷，pI 从 6.68 增至 6.91，在脱氧状态下溶解度仅为 HbA 的 1/25。Val 取代 Glu 使 HbS 每个亚基外侧产生一个黏斑，而脱氧 HbS 还有与黏斑互补的部位，互相黏结，形成细长的脱氧 HbS 聚合体（图 1-52）。几股这样的聚合体盘旋缠绕，在电镜下可见直径为 17 nm 和 21.5 nm 的两种纤维。直径 21.5 nm 的螺旋纤维更常见，有 14 股螺旋纤维。这些纤维使红细胞变成易碎的镰刀形。红细胞破碎后释放出 HbS 纤维，使血液黏度增大，血流不畅，小血管阻塞，造成供 O_2 不足，更进一步恶性循环地导致形成更多的镰状细胞。被释放的 HbS 随即被降解，造成严重的贫血，最后危及生命。纯合子（HbS/HbS）患者红细胞中 HbS 含量高达 95%以上，多于成年前夭亡；杂合子（HbS/HbA）患者红细胞中 HbS 含量约为 35%，一般不表现严重的临床症状，但在高海拔进行重体力活动或麻醉均可能引发红细胞镰刀化。镰状细胞贫血是第一个证实的单一基因中一个等位基因点突变导致蛋白质分子变异而造成的分子病。

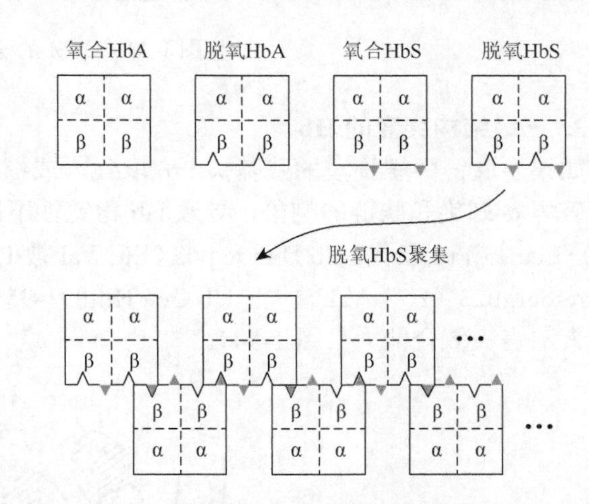

图 1-52　脱氧 HbS 形成细长的螺旋纤维（Berg et al.，2019）
三角形表示黏斑，缺口表示黏斑互补部位

2. 血红素结合部位发生变异的 Hb

Hb 每个亚基都有一个结合血红素的疏水性裂隙，除结合血红素的 F8-His 和 E7-His 外，其余与血红素接触的 19 个残基有 15 个是疏水残基。上述残基发生取代涉及血红素的结合及 Hb 的稳定性。影响的大小和临床症状的严重程度取决于取代残基的性质。例如，HbM 中 E7-His 或 F8-His 被 Tyr 取代，带负电荷的酚羟基与 Fe^{3+}形成络合物，把血红素锁定在高铁（Fe^{3+}）状态，从而丧失结合 O_2 的能力。纯合子 HbM 几乎总是致死的，杂合子 HbM 只有一半血红素与 O_2 结合，造成供 O_2 不足，发绀和继发性红细胞增多。HbM-Milwaukee-1 虽是 β 链的 Val67（E11）被 Glu 取代，但它与 E7 在螺旋同一侧，Glu 的侧链羧基负电荷也能与 Fe^{3+} 络合，把血红蛋白定格在高铁状态，并将 E7-His 挤出血红素裂隙（图 1-53）。另外，Hb Bristol β 链 67 位的 Val 被 Asp 取代，其侧链负电荷与 E7-His 的咪唑基正电荷形成盐键，使血红素裂隙遭到破坏，产生高度不稳定的 Hb 和严重的先天性亨氏小体溶血性贫血（CHBHA）。Hb Hammersmith 则是由于 β 链血红素裂隙入口处的 Phe42（CD1）被亲水的 Ser 取代，水进入空穴，阻碍血红素的结合。

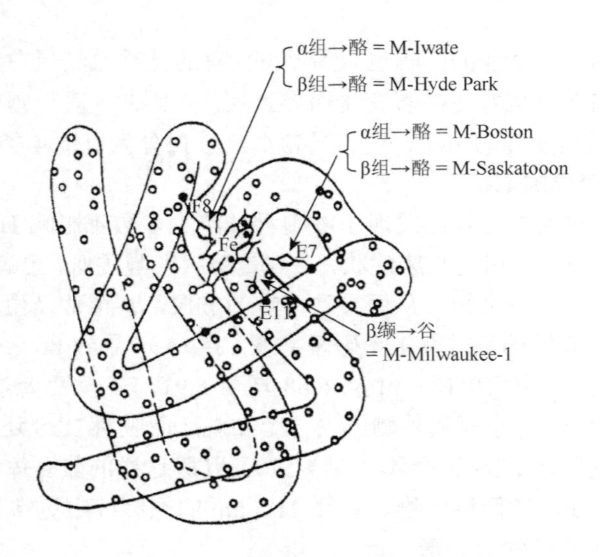

图 1-53 HbM 的氨基酸取代

3. 三级结构突变的 Hb

如果多肽链中螺旋段的残基被 Pro 取代，或螺旋段及非螺旋拐弯处缺失一个或多个残基，均可破坏 α-螺旋和肽链的构象，导致 Hb 稳定性下降，丧失 O_2 结合能力。例如，Hb Genoaβ26（B10）Leu 被 Pro 取代；Hb Duarte β62（E6）Val 被 Pro 取代，致使 Hb 不稳定和严重的 CHBHA。Hb Freiburgβ23（B7）Val 缺失，Hb Gen Hillβ91-95（F7-FG2）缺失，使构象被破坏，不能结合血红素，丧失氧合能力（图 1-54）。

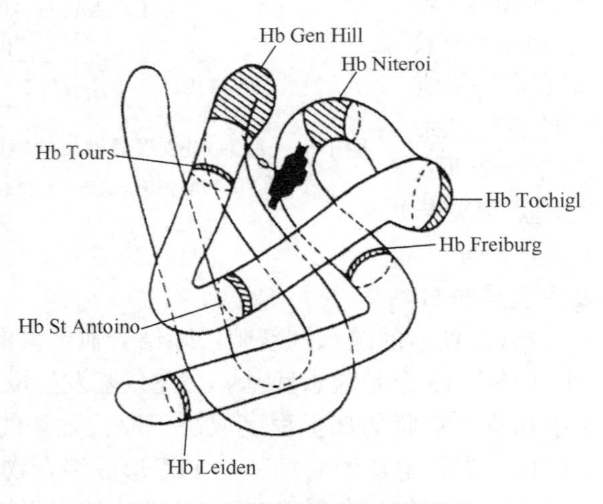

图 1-54 β 链上氨基酸残基缺失

4. 四级结构突变的 Hb

Hb 氧合前后四级结构发生明显改变，α_1/β_2 或 α_2/β_1 发生位移，因此亚基界面上的突变易造成变构效应的丧失，出现异常的氧亲和力（参考图 1-50）。例如，Hb Uakima 和 Hb Kqempsey、Hb Radclife 的 β 亚基 99（G1）Asp 分别被 His、Asn 和 Ala 取代，导致脱氧 Hb 稳定性降低，O_2 亲和力升高。Hb Kansasβ 亚基 102（G4）Asn 被 Thr 取代，氧合态 Hb 的构象被破坏，O_2 亲和力下降，患者动脉 O_2 饱和度仅为 0.6 而不是正常的 0.97，因而明显发绀。

第三节　蛋白质天然构象的形成与分子伴侣

一、蛋白质天然构象的形成

普遍认为，蛋白质的天然构象是其在特定环境中能量较低的亚稳态构象。天然构象的形成显然不是随机过程，而是在特定的氨基酸序列中各种基团相互作用及与环境因素相互作用下，遵循热力学和动力学规律的过程。研究蛋白质卷曲过程不仅具有重要的学术价值，随着生物技术的发展，如何使工程蛋白质复性，也需要这方面的知识。

（一）蛋白质卷曲密码的复杂性

多肽链的氨基酸序列包含指导它折叠成天然构象的信息，这已是确定无疑的事实。但是，蛋白质卷曲密码比三个碱基决定一个氨基酸的遗传密码要复杂得多。前面提及的 RNase 变性-复性实验表明，它的氨基酸序列包含指导其正确折叠和 4 个二硫键正确匹配的信息。而枯草杆菌蛋白酶变性之后却不能复性，因为它的前体在成熟时将 N 端部分片段切掉了，表明被切去的 N 端片段含有指导酶原正确折叠的重要信息。另外，蛋白质的三维结构比一级结构有较强的保守性。例如，已测定了从细菌到高等动植物上百种不同生物的细胞色素 c 的氨基酸序列，在 104～112 个残基中，与人相比最多有 45 个残基不同，但它们的三维结构和功能都是一样的，表明蛋白质卷曲密码具有简并性。与此形成对照，氨基酸序列相同的片段在不同蛋白质中呈不同的二级结构。例如，-KVLDA-在前白蛋白中呈 β-折叠，在碳酸酐酶中却呈 α-螺旋，表现出蛋白质卷曲密码的多义性。因此，多肽链的卷曲、折叠，既取决于特定肽段的氨基酸序列特征，还受相邻链段、远端肽段甚至环境因素的影响，称为蛋白质卷曲密码的全局性。目前，根据氨基酸序列预测其三维结构的方法不下 20 种，成功率最高可达 75%。

人工智能的时代正在加速到来，AlphaFold2 的出现对于生命科学来说无疑是一次巨大的进步，AlphaFold2 可以利用蛋白质序列把蛋白质的三维结构准确地预测出来。生物学家可以从结构角度解释更多的现象。由 DeepMind 公司开发的人工智能软件 AlphaFold2，通过实验解析的结构数据库来进行训练。AlphaFold2 由 182 个受到神经网络训练的处理器组成的网络驱动，DeepMind 公司对人体中发现的 35 万种蛋白质做了同样的实验，占所有已知人类蛋白质的 44%。他们预计他们的数据库将增加到 1 亿种蛋白质，涵盖到几乎所有物种，是现有蛋白质总数的一半。

（二）蛋白质卷曲途径

有关蛋白质卷曲过程的起始、卷曲中间态和卷曲途径的研究已取得不少进展，提出了许多假说或模型。我国著名科学家邹承鲁提出：新生肽链在翻译尚在进行中时即开始卷曲，随着肽链的延伸不断调整其空间构象，直至合成结束后达到天然构象。其中既有伴翻译（co-translational）又有翻译后（past-translational）过程。卷曲过程在伸展的肽链上几个能形成二级结构或疏水簇的位点上开始，形成与伸展态快速互变的不稳定的局部构象。在 0.01 s 内，这些局部结构因素非专一地扩散、碰撞、黏结，形成较大的结构，稳定性也有所增强。接着，进一步卷曲形成一系列含有稳定的二级结构和疏水核的卷曲中间态，称为熔球态（molten globule state），约需 1 s。最后，进一步卷曲、调整，形成天然构象，包括二硫键的重排和脯氨酸残基的顺反异构等慢反应。

蛋白质的三维结构是多肽链上各个单键旋转自由度受到各种限制的最终结果。这些限制包括肽键的刚性平面性质，C_α-C 和 C_α-N 键旋转的可允许角度，肽链中疏水基团和亲水基团的数目与位置，带电荷基团的数目、性质和位置，以及溶剂和其他溶质等。在这些限制因素下，通过 R 基团的相互作用，以及 R 基团与溶剂和其他溶质分子的相互作用，最后达到平衡，形成了在一定条件下热力学上较为稳定的空间结构。

（三）卷曲所需的有关蛋白因子

在活体内，蛋白质的卷曲还需要两类有关蛋白因子的参与：一类可加速卷曲过程的慢反应，如蛋白质二硫键异构酶、肽基脯氨酰顺反异构酶等，帮助蛋白质克服卷曲中的限速步骤，大大减少新生肽链的水解和卷曲中间体的聚集。蛋白质二硫键异构酶具有广泛的底物专一性，因而能加速多种含二硫键的蛋白质的折叠。通过二硫键的改组（shuffling），蛋白质二硫键异构酶能使靶蛋白迅速找到热力学上最稳定的配对方式，极大地加速了蛋白质形成天然构象的进程。肽键绝大多数呈反式构象，但是脯氨酸参与形成的肽键约有 6%呈顺式构象。脯氨酰异构化是体外许多蛋白质折叠的限速步骤。自发的异构化很慢，因为肽键具有部分双键性质。肽基脯氨酰顺反异构酶与靶蛋白形成的过渡态中，肽键发生扭转，C-N 键的单键性质增强，异构化的活化能降低，从而加速了顺反异构化。另一类参与多肽链的伸展与再卷曲，稳定和保护卷曲中间态，促进其跨膜运输，称为分子伴侣（molecular chaperone）。

二、热激蛋白与分子伴侣

1974 年，蒂西雷斯（Tissierres）等发现果蝇（*Drosophila* sp.）的热激蛋白（heat shock protein，Hsp），随后在许多原核生物和包括植物在内的大批真核生物内都发现了 Hsp。Hsp 是多基因家族编码的产物，其表达包括组成型和胁迫诱导两种形式，除热休克外，寒冷、盐、重金属、醇、亚砷酸、葡萄糖饥饿、氨基酸类似物等均可诱导 *Hsp* 基因表达。*Hsp* 基因表达有组织专一性，与生物对热冲击的耐受性有关，在不同生物中诱导 *Hsp* 基因表达的分子机制也有许多相似之处。真核（在一定程度上包括原核）生物主要的 *Hsp* 呈现高度同源性，表明其功能对生存是基本的、必要的。

1978 年，拉斯基（Laskey）小组发现核质蛋白（nucleoplasmin）可帮助核小体组装，提出分子伴侣的概念。1989 年，埃利斯（Ellis）和赫明森（Hemmingsen）将分子伴侣定义为：结合并稳定靶蛋白不同的不稳定构象，通过控制与靶蛋白的结合/释放，推动其在活体内正确地折叠、组装、运输到位，或控制其在活化/钝化构象之间转换，但并不构成靶蛋白组成部分的蛋白质。分子伴侣包括核质蛋白、Hsp、伴侣蛋白（chaperonin）、新生多肽缔合复合物（NAC）和触发因子。

（一）热激蛋白的分类

按照分子量，可将热激蛋白划分成以下几类。

1. Hsp70 族

Hsp70 族广泛分布于各种生物和真核细胞内各区隔，是多基因编码的产物，有组成型（Hsc70），也有热诱导型（Hsp70）。酵母（*Saccharomyces cerevisiae*）有 8 个 *Hsp70* 基因，*Ssa1*～*Ssa4* 编码胞液 Hsp70，*Ssc1* 编码线粒体 Hsp70，*KAR2* 编码内质网（ER）的 Hsp70，*Ssb1* 和 *Ssb2*

未定位。拟南芥属（*Arabidopsis*）有 12 个 *Hsp70* 基因。大肠杆菌（*Escherichia coli*）高水平组成型表达 DnaK，动物 Hsp70 多为热诱导型。人和玉米、大豆、豌豆、衣藻、矮牵牛、拟南芥等细胞溶胶 Hsp70 与酵母 Ssa1 的氨基酸序列同一性约为 75%，相似性达 91%。Hsp70 都有一个高度保守的 N 端 ATPase 功能域，C 端结构域为靶蛋白结合区，保守性较低。牛 Hsp70 的 N 端 ATPase 功能域约为 44 kDa，与球形的 G-肌动蛋白相同；C 端与人的主要组织相容性复合体（major histocompatibility complex，MHC）蛋白相似，有一个肽底物结合槽。

2. Hsp60 族和 TRiC 族

Hsp60 族和 TRiC 族又被称为伴侣蛋白或 cpn60。细菌伴侣蛋白 GroEL 是噬菌体组装必要的寄主蛋白。线粒体和叶绿体中都有 cpn60。叶绿体 cpn60 有 α 和 β 两种亚基，小麦 cpn60α 亚基与 *E. coli* GroEL 有 46%相同，β 亚基与酵母 Hsp60 有 43%相同，α 与 β 之间有 49%相同。在真核细胞 ER 和胞液中未探查到 Hsp60 同系物，但胞液中 TRiC 尽管与 Hsp60 同源性不高，却具有同样的功能。

伴侣蛋白在结构上最显著的特点就是能组装成巨大的空桶状寡聚体。例如，*E. coli* GroEL 由 14 个亚基形成双层七聚环，呈高 18 nm、外径 14 nm 和内径 6 nm 的空桶（图 1-55）；真核细胞 TRiC 双层环状复合物约为 970 kDa，每层含一个 TCP1（60 kDa）和 5～7 个 50～68 kDa 的蛋白质，

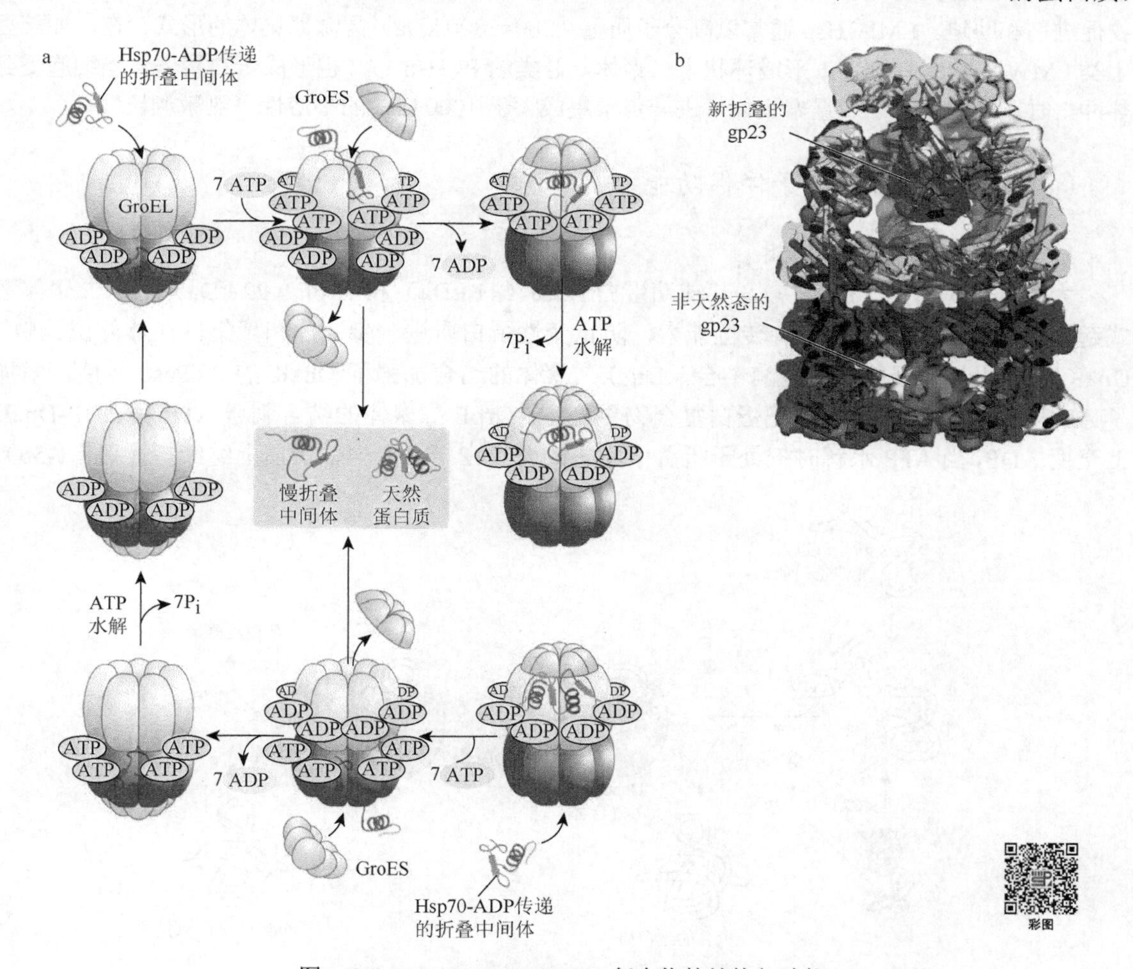

图 1-55　*E. coli* GroEL-GroES 复合物的结构与功能

a. 多肽链在 GroEL-GroES 复合物中央空腔内经多次结合-释放循环，形成其天然构象，折叠中间态的释放依赖于 ATP 水解；b. GroEL-GroES 复合物剖面图，注意中央空腔

外径约为 17 nm，内腔也较大。伴侣蛋白的功能需要约 10 kDa 的辅助蛋白，如 *E. coli* 的 GroES、线粒体的 cpn10 和叶绿体内 24 kDa 的 cpn，它们的序列高度保守，在体外系统可以相互代替。

3. Hsp90 族和 Hsp110 族

Hsp90 族是包括 80～94 kDa 的一组高分子质量 Hsp，*E. coli* 的 Htp G 与真核细胞 Hsp90 有 40% 的序列相同。植物有多种 Hsp90，序列同源性达 70%。酵母 Hsp80 和 Hsp82 在非胁迫条件下即可表达，在受到环境胁迫时表达增强，这两个基因中任何一个被破坏，酵母在高温下则不能生长，两个基因均发生突变则是致死性的。哺乳动物 Hsp90 有 ATP 结合部位，可自动磷酸化，与一些类固醇受体、酪氨酸蛋白激酶、原癌基因产物结合。多数真核生物还有约 110 kDa 的高分子质量 Hsp。例如，酵母的 Hsp104 是其获得耐热性必要的，删除 *Hsp104* 基因是非致死性的。

4. LMW Hsp 族

LMW Hsp 族分布于酵母、植物、鸟类、哺乳动物，已在真核生物体内发现许多 17～28 kDa 的低分子量热激蛋白（LMW Hsp）。许多植物 *LMW Hsp* 基因已被克隆，这些基因可分为 4 个多基因家族，2 个编码胞液中的 LMW Hsp，1 个编码叶绿体中的 LMW Hsp，1 个编码内膜系统中的 LMW Hsp。哺乳动物 LMW Hsp 含若干磷酸化位点，被 MAPK 活化的蛋白激酶磷酸化，应答不同的生物促进剂和胁迫。LMW Hsp 通常以高分子质量（200～800 kDa）同源聚集体的形式存在，如豌豆Ⅰ类 LMW Hsp Ps Hsp 18.1 形成环状十二聚体，Ⅱ类的 Ps Hsp 17.7 也形成十二聚体。当细胞受到热冲击时，这些高分子质量聚集体可进一步聚集成大于 1000 kDa 的不溶性“热激颗粒”。

（二）热激蛋白的分子伴侣功能

1. Hsp70 的分子伴侣功能

大肠杆菌 Hsp70（DnaK）及其辅助蛋白 DnaJ（41 kDa）和 GrpE（22 kDa）均以二聚体形式起作用，帮助前体蛋白维持转位能力，防止变性蛋白质进一步变性和聚集。在体外试验中，DnaK 二聚体与伸展的硫氰酸酶结合，DnaJ 二聚体的结合加强了 DnaK 的 ATPase 活性，增加了 ADP-DnaK，使分子伴侣-靶蛋白复合物更稳定。GrpE 二聚体的结合刺激 ATP 从 ADP-DnaK 上交换 ADP，当 ATP 水解时把处于折叠中间态的靶蛋白转移到伴侣蛋白上继续折叠（图 1-56）。

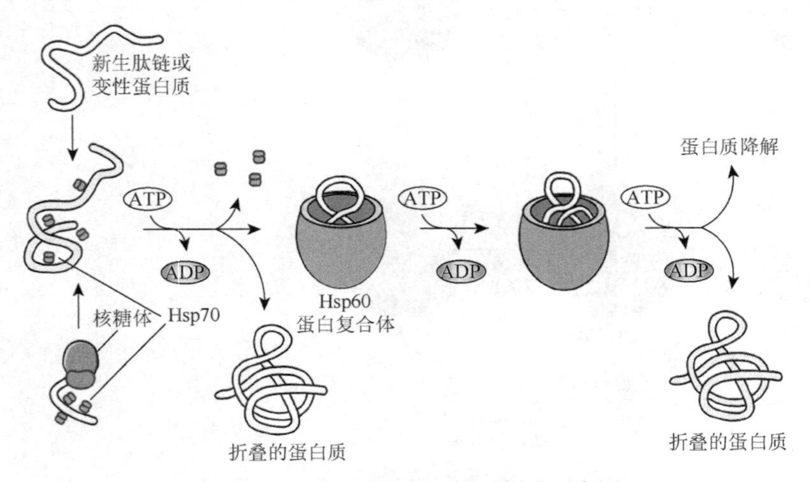

图 1-56　分子伴侣帮助蛋白质折叠示意图

Hsp70 家族成员以二聚体形式瞬时结合于新生肽链或变性蛋白质，防止其错误折叠、聚集或被降解。通过水解 ATP 帮助新生肽链折叠或使变性蛋白质复性。许多蛋白质还需要 Hsp60 的帮助形成天然构象

Hsp70 在线粒体前体蛋白的跨膜运输中发挥重要作用。新合成的线粒体前体蛋白与胞液 Hsp70（ct Hsp70）结合，可防止其自动聚集、错误折叠和被蛋白酶降解，保持松弛状态，以便能通过线粒体膜上的转位酶通道。去除 ct Hsp70 导致线粒体蛋白 F_1-ATPase β 亚基前体在胞液中堆积。有转位能力的前体蛋白与 ct Hsp70、线粒体输入刺激因子（MSF）等形成 200～300 kDa 的复合物，可识别外膜转位酶组分，并将前体蛋白送进输入通道。前导肽自发进入线粒体，线粒体内的 Hsp70 同系物（mt Hsp70）立即与它结合，防止其退回胞液。mt Hsp70 通过依赖 ATP 的方式与内膜转位酶组分 Tim44 结合，以类似于驱动蛋白（kinesin）的作用牵引前体蛋白进入线粒体。

热胁迫加速细胞蛋白质变性，危及正常的生理生化过程，Hsp70 可与局部变性的蛋白质结合，防止其聚集；待热胁迫解除后，Hsp70 即可解离，并帮助变性蛋白质复性，恢复其正常功能。

2. 伴侣蛋白是帮助蛋白质折叠的分子伴侣

E. coli 大部分变性蛋白质均可与 GroEL 结合，^{35}S 标记的前 β-内酰胺酶等蛋白质合成之后很快与 GroEL 形成复合物，表明 GroEL 有能力识别和结合折叠中间态。伴侣蛋白内腔可容纳 1 个 60 kDa 的蛋白质。GroEL 具有弱的依赖 K^+的 ATPase 活性。在 GroEL-DHFR 复合物中加入 Mg^{2+}-ATP，即可释放出折叠的二氢叶酸还原酶（DHFR）。而硫氰酸酶等蛋白质的折叠和释放需要 GroEL-GroES 和 Mg^{2+}-ATP。在体外试验中，每分子硫氰酸酶折叠大约需水解 100 分子 ATP，表明为了形成天然构象，蛋白质需要多次与 GroEL 结合-释放。伴侣蛋白介导蛋白质折叠的模型包括以下要点：①靶蛋白折叠中间态结合于 GroEL 双层环的中央空腔；②GroES 形成七聚环不对称地结合在 GroEL 圆柱的一端，调节其构象；③GroEL 结合的靶蛋白折叠依赖于 ATP；④折叠过程依赖于 GroES 对 GroEL ATPase 的调节；⑤靶蛋白折叠中间态需多次与 GroEL 亚基结合-释放，直至折叠成天然构象（图 1-55）。在正常生长条件下，*E. coli* 有 10%～15%的蛋白质折叠需要 GroEL 的帮助。

真核细胞线粒体和叶绿体中的伴侣蛋白与 GroEL/ES 相似，只是叶绿体 cpn10 的亚基为 24 kDa，每个亚基的基因似乎是两个 *cpn10* 基因融合形成的。真核细胞溶质中有 TRiC 寡聚环状复合物，每个环含 8～9 个亚基，两层环叠加成筒状，在 ATP 和 GTP 存在下可帮助微管蛋白、肌动蛋白等折叠，具有伴侣蛋白的功能，但它的亚基 TCP1 不是热激蛋白。TRiC 的伴侣蛋白功能需要分子伴侣 GimC 协助。

3. LMW Hsp 形成的热激颗粒为变性蛋白提供一个结合表面

豌豆 Ps Hsp18.1 形成的热激颗粒在较低温度（34～38℃）条件下与靶蛋白可逆地结合，限制其错误折叠或聚集，增加其在热冲击之后复性的可能性。在 40℃或更高温度条件下，其则与靶蛋白不可逆地结合，降低有聚集倾向的反常构象中间物的浓度，防止其在细胞内形成不溶性聚集物堆积。在活体内，有其他分子伴侣存在，LMW Hsp 结合的蛋白质可被释放和再折叠，或转送给蛋白质降解系统加以清除。

4. Hsp90 是具有调节功能的分子伴侣

Hsp90 是高度保守的热激蛋白家族，通过参与许多激酶、受体、转录因子的折叠、组装、解聚或构象改变调节其活性。一些类固醇激素受体结合 1 个 Hsp90 二聚体、PP1 等，组成 9～10S 的复合物。Hsp90 的结合使受体稳定在对配体高亲和力的状态，但不与 DNA 结合。Hsp90 结合的受体与配体结合时即与 Hsp90 分离，转变成对 DNA 亲和力高的构象。因此，Hsp90 促进受体对配体的应答而抑制对 DNA 的结合。果蝇 Hsp90 与 Jun 氨基端激酶（Jun-N-terminal kinase，JNK）

介导的信号转导有关，如果Hsp90减少一半，将会严重影响此信号转导级联反应。调节细胞生长和细胞周期的酪蛋白激酶2（CK 2）及控制蛋白质合成的eIF-2α激酶均可与Hsp90和其他分子伴侣结合，这两种激酶的活性对Hsp90有剂量依赖性。

尽管不同类群的分子伴侣在功能上有所不同，但它们分工协作共同完成帮助蛋白质折叠、变性蛋白质复性等任务。

5. Hsp104是帮助聚集物解聚的分子伴侣

最近发现，酵母的Hsp104和细菌的Hsp100形成一个六元环，以一种依赖ATP的方式帮助在严重的热冲击条件下形成的聚集体解聚。

（三）热激蛋白的其他功能

（1）对复制、转录的调节。分子伴侣通过影响蛋白质聚集状态调节DNA结合蛋白和转录因子的活性。例如，λ噬菌体repA的单体有活性，repA寡聚体转变为单体由DnaK和DnaJ调控。*E. coli*热诱导基因转录需σ^{32}，在ATP的存在下，DnaK水解ATP并与σ^{32}结合，形成DnaK-DnaJ-σ^{32}-ADP复合物，从而抑制转录。GrpE可促使ADP释放和此复合物解体，从而激活热诱导基因的转录。真核细胞的热激反应也需要Hsp70的参与。分子伴侣可在某些TF-TF或TF-DNA复合物形成中起开关作用，保证在正确的时间和空间对信号做出正确的回应。

（2）泛素化与应激反应有关。泛素也是热诱导的产物之一，泛素化的H2A（Ub-H2A）优先与转录调控区的A-T富集区结合。果蝇*Hsp*基因转录因子泛素化后丧失活性。当受到热冲击时，细胞内Ub-H2A减少，Hsp转录因子脱泛素化而激活，同时Ub-H2A对启动子的阻遏也被解除，因而促进*Hsp*基因表达。在应激状态下，细胞合成更多的Ub，一方面加速变性蛋白质的降解，另一方面限制*Hsp*基因的转录。

（3）参与微管的形成与修复。T复合体蛋白1（TCP-1）等可帮助新合成的微管蛋白、肌动蛋白折叠。中心体是微管生长的起始部位，TCP-1和Hsp73是其重要组分。热冲击后细胞内中心体结构、功能的复原依赖于Hsp73的水平。

（4）Prp73触发溶酶体系统对KFERQ蛋白的降解。

（5）Hsp70家庭成员促进网格蛋白包被小泡的拆卸。

（6）与细胞获得性抗热性有关。

综上所述，热激蛋白的名字源于其基因表达与热冲激诱导的联系。但是根据分子结构和功能特征归类的热激蛋白家族，有些成员的基因表达是组成型的，而且已发现许多热激蛋白具有分子伴侣之外的其他功能。同样，分子伴侣的名字源于其细胞功能，主要包括热激蛋白。但是，除核质蛋白和热激蛋白外，已发现某些酶（如蛋白质二硫键异构酶）、核糖体甚至核酸也具有类似分子伴侣的功能。这两个概念既有重合之处，也有不同之处。

第四节　后基因组时代的蛋白质结构-功能研究

2000年，人类基因组工作草图宣告完成，生命科学进入了新的后基因组时代（post-genome era）。20世纪生物学最基本的成果就是揭示了生物体世代遗传主要由以基因为载体的核酸负责，而每个世代有机体的生命活动主要取决于蛋白质的结构与功能，从而把整个生命科学推进到以核酸-蛋白质为中心的分子生物学时代。在以基因组全序列为基础的后基因组时代，从整个基因组及全套蛋白质产物的结构-功能机制的高度了解生命活动的全貌，系统整合有关生物学的全部知识，揭示生命活动各种前所未闻的规律，进而驾驭这些规律为人类服务，将生命科学升华到新的历史阶段。在这样的背景下，蛋白质结构-功能研究方面又开辟出几个具有重要战略意义的新领域，应当引起生命科学工作者乃至全社会的高度关注。

一、结构生物学

结构生物学（structural biology）是以生命物质的精确空间结构及其运动为基础来阐明生命活动规律与生命现象本质的科学，研究的核心内容是生物大分子及其复合物和组装体的完整、精确的三维结构及运动和相互作用，以及它们与正常生物学功能和异常的生理现象之间的关系。

（一）晶体学

生物大分子三维结构的测定是一项十分重要又非常繁复的基础性研究工作。英国科学家肯德鲁（J. C. Kendrew）和佩鲁茨（M. F. Perutz）用X射线衍射法，耗时20多年分别于1958年和1959年发表了肌红蛋白和血红蛋白的三维结构。其后30年间，仅有大约400种蛋白质完成了三维结构的测定，在相关技术进步的推动下，从20世纪80年代至今，这一领域取得了长足的进步。例如，到1998年4月，PDB发布的生物大分子精细三维结构达7454个，其中蛋白质6617个。这些研究所用的方法主要有X射线晶体结构分析（约占81.9%）、核磁共振解析（约占15.7%）和电子晶体学（EC）方法（约占2.4%）。后来，由于使用了新光源，X射线衍射技术焕然一新。第三代同步辐射装置的亮度和聚焦度都提高了两个数量级，还能提供多种波长，把生物大分子精细结构的研究推向前所未有的水平。首先，新装置极大地降低了对晶体大小的要求，有力地推动了如膜蛋白这类极难结晶的重要生命物质的精细结构研究。例如，要得到高分辨率结构，原先的装置需要0.1 mm以上的晶体，而新装置最小可分析20～40 μm的晶体。新装置还能测定巨大而复杂的大分子复合物和亚细胞结构。例如，原装置通常只能测定晶胞7.5 nm左右的大分子，晶胞100 nm的病毒等大分子组装体因众多的衍射点彼此重叠而无法辨认。新装置已成功地测定了蓝舌病病毒（1000个亚基，晶胞110 nm×160 nm）的精细结构（分辨率为0.28 nm）。其次，已将重组DNA定位引进重原子或与某金属离子结合的氨基酸的技术与新装置提供多波长X射线相结合，极大地加快了结构测定进度。另外，高亮度强光源能以极快的速度获取衍射数据，使研究快速运动和动力学过程成为可能。例如，欧洲第三代同步辐射装置能以10^{-10} s的重复速率观察分子及其反应或形貌变化。这样，就有可能用“拍电影”的方法反映事件发生的动态过程。与此同时，核磁共振解析、电子显微镜二维晶体三维重构等技术也在大分子精细结构分析中取得重要的进展。

（二）核磁共振

核磁共振（nuclear magnetic resonance，NMR）技术是一种基于原子核自旋和磁矩的物理现象和技术，用于研究原子核及其周围环境的性质和分子结构。通过在强大恒定磁场和射频脉冲的作用下，测量原子核吸收和发射特定频率的能量，核磁共振可以提供有关样品中原子核类型、化学环境、相互作用及分子动力学等信息，被广泛应用于医学、化学、生物学和材料科学等领域，为科学研究、医学诊断和材料分析提供了重要工具。

核磁共振的原理基于原子核自旋和磁矩在外加磁场中的行为。当样品被置于强大的外加磁场中时，原子核的自旋会取向于外加磁场方向，形成磁共振状态。通过施加特定频率的射频脉冲，可以打断磁共振状态并翻转原子核自旋方向。当射频脉冲结束后，原子核开始回复到磁共振状态并释放能量，产生特定频率的信号。改变射频脉冲的频率和幅度，就可以探测不同原子核类型的共振吸收信号，通过测量和分析这些信号，可以得到关于样品中原子核的化学位移、耦合常数、相对位置和动力学行为等信息，从而揭示分子结构和性质，提供关于样品的信息。核磁共振技术具有多个优点，包括非破坏性、高分辨率、多参数测量、非侵入性和广泛的应用领域。核磁共振的缺点包括仪器成本高、样品制备要求高、灵敏度相对较低和测量时间较长等。

（三）冷冻电子显微术

冷冻电子显微术（cryo-electron microscopy，cryo-EM）是一种高分辨率的显微镜技术，用于观察生物分子的结构和功能。与传统的电子显微镜不同，冷冻电子显微镜在样品制备过程中使用低温冷冻技术，将生物样品快速冷冻至液氮温度，然后在真空中使用电子束进行观察和成像。冷冻电子显微镜的工作原理是将样品投影在电子束下，然后收集和记录被散射电子所形成的图像。通过控制电子束的焦距和投射角度，可以获取二维电子投影图像。然后，利用多个不同的视角和方向将这些二维投影图像重建成三维结构，使用计算方法进行图像处理和重建。

冷冻电子显微术的主要步骤包括样品制备、成像和图像处理。冷冻电子显微术的优势在于可以解析生物分子的高分辨率结构，不需要晶体生长，适用于复杂的大分子和细胞结构的研究。然而，冷冻电子显微镜也面临一些挑战，包括高设备成本、对样品制备的高要求、复杂的数据处理和解释，以及分辨率的受限等。尽管如此，它仍是研究生物分子结构和功能的重要工具，在药物研发、生物医学研究和疾病治疗中具有广泛的应用前景。

（四）结构预测

虽然蛋白质的三级结构可通过 X 射线晶体学、核磁共振技术和冷冻电子显微镜术等解析，但这些方法往往耗时费力，而且结构通常不是蛋白质最原始的形式，并且结果具有不确定性，需要投入大量的时间和资源。截至目前，Uniprot 中的蛋白质序列有 229 580 745 个条目，而已解析的三级结构的蛋白质数量很少，仅有 200 988 个条目，仍然存在很大差异。因此如果掌握了蛋白质折叠的规律，只要从它的序列出发就可以相对容易地获得其三维结构信息。在过去的几年里，科研人员基于不同的研究目的如药物设计、突变研究、结构比较和进化分析等已经开发出了不同的预测方法，促进了该领域的发展。

根据预测是否利用模板，预测方法通常分为基于模板的建模（TBM）和自由建模（FM）两种，具体又分为从头（*ab initio*）预测（FM 方法）、穿线/折叠（threading/fold）识别（TBM 方法）和同源建模（TBM 方法）三种。2018 年，DeepMind 推出了一款名为 AlphaFold 的蛋白质结构预测软件，该软件基于对 PDB 数据库中已解析蛋白质结构的深度学习来预测蛋白质结构。2020 年，该公司推出的第二个版本 AlphaFold2 展现出更强的结构预测能力，该方法预测蛋白质结构比其他方法更准确，预测的结构和实验方法得到的结构间均方根偏差（RMSD）仅为0.8 Å，预测结果中有超过2/3的精度被认为达到了实验水平（约1 Å）。AlphaFold被认为是人工智能在科学领域的突破性应用，有望彻底改变结构生物学。其可以应用于蛋白质表达实验的设计、更快地通过实验方法解析结构、蛋白质设计和药物开发、研究突变对蛋白质功能的影响，以及为一些分子机制提供新见解。但AlphaFold2仍有局限性，如对没有同源结构的蛋白质的预测精度仍然有限。要完全解决蛋白质结构预测的问题，特别是蛋白质四级结构预测，了解结构对功能的影响，了解变异对结构的影响，以及如何利用高精度结构进行药物分子设计等，仍然有很多工作要做。

结构生物学以往的工作主要是从个别蛋白质或蛋白质复合物的结构与功能来认识生命活动的某个方面。从一个受精卵发育成为一个成熟的个体，需要5万～10万种基础蛋白质（不包括翻译后修饰）以精确的时空在细胞内产生、活动、消亡，恰到好处地发挥它们在生命进程中必需的功能。所以，获取这些蛋白质并剖析其精细三维结构及其与生物学功能的联系，全景式地展现细胞生命活动，进而揭示不同生物进化上的相互联系和生命运动的本质，解决医疗卫生、环境保护、工农业生产等方面的问题，不仅是后基因组时代生命科学的基本课题，也是结构生物学面临的严峻挑战。当前，结构生物学开始与基因组学联姻，形成结构基因组学，计划在几年内解析上千个独立蛋白质的结构，逐步推进，最终将基因组遗传信息与细胞中蛋白质的结构和功能直接联系起来，在全新的深度和广度上整合所有的生物学知识，从总体上重新认识生物界。

二、蛋白质组学

1994年，澳大利亚科学家威尔金斯（Wilkins）和威廉斯（Williams）受到基因组计划进展的启示与鼓舞，提出蛋白质组（proteome）的概念，直接研究某一物种、个体、器官、组织乃至细胞中全部蛋白质，获得整个体系内所有蛋白质组分的生物学和理化参数，揭示生命活动的规律。蛋白质组学突破了传统的生物化学和结构生物学研究单一蛋白质结构与功能的模式，强调与数据库匹配研究复杂的蛋白质群体的系统生物学。

1. 技术

目前，人们用来进行蛋白质组学研究的主要技术有以下几个方面。

（1）蛋白质分离分析技术。通过分离分析，研究人员可以把复杂的蛋白质混合物分离成单一蛋白质或组分较简单的蛋白质小组，还可以比较两个蛋白质样品的不同表现，便于对特定蛋白质进行标记。双向凝胶电泳仍是目前广为使用的技术。另外，毛细管电泳、亲和层析、高效液相层析及离子交换层析与反相高效液相层析串联，也已成功地用于蛋白质组研究的蛋白质分离分析中。

（2）质谱。利用质谱仪对蛋白质、肽的分子量进行精确测定，以及进行微量的蛋白质部分序列测定。

（3）各种生物信息数据是蛋白质组最重要的工具。例如，美国生物技术信息中心Entrez（http://www.ncbi.nlm.nih.gov/Entrez/）、GenBank（http://www.ncbi.nlm.nih.gov/genbank/）、PDB（http://www.rcsb.org/pdb/）、SMART（http://smart.embl-heidelberg.de/）、PROSITE（http://www.expasy.org/prosite/）等，可以提供基因组或基因的核苷酸序列、蛋白质和结构域的氨基酸序列或三维结构等信息。

（4）研究蛋白质-蛋白质相互作用的技术。此类技术主要有化学交联法、免疫共沉淀、大规模酵母双杂交系统、蛋白质芯片、基因敲除等技术。当然，蛋白质组学尚处于幼年时期，还有许多技术和理论问题有待解决，它的意义在于突破了孤立地研究个别蛋白质的传统模式，开始从蛋白质群体的动态变化和复杂的相互作用认识其功能和调控机制，从而将结构与功能研究带入一个新的发展阶段。

2. 成果

迄今，蛋白质组学研究已经取得了一些阶段性成果。

（1）利用双向凝胶电泳（2D-PAGE）和亲和层析等手段，已分离出数百个流感嗜血杆菌蛋白质斑点，其中303个经质谱分析，确认了263个，多为外膜蛋白及与能量代谢、大分子合成有关的蛋白质，还发现约22%的蛋白质经过翻译后修饰。

（2）大肠杆菌基因组已完成测序，约有4000个基因，联合数据库至少包括1600种蛋白质斑点的数据，涉及每种蛋白质的丰度及其在不同条件下合成速率的变化、细胞内定位、在2D-PAGE上的位置及一些蛋白质的翻译后修饰等相关内容。

（3）酿酒酵母蛋白质组在数据库中的信息达6000多页，每一页代表一个已知或推测的蛋白质，涉及该蛋白质的分子量、pI、氨基酸组成、多肽片段的大小、翻译后加工、亚细胞定位、功能分类等。酿酒酵母蛋白质组 2D-PAGE 斑点大多数已得到鉴定。通过比较野生型和突变型酿酒酵母蛋白质组的 2D-PAGE，发现单一基因缺失导致蛋白质组全面性改变，有的蛋白质增加，有的蛋白质减少，有的蛋白质修饰状况发生改变。

（4）线虫的 19 000 个基因已完成测序。利用 2D-PAGE 在 pI 3.5～9 和分子质量在 10～200 kDa 内已辨认出2000个以上线虫蛋白质斑点，测定12个蛋白质的N端部分序列，其中有11个找到了编码基因。鉴定出27个蛋白质与发育有关。通过酵母双杂交发现了100多个相互作用，初步建立了与线虫生殖发育相关的蛋白质相互作用图谱。

（5）人类蛋白质组研究也有一些发现。例如，虽然许多不同组织的持家蛋白 2D-PAGE 相似，却也发现了不同组织或不同状态下表达的新蛋白：乙醇中毒改变某些血清糖蛋白；癌细胞中一些蛋白质的表达水平和修饰方式发生变化，如鳞状细胞瘤患者尿中有银屑素（psoriasin）；肾癌患者缺失 UQ：cytb 还原酶、mtUQ 氧化还原复合物Ⅰ等4种蛋白质，为阐明病理机制和早期诊断提供了有用的线索。

三、生物信息学

面对急速膨胀的各种数据库，用传统手段显然难以处理。因此，生物信息学（bioinformatics）应运而生。生物信息学由数据库、网络和应用软件组成，根据数理和信息科学的理论、观点和方法来研究生命现象。其中一项重要工作就是开发专用软件，用高性能电脑对蛋白质的序列和三维结构进行收集、整理、存储、发布、提取、加工、分析和发现。可以预见，蛋白质结构与功能的研究将充分利用现代物理、化学、数学和信息科学提供的方法与技术，并以生物化学、分子生物学、遗传学、细胞学提供的功能研究为基础，进行多学科的、综合的协同攻关，才能抢占先机，取得新的突破。

随着生物信息学的不断完善，多组学研究应运而生，多组学是相对于单一组学如基因组、蛋白质组、代谢组、脂质组、糖组和转录组等而言的，整合了基因组学、转录组学、蛋白质组学等的研究思路和方法，动态地揭示系统结构、功能相互作用和运行规律的技术，从整体水平上以全局眼光对机体的生命活动规律进行研究。多组学整合分析绝不仅仅是几个组学数据的简单拼接，而是综合这些数据进行深入研究，突破单一组学研究的局限性，对不同的组学数据进行联合分析，在有限的数据中挖掘更多有意义的信息，构建机体调控网络，深层次理解各个分子之间的调控及因果关系。多组学整合分析使得生命科学研究发生了革命性的变化，从不同角度逐步走向完善，促进对生命过程及生理机制的深刻理解。这种从部分到整体的研究思路也将是今后生命科学研究的一种必然趋势。

主要参考文献

陈惠黎. 1999. 生物大分子的结构与功能. 上海：上海医科大学出版社

胡志远，贺福初. 1999. 蛋白质组研究进展. 生物化学与生物物理进展，26（3）：202-205

廉德君，许根俊. 1997. 蛋白质结构与功能中的结构域. 生物化学与生物物理进展，24（6）：482-486

刘次全，白春礼，张静. 2003. 结构分子生物学. 北京：高等教育出版社

王大成. 2000. 后基因组时代中的结构生物学. 生物化学与生物物理进展，27（4）：340-344

王镜岩，朱圣庚，徐长法. 2002. 生物化学. 3 版. 北京：高等教育出版社

王克夷. 2007. 蛋白质导论. 北京：科学出版社

王学敏，焦炳华. 2004. 高级医学生物化学教程. 北京：科学出版社

夏其昌，曾嵘. 2004. 蛋白质化学与蛋白质组学. 北京：科学出版社

阎隆飞，孙之荣. 1999. 蛋白质分子结构. 北京：清华大学出版社

Daniel C. Liebler. 2005. 蛋白质组学论：生物学的新工具. 张继仁译. 北京：科学出版社

Berg J. M.，Tymoczko S. L.，Gello Jr G. J.，et al. 2019. Biochemistry. 9th ed. New York：W. H. Freeman and Company

Ellis R. J.，van der Vies S. M. 1991. Molecular chaperones. Annu. Rev. Biochem.，60：321-348

Frydman J. 2001. Folding of newly translated proteins *in vivo*：The role of molecular chaperones. Annu. Rev. Biochem.，70：603-647

Gatenby A.，Viitanen P. V. 1994. Structural and functional aspects of chaperonin-mediated protein folding. Annu. Rev. Plant Physiol. Plant Mol. Biol.，45：469-491

Hendrick J. P.，Hartl F. 1993. Molecular chaperone functions of heat-shock proteins. Annu. Rev. Biochem.，62：349-384

Pain R. H. 2000. Mechanisms of Protein Folding. 2nd ed. Oxford：Oxford University Press

Sigler P. B.，Xu Z. H.，Rye H. S.，et al. 1998. Structure and function in GroEL-mediated protein folding. Annu. Rev. Biochem.，67：581-608

Vierling E. 1991. The roles of heat shock proteins in plant. Annu. Rev. Plant Physiol. Plant Mol. Biol.，42：579-620

Waters E. R.，Lee G. J.，Vierling E. 1996. Evolution，structure and function of the small heat shock proteins in plants. Journal of Experimental Botany，47（296）：325-338

Zhu H.，Bilgin M.，Snyder M. 2003. Proteomics. Annu. Rev. Biochem.，72：783-812

（文树基　侯锡苗）

第二章 酶的结构与功能

生物体的基本特征是新陈代谢，所有细胞器内的代谢都是由各种生物化学反应构成的。而每一个反应都由一个特定的催化剂催化，这个催化剂称为“酶”（enzyme）。可以说没有酶就没有生命。酶是由活细胞产生的，对其底物的催化具有高效性、专一性和可调控性的蛋白质或RNA。酶的催化作用有赖于酶分子的一级结构及空间结构的完整，若酶分子变性或亚基解聚，均可导致酶活性下降或丧失。酶属于生物大分子，分子量多者可达百万。

在生物化学发展历史上，酶学是一个经久不衰的主题。一方面，代谢途径及其调控机制的阐明有赖于关键酶的分离、纯化及其动力学和调控的研究；另一方面，许多酶又是研究蛋白质、核酸和聚糖结构与功能的重要工具。目前，结构生物学、蛋白质组学、代谢组学、基因工程、蛋白质工程和免疫学的理论与技术向酶学的渗透，为酶学发展注入了新的活力。分子酶学重点研究酶的分子生物学，酶的分子结构、作用机制和调控，酶的合成、分拣、转运和定位等；应用酶学则包括酶法分析、酶工程、组织酶学、药理酶学、食品酶学等。随着人们对酶分子的结构与功能、酶促反应动力学等研究的深入和发展，酶学（enzymology）这一学科逐步形成。

第一节 酶分子的理化特性

生物体内绝大多数的酶都是蛋白质，也具有蛋白质的一般性质，如两性、变性及免疫反应等。酶分为单纯酶和缀合酶，单纯酶分子是水解后仅有氨基酸组分的酶；缀合酶分子则是由蛋白质部分和辅助因子共同组成的，只有全酶才有催化活性。辅助因子有两大类：一类是金属离子，常为辅基，起传递电子的作用；另一类是小分子有机化合物，主要参与传递氢原子、电子或某些化学基团，或起运载体的作用。酶分子表面具有三维空间结构的孔穴或裂隙，以容纳进入的底物与之结合并催化底物转变为产物，该区域称为酶的活性中心（active center），是酶分子中很小的部分。酶催化反应的特异性实际上取决于酶活性中心的结合基团、催化基团及其空间结构。

一、酶催化的特点

酶作为一种大分子生物催化剂，有其独特的特点。

1. 催化效率高

在部分可比较的反应中，酶催化的反应速度是非酶催化的 10^2～10^{17} 倍。例如，木瓜蛋白酶催化肽水解的反应速度是非酶促反应的 10^2 倍；磷酸丙糖异构酶催化 3-磷酸甘油醛转变为磷酸二羟丙酮的反应速度是非酶促反应的 10^9 倍；乳清酸核苷单磷酸脱羧酶催化乳清酸脱羧形成尿苷酸的反应速度是非酶促反应的 10^{17} 倍。有些反应在实际生产和生活中难以完成或根本无法进行，但用酶促反应就可以轻易完成。例如，植物的光合作用是将空气中的CO_2和环境中的H_2O合成碳水化合物（糖），若在实验室中进行化学反应，仅得到H_2CO_3产物，不能合成糖，而在高等植物的绿色细胞中利用若干个酶进行有规律的生物合成，便可以将无机物转变成糖。

2. 酶促反应专一性强

在化学反应中，同一种化学物质可以作为多种化学反应的催化剂。而在酶的催化反应中，在一定条件下，一种酶只能催化一个特定的反应，若底物分子结构稍有变化，其特定的酶就不能催化。酶的这种特性被称为专一性（specificity)。同一底物在不同酶的催化下有不同的产物。例如，葡萄糖在葡萄糖氧化酶的催化下生成葡糖酸，在葡萄糖异构酶的催化下生成果糖，在已糖激酶的催化下生成6-磷酸葡萄糖，在醛糖还原酶的催化下生成山梨醇。乙酰CoA在柠檬酸合酶的催化下生成柠檬酸；在乙酰CoA羧化酶的催化下生成丙二酸单酰CoA；在乙酰转酰酶的催化下生成乙酰载体蛋白（ACP)；在乙酰CoA缩合酶的催化下生成乙酰乙酰CoA；在β-羟基-β-甲基二酰CoA合成酶的催化下与乙酰乙酰CoA反应生成β-羟基-β-甲基二酰CoA。

酶的专一性有不同的类型：①绝对专一性（absolute specificity)，一种酶只能催化一个反应。②键专一性（bond specificity)，酶催化时对底物只要求有合适的化学键，而对键两端的基团无严格选择。例如，酯酶要求底物分子有一个酯键，但对酯键两侧的基团无严格要求。③基团专一性（group specificity)，也称为族类专一性（race specificity)，酶催化时既要求底物有特定的键，又要求键两侧有特定基团。像磷酸酯酶催化的底物为酯键，而且该酯键的一端为磷酸基团。④相对专一性（relative specificity)，酶对底物的专一性较低，能作用于结构类似的一系列化合物，多数酶都具有相对专一性。⑤立体异构专一性（stereo isomeric specificity)，酶对底物的某一异构体催化，而不识别另一异构体。例如，氨基酰化酶只能催化酰基-L-氨基酸的加水分解，而不催化酰基-D-氨基酸的加水分解。立体异构专一性还有不同的类型，即光学异构专一性（optical isomeric specificity)。例如，L-精氨酸酶只能催化L-精氨酸形成L-鸟氨酸和尿素，而不能催化D-精氨酸。酶催化的类型是多种多样的，像顺反异构专一性（*cis-trans* isomeric specificity)、异头专一性（anomer specificity）等。细菌中的DNA限制性内切酶（DNA restriction endonuclease）能识别DNA分子上特定的4～8个碱基序列，称为序列专一性（sequential specificity)。

3. 酶的催化活性可以调节

酶作为催化剂可以受到多方面的调节，调节方式包括酶活性的调节、酶浓度的调节、激素调节、酶分子的共价修饰调节、酶原激活、抑制剂调节、一价反馈抑制、二价反馈抑制、前馈激活、变构调节等。在生物代谢中，酶的催化程度是自动调节的。

（1）酶活性的调节。细胞内的酶不是任何时候都有高活性，有时酶活性很高，而有时酶活性较低。例如，水稻在灌浆期时，其淀粉合成酶的活性较高，而淀粉水解酶的活性较低，此时有益于将光合作用生产的葡萄糖转变为淀粉使谷粒充实。当水稻种子萌发时，谷粒内淀粉合成酶的活性较低或处于无活性的状态，而淀粉水解酶的活性较高，易于将淀粉水解为葡萄糖，供萌发后新细胞形成细胞壁。

（2）酶浓度的调节。酶在特定细胞中的浓度不是永恒的，而是随着细胞的发育而变化的。例如，在发育成熟的植物叶片中，光合作用的酶浓度较高，此时通过基因表达合成更多的光合作用酶，促进光合产物的积累。在叶片衰老时，光合作用的酶含量不断下降，这些酶逐渐被水解，直至叶片脱落。

（3）激素调节。激素调节是一个复杂的系统，如人体处于高血糖时，会分泌胰岛素，导致糖原磷酸化酶的活性下降，抑制糖原分解，使血液葡萄糖的生成量降低。与此同时，胰岛素也促进糖原合酶的活性升高，使糖原的合成量增加，也导致血液葡萄糖含量下降。当人体处于低血糖时，人体会分泌胰高血糖素（glucagon），导致磷酸化酶激酶和糖原磷酸化酶的活性升高，促进糖原分解，使血液葡萄糖含量升高。同时，在胰高血糖素的作用下，糖原合酶的活性下降，直接使葡萄糖转化为糖原的量减少。

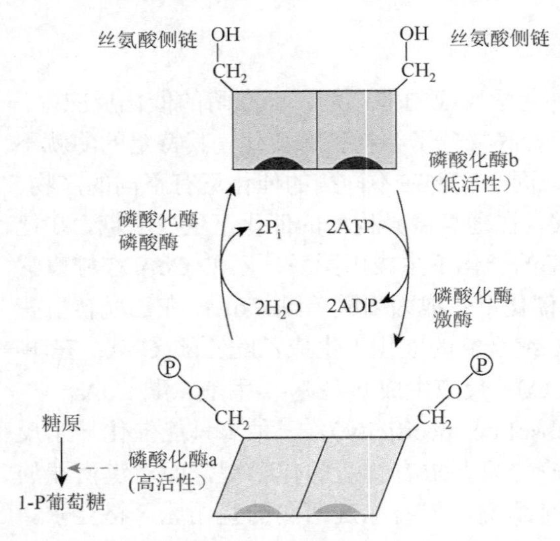

图 2-1 磷酸化酶的磷酸化与去磷酸化

（4）酶分子的共价修饰调节。酶蛋白可以通过共价的形式插入小分子官能团，改变酶活性，该机制称为共价修饰。共价修饰的基团有多种，也是可逆的，如磷酸化、腺苷酰化、乙酰化、尿苷酰化及S-S与S-H之间的变化等都属于共价修饰的范畴。其中磷酸化和去磷酸化尤为常见。例如，低活性的磷酸化酶 b 经 ATP 引入磷酸基团后，变成活性较高的磷酸化酶 a。而高活性的磷酸化酶 a 若将磷酸基团去除，则又变成活性较低的磷酸化酶 b（图 2-1）。

（5）酶原激活。酶蛋白合成后没有催化活性，这种没有催化活性的前体称为酶原。酶原必须经激活剂（activator）激活后才具有酶的活性，激活剂往往是蛋白质酶，将酶原的某些肽段切除，或者将酶原的长肽链切断成为若干个肽段，这些肽段再聚合形成有催化活性的酶分子。例如，胰蛋白酶原经肠激酶的催化切去部分肽段转变成为有活性的胰蛋白酶。胰凝乳蛋白酶原由胰蛋白酶催化从 15～16 号氨基酸处切断，然后再切去 14～15 号氨基酸片段和 147～148 号氨基酸片段，剩下 3 个肽段组合起来成为一个有活性的α-胰凝乳蛋白酶分子（图 2-2）。

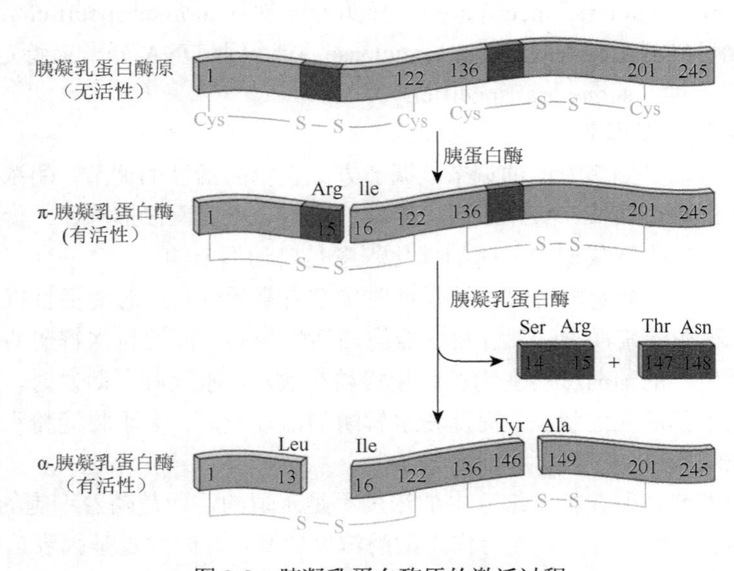

图 2-2 胰凝乳蛋白酶原的激活过程

（6）抑制剂调节。能够降低酶活性的物质称为抑制剂。生物体内酶的抑制剂较多。不同的酶有不同的抑制剂，酶的抑制剂往往就是代谢的中间产物。例如，糖代谢中产生的2,3-二磷酸甘油酸就是磷酸变位酶的抑制剂。这些代谢物的存在能够抑制某个酶的活性，从而调节代谢过程。

（7）反馈抑制。物质在代谢过程中需要经过一系列的反应，处于代谢后面的产物会对前面某个酶起抑制作用，该抑制作用为反馈抑制（feedback inhibition）。反馈抑制是代谢过程的一类自我调控机制，如果代谢过程不分支，处于较后面的产物对过程前面的某个酶实施抑制，控制整个代谢速度，该机制称为一价反馈抑制（monovalence feedback inhibition）（图2-3）。若代谢过程是分支的，各分支的代谢产物都对代谢过程前面的某个酶实施抑制，该机制称为二价反馈抑制（divalence feedback inhibition）（图2-4）。例如，糖代谢过程产生的ATP和柠檬酸可以抑制糖酵解过程的磷酸果糖激酶的活性。

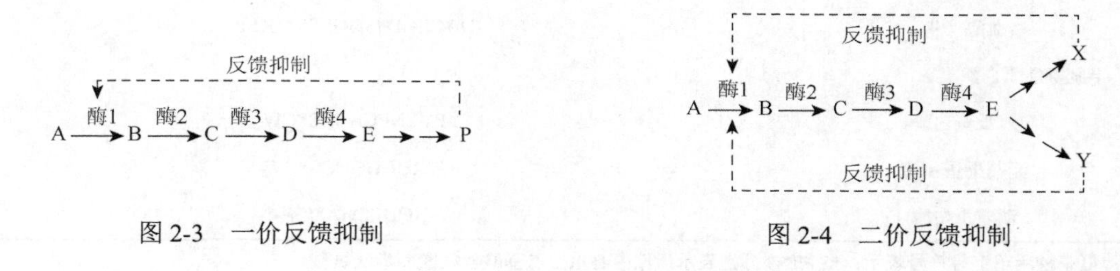

图2-3　一价反馈抑制　　　图2-4　二价反馈抑制

（8）前馈激活。在反应系列中，位于系列前面的代谢物可以激活系列后面的某个酶，这种现象称为前馈激活。如糖酵解中，位于前面的代谢物1,6-二磷酸果糖可以将反应系列后面的丙酮酸激酶活化（图2-5）。

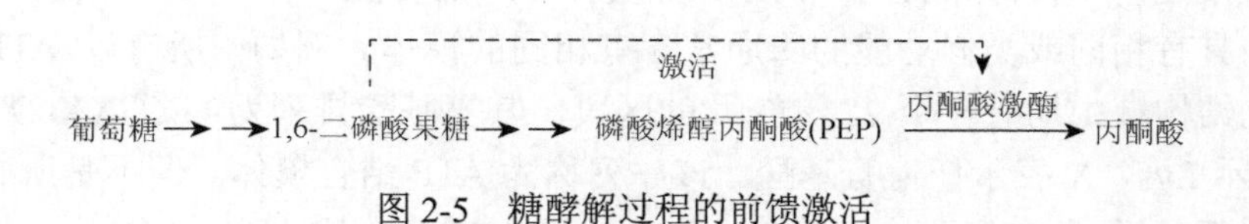

图2-5　糖酵解过程的前馈激活

（9）变构调节。在代谢过程中因为受调节剂的影响，很多酶可以改变自身的分子构象而调节催化活性，这类酶称为别构酶（allosteric enzyme），也称为变构酶。有关变构酶的调节，在后面章节中要作较详细的讨论。

二、酶催化功能的结构基础

酶是生物大分子，其催化反应的底物多数是小分子有机物质，只有少数酶（如蛋白酶、核酸酶等）的底物是大分子物质。酶分子的结构与蛋白质分子一样，有一级结构、二级结构、三级结构、四级结构，有些酶甚至还有五级结构（由多个酶分子组合成参与一系列反应的多酶体系）。

1. 一级结构与酶分子催化功能的关系

酶分子的一级结构是决定空间结构的基础，只有具备特定空间结构的酶才具有特定的催化活性。酶分子最重要的部分是活性中心，通常具有同源性的一类酶，其活性中心具有相似的一级结构。表2-1列出了一些酶活性中心的部分氨基酸排列顺序。例如，在丝氨酸蛋白酶类中，胰蛋白酶、α-胰凝乳蛋白酶、弹性蛋白酶和凝血酶具有同源性，其活性中心中都有GD*SGGP片段。木瓜蛋白酶、无花果蛋白酶、菠萝蛋白酶都属于半胱氨酸蛋白酶，具有同源性，其活性中心中都具有*CW片段。同源性的酶之所以具有类似的催化性质，其原因可能就在于此。

表2-1 一些酶活性中心的丝氨酸或半胱氨酸附近的氨基酸序列（陈惠黎，2001）

酶	活性中心部分氨基酸序列
丝氨酸蛋白酶类	
胰蛋白酶（牛）	-DSCQGD*SGGPVVCSGK-
α-胰凝乳蛋白酶（牛）	-SSCMGD*SGGPLVCKKN-
弹性蛋白酶（牛）	-SGCQGD*SGGPLHCLVN-
凝血酶（牛）	-DACEGD*SGGPFVMKSP-
半胱氨酸蛋白酶类	
木瓜蛋白酶	-PVLNEGSCGS*CW-
无花果蛋白酶	-PIRQQGQCGS*CW-
菠萝蛋白酶	-NQDPCGA*CW-

注：氨基酸用单字母符号表示；*S和*C分别表示活性中心重要氨基酸丝氨酸和半胱氨酸

2. 酶分子的结构域和模体

模体（motif）属于蛋白质的超二级结构，一个模体由两个或两个以上具有二级结构的肽段在空间上相互接近，形成特殊的空间构象，并发挥专一的功能。一种类型的模体有其特征性的氨基酸序列，具有相同或类似功能的酶通常含有相同的模体。例如，所有以ATP为底物的蛋白激酶在催化结构域中均有一个22～27肽的区段，其氨基酸排列为-GXGXXGX$_{15\sim20}$K-，G表示Gly，K表示Lys，X表示任何氨基酸。该序列称为ATP结合模体。但不是所有以ATP为底物的酶的模体都一样。所有氨酰tRNA合成酶虽然以ATP为底物，但其ATP结合模体是HIGH，即His-Ile-Gly-His，这明显与蛋白激酶有极大的差异。

唾液酸转移酶催化唾液酸转移到糖脂或糖蛋白糖链的非还原末端形成α-2,3-糖苷键或α-2,6-糖苷键，该酶的催化结构域中有由约50个氨基酸组成的序列，称为唾液酰模体，底物CMP-唾液酸会与此模体结合。

3. 酶的活性中心

酶的活性中心一般包括两个部位，即与底物结合的称底物结合部位，起催化作用的称催化部位。底物结合部位决定酶的底物专一性，催化部位决定酶的反应速度。

活性中心与模体不同，构成活性中心的氨基酸来自肽链的不同位置，甚至来自不同的肽链。肽链经过折叠后将不同位置的氨基酸组合在一起，彼此靠近而形成一个特殊的精致结构。例如，胰凝乳蛋白酶活性中心的重要组成氨基酸有Ile16、His57、Asp102、Asp194、Ser195，这些氨基酸在该酶的酶原肽链上所处位置相差甚远，随着肽链的折叠形成高级结构后才组合构成了活性中心。又如，枯草杆菌蛋白酶活性中心的催化三元组合是Ser221、His64、Asp32。这三个氨基酸在其肽链氨基酸排列位置上相距甚远，由于肽链的盘曲折叠形成了活性中心的三元组合，对催化起重要作用。乳酸脱氢酶活性中心的基团是 Asp30、Asp53、Lys58、Tyr85、Arg101、Glu140、Arg171、His195、Lys250。

活性中心中含有必需基团（essential group），这些基团在底物结合、催化过程中起到最重要的作用。但是，活性中心以外的某些基团有时也对酶的催化起到辅助作用，这些基团可以称为活性中心外的必需基团。不同的酶，其活性中心的必需基团是有差异的，研究表明，有 8 种氨基酸在酶的活性中心中出现的频率较高，即 Ser、His、Cys、Tyr、Trp、Asp、Glu、Lys。

活性中心中各个基团的相对位置对酶的催化作用发挥着重要作用，若某些环境因素（如高温、高压、强酸、强碱、生物碱、重金属等）破坏酶分子的构象，会导致酶活性的改变。

4. 酶的空间结构与催化功能的关系

酶蛋白空间构象的改变会导致催化活性的变化。研究表明，微量的变性剂可以使酶构象产生轻度改变，提高酶活性，并非降低其活性。用变性剂脲和盐酸胍处理许多酶都有此结果，认为在某种微量变性剂的作用下，酶的构象更趋于合理，从而提高了酶的催化活性。

用超声波处理酶分子，有时也可以提高酶的催化活性。超声波不是化学物质，而是声波，声波的能量作用于酶分子，使酶分子的空间结构改变，或许促进了底物和酶分子的结合，从而提高了酶分子的催化活性。

多数酶是寡聚酶，具有四级结构，有些寡聚酶是同型亚基，有些寡聚酶是异型亚基。表 2-2 列出了部分酶的亚基类型。

表 2-2 部分酶的亚基类型

酶的名称	来源	亚基数及类型
RNA 聚合酶	大肠杆菌	$\alpha_2\beta\beta'\omega\sigma$
ATP 合酶	植物叶绿体类囊体膜	$\alpha_3\beta_3\gamma\delta\varepsilon$
ATP 合酶	真核细胞线粒体内膜	$ab_2c_{12}\alpha_3\beta_3\gamma\delta\varepsilon$
糖原磷酸化酶 b 激酶	兔肌肉	$\alpha_4\beta_4\gamma_4$
果糖-1, 6-二磷酸酶	兔肌肉	A_2B_2
琥珀酸脱氢酶	牛心	$\alpha\beta$
Na^+/K^+-ATP 酶	牛心	C_2R_2
色氨酸合成酶	大肠杆菌	$\alpha_2\beta$

有些酶只有当所有亚基聚合在一起时才有催化活性，像大肠杆菌的 RNA 聚合酶全酶由 $\alpha_2\beta\beta'\omega\sigma$ 共 6 个亚基构成，各亚基都有其特殊功能，其中 α 亚基能与启动子和活化因子结合；β 亚基能结合核苷酸底物，催化形成磷酸二酯键；β′亚基能与模板 DNA 结合；ω 亚基的功能未知；σ 亚基能识别启动子，促进转录开始。$\alpha_2\beta\beta'\omega$ 称为核心酶。转录时全酶中的 σ 亚基结合到启动子，开始转录，然后 σ 亚基被解离，剩下的核心酶继续催化 RNA 的合成。

具有同型亚基的寡聚酶若发生亚基解离往往引起活性下降，甚至活性消失，或者米氏常数 K_m 值增大，对底物的亲和力下降。

有些酶的亚基解离与聚合会引起催化性质的改变。例如，大肠杆菌的色氨酸合成酶含有 $\alpha_2\beta$ 三个亚基，催化吲哚甘油磷酸和丝氨酸反应，产物是色氨酸和 3-磷酸甘油醛。当其亚基解离时，α 亚基能催化吲哚甘油磷酸水解生成吲哚和 3-磷酸甘油醛，表现出水解酶的活性。

有些寡聚酶的亚基有催化亚基（C）与调节亚基（R）之分。例如，cAMP 依赖性蛋白激酶的亚基就有 C 和 R 两种。当 C 与 R 结合在一起时，R 抑制 C 的催化活性。当 R 和 C 解离时，C 被激活，就能催化反应进行。像大肠杆菌中的天冬氨酸转氨甲酰酶，其 R 亚基能与变构调节剂结合而调节 C 亚基的催化活性。当 R 亚基解离后，C 亚基的催化活性虽然还保留，但没有变构效应。

第二节 酶催化的分子机制

在化学反应中，各物质的分子必须互相碰撞，然而不是所有碰撞的分子都能反应，能进行反应的分子必须是活化分子。要变成活化分子必须取得一定的能量，即活化能（activation energy）。化学反应是否能进行，取决于其分子是否取得了活化能。不同的化学反应所需要的活化能阈是不同的。酶促反应所需要的活化能比没有酶催化的反应低（图 2-6）。

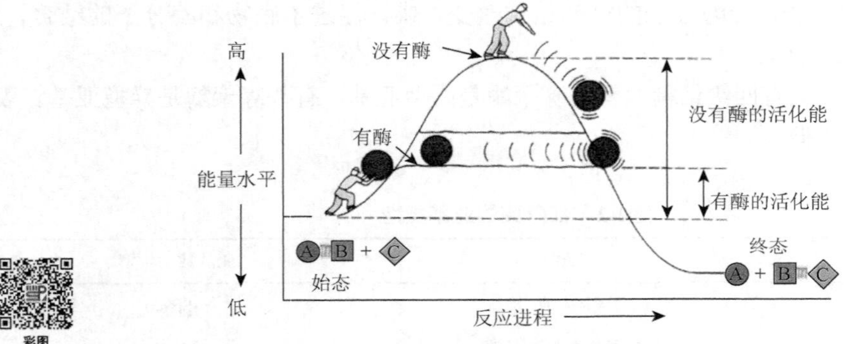

图 2-6 酶催化反应克服的能障示意图

酶促反应降低其活化能的机制，普遍认为有如下几种。

1. 张力改变和扭曲效应

酶的活性中心只占酶分子很小的部分，催化时其活性中心的某些基团可以改变底物分子特定共价键的电子云分布，进而会引起电子张力（strain）的变化，使底物共价键易于断裂；张力改变也可能导致底物分子构象改变，使底物分子某些化学键扭曲，导致反应速度加快。有实验表明，张力改变是羧肽酶 A 和溶菌酶的催化机制之一，溶菌酶与底物结合后，会引起 D-糖环构象改变，对催化起到加速作用。磷酸丙糖异构酶与底物磷酸二羟丙酮结合后，磷酸二羟丙酮分子被扭曲，形成不稳定的中间过渡态，容易被酶催化产生 3-磷酸甘油醛。

2. 邻近效应和定向效应

酶催化作用是在活性中心上进行的。催化时活性中心某些基团的作用使大量的底物分子集中到活性中心附近，该机制称为邻近效应（proximity effect）或趋近效应（approximation effect）。此效应使酶分子活性中心附近的底物浓度增大，甚至达到数千倍或数万倍，增加了各底物之间的碰撞机会，加速反应的进行。有些酶催化时，其活性中心的构象会发生变化，将底物分子的相对位置改变，导致底物更易于与酶的活性中心结合，增大反应速度，这种现象称为定向效应（orientation effect）。

3. 共价催化

有些酶在催化过程中会暂时在酶和底物之间形成共价键，该催化形式称为共价催化（covalent catalysis）。共价催化包括亲核催化（nucleophilic catalysis）和亲电催化（electrophilic catalysis）。其中，亲核催化是指由亲核试剂（nucleophilic reagent）所起作用的催化，是典型的共价催化；亲电催化是指酶分子的某个基团可以从底物分子吸取一对电子的催化机制。亲核试剂是指具有未共用电子对的原子或基团，能与缺少电子的原子共用这一对电子而形成共价键的化合物。在亲核催化中，酶作为一种亲核试剂催化反应进行。酶分子中的氨基、羧基、巯基、咪唑基等都可以用作亲核试剂。蛋白酶、肽酶、酯酶和某些酰基转移酶在催化过程中都可能形成“酰基-酶”的不稳定中间产物。

亲核反应一般分为两个步骤。

（1）亲核基团（E）攻击含有酰基的分子。底物分子的羰基（C ═ O），因 O 的电负性比 C 大，因而靠近 O 一端电子云较多，而靠近 C 一端电子云较少，造成 C 缺少电子。酶（E）活性中心的某些基团带有未共用电子对（：），该电子对作为亲核基团进攻 C，与 C 形成共价键中间产物，把底物分子的 X 基团暂时释放出来，如下式：

$$\underset{\text{酰基供体}}{R-\overset{\overset{\displaystyle O}{\|}}{C}-X} + \underset{\text{亲核试剂}}{:E} \longrightarrow \underset{\text{酰化的亲核基团}}{R-\overset{\overset{\displaystyle O}{\|}}{C}-E} + X$$

（2）酰基再从亲核的催化剂转移到最终受体，受体可能是 H_2O，见下式：

$$R-\overset{\overset{\displaystyle O}{\|}}{C}-E + H_2O \longrightarrow R-\overset{\overset{\displaystyle O}{\|}}{C}-OH + E + H^+$$

将上两式合并，就是

$$R-\overset{\overset{\displaystyle O}{\|}}{C}-X + H_2O \xrightarrow{E} R-\overset{\overset{\displaystyle O}{\|}}{C}-OH + HX$$

这是一个典型的亲核催化的作用过程。例如，酶的咪唑基催化乙酸对氨基苯酯水解反应，其过程中酶的咪唑基进攻 C ═ O 基团的 C，形成酶的共价中间产物，释放出对氨基苯酚，形成的中间产物水解，释放出乙酸，酶（咪唑基）游离出来。

在某些酶催化反应中，亲核基团不一定是酶分子的氨基酸侧链，有些辅酶或辅基也具有未共用电子对。例如，焦磷酸硫胺素、磷酸吡哆醛等具有亲核催化作用。

4. 广义酸碱催化

在有机催化反应中，既可以单独用酸催化，也可以单独用碱催化，如果用酸碱两性分子进行催化，其效果应能大大提高。例如，β-葡萄糖 ⟶ α-葡萄糖，该反应既可以用酸（如酚）催化，也可以用碱（如吡啶）催化，如果用 α-羟基吡啶催化，其催化效果会比单独用酚或单独用吡啶催化好。

根据布朗斯特（Brönsted）和劳里（Lowry）的酸碱理论，凡是能接受质子的物质均是碱，能给出质子的物质均是酸，而根据路易斯（Lewis）的酸碱理论，凡是能接受电子的物质均是酸，凡是给出电子的物质均是碱，这种理论称为广义酸碱理论。

酶的化学本质是蛋白质，在酶分子中很多基团既可以是广义酸，也可以是广义碱，见表 2-3。因此，酶既是酸也是碱，因而其催化效率较高。

表 2-3 酶分子中的广义酸和广义碱基团

广义酸基团	广义碱基团
—COOH	$—COO^-$
$—NH_3^+$	$—NH_2$
R-OH	$R-O^-$
—SH	—S—
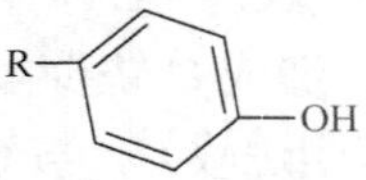 R—C₆H₄—OH（对位酚羟基）	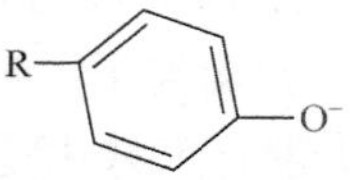 R—C₆H₄—O⁻
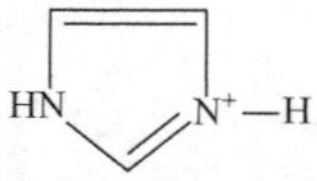 咪唑环 HN…N⁺—H	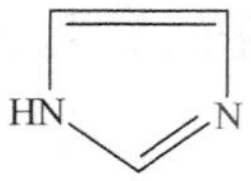 咪唑环 HN…N

咪唑基的 pK_a 约为 6，在细胞内接近中性环境，其酸碱形式的比例接近，因此咪唑基既可作为电子供体，也可作为电子受体，人们通常将咪唑基看成是“多才多艺”的基团，许多酶的活性中心都有 His 的咪唑基参与。

5. 金属离子催化

许多酶与金属离子结合（如 Fe^{3+}、Fe^{2+}、Mg^{2+}、Cu^+、Cu^{2+}、Mn^{2+}、Zn^{2+}、Mo^{2+}等），其在酶的催化中起着重要作用。金属离子在酶催化中的作用可能是多方面的，即协助底物分子适当定向，易于催化；稳定过渡态中间产物；以弱键的形式与底物结合，提高酶与底物结合能力（相当于释放了少量自由能），提高反应速度；金属离子价态的改变（如 Fe^{2+}变为 Fe^{3+}，Cu^{2+}变为 Cu^+等）可以介导氧化还原反应。

6. 微环境

不同酶的活性中心差别较大，活性中心微小构象的改变就可对其催化的专一性起重要的作用。例如，胰蛋白酶、胰凝乳蛋白酶、弹性蛋白酶虽然是同一家族的丝氨酸蛋白酶，但其活性中心与底物结合部位有明显不同，因而导致这三种蛋白酶具有不同的底物专一性。胰蛋白酶底物结合部位的袋口由 Gly216 和 Gly226 两个氨基酸把守，这两个氨基酸体积较小，口袋的底部由 Asp189 占领，Asp189 带负电荷，胰蛋白酶催化蛋白质水解时，带正电荷的氨基酸（Arg、Lys）侧链易于进入该小口袋与带负电荷的 Asp189 相互作用，因此胰蛋白酶具有催化 Arg 和 Lys 右侧的肽键水解的专一性（图 2-7）。

胰凝乳蛋白酶的底物结合部位中，袋口两边的氨基酸也是 Gly，但其底部是 Ser189，该氨基酸侧链为羟基，不带负电荷，不与 Arg 和 Lys 结合，而侧链为芳香族氨基酸，可以伸入该部位，因此胰凝乳蛋白酶具有催化肽链上 Phe、Trp、Tyr 右侧的肽键水解的专一性（图 2-8）。

弹性蛋白酶的活性中心的袋口两侧氨基酸为 Val216 和 Thr226，该氨基酸体积相对较大，使大的芳香族氨基酸侧链不能插进口袋内，而一些具有直链脂肪链的氨基酸（如 Leu、Ala、

Val 等）可以进入其口袋内，因此弹性蛋白酶具有催化肽链上脂肪族侧链氨基酸右侧的肽键水解的专一性（图 2-9）。

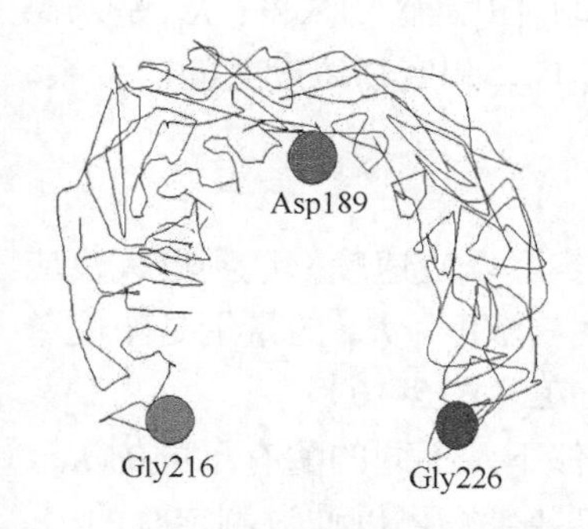

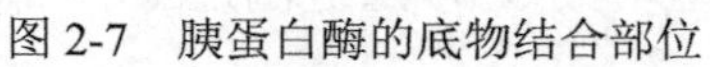
图 2-7　胰蛋白酶的底物结合部位

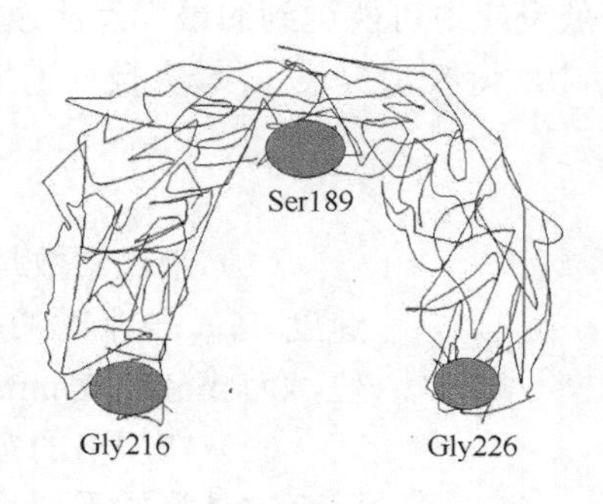

图 2-8　胰凝乳蛋白酶的底物结合部位

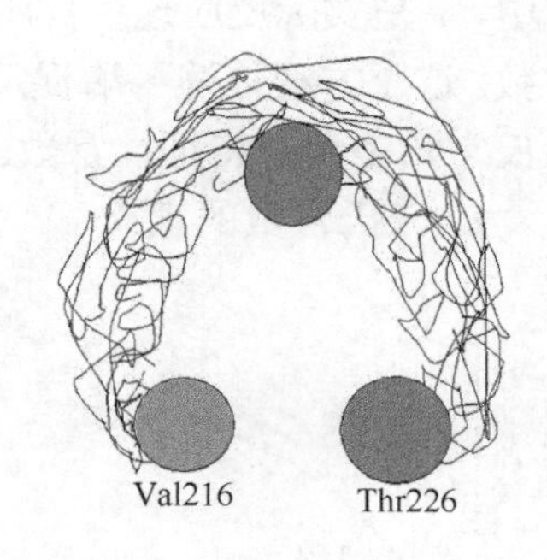

图 2-9　弹性蛋白酶的底物结合部位

第三节　酶促反应动力学

酶作为大分子生物催化剂，其催化活性受到许多因素的影响，如酶浓度、底物浓度、反应环境的酸碱度（pH）、反应温度、抑制剂、激活剂、离子强度、压力、溶剂的介电常数等。在本节中将着重讨论底物浓度对酶促反应的影响。

从底物的数量来看，生物化学反应包括单底物反应、双底物反应和多底物反应等，以前两者居多。某些酶促反应（如水解酶和水合酶）的反应物包括水，本来水也是反应的底物，由于反应是在水中进行，因而水的浓度可以看成是饱和的或恒定的，因而在探讨酶促反应动力学时，水不作为有意义的底物。这些酶催化反应被看作假单底物反应。有些反应的正反应是单底物反应，而逆反应则是双底物反应，如裂合酶的催化反应。有些反应虽然有多个反应底物，但如果其中一个底物是决定反应速度的限制因子，则该反应也可看作是单底物反应。

一、单底物反应的动力学

Henri（1902）对蔗糖酶催化的水解反应作了详细的研究，提出了“酶-底物中间络合物”的假设。Michaelis 和 Menten（1913）经过对单底物反应进行研究，提出了著名的米氏方程。Brigg 和 Haldane（1925）在前人研究的基础上提出了拟稳态法。Michaelis 和 Brigg 等的方法被广泛应用于单底物反应的动力学研究中。

在酶促反应中，酶（E）首先与底物（S）结合形成中间产物（ES），然后 ES 释放出产物（P），并游离出酶（E），如下式：

$$E + S \underset{k_{-1}}{\overset{k_1}{\rightleftharpoons}} ES \xrightarrow{k_2} P + E$$

式中，k_1 和 k_{-1} 是酶和底物形成 ES 正逆反应的速度常数；k_2 是 ES 释放产物和酶的速度常数。经过一系列推导（其推导过程在本科大学教科书中已经详细描述，这里不再重复），得出了重要的米氏方程：

$$v = \frac{V_{max}[S]}{[S] + K_m}$$

式中，v 是实际反应速度；V_{max} 是反应中可能达到的最大反应速度；[S]是底物浓度；K_m 是米氏常数。这个方程描述了酶促反应中实际反应速度 v、最大反应速度 V_{max} 和底物浓度之间的关系。米氏常数是酶的特征性常数。

1. 米氏常数的意义

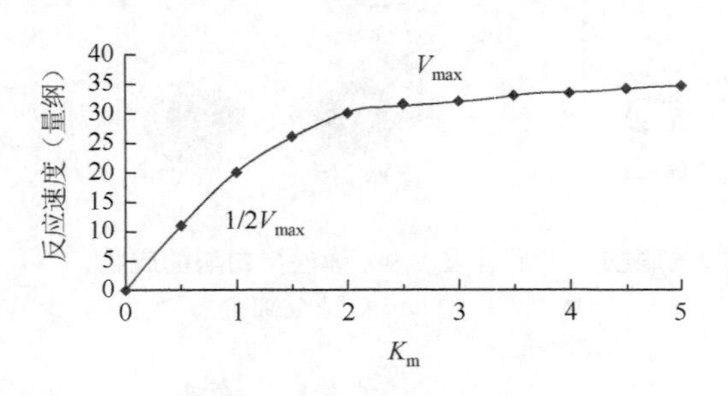

图 2-10 K_m 与反应速度的关系

（1）米氏常数是实际反应速度 v 达到最大反应速度 V_{max} 一半时的底物浓度。K_m 的量纲是浓度单位，为 mol/L 或 mmol/L（图 2-10）。

（2）在严格的条件下，不同的酶有不同的 K_m，因而它是酶的重要物理常数，可以通过测定酶的 K_m 来鉴定不同的酶类。

（3）K_m 表示酶对底物的亲和力，K_m 高，表示酶与底物的亲和力弱，K_m 低表示酶与底物的亲和力强。同一种酶若有不同的底物，各底物所对应的 K_m 是不同的。K_m 最小的底物是最佳底物。

2. 米氏常数和最大反应速度的求法

米氏常数 K_m 和最大反应速度 V_{max} 是酶的重要参数，可以利用以下几种方法进行计算。

1）双倒数作图法　双倒数作图法（double reciprocal plot）是由莱恩威弗（Lineweaver）和伯克（Burk）根据米氏方程进行处理而创立的，也称为 Lineweaver-Burk 法。

将米氏方程求倒数：

$$v = \frac{V_{max}[S]}{[S] + K_m}$$

$$\frac{1}{v} = \frac{K_m + [S]}{V_{max}[S]} = \frac{K_m}{V_{max}[S]} + \frac{[S]}{V_{max}[S]}$$

$$\frac{1}{v} = \frac{K_m}{V_{max}} \times \frac{1}{[S]} + \frac{1}{V_{max}}$$

此公式相当于 $y = ax + b$，为直线方程。先用一系列底物浓度[S]测出其相应的反应速度 v，分别计算[S]和 v 的倒数，然后作图，见图 2-11，从图中直接计算 V_{max} 和 K_m。

2）Hanes 作图法

$$\frac{1}{v} = \frac{K_m}{V_{max}} \times \frac{1}{[S]} + \frac{1}{V_{max}}$$

方程两边都乘上[S]，整理得

$$\frac{[S]}{v} = \frac{1}{V_{max}}[S] + \frac{K_m}{V_{max}}$$

用一系列底物浓度[S]测出其相对应的反应速度 v，计算[S]/v 后，用[S]/v 对[S]作图，见图 2-12。在图中，直线的延长线与横坐标交点到原点的距离是$-K_m$，直接由图中数据计算 K_m；截距是 K_m/V_{max}，也可以由 K_m 和图中数据计算 V_{max}。

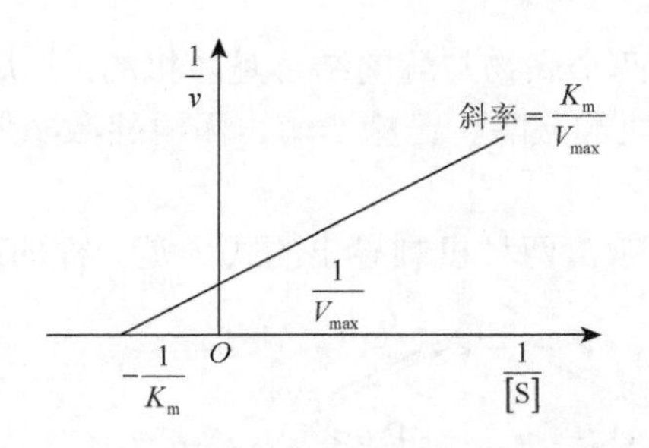

图 2-11　双倒数作图法求酶的 K_m 和 V_{max}

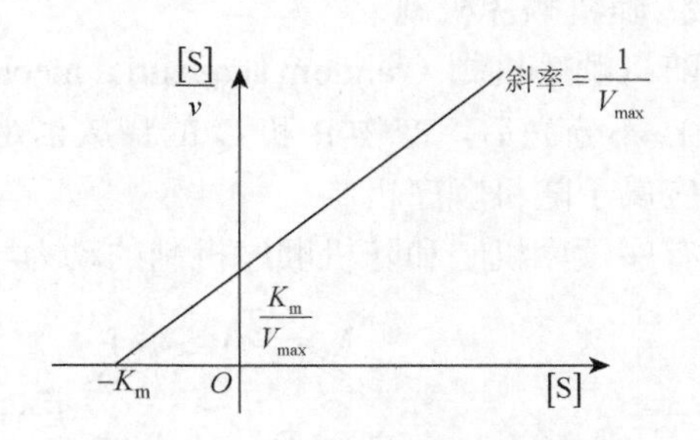

图 2-12　Hanes 作图法求酶的 K_m 和 V_{max}

3）Eadie-Hofstee 作图法　　将米氏方程整理：

$$v = \frac{V_{max}[S]}{[S]+K_m}$$

$$v[S] + vK_m = V_{max}[S]$$

$$v[S] = V_{max}[S] - vK_m$$

$$v = \frac{V_{max}[S]}{[S]} - \frac{vK_m}{[S]}$$

$$v = V_{max} - K_m\frac{v}{[S]}$$

根据该公式，用一系列底物浓度[S]测出其相应的反应速度 v 和 v/[S]，然后用 v 对 v/[S]作图，见图 2-13，曲线与纵坐标交点到原点的距离是 V_{max}，曲线与横坐标交点到原点的距离是 V_{max}/K_m，可根据图的数据求出 K_m。

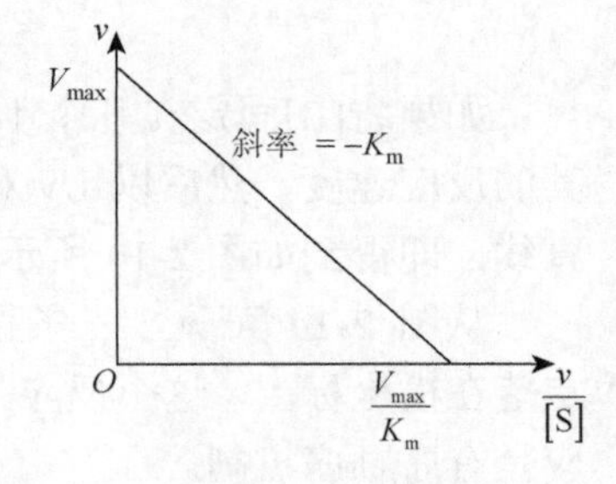

图 2-13　Eadie-Hofstee 作图法

二、双底物反应的动力学

双底物酶促反应按照底物与酶的结合和产物从酶分子上释放方式分为三种机制。

1. 有序顺序机制

有序顺序机制（ordered sequential mechanism）是指底物 A 和底物 B 与酶结合时有一定的严格顺序，产物 P 和 Q 的释放也有一定的顺序。

$$A + B = P + Q$$

其底物与酶的结合和产物的释放过程如下：

$$E \overset{+A}{\rightleftharpoons} EA \overset{+B}{\rightleftharpoons} EAB \rightleftharpoons EPQ \underset{P}{\overset{P}{\rightleftharpoons}} EQ \underset{Q}{\overset{Q}{\rightleftharpoons}} E$$

在此酶促反应中，底物 A 称为领先底物，底物 B 为随后底物。产物 P 为第一产物，产物 Q 则为第二产物，两个底物与酶结合不能颠倒，产物也是按照先后顺序释放的。像 NAD 或 NADP 作为辅酶的脱氢酶催化的反应属于有序顺序机制，如苹果酸脱氢酶。

2. 随机顺序机制

随机顺序机制（random sequential mechanism）是指两个底物与酶的结合是随机的，如底物A和B不分先后，产物P和Q的释放也是随机的。像肌酸激酶、己糖激酶、丙酮酸激酶催化的反应属于随机顺序机制。

有序顺序机制和随机顺序机制的动力学公式非常复杂。两种机制导出的式子是一样的：

$$\mathrm{E} \overset{+\mathrm{A}}{\rightleftharpoons} \mathrm{EA} \overset{+\mathrm{B}}{\rightleftharpoons} \mathrm{EAB} \rightleftharpoons \mathrm{EPQ} \overset{-\mathrm{P}}{\rightleftharpoons} \mathrm{EQ} \overset{-\mathrm{Q}}{\rightleftharpoons} \mathrm{E}$$

$$\mathrm{E} \overset{+\mathrm{B}}{\rightleftharpoons} \mathrm{EB} \overset{+\mathrm{A}}{\rightleftharpoons} \mathrm{EAB} \rightleftharpoons \mathrm{EPQ} \overset{-\mathrm{Q}}{\rightleftharpoons} \mathrm{EP} \overset{-\mathrm{P}}{\rightleftharpoons} \mathrm{E}$$

$$v = \frac{V_{\max}[\mathrm{A}][\mathrm{B}]}{K_{\mathrm{m}}^{\mathrm{B}}[\mathrm{A}] + K_{\mathrm{m}}^{\mathrm{A}}[\mathrm{B}] + [\mathrm{A}][\mathrm{B}] + K_{\mathrm{s}}^{\mathrm{A}} K_{\mathrm{m}}^{\mathrm{B}}} \tag{2-1}$$

式中，[A]和[B]分别是底物A和B的浓度；$V_{\max}$是A和B饱和时的最大反应速度；$K_{\mathrm{m}}^{\mathrm{B}}$是底物A饱和时，底物B的$K_{\mathrm{m}}$值；$K_{\mathrm{m}}^{\mathrm{A}}$是底物B饱和时，底物A的$K_{\mathrm{m}}$值；$K_{\mathrm{s}}^{\mathrm{A}}$是底物A与酶E的解离常数。

将式（2-1）求双倒数，得

$$\frac{1}{v} = \frac{K_{\mathrm{m}}^{\mathrm{B}}[\mathrm{A}] + K_{\mathrm{m}}^{\mathrm{A}}[\mathrm{B}] + [\mathrm{A}][\mathrm{B}] + K_{\mathrm{s}}^{\mathrm{A}} K_{\mathrm{m}}^{\mathrm{B}}}{V_{\max}[\mathrm{A}][\mathrm{B}]} \tag{2-2}$$

整理后，得下式：

$$\frac{1}{v} = \left(1 + \frac{K_{\mathrm{m}}^{\mathrm{A}}}{[\mathrm{A}]} + \frac{K_{\mathrm{m}}^{\mathrm{B}}}{[\mathrm{B}]} + \frac{K_{\mathrm{s}}^{\mathrm{A}} K_{\mathrm{m}}^{\mathrm{B}}}{[\mathrm{A}][\mathrm{B}]}\right)\frac{1}{V_{\max}} \tag{2-3}$$

如果将[B]固定在几个不同的浓度（如三个浓度），分别测定在[B]浓度时，不同浓度[A]与其的反应速度，然后以$1/v$对1/[A]作图，相对该浓度[B]绘制一条直线。三个浓度[B]就有三条直线，即得到如图2-14所示的曲线图。当[B]加大时，直线在y轴上的截距变小。

从图2-14可见，三条直线的延长线有一个相交点，这是顺序机制的重要特点。如果该交点落在横坐标上，这个反应是随机顺序机制。如果该交点落在横坐标的上方或者下方，这个反应是有序顺序机制。

如果计算图2-14中各直线的斜率，用之对1/[B]作图，就得到图2-15的直线。此图的斜率是：$\dfrac{K_{\mathrm{s}}^{\mathrm{A}} K_{\mathrm{m}}^{\mathrm{B}}}{V_{\max}}$。其截距是：$\dfrac{K_{\mathrm{m}}^{\mathrm{A}}}{V_{\max}}$。

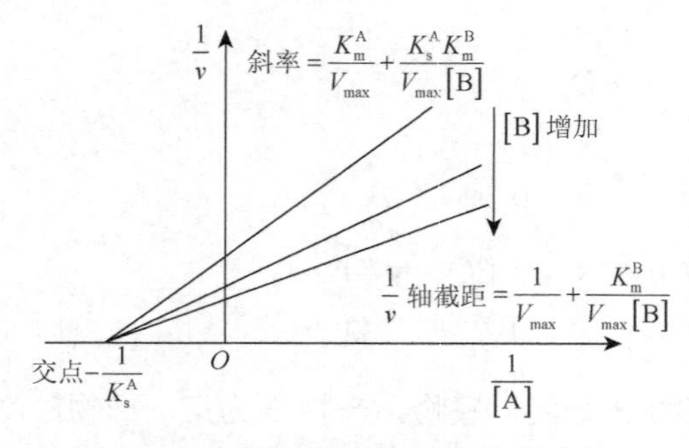

图2-14 顺序反应机制的动力学曲线

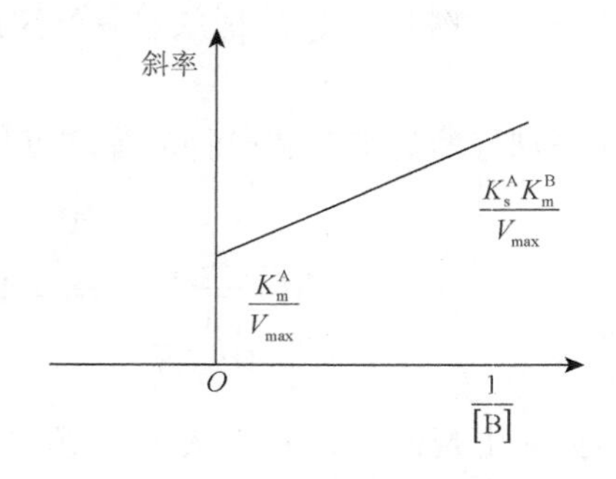

图2-15 斜率对1/[B]作图

如果将图 2-14 中各直线的截距对 1/[B]作图，就得到如图 2-16 中的直线。

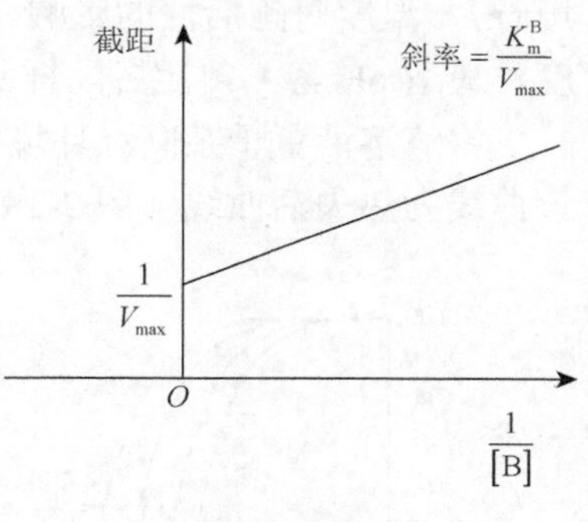

图 2-16　由截距对 1/[B]作图

由图 2-15 和图 2-16 可以计算该双底物反应的 V_{max}、K_m^A、K_m^B、K_s^A 等参数，在实际研究中有重要意义。

3. 乒乓机制

乒乓机制（ping pong mechanism）是指各种底物与酶全部结合前就已经有产物释放，也就是各种底物不会同时与酶结合形成多元复合物。其过程如下：

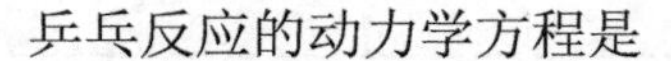

$$E \overset{+A}{\rightleftharpoons} EA \rightleftharpoons E'P \overset{P}{\rightleftharpoons} E' \overset{+B}{\rightleftharpoons} E'B \rightleftharpoons EQ \overset{Q}{\rightleftharpoons} E$$

乒乓反应的动力学方程是

$$v = \frac{V_{max}[A][B]}{K_m^B[A] + K_m^A[B] + [A][B]} \tag{2-4}$$

将式（2-4）求双倒数，得下式：

$$\frac{1}{v} = \frac{K_m^A}{V_{max}} \times \frac{1}{[A]} + \frac{K_m^B}{V_{max}} \times \frac{1}{[B]} + \frac{1}{V_{max}} \tag{2-5}$$

在乒乓反应中，两个底物[A]和[B]若有一个的浓度极大，就可以用单底物反应动力学处理，否则用式（2-5）处理。先将[B]固定在几个浓度（如三个浓度），然后分别用[B]的其中一个浓度与系列[A]浓度反应测定反应速度 v，用 1/[A]对 1/v 作图，得到一条直线。用三个[B]浓度分别做实验就得到三条直线。这三条直线是平行的（图 2-17），这是乒乓机制的特征。图 2-17 中，[B]越大，在 1/v 轴的截距越小。

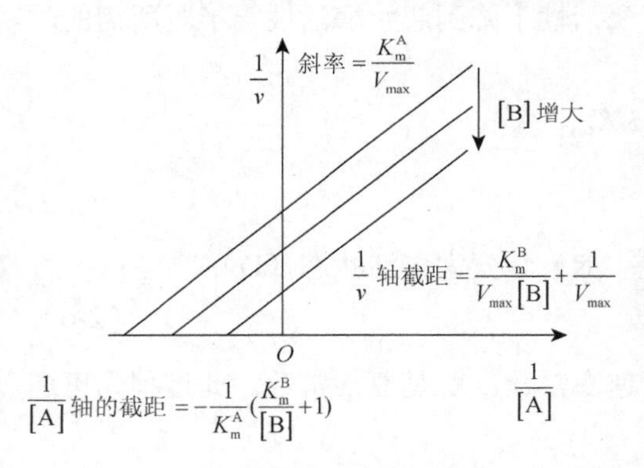

图 2-17　乒乓机制的动力学曲线

将图 2-17 中各直线的斜率对 1/[B]作图，并将 1/v 轴截距对 1/[B]作图，可计算乒乓机制中的 V_{max}、K_m^A、K_m^B 等各项参数，在实际研究工作中有重要价值。

三、失活（稳定性）动力学

酶催化活性不是恒稳定的，多种理化因素都会影响酶的活性。例如，温度变化、变性剂（如脲、盐酸胍、十二烷基硫酸钠）处理等会引起酶分子构象的改变，螯合剂存在、透析等会使辅酶或辅基与酶蛋白分离，极端的 pH、表面活性剂等可以导致亚基解离等，这些都会引起酶活性下降甚至失活。其中温度是影响酶活性的重要因素，温度升高导致酶变性的现象称为热变性。表征酶热变性的参数有热稳定性、操作稳定性、半衰期等。

酶的热稳定性（thermal stability）是指在没有底物和产物存在的情况下（即酶不起催化作

用时），温度对酶活性的影响。将酶溶液在不同温度下放置一定时间，在最适条件下（最适温度、最适 pH 等）测定各酶样品的残存活性，并作图，获得酶的热稳定性曲线（图 2-18）。

将酶溶液置于某高温环境中保温，在一定时间内间隔取样测定，将其残存活性对时间作图，该曲线为热失活曲线（图 2-19）。

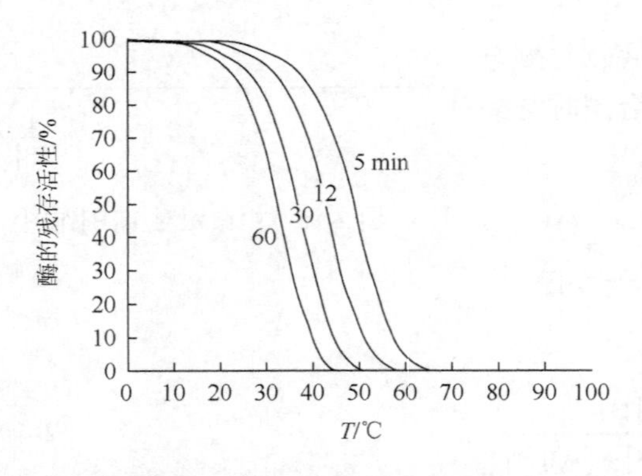

图 2-18　酶的热稳定性（图中数字是恒温失活时间）

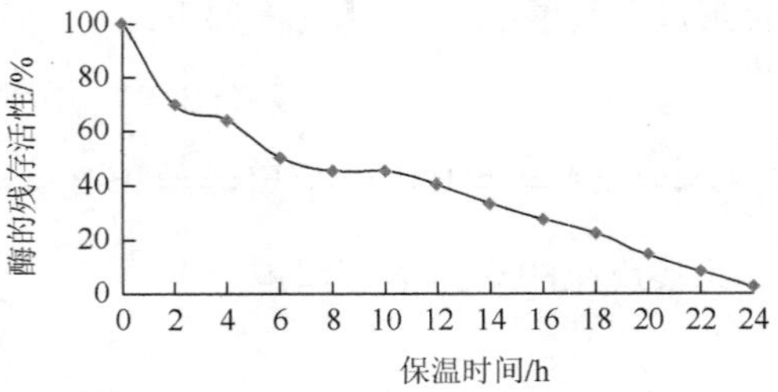

图 2-19　酶的热失活曲线

温度的变化对酶稳定性的影响较大。此外，酶溶液越稀，酶也越不稳定。

酶的操作稳定性（operational stability）是指在底物和产物存在下催化过程中酶活性的变化情况。

半衰期（half-life period）是指在连续反应条件下酶活性下降到起始酶活性一半时所需的时间，用 $t_{1/2}$ 表示。

$$t_{1/2}=0.693/K_d$$

式中，K_d 称为失活速率常数，其量纲是（时间）$^{-1}$。

1. 未反应时酶的失活动力学

在没有反应的热失活中，如果酶从有活性的状态（N）转变为失活状态（D）：

$$\mathrm{N}\underset{K_r}{\overset{K_d}{\rightleftharpoons}}\mathrm{D} \tag{2-6}$$

这是一步失活模型（one step model）。K_d 是失活速率常数；K_r 是复活常数。此过程为可逆失活。

假设 e 是 N 的浓度，d 是 D 的浓度。若变性开始时酶的总浓度为 e_0，在变性的某一时间，酶的残存浓度为 e_t，若该变性过程不是可逆的，$K_r=0$，则有下式：

$$e_t=e_0\exp(-K_d t)$$

K_d 称为一级失活速率常数（first order deactivation constant），有时也称为衰变常数（decay constant）。如果将 K_d 求倒数，其值用 t_c 表示，t_c 称为时间常数（time constant），t 为时间。K_d、t_c 和 $t_{1/2}$ 之间的关系用下式表示：

$$K_d=\frac{1}{t_c}=\frac{\ln 2}{t_{1/2}}$$

K_d 与温度的关系为

$$K_d=A_d\exp\left(-\frac{E_d}{RT}\right)$$

式中，A_d 是失活反应阿伦尼乌斯方程（Arrhenius equation）的指前因子（也称频率因子）；E_d 是失活反应的活化能；R 是气体常数；T 是热力学温度。

有人认为，酶失活可能是经过多个步骤才能完成的，称为多步失活模型（multi step deactivation model）。多步失活模型也有两种假说。一种假说称为多步串联失活模型（series deactivation model）。该理论认为，失活过程不是一步完成的，可能包括中间状态。另一种假说叫同步失活模型（parallel deactivation model），该假说则认为，所有酶分子可以划分为稳定性各不相同的几个部分，各部分酶分子的失活符合一级失活模型。

计算同步失活模型中酶的残存活性时，设全部酶 e_0 中残存酶的活性为 $f(t)$，所有酶中有 i 个稳定性各不相同的部分，x_i 是失活速率常数为 k_i 的酶组分的分率，则

$$f(t)=\frac{e_t}{e_0}=\sum_i x_i \exp(-k_i t) \tag{2-7}$$

式中，t 是时间。

式（2-7）是计算同步失活模型中酶的残存活性的公式。

多步串联失活模型比较复杂，在此不再叙述。

2. 反应中酶的热失活动力学

温度对酶促反应有非常明显的影响。在温度较低的情况下，若温度升高，酶促反应速度上升。到达一定温度，反应速度达到最大。将反应速度达到最大的温度称为最适温度（optimal temperature）。此后若温度继续上升，反应速度逐渐下降，直至丧失活性。可见，在酶促反应中，酶会慢慢失活。

在酶促反应过程中，由于有底物和产物的存在，可能对酶活性有保护作用，使失活速度减慢；也有可能底物和产物的存在使酶的稳定性减弱。

底物浓度对酶稳定性的影响是非常复杂的，人们经过研究提出了一个模型，其作用机制如下所示：

$$\begin{array}{ccccc} E+S & \underset{k_{-1}}{\overset{k_{+1}}{\rightleftharpoons}} & ES & \xrightarrow{k_{+2}} & P+E \\ \downarrow k_d & & \downarrow \#k_d & & \\ D & & D+S & & \end{array}$$

E 是活性酶，S 是底物，P 是产物，D 是无活性酶，#是底物对酶稳定性影响的系数，k_d 是有活性酶变成失活酶的速度常数。由上式可见，游离的酶 E 和结合的酶 ES 都可能失活。针对这种推论，推导出在底物存在下酶的失活动力学方程为

$$-\frac{dC_{Et}}{dt}=K_d\frac{K_m+\#C_s}{K_m+C_s}C_{Et} \tag{2-8}$$

式中，$K_m=\frac{k_{-1}+k_2}{k_{+1}}$；$C_{Et}=C_{Ef}+C_{[ES]}$，其中 C_{Et} 是酶的总浓度，C_{Ef} 是游离酶的浓度，$C_{[ES]}$ 是缀合酶的浓度；C_s 是底物的浓度。

根据动力学理论，式（2-8）中的#对底物影响酶活性的贡献有如下效果。

（1）当#＝1 时，底物浓度对酶的稳定性无影响。

（2）当#＝0 时，底物对酶有较好的保护效果，与底物结合的酶不会失活，但未与底物结合的游离酶会失活。

（3）当 0＜#＜1 时，底物可能对酶只有部分保护作用，部分酶活性受到底物抑制。

（4）当#＞1 时，底物会明显地抑制酶的活性。

式（2-8）只是表示底物的存在对酶变性的动力学方程。如果还要考虑在此反应过程中温度对酶变性的作用效果，情况就会更复杂。酶在零级反应与一级反应时的变性动力学也有较大的差异，这里不作具体讨论，必要时请参考其他有关专著。

第四节　酶促反应的抑制及别构酶的催化特性

生物体为了长期适应外界环境的变化，自身形成了一整套调节机制。酶作为生物催化剂，其活性在体内是受到调控的。酶有以下两种调控方式。

（1）酶活性调控，即在酶结构和活性水平上进行调节，如酶促反应动力学的调节，改变 V_{max} 或 K_m 来调节催化效率；酶结构修饰调节，引起酶构象改变来调控其活性；通过酶分子共价结合某个基团来调控酶的活性，包括共价调节和别构调节。

（2）酶浓度调控，也就是酶分子合成和降解水平，即基因水平调节，如通过控制酶基因的表达和酶降解、同工酶的调节等。

第二种调节方式需要较长时间才能生效，并且调节效应持续。第一种酶活性调控是快速的调节，根据生物体内外环境需要产生较大的短暂效应。能使酶催化效率降低的调节剂称为抑制剂；反之，能使催化效率升高的调节剂称为激活剂。本节主要介绍酶的抑制作用和酶的别构调节。

一、酶的抑制作用

引起酶活性下降或丧失有三种情形：酶的抑制（inhibition）、失活（inactivation）和去激活（deactivation）作用。酶失活是指酶蛋白变性引起的酶活力降低或消失。酶去激活是激活剂的解离而引起酶活力的降低，如乙二胺四乙酸（EDTA）去除两价金属离子后使很多受 Mg^{2+}、Mn^{2+}等离子激活的酶活力降低。酶抑制作用是指酶的活性中心或必需基团的性质受到某种化学物质的影响，导致酶活力的降低或丧失，而酶蛋白并未变性。引起抑制作用的化合物称为抑制剂（inhibitor）。变性剂对酶失活没有专一性，能使各种酶蛋白活性丧失；去激活剂只和激活剂直接作用而不和酶直接结合；而抑制剂是和酶直接发生作用，抑制剂对酶的抑制作用有选择性，通常一种抑制剂只能对一种酶或一类酶产生抑制。

（一）抑制作用的分类

1. 不可逆抑制作用

抑制剂与酶的必需基团以共价键结合，引起酶活性下降或丧失，不能用透析、超滤等方法去除抑制剂者称为不可逆抑制作用。不可逆抑制分为专一性不可逆抑制和非专一性不可逆抑制。专一性不可逆抑制是抑制剂专一地作用于某一种酶活性中心的必需基团导致酶失活，如拟底物、底物类似物或自杀性底物等对酶的抑制。非专一性不可逆抑制是抑制剂作用于酶活性中心以外的必需基团导致酶失活，如有机磷、有机汞、有机砷化合物对酶的抑制。

2. 可逆抑制作用

抑制剂与酶以非共价键结合而引起酶活力降低，抑制剂可以通过透析、超滤等方法被除去，并且能部分或全部恢复酶的活性，这种抑制称为可逆抑制作用。可逆抑制剂与酶作用在很短的时间内发生，因为非共价键形成得很快，因此可逆抑制作用对时间没有依赖性。

（二）可逆抑制作用

可逆抑制作用可分为 4 种类型：竞争性抑制（competitive inhibition）、非竞争性抑制（noncompetitive inhibition）、反竞争性抑制（uncompetitive inhibition）和混合性抑制（mixed inhibition）。其中混合性抑制不多见。这 4 种类型可以用动力学方法和公式来区别。

1. 可逆抑制的动力学

以 E、S 和 I 分别代表酶、底物和抑制剂，S 或 I 和 E 结合的情况可用图 2-20 表示。EI 为酶-抑制剂复合物，ESI 为酶-抑制剂-底物三元复合物。ES、EI、EIS 三种复合物中，只有 ES 可生成产物。K_s、K_i、K_i' 分别为相应的中间复合物的解离常数。

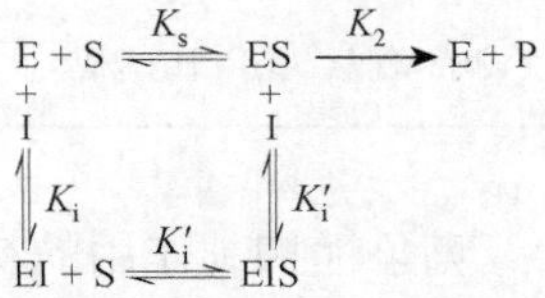

$$\begin{array}{ccccc} E+S & \overset{K_s}{\rightleftharpoons} & ES & \xrightarrow{K_2} & E+P \\ + & & + & & \\ I & & I & & \\ \upharpoonleft\downharpoonright K_i & & \upharpoonleft\downharpoonright K_i' & & \\ EI+S & \overset{K_i'}{\rightleftharpoons} & EIS & & \end{array}$$

图 2-20　抑制中间产物的形成

根据米氏方程，令 $K_s = K_m$，并由 $v_1 = K_2[E_0]$可推导出可逆抑制作用的动力学方程：

$$v = \frac{V_{max}[S]}{K_m\left(1+\frac{[I]}{K_i}\right)+[S]\left(1+\frac{[I]}{K_i}\right)} \tag{2-9}$$

2. 竞争性抑制

抑制剂（I）和底物（S）对酶（E）的结合具有竞争作用。E 只能结合 S 或 I，生成 ES 或 EI，不能生成 EIS 三联复合物。在这种抑制作用中，酶促反应不能形成 EIS，即 $K_i' = \infty$，上述方程可改写为竞争性抑制作用动力学方程：

$$v = \frac{V_{max}[S]}{K_m\left(1+\frac{[I]}{K_i}\right)+[S]} \tag{2-10}$$

竞争性抑制作用动力学的双倒数方程为

$$\frac{1}{v} = \frac{K_m}{V_{max}}\left(1+\frac{[I]}{K_i}\right)\frac{1}{[S]}+\frac{1}{V_{max}} \tag{2-11}$$

竞争性抑制作用的动力学图如图 2-21 所示，其中图 2-21b 中各曲线的含义见表 2-4。

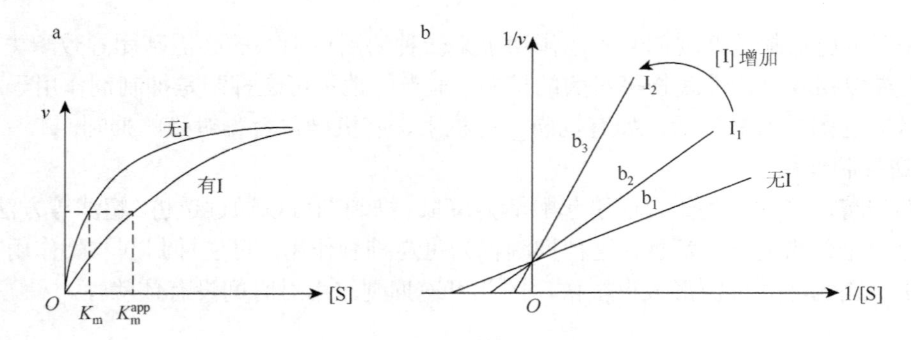

图 2-21 竞争性抑制作用的动力学图

a. [S]对 v 作图；b. Lineweaver-Burk 双倒数作图；K_m^{app} 为表观 K_m

表 2-4 图 2-21b 中各曲线的含义

曲线类型	斜率	横截距	纵截距
b_1（无 I）	K_m/V_{max}	$-(1/K_m)$	$1/V_{max}$
b_2（有 I_1）	$\dfrac{K_m}{V_{max}(1+[I_1]/K_i)}$	$-(1/K_m)(1+[I_1]/K_i)$	$1/V_{max}$
b_3（有 I_2，$[I_2]>[I_1]$）	$\dfrac{K_m}{V_{max}(1+[I_2]/K_i)}$	$-(1/K_m)(1+[I_2]/K_i)$	$1/V_{max}$

竞争性抑制作用的特点如下。

（1）由图 2-21 可见，以 $1/v$ 对 $1/[S]$作图，不同[I]时，各直线与纵坐标交于一点，说明 V_{max} 不变，直线与横坐标交点右移，表明随[I]增加，K_m 增大$(1+[I]/K_i)$倍。在竞争性抑制作用时，当[S]极大或 $1/[S]=0$ 时，$v=V_{max}$，提高底物浓度，即使 I 存在，K_m 增大，反应速度 v 仍可达最大反应速度 V_{max}，即 V_{max} 不变。

（2）从式（2-11）中可知，抑制剂与酶结合后，$K_s(K_m)$增大$(1+[I]/K_i)$倍，酶和底物的亲和力降低$(1+[I]/K_i)$倍；[I]愈高，酶和抑制剂的结合力愈强，即 K_i 愈小，使酶和底物的结合力进一步降低，即 K_m 增大，从而使酶促反应减慢。

（3）抑制程度由[I]、[S]和 K_i 的相对大小决定。[I]和[S]与酶的亲和力存在竞争关系，增大[I]时，酶和底物的结合力下降，抑制作用增强；反之，增大[S]时，易于酶和底物结合。

竞争性抑制作用的机制和举例如下。

（1）抑制剂的化学结构和底物相似，能结合在酶活性中心的底物结合位点上，阻断底物与酶的结合，抑制酶促反应。例如，丙二酸是琥珀酸的类似物，能竞争性抑制琥珀酸脱氢酶活性。利用酶的竞争性抑制剂作为治疗各种疾病的药物层出不穷。随着对酶作用机制的了解，会开发出更多的新药物。例如，磺胺类药物是对氨基苯甲酸（para-aminobenzoic acid，PABA）的类似物，能竞争性抑制细菌的二氢叶酸合成酶的活性，阻止 PABA 作为原料合成细菌所需要的四氢叶酸，抑制细菌核酸合成进而达到杀菌的效果。

（2）抑制剂的化学结构和性质与底物虽相似但不相同，因此并不能与酶的活性中心结合，而是与活性中心以外的必需基团结合，使酶的构象发生改变，从而导致酶活性中心不能再结合底物。

如有些化合物的平面结构和底物并不类似，但立体构象相似，也可成为竞争性抑制剂，像青霉素和头孢霉素抑制革兰氏阳性菌，青霉素和头孢霉素的结构主核 6-氨基青霉烷酸和 7-氨基头孢烷酸的立体构象与肽多糖末端 D-丙氨酰-D-丙氨酸（转肽酶底物）非常相似，可以竞争性地与转肽酶结合，阻断革兰氏阳性菌的胞壁肽多糖的合成。

有些抑制剂的结构和底物与酶反应的过渡态（ES）类似，则其对酶的亲和力就远大于底物，可达到 10^2～10^6 倍，引起酶活性的强烈抑制。像烯醇式丙酮酸是丙酮酸羧化酶、草酰乙酸脱羧酶和乳酸脱氢酶的共同过渡态底物，而草酸与烯醇式丙酮酸结构相类似，故草酸可作为竞争性抑制剂强烈抑制这三种酶的活性。

在少数情况下，与底物不相似的化合物也可表现出竞争性抑制作用。例如，水杨酸和 NADH、ATP 的结构都不相似，却能和 NADH 竞争而抑制醇脱氢酶，或和 ATP 竞争而抑制腺苷酸激酶。X 射线衍射结果证明，水杨酸可以结合在醇脱氢酶的 NADH 辅酶上从而抑制此酶活性。该抑制引起 K_m 增大，V_{max} 不变。

3. 非竞争性抑制

在非竞争性抑制作用中，I 与 S 的结构无相似性，与酶结合无竞争性，也无先后次序，即 S 和 E 或 EI 都能结合，二者结合的亲和力相等；I 也能和 E 或 ES 结合，二者的亲和力也相等。S 和 I 与 E 分别形成三元复合物（ESI 或 EIS 相同），但 ESI 或 EIS 不能形成产物。

当 $K_i = K_i'$ 时，其动力学方程用下式表示：

$$v = \frac{V_{max}[S]}{K_m\left(1+\frac{[I]}{K_i}\right)+[S]\left(1+\frac{[I]}{K_i}\right)} = \frac{V_{max}[S]}{\left(1+\frac{[I]}{K_i}\right)+(K_m+[S])} \quad (2\text{-}12)$$

非竞争性抑制作用动力学的双倒数方程为

$$\frac{1}{v} = \frac{K_m}{V_{max}}\left(1+\frac{[I]}{K_i}\right)\frac{1}{[S]}+\frac{1}{V_{max}}\left(1+\frac{[I]}{K_i}\right) \quad (2\text{-}13)$$

非竞争性抑制作用的动力学图如图 2-22 所示，图 2-22b 中各曲线的含义见表 2-5。

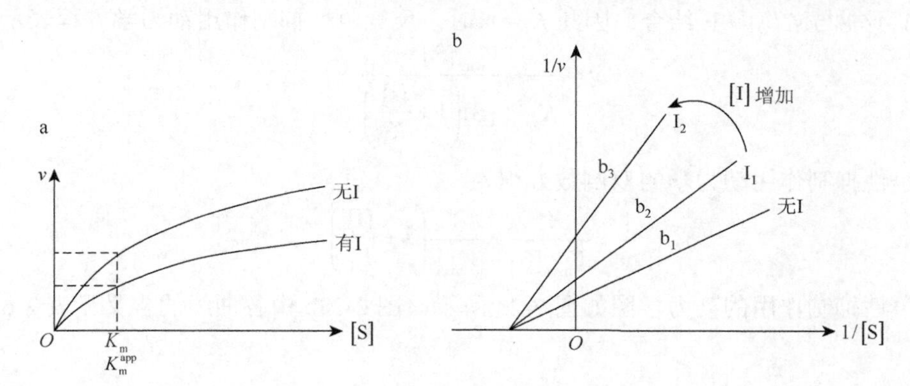

图 2-22　非竞争性抑制作用的动力学图

a. [S]对 v 作图；b. Lineweaver-Burk 双倒数作图；K_m^{app} 为表观 K_m

表 2-5　图 2-22b 中各曲线的含义

曲线类型	斜率	横截距	纵截距
b_1（无 I）	K_m/V_{max}	$-(1/K_m)$	$1/V_{max}$
b_2（有 I_1）	$\frac{K_m}{V_{max}(1+[I_1]/K_i)}$	$-(1/K_m)$	$(1/V_{max})(1+[I_1]/K_i)$
b_3（有 I_2，$[I_2]>[I_1]$）	$\frac{K_m}{V_{max}(1+[I_2]/K_i)}$	$-(1/K_m)$	$(1/V_{max})(1+[I_2]/K_i)$

非竞争性抑制作用的特点如下。

（1）由图 2-22 可见，以 1/v 对 1/[S]作图，不同[I]时，各直线在横坐标上交于一点，说明非竞争性抑制对最大反应速度 V_{max} 的影响最大，而对 K_m 没有影响。[I]越大或 K_i 越小，抑制因子（$1 + [I]/K_i$）越大，对反应抑制的能力越大，则 V_{max} 越小。

（2）非竞争性抑制剂与底物结构无相似性，此类抑制剂并不阻止底物与酶活性中心结合，而是阻止了底物转变成产物。

非竞争性抑制作用的机制和举例如下。

非竞争性抑制剂不影响酶和底物的亲和力，说明抑制剂并非结合于活性中心的底物结合位点，而是此位点以外的基团。抑制剂与酶结合后也不引起底物结合的立体障碍，故表现为 V_{max} 降低，而 K_m 不变的动力学特征。

非竞争性抑制在生物体内大多表现为代谢中间产物反馈调控酶的活性。在双底物的随机机制中，一个底物的竞争性抑制剂常是另一底物的非竞争性抑制剂。例如，别嘌呤醇可降低体内的尿酸，因为它是黄嘌呤氧化酶的竞争性抑制剂，但别嘌呤醇也是该酶的底物，可被酶催化成氧嘌呤醇（又称别黄嘌呤），它是黄嘌呤氧化酶的非竞争性抑制剂，这种双重抑制是别嘌呤醇治疗痛风的原理。例如，胎盘谷胱甘肽 *S*-转移酶的底物为谷胱甘肽（GSH）和 1-氯-2, 4-二硝基苯（CDNB），胆红素对 CDNB 表现为竞争性抑制，对 GSH 则表现为非竞争性抑制，而 *S*-己烷谷胱甘肽对 GSH 为竞争性抑制，对 CDNB 为非竞争性抑制。

4. 反竞争性抑制

反竞争性抑制是在酶和底物结合生成 ES 后，抑制剂 I 与 ES 结合形成 EIS 三元复合物，使酶活性中心结合的底物不能转变为产物。I 不能和游离的 E 或 S 结合，该情况与竞争性抑制相反，故称为反竞争性抑制。

由于 I 不能与游离酶 E 结合，因此 $K_i = \infty$时，反竞争性抑制作用动力学方程表示为

$$v = \frac{V_{max}[S]}{K_m + [S]\left(1 + \frac{[I]}{K_i}\right)} \tag{2-14}$$

反竞争性抑制作用动力学的双倒数方程为

$$\frac{1}{v} = \frac{K_m}{V_{max}[S]} + \frac{1}{V_{max}}\left(1 + \frac{[I]}{K_i}\right) \tag{2-15}$$

反竞争性抑制作用的动力学图如图 2-23 所示，图 2-23b 中各曲线的含义见表 2-6。

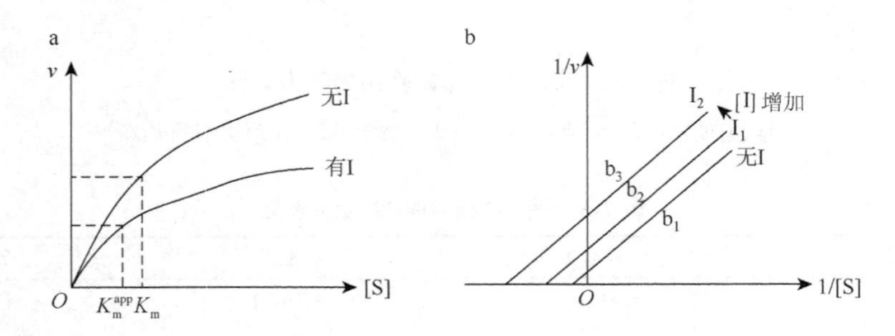

图 2-23　反竞争性抑制作用的动力学图

a. [S]对 v 作图；b. Lineweaver-Burk 双倒数作图；K_m^{app} 为表观 K_m

表 2-6　图 2-23b 中各曲线的含义

曲线类型	斜率	横截距	纵截距
b_1（无 I）	K_m/V_{max}	$-(1/K_m)$	$1/V_{max}$
b_2（有 I_1）	K_m/V_{max}	$-(1/K_m)(1+[I_1]/K_i)$	$(1/V_{max})(1+[I_1]/K_i)$
b_3（有 I_2，$[I_2]>[I_1]$）	K_m/V_{max}	$-(1/K_m)(1+[I_2]/K_i)$	$(1/V_{max})(1+[I_2]/K_i)$

反竞争性抑制作用的特点如下。

（1）从图 2-23 可看出，无论在纵坐标上或横坐标上，随[I]变化，截距均发生变化，而斜率 V_{max}/K_m 不变，随[I]增加，V_{max} 和 K_m 均降低了$(1+[I]/K_i)$倍。

（2）为什么反竞争性抑制剂使酶的 K_m 下降，也就是说提高了底物对酶结合的亲和力？有 I 存在时，ES 不断转变成 EIS，促进 $E+S \longrightarrow ES$ 的平衡倾向 ES，而增加[S]可使[ES]增加，更有利于形成 EIS。按照质量作用定律，这相当于把酶与底物结合反应的平衡拉向右边，有利于酶与底物的结合，从而导致酶与底物结合的亲和力增加，即表观 K_m 下降。

（3）反竞争性抑制剂只能与 ES 结合，当[I]很低时，I 的抑制作用几乎没有，因为 E 几乎处于游离状态；当[I]很高时，E 变成了 ES，这时 I 才发挥作用。

反竞争性抑制在单底物反应中比较少见，但在多元反应系统中是常见的动力学模型。如乒乓机制时，I 对一个底物（A）表现为竞争性抑制，则 I 常对另一底物（B）呈现反竞争性抑制，因为 I 和 EB 复合物相结合。

5. 混合性抑制

在可逆的抑制作用中，从动力学研究中可知，$K_i < K_i'$ 时，S 和 E 或 EI 都能结合，I 也可和 E 或 ES 结合，但它们结合的亲和力都不相等。当 $K_i > K_i'$ 时，表现为非竞争与竞争性抑制的混合；当 $K_i < K_i'$ 时，表现为非竞争与反竞争性抑制的混合。

混合性抑制作用的动力学方程是式（2-9）。

混合性抑制作用的动力学图如图 2-24 所示，其中各曲线的含义见表 2-7。

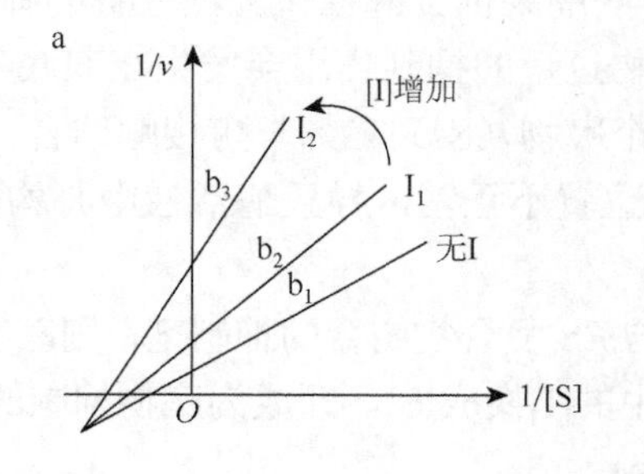

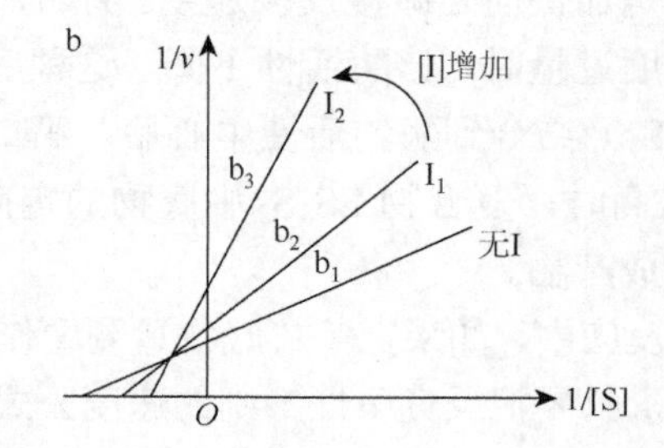

图 2-24　混合性抑制作用的动力学图

a. $K_i > K_i'$；b. $K_i < K_i'$

表 2-7　图 2-24 中各曲线的含义

曲线类型	斜率	横截距	纵截距
b_1（无 I）	K_m/V_{max}	$-(1/K_m)$	$1/V_{max}$
b_2（有 I_1）	$\dfrac{K_m}{V_{max}(1+[I_1]/K_i)}$	$\dfrac{-(1+([I_1]/K_i')}{K_m(1+[I_1]/K_i)}$	$(1/V_{max})(1+[I_1]/K_i')$
b_3（有 I_2，$[I_2]>[I_1]$）	$\dfrac{K_m}{V_{max}(1+[I_2]/K_i)}$	$\dfrac{-(1+([I_2]/K_i')}{K_m(1+[I_2]/K_i)}$	$(1/V_{max})(1+[I_2]/K_i')$

混合性抑制作用的特点如下。

（1）由图 2-24 可见，当有抑制剂 I 存在时，V_{max} 均减小，K_m 则可大可小。

（2）在 V_{max} 和 K_m 均减小时，V_{max} 减小甚于 K_m 减小，故 K_m/V_{max} 增大，抑制强度与[I]成正比，与[S]成正比（$K_i > K_i'$）或反比（$K_i < K_i'$）。

（3）无论[S]怎样增加，v 均小于 V_{max}。

6. 4 种抑制类型的比较

表 2-8 中总结了 4 种可逆抑制作用的主要动力学参数，它们之间的明显差异可通过双倒数作图法来进行区别。

表 2-8　4 种抑制类型的动力学比较（汪玉松等，2005）

抑制类型	表观 K_m（K_m^{app}）	表观 V_{max}
无抑制剂	K_m	V_{max}
竞争性抑制	K_m 增大	V_{max} 不变
非竞争性抑制	K_m 不变	V_{max} 减小
反竞争性抑制	K_m 减小	V_{max} 减小
非竞争性抑制与竞争性抑制混合（$K_i > K_i'$）	K_m 增大	V_{max} 减小
非竞争性抑制与反竞争性抑制混合（$K_i < K_i'$）	K_m 减小	V_{max} 减小

（三）底物的抑制作用

通常底物浓度升高会加快酶促反应的速率，但某些酶却表现出过量底物产生抑制作用的现象，即反应速度随[S]增加到一定程度后，再增高[S]，反应速度反而下降。这表明大量底物存在对某些酶不是加快而是减慢反应速度。例如，β-呋喃果糖苷酶催化蔗糖分解为葡萄糖和果糖，当蔗糖底物浓度过量时，该酶活性下降。这种底物过量的抑制作用会发生在双底物反应中，当第一个底物（S_1）结合到酶的活性中心后，第二个底物（S_2）立刻与酶接触结合，生成 ES_1S_2，可能由于[S]过高时，复合物 ES_1S_2 中底物的定向位置不正常，导致酶活性中心构象发生变化，不能使底物生成产物。

在双底物反应中，如果把第二底物过剩看作与 ES 复合物结合的抑制剂，则底物抑制类似于反竞争性抑制，只要把反竞争性抑制的速度公式中的[I]换成[S]，即成为底物抑制的速度公式：

$$v = \frac{V_{max}[S]}{K_m + [S]\left(1 + \frac{[S]}{K_i}\right)} \tag{2-16}$$

在式（2-16）中，当[S]很低时，$[S]/K_i$ 可忽略不计，该式即转变成米氏方程的基本公式；当[S]很高时，式（2-16）中的 K_m 可忽略不计，该公式为

$$v = \frac{V_{max}}{1 + \frac{[S]}{K_i}} = \frac{V_{max}K_i}{K_i + [S]} \tag{2-17}$$

从式（2-17）中可以看出，当[S]越大时，v 就越小；当 $v = 0.5V_{max}$ 时，$K_i = [S]$，说明 K_i 是反应速度被抑制 1/2 时的底物浓度。

在双底物反应中，一个底物对反应速度的抑制不遵循上述类似反竞争性抑制的规律，表现为竞争性抑制。例如，天冬氨酸转氨酶（AST）和丙氨酸转氨酶（ALT）都是乒乓机制，α-酮戊二酸在高浓度时，对两个酶产生竞争性抑制（与氨基酸竞争）。

过量底物抑制有另一种情形，即酶的别构效应，底物既可以和酶活性中心结合，也可以和酶的别构中心结合，如果底物浓度高，和酶的别构中心结合，可使酶构象发生改变，以致酶活性受到抑制。

（四）产物的抑制作用

酶促反应生成产物，在产物释放之前，它在活性中心和酶结合，这种结合的化学键与底物-酶结合的化学键相同，因此这种反应和底物结合反应非常相似，既快速又可逆。

在酶催化的单底物反应中，既然产物在释放前也像底物一样，在活性中心与游离的酶形成酶-产物（EP）复合物，使酶活性中心不能结合底物。所以虽然产物和底物都能够占据活性中心，但是这种结合是相互排斥的，即底物和产物不能同时与活性中心结合。如果产物先结合活性中心，则底物的结合受阻，于是产物充当了抑制剂的角色。生成的产物越多，产物的抑制作用就越显著，反应速度越慢。

由此可以看出，在单底物反应中，产物实际上是一种特殊的竞争性抑制剂。如果在多底物反应中，产物还可以和反应历程中生成的不同产物-酶复合物或酶-底物复合物结合，产生抑制作用，情况就更为复杂。

在双底物双产物反应中，产物还可以和反应历程中生成的不同酶分子形式或酶-底物复合物结合，这样形成的复合物是正常反应历程中不可能生成也不能形成产物的“死亡”终产物（dead end product）。例如，丙酮酸可抑制心肌 B 型乳酸脱氢酶（LDH），已证明丙酮酸可和酶-NAD^+中间物结合生成酶-NAD^+-丙酮酸三元复合物，后者是一种死亡终产物。

在酶动力学研究中，酶促反应速度为初始速度，因为在反应刚开始时还没有产物的形成，产物抑制作用可以忽略，而影响酶促反应速度变化的其他因素就比较明确。

二、酶的别构调节

酶的别构调节（allosteric regulation）在生物界普遍存在，是生物体内调节酶活性的重要方式。酶的别构调节是指一些代谢物分子，包括底物、中间产物和终产物，以非共价键与酶活性中心以外的中心结合，使酶的构象发生改变，从而调节酶活性的变化。具有这种调节作用的酶称为别构酶或变构酶（allosteric enzyme）。酶的别构调节又称为变构调节，酶活性中心以外的和调节物结合的中心称为别构中心。这些调节物称为别构效应剂或别构效应物，包括别构正效应物和负效应物。正效应物起到激活酶活性的作用，相反，负效应物抑制酶的活性。由反应底物作为别构效应物产生的别构效应称为同促效应，否则就称为异促效应。许多别构酶具有多个别构中心，能够与不同的别构效应物结合进行酶活性的调节，如大肠杆菌的谷氨酰胺合成酶的别构效应物至少有 8 种。

别构调节较多出现在代谢途径中的反馈调节中，即通常是合成代谢途径的终产物作为别构负效应物，抑制反应途径前面的关键酶的活性。这些代谢物（别构效应物）往往是代谢通路的终产物，对远距离的酶发挥别构调节作用，也称为终产物反馈调节作用。这种调节使得细胞能够对胞内中间代谢物浓度的变化迅速做出反应，对于维持细胞内许多代谢物浓度的平衡至关重要。

（一）别构酶的组成和协同效应

1. 别构酶的组成

别构酶一般含有两个或两个以上相同或不同的亚基，属于寡聚酶。在酶分子结构上有两个重要的功能部位，即催化部位（catalytic site）和调节部位（regulation site），调节部位又叫别构部位或别构中心。这两个部位可能位于同一亚基上，也可能分别位于不同的亚基上。催化部位和底物结合，负责酶的催化作用；调节部位和别构效应物结合，负责调节酶活性的高低变化。

酶的调节部位和催化部位虽然不在同一空间上，但它们相互影响，产生协同效应。别构效应物和酶的别构部位结合后，使活性中心的构象发生改变，活性中心与底物的亲和力和催化能力都发生改变，导致酶促反应速度改变。通常情况下，酶结合别构效应物后，信息的调节是从调节部位转到催化部位。当调节部位受到破坏时，会使别构效应物的敏感性降低甚至无法结合，但酶仍能保留催化部位的活性，这种现象称为脱敏作用（desensitization）。

2. 别构酶的协同效应

别构效应物以非共价键与别构部位结合使酶蛋白构象改变，从严紧型（tensed state，T 型）到松弛型（released state，R 型）之间互变及 T 型和 R 型之间过渡态的转变，从而导致酶活性的改变。

协同效应（cooperative effect）是指酶和一个配体（ligand）即底物或小分子效应物结合后，可以影响酶和另一个配体的结合能力，从而调节酶的活性变化。这种影响可能有利于第二个配体结合，称为正协同效应（positive cooperative effect）；这种影响也有可能不利于第二个配体结合，称为负协同效应（negative cooperative effect）。如果不产生影响，就没有协同性，称为零协同性（zero cooperativity）或无协同性。根据第二个配体和第一个是否相同可把协同效应分为同促协同效应（homotropic cooperative effect）和异促协同效应（heterotropic cooperative effect）。前者指相同的配体，后者指不同的配体。别构激活剂可增加底物对酶的亲和力，属于异促正协同效应；别构抑制剂可降低底物对酶的亲和力，属于异促负协同效应。

酶促反应底物对别构酶产生的正协同效应是生物体内一种重要的快速调节方式。例如，大肠杆菌天冬氨酸转氨甲酰酶（aspartate transcarbamylase，ATCase）是嘧啶核苷酸生物合成途径中的第一个酶促反应，ATCase 与氨甲酰基结合后，有利于酶与底物 Asp 结合，呈现正协同效应调节，当 Asp 略有增加时，就能快速、有效地增加反应速度，快速合成 CTP，满足体内代谢活动的需要。

（二）别构酶的模式

如何解释别构酶的别构效应和与底物结合的协同效应，相关学者提出了两种学说：齐变假说（the concerted hypothesis）和序变假说（the sequential hypothesis）。

1. 齐变假说

莫诺（Monod）、怀曼（Wyman）和尚热（Changeux）于 1965 年提出齐变假说，简称 MWC 模式。该假说基于别构酶由多个亚基组成的事实，认为别构酶的亚基有两种构象状态，即 R 态（松弛态）和 T 态（严紧态），二者处于动态平衡（R↔T）。在酶结构中，亚基之间的相互作用使所有亚基可全部处于 R 态或 T 态，没有 R 态亚基和 T 态亚基的混合体。当一个亚基从 R 态转变成 T 态或 T 态转变成 R 态时，其他亚基也协调地一齐作相同的转变，故 MWC 模式又称协调模式（concerted model）、齐变模式或对称性假说。

齐变假说的内容：①在溶液中，酶的 R 态和 T 态两种构象是可以互变的，并处于 R↔T 平衡状态。②如果无任何配体（底物或别构效应物），酶液的 R↔T 倾向于以 T 态为主；如果加入底物或激活剂，R 态酶由于对底物有更高的亲和力，容易与底物结合，使平衡 R↔T 倾向于 R 态，故分别有同促和异促正协同效应。③如果加入的抑制剂只与 T 态结合，使 R↔T 平衡倾向 T 态，故对底物结合有异促负协同效应。

齐变假说能够较好地解释别构酶的一些性质，但对于某些别构酶来说，该假说过于简单，不能解释底物的同促负协同效应。

2. 序变假说

科什兰（Koshland）、内梅西（Nemethy）和菲尔默（Filmer）于 1966 年提出序变假说，简称 KNF 模式。与齐变假说的区别在于，序变假说表明酶液的构象中存在 R 态、T 态及它们之间的多种混合态，各种状态的酶处于动态平衡之中。此外，该假说还假定了底物对构象有更直接的影响。

序变假说的内容：①当底物或激活剂不存在时，酶以 T 态存在，此时 T 态酶活性中心的构象不是酶与底物结合的最佳构象。②当加入底物或效应剂时，它们和酶第一个亚基结合，会引起此亚基的构象变化，使 R↔T 较易变为 R 态；该亚基会促进其他亚基向 R 态转变，致使其他亚基和底物结合的亲和力提高。酶的全部亚基不是同时由 T 态转变成 R 态，而是逐个地进行顺序转变，故称为序变模式。这种变化表现为同促或异促正协同效应。③当加入底物或抑制剂时，它们和酶第一个亚基结合，使亚基从 T 态较难转变为 R 态，该亚基会对其他亚基构象变化产生影响，也使之更难从 T 态转变为 R 态，而是出现 R↔T 之间的多种过渡态，使底物和酶的结合能力减弱，则产生同促或异促负协同效应。

序变假说和齐变假说相比较，两种假说孰优孰劣，难以定论。序变假说既能解释别构酶的正协同效应，又能解释负协同效应，故比齐变假说更为灵活。但序变假说中，R 态、T 态及它们之间混合态的存在导致酶的更为复杂的平衡状态，不利于解释一些较为简单的酶催化快速反应中存在简单的平衡状态，此时齐变假说却能较好地解释之。

（三）别构酶的动力学特征与代谢调节

1. 别构酶的动力学特征

别构效应物对酶的抑制调节作用的动力学不适合米氏方程。酶反应初速度与底物浓度不是矩形双曲线（米氏酶），而是 S 形曲线或表观双曲线。正协同效应别构酶是 S 形曲线，负协同效应别构酶为表观双曲线。和米氏酶相比，S 形曲线显示酶和底物结合的正协同性。

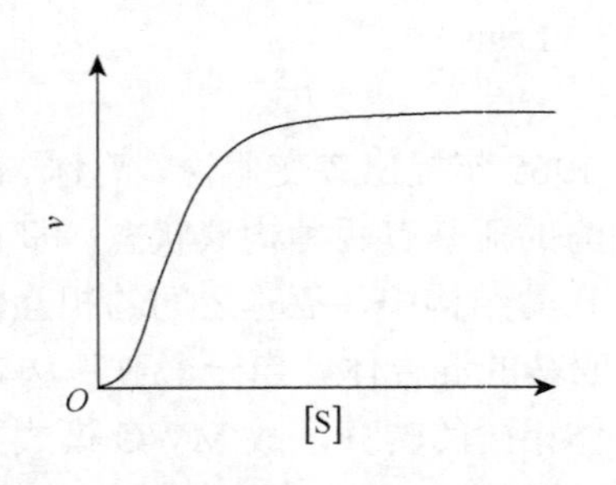

图 2-25 别构酶催化反应速度与底物浓度的关系曲线（杨荣武，2008）

从图 2-25 可以看出 S 形曲线的特点：①底物浓度很低时，酶促反应速度随底物浓度的升高较为缓慢地升高，即只有少数酶活性中心与底物结合，底物和酶的亲和力很低。②随着底物浓度的升高，底物和酶的亲和力大增，酶促反应速度迅速增大，即正协同效应起作用。③当底物浓度增大到一定程度后，酶促反应速度随底物浓度的升高而增大得愈来愈小，也就是酶活性中心几乎被底物饱和，反应速度接近 V_{max}。

2. 正、负协同效应的动力学特点

（1）v 对[S]作图，又称 Michaelis-Menten 作图法（图 2-26），以反应速度 v 为纵坐标，底物浓度[S]为横坐标作图：米氏酶无协同作用，是一条矩形双曲线（图 2-26a）。正协同效应则是一条 S 形曲线，S 线的下段和中段表示随着[S]增多，曲线的斜率越来越高，即 v 增加的幅度越来越大，这是正协同性的反映；到[S]接近饱和时，v 才不再明显上升（图 2-26b）。相反，负协同效应是一条斜率越来越低的曲线，即 v 增加的幅度越来越小。曲线的形态和无协同效应的曲线不易区别，但不是直角双曲线（图 2-26c）。

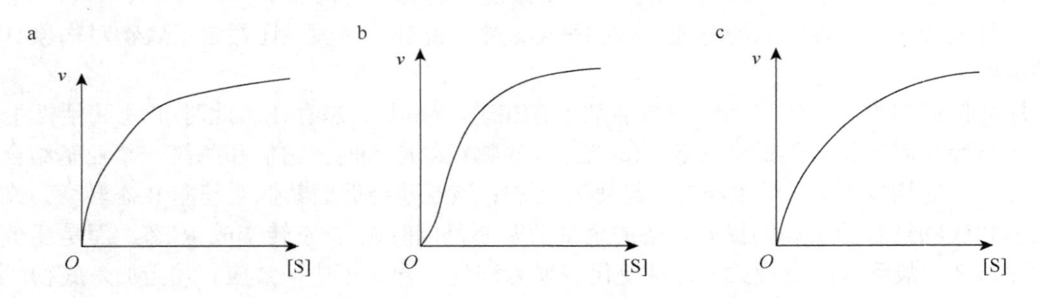

图 2-26 Michaelis-Menten 作图法表示的动力学曲线

（2）双倒数作图，又称 Lineweaver-Burk 作图（图 2-27），以 $1/v$ 为纵坐标，$1/[S]$为横坐标作图：无协同效应的为直线（图 2-27a）；正协同效应为向上凹的曲线（图 2-27b）；负协同效应则为向下凹的曲线（图 2-27c）。

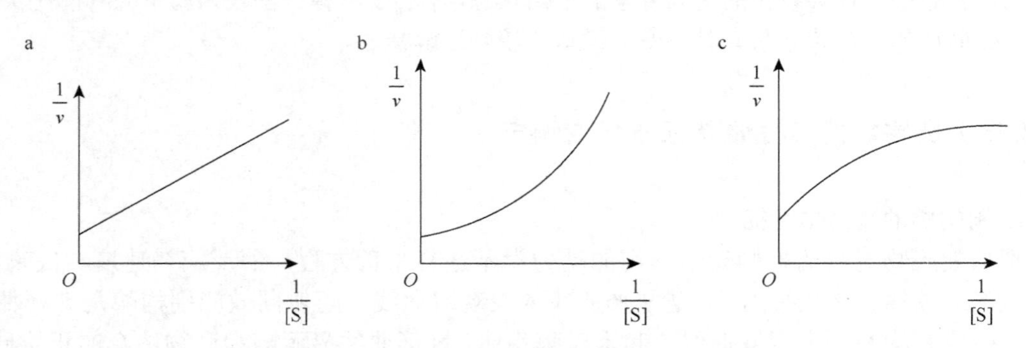

图 2-27 Lineweaver-Burk 作图法表示的动力学曲线

米氏酶的 K_m，在别构酶中用 $K_{0.5s}$ 来表示，它们的含义不完全相同。效应物如果仅引起 $K_{0.5s}$ 改变而不改变 V_{max}，称为 K 型效应物；如果不改变 $K_{0.5s}$，但改变 V_{max}，则称为 V 型效应物；如果同时改变 $K_{0.5s}$ 和 V_{max}，则称为 K-V 混合型效应物。

3. 别构酶的代谢调节

别构酶同促效应是对底物浓度改变做出的调节效应，从别构酶 S 形曲线可以看出，底物浓度的改变有利于反应速度的调节。这对处于代谢途径中关键酶的调节具有重要的生理学意义。由图 2-28 可知，在米氏酶反应曲线（b）中，当$[S_1] = 0.11$ 时，反应速度 $v = 10\%V_{max}$；当$[S_2] = 9$ 时，反应速度 $v = 90\%V_{max}$，此时$[S_2]/[S_1] = 81(9/0.11 = 81)$。在别构酶反应 S 形曲线（a）中，当$[S_1] = 3$ 时，反应速度 $v = 10\%V_{max}$；当$[S_2] = 9$ 时，反应速度 $v =90\%V_{max}$，此时$[S_2]/[S_1] = 81(9/3 = 3)$。实验结果表明：①当底物浓度略有变化时，如[S]上升了 3 倍，别构酶的反应速度就从 $10\%V_{max}$ 突然上升到 $90\%V_{max}$。②而在米氏酶中，如果反应速度要发生相同的变化，则[S]要上升 81 倍才行。③在细胞的代谢反应调节途径中，在底物浓度发生较小变化时，别构酶可以极大程度地控制着反应速度。

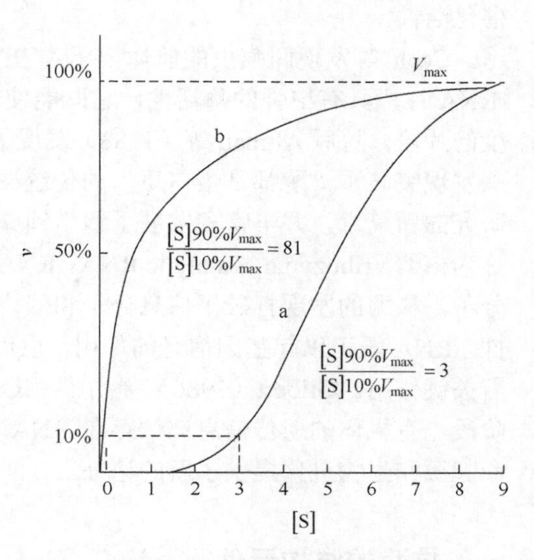

图 2-28　[S]对别构酶（a）和米氏酶（b）反应速度的影响（汪玉松等，2005）

别构酶表现为同促负协同效应时，其动力学特性为表观双曲线。从其曲线可以看出，酶促反应速度对底物浓度变化相对地不敏感。这对那些与多条代谢途径有关联的酶促反应来说很重要，保证酶活性不受其他反应变化的影响而产生明显的变化。例如，糖酵解中的甘油醛-3-磷酸脱氢酶，$[NAD^+]$对该酶表现出同促负协同效应，要将该酶的催化速度从 V_{max} 的 10%增加到 90%，需要将$[NAD^+]$提高 6561 倍。这就意味着甘油醛-3-磷酸脱氢酶对$[NAD^+]$的变化很不敏感，该酶对 NAD^+表现为同促负协同效应，使得细胞内的$[NAD^+]$很低时，酶仍具有活性，从而保证了糖酵解途径仍然能够进行，满足机体对 ATP 的需要。

可见，别构调节是快速影响酶活力的一种重要方式，在体内的代谢调节中有极重要的作用。受别构调节的酶通常处于代谢通路的起始点或分叉点，也可为代谢通路中部的关键酶或限速酶。例如，在糖酵解和糖异生中一些关键酶的别构调节，ATP 既是果糖-l, 6-二磷酸酯酶-1(FDP 酶-1)的别构激活剂，也是果糖-6-磷酸激酶-1(PFK-1)的别构抑制剂。AMP 则相反，别构抑制 FDP 酶-1 和别构激活 PFK-1。当能源缺乏时，ATP 减少而 AMP 增高，通过以上别构调节，使果糖-1, 6-二磷酸分解减少而合成增加。浓度升高的果糖-1, 6-二磷酸对丙酮酸激酶别构激活，促使糖酵解速度增加，同时糖异生因果糖-1, 6-二磷酸分解减少而减少，这样促进糖分解加快，产生更多的 ATP 以满足机体需要。反之，能源充分而 ATP 增多，AMP 减少时，可通过上述相反机制使糖酵解减少而糖异生增强，有利于能源的储存。

第五节　核酶的分子结构与催化基础

绝大多数酶的化学本质是蛋白质。生物体内绝大多数的酶都是蛋白质，但不是所有酶都是蛋白质。1986年，切赫（Cech）发现了某些RNA具有自身催化的功能，应该具有酶的性质。这些具有催化功能的RNA后来被命名为核酶（ribozyme）。1995年，库诺德（Cuenoud）等又报道，某些DNA也具有磷酸酯酶和连接酶的活性。后来这些具有催化功能的DNA被命名为脱氧核酶（deoxyribozyme）。以后还很有可能会发现某些非蛋白质和非核酸的物质也具有酶的催化活性。

Cech等发现四膜虫的前体rRNA在没有蛋白质存在的情况下自身催化切除内含子。这种rRNA片段具有很强的酶活性，它既能使核苷酸聚合成多核苷酸，又能将多核苷酸切成不同长度的片段。随后Altman等（1983）发现了RNA分子单独催化完成前体tRNA的剪接加工。这些发现突破了“酶都是蛋白质”的传统概念，它集遗传信息和催化功能于一身，揭开了RNA研究的新篇章，并丰富和发展了酶学领域的研究应用范畴。将这些具有催化活性的RNA片段称为核酶（ribozyme，catalytic RNA，RNA enzyme或RNAzyme）。核酶是具有催化活性的RNA分子，核酶的发现打破了信息分子和催化分子的分工。由于RNA具有显著的结构和功能多样性，RNA既可以起基因信息的作用，也可以起酶的催化作用，从而推测RNA在生命演化中起着关键作用。Gilbert（1986）提出了“RNA世界”（RNA world）的假设，即在生命进化某一阶段，有机体的遗传信息都贮存在RNA中，所有的生化反应全都由RNA催化。这无疑对生命起源和生物进化提供了新的论证。

一、核酶的结构元件

核酶是具有催化功能的RNA，RNA结构的变化与其催化功能密切相关。核酶的结构元件是多聚核苷酸，基本构件是核苷酸，核苷酸包括含氮碱基、核糖（呋喃糖）和磷酸。核酶基本构件的不同组合构成了核酶结构多样性的分子基础。

1. 核苷酸结构元件

核酶的基本构件是核苷酸。含氮碱基环上各原子成分不完全是在平面上，稍微偏离平面（$<$ 0.1 Å）。核酶中的核糖（呋喃糖）只有一种构型，即β-D型，由于化学键的旋转，其有多种构象。呋喃糖环是非平面的，可折叠成信封式（4个碳原子在同一平面）和扭曲式（3个碳原子在同一平面），二者可以互变。天然核苷之间的连接键是β-糖苷键（碱基在糖环之上，与5′-OH同侧），称为β-核苷。由于糖苷键的旋转，核苷构象有顺式（*syn*）和反式（*anti*）两种。嘌呤核苷的顺式构象与反式构象大体相当，而嘧啶核苷的顺式构象超过反式构象。核苷的种类、核糖折叠和糖苷键定向排列密切相关。在核苷酸中，磷酸与核苷的连接键P-O的旋转较自由，而C-O键旋转受限，故P-O键的空间排布是影响核苷酸构象稳定性的关键因素。可见核苷酸构象的自由度较核苷小，即核苷酸比核苷更富有刚性。

2. 核酶结构

核酶的结构分为一级、二级和三级。一级结构是核酶分子中核苷酸的排列顺序，为单链RNA。二级结构是指在一级结构的基础上，单链分子自身折叠成茎环结构。核酶有多种二级结构元件（图2-29）：单链结构，如无规则线团；双链结构，如茎区、茎环、突环；三链结构，如两茎连接；多链结构，如四茎连接。其中，最常见和普遍存在的二级结构元件是三向结合（three-way junction，TWJ）（图2-30），如锤头核酶（hammer head ribozyme）就含有TWJ结构。

核酶三级结构是在二级结构的基础上再回旋折叠而成的空间构象。核酶三级结构元件也有多种，如图 2-31 所示，有假结结构、环-环结合、三链结构、螺旋-环结合等，其中常见的是假结结构。假结结构是指发夹结构突环上的碱基与发夹结构外侧单链区上的碱基形成氢键，相当于两茎连接的结构。由于茎区和环区相连方式不同，可形成各种不同的假结结构，一些核酶的核心结构就是由假结结构组成的。

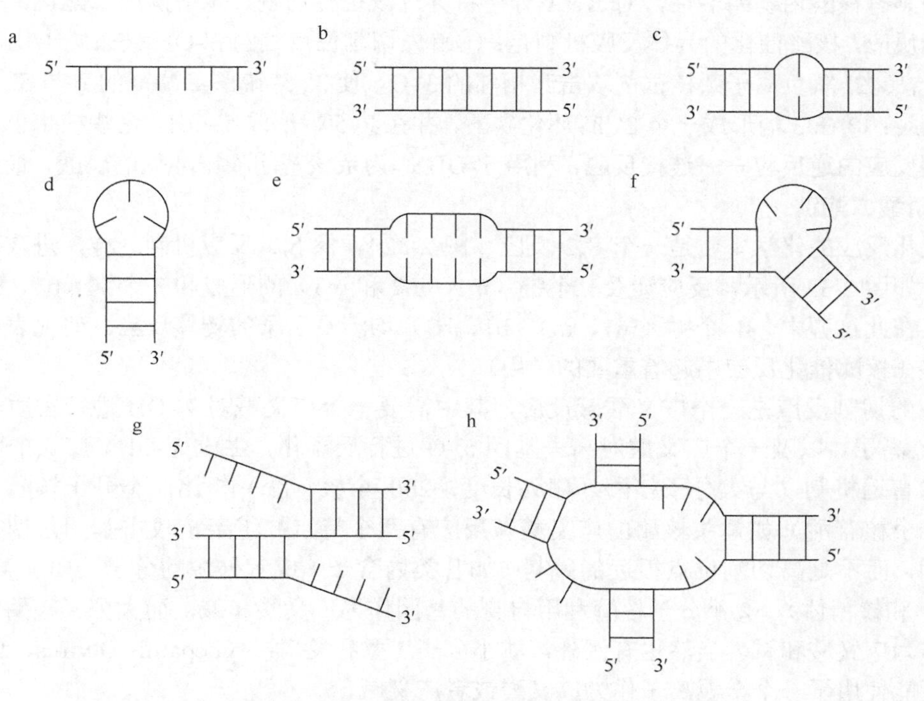

图 2-29　核酶的二级结构元件（张今等，2010）

a. 单链；b. 双链（茎区）；c. 错配；d. 发夹（茎环）；e. 内部环；f. 突环；g. 两茎连接；h. 四茎连接

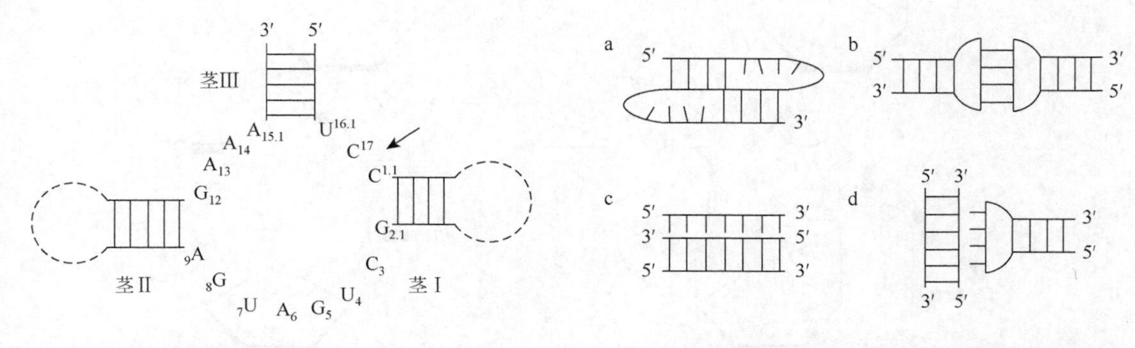

图 2-30　锤头核酶的二级结构（张今等，2010）

图 2-31　核酶的三级结构元件（张今等，2010）

a. 假结结构；b. 环-环结合；c. 三链结构；d. 螺旋-环结合

二、核酶的催化机制

不同种属核酶的一级序列及其三级结构是非常不同的，而且核酶和蛋白酶的结构也不同，但是它们的催化大都采用了广义酸碱的催化机制。

核酶具有核酸内切酶活性，对 RNA 分子特异片段进行切割，水解磷酸二酯键。该切割反应为转酯反应，核酶催化的具体反应机制是：①首先切割位点处的 2′-OH 被去质子化，形成 2′-氧负离子；②2′-氧负离子亲核试剂攻击其相邻的 3′-O，使 3′, 5′-磷酸二酯键的 P 与 5′-O 之间的连接键断裂；③在 3′端形成一个 2′, 3′-环化磷酸，并在其 5′端形成 5′-OH。这些核酶也可以催化这个切割反应的逆反应——连接反应，利用 5′-OH 作为亲核基团攻击环化的磷酸，最后重新形成 3′, 5′-磷酸二酯键。

该催化反应的化学本质是一个 S_n2 反应（图 2-32），像 S_n2 反应机制一样，进攻和离去基团的氧。如图 2-32 所示，反应涉及三个键（m1、m2 和 m3）的形成和 3 个键（b1、b2 和 b3）的断裂，在此过程中，4 个键（m1、m3、b1、b3）均涉及质子的转移反应。研究表明，这种质子转移在核酶催化反应中起着重要的作用。

核酶的切割反应是一个广义酸碱反应，其中需要一个广义碱对 2′-OH 进行去质子化以激活 2′-氧负离子，以及一个广义酸对离去基团 5′-O 进行质子化，生成 5′-OH。广义的酸碱反应是核酶的普遍机制，与大分子核酶（序列长度＞200 个核苷酸）相比，小分子核酶（序列长度＜200 个核苷酸）如锤头核酶的广义酸碱反应有两个特点：①亲核攻击基团是切割位点很近的基团，而不是离切割位点很远的碱基（如Ⅱ类内含子）或者外源的分子（如Ⅰ类内含子、RNase P 和核糖体）。②小分子核酶利用自身的基团作为广义酸和碱，而大分子核酶则使用金属离子作为广义酸和碱。当然也有例外，如小分子 J 型肝炎病毒（hepatitis D virus，HDV）核酶，它可能使用了一个金属离子作为广义酸或者广义碱。

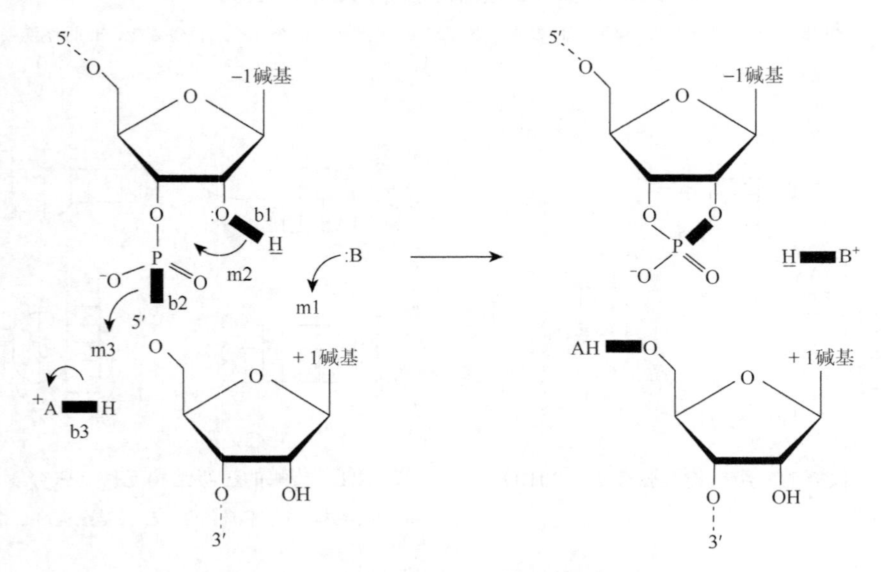

图 2-32 核酶自身裂解反应（张今等，2010）

反应涉及−1 核苷酸的 2′-OH 进攻+1 核苷酸的 P 中心

三、自身剪切类核酶

剪切类核酶包括核酶催化自身或异体 RNA 的切割，相当于核酸内切酶。在这里只讲述自身剪切类核酶。在自然界中发现的自身剪切类核酶包括锤头核酶、发夹核酶、HDV 核酶、Varkud 卫星核酶等。

1. 自身剪切类核酶反应特点

剪切类核酶进行自身催化的反应是只切不接。它们的共同特点是：①属于小分子核酶，核苷酸一般为 35～155 nt；②属于金属酶，金属离子（Mg^{2+}或其他二价金属离子）为核酶辅因子，形成核酶的活性形式是一种 RNA 键合金属氢氧化物；③自我剪切自身 RNA 序列中特定位点的磷酸二酯键，生成 5′-OH 和 2′, 3′-环磷酸二酯；④催化反应机制是广义的酸碱催化，活性中心特定的碱基充当广义的酸和碱。

2. 锤头核酶

锤头核酶是最早鉴定的核酶之一，是第一个得到原子水平分辨率结构的核酶。锤头核酶是一类具有自我切割活性的 RNA，广泛存在于植物类病毒和寄生虫中，也在人的基因组中存在，并以滚环式复制。

锤头核酶的二级结构由 1 个保守的核心和 3 个组装成“锤头”形状的茎区（Ⅰ、Ⅱ、Ⅲ）组成，晶体结构显示它的茎区Ⅱ和Ⅲ共轴堆积在一起，而茎区Ⅰ则与茎区Ⅱ形成一个锐角（图 2-33）。依据催化反应的功能，其结构由 3 个结构域组成：①底物结合结构域，即靶 RNA（底物）与核酶两侧碱基配对区域（茎）；②催化结构域，即 13 个核苷酸保守核心序列，其中 C3、G5、G8 和 G12 与催化活性密切相关；③分裂结构域，位于剪切部位的 17 位核苷酸残基多数是 C，通常以 GUC 作为切割点活性最高（GUC＞CUC＞UUC）。

Matick 和 Scott（2006）得到了锤头核酶全长（34 nt）高分辨率 2.2 Å 的晶体结构（图 2-33），在锤头核酶二级结构中，茎区Ⅱ和Ⅲ连接区域序列戊糖骨架的扭曲，使切割位点的核苷酸 C17 堆积到茎区Ⅲ上，将其置于三茎区连接区域的活性中心内。在切割反应中，G12 是广义的碱，而 G8 是广义的酸。C3 与 G8 形成 Watson-Crick 碱基配对，使碱基 G5 与 C17 的呋喃糖中的氧形成氢键，定位到适合切割攻击的位点。G12 处在可与 C17 的 2′-氧负离子形成氢键的距离内，G8 则与离去基团 5′-O 形成氢键。

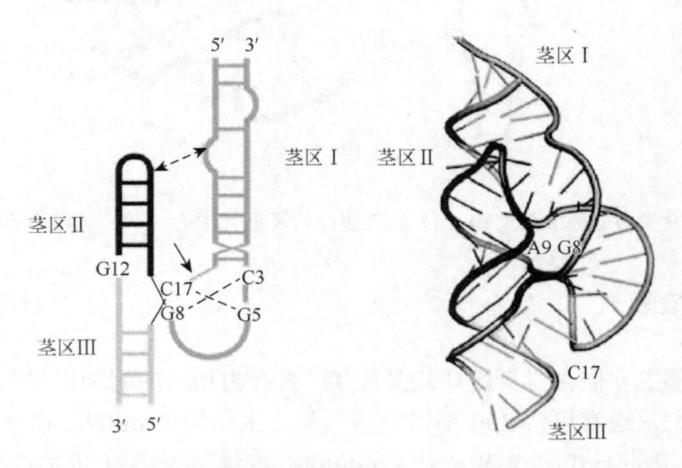

图 2-33　锤头核酶的二级结构和活性中心（吴启家等，2009）

锤头核酶催化自身剪切反应具有高度专一性，具有典型的转换速率，反应速度比碱水解RNA高约10 000倍。

3. 发夹核酶

发夹核酶（hairpin ribozyme或Hp ribozyme）存在于植物病毒卫星RNA中，如烟草花叶病毒的环状单链卫星RNA的负链。发夹核酶催化一个可逆的自我切割反应，对以滚环式复制的植物病毒卫星RNA前体进行加工。

发夹核酶的二级结构由4个螺旋区（茎）和环组成，4个螺旋区形成四向连接的茎区，这种四向接合具有稳定效应。4个茎区分别是茎区A、B、C和D（图2-34a），茎区A和B各包含一个内环，茎区A和D共轴堆积在一起，茎区B和C也是共轴堆积在一起，并且以反向平行方式旋转，拉近茎区A和B两个内环之间的距离，使之紧密地连接，相互作用形成发夹核酶的催化中心。这两个内环中的序列是高度保守的，而这4个茎区的序列则是高度可变的。

在发夹核酶催化的切割反应中，核苷酸链的骨架空间构象变化，使A内环和B内环对接产生核酶的活性构象区域，茎区A中A10、G11与茎区B中A24、C25形成一个复杂的核糖拉链，使A内环中+1位G（G+1）插入到B内环中，并与C25形成一个Watson-Crick碱基配对。在此过程中，由于G+1突出改变了核糖骨架的构象，便于–1位A（A–1）的2′-O进行亲核攻击。同时，核酶的切割位点位于茎区A的内环中，G8和A38与切割位点的敏感磷原子形成氢键，参与广义的酸碱催化作用。切割反应时，G8充当广义的碱，活化2′-O作为亲核体；而A38充当广义的酸，把质子供给5′-O离去基团。

发夹核酶的剪切活性比锤头核酶高，它们都能催化产物的连接。锤头核酶自身切割活性高于连接反应活性，而发夹核酶催化连接反应活性却高于其自身切割反应的活性。

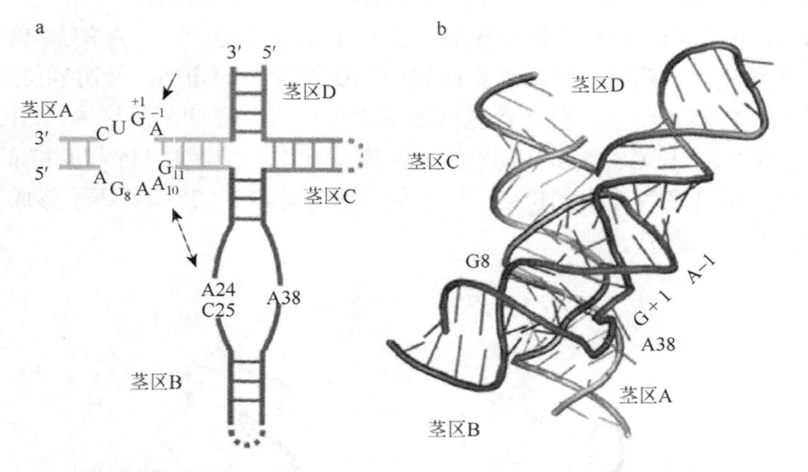

图2-34 发夹核酶的二级结构（a）和三级结构及催化中心（b）（吴启家等，2009）

四、自身剪接类核酶

自身剪接类核酶主要催化自身既切割又连接，具有内切核酸酶和连接酶的活性。该类核酶比较复杂，分子较大，通常包括200个以上核苷酸，主要催化mRNA前体的拼接反应。剪接型核酶通过既剪又接的方式除去内含子（intron）。内含子是各种RNA初级转录产物前体（pre-RNA）待剪接序列。通过剪接，除去内含子，连接外显子，形成成熟RNA。

目前，在真核生物中发现了7种不同类型的内含子，根据RNA前体内含子结构和剪接机制不同，可分为Ⅰ类和Ⅱ类内含子，其剪接机制也分为相应的两类。

1. Ⅰ类内含子的自身剪接

Ⅰ类内含子在自然界中分布广泛，除了存在于多种原核和真核生物的mRNA、tRNA和rRNA中外，在真菌、植物线粒体DNA中也存在。Cech等（1982）发现四膜虫（*Tetrahymena*）的前体rRNA能够进行自身剪接加工，这种核酶催化反应就属于Ⅰ类内含子的自身剪接。必须指出，并不是所有含Ⅰ类内含子的RNA都具有自我剪接功能，只有那些能折叠成适合自我剪接的空间结构的RNA，才能实现自我剪接。

1）Ⅰ类内含子的结构　Ⅰ类内含子的核苷酸数目差异很大，为140～4200 nt，其大小各异，但所有的Ⅰ类内含子都有核心保守的二级结构，即由P1～P9的9个保守配对螺旋区组成（图2-35）。螺旋配对通过非Watson-Crick碱基配对或单链接合（J）片段连接。这9个螺旋配对区组织成三个结构域，即P1-P2、P4-P6和P3-P9。P1-P2结构域和P4-P6结构域共轴堆积在一起，P3-P9结构域是不规则的结构，被P4-P6隔断。这三个结构域组成Ⅰ类内含子的催化核心。除了这9个保守的配对区外，图2-35中的P5a称为额外结构（又称周边结构），其起到稳定核酶的催化核心结构的作用。Ⅰ类内含子的三级结构是一个紧密折叠的空间构象，结构骨架是P4-P6结构域，在其周围紧密包裹着P3-P9结构域。

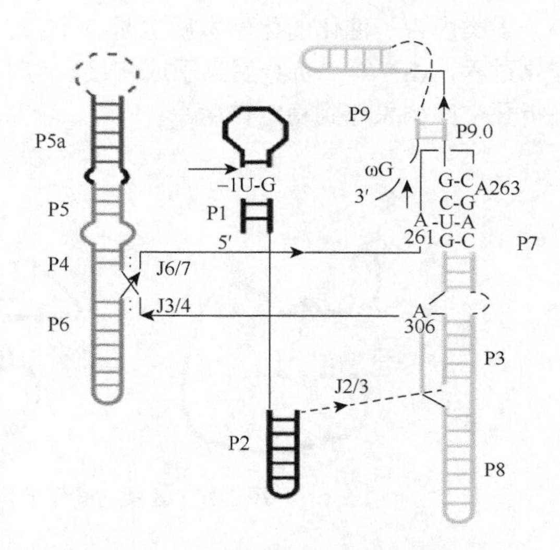

图2-35　Ⅰ类内含子的二级结构（吴启家等，2009）

P1是底物配对区，其中的一个GU配对是Ⅰ类内含子核酶的5′-剪切位点。5′-剪切位点催化核心的定位由P1与P2共轴堆积、P2与P8相互结合、J2/3和J8/7作用于P1-P2结构域的小沟等因素决定，使5′-剪切位点GU配对插入到P4-P6结构域，最后将5′-剪切位点正确定位到核酶的活性中心。

2）Ⅰ类内含子的自身剪接　Ⅰ类内含子催化自身剪接反应是两步连续转酯反应，包括在5′-剪接位点和3′-剪接位点的顺序切割及外显子的连接（图2-36）。了解较为详细的是四膜虫rRNA的自我剪接，其自身剪接反应的特点是：只需要Mg^{2+}或Mn^{2+}参与剪接催化反应；需要鸟苷（G）类化合物（鸟苷、5′-GMP、5′-GDP、5′-GTP），鸟苷必须有3′-OH；不需要ATP、GTP供能；经过两个转磷酸酯反应，不增加磷酸二酯键的数目。

Ⅰ类内含子核酶结合两种底物：一种底物是内含子自身P1区的5′-外显子与内含子5′端碱基配对形成的复合物，第二种复合物是一个外源的鸟苷。

第一步剪接反应就是第一次磷酸转酯反应（图2-36），是识别和5′-剪接位点的剪接反应。5′-剪切位点在P1内，5′-剪切位点（5′-外显子）的尿苷（U）和内含子5′端的鸟苷（G）碱基配对，易切割的磷酸连接鸟苷或鸟苷酸，进入核酶的活性中心。一个外源的鸟苷也被结合到核酶的活性中心，用其3′-OH作为亲核基团对5′-外显子与内含子5′-剪接位点连接的磷酸酯键进行亲核攻击，5′-剪切位点磷酸二酯键断裂，并形成新的磷酸二酯键。把外源鸟苷与内含子的5′端连接，并释放5′-外显子，使5′-外显子的3′-OH处于自由状态。

发生第一步转酯反应使内含子核酶产生构象转换，将第一步中进行攻击的外源鸟苷释放，同时使内含子最后一个保守的核苷酸（ωG）与其部位结合。

第二步剪接反应是第二次磷酸转酯反应。第一步反应产生的 5′-外显子的 3′-OH 作为亲核攻击基团，攻击 3′-剪切位点（连接 ωG 的磷酸），使 3′-剪切位点磷酸二酯键断裂，形成新的磷酸二酯键，两个外显子相连，释放内含子（图 2-36）。

Ⅰ类内含子的自身剪接反应包括 5′和 3′两个位点的连续剪接（切割和连接）反应，其中 5′剪接需要外源 G 的 3′-OH 作为亲核基团，3′剪接需要内含子的 ωG 定位剪接位点，鸟苷结合位点是外源 G 与 ωG 共同的结合位置。

Ⅰ类内含子催化的化学本质也是一个广义酸碱反应。至少两个 Mg^{2+}（Mn^{2+}）直接参与了催化过程，Mg^{2+}等二价金属离子或直接参与Ⅰ类内含子核酶的催化反应，或对催化中间态的核酶折叠空间构象起到稳定作用。

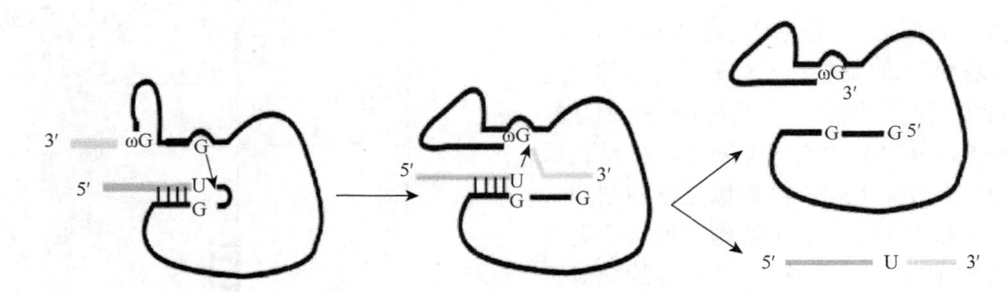

图 2-36 Ⅰ类内含子的自身剪接（吴启家等，2009）

2. Ⅱ类内含子的自身剪接

Ⅱ类内含子主要存在于真核生物的细胞器基因组中，如线粒体、叶绿体等，在原生生物的线粒体和叶绿体基因中也发现了许多Ⅱ类内含子，并且在 tRNA 和 rRNA 中也发现了Ⅱ类内含子。Ⅱ类内含子是另一类核酶，序列长度为 400～1000 nt。Ⅱ类内含子属于金属酶，能够高效、专一地催化水解反应和转酯反应，并释放 3′-OH。Ⅱ类内含子除了对自身前体 RNA 切割和外显子的连接外，还能以 DNA 为底物进行切割。鉴于Ⅱ类内含子这一特性，其可以分裂基因或通过同 RNA、DNA 反应引入新基因或选择性修饰 DNA，因此，Ⅱ类内含子可开发成为新型的生物工具酶，用于细菌基因组常规转化等方面的研究。

1）Ⅱ类内含子的结构　Ⅱ类内含子一级结构中的保守序列较Ⅰ类内含子少，但却能形成高度保守的二级结构。根据Ⅱ类内含子不同的结构特征，可将其分为三个亚类ⅡA、ⅡB、ⅡC。图 2-37 是ⅡC 核酶的二级结构。从图 2-37 中可以看出，Ⅱ类内含子的二级结构由 6 个结构域组成，即 D1～D6，6 个结构域紧密组装形成其活性结构。D1 含有两个外显子序列，分别与两个内含子序列相配对，为亲和基团识别位点。D2 与邻近的连接区域（J2/3）及 D3 是Ⅱ类内含子核酶活性中心的必要组成部分，对底物的定向结合和催化起到重要作用。D4 与Ⅱ类内含子的运动有关，而与其折叠和催化活性无关。D5 是高度保守区域，它直接参与活性中心的形成，并与 D1 结合，为催化活性所必需。D6 是分支反应所必需的，包含分支位点腺苷，其 2′-OH 在第一步剪切反应中充当亲核攻击基团。Ⅱ类内含子的三级结构相互作用，包括α-α′、κ-κ′、λ-λ′、ζ-ζ′进行碱基配对，对活性部位组装是必需的。

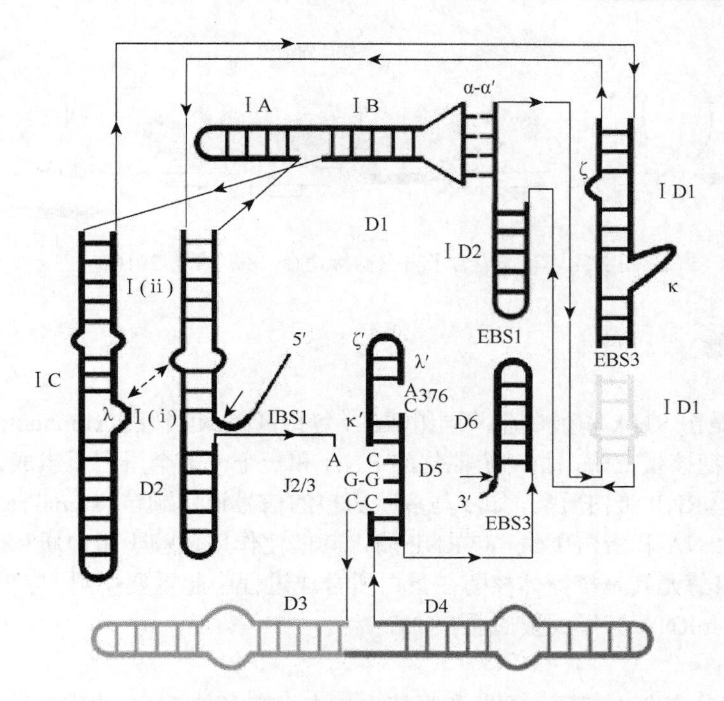

图 2-37　Ⅱ类内含子的二级结构（吴启家等，2009）

Ⅱ类内含子底物识别是由内含子和外显子碱基配对决定的，即 IBS1（intron binding sequence）-EBS1（exon binding sequence）和 IBS2-EBS2、IBS3-EBS3 相互配对识别

2）Ⅱ类内含子的自身剪接　Ⅱ类内含子催化自身前体 RNA 剪接反应也是两步连续转酯反应。与Ⅰ类内含子相比，最大的不同是Ⅱ类内含子不需要鸟苷（G）类化合物参与自身剪接反应，反应产物产生一个套环结构（图 2-38）。

Ⅱ类内含子核酶参加剪接有三个反应基团：5′和 3′两个剪接位点的磷酸二酯键（底物）和分支部位的腺苷 2′-OH（第一步亲核体）。反应机制分为套环形成和外显子连接，分两步剪接反应，第一步剪接反应的亲核体是 D6 结构域中凸出腺苷（A）的 2′-OH，第二步剪接反应的亲核体是自由的 5′-外显子的 3′-OH。与Ⅰ类内含子核酶自身剪接反应的主要区别是第一步。

第一步剪接反应就是套环形成，剪接起始于分支部位的反应，是识别和 5′-剪接位点的剪接反应。位于内含子 3′-剪接位点附近一个腺苷（A）的 2′-OH 作为亲核体，进攻 5′-剪接位点的磷酸酯键，使 5′-剪接位点断开，随后形成 2′, 5′-磷酸二酯键，就是套环结构的内含子（图 2-38）。

第二步剪接反应是外显子相连。5′-外显子的 3′-OH 作为亲核基团，攻击内含子 3′-剪接位点的磷酸酯键，使 3′-剪接位点断开，随后两个外显子以 3′, 5′-磷酸二酯键相连，并释放套环结构（内含子）。

在Ⅱ类内含子的两步剪接反应中，每一步剪接反应都是高度可逆性反应，其反应的平衡常数相当。有些Ⅱ类内含子的剪接第一步以水作为亲核体，不出现套环结构，在第二步剪接后释放的是线性内含子。除了进行 RNA 剪接外，Ⅱ类内含子还可以剪接 DNA，这与内含子运动性的核心机制有关。目前，Ⅱ类内含子核酶的催化机制还需要进一步探讨。

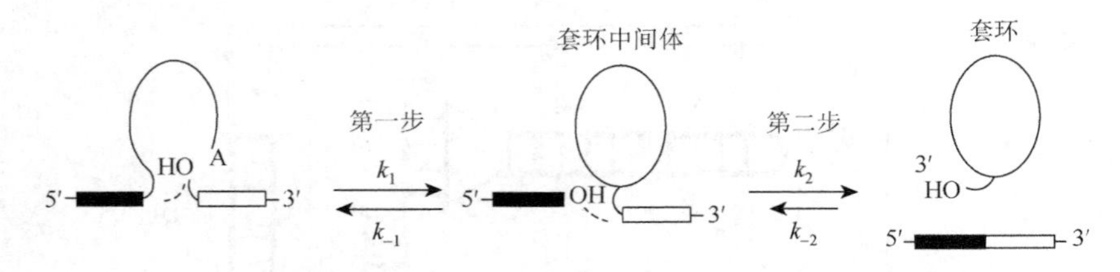

图 2-38 Ⅱ类内含子自身剪接途径（张今等，2010）

五、RNP 类核酶

RNP 类核酶是由 RNA 和蛋白质共同组成的，包括：①RNP 核酶（ribonucleoprotein enzyme，RNPzyme），即核糖核蛋白酶，由一个催化的 RNA 和一个或多个蛋白质组成，如 RNase P、核糖体、剪接体等。②RNP 蛋白质酶，如参与多肽剪接的信号识别颗粒（signal recognition particle，SRP），含有结构 RNA 和蛋白质酶。③RNP 酶，其催化作用依赖于蛋白质和 RNA 相互作用，如端粒酶。RNP 核酶尤其是核糖体核酶在蛋白质合成过程中起重要作用，它催化肽基转移反应（肽键的形成）将 mRNA 翻译成蛋白质。

1. RNase P

RNase P 广泛分布在古细菌、细菌和真核生物中，在多种 RNA 的成熟过程中起切割作用。RNase P 是由单个 RNA 与一个或多个蛋白质构成的复合体。其中，RNA 组分起催化作用；蛋白质帮助 RNA 正确折叠和稳定核酶的空间结构，或帮助核酶核心结构的形成。RNase P 的 RNA 成分保守，在不同生物中变化不大；而蛋白质组分差异较大，细菌 RNase P 仅含有约 10%的蛋白质，真核生物 RNase P 蛋白质含量高达 70%，蛋白质组分可能发挥结构作用。

RNase P 的一级序列和二级结构是多样的，但所有的 RNase P 都具有一系列高度保守的结构元件来组成酶的结构核心和催化核心。RNase P 的核心结构包括 5 个高度保守序列的保守区（conserved region，CR），分别为 CRⅠ～CRⅤ。除了这些共同的核心结构外，每个 RNase P 都具有其独特的周边结构。根据其周边结构的差异可分成两个亚类：A-type（ancestral，祖先型，如 *E. coli* 的 RNase P）和 B-type（杆菌型，如 *Bacillus subtilis* 的 RNase P）。目前，细菌 RNase P 的活性部位还未阐明。

不同生物的 RNase P 都含有同源的 RNA 亚基，RNA 亚基是 RNase P 催化功能基团。RNase P 催化磷酸二酯键水解，加工 tRNA 的成熟，即 RNase P 精确加工前体 tRNA 的 5′端，去除前导序列，产生 5′-磷酸的成熟 tRNA 和 3′-OH 前导序列。RNase P 催化机制不涉及 2′, 3′-环化磷酸的形成或共价 RNase P RNA-tRNA 中间体的产生。RNase P 催化反应的化学本质也属于广义酸碱反应，其亲核攻击基团是一个被广义碱激活的水分子，该反应需要三个二价金属离子参与（Mg^{2+}、Mn^{2+}、Ca^{2+}、Zn^{2+}、Pb^{2+}等），第一个金属离子作为广义碱对水分子进行去质子化，形成一个水化的金属离子作为亲核攻击基团起始反应。第一个金属离子在稳定中间态中起作用，前体 tRNA 切割位点处的 2′-OH，通过一个水分子结合第三个金属离子完成对 3′离去基团的质子化。

与其他核酶相比，RNase P 有一些独特的性质：①RNA 在体外缺乏蛋白质时，催化 5′端 tRNA 成熟；②以反式方式作用，并可以催化多轮反应；③有时 RNA 可逆性结构重排，催化磷酸二酯键合成与裂解；④可以加工多种底物，如所有的 tRNA、4.5S rRNA 和 tmRNA（tRNA-like RNA 和 mRNA-like RNA）等。

2. 核糖体

核糖体（ribosome）是一个由核糖体RNA（rRNA）和核糖体蛋白组成的复合体，其中2/3为rRNA，1/3为蛋白质，分为大小两个亚基，催化肽基转移反应（peptidyl transferase reaction，PTR），将mRNA翻译成蛋白质。在翻译的每一步，rRNA与mRNA或tRNA都发生相互作用，rRNA在蛋白质合成中对肽基转移反应起着重要的作用。核糖体大亚基与底物及其产物的复合物晶体结构显示，只有rRNA处在肽键合成的位置，可以推论出在大亚基单位的rRNA完成重要的肽基转移反应，即rRNA具有肽基转移酶活性，表明核糖体是一个核酶。因此，科学家认为rRNA具有催化功能，蛋白质不直接参与肽键的形成，而是只作为结构单位，帮助rRNA正确折叠。

在过去的几年中，多个高分辨率的核糖体-mRNA-tRNA复合体的晶体结构被解析，揭示了核糖体催化的结构基础。在结构上，RNA形成核糖体的催化核心，即肽基转移酶中心（PTC），蛋白质只起辅助作用。核糖体大亚基中的23S rRNA结构域含有PTC，其在不同生物中有着非常相似的构象。在翻译反应中，首先底物氨酰-tRNA和肽酰-tRNA与核糖体的A、P位点结合（图2-39）。A位和P位tRNA的受体臂定位于50S界面的缝隙中，它们的5′-CCA与肽基转移酶中心的23S rRNA各残基相互作用：A位和P位tRNA的3′端A76分别与G2583和A2450相互作用；在A位，23S rRNA的A突环G2553与tRNA的CCA端C75碱基配对结合；在P位，23S rRNA的P突环G2251、G2252与tRNA的C74、C75碱基配对。可见，tRNA的5′-CCA与23S rRNA肽基转移酶中心形成高度紧密的酶-底物复合体，A位底物氨酰基上的氨基进攻P位底物肽基羰基上的碳，形成一个新的肽键（图2-40）。

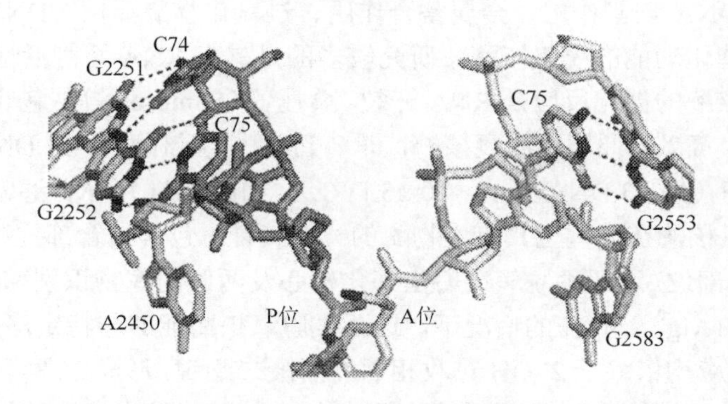

图2-39　肽基转移酶中心（PTC）的结构（张今等，2010）

虽然核糖体催化反应机制至今还不是很清楚，但是P位tRNA的A76中2′-OH起着重要作用已经明确。P-位tRNA的A76的2′-OH参与质子转移，把进攻的α-NH_2和离去的3′-O连接起来（图2-40）。P-位A76的2′-OH作为酸碱催化作用中的一般酸，为离去基团提供质子，起质子穿梭作用；或者A76的3′-O作为一般碱，为去质子化亲核体。A位底物氨基酸的α-氨基亲核进攻P位点A76的酰基形成一个氧阴离子中间体，通过与带正离子的金属离子或其他基团作用，降低过渡态的能量而稳定氧阴离子过渡态，结果形成更有利于核糖体反应的活化熵。

核糖体是核酶，在生命起源早期，蛋白质没有出现，生命的原始化学反应是由RNA催化的，由RNA催化肽键的形成和多肽的释放。同时，核糖体目前也作为极具吸引力的抗生素药物靶标应用于抗生素药物研究领域中。许多抗生素都是以直接抑制细菌细胞内蛋白质合成而对人体副作用最小为目的而设计的，而且抗生素抗药性主要来源于 rRNA 的突变。对 rRNA 的肽基转移反应机制的深入研究，将帮助设计新的更有效的抗生素药物，因而已成为目前分子生物学及新药开发等多个领域的研究热点。

图 2-40 大亚基核糖体 RNA（23S rRNA）催化的肽基转移反应（张必良和王玮，2009）

六、脱氧核酶

Breaker 等（1994）发现有些单链 DNA 分子同样具有酶活性，这些具有催化功能的 DNA 分子称为脱氧核酶（deoxyribozyme，DRz）。迄今，利用体外分子进化技术（systematic evolution of ligands by exponential enrichment，SELEX）已从人工合成的随机多核苷酸单链 DNA 库中筛选出具有 RNA 或 DNA 切割作用、金属螯合作用、过氧化物酶活性、DNA 激酶活性及 DNA 连接酶活性等多种催化功能的脱氧核酶，研究较多的是具有 RNA 切割活性的脱氧核酶。

最早研究脱氧核酶的催化反应是 RNA 分裂。桑托罗（Santoro）等从包含约 1×10^{14} 个 DNA 的文库中筛选到两类高效、通用的脱氧核酶，即 8-17 型脱氧核酶（8-17 DNAzyme，8-17 DRz）和 10-23 型脱氧核酶（10-23 DNAzyme，10-23 DRz），如图 2-41 所示，通常脱氧核酶由突环和臂两部分构成。脱氧核酶在结构上具有生物酶的一般特征，包含结合部位和催化部位，突环为催化部位，臂为结合部位。这两种脱氧核酶由催化核心及两侧的底物识别和结合的结构域组成。在二价金属离子（如 Mg^{2+}）存在的情况下，这两类脱氧核酶能够与特定序列的 RNA 结合。它们催化 RNA 分裂反应均依赖于 2′-OH 进攻相邻的磷酸二酯键，形成 2′, 3′-环状磷酸和 5′-OH 取代。脱氧核酶分裂 RNA 催化机制与小分子核酶如锤头核酶、发夹核酶等相似。

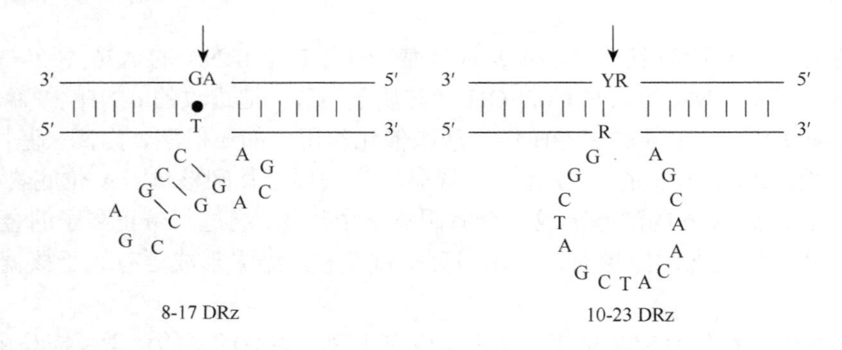

图 2-41 8-17 型脱氧核酶（8-17 DRz）和 10-23 型脱氧核酶（10-23 DRz）的结构

脱氧核酶能催化 RNA 特定部位的切割反应，从 mRNA 水平对基因灭活，可以调控蛋白质的表达，是抗 RNA 病毒感染、肿瘤等疾病的新型工具。脱氧核酶具有廉价低毒、高稳定性等特性，已成为目前分子生物医学及新药开发等多个领域研究的热点。

1. 8-17 型脱氧核酶（8-17 DRz）

桑托罗（Santoro）和乔伊斯（Joyce）经体外选择第 8 轮的第 17 克隆而筛选得到的脱氧核酶称为 8-17 DRz。8-17 DRz 专一裂解 RNA 的磷酸二酯键，具有对底物识别的普遍性、二级结构简单、催化活性较高等特点。

8-17 DRz 的催化核心为 14-15 nt，其两侧有可变序列的臂，该臂通过 Watson-Crick 碱基配对与底物 RNA 序列配对，当结合同源底物时，其形成三向接合体。催化核心包括短的茎-环结构和下游未配对的 4-5 nt 单链区域，一般由三个碱基对构成茎，至少两个为 G-C。环是不变的，序列为 5′-AGC-3′，其 A6、G7、C13 和 G14 是绝对保守的。未配对区连接茎-环结构的 3′端，序列为 5′-WCGR-3′或 5′-WCGAA-3′（W＝A 或 T，R＝A 或 G）。无论加长茎的长度或改变环的序列，都可使其丧失催化活性。

2. 10-23 型脱氧核酶（10-23 DRz）

10-23 DRz 是从 10 个随机序列中通过体外 PCR 筛选法获得的第 10 轮的第 23 个克隆而得名的，也是目前研究最多的一种具有 RNA 切割活性的脱氧核酶。10-23 DRz 结构包括底物结合臂和催化序列两部分，其活性中心由 15 个脱氧核糖核苷酸组成，活性中心具有高度保守的序列；活性中心两侧是两侧臂，各有 7～9 个脱氧核糖核苷酸，构成酶分子的底物识别部位。底物结合臂通过 Waston-Crick 配对与底物 RNA 上的序列进行特异性结合后，进行底物的定点切割。10-23 DRz 的切割位点位于 RNA 分子上未配对的嘌呤与配对的嘧啶之间，靶位为 5′…R↓Y…3′（R＝A 或 G，Y＝U 或 C，↓指示 R 和 Y 之间可被剪切的磷酸二酯键），其中，R 不形成碱基对，Y 则必须与脱氧核酶形成碱基对（图 2-41）。

10-23 DRz 与靶 RNA 结合使之发生构象转变，在 Mg^{2+}等二价金属阳离子的协助下，使剪切位点处的 2′-OH 脱 H^+，产生的 2′-O^-亲核攻击邻近的 P，使靶 RNA 的磷酸二酯键水解。由于 10-23 DRz 催化裂解底物时的位点是嘌呤-嘧啶连接，这样任何已知基因的 mRNA 起始密码子 AUG 都可以作为它的底物。也可以通过改变结合部位的碱基序列而作用于不同底物靶 RNA 的 AUG 起始密码子。

10-23 DRz 碱基数少，设计及合成十分方便，因此 10-23 DRz 作为一种潜在的强有力的 RNA 特异性切割工具，无论是在体外应用于 RNA 限制性内切酶，还是在体内作为 RNA 水平上的基因失活剂，都具有很好的应用前景。

第六节 非 水 酶 学

酶反应通常在水介质中进行，水溶液有利于维持酶蛋白活性中心的空间构象。但是，酶反应也能在非水系统内进行。非水酶学（nonaqueous enzymology）已被用于药物、生物大分子、肽类、手性化合物化学中间体和非天然产物等的有机合成中，引起了人们极大的关注。

一、非水介质中酶催化反应概述

近年来经研究发现，非水介质是酶结构和功能基础研究的常用介质，特别是接近无水的有机溶剂可为在较低介电环境中进行蛋白质性能研究提供条件。同时，少量水的存在对酶发挥功能起着关键的作用，需要一定量的水来维持酶催化活性。

（一）酶促反应中非水介质体系的类型

（1）在与水共溶的有机介质体系中进行酶促反应，即有机溶剂与水形成均匀的单相溶液体系。该体系只适合于少数稳定性很高、有极少量的水就能保持催化活性的酶。如果有机溶剂的比例过高，溶剂将会夺去酶分子表面的催化反应所必需的水，使酶失活，如枯草杆菌蛋白酶和某些脂肪酶等。

（2）在与水不溶的非极性有机溶剂-水两相体系中进行酶促反应，即含有溶解酶的水相和一个非极性的有机溶剂相所组成的两相体系。常见的体系有水与烷烃、醚或氯代烷烃组成的两相体系。在两相体系中的酶催化反应在水相中进行，需要不断的振荡和搅拌，以便保证反应底物和产物在酶与两相之间进行传递及分离，也便于产物与酶、底物的分离。

（3）在与水不溶的非极性有机溶剂-无水体系中进行酶促反应，即酶悬浮在无水的非极性有机溶剂中。酶可以是固态或吸附在固体载体表面上参与反应，进行不断的振荡和搅拌，底物分子以扩散形式通过酶分子表面的水层进入活性中心，催化反应生成产物后再扩散进入有机相。

（4）在反胶束（reverse micelle）体系中进行酶促反应。反胶束是在与水不互溶的大量有机溶剂中，加入表面活性剂后形成油包水的微小水滴，酶分子位于反胶束内可溶解于少量水而形成微型水囊，保持酶的催化活性。底物通过扩散进入反胶束内部完成催化反应，产物可以迅速扩散出反胶束而进入有机相，因此可有效地减弱产物对酶的抑制作用。

（5）在超临界流体反应体系中进行酶促反应。超临界流体是指温度和压力超过某物质临界点的流体，该体系的气体扩散系数高、黏度低、表面张力低，使底物向酶的传质速度加快，从而使反应速度提高，酶促反应产物无有机溶剂残留。

（6）在离子液体介质反应体系中进行酶促反应。离子液体是由有机阳离子与有机阴离子构成的，在室温条件下呈液态的低熔点盐类，对很多的无机物、有机物和多聚物有很好的溶解性。酶在离子液体中的催化作用具有良好的稳定性和催化活性等特点。

（7）在气相介质反应体系中进行酶促反应。该体系适用于易挥发的底物或者能够转化为气体的酶催化反应。

（二）非水介质中酶催化反应的特点

在非水介质中，酶能催化在水中不能进行的化学反应。与在水中相比，酶的活性和各种专一性不仅会发生变化，还能通过改变反应介质（而不是通过改造酶本身）来进行调节和控制。

（1）绝大多数有机化合物在非水介质内的溶解度很高。同时，在非水介质内能提高非极性底物的溶解度，而酶不溶于有机介质，不需要进行固定化，因此酶易于回收再利用。

（2）根据热力学原理，一些在水中不可能进行的反应，有可能在非水介质中进行，即非水介质可促使热力学平衡向合成方向（如酯合成、肽合成等）移动。例如，蛋白水解酶在水中催化肽键水解，而在有机溶剂中则催化肽键合成。在含有 0.3 mol/L 丁酸和 0.3 mol/L 庚醇的己烷中，可以进行脂肪酶催化的酯化反应，2 h 后酯化率达 90%以上；如果在水中进行酯化反应，其酯化率在 0.1%以下。

（3）在非水介质中能抑制因水而产生的副反应和副产物，如酸酐的水解和酰基转移等。

（4）从非水介质中分离纯化产物比从水介质中容易，从低沸点的有机溶剂中分离纯产物比从水中分离更方便。例如，在反胶束体系中进行的酶促反应，其产物易于纯化。

（5）与水中相比，非水介质中酶的热稳定性和储存稳定性显著提高，通过提高温度使反应速度加快。近来，核磁共振、X 射线衍射和傅里叶变换红外光谱的研究表明，在非水相中，酶分子结构中α-螺旋含量减少，β-折叠含量增加，使二级结构的有序性增加，提高了酶的稳定性。

（6）可以控制或改变酶催化底物的特异性、键选择性、区域选择性和立体选择性等，如在离子液体介质反应体系中的酶促反应。

（7）有机溶剂的凝固点一般远低于水，使一些对温度敏感的酶可以在适宜的温度条件下进行催化反应。

二、非水介质中酶的催化基础

在非水介质中进行酶催化已经成为生物技术领域的一个主要研究方向，很有必要对非水酶学的催化基本理论进行深入研究，如酶的结构、酶的催化机制、溶剂和水与酶的相互作用及其对酶催化活性的影响、酶的选择性和稳定性等。

1. 酶在非水介质中的结构

在疏水性有机溶剂中酶是不溶的，而且不稳定。为了研究酶在疏水的有机溶剂中能否保持其活性蛋白的天然折叠空间构象，许多学者对酶在水相与有机相的结构进行了比较。例如，克利巴诺夫（Klibanov）研究组运用 X 射线结晶衍射对枯草杆菌蛋白酶晶体进行的结构分析表明，该酶的三维晶体结构在水和两种有机溶剂（乙腈和二氧杂环己烷）中基本相同。把枯草杆菌蛋白酶冷冻干燥后置于 10 种不同性质的溶剂中，通过傅里叶变换红外光谱等技术手段，证实其蛋白质的二级结构不随溶剂疏水性的不同而改变。研究结果表明，在有机相中某些酶蛋白能够保持完整结构，有机溶剂中有的酶的活性部位构象与水溶液中的构象相同。这就解释了某些酶悬浮于苯、环己烷等疏水有机溶剂中的不变性，而且还能表现出催化活性。酶在含微量水甚至无水的有机溶剂中以悬浮状态起催化作用。

并非所有的酶悬浮于任何有机溶剂中都能维持其天然构象、保持酶活性。鲁赛尔（Russell）将碱性磷酸酯酶冻干粉悬浮于 4 种有机溶剂（二甲基甲酰胺、四氢呋喃、乙腈和丙酮）中进行研究，结果表明 4 种有机溶剂使酶发生了不同程度的不可逆失活。酶活性失活与酶活性中心分子构象部分破坏有关。研究表明其原因与非水介质中溶剂的介电性有关，随着溶剂介电常数的增大，酶分子构象将发生去折叠，从而使酶失活。进一步研究表明，酶分子活性中心的改变不是导致不同介质中酶活性变化的主要原因，酶分子的动态结构很可能才是真正主要的影响因素。因为对酶分子而言，非水介质通过影响酶分子动态结构的微小变化从而可能引起酶与底物、过渡态中间物之间的作用发生很大的变化，进而导致酶反应速度急剧下降。

2. 酶在非水介质中的催化机制

酶的催化机制在非水介质中是否会改变，这是必须要考虑的重要问题。研究较多的是丝氨酸类蛋白酶，如枯草杆菌蛋白酶、胰凝乳蛋白酶和脂肪酶。Fersht 已证明，在水溶液中，这些酶是通过“酰基-酶”机制来催化底物肽或酯的水解反应，即酶与底物首先通过非共价键形成酶-底物复合物，然后酶活性部位 Ser 的羟基与底物的羰基形成中间物，该中间物分解，释放出胺或醇，形成“酰基-酶”共价中间体，再经水解形成酶-底物复合物，进一步分解释放出自由酶和产物。

Klibanov 认为，酶的过渡态结构在非水介质的各种溶剂中都是相同的，证明了丝氨酸蛋白酶悬浮于无水溶剂中的催化机制和水中一样，也遵从“酰基-酶”催化机制。

他们还用同位素标记底物进一步证实了枯草杆菌蛋白酶催化过程的过渡态结构与反应介质的性质无关。丝氨酸蛋白酶（Carlsberg 枯草杆菌蛋白酶）的“酰基-酶”中间体 X 射线衍射测定的结构表明，该中间体无论是整体结构还是活性中心的区域结构，在水和无水乙腈中显示的均相同。因此可以认为，酶在有机介质中的催化反应机制与在水中的相同。大量的酶动力学研究已经间接证明了这些非水介质中反应同样遵循“酰基-酶”的催化反应机制。金（Kim）等也用线性自由能关系证实了枯草杆菌蛋白酶催化转酯化反应的催化机制没有因为溶剂极性的变化而改变。

3. 在非水介质中酶促动力学的变化

同一种酶在有机溶剂和水溶液中的催化机制相同，那么它们的催化活力才有可比性。Dastoli 和 Price（1966）研究黄嘌呤氧化酶在微水有机溶剂中的催化反应时，发现黄嘌呤氧化酶催化巴豆醛氧化反应符合 Michaelis-Menten 动力学。这说明酶在非水介质中催化的反应符合米氏方程，水和溶剂性质对酶活性的影响主要表现在对某一底物 V_{max} 和 K_m 值的变化。在非水介质中，若底物和有机溶剂的极性相似，那么底物与溶剂的亲和性高，测得 K_m 值增加，表明酶与底物的亲和力降低；若底物与有机溶剂的极性相差较大，底物与有机溶剂的亲和力低，测得 K_m 值变小，表明酶与底物的亲和力增加。根据相似相溶原则，在非极性溶剂中，非极性底物比极性底物有更高的 K_m，表明底物对酶有较低的亲和力；而极性溶剂中则相反。

底物的种类、溶剂的性质都会影响到非水介质中酶促反应动力学。非水介质中某些酶的催化反应速度一般远低于水介质中的催化速度。目前非水相酶学研究领域的弱点之一是在不同溶剂中酶活力的不可预见性，至今尚未能对有机溶剂中酶促反应动力学进行深入研究。

4. 在非水介质中酶促反应平衡方向的变化

在非水介质中进行酶促反应，有机溶剂可以明显改变反应的平衡，低水有机介质有助于使反应由水解平衡移向合成方向。例如，脂肪酶在水溶液中催化酯的水解，而它在有机介质中可以催化酯（脂）的合成及改性。蛋白酶在水溶液中催化蛋白质的水解反应，但在低水有机介质中，蛋白酶可以催化肽键的形成而进行蛋白质多肽的合成。

已有大量实验研究了溶剂对酶活性的影响，但是溶剂对于平衡的影响还没有得到人们的重视。哈林（Halling）用反应物的液-液分配数据预测了溶剂对酶促反应平衡点的影响，酯化反应在非极性溶剂（如正己烷）中比在极性溶剂中容易进行，这与平衡常数和水在溶剂中的溶解度相关。在两相催化体系中，有机相不仅可以作为在水中溶解度低底物的储存库，而且可以通过改变产物在水相和有机相的分配平衡，或者降低产物对酶的抑制，提高酶的催化效率。

5. 在非水介质中酶催化选择性的变化

酶催化选择性是酶促反应的一个重要特点，对于有机合成具有极高的价值。在非水介质中可以通过改变反应溶剂来改变酶促反应的选择性，从而达到人为地改变和控制酶的立体选择性的目的。

1）底物专一性的变化　酶促反应底物专一性可由酶与底物结合能和酶与水分子之间结合能的差值决定，如果用非水介质代替水，对酶底物专一性及其催化效率等的改变将产生很大影响。在非水介质中，酶与底物的结合受到溶剂极性的影响，随着溶剂疏水性的减小，底物倾向于分配在溶剂中而不是疏水的酶活性中心，这是因为疏水性底物在介质与酶活性中心之间的分配比例不同。一般在极性较强的溶剂中，疏水性较强的底物容易发生反应；在极性较弱的有机溶剂中，疏水性较弱的底物容易发生反应。

同一酶反应在水与有机溶剂中的底物专一性可能不同，而且在不同的有机溶剂中，其专一性也不同。韦斯科特（Wescott）等的研究表明 Carlsberg 枯草杆菌蛋白酶在 20 种不同溶剂中对底物的专一性相差很大。从热力学角度看，底物专一性改变的原因是溶剂的改变导致底物在有机溶剂与酶的活性中心之间的分配系数发生了改变。

2）底物立体异构专一性的变化　在非水介质中，由于溶剂亲（疏）水性的变化，酶对底物的立体选择性发生改变，许多实验表明，疏水性强的有机溶剂中酶的立体选择性差。例如，某些蛋白水解酶（枯草杆菌蛋白酶）在有机溶剂中可以合成 D 型氨基酸的肽，而在水溶液中酶只选择 L 型的氨基酸。酶对底物立体选择性随介质疏水性的增加而降低。研究表明，其原因是底物的两种立体异构体把水分子从酶分子的疏水结合位点置换出来的能力不同。当反应介质的疏水性增大时，L 型底物置换水的过程在热力学上变得不利，导致其反应活性大幅度降低。由于 D 型异构体以不同的方式与酶活性中心结合，该结合方式可能只置换出少量的水分子，因此当介质的疏水性增加时，其反应活性降低不大。研究也表明，酶的立体选择性与溶剂的介电常数、偶极矩有明显的相关性。

3）区域选择性的变化　在非水介质中，酶能够选择性地催化底物中某个区域的基团发生反应，称为酶的区域选择性（regioselectivity）。例如，Klibanov 用猪胰脂肪酶在无水吡啶中催化各种脂肪酸（C_2、C_4、C_8、C_{12}）的三氯乙酯与单糖的酯交换反应，实现了葡萄糖 1 位羟基的选择性酰化。

6. 水对非水介质中酶促反应的影响

这里所述的非水酶学研究体系并不是完全无水，而是一种含微量水的有机溶剂体系。在非水介质中含水量通常只为 0.01%，但含水量微小的差别会导致酶催化活力的较大改变。在非水介质中酶的催化活性与反应系统的含水量密切相关，水是维持酶活性所必需的。反应系统所含的水包括与酶相结合的结合水、溶于有机溶剂中的自由水，以及固定载体和其他杂质的结合水。研究表明，只有与酶分子紧密结合的水分子对酶的催化活性是至关重要的，这些结合水称为必需水（essential water）或最适水量。必需水分子直接或间接地通过氢键、疏水键及范德瓦耳斯力等非共价键相互作用来维持酶催化活性所必需的构象。在此体系中，只要不破坏外层与酶紧密结合的单层水分子，就能维持酶的催化活性。所以必需水是影响酶的活性、稳定性和专一性的决定因素。

从酶含水量变化角度分析，如图 2-42 中所示，在低含水量体系中，当含水量低于最适含水量时，酶促反应的速度在一定范围内随着含水量的增加而增加；当超过最适含水量时，酶催化活性随含水量的增加而下降。继续增加含水量会导致反应平衡的改变甚至酶活性的丧失，其可能原因是过多的水分子在酶的活性部位形成水簇，通过介电屏蔽作用降低蛋白质分子带电氨基酸和极性氨基酸之间的相互作用，导致酶某种催化活力的丧失或降低；另外，太多的水会使酶聚集成团，导致疏水底物较难进入酶的活性部位，引起传质阻力。

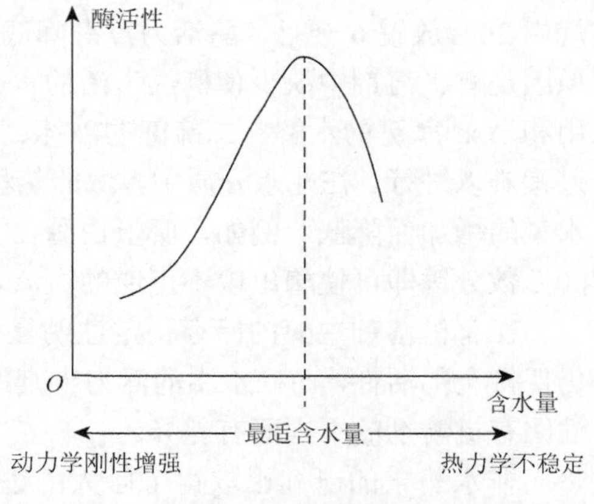

图 2-42　有机溶剂中酶活性与酶含水量的关系

从酶分子构象变化的角度分析，如图 2-42 所示，有机溶剂中的含水量低于最适含水量时，会造成酶分子的构象刚性过强，动力学刚性的增加而使酶的催化活性下降甚至丧失；在含水量高于最适含水量时，酶分子的结构柔性过大，在疏水的环境中，酶的构象向热力学不稳定的状态变化，造成酶构象的巨变而使酶失活。因此在低含水量催化体系中，只有在最适含水量时，酶分子结构的刚性和热力学的稳定性之间达到最佳的平衡点，酶才表现出最大的活力。

蛋白质分子的极性和带电基团的水合对于酶的催化是必要的。在完全无水或酶蛋白干粉的状态下，酶分子的带电和极性基团互相作用产生一个失活锁住的构象。由于水的高介电性，有机溶剂中少量的必需水能够有效地屏蔽有机溶剂与酶蛋白表面某点之间的静电相互作用。同时水与酶蛋白的功能基团形成氢键，介电屏蔽离子化基团之间的静电作用，并且中和了折叠多肽链中的肽单元和极性侧链基团之间的偶极-偶极相互作用。因此，最适含水量是保证有机溶剂中酶的极性部位水合，表现活力所必需的。

7. 有机溶剂对非水介质中酶促反应的影响

在非水介质中，有机溶剂通过与水、酶、底物和产物的相互作用来影响酶促反应。有机溶剂会对酶的活力、催化特性及稳定性产生显著的影响。

有机溶剂对酶促反应的影响有：①有机溶剂直接与酶分子周围的水相互作用，造成酶分子必需水的变化和重新分布。亲水性强的有机溶剂能够夺取酶表面的必需水，降低酶分子表面张力，促使蛋白质发生去折叠而变性。相反，增加酶表面的亲水性可以限制酶在有机溶剂中的脱水作用。②尽管酶在有机溶剂中的整体结构及活性中心的结构都保持完整，但是酶分子本身的动态结构及表面结构却发生了不可忽视的变化。有机溶剂与酶分子直接发生作用，通过干扰疏水键和氢键等改变酶的构象，导致酶的活性受到抑制甚至失活。③有机溶剂影响到底物和产物的分配与扩散，影响反应的进行。有机溶剂与底物竞争酶的活性中心结合位点，当溶剂是非极性时，该影响会更明显。而且溶剂分子能渗透入酶的活性中心，降低活性中心的极性，增加酶与底物的静电排斥力，降低了底物的结合能力。④有机溶剂与底物和产物相互作用，影响酶活力。溶剂能改变酶分子必需水层中底物或产物的浓度，而底物必须渗入必需水层，产物必须移出此水层，才能使反应进行。由于溶剂的疏水性强，疏水底物不容易从溶剂中扩散到酶分子周围，导致酶活性低。

8. 在非水介质中酶稳定性的变化

在有机溶剂中许多酶的热稳定性和储存稳定性都比在水溶液中高。胰凝乳蛋白酶在无水辛烷中 20℃放置 6 个月，酶活力没有降低，在同样温度下，该酶在水溶液中的半衰期仅有几天。原因是有机溶剂中缺少使酶热失活的水分子，因此由水引起的酶分子中 Asn、Gln 的脱氨基作用和 Asn 肽键的水解、二硫键的破坏、Cys 的氧化及 Pro、Gly 的异构化等蛋白质热失活的全过程难以进行。在非水介质中，酶的热稳定性与溶剂的含水量密切相关，一般热稳定性随着含水量的增加而降低。例如，糜蛋白酶在 100℃的辛烷中活力半衰期达数小时，而在水溶液中，60℃数分钟即可使酶出现不可逆的失活。

在有机溶剂中酶的储存稳定性明显提高。例如，糜蛋白酶在 20℃的辛烷中储存长达半年仍保持全部活性，而在水中的活力半衰期只有几天。同一种酶在不同的有机溶剂中的储存稳定性因有机溶剂的不同而有差异。

非水酶学的研究已取得了巨大的进展，为酶在精细化工、材料科学、医药等方面的应用展示了广阔的前景。当前最大的问题是有机溶剂中酶反应的速度相对较慢，如何提高酶的催化活性？非水介质中酶的催化活性和选择性如何通过介质工程得到调控？这些问题的解决无疑会帮助人们有效地设计和制备出具有高活性的酶制剂，从而使非水酶学的应用得到更大的推广。

第七节 分子酶学工程

人们对酶已经进行了长期的研究，对酶分子的化学性质和物理性质都有了相当清楚的了解。酶是在细胞中合成的，绝大部分的酶也是在细胞中利用的。近年来，酶在工农业生产和医药中的应用越来越广泛。但由于酶是蛋白质或核酸，在体外容易变性失活，因而在工农业生产和各方面的应用上受到很大限制。这就促使人们对来自生物细胞的酶进行分子改造，由此诞生了分子酶学工程。

一、蛋白质工程酶

蛋白质工程应用到酶学领域中，是近年来发展起来的研究和改造酶蛋白结构、探索构象与活性之间相关性的新技术。蛋白质工程酶实质是按照人们的设想，通过改变基因来改变酶蛋白的结构，制造新酶用于生产实践。理性设计是蛋白质工程中最早使用的技术，现在依然广泛使用，它主要通过分析蛋白质的三维空间结构，了解结构与功能间的关系，然后通过定点突变、多点突变、杂合酶等技术改变蛋白质的氨基酸序列，产生性能更优良的新酶。

对酶蛋白进行设计和改造，包括酶分子的理性设计和非理性设计。前者包括化学修饰、定点突变等；后者直接通过随机突变、筛选等方法进行酶分子的改造，如定向进化、杂合进化等。

1. 蛋白质一级结构工程

在已知酶蛋白一级结构与功能的基础上，有目的地改变蛋白质结构中某一特定活性氨基酸残基或片段，产生新性状的酶。利用基因的定点突变（site-directed mutagenesis，SDM）技术改变酶蛋白结构中某个或某些特定的氨基酸，达到提高酶的活性和稳定性的效果。

利用定点突变方法研究酶蛋白的一级结构和功能基团，最重要的是突变目的基因序列的选择。首先进行酶同源序列的比较，通过比较来源不同，而功能一致或相近酶的氨基酸序列，找出保守区域。生物漫长进化的结果是越保守的氨基酸残基，越是酶活性所必需的重要基团。其次，通过分析酶分子空间结构信息，测定蛋白质分子中各氨基酸残基在空间构象上的分布与排列，选择在空间上与底物较接近的氨基酸残基进行定点突变研究，达到改变酶催化活性的效果。

定点突变改变酶活性的研究工作有两种情形：①突变的氨基酸残基离活性部位较远或较近，通过改变酶分子的构象，影响到酶活性中心的构象变化从而影响酶活性。推测这种情况一般改变的是酶的活性中心以外的必需基团。②突变的氨基酸残基是酶活性中心的基团。此时，如果一个残基突变导致酶活性显著丧失，就可以认为该位点是酶的催化部位或结合部位，再进一步试探和确定此残基是参与了底物结合还是催化作用。

定点突变可分为两类：一类是寡核苷酸诱导的定点突变。这类方法主要是利用带有预定突变序列的单链寡核苷酸作为引物，在体外与原基因序列复性，诱变合成少量完整的基因，然后通过体内扩增得到大量的突变基因。该方法又叫寡核苷酸引物突变，应用范围较广，引物中除了所需特定突变基因外，其余部分应与目的基因编码链完全互补。另一类是寡核苷酸置换的定点突变。这类方法的特点是用带有各种所需突变序列的寡核苷酸，在体外直接置换目的基因中欲突变部位，如盒式突变，利用人工合成含突变序列的寡核苷酸片段，置换目的基因原有序列，达到特定部位突变的效果。与第一种方法相比较，这种方法更加简单易操作、突变率高。

与其他技术相比，在阐明酶分子中某一基团的功能时，定点突变方法显得准确而有效。目前已利用定点突变技术改造了天然酶蛋白的多种特性，如催化活性、抗氧化性、底物特异性、增强酶的选择性、改变酶的表面特性等。例如，将枯草杆菌蛋白酶的 Asp99 变为 Lys，Glu56 变为 Lys 时，大大提高了该酶在 pH 7 时的酶活性。葡萄糖异构酶的 Gly38 变为 Pro 时，大大提高了该酶的热稳定性。

2. 蛋白质二级结构工程

蛋白质的二级结构主要是α-螺旋、β-折叠、转角、突环（loop）等。实验表明，蛋白质的这些二级结构可以进行结构转换（structure swapping），即同一蛋白多肽片段在不同的溶剂环境中能进行二级结构的转换；甚至同一肽段在不同蛋白质中的二级结构也不一样。例如，丝氨酸蛋白酶抑制剂有活性时，其二级结构为突环区域；无活性时，突环区域转换为β-折叠。这种突环/α、突环/β或α/β间的二级结构转换构成蛋白酶活性调节的开关，也是蛋白质工程酶的重要内容。

在进行α-螺旋设计和改造时，要选择形成α-螺旋倾向性比较大的氨基酸残基，如 Leu、Glu、Ala 和 Met 等。为使结构中形成一个亲水面和疏水面，疏水性氨基酸残基应按 3 或 4 的间隔排列，使带正电荷的氨基酸残基靠近 C 端，带负电荷的氨基酸残基靠近 N 端。在进行β-螺旋设计和改造时，选择形成β-折叠片倾向性较大的氨基酸残基（如 Val、Ile、Tyr），并使亲水性残基和疏水性残基相间排列。在进行转角设计和改造时，关键是选择合适的转角类型，以便确保转角在维持各种二级结构空间相对位置和稳定蛋白质的三级结构中起着重要的作用。某些氨基酸残基对蛋白质的二级结构有终止作用，如 Pro 和 Gly 使α-螺旋中断，Glu 使β-折叠中断，因而设计时可利用这些氨基酸残基来终止和分隔不同的二级结构。

3. 蛋白质结构域工程

结构域是蛋白质亚基结构中的紧密球状区域，是介于蛋白质二级与三级结构之间的结构层次。在酶蛋白质中，不同的结构域具有特定的功能，如结合底物、催化反应、亚基间相互作用及活性调节等。结构域间的松散连接有利于快速调节酶的活性，提高酶对环境的适应性。多结构域的活性部位大都是位于两个或多个结构域的界面之间。通过不同结构域的组合可以形成功能各异的蛋白质工程酶，因此结构域工程在蛋白质工程酶中也占有重要的分量。

L-天冬氨酸酶是重要的工业用酶，主要用于合成 L-Asp。L-天冬氨酸酶是由 4 个相同亚基组成的四聚体，单亚基无催化功能。每个亚基由三个结构域（D1、D2、D3）组成，呈 S 形。D2 结构域是天冬氨酸酶最保守的结构域，它对保持酶活性构象起着重要作用。L-天冬氨酸酶作为四聚体蛋白质，在工业生产条件下不稳定，容易解离，使活性降低，在实际应用中受到限制。科学家设计 L-天冬氨酸酶的类似二聚体 D1D2 和 D2D3，通过一个六肽突环连接形成一个单体。研究表明，这个单体具有一些比天然 L-天冬氨酸酶更适于工业应用的特性，即单体活性稳定、不易解离成非活性形式，催化活性高于天然酶。

随着蛋白质工程的进一步开展，将有更多的酶和蛋白质从各个不同的方面运用这一技术进行研究，人们对酶的结构和功能、作用机制就会有更深入的了解，为指导酶在工业中的应用奠定理论基础。

二、进化工程酶

随着酶催化应用范围的不断扩大和研究的逐步深入，人们发现酶催化的精确性和有效性常常不能很好地满足酶学研究和工业化应用的要求，而且天然酶的稳定性差、活性低，还缺乏有商业价值的催化功能。天然酶的局限性源于酶的自然进化过程。生物进化的本质是分子进化，漫长时间里通过 DNA 复制发生突变或通过重组产生了遗传多样性，而酶蛋白的进化是生物进化的核心之一。在分子水平上，如何利用基因改造等技术达到对天然酶的改造或构建新的非天然酶就显得非常有研究意义和应用前景。

1. 酶定向进化的概念

在实验室中模仿自然进化的关键步骤：突变、重组和筛选，在较短时间内完成漫长的自然进化过程，有效改造蛋白质，使之适于人类的需要。这是酶体外定向进化的基本先决条件。阿诺德（Arnold）研究组（1993）首先提出分子定向进化的概念，采用易错 PCR 基因改造技术，用于天然酶的改造或构建新的非天然酶。

酶的体外定向进化（directed evolution of enzyme *in vitro*）属于蛋白质的非理性设计（irrational design），它不需要事先了解酶的空间结构和催化机制，从一个或多个已经存在的亲本酶（天然的或者人为获得的）出发，模拟自然进化机制（随机突变、重组和自然选择），在体外改进酶基因，构建人工突变酶库，通过筛选最终定向选择出具有某些特性的进化酶。

2. 酶定向进化的过程

定向进化的基本规则是获取所筛选的突变体。酶定向进化通常分三步进行：①通过随机突变和（或）基因体外重组创造基因多样性；②导入适当载体后构建突变文库；③通过灵敏的筛选方法，凭借定向选择方法筛选阳性突变子。此过程可重复循环，直至选出所需性质的优化酶，从而排除其他突变体。简言之，定向进化 = 随机突变 + 正向重组 + 选择（或筛选）。与自然进化不同，酶定向进化的整个进化过程完全是在人为控制下进行的。酶体外定向进化的主要步骤如图 2-43 所示。

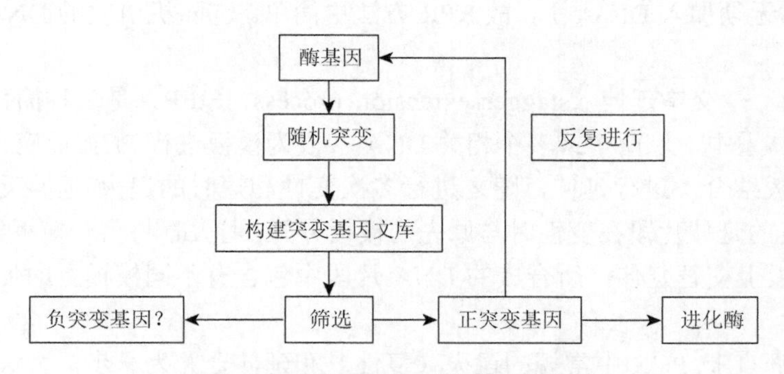

图 2-43 酶体外定向进化的主要步骤

3. 酶定向进化的策略

定向进化的策略：①无性进化（asexual evolution），如易错 PCR、化学诱变剂介导的随机诱变、致突变菌株产生的随机突变；②有性进化（sexual evolution），如 DNA 改组技术、随机引物体外重组、交错延伸。

1）易错 PCR　易错 PCR（error-prone PCR）是通过改变 PCR 反应条件，使扩增的基因出现少量碱基错配，导致目的基因随机突变。实验过程中的关键问题是如何控制 DNA 的突变频率。通常，经过一轮的易错 PCR、定向筛选，很难获得令人满意的结果。由此衍生出连续易错 PCR（sequential error-prone PCR）策略，即将一次 PCR 扩增得到的有用突变基因作为下一次 PCR 扩增的模板，连续反复地进行随机诱变，使每一次获得的小突变累积而产生重要的有益突变。

易错 PCR 是一种相对简单、快速廉价的随机突变方法。此法的不足之处在于：正突变的概率低，突变基因文库较大，文库筛选的工作量大，一般适用于较小基因片段（0.5～1.0 kb）的定向进化；获得 DNA 序列中碱基的转换高于颠换，突变具有一定的密码偏向性。

2）DNA 改组技术　DNA 改组（DNA shuffling）是指将两条或多条正突变基因通过脱氧核糖核酸酶Ⅰ（DNaseⅠ）等酶的作用，随机切割成若干 DNA 片段，然后将这些随机片段在不加引物的条件下经过多次 PCR 循环，使这些 DNA 随机片段互为模板和引物进行扩增、延伸，再加入适宜的引物进行 PCR 反应，获得全长基因。这些全长基因由于是在不加引物的条件下由 DNA 随机片段互为模板和引物扩增而成的，其碱基序列经过重新排布而形成众多的突变基因，导致来自不同基因片段之间的重组，基因在分子水平上进行有性重组，所以 DNA 改组技术又称有性进化。

DNA 改组技术的特点：①一般将 DNaseⅠ酶切片段大小控制在 20～50 bp。②伴随重组的不断重复，有少数点突变同时发生。③可体外实现同源序列间的改组，创造亲本基因群中突变尽可能组合在一起的机会。④优于连续易错 PCR。

3）随机引物体外重组　随机引物体外重组（random-priming *in vitro* recombination，RPR）是采用单链 DNA 为模板，配合若干条随机序列的引物进行 PCR 反应，产生若干个与模板不同部分的序列互补 DNA 小片段，然后除去模板，这些 DNA 小片段互为模板和引物进行 PCR 扩增，通过碱基序列的重新排布而获得全长突变基因。如果需要，可反复进行这一过程，最后得到性状改良的突变组合的进化酶。

该法优于 DNA 改组技术，其特点是：①RPR 可以利用单链 DNA 为模板，大幅度地降低亲本 DNA 量。②无须加入 DNaseⅠ，故 RPR 方法更简单。③随机引发的 DNA 合成不受 DNA 模板长度的限制。

4）交错延伸　交错延伸（stagger extension process，StEP）是一种简化的 DNA 改组技术。在同一反应体系中，以两个或多个相关 DNA 片段为模板进行 PCR 反应，在反应过程中，引物先与一个模板结合，进行延伸，随之进行多次变性和短时的退火-延伸反应循环。在每个循环中，不同长度的延伸片段在变性时与原先的模板分开，退火时与另一模板结合而继续延伸，通过在不同的模板上交替延伸，所合成的 DNA 片段中包含有不同模板上的信息，直到获得全长的突变基因。

StEP 的特点：①把 PCR 中常规的退火（复性）和延伸合并为一步，大大缩短了反应时间（55℃、5 s）；②不需分离亲本 DNA 和产生的重组 DNA；③采用的是变换模板机制，这正是逆转录病毒所采用的进化过程。

除了上述 4 种酶体外定向进化技术外，还有杂合酶（hybrid enzyme）和酶法体外随机-定位诱变（enzymatic method *in vitro* and random site directed mutagenesis）等方法。在酶分子的定向进化中，突变是随机发生的，但通过筛选特定方向的突变，便可限定进化的趋势，再加上适当地控制实验条件，不仅减少了工作量，还加快了酶某种特征的进化速度。

通常，采用的定向筛选方法必须灵敏，并且与目的性质相关，以更灵活、快速和简便地改进目的基因。定向筛选方法如利用底物染色反应；改变培养条件，利用某些蛋白的固有性质，如产生绿色荧光；利用高通量筛选（high throughout screening，HTS）技术等。HTS现有的方法如固相筛选、使用放射性染料筛选、荧光筛选、利用细胞的功能筛选和利用小鼠显性的表型遗传学筛选等。HTS体系将组合化学、基因组研究、生物信息和自动化仪器、机器人等先进技术相结合，快速筛选得到目的基因的表达产物。目前，虽然建立了一些酶（或蛋白质）的体外定向进化的有效方法，但还应探索、扩展定向进化的最佳途径和提高对突变的控制能力，为逐步接近和满足将进化酶催化用于工业生产的需要。

三、抗体酶

抗体分子的多样性及其高度精确识别性使其能结合几乎任何天然的或合成的分子。人们寻求利用抗体的这一特性，将抗体开发成像酶那样的催化剂。Jencks（1969）以鲍林（Pauling）的酶催化反应的过渡态理论为基础，提出了免疫诱导产生底物过渡态的抗体，这种能与过渡态结合的抗体具有酶的性质。Lerner和Schultz（1986）成功制备出了具有催化能力的单克隆抗体（McAb）——催化抗体（catalytic antibody），证实了抗体和酶一样，能专一催化化学反应。这些催化抗体是抗体的高度选择性和酶的高效催化能力巧妙结合的产物，因此，催化抗体称为抗体酶（abzyme）。随后，对抗体酶展开了一系列研究，新的抗体酶相继问世，为酶的结构与功能研究开辟了崭新的途径。

1. 抗体酶的特性

抗体酶是指通过改变抗体中与抗原结合的微环境，并在适当的部位引入相应的催化基团，产生具有催化活性的抗体。其本质是一类具有催化活力的免疫球蛋白（Ig），在其可变区被赋予酶的属性。所以，抗体酶是一种对酶促反应过渡态特异的抗体，结合了酶与抗体的优点，既可以起酶促催化作用，又可以起抗体的选择性和专一性结合抗原的作用。与天然酶的催化特性相比，抗体酶有自己的一些特点。

1）*能催化一些天然酶不能催化的反应*　　酶仅作用于类似其天然底物的化合物，有很多化学反应还没有已知酶（天然酶）催化这些反应的发生。抗体的多样性决定了抗体酶催化反应类型的多样性，在此情况下，抗体酶可以根据需要人工裁制（tailor made），利用抗原-抗体识别性能，把催化活性引入免疫球蛋白的结合位点，构建一些特殊的生物催化剂，用于催化自然界酶尚不能催化的特殊化学反应。

2）*有更强的专一性和稳定性*　　抗体的精细识别使其能结合几乎任何天然的或合成的分子，故抗体酶催化反应的专一性可以达到甚至超过天然酶的专一性；具有较高的催化活性，一般抗体酶催化反应速度比非催化反应快 10^4～10^8 倍，有的反应速度已接近于天然酶促反应速度；与天然酶相比，抗体酶的催化活性更稳定。由于作为酶分子的抗体酶为IgG，其蛋白性质较酶蛋白更稳定，作用更持久。

抗体酶是一种特殊的抗体，有着催化特性，与抗体相比较，它们都是蛋白质，具有特异性。抗体酶和抗体的本质差别：抗体酶是能与反应过渡态选择结合的催化物质，抗体是和基态紧密结合的物质。酶的活性和合成受到代谢调节，种类有限。抗体只有在抗原存在时才产生，种类无限。天然酶的种类是在物种的长期进化过程中形成的，因此其数量相对稳定；而抗体酶则是运用化学、免疫学、分子生物学、分子遗传学等技术人工制备的与天然酶具有相似酶活性的抗体，甚至可以产生自然界中不存在的新酶，即超自然酶，这对于酶的催化反应机制研究及实验应用都有重要意义。

2. 抗体酶的作用机制

对天然酶来说，在研究催化机制时，需要分析蛋白质的晶体结构，探索其空间、电荷分布情况。而对抗体酶来说，因为采用事先设计的化合物作为半抗原，根据抗体和抗原间的互补关系，直接推测抗体酶活性部位的结构，对其催化机制进行研究。不同方法制备的抗体酶作用机制不尽相同。例如，有的人工制备的抗体酶与天然蛋白水解酶类似，抗体酶中有 Ser-His 催化位点，类似于丝氨酸蛋白酶中的 Ser-His-Asp 催化位点。但过渡态理论仍为抗体酶催化作用遵循的机制。

酶的催化机制是降低活化能。鲍林（Pauling）提出酶催化反应的过渡态理论是解释酶催化原理的经典理论。在酶催化反应中，与酶的活性中心形成复合物是底物形成的过渡状态，酶与过渡状态的亲和力要大于酶与底物或产物的亲和力。过渡态理论认为，酶与底物的结合经历了一个易于形成产物的过渡态，实际上是降低了反应所需活化能，从而帮助大量的反应物分子跨越能垒，达到加速反应的目的。根据这一理论，如果使抗原最大限度地接近某一特定反应的过渡态，就可能使诱导的抗体在与之结合时发挥催化作用。

四、模拟酶

1. 模拟酶简介

酶的催化效率极高，有高度的专一性，反应条件温和。但酶对热敏感、稳定性差、提纯困难和来源有限等缺点限制了它的大规模开发和利用。人们试图寻找一种既具有酶催化特点又简单稳定的物质，并且希望通过化学合成方法大量制备酶，因此开始对酶功能的模拟进行研究。20 世纪 60 年代，模拟酶（mimetic enzyme）已经成为一个崭新的研究领域。这是仿生高分子的一个重要内容，越来越受到科学家的关注。

模拟酶是利用有机化学的方法，合成一些比天然酶简单和稳定的、具有催化活性的非蛋白质分子。模拟酶的结构比天然酶简单，化学性质稳定，具有酶的功能，还有高效、高选择性和价廉易得等优点。模拟酶使经典有机合成中难以实现的反应，依靠酶的催化能力，可以在常温下高效、特异地进行。

随着蛋白质结晶学、X 射线衍射技术和光谱技术的发展，人们对许多酶的结构和机制有了较深入的了解，为设计和建造模拟酶研究开辟了新途径。目前，人们利用各种策略发展了多种人工酶模型，其研究范围分为大、小分子仿酶体系。小分子仿酶体系有环糊精、冠醚、环番、过氧化物模拟酶、环芳烃和卟啉等大环化合物；大分子仿酶体系有聚合物酶模型、分子印迹酶模型和胶束酶模型等。其中，分子印迹酶模型的研究已经取得了很大进展，并应用于生产实践中。

2. 模拟酶的理论基础

根据酶的催化机制，人工设计模拟酶应从酶的催化特点来考虑，即对底物的专一性和高效性，应当从酶分子对底物的包络和催化两个方面进行模拟。故模拟酶在结构上应该具有两个特殊部位，一个是底物结合部位，另一个是催化部位。模拟酶与天然酶一样，在底物结合中，通过底物的定向、键的扭曲及形变来降低活化能，提高催化反应速度。所以，设计模拟酶一方面要基于酶的作用机制，另一方面要基于对简化的人工体系的识别、结合和催化的研究。

诺贝尔奖获得者克拉姆（Cram）、佩德森（Pederson）与莱恩（Lehn）提出的主-客体化学（host-guest chemistry）和超分子化学（supramolecular chemistry）为模拟酶奠定了重要的理论基础。根据酶催化反应机制，若合成既能识别底物又具有酶活性部位催化基团的主体分子（模拟酶），同时底物（客体分子）能与主体分子发生多种分子相互作用，通过配位键或其他次级键形成稳定复合物，就能有效模拟酶分子的催化过程。这种化学作用叫主-客体化学，它揭示了主体（酶）和客体（底物）的相互作用，体现了主体和客体在结合部位的空间及电子排列的互补。这种主-客体互补与酶和它所识别的底物结合情况近似。超分子的形成源于底物和受体的结合，此结合基于非共价键相互作用，如静电作用、氢键和范德瓦耳斯力等。当接受体与络合离子或分子结合成稳定的、具有稳定构象和性质的实体，即形成了"超分子"，它兼具分子识别、催化和选择性输出的功能。

3. 模拟酶的类型

根据柯比（Kirby）分类法，模拟酶可分为三类：①单纯酶模型（enzyme-based mimic），即以天然酶活性为模拟对象，采用化学方法重建和改造酶活性；②机制酶模型（mechanism-based mimic），即通过对酶作用机制（如识别、结合和过渡态稳定化）的深入了解，指导酶模型的设计与合成；③单纯合成的酶样化合物（synzyme），即化学合成的具有酶样催化活性的简单分子。

按照模拟酶的属性可分为：①主-客体酶模型，包括环糊精、冠醚、穴醚、杂环大环化合物和卟啉类等；②分子印迹酶模型；③胶束酶模型；④抗体酶；⑤肽酶；⑥半合成酶。近年来，综合运用化学、蛋白质工程、基因工程等技术对模拟酶的设计和研究不断深入，更理想的酶模型不断涌现，更利于人们进一步认识酶的本质和应用。

模拟酶的设计可分为三个层次：①合成有类似活性的简单络合物，即模拟酶的金属辅基。这类模拟物只含有与酶相同的金属离子，具有一定程度的酶活性。例如，模拟过氧化氢酶分子中的铁卟啉辅基，合成可分解 H_2O_2 的酶模型——三亚乙基四胺与三价铁离子的络合物。这种模拟酶的作用机制与酶不完全相同，且在反应效率和专一性方面与天然酶有一定的区别。②酶活性中心的模拟，即模拟酶的活性中心，合成具有一定专一性和反应效率的络合物。③整体模拟。这是高级的模拟，包括微环境在内的整个活性部位的化学模拟。目前，第二层次的模拟最引人注目，一方面通过化学合成手段，合成具有一定催化活性和结构相似性的小分子金属络合物作为金属酶活性中心模拟物；另一方面是通过对天然的简单生物大分子进行修饰，引入不同的基团，改变其性能，使其成为优良的人工模拟酶模型。

4. 环糊精模拟酶

由于天然酶的种类繁多，模拟的途径、方法、原理和目的不尽相同。目前，较为理想的小分子仿酶体系中的环糊精，具有独特的包络作用，即包络多种有机和无机分子，因此环糊精可作为模拟酶的模型，模拟多种天然酶。

环糊精（cyclodextrin，CD）是由芽孢杆菌产生的葡萄糖基转移酶作用于淀粉后获得的，是由6～8个D-吡喃葡萄糖单元以α-1, 4-糖苷键连接而成的环状化合物。依葡萄糖基数的6、7、8不同，分为α-环糊精、β-环糊精及γ-环糊精三种结构。环糊精分子为圆筒状结构，上下开口，上下两端伯仲羟基的存在使环糊精分子外部具有亲水性，而空腔内壁由于氢原子对氧原子的覆盖而具有疏水性，故可以包络许多无机、有机分子形成包络物（inclusion complex）（图2-44）。环糊精具有一些特殊的结构：①疏水空洞内壁以范德瓦耳斯力和疏水作用与底物分子作用；②环糊精包络物易溶于水；③以疏水识别并捕捉特异底物；④捕捉的底物处于一定位向。

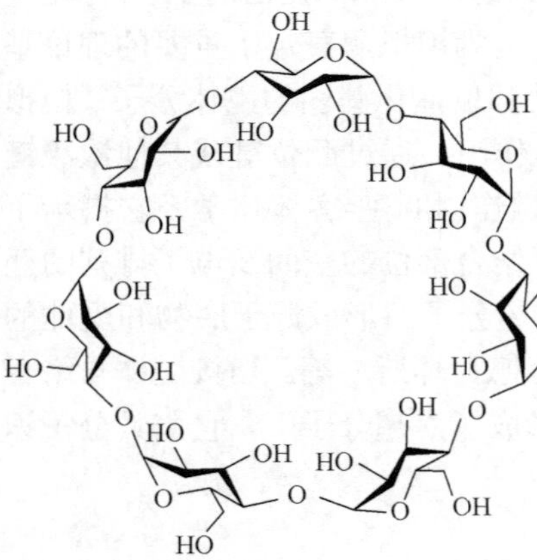

环糊精由于具有独特的“内疏水，外亲水”的分子结构，能作为“宿主”，通过分子间相互作用包络不同“客体”化合物，形成包络物，完成彼此间的识别过程。根据分子识别的主-客体化学理论，环糊精是至今所发现的类似于酶的理想宿主分子，因此，利用环糊精的包络作用，向环糊精分子引入各种基团，可以表现出较佳的模拟酶性质。这类模拟酶的催化作用既可以是共价催化，也可以是非共价催化。共价催化时，底物和环糊精先形成包络复合物，环糊精上的羟基或接上去的修饰基团对底物进行亲核进攻，生成过渡态中间物，然后中间物水解得到产物，环糊精释出。非共价催化时，则是它的空穴内部为底物提供了一个微环境并且表现出与底物相匹配的构象效应，这个过程中不形成过渡态中间物。整个反应颇似酶促反应。

图 2-44　环糊精的结构

利用环糊精为酶模型已对多种酶的催化作用进行了模拟。在胰凝乳蛋白酶、核糖核酸酶、转氨酶、碳酸酐酶、水解酶、氧化还原酶等方面都取得了很大的进展，且表现出良好的底物选择性及立体选择性。

本德尔（Bender）等利用各环糊精空穴作为底物的结合部位，以连在环糊精侧链上的羧基、咪唑基及环糊精自身的一个羟基共同构成催化中心，合成了人工胰凝乳蛋白酶。Breslow 等（1978）在环糊精分子上连接了两个咪唑基，这样既有一个空穴可以包接某些分子，又有两个咪唑基，与核糖核酸酶很相像，这种修饰的环糊精具有核糖核酸酶的类似活性。Breslow（1980）首次报道了人工转氨酶模型，当把磷酸吡哆胺接到 β-环糊精上后，制成的环糊精衍生物对不同的酮酸有不同的反应，表现出良好的底物选择性，且所催化的反应速度比磷酸吡哆醛单独存在时快约 200 倍。碳酸酐酶的活性中心处有一个被三个咪唑基环绕的 Zn^{2+}。该酶的模拟是用环糊精的二碘化合物与过量的组胺反应，其中环糊精部分提供了一个疏水口袋，咪唑基可束缚 Zn^{2+}，并靠近在口袋的边上，再加上适当的碱，构成了一个碳酸酐酶模型。在 β-环糊精上引入吡哆胺即可得到转氨酶模型，具有底物选择性和一定程度的立体选择性，其转氨基反应比磷酸吡哆胺单独存在时快约 200 倍。

除了环糊精之外，目前还利用大环聚醚（包括冠醚、球醚、穴醚类化合物）进行模拟酶的研究，这类模拟酶形成极性的空穴，与金属离子结合，若将一些具有催化活性的基团连接在其分子上，可选择性地对底物形成络合物并进行催化反应，如已成功进行水解酶的模拟、肽合成酶的模拟等。

目前，模拟酶的研究趋势将从由简单模拟向高级模拟发展，将组合库技术、分子印迹等现代手段用于构造模拟酶体系，研制出各种选择性强、灵敏度高且易于制备的模拟酶传感器，以适用于苛刻条件、复杂体系中重要生化组分的快速检测。应进一步开发更多、可多部位结合且具有多重识别功能的模拟酶，采用体外方法研究生物体内酶催化信息，利于人们进一步认识酶的本质，揭示生命过程的奥秘。

主要参考文献

陈惠黎. 2001. 生物大分子的结构与功能. 上海：上海医科大学出版社

陈石根，周润琦. 2001. 酶学. 上海：复旦大学出版社

陈守文. 2012. 酶工程. 北京：科学出版社：178-199
刘其友，张云波，赵朝成，等. 2009. 脱氧核酶的应用研究进展. 化学与生物工程，26（8）：12-15
马兰戈尼 A. G. 2007. 酶催化动力学——方法与应用. 赵裕蓉，张鹏译. 北京：化学工业出版社
汪玉松，邹思湘，张玉静. 2002. 现代动物生物化学. 北京：中国农业科技出版社
汪玉松，邹思湘，张玉静. 2005. 现代动物生物化学. 3 版. 北京：高等教育出版社
王镜岩，朱圣庚，徐长法. 2007. 生物化学（上册）. 北京：高等教育出版社
吴启家，黄林，张翼. 2009. 催化 RNA 的结构与功能. 中国科学 C 辑：生命科学，39（1）：78-90
杨荣武. 2008. 生物化学原理. 北京：高等教育出版社
杨缜. 2005. 有机介质中酶催化的基本原理. 化学进展，17（5）：924-930
由德林. 2010. 酶工程原理. 北京：科学出版社
詹林盛，王全立，孙红琰. 2002. 脱氧核酶研究进展. 生物化学与生物物理进展，29（1）：42-45
张必良，王玮. 2009. RNA 在核糖体催化蛋白质合成中的作用. 中国科学 C 辑：生命科学，39（1）：69-77
张今，曹淑桂，罗贵民，等. 2003. 分子酶学工程导论. 北京：科学出版社
张今，施维，姜大志，等. 2010. 核酸酶学基础与应用. 北京：科学出版社
Nelson D. L.，Cox M. M. 1999. Lehninger Principles of Biochemistry. 3rd ed. New York：Worth Publishers

（黄卓烈　巫光宏）

第三章

生物膜的结构与功能

生物膜（biological membrane）包括质膜和细胞内膜，具有独特的结构与功能，是细胞结构的重要成分。质膜界定了细胞的外部边界，把细胞质与环境隔开，控制物质进出细胞，维持细胞内微环境的相对稳定。此外，真核细胞拥有复杂的内膜系统，包括核膜、内质网、高尔基体、溶酶体（液泡）系统、微体及线粒体和叶绿体等。这些膜系统将细胞内部隔离为不同的空间，使其中的反应过程分隔进行。生物膜具有可塑性和流动性，可自我封闭，对极性分子有选择通透性作用。由于其高度的可塑性，在细胞生长和移动中可发生形状的改变；而其暂时断裂和自我封闭能力，则保证了在胞吐和胞吞、细胞分裂等过程中细胞膜的完整性；由于生物膜的选择通透性作用，特定的化合物与离子可保留于细胞内，而其他无用的物质则被排出细胞外。细胞膜主要由两亲性的脂质分子和蛋白质组成，相互间通过非共价键结合。脂质分子形成一连贯的约 5 nm 厚的双分子层，蛋白质分子跨越细胞膜脂双层，参与细胞膜的绝大部分生理功能，如物质的跨膜转运，蛋白质作为受体监测和转导外界信号，使细胞对其周围环境及时做出响应，以及催化与膜相关的生化反应等。动物细胞基因组编码的蛋白质中约 30%为膜蛋白。几十年来，生物膜成为细胞生物学、生物化学与分子生物学、生物物理学及生理学、病理学、药理学、免疫学等多个相关学科竞相涉足的最富有魅力的高科技领域。生物膜与生命科学中许多基本理论问题及一些亟待解决的实际问题密切相关，如细胞起源、形态发生、细胞分裂和分化、细胞识别、免疫、物质运输、信息传递、代谢调控、能量转换、肿瘤发生，以及药物和毒物的作用等。

第一节　生物膜的组成与结构

一、脂双层

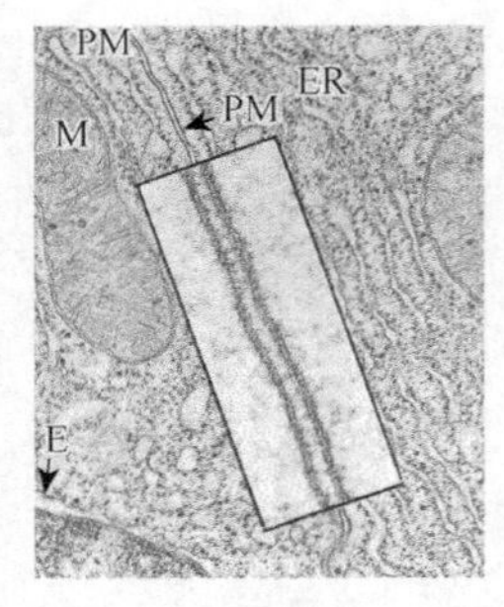

图 3-1　质膜的电镜照片

PM. 质膜；ER. 内质网；M. 线粒体；E. 内体

利用电子显微镜可观察到脂双层的结构（图 3-1），该结构完全是由组成脂双层的脂类分子的性质决定的。在一个 1 μm×1 μm 大小的脂双层上约有 5×10^6 个脂类分子。膜脂的种类包括磷脂（phospholipid）、糖脂（glycolipid）和胆固醇（cholesterol），其中以磷脂含量最多。

（一）磷脂

磷脂是两亲分子，具有一个极性头基和两个非极性尾，在水中溶解度有限。磷脂存在于动物、植物和细菌细胞中，其非极性尾通常为长短不同的脂肪酸分子（一般含有 14～24 个碳原子），一个脂肪酸具有一个或多个顺式（*cis*）双键，为不饱和脂肪酸；而另一个脂肪酸则是饱和脂肪酸，不带任何双键。脂肪酸的饱和度与链长决定了磷脂分子的堆积方式，从而影响膜的流动性。

生物膜中所含的磷脂主要是甘油磷脂和鞘氨醇磷脂。

（1）甘油磷脂（glycerophospholipid）：也称为磷酸甘油酯（phosphoglyceride），是 sn-甘油-3-磷酸的脂肪酸衍生物（图 3-2）。甘油骨架中 sn-1、2 位羟基分别为两个脂肪酸酯化，生成 1, 2-二酰基-sn-甘油-3-磷酸，简称 3-sn-磷脂酸（3-sn-phosphatidic acid，PA）。磷脂酸的磷酸基再连接其他极性基团就形成各种甘油磷脂，如磷脂酰胆碱（phosphatidylcholine，PC）、磷脂酰乙醇胺（phosphatidylethanolamine，PE）、磷脂酰丝氨酸（phosphatidylserine，PS）等均为哺乳动物细胞膜中的主要成分。

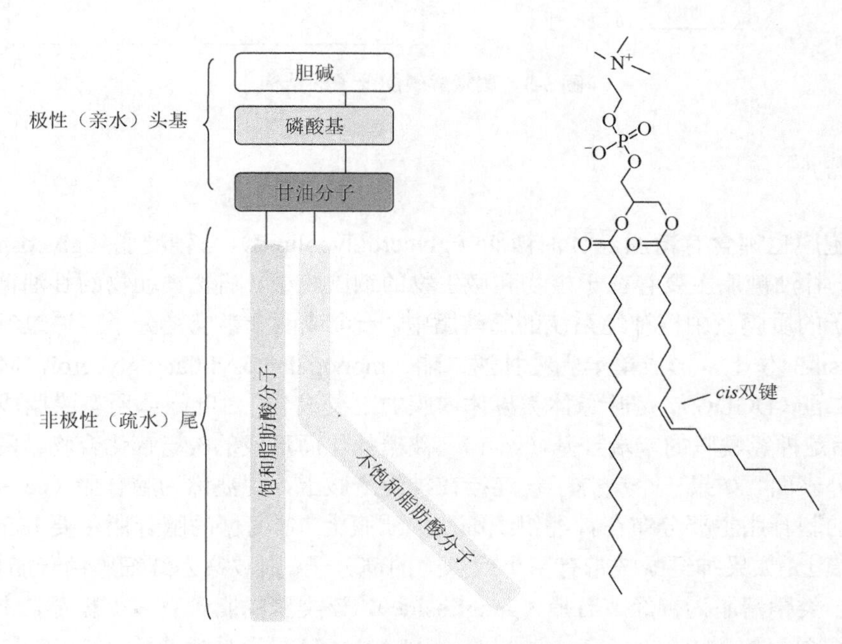

图 3-2 甘油磷脂分子中的不同组分

磷脂酰胆碱（也称卵磷脂，lecithin）和磷脂酰乙醇胺（也称脑磷脂，cephalin）是细胞膜中含量最丰富的脂质。胆碱是一种季铵离子，有强碱性，具有重要的生物学功能，是代谢中的甲基供体。磷脂酰胆碱的两条脂酰基链呈现不均一性，从组成上看，它并不是单一形式的分子，sn-2 位通常与一个多烯脂酰基相连。磷脂酰乙醇胺约占细胞中磷脂的 25%，在神经组织中的含量更丰富，约占所有磷脂的 45%。磷脂酰乙醇胺 sn-1 位上的脂肪酰基与卵磷脂相类似，但 sn-2 上则含有更多的不饱和脂肪酸，如花生四烯酸（20∶4）和二十二碳六烯酸（DHA，22∶6）等。磷脂酰乙醇胺对 Ca^{2+}有高亲和力，可与 Ca^{2+}协同作用参与多个生理过程。磷脂酰丝氨酸常见于血小板膜中，也称血小板第三因子。在组织受损时，血小板被激活，其膜中的 PS 将会从膜内侧转向外侧，作为表面催化剂与凝血因子共同作用使凝血酶原活化。

（2）鞘氨醇磷脂（sphingophospholipid）：也称为鞘磷脂（sphingomyelin），具有极性头基和非极性尾，不含甘油成分。鞘磷脂的骨架为鞘氨醇（sphingosine），在一长酰基链上连接 1 个氨基和 2 个羟基，与甘油分子中的 3 个羟基相似。鞘氨醇分子的氨基与脂肪酸连接的产物称为神经酰胺（ceramide，Cer），在结构上与二酰甘油相似，神经酰胺是所有鞘脂（包括鞘磷脂和鞘糖脂）的结构母体。在鞘磷脂分子中，一分子脂肪酸与氨基连接，磷酸胆碱分子与鞘氨醇的末端羟基连接，而另一个羟基则处于自由状态（图 3-3），可与邻近脂分子的头基、水分子或膜蛋白形成氢键。

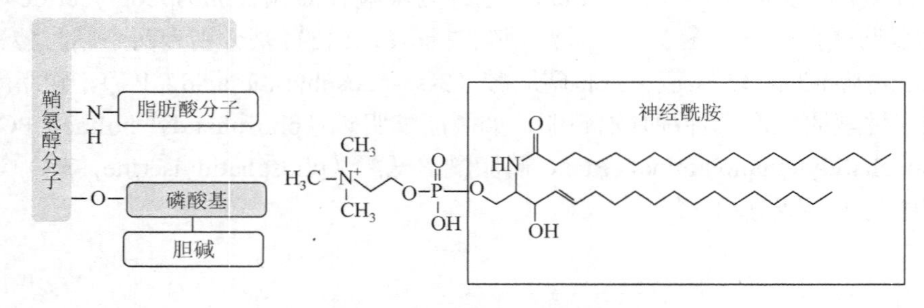

图 3-3 鞘氨醇磷脂分子的结构

（二）糖脂

许多细胞膜也都含有糖脂。甘油糖脂（glyceroglycolipid）与鞘糖脂（glycosphingolipid）均归为糖脂。甘油糖脂主要存在于植物和微生物的细胞膜中。哺乳类动物的甘油糖脂主要存在于睾丸和精子的质膜及中枢神经系统的髓磷脂中。一个或两个半乳糖分子可通过糖苷键连接到二酰甘油的 sn-3 位上，形成单半乳糖甘油二酯（monogalactosyldiacylglycerol，MGDG）或双半乳糖甘油二酯（DGDG），是叶绿体类囊体内膜的主要成分，占叶绿体所有膜脂成分的 70%～80%。鞘糖脂是神经酰胺的末端羟基（sn-1），被糖基化而形成的β-糖苷化合物（图 3-4），主要位于质膜的外表面。如果一个糖分子被连接在神经酰胺上，则被称为脑苷脂（cerebroside），其中带半乳糖的脑苷脂主要分布在神经组织细胞的质膜上，葡萄糖的脑苷脂主要分布在非神经组织细胞的质膜上；如果神经酰胺带有两个或以上的糖分子，则被称为红细胞糖苷脂（globoside）。最为复杂的一类鞘糖脂为神经节苷脂（ganglioside），该类鞘糖脂含有寡聚糖链，末尾连接一个或多个 *N*-乙酰神经氨酸（*N*-acetylneuraminic acid，Neu5Ac），是唾液酸（sialic acid）的一种。虽然已有多种鞘糖脂得到了鉴别，并且发现它们主要分布在神经元的质膜上，但大部分这些脂类分子的功能仍不清楚。

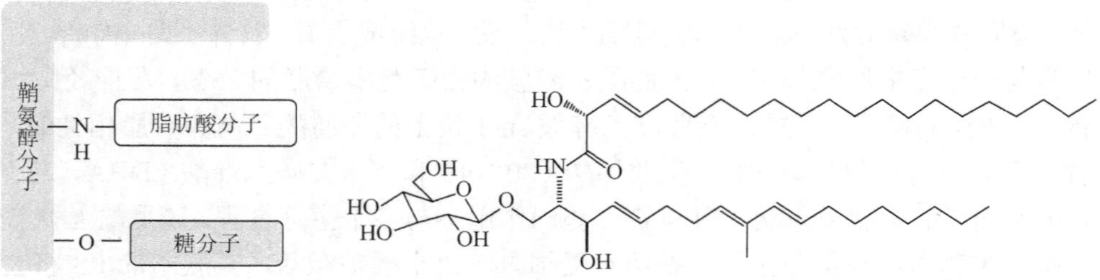

图 3-4 鞘糖脂分子的结构

（三）胆固醇

真核生物质膜中含有大量的胆固醇，与磷脂的比例可达到 1∶1。胆固醇为甾醇类化合物，以环戊烷多氢菲为基本结构，连接着一个极性的羟基和一个非极性的碳氢短链，因此也具有两亲性。在脂双层中，胆固醇分子以其羟基接近邻近磷脂分子的极性头基，将自己插入磷脂双分子层中，可以调节膜中脂质的物理状态（图 3-5）。虽然有些细菌可以将外源的固醇类物质整合到自己的细胞膜中，但其自身无法合成胆固醇。除膜脂功能外，胆固醇也是多种生物活性物质的前体，如作为信号分子的类固醇激素、与脂类代谢过程密切相关的胆汁酸等。

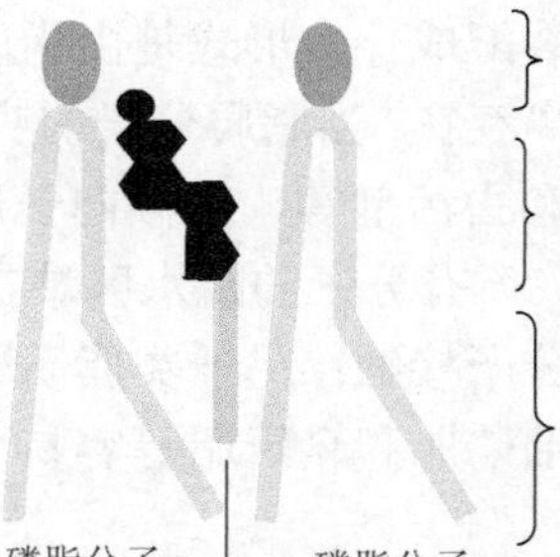

图 3-5　脂双层中的胆固醇分子

生物膜中的脂类有 500～1000 多种，每种膜均有特定的组成。在不同类型细胞的质膜和细胞内膜体系中，各种膜脂的组成和含量比例各不相同。表 3-1 列出了几种生物膜的脂质组成。细菌的质膜主要由磷脂构成，不含胆固醇，包被在其外的细胞壁可增强细胞膜的稳定性。真核细胞的质膜组成则更多样化，不仅有胆固醇，还含有不同种类的磷脂。磷脂酰胆碱、磷脂酰乙醇胺、磷脂酰丝氨酸及鞘氨醇磷脂构成了哺乳动物细胞膜中一半以上的脂类。膜脂组成具有物种和亚细胞定位专一性，如动物细胞质膜和细胞内膜系统膜脂种类虽然相似，但含量比例不同：质膜、高尔基体和溶酶体膜中胆固醇含量较丰富；质膜中含有较多的磷脂酰胆碱和磷脂酰乙醇胺；双磷脂酰甘油（diphosphatidylglycerol）主要存在于线粒体内膜、溶酶体膜和细菌质膜中；脑苷脂是髓鞘膜的主要组分；神经节苷脂主要存在于神经元质膜和少数其他细胞质膜中；甘油糖脂和硫脂主要存在于植物叶绿体的类囊体膜中。

表 3-1　不同细胞膜中的脂质组成　（%）

脂类	占总脂质质量的百分比					
	肝脏细胞质膜	血红细胞质膜	髓磷脂	线粒体（内膜和外膜）	内质网	大肠杆菌
胆固醇	17	23	22	3	6	0
磷脂酰乙醇胺	7	18	15	28	17	70
磷脂酰丝氨酸	4	7	9	2	5	微量
磷脂酰胆碱	24	17	10	44	40	0
鞘磷脂	19	18	8	0	5	0
糖脂	7	3	28	微量	微量	0
其他	22	14	8	23	27	30

（四）脂双层是细胞膜的基本结构单元

磷脂、糖脂和胆固醇都是两亲性分子，具有亲水的头基和疏水的尾部两部分，不溶于水。当与水混合时，它们的尾部会通过疏水作用彼此接近，而其亲水的头部与周围的水分子借氢键相互接触，自发地形成微观的脂质聚集体，降低了暴露在水中的疏水表面积，从而减少了在水-脂界面上与水分子相互接触的脂类分子，是熵增加的过程。脂质分子自身的疏水作用力为形成和维持这些脂质聚集体提供了所需的热力学驱动力。

脂质在水中装配成什么形式是由脂质的本质及其所处的特定条件决定的。只有极少数分子以单体的形式游离存在；当脂质分子的头基横切面大于尾部横切面时，像脂肪酸、溶血磷脂（只有一条酰基链）和去污剂等，其倾向于形成微团（micelle），包含有几十至几千个两亲性脂质分子的球状结构，所有分子的疏水区域在微团内部以疏水作用彼此接近，而亲水的头基分布于微团表面，与水分子接触；另一类脂质聚集体称为脂双层（bilayer sheet），头部横切面等于尾部横切面者如甘油磷脂和鞘磷脂等容易形成此类结构。脂双层由两个脂单层所组成，每个脂单层的疏水部分相互接触，它们的亲水头部则在脂双层的两面与水分子相互作用。由于其边缘的疏水区仍暴露于水中，脂双层的结构不稳定，会自发地发生回折，形成中空的双层微囊（vesicle），即脂质体（liposome）。微囊连续的表面结构使疏水区域完全隔绝在周围的水环境之外，使脂双层获得高度稳定性。该结构还在微囊内部形成另一分离的水性环境（图 3-6）。已证实脂双层是生物膜的基本结构，地球上第一个细胞可能得益于类似双层微囊形式的膜的形成，该结构将少量的水溶液包围起来与周围环境分隔开，界定了细胞的外边界。脂双层厚度约为 3 nm。

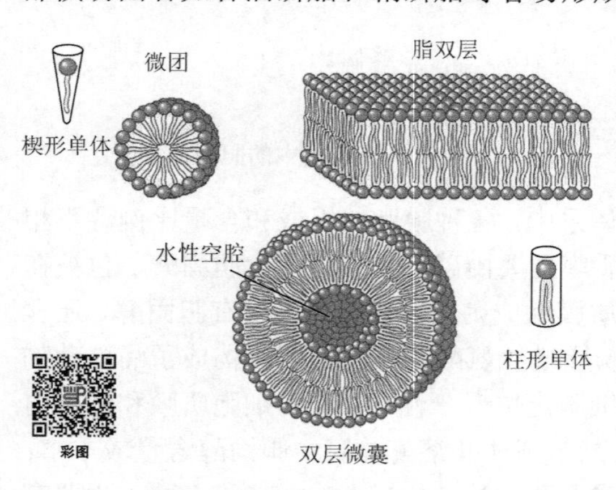

图 3-6 脂质在水中的不同装配形式

质膜脂双层中脂类分子的分布是不对称的。在红细胞中，含胆碱的脂类分子（磷脂酰胆碱和鞘磷脂）往往分布在外侧的脂单层，而磷脂酰丝氨酸、磷脂酰乙醇胺和磷脂酰肌醇则多见于内侧脂单层（表 3-2）。由于带负电荷的磷脂酰丝氨酸在内侧脂单层的富集，脂双层内外存在较大的电荷差。脂类分子分布的不对称性对于生物膜能否正常发挥功能是非常重要的，主要表现在将胞外信号转换为胞内信号。许多胞质蛋白在信号的刺激下，会与特定的脂类分子极性头基发生相互作用。例如，蛋白激酶 C 在外界信号的刺激下，结合至质膜的内层，由含量丰富的磷脂酰丝氨酸介导其活化。膜脂组成的变动也意味着细胞生存状态发生了变化。例如，当细胞经历程序性细胞死亡后，磷脂酰丝氨酸分子会转移至质膜外侧，向周围的巨噬细胞发出信号，使其将该细胞迅速吞噬消化。

表 3-2 红细胞中磷脂的不对称分布 （%）

膜脂类型	占总膜脂的百分比	在膜中分布的百分比	
		内侧脂单层	外侧脂单层
磷脂酰乙醇胺	30	80	20
磷脂酰胆碱	27	约 30	约 70
鞘磷脂	23	20	80
磷脂酰丝氨酸	15	约 95	约 5
磷脂酰肌醇	5	80	20
磷脂酰肌醇-4-磷酸		100	0
磷脂酰肌醇-4, 5-二磷酸		80	20
磷脂酸		80	20

（五）脂双层的不同相态

由于绕脂酰链 C-C 键的旋转，脂肪酸的烃链处于不断运动中，膜脂的组成决定了脂双层的结构和流动状态。在不同温度下，脂双层可以流体相（fluid phase）或凝胶相（gel phase）存在。两相之间发生转变的温度称为相变温度。由于膜组分不同，各种生物膜具有不同的相变温度。膜组分中的长链饱和脂肪酸含量越高，膜脂分子排列的有序性越不容易被改变，相变温度就越高。但是不饱和脂肪酸的双键结构和短链脂肪酸中的脂酰基结构及膜中的固醇成分会干扰脂双层的有序排列，降低相变温度。细菌、酵母等生物往往需要调节膜脂的组成来维持细胞膜的流动性。如表 3-3 所示，大肠杆菌在不同温度下的脂类组成是不同的，温度越低，不饱和脂肪酸的含量就越高。

表 3-3　不同温度下大肠杆菌细胞中的脂肪酸组成　（%）

脂肪酸类型	在总脂肪酸中所占百分比			
	10℃	20℃	30℃	40℃
肉豆蔻酸（14：0）	4	4	4	8
棕榈酸（16：0）	18	25	29	48
棕榈油酸（16：1）	16	24	23	9
油酸（18：1）	38	34	30	12
羟基十四酸	2.9	10	10	8
不饱和脂肪酸/饱和脂肪酸	2.9	2.0	1.6	0.38

脂双层的相对运动性，或称流动性，是它的一个重要特征，使生物膜可以在维持自身完整性的同时发生形状的改变，这是由脂双层中脂类分子间的非共价作用造成的。20 世纪 70 年代，研究者在对人工合成脂质体的研究中第一次发现单个的脂分子可以在脂双层中自由扩散，利用其他技术如荧光标记和金微粒标记也证实了脂分子的相对运动性。膜脂分子在脂双层的扩散方式主要有两类：①侧向扩散（lateral diffusion），是指膜脂分子在脂双层的一层内做水平的运动。该扩散速度非常快，在 1 s 内脂质分子可与其相邻接的分子发生 10^7 次的位置交换。②翻转扩散（flip-flop diffusion），是指膜脂分子从脂双层的一面翻到另一面，由于此过程中脂分子需要穿过脂双层的疏水区，是一个高耗能的过程，该过程发生的速度比侧向扩散慢得多，在没有辅助的情况下，每个脂分子发生这种扩散的概率约为 1 次/月。胆固醇分子是一个例外的情况，由于其特殊的结构，胆固醇可发生快速的翻转扩散。所有膜脂分子都是在面向细胞质一面的脂双层中合成的，这些膜脂如磷脂分子需要功能蛋白将其运输到细胞外一侧的脂双层中。研究表明，这些膜脂分子的运输是通过一类称为磷脂转位因子（phospholipid translocator）的跨膜蛋白完成的。

维持生物膜合适的流动性与膜的正常功能有密切的关系。在流体相状态下，细胞膜具有更大的流动性，也具有更强的自我修复能力。胆固醇分子对维持生物膜的合适流动性有重要作用。在流体相脂双层中，胆固醇的刚性环平面结构能插入膜脂分子间，将膜脂分子间的自由空隙填满，降低了周围脂链的灵活性，增加了液态脂双层的机械刚性，以及降低了它们的扩散系数；在凝胶相的脂双层中插入胆固醇，则能打破局域性的排列次序，增加胶态脂双层的扩散系数，增强细胞膜的流动性。

二、膜蛋白

虽然脂双层提供了生物膜的基本结构，但生物膜的绝大部分功能是通过膜蛋白完成的，因此不同种类生物膜中的膜蛋白组成和数量有很大差异（表3-4）。功能复杂多样的膜，其蛋白质比例较大；而功能简单的膜，则其蛋白质的种类和含量都较少。例如，作为神经细胞轴突电绝缘层的髓鞘膜蛋白，其含量小于膜总质量的25%；而涉及能量转换产生ATP的线粒体内膜和叶绿体类囊体膜，其膜蛋白含量则高达约75%；细胞质膜的蛋白质含量约为其总质量的50%。由于脂类分子比蛋白质小，生物膜中膜脂与蛋白质分子数之比约为50∶1。膜蛋白与膜脂分子共同维持膜的完整性、多样性和不对称性。通常，细胞质膜中的蛋白质主要与涉及胞外环境的细胞活力有关，而细胞内膜系统的蛋白质则主要与代谢活动有关。有的膜蛋白发挥酶的作用，有的膜蛋白行使信息传递或能量转换功能，有的构成细胞膜的骨架，有的则参与细胞识别。需要强调指出的是，膜蛋白的功能不仅取决于自身固有的结构，生物膜构成的特殊环境对膜蛋白形成并保持正确的构象起着不可或缺的作用。由于膜蛋白功能的多样性，其结构和与脂双层结合的方式具有多种不同的类型。

表3-4 生物膜的化学组成

膜的类别	蛋白质/%	脂类/%	糖类/%	蛋白质/脂类
神经髓鞘	18	79	3	0.23
人红细胞质膜	49	43	8	1.14
小鼠肝细胞质膜	44	52	5～10	0.85
嗜盐菌紫膜	75	25	0	3.0
内质网膜	67	33	0	2.0
线粒体内膜	76	24	1～2	3.2
菠菜叶绿体片层膜	70	30	0	2.3

（一）膜蛋白与脂双层的不同结合方式

根据膜蛋白在膜上的定位或与膜脂结合的形式可分为外周蛋白（peripherin）和整合膜蛋白（integral membrane protein）。还有一类蛋白称为双向蛋白（amphitropic protein）。它们既可以自由状态存在于细胞质中，也可与细胞膜结合，往往也被看作外周蛋白的一种。

1. 外周蛋白

外周蛋白分布于脂双层的内外两侧表面，借助离子键、静电作用或疏水力等非共价键不太紧密地与整合膜蛋白的亲水部分或暴露在膜外的膜脂分子极性头相联系。膜外周蛋白比较容易从膜上解离，通常只需用较温和的方法，如加入高或低离子强度的溶液、改变pH、加入金属螯合剂等，通过破坏蛋白质-蛋白质之间的相互作用即可把它们提取出来。许多离子通道和跨膜受体的调控亚基都被看作是外周蛋白，在不同环境条件下，它们以自由状态存在于细胞质中或与细胞膜结合，在信号转导和其他重要细胞功能中发挥调控作用。外周蛋白与膜双层的结合可造成蛋白质构象的改变、重排、解离等变化，使其生物活性得以激活。脂双层还可以提供一个平台，使蛋白质相互靠近，促进蛋白质-蛋白质的相互作用。一些在信号转导途径中发挥重要作用的蛋白质如G-蛋白、蛋白激酶等均为外周蛋白，可同时与跨膜蛋白和脂双层结合。

2. 整合膜蛋白

整合膜蛋白一般占膜蛋白的 70%～80%。这些膜蛋白嵌入脂双层，与脂双层疏水核紧密结合，整合于脂双层结构之中。多数整合膜蛋白都是跨膜蛋白（transmembrane protein），横跨整个膜层，一次或多次跨膜，还有部分结构分别位于细胞内和细胞外。跨膜蛋白与脂双层一样，是两亲性分子，结构中含有亲水区域和疏水区域。许多在脂双层内外都可以发挥作用的蛋白质和介导分子转运的蛋白质都是整合膜蛋白，如信号转导中的细胞表面受体、转运蛋白等。整合膜蛋白与膜结合紧密，只有通过较剧烈的提取条件，如用去污剂、有机溶剂或超声波等才能把它们解离下来。

整合膜蛋白中非极性氨基酸含量较高，尤其是其跨膜区段一般是由非极性氨基酸为主构成较大的外露表面，该疏水面容易通过疏水作用与脂双层脂酰基烃链相互结合。其余部分含有较多的离子化和极性氨基酸残基，构成它们主要的膜外部分，并与膜脂分子极性头相互作用，以维持整合膜蛋白不致从脂双层中脱落。例如，血型糖蛋白（glycophorin）在红细胞中的跨膜分布（图 3-7），该蛋白仅跨膜一次，其羧基端位于胞内而氨基端位于胞外。该蛋白的氨基端

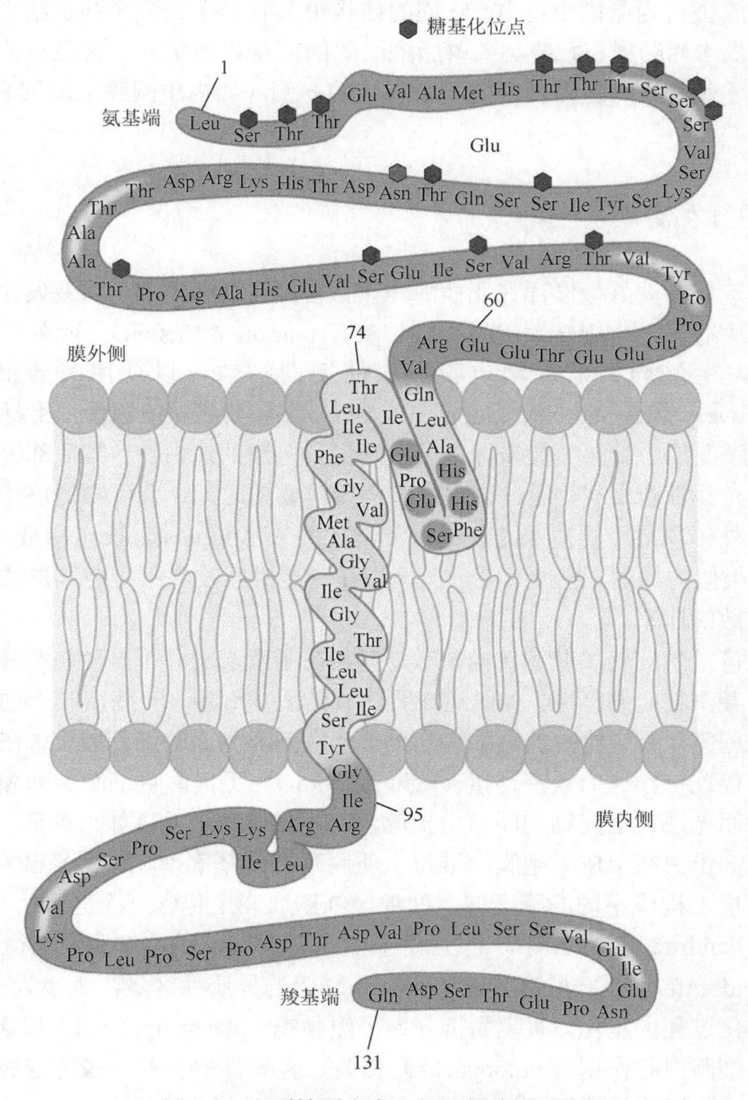

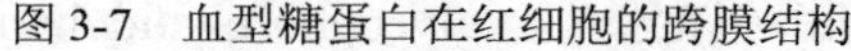
图 3-7　血型糖蛋白在红细胞的跨膜结构

和羧基端均含有大量的极性或带电荷的氨基酸残基，而其跨膜部分则富含疏水氨基酸，在热力学和动力学上有利于它插入脂双层。对于所有在质膜上的糖基化蛋白，其糖基化位点都位于蛋白质结构中的胞外一侧。α-螺旋为大多数整合膜蛋白跨膜区的优选二级结构。每个跨膜螺旋由20～30个氨基酸残基组成，长3～4.5 nm，足以穿过脂双层的疏水核。螺旋中氨基酸残基的疏水侧链由螺旋轴向外伸出，形成了疏水性表面，依赖疏水作用与脂酰基烃链聚集。因此，蛋白质中疏水氨基酸的位置和数目有时可以用于预测该整合膜蛋白的三维结构（拓扑结构）。然而，并非所有的跨膜片段均为疏水的α-螺旋，如有些整合膜蛋白以其若干个两亲性α-螺旋组成跨膜的亲水通道，每个螺旋以含有较多疏水残基的一面朝向脂双层，而以主要由亲水残基组成的另一面朝向孔道，相邻的螺旋间可通过氢链相互联系；另一种类型的亲水通道结构是一组β-折叠排列成的β-桶，像大肠杆菌的孔蛋白（porin）是三聚体，每个单体的跨膜区由16个反平行的β-折叠卷曲成β-桶，疏水残基朝向脂双层，亲水残基向内形成亲水孔道。有的跨膜蛋白亚基进一步聚集成寡聚体，以寡聚体的形式发挥其生理生化功能。

有少数整合膜蛋白为脂锚定蛋白，它们的结构中具有一个或多个共价结合的脂类分子，如长链脂肪酸、异戊二烯萜类、固醇类或磷脂酰肌醇的糖基化衍生物，这些脂类分子提供了一个插入脂双层的疏水结构，将蛋白质锚定于生物膜的一侧（如内质网膜上的细胞色素 b_5），不穿透脂双层。

（二）膜蛋白在脂双层上的分布

膜蛋白在脂双层中就好像漂浮在脂质海洋里，它们在细胞膜中不容易发生翻转，但可在脂双层中围绕一个中心轴发生旋转，称为旋转扩散（rotation diffusion）。此外，许多膜蛋白也可以像膜脂一样发生侧向扩散。测定膜蛋白的侧向扩散可以使用光致漂白荧光恢复法（fluorescence recovery after photobleaching，FRAP），在需要测定的膜蛋白上标记特定的荧光基团，利用激光使膜上某一微区的荧光标记蛋白发生不可逆的漂白，当其他部位的膜蛋白扩散进入该区域时，荧光又重新出现，通过测定该过程所需要的时间，就可知道该特定的膜蛋白的侧向扩散速率。另外一项常用的技术光致漂白荧光丧失法（fluorescence loss in photobleaching，FLIP）也是使用类似的原理，通过对某一微区中在一定时间发生不可逆漂白的膜蛋白数量测定周围蛋白侧向扩散的速率。

虽然膜蛋白可发生旋转扩散和侧向扩散，但其在脂双层中并不是随机分布的。许多细胞的膜蛋白仅局限于某个特定的区域，如肠道或肾小管的上皮细胞，一些质膜上的酶和转运蛋白仅局限于其顶端细胞膜，而其他的蛋白质则分布于基底部和侧面的细胞膜上。在脊椎动物上皮细胞间存在一种闭锁连接，称为紧密连接（tight junction），不但密封细胞的间隙，使物质必须通过上皮细胞转运而无法在上皮细胞间自由扩散，而且在质膜中发挥如“篱笆”一样的作用，使顶端蛋白或基底部蛋白在上皮细胞膜中维持于质膜顶端或基底部，发挥各自特定的功能。有些细胞可以在脂双层上构成不同的膜区域，如神经细胞质膜上包含一个区域，内含细胞体（cell body）和树突（dendrite），而在另一个区域则包含轴突（axon）。细胞膜的微区结构中还有一种称为脂筏（lipid raft），是一些富含固醇和神经鞘脂的异质性区域，大小为10～200 nm，可将不同的细胞生化过程区室化。质膜脂筏分为平面脂筏（planar lipid raft）和胞膜窖（caveolae）两种。胞膜窖与细胞内吞作用（endocytosis）相关，胞膜窖中含有一些特定的蛋白质如微囊蛋白（caveolin）和糖基磷脂酰肌醇锚定蛋白（glycophosphatidylinositol-anchored protein，GPI 锚定蛋白）等，可帮助调控蛋白质在膜上的组织分布，如富集膜转运蛋白、在信号转导过程中辅助或干扰蛋白质-蛋白质相互作用等。由于脂筏的特殊组成，它在低温下（如4℃）无法如质膜的其他组分一样使用非离子型去污剂（如Triton X-100和Brij98等）进行提取，因此可利用此特性将脂筏与其他膜组分进行分离。

（三）膜分子对整合膜蛋白结构与功能的影响

由于整合膜蛋白的存在，脂双层中的脂分子运动受到与其相互作用的蛋白质的制约，在这些整合膜蛋白的周围形成一个环状外壳，称为环形脂（annular lipid）。环形脂分子就像润滑剂一样包裹着膜蛋白，防止溶质跨膜泄漏。另有一些脂分子与整合膜蛋白周围的环形脂相比具有不同的特征，常常深入到跨膜螺旋之间或整合膜蛋白多聚体的蛋白质-蛋白质相互作用界面上，通过静电作用、氢键和疏水力与整合膜蛋白跨膜区发生紧密、特异性的相互作用，称为非环形脂（non-annular lipid）。整合膜蛋白表面具有与非环形脂特异结合的位点，称为非环形位点（non-annular site）。在高分辨率膜蛋白晶体结构分析中，非环形脂分子常与整合膜蛋白共结晶，如果这些脂分子丢失，将会严重影响膜蛋白的正常功能。非环形脂参与膜蛋白复合物的组装、活性调控等，对整合膜蛋白正常功能的发挥具有重要作用。疏水分子可以特异性地与非环形位点结合，影响非环形脂与膜蛋白的相互作用，从而实现对其结构的动态调节。例如，原核生物中的亮氨酸转运体（leucine transporter，与哺乳动物神经递质钠转运体在结构和功能上相似）结构中，抗抑郁药物、去污剂及底物亮氨酸都可结合在非环形位点附近，实现对其构象的调节，从而改变其活性。

三、生物膜中的其他组分

除了膜脂和膜蛋白外，真核细胞质膜和内膜系统都有糖类分布，此外还有水和金属分子。生物膜中的糖类主要为与蛋白质共价结合形成的糖基蛋白（glycoprotein）的成分，糖类分子通过糖苷键与蛋白质分子中的丝氨酸、苏氨酸和天冬酰胺残基结合，影响蛋白质的三维折叠、稳定性和有效正确地定向定位；糖类分子在膜表面受体与配体的特异性结合中也发挥着重要作用，如精子-卵子的相互作用、凝血反应、炎症反应等。蛋白质和糖分子还可以构成蛋白多糖（proteoglycan），由长链的多糖分子与膜内在蛋白通过共价键结合，为胞外基质的主要成分；还有少数糖类参与糖脂分子的组成。不同物种和不同类型的细胞膜糖含量和组成不同，如红细胞质膜含有8%的糖类，其中约93%参与形成糖基蛋白，其余约7%则与类脂分子结合。膜糖类几乎都位于细胞膜的非胞质面，即质膜的外侧和细胞器膜的腔内一侧。

在细胞表面外侧有些富含糖类的区域，称为细胞外被（cell coat）或糖萼（glycocalyx）。这个碳水化合物层可以包裹糖基蛋白和蛋白多糖分子，将它们分泌至胞外介质再对其进行重新吸收，许多这种重吸收的大分子为胞外基质的成分。碳水化合物层的另一功能是为细胞提供保护，使其免受机械和化学作用的破坏。虽然膜糖中的糖分子数目不超过15个，但其结构和连接方式是多种多样的，即使是三个糖分子也会以不同方式结合，形成上百个结构各异的三糖分子。膜糖的结构多样性和它暴露于细胞膜外侧的特点与它所发挥的特异性细胞识别和结合的功能是相吻合的。

四、生物膜的结构

1893 年，奥弗顿（Overton）用蔗糖溶液引起植物细胞的质壁分离表明了细胞膜的存在，随后提出脂类和胆固醇可能是细胞膜的主要组分。1925 年，荷兰霍尔特（Gorter）和格伦德尔（Grendel）根据对红细胞膜的研究提出了脂双分子层的概念，成为认识膜结构的基础。1935 年，英国细胞生理学家丹尼利（Danielli）和达夫森（Davson）提出蛋白质-脂质-蛋白质的“三明治”模型。1964 年，罗伯逊（Robertson）根据电镜观察结果提出单位膜模型。1972 年，美国的辛格（Singer）和尼科尔森（Nicolson）吸取前人提出的模型中的合理部分，根据当时所获得的生物膜的流动性和膜组分分布的不对称性等研究结果，提出了流体镶嵌模型（fluid mosaic model）。流体镶嵌模型认为：①生物膜是由蛋白质和脂质呈二维排列的流体膜，所有的生物膜都是由磷脂构成的连续的双分子层；②脂双层中分布着各种膜蛋白，部分或全部地嵌入脂双层中，有些甚至横跨整个细胞膜；③膜蛋白在脂双层内外的分布是不对称的，表现了细胞膜内外行使的不同功能；④生物膜中的不同成分间作用多为非共价作用，使膜脂分子和蛋白质分子可以在细胞膜上发生自由的侧向扩散，具有一定的流动性（图 3-8）。

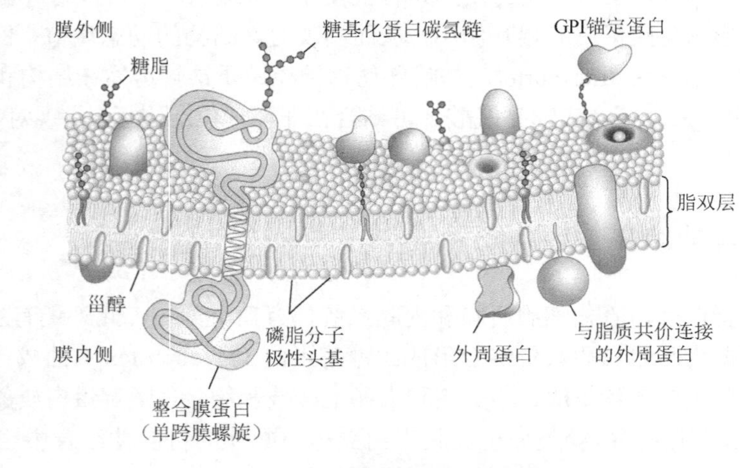

彩图

图 3-8 生物膜的流体镶嵌模型

流体镶嵌模型虽然得到比较广泛的支持，一直不失为膜生物学的核心原理，但仍存在许多局限性。例如，现在已知在膜上的自由扩散往往仅局限于一个微小的区域（直径为几十到几百微米），而不是原来所认为的可发生在整个细胞膜上；在质膜中的大部分脂质分子可能是与蛋白质结合存在的，而不是在流体镶嵌模型中所认为的仅以“裸露”的脂质分子的形式存在。但是，该模型中生物膜的基本架构和流动性、不对称性等仍是迄今普遍接受的观点。

第二节 生物膜的功能

生物膜在细胞内界定不同的封闭区域或间隔，在这些分隔开的区间内维持着与区间外不同的化学或生物化学环境，各自进行着不同的生化反应。真核生物细胞中含有多个具有膜结构的细胞器，如线粒体、叶绿体、高尔基体、过氧化物酶体等，将行使其特定功能的成分包裹在内，与细胞中的其余部分相互分开。质膜则把整个细胞包裹起来，将它与周围环境分隔开。由于生物膜内部的疏水性特征，脂双层可阻挡绝大多数极性物质的进出，从而可以很好地维持胞质和胞外介质及分隔成相对独立的房室的细胞器内不同的溶质浓度和组成。细胞膜的这种选择通透性（selective permeability）对于细胞行使正常的生理生化功能是非常重要的。质膜和各种内膜上都具有使水溶性物质和各种离子进出的相关机制，以保证关键营养成分的吸收、有害代谢废物的排出，以及细胞内部离子浓度的维持。因此，物质的跨膜转运（transmembrane transport）是生物膜系统最基本的功能之一。生物体中有大量编码膜转运蛋白的基因，占膜蛋白总量的15%～30%。在一些哺乳动物细胞中，代谢产能的2/3被用于物质的跨膜转运。

作为分隔细胞与周围环境的屏障，细胞膜还有监测外界条件、对不同环境做出响应、调控胞内代谢过程的作用。位于质膜上的受体蛋白如七跨膜受体（seven transmembrane receptor）与特定的配体分子如激素、细胞因子、神经递质等结合，通过信号转导途径，将环境变化传递至细胞内部，引起蛋白质表达量或蛋白质活性的变化，从而导致包括存活、分化、迁移、凋亡等在内的多种效应。生物膜在细胞的能量转换中也起着关键性作用。例如，线粒体呼吸链含有多个膜蛋白，通过电子传递在线粒体基质和内膜间形成质子梯度，以此作为能势驱动ATP的生成。

一、物质的跨膜转运

（一）生物膜对物质的通透性

如果有足够长的时间，所有的物质都可以沿着其浓度梯度从生物膜的一侧扩散到另一侧。但是物质分子大小、极性等的不同，使不同分子扩散的速率有很大的差别。通常分子越小、疏水性越强，在生物膜中就越容易发生扩散。一些小分子如O_2和CO_2，易溶于脂双层，因此扩散速率快；而对于带电粒子，如金属离子，即使分子很小，由于它们所带的极性与脂双层内部疏水基团的相互排斥作用，其也难以透过生物膜（图3-9）。

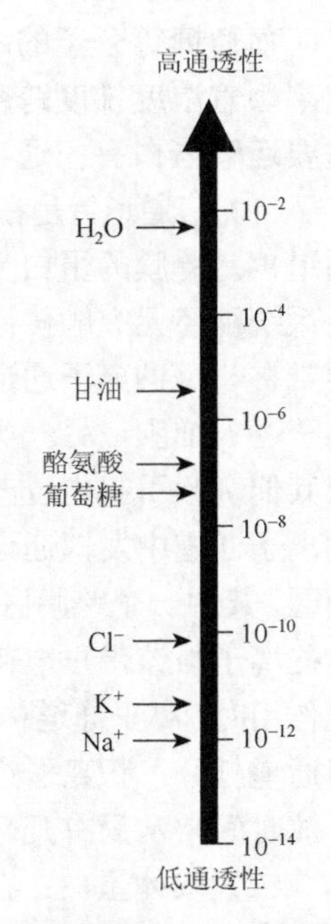

图3-9　不同物质的生物膜通透常数（单位：cm/s）

在细胞膜中，大分子物质和带电粒子是通过特殊的膜转运蛋白（membrane transport protein）协助进行跨膜转运的。不同的生物膜具有不同形式的膜转运蛋白，每类蛋白质转运特定种类的物质如离子、糖类、氨基酸、药物等。研究表明，这些转运蛋白中即使是单个氨基酸的突变，也会造成转运某种物质能力的丧失，从而导致疾病。例如，胱氨酸尿症（sulfocysteinuria）是由于特定的氨基酸（包括半胱氨酸、二硫键连接的半胱氨酸二聚体）转运蛋白的功能受损，半胱氨酸在尿液中积累而造成肾脏胱氨酸结石。所有的膜转运蛋白都是多次跨膜的整合膜蛋白，这些蛋白质的跨膜区域形成了类似于“通道”的结构，使亲水性的物质不需要与脂双层的疏水内部发生直接接触就可以完成跨膜运输。膜转运蛋白主要分为两类：①转运蛋白（transporter），也称为载体蛋白（carrier protein）或通透酶（permease），与转运的底物结合，然后发生一系列的构象改变，将所结合的物质进行跨膜转运；②通道（channel）蛋白，与所转

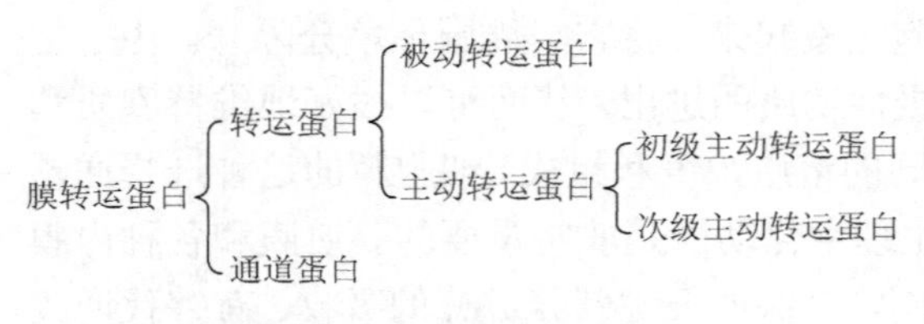

图 3-10 膜转运蛋白的分类

运底物的结合比较松弛，往往横跨脂双层形成孔状结构，物质可通过该结构进行跨膜运输。通道蛋白转运的往往是无机离子，如钙离子通道、钠离子通道、氯离子通道等。水分子虽然具有一定的膜通透性，但在细胞膜上有水分子通道（water channel），或称水通道蛋白（aquaporin），可以辅助水分子以更高的效率透过细胞膜。膜转运蛋白的分类如图 3-10 所示。

（二）物质的被动运输

生物膜具有半透膜的性质。被动运输（passive transport）是指物质借助膜两侧浓度（活度）差顺着化学势差从高浓度一侧自发地扩散到低浓度一侧，无须另外消耗能量。被动运输有 4 种主要方式：简单扩散（simple diffusion）、协助扩散（facilitated diffusion）、过滤（filtration）和渗透（osmosis）。

1. 简单扩散

简单扩散是物质从高浓度区域向低浓度区域的净移动。这两个区域间的浓度差称为浓度梯度（concentration gradient）。只要浓度梯度存在，简单扩散过程就会一直进行；当区域间达到浓度平衡时简单扩散就会终止。人体中的废物从血液向肾脏的扩散就是简单扩散。

2. 协助扩散

葡萄糖等分子的跨膜运输需要特异的辅助运输蛋白，因此能以比单纯的简单扩散快得多的速率顺着浓度梯度跨膜运输，称为协助扩散。协助扩散是一个受调控的过程，参与协助扩散的重要运输蛋白有门通道和载体蛋白。

（1）门通道：是在特定的化学或电位条件下发生开关的通道。与质膜上的亲水通道相似，门通道也是跨膜的蛋白复合物。一类门通道的开关与受体-配体相互作用相偶联。例如，与中枢神经系统神经元突触传递相偶联的 α-氨基-3-羟基-5-甲基-4-异噁唑丙酸（AMPA）谷氨酸受体结构中带有一个钠离子通道，当该受体与配体谷氨酸（一种神经递质）结合时，将该通道打开，使钠离子进入细胞。另一类是所谓电位门通道（voltage gated channel）。当膜两侧某种离子浓度改变或其他刺激引起电位改变时，通道蛋白构象发生变化，通道打开。例如，电位门控钠离子通道和钙离子通道中发挥通道功能的α亚基都是一条由 4 个相同区域组成的多肽链，每个区域有 6 个跨膜区，其中一个跨膜区带有许多正电荷，具有电位传感的功能。当细胞内外离子浓度相差较大时，这些离子与该带正电荷的区域产生排斥作用，通道处于关闭状态；细胞内离子浓度上升发生去极化作用时，离子通道构象发生改变，电位传感的跨膜区域位置发生变化，不再与胞外正离子相斥，门通道打开，正离子进入细胞。多种细胞的细胞膜上都存在门通道，门通道能自发地快速关闭，开放时间常常只有几毫秒，使一些离子、代谢物等溶质顺着浓度梯度迅速地通过细胞膜。

（2）载体蛋白：在离子、小分子及蛋白质、糖类等大分子的跨膜转运中发挥作用。载体蛋白具有高度的特异性，只能与某一种物质或某一类型的物质发生暂时性可逆结合，引发构象改变，把物质从高浓度一侧运到膜的另一侧。例如，红细胞质膜上的葡萄糖转运蛋白 1（glucose transporter 1，GLUT1）是一个具有 12 个跨膜区域的整合膜蛋白，只结合 D-葡萄糖而不结合 L-葡萄糖，可将葡萄糖跨膜的运输促进 5 万倍。载体蛋白的促进扩散速率与所运输物质的浓度关系和酶相似，也有竞争性或非竞争性抑制剂，因而也被称为通透酶。

3. 过滤

过滤是指水分子和溶质在静水压力（hydrostatic pressure）下透过细胞膜。由于膜孔径大小的不同，不同的生物膜可过滤的分子大小也不同。例如，肾小球囊的膜孔径很小，只有清蛋白可以透过，而肝脏细胞的膜孔径非常大，可允许多种溶质分子进入发生代谢反应。

4. 渗透

渗透专指水分子从细胞膜水势高的一侧转运至水势低的一侧。一个具有较低水势的细胞会通过渗透作用从周围环境中吸收水分。如图 3-11 所示，在不同渗透压下，细胞中的水分子与胞外溶液中的水分子发生了不同过程的交换。

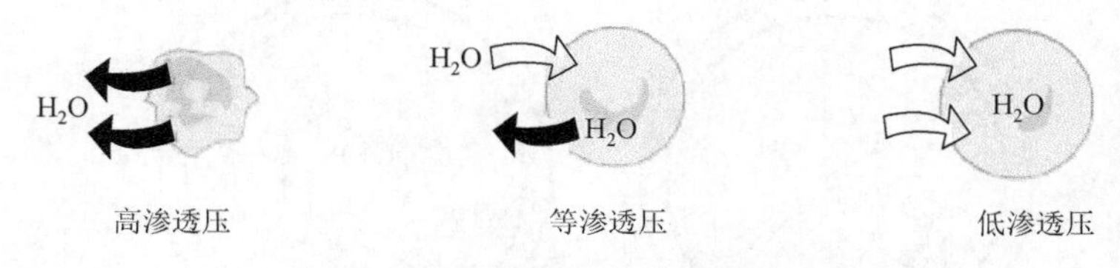

图 3-11 水分子在细胞膜内外的渗透

（三）物质的主动运输

活细胞中许多物质的浓度与其周围环境不相同，各种生物包括细菌、动物、植物细胞内外都存在着离子浓度差，一般需要逆浓度梯度选择性地吸收或排除这些物质。这种需要消耗能量对物质进行逆浓度梯度转运的过程称为主动运输（active transport），是一个高度受调控的过程。例如，植物需要从土壤或其他环境中吸收矿物质，而在这些外界环境中的盐浓度非常低，需要通过主动运输来克服这种浓度差异；动物小肠内壁对物质的吸收也常常是通过主动运输实现的。

主动运输的特点是：①需要供给能量。由于是逆浓度梯度运输，该过程的吉布斯自由能 $\Delta G>0$，因此不能自发进行，必须与产生和传递能量的酶系统直接或间接地偶联，才能推动主动运输系统的运转。②专一性。膜上的主动运输系统对所运输物质具有高度的选择性。例如，哺乳动物肾小管上皮细胞能迅速摄取 D-葡萄糖，而对 D-果糖的运输则很慢。③转运速率可达到“饱和”状态。在一定范围内，运输速率随被运输物质浓度的增加而增大，达到一定限度后系统即处于“饱和”状态，时间和浓度的增加都无法再提高运输的速率，与酶分子被底物饱和相似。④方向性。反向转运（antiport）是指跨细胞膜同时转运的两种物质方向相反，被转运的化合物之一是顺浓度梯度转运而另一种化合物则是逆浓度梯度转运；同向转运（symport）则是指跨细胞膜往相同方向同时转运两种物质的过程，被转运的化合物之一同样是顺浓度梯度转运而另一种化合物则是逆浓度梯度转运。⑤可调控性。与酶相似，主动运输蛋白的表达水平和活性都会影响运输效率。膜上的主动运输系统也有专一的抑制剂。例如，乌本苷专一地抑制钠-钾泵（Na^+/K^+-泵）向细胞外输出 Na^+；根皮苷专一地抑制肾细胞摄入葡萄糖。

如前面所述，一个转运蛋白将溶质分子转运通过脂双层的过程与酶-底物分子发生反应的过程相类似，因此这类蛋白与酶有许多类似之处。但是，与一般的酶-底物反应不同，转运蛋白只是将溶质分子完整地从细胞膜一侧传送至另一侧，溶质分子的组成性质没有改变。每一类转运蛋白都具有一个或多个溶质分子（或底物）结合位点，当所有的结合位点都被占据后，转运蛋白处于饱和状态，转运速率达到最大值，称为 V_{max}。每种转运蛋白对不同的底物有特定的亲和力，反映在该过程的 K_m 值中。与酶性质相似，转运蛋白的 K_m 值为反应速度达到最大速度

1/2 时系统中底物的浓度。经过蛋白质氨基酸序列的比较发现，主动转运蛋白和在协助扩散中作为载体蛋白的转运蛋白在分子结构上较为相似。例如，一些细菌中利用质子浓度梯度作为推动力主动转运各种糖类的转运蛋白，就与许多动物细胞中介导葡萄糖发生被动运输的转运蛋白结构相似。这就是在主动运输和被动运输过程中辅助转运过程的这些膜蛋白都被称为转运蛋白的原因，两者可能在进化上是相关联的。

主动运输是一个热力学不利的吸能过程，只有与放能过程相耦合时才能发生。根据与其相耦合的放能过程不同，主动运输可分为两类：初级主动运输和次级主动运输（图 3-12）。

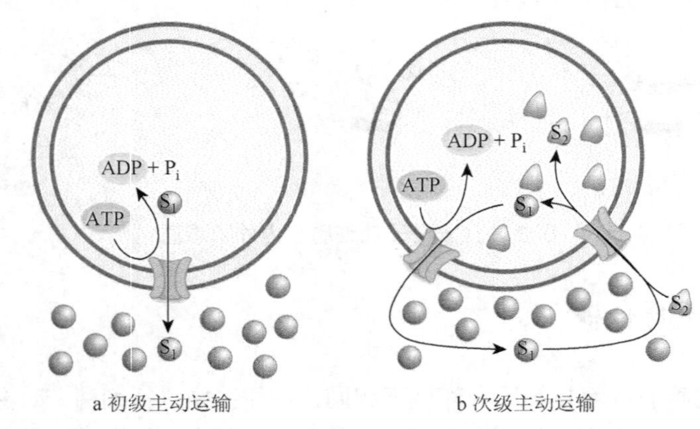

图 3-12 物质的主动运输方式

1. 初级主动运输

初级主动运输（primary active transport），也称为直接主动运输（direct active transport），直接利用能量将物质分子转运通过细胞膜。物质在细胞膜一侧的累积过程与放能的化学反应，如 ATP 的水解过程直接耦合，因此大多数介导初级主动运输的蛋白质都是跨膜的 ATP 酶。用于维持细胞电势的 Na^+/K^+-泵是所有生命体中都具有的 ATP 酶。初级主动转运过程也可利用其他能量，包括氧化还原能和光子的光能。例如，电子传递链利用 NADH 的氧化还原能驱动质子逆浓度梯度穿越线粒体内膜；在光合作用过程中，光合系统 I 和 II 利用光能，在叶绿体类囊体膜两侧建立起质子浓度梯度，同时也将还原能储存在 NADPH 中。

2. 次级主动运输

当一种溶质吸能的转运过程和另一种溶质放能的、从高浓度向低浓度的运输过程相耦合时，该过程称为次级主动运输（secondary active transport）。在这种主动转运过程中，另一种溶质首先通过初级主动运输过程在细胞膜内外形成了浓度梯度差。因此，次级主动运输并不与 ATP 水解过程直接耦合，而是使用膜两侧的离子浓度差作为驱动力。两类最主要的次级主动运输方式为反向转运和同向转运。

反向转运中，耦合的两类离子或溶质分子在细胞膜两侧的运输方向相反。一种溶质从高浓度向低浓度运输，释放能量，驱动另一种溶质从低浓度向高浓度转运。例如，Na^+/Ca^{2+}-泵就是反向转运蛋白，每三个 Na^+进入细胞可将一个 Ca^{2+}交换运送到细胞外。与其相反，同向转运过程中，耦合的两类离子或溶质分子在膜两侧的运输方向相同。但该过程同样是利用一种溶质从高浓度向低浓度运输所释放的能量驱动另一种溶质从低浓度向高浓度转运。例如，钠-葡萄糖同向转运蛋白 1（sodium glucose co-transporter 1，SGLT1），每两个 Na^+进入细胞可协助一个葡萄糖或半乳糖分子运输进入细胞。该转运蛋白位于小肠、气管、心脏、大脑、睾丸和前列腺中，也存在于肾细胞的近曲小管，与葡萄糖从尿液的重吸收有关。

（四）重要的主动运输转运蛋白

1. ATP 驱动泵

ATP 驱动泵（ATP driven pump）也称运输 ATP 酶，它们使用 ATP 水解为 ADP 和 P_i 过程中所释放的能量驱动离子或溶质分子跨膜运输。ATP 驱动泵可分为三类，广泛分布于原核和真核生物中。

（1）P 型泵：P 型泵（P-type pump）为一系列结构和功能相似的多次跨膜整合膜蛋白。由于它们在物质运输循环过程中发生自我磷酸化（self-phosphorylation），所以被称为 P 型泵。许多维持细胞膜两侧钠、钾、质子和钙离子浓度梯度的离子泵都属于此类主动转运蛋白。

（2）F 型泵：F 型泵（F-type pump）为涡轮状蛋白，由多个不同的亚基构成，它们与 P 型泵结构相异，多存在于细菌的质膜、线粒体内膜和叶绿体类囊体膜上。与一般的 ATP 驱动泵不同，不水解 ATP，而是利用质子浓度梯度产生 ATP，因此被称为 ATP 合酶。它们所利用的质子浓度梯度可通过氧化磷酸化电子传递（如在好氧菌和线粒体中）、光合作用（如叶绿体）或嗜盐细菌中的光驱动质子泵（细菌视紫红质）产生。

（3）V 型 ATP 酶：V 型 ATP 酶（V-type ATPase）是一类结构上与 F 型泵相关联的质子转运 ATP 酶，主要与生物体亚细胞分隔区的酸化有关（V 指液泡）。V 型泵将真菌和高等植物液泡内的 pH 维持在 3～6 的水平。动物细胞内的溶酶体、内涵体、高尔基体及分泌囊泡的酸化条件也是依靠 V 型泵维持的。

上述 P 型泵和 F 型泵只能转运离子，而另一类主动运输蛋白——ABC 转运蛋白，则主要辅助小分子通过细胞膜。每个 ABC 转运蛋白家族的成员都带有两个高度保守的 ATP 酶区域或 ATP 结合区域，因此该类蛋白被称为 ATP 结合盒（ATP binding cassette，ABC）转运蛋白。ABC 转运蛋白与 ATP 的结合使其结构中的两个 ATP 结合区域二聚化，蛋白质羧基端结构的改变被传导至跨膜区域，驱使构象发生改变，使蛋白质与底物的结合位点暴露在膜一侧，接着再转向膜的另一侧，完成对小分子物质的跨膜运输。

ABC 转运蛋白是膜转运蛋白中的一个大家族，在临床上有重要作用。例如，许多对抗生素产生耐药性的细菌中，ABC 转运蛋白的过量表达往往是其获得耐药性的一个重要原因。在大肠杆菌基因组中有 5%的基因（78 个）编码 ABC 转运蛋白。虽然每个转运蛋白特异性转运某个或某类分子，但该家族的蛋白质所能转运的物质是多种多样的，包括无机离子、氨基酸、单糖和多糖、多肽甚至蛋白质。细菌的 ABC 转运蛋白具有吸收和排出的功能，而真核细胞中的 ABC 转运蛋白则主要发挥外排功能。

真核生物中的 ABC 转运蛋白是通过外排疏水性药物被发现的。例如，多药耐药蛋白（multi drug resistance protein，MDR）在肿瘤细胞中过表达，导致这些细胞对一些广泛用于癌症治疗的化学药物产生耐药性。研究表明，约有 40%的人体肿瘤细胞会产生多药耐药性，是恶性肿瘤有效治疗中的一大障碍。MDR 相关蛋白在正常生理条件下也有重要作用。例如，ABC 超家族中的 P-糖蛋白（P-glycoprotein，P-gp）可保护关键器官如脑部、睾丸和内耳免受异源有毒物质的损害。引起遗传疾病囊性纤维化的囊性纤维化跨膜电导调节蛋白（cystic fibrosis transmembrane conductance regulator protein，CFTR）也是 ABC 转运蛋白家族的成员。CFTR 在上皮细胞发挥氯离子通道的功能，调控细胞外液的离子浓度，ATP 的结合与水解被用于调节氯离子通道的开关，使离子可以顺离子浓度梯度通过细胞膜。先天带有 CFTR 突变体的人会患上肺部、气管囊性纤维化、先天性输精管缺如等病症。

2. 大肠杆菌中的乳糖转运蛋白（lactose transporter）

该蛋白是由质子驱动的同向转运蛋白，含 417 个氨基酸的多肽，以单体的形式同向转运一个质子和一个乳糖分子进入细胞，增加细胞内乳糖含量。晶体研究表明，该蛋白具有 12 个跨膜螺旋，跨膜区域间是突出于细胞质或周质空间的连接环。在乳糖转运蛋白的结构中，有一个大亲水腔暴露于膜的胞质一侧，与底物结合的区域位于该腔内（约在中间位置），这时转运蛋白面向胞外周质空间的一侧是紧密关闭的。底物的转运是通过两个区域之间的摇摆运动完成的，在底物结合和质子运输过程的驱动下，底物结合区域交替地暴露于细胞质和周质一侧，将物质从胞外向胞内运送。

3. 钠-葡萄糖转运蛋白

该蛋白是一类同向转运蛋白，钠离子浓度梯度是通过质膜上的 Na^+/K^+-ATP 酶形成的。在小肠的上皮细胞中，葡萄糖和一些氨基酸分子通过与钠离子的同向运输，在细胞内累积。此过程的能量有两个来源：胞外的远高于胞内的钠离子浓度（化学势差）及膜电势（胞内为负电势，所以需要将带正电荷的钠离子运输进入细胞）。

4. 钠-钙交换体

钠-钙交换体（Na^+-Ca^{2+} exchanger，NCX）是反向转运蛋白，将 Ca^{2+}从细胞中运输至细胞外。在此过程中，该转运蛋白使用的能量为 Na^+顺其浓度梯度从胞外跨越质膜向胞内转移时所产生的电化学势能。在 NCX 介导的运输中，每个转运的 Ca^{2+}需与三个 Na^+进行交换。钠-钙交换体与多种细胞功能的正常发挥有关，如神经分泌的控制、感光细胞的活性、心脏肌肉的松弛、心肌细胞肌质网中 Ca^{2+}浓度的维持、兴奋性和非兴奋性细胞内质网中 Ca^{2+}浓度的维持、兴奋-收缩偶联、线粒体中低 Ca^{2+}浓度的维持等都与该交换体相关。钠-钙交换体家族广泛分布于动物的细胞和组织中，是细胞排出 Ca^{2+}的主要方式之一。

NCX 均具有两个基本属性：①它们的活性并不是由传统产能的逆向转运体的热力学参数（依赖于离子梯度和膜电位）所决定的，而是受其所转运的离子（Na^+和 Ca^{2+}）和不转运的离子（质子和其他一价阳离子）种类的影响；②交换过程受到细胞代谢状态的影响。

（五）重要的离子通道蛋白

在物质的转运过程中，离子通道的效率高于载体蛋白，可在 1 s 内让 1 亿个离子通过，比最快的载体蛋白高 10^5 倍。但是，离子通道不与任何产能过程耦合，无法进行主动运输，只能把离子从高浓度向低浓度转运。离子通道的主要功能是帮助各种离子（包括 Na^+、K^+、Ca^{2+}、Cl^-等）迅速地沿着其电化学浓度梯度穿过脂双层，有效地调控不同离子进出细胞，维持细胞中特定的离子浓度，对于各种生物体的不同功能具有重要意义。例如，神经细胞（神经元）利用离子通道对不同的信号进行接收、应对及传递；含羞草利用离子通道对外界碰触产生叶片闭合反应；单细胞的草履虫发生碰撞后利用离子通道改变其泳动方向。

在植物和真菌细胞中，膜电位的维持主要由离子泵（electrogenic pump）实现，但在动物细胞中，该功能主要由离子通道完成。动物质膜上常见的 K^+通道，通过对 K^+进出细胞的调控，维持质膜两侧膜电位。根据门控方式不同，其主要分为电压门控离子通道（包括 Na^+、K^+、Ca^{2+}等离子通道）和配体门控离子通道。

1. 电压门控离子通道（voltage-gated ion channel）

该通道的开关由膜电位控制，通过质膜的去极化实现膜电位的激发。在神经和骨骼肌细胞中，一个足以造成去极化作用的刺激会迅速打开电压门控 Na^+通道，使少量的 Na^+沿着其电化学浓度梯度进入细胞。带正电荷离子的摄入使细胞去极化程度增加，从而开放更多的门控离子通道。这个自我放大的过程（正反馈作用）将一直持续至该区域的膜电势达到 Na^+的平衡电势（+50 mV）为止（此过程极短，仅有几分之一毫秒），这时质膜上的所有钠离子通道将会打开。这些处于新的稳态的钠离子通道将会通过自发的失活机制或电压门控 K^+通道以终止其永久打开的状态。

电压门控离子通道除了 Na^+和 K^+通道外，还包括电压门控 Ca^{2+}通道、瞬时受体电位通道（transient receptor potential channel，TRP）、超极化激活环核苷酸门控通道及 pH 敏感的电压门控质子通道等。

2. 配体门控离子通道（ligand-gated ion channel）

该通道也称离子型受体通道（ionotropic receptor channel）。当特定配体分子结合到受体蛋白的胞外结构域时，离子通道构象发生改变，打开门控，离子通过质膜进出细胞。该类离子通道包括烟碱样乙酰胆碱受体（nicotinic acetylcholine receptor，nAChR）、离子型谷氨酸受体（ionotropic glutamate-gated receptor）、酸敏感离子通道（acid-sensing ion channel，ASIC）、ATP 门控 P2X 受体（ATP-gated P2X receptor），以及 γ-氨基丁酸受体（$GABA_A$ receptor）等。该类离子通道的配体多为神经递质，可迅速地将胞外化学信号在化学突触中转换成电信号。

（六）生物大分子的跨膜运输

细胞需要与外界交换物质和信息，对环境的改变及时地做出反应。为了完成这些任务，细胞需要不断地调整质膜组成以达到快速响应的需求。细胞具有复杂的内膜系统来增加或去除嵌在细胞膜上的蛋白质，如受体、离子通道和转运蛋白等。这些生物分子的运输过程是通过胞吐和内吞作用完成的。胞吐作用（exocytosis）是将细胞的合成-分泌途径中新合成的蛋白质、糖类和脂类等生物分子运送至质膜或胞外；内吞作用（endocytosis）是将质膜成分去除并将它们运送至称为内体（endosome）的内部隔室，在那里它们可以再循环到质膜上相同或不同的区域，或被传递到溶酶体发生降解。细胞还可以利用内吞作用来获取重要的营养物质，如维生素、脂肪、胆固醇和铁。这些物质与它们所结合的大分子共同被细胞吸收，在内体或溶酶体被释放，运输至胞质溶胶中，用于不同的生物合成过程。合成-分泌和内吞途径中的各个膜封闭隔室的内部空间（内腔）与许多其他膜封闭隔室的内腔和细胞外部在拓扑结构上都是类似的，所有的隔室相互间或与胞外均通过膜封闭的囊泡传输进行交流。

1. 胞吐作用

质膜的运输囊泡通常以形状不规则的小管形式不断地离开反式高尔基体网络（*trans*-Golgi network，TGN）。囊泡中的膜蛋白和脂质为细胞质膜提供新组分，而囊泡内的溶质蛋白则被分泌到细胞外。囊泡与质膜的融合过程被称为胞吐作用。细胞产生和分泌到胞外基质中的大部分蛋白聚糖和糖蛋白都是通过胞吐作用传输的。高尔基体内腔中的蛋白质，除非是特定需要返回内质网、留驻在高尔基体内、进入调控分泌途径或进入溶酶体，都可以自动地通过固有的分泌途径运送到细胞表面。专门的分泌细胞还具有第二种胞吐途径：将可溶性蛋白质和其他物质先集中和存储于分泌囊泡（也称分泌颗粒，secretory granule）或致密核心小泡（dense-core vesicle）中，在特定信号诱导下，通过胞吐作用向胞外释放其内含物质。该途径主要存在于分泌激素、神经递质或消化酶等有快速需求的细胞。分泌囊泡由 TGN 形成，含有常规分泌物质的囊泡往往与质膜融合，而在调控途径中的分泌囊泡则需获得特定信号后才与质膜融合。该信号是一种化学信使，如激素，与细胞表面的受体结合后驱使分泌过程。当分泌囊泡与质膜融合后，其内含物通过胞吐作用从细胞排出，而其膜结构则成为质膜的一部分。虽然这似乎会增加质膜的表面积，但此过程是瞬时的，因为内吞作用几乎以同样快的速度将膜组分从质膜上移走，使质膜的面积基本保持不变。

新合成的蛋白质可以通过不同的方式达到其特定的质膜区域。内质网中的不同蛋白质在到达 TGN 之前是被一起运输的，但在 TGN 被分离，通过分泌或运输囊泡被运送到质膜上的不同位置。被传递到基底膜的膜蛋白在其尾部带有分选信号，当它们具有合适的构象时，这些信号会被包装它们的包裹蛋白所识别，将其装载在 TGN 合适的运输囊泡中。同样的识别信号也可以在发生内吞作用后，用于将内体中的蛋白质重新定向返回基底质膜。脂质区也可能参与在 TGN 的蛋白质分选过程，多数上皮细胞的顶膜富含鞘糖脂，而绝大部分通过糖基磷脂酰肌醇（glycophosphatidylinositol，GPI）锚定在双脂层的膜蛋白都处于极性细胞的顶端质膜中。研究表明，GPI 锚定蛋白导向顶端质膜是因为它们与 TGN 脂筏结构中的鞘糖脂结合，通过选择一系列独特的载运分子，脂筏从 TGN 中突出形成运输囊泡，向顶端质膜传送。

2. 内吞作用

内吞作用为物质从细胞表面开始向内运送到溶酶体的过程。细胞大分子、颗粒物质，在特殊情况下甚至其他细胞都可以通过内吞进入细胞。在此过程中，被消化的物质逐步被质膜上的一小部分区域包围，首先质膜内陷，然后含有摄入物质或颗粒的部位被截断形成内吞囊泡。根据形成的内吞囊泡的大小，内吞作用可分为两类，即吞噬作用（phagocytosis）和胞饮作用（pinocytosis）。

吞噬作用是大颗粒通过形成吞噬体（phagosome，一般直径＞250 nm）的大囊泡被细胞吸收，是细胞摄取大颗粒的重要方式。对于原生动物，吞噬作用是其一种摄食方式，大颗粒被吞噬体包裹，运送至溶酶体，溶酶体消化的物质进入胞质，被用作食物。但是，多细胞生物中只有少部分细胞具有高效摄取大颗粒的能力，大部分的细胞只具有吸收小分子的能力。例如，在动物肠道中，大的食物颗粒必须先通过细胞外过程分解，然后细胞将小分子的水解产物摄入。对于多数动物来说，吞噬作用除了提供营养物质外，还具有其他重要的用途。哺乳动物中存在两类专门进行吞噬作用的白细胞：巨噬细胞和中性粒细胞。这些细胞由造血干细胞发展而来，它们摄取入侵的微生物，以保护机体免受感染，并且在清除凋亡细胞和衰老细胞中也发挥着重要作用。吞噬体的直径由摄入颗粒的大小决定。吞噬功能是一个受激发的过程，需要细胞表面的受体将相应的信号传输至细胞内部，启动这个过程。了解较为清楚的吞噬作用激发物是各种抗体。抗体可结合到感染微生物表面，形成抗体表层，而将其尾部暴露在表层之外。这个尾部区域称为 Fc 区域，可被巨噬细胞和中性粒细胞表面特定的 Fc 受体所识别结合。结合过程将诱导吞噬细胞“伪足”的延长，将颗粒吞噬后，“伪足”的顶端相互融合形成吞噬体。吞噬体进入细胞，与胞内的溶酶体融合，将摄入的物质降解。任何未被消化的物质则保留在溶酶体中，形成残体（residual body），通过胞吐作用排出胞外。一些内化的质膜组分无法到达溶酶体，因为它们从吞噬体中以运输囊泡的形式重新返回到质膜上。吞噬体也会吞噬一些非生物物质，如玻璃或胶乳珠、石棉纤维等，但它们并不吞噬活的动物细胞。这些活细胞似乎可产生类似于“不要吃我”的信号，这类信号以细胞表面蛋白质的形式存在，与巨噬细胞表面的抑制受体结合，这些抑制受体被激活后招募酪氨酸磷酸酶，与细胞内需要启动吞噬过程的信号相拮抗，从而抑制了内吞过程的发生，使活细胞免受吞噬。但是，凋亡的细胞能迅速地被巨噬细胞吞噬，可能是因为它们产生了某种“吃我”的信号或失去了“不要吃我”的信号。

在胞饮作用中，液体和溶质通过胞饮小囊泡（直径约 100 nm）被摄入。多数真核细胞通过胞饮作用摄取液体和溶质，以胞饮小囊泡的形式摄入其质膜的一小部分，这部分在后续过程中又会返回细胞表面，称为质膜的内化。巨噬细胞每分钟摄入其 35%的质膜，成纤维细胞的内吞过程稍慢，每分钟仅吞噬其质膜的 1%。由于细胞的表面积和体积在此过程中保持不变，通过内吞作用被去除的膜显然是以相同的量通过逆过程胞吐作用被添加到细胞表面。内吞过程开始于网格蛋白包被小窝（clathrin-coated pit）。这些专门的区域通常占据了质膜总面积的 2%。它从细胞膜内陷，并截断形成一个网格蛋白包被囊泡（clathrin-coated vesicle）。据估计，在成纤维细胞的质膜上，每分钟约有 2500 个网格蛋白包被囊泡离开进入胞内。在形成的几秒钟内，被包被的囊泡褪去其网格蛋白外层，与内体融合。由于细胞外液在质膜内陷形成包被囊泡时被包裹在网格蛋白包被囊泡内，因此任何溶解在细胞外液中的物质都可被内化。除了网格蛋白包被小窝和囊泡，细胞还有其他形成胞饮囊泡的机制，但对这些过程机制的了解还不多。其中的一个途径起始于胞膜窖（caveolae）。胞膜窖存在于大部分细胞的质膜中，某些细胞的胞膜窖在电子显微镜下观察为一深度内陷的烧瓶状结构，其主要的结构蛋白为微囊蛋白（caveolin）。微囊蛋白家族是一类特殊的整合膜蛋白，它们的疏水性环从胞质一侧插入质膜，但并不延展横跨过膜。胞膜窖使用发动蛋白（dynamin）从质膜上截断，将它们的内含物或运送至类似于内体的小窝体（caveosome）隔室或到达极性细胞相对一侧的质膜上，这个过程称为胞吞转运（transcytosis）。由于微囊蛋白是整合膜蛋白，它们在内吞作用后并不从囊泡上解离下来，而是被运送到目标隔室，在那里保持着以分离的膜结构存在的形式。一些动物病毒如猿猴空泡病毒 40（SV40 病毒）和乳头状瘤病毒通过胞膜窖衍生的囊泡进入细胞。这些病毒首先被运送到小窝体，然后通过特定的运输囊泡运送到内质网。病毒的基因组通过内质网膜进入胞质，再被导入细胞核内开始其感染周期。

（七）跨膜运输障碍所导致的疾病

维持细胞正常的跨膜运输过程对于机体健康是非常重要的。葡萄糖转运蛋白 4（glucose transporter 4，GLU4）介导肌细胞和脂肪细胞对葡萄糖的吸收。当血糖浓度升高时，胰腺会释放胰岛素以增加细胞质膜上 GLU4 的含量，大幅度提高细胞对葡萄糖的摄取能力。当血糖含量恢复正常水平时，胰岛素释放变缓，GLU4 会从质膜转移至胞内囊泡。1 型糖尿病患者由于缺乏胰岛素，肌细胞和脂肪细胞吸收葡萄糖的能力非常弱，从而造成高碳水化合物饮食后血液中葡萄糖水平居高不下。与胰岛素对 GLU4 的作用相似，由脑垂体产生的加压素对水通道蛋白 2（aquaporin 2，AQP-2）在肾脏上皮细胞中的位置进行调控，从而调节肾集合管上皮细胞的通透性以增加水的重吸收，产生抗利尿作用。如果加压素水平下降，AQP-2 就会滞留在胞内的囊泡中。在一类称为尿崩症的比较罕见的遗传病中，遗传缺陷的 AQP-2 导致肾脏对水的重吸收能力受损，大量稀释的尿液排出，患者会产生与糖尿病患者类似的多尿、脱水等症状，还可能发生癫痫。离子转运功能障碍也会造成严重的疾病。囊性纤维化（cystic fibrosis，CF）是一种常见的遗传疾病，在白种人中发病概率较高。病情严重的患者可能会在 30 岁前死于呼吸功能不全。CFTR 的先天性缺陷是 CF 的主要成因。CFTR 的突变使其构象改变，无法插入细胞质膜，从而降低了呼吸道、消化道及胰腺、汗腺和胆管等外分泌腺上皮细胞转运氯离子的能力，进而影响细胞外排水的能力，使细胞表面黏液层脱水变厚、十分黏稠。覆盖在肺部内表面的黏液膜增厚，不但阻碍肺部换气，也会产生一个有利于细菌滋生的环境，造成呼吸道感染，最终导致呼吸衰竭。

二、细胞膜上的信号转导

细胞从质膜外的环境中接收信号调节代谢对于生命活动起着重要作用。细菌细胞从信息受体的膜蛋白上不断地感知周围介质中的 pH、渗透压强度、食物、氧气和光线的可用性，以及有毒化学物、天敌或食物竞争对手的存在。在多细胞生物体中，不同功能的细胞相互间需要进行各种信号交换。例如，植物细胞对生长激素、不同光线等的反应；动物细胞关于细胞外液中离子和葡萄糖浓度信息的交换等。在这些情况下，信息信号被特定的受体监测到后，转换为涉及相关生物化学过程的细胞学响应，这种信号转导（signal transduction）过程往往是由特定而高度灵敏的受体和信号分子（配体）之间的相互作用所介导的。多数细胞外信号分子只是与靶细胞表面特定的受体蛋白结合，并不进入靶细胞的细胞质或细胞核。这些细胞表面受体发挥信号转导器的功能，将胞外配体结合的信息转换为改变靶细胞行为的胞内信号。虽然触发各个系统的信号转导过程不尽相同，但所有的信号转导过程都具有类似的特性，信号与受体结合，激活的受体与细胞内部机制相互作用，产生第二信使或激活细胞中某个蛋白质的功能，使靶细胞的代谢活性发生变化，当细胞对信号做出适当的反应后，转导事件结束。

（一）G 蛋白偶联受体

G 蛋白偶联受体（G-protein coupled receptor，GPCR）介导的信号转导过程涉及三个关键组分：具有 7 个跨越质膜的螺旋区段的受体蛋白；一个在质膜上的效应酶，催化生成胞内第二信使；以及一个鸟嘌呤核苷酸（guanosine nucleotide，G）结合蛋白，可激活效应酶。被激活的受体蛋白使 G 蛋白从结合 GDP 的状态转变为结合 GTP 的状态，进而从受体蛋白上解离下来，与邻近的酶结合，改变其活性。约 350 个人类基因组编码的 GPCR 蛋白与激素、生长因子及其他内源配体含量的监测有关，有约 500 个 GPCR 作为味觉和嗅觉的受体。GPCR 信号转导途径的靶蛋白如果是一种酶，其激活将改变一个或多个分子在细胞内的浓度；如果靶蛋白是一种离子通道，则可能改变质膜的离子渗透性。G 蛋白偶联受体所介导的信号转导途径中的主要第二信使包括环磷酸腺苷（cAMP）、二酰基甘油（diacylglycerol，DAG）及三磷酸肌醇（inositol triphosphate，IP3）等。

（二）受体酪氨酸激酶

受体酪氨酸激酶（receptor tyrosine kinase，RTK）既是细胞膜上的受体，也是激酶。该类蛋白在胞外的部分含有与配体结合的结构域，而胞内部分则带有酶活性，相互间通过单个的跨膜区连接。当这些受体与胞外配体结合后，其激酶被激活，催化靶蛋白上的酪氨酸残基发生磷酸化。例如，胰岛素受体和表皮生长因子（EGF）的受体都是受体酪氨酸激酶，在肿瘤的发生过程中发挥重要作用。胰岛素受体由两个相同的α亚基和两个跨膜的β亚基构成。当胰岛素结合到α亚基上后，β亚基会将邻近的$(\alpha\beta)_2$二聚体中的β亚基羧基端的三个关键酪氨酸磷酸化，这个自我磷酸化的过程使受体蛋白上的活性位点打开，与靶蛋白结合并磷酸化其酪氨酸残基，将信号传递下去。

（三）受体鸟苷酸环化酶

受体鸟苷酸环化酶（receptor guanylyl cyclase）同样为具有酶活性区域的质膜受体。其中的鸟苷酸环化酶在受体激活时，将 GTP 转化为胞内第二信使环磷酸鸟苷（cyclic guanosine monophosphate，cGMP）。动物细胞中许多与 cGMP 信号转导相关的过程都是由蛋白激酶 G（protein kinase G，PKG）所介导的。被 cGMP 激活后，PKG 会将靶蛋白的丝氨酸和苏氨酸残基磷酸化，从而改变细胞质中蛋白的活性。不同组织中的 cGMP 传递不同的信号。例如，肾脏和小肠中的 cGMP 会触发离子转运和水分保持过程；在心脏中，cGMP 传递心肌松弛的信号；大脑中的 cGMP 可能与发育及成人大脑功能相关。

（四）门控离子通道

多细胞生物中的一些细胞是可以被“激活”的，它们监测外界信号，将其转变为电信号（如改变膜电势），然后进行信号转导，控制细胞中的各种活动。进行这类信号转导方式的包括神经传导、肌肉收缩、激素分泌、感觉及学习和记忆过程等。感觉细胞、神经细胞和肌细胞的激活依赖于离子通道，通过调控不同无机离子如 Na^+、K^+、Ca^{2+}及 Cl^-通过细胞膜，将周围环境的刺激信号传递给机体，使其做出适当的应对。例如，神经系统的信号转导通过神经元网络完成，这些细胞从其一端通过细长的细胞质延伸（轴突，axon）传递电脉冲（动作电位）。电信号触发突触（synapse）中神经递质分子的释放，将信号传递到网络中的下一个细胞。这类信号转导由电压门控离子通道完成，主要的电压门控离子通道包括电压门控 Na^+通道、电压门控 K^+通道和电压门控 Ca^{2+}通道。

除了电压门控离子通道（gated-ion channel），动物细胞特别是动物的神经细胞中还有许多配体门控离子通道，如烟碱样乙酰胆碱受体介导的突触和神经肌肉接头的电信号转导。由突触前神经元或运动神经元释放的乙酰胆碱扩散几微米，到达突触后神经元或肌细胞的质膜，与乙酰胆碱受体结合。该结合造成受体构象的改变，相应离子通道打开，使阳离子向细胞内移动，造成质膜的去极化。在肌肉纤维中，该过程引起肌肉收缩。烟碱型乙酰胆碱受体（nAChR）的激活使 Na^+、Ca^{2+}和 K^+通过细胞膜，但其他阳离子和所有阴离子都无法通过。除了乙酰胆碱，5-羟色胺和谷氨酸也可作为配体，调控 Na^+、Ca^{2+}和 K^+等阳离子通过细胞膜，而甘氨酸则特异性地调控 Cl^-通道。

（五）黏附受体

黏附受体（adhesion receptor）与胞外基质（如胶原蛋白）中的大分子组分相互作用，向细胞骨架系统传送细胞迁移或黏附到基质的信息。整合素（integrin）就是其中之一。哺乳动物基因组中含有编码整合素 18 个α亚基和 8 个β亚基的基因，它们在各个组织中的不同组合决定了该黏附受体对不同配体的识别。整合素的配体包括胶原蛋白、纤维蛋白原、纤维连接蛋白及含有 Arg-Gly-Asp（RGD）序列的许多其他蛋白质。当外界环境发生变化，配体结合到整合素的胞外结构域，使其构象发生改变，进而影响其α亚基和β亚基位于胞内的羧基端位置，改变了它们与紧贴质膜内部的细胞骨架蛋白的相互作用，从而控制细胞的形状、运动性、极性及各种细胞类型的分化等变化。细胞内的信号也可以通过与整合素作用，改变其胞外构象，使其更紧密地与基质中的配体结合。通过整合素，细胞不断地与外界环境交流信息，对自己进行调控，以适应环境的变化。因此，整合素在胚胎发育、凝血、免疫反应、肿瘤生长和迁徙等多种细胞-细胞相互作用中发挥着重要作用。

三、细胞膜上的能量转换

活细胞为了维持自身结构的完整性并推动各种生命活动正常进行，必须利用能量做功。生物体系是一个开放系统，其特点就是与周围环境不断进行物质和能量交换。例如，光合生物利用光合作用将光能转化为化学能并将其以能源化合物的形式储存。基本上所有的真核生物，包括真菌、动物、植物、藻类等，都需通过代谢过程将能源化合物中的能量释放出来供给生命活动所需。线粒体内膜、叶绿体类囊体膜和细菌的质膜正是这些能量转换的主要场所，其中具有非常庞大的膜系统，以满足其生物能量代谢的功能。

线粒体、叶绿体和原核生物通过化学渗透耦合过程获得生命活动所需的能量。通过两个关联的耦合阶段，均在整合于膜中的蛋白质复合物的驱动下进行。

第一阶段，来源于食物分子氧化或阳光的高能电子沿着一系列嵌入膜中的电子载体被转移。电子转移过程释放的能量用于将质子泵出膜外，在膜两侧产生电化学质子梯度，是一种能量存储的形式，可以在离子沿着电化学梯度穿过膜从高浓度向低浓度流动时用于做功。

第二阶段，质子通过 ATP 合酶的蛋白质沿着电化学梯度从高浓度向低浓度流动，能量用于 ADP 和无机磷合成 ATP。这种无处不在的 ATP 合酶就像涡轮机一样，不断地利用质子浓度梯度驱动 ATP 的生成。

电化学质子梯度也可驱动其他嵌入膜中的蛋白质发挥功能。在真核生物中，特殊的蛋白质与高-低浓度质子流耦合，传输特定的代谢物进出细胞器；在细菌中，电化学质子梯度不但驱动 ATP 的合成和运输过程，作为一种可直接使用的能量储存，也能驱动细菌鞭毛的快速转动，使细菌泳动。

ATP 是细胞进行各种生命活动最主要的直接能源，被视为生物体内的“能量通币”。ATP 合酶（ATP synthase）广泛存在于线粒体、叶绿体、原核藻、异养菌和光合细菌中，在跨膜质子电化学势的推动下催化 ATP 的合成。不同来源的 ATP 合酶具有相近的亚基组成和结构，由外周蛋白 F_1 和整合膜蛋白 F_O 两部分组成；F_1 部位由 9 个分属 5 个种类的不同亚基组成，可表示为 $\alpha_3\beta_3\gamma\delta\varepsilon$。每个 β 亚基中都含有一个 ATP 合成的催化位点。研究表明，F_1-ATPase 是貌似橘子形状的扁圆球体，高 8 nm，宽 10 nm，三个 α 亚基与三个 β 亚基围绕 γ 亚基 C 端（γ209～272）形成长 9 nm 的中心 α-螺旋交替排列，为对称的橘瓣结构。每个 β 亚基在与其相邻的 α 亚基的界面上都具有一个核苷酸结合位点，是其发挥催化功能的关键部位。单个 γ 亚基主要与三个 αβ 亚基对中的一个相结合，每个 β 亚基都形成略有不同的构象，从而使其具有不同的核苷酸结合位点。不同 β 亚基之间的构象差异导致它们 ATP/ADP 结合位点中的差异。当研究者在 ADP 和 ATP 结构类似物 App(NH)p（该类似物无法被 F_1 中的 ATP 酶活性所水解）存在的条件下结晶 ATP 合酶时发现，其中一个 β 亚基的结合位点被 App(NH)p 占据（β-ATP 构象），另一个为 ADP（β-ADP 构象）所占据，而第三个 β 亚基的结合位点是空的（β-空构象）。作为质子孔道的 F_O 复合物由三个亚基组成，分别为 a、b 和 c，比例为 a∶b∶c＝1∶2∶（10～12）。c 亚基较小（分子量为 8000），是疏水性较强的多肽，几乎完全由两个跨膜螺旋组成，其间有一小环结构，从基体一侧向膜一侧延伸。

酵母 F_OF_1 复合体的晶体结构研究表明，该复合体具有 10 个 c 亚基，每个都具有大致垂直于膜平面的两个跨膜螺旋，呈两个同心圆分布。内圆由各个 c 亚基的氨基端螺旋组成；外圆的直径约为 55 Å，由 c 亚基羧基端的螺旋组成。F_1 上的 γ 和 ε 亚基形成一个腿-脚的结构，从 F_1 底部（靠近膜侧）伸出，牢固地立于 c 亚基形成的环上。

基于动力学和对 F_OF_1 所催化的反应中结合过程的研究，保罗·博耶尔（Paul Boyer）提出了 F_1 中三个活性位点轮流催化 ATP 合成的旋转催化机制。对于一个特定的β亚基而言，开始是以与 ADP 结合的构象（β-ADP 构象）形式存在的，当它与环境中的 ADP 和无机磷 P_i 结合后，其构象发生改变，变为可与 ATP 紧密结合的形式（β-ATP 构象），这使 ATP 酶表面获得适当的 ADP + P_i 和 ATP 的平衡。最后的亚基构象变化到 β-空构象，该构象与 ATP 的亲和力非常低，因而使新合成的 ATP 可以离开酶的表面。当这个β亚基恢复 β-ADP 构象结合 ADP 和 P_i 时，新一轮的催化过程又重新开始。该机制的核心是构象的变化，其过程是由质子通过 ATP 合酶中 F_O 部位的流动所驱动的。质子通过 F_O 中形成的“孔”流动，使 c 亚基及附于其上的γ亚基绕γ亚基的长轴旋转。γ亚基穿过 $\alpha_3\beta_3$ 椭球体中心（由 b_2 和 δ 亚基稳定于膜表面），每旋转 120°，γ 亚基将会与不同的 β 亚基发生接触，使 β 亚基形成 β-空构象。因此，三个 β 亚基中的一个进入 β-空构象时，其相邻的 β 亚基必定是进入了 β-ADP 的构象，而另一相邻 β 亚基则处于 β-ATP 构象的状态。每次γ亚基旋转 360°，每个 β 亚基都会经历三种可能的构象，每次旋转会有三个 ATP 合成并从酶表面释放。

旋转催化机制得到越来越多的实验证据支持，其中最重大的突破有以下三项工作。

（1）克罗斯（Cross）实验室根据牛心线粒体 F_1-ATPase 的晶体结构，用基因工程方法在 β 亚基上靠近 γ 亚基的地方引入一个 Cys 残基（β D380→C），使得单个 β 亚基与 γ 亚基之间能形成专一的二硫键交联。这个二硫键使 β 亚基与 γ 亚基不能旋转，完全终止了 F_1-ATPase 的催化能力；若将此二硫键还原，则可完全恢复酶的催化活性。他们用突变的 β 亚基单体重组形成 F_1，还原已交联的二硫键以解除对酶的束缚，再加入 ATP 使之在 F_1-ATPase 催化下水解，再次让酶氧化形成 β-γ 间的二硫键，再次还原使之解离，最后分析交联的 β-γ 对。结果表明，所有的三个 β 亚基都有机会与 γ 亚基形成交联。该研究证明，催化过程中 γ 亚基可以自由地与每个 β 亚基接触，这正是旋转催化机制的核心。

（2）容格（Junge）实验室制备了 γ 亚基 C 端被专一性荧光染料曙红-5-顺丁烯二酰亚胺共价标记的酶，将其固定在 Sephadex DEAE-A50 上，经荧光漂白后跟踪荧光偏振吸收变化的弛豫过程，以检测标记的 γ 亚基相对于固定的 $\alpha_3\beta_3$ 的缓慢转动。当把底物 ATP 换成非水解类似物 AMP-PNP[①]时，该弛豫现象消失。γ 亚基旋转的弛豫时间约为 100 ms，与同样条件下酶的催化周转时间相近。

（3）矢志田（Yashida）和木下（Kinosita）实验室将荧光标记的肌动蛋白的单纤维丝通过生物素和链霉亲和素连接在 γ 亚基 107 位的 Cys 上，纤维长约 2.5 μm，是 F_1 直径的 200 倍。用倒置荧光显微镜观察该系统，当加入 ATP，发生 ATP 水解反应时，荧光屏上显示了转动的亮点，清楚地表明 γ 亚基在 $\alpha_3\beta_3$ 形成的圆筒中单方向、逆时针地转动（与 ATP 合成时的旋转方向相反）。当整个 F_OF_1 复合物用于类似的实验时，c 亚基形成的环状结构在该过程中与 γ 亚基一起发生了旋转。该旋转过程并不平滑，而是以三个分离的每个为 120°的步骤所组成，共旋转了 360°。该项工作不仅提供了 1 个 F_1-ATPase 中 γ 亚基单方向旋转的直观模型，也证明了

① PNP. 腺苷酰基亚胺二磷酸四锂盐

Boyer旋转催化机制的正确性，展现了运动性分析的广阔前景，把大分子结构/功能研究带上了单分子水平。

主要参考文献

陈曦. 1999. 蛋白质的入核运送和它在基因表达中的调节作用. 生物化学与生物物理进展，26（4）：341-346

衡杰，吴岩，王先平，等. 2012. 脂分子对整合膜蛋白结构与功能的影响. 生物物理学报，28（11）：866-876

汪堃仁，薛绍白，柳惠图. 2017. 细胞生物学. 北京：北京师范大学出版社

王镜岩，朱圣庚，徐长法. 2002. 生物化学. 3版. 北京：高等教育出版社

赵南明，周海梦. 2000. 生物物理学. 北京：高等教育出版社

周筠梅. 1998. ATP合成酶的结合变化机制和旋转催化——1997年诺贝尔化学奖的部分工作介绍. 生物化学与生物物理进展，25（1）：9-17

朱圣庚，徐长法. 2017. 生物化学. 4版. 北京：高等教育出版社

Alberts B.，Johnson A.，Lewis J. 2014. Molecular Biology of the Cell. 6th ed. New York：Garland Science，Taylor & Francis Group，LLC

Bonifacino J. S.，Traub L. M. 2003. Signal for sorting of transmembrane proteins to endosomes and lysosomes. Annu. Rev. Biochem.，72：395-447

Boyer P. D. 1997. The ATP syntheses-A splendid molecular machine. Annu. Rev. Biochem.，66：717-749

Dipolo R.，Beaugé L. 2006. Sodium/calcium exchanger：Influence of metabolic regulation on ion carrier interactions. Physiol. Rev.，86（1）：155-203

Kaplan J. H. 2002. Biochemistry of Na^+，K^+-ATPase. Annu. Rev. Biochem.，71：511-535

Kirchhausell T. 2000. Clathrin. Annu. Rev. Biochem.，69：699-727

Lodish H.，Berk A.，Matsudaira P. 2003. Molecular Cell Biology. 5th ed. New York：W. H. Freeman and Company

Mattaj I. W.，Englmeier L.1998. Nucleocytoplasmic transport：the soluble phase. Annu. Rev. Biochem.，67：265-306

Nelson D. L.，Cox M. M. 2021. Lehninger Principles of Biochemistry. 8th ed. New York：W. H. Freeman and Company

Neupert W. 1997. Protein import into mitochondria. Annu. Rev. Biochem.，66：863-917

Nuoffer C.，Balch W. E. 1994. GTPases：Multifunctional molecular switches regulating vesicular traffic. Annu. Rev. Biochem.，63：949-990

Ponte-Sucre A. 2009. ABC Transporters in Microorganisms. New York：Caister Academic Press

Pryer N. K.，Wuestehube L. J.，Schekman R. 1992. Vesicle-mediated protein sorting. Annu. Rev. Biochem.，61：471-516

Schmid S. L. 1997. Clathrin-coated vesicle formation and protein sorting：An integrated process. Annu. Rev. Boichem.，66：511-548

Schnell D. J. 1998. Protein trageting to the thylakoid membrane. Annu. Rev. Plant Physiol. Plant Mol. Biol.，49：97-126

Wright E. M. 2001. Renal Na^+-glucose cotransporters. Am. J. Physiol. Renal. Physiol.，280（1）：F8-F10

Wright E. M.，Hirayama B. A.，Loo D. F. 2007. Active sugar transport in health and disease. J. Intern. Med.，261（1）：32-43

You G，Morries M. E. 2007. Drug transporters：Molecular characterization and role in drug disposition. New York：Wiley-Interscience

（洪　梅）

第四章

糖蛋白与蛋白聚糖

第一节 概 述

糖类是指多羟基醛和多羟基酮及其缩合产物，是人类认识最早的有机物之一。糖类曾使用过不同的名称；carbohydrate 曾译为碳水化合物；saccharide 更多地与前缀组词，如 monosacchride（单糖）、oligosaccharide（寡糖）和 polysaccharide（多糖）等；sugar 除表示食糖外，还用于表述糖类的组成，常有单糖的含义；glycan 则译为聚糖，是寡糖和多糖的统称。糖类是自然界分布最广、数量最多的生物大分子，对糖代谢的研究开创了生物化学的先河。长期以来，糖类仅仅被视为主要的能源物质、碳源和结构材料，对糖类的研究局限于单糖及其代谢，以及淀粉、糖原等少数多糖。虽然早就发现了糖-肽共价复合物，鉴于一些含糖的酶类去掉糖组分之后活性并无明显改变，因而把糖组分当作杂质，千方百计加以去除。直到 20 世纪 70 年代末，人们才对复合糖，尤其是糖蛋白、糖脂和蛋白聚糖产生了兴趣，逐步认识到细胞表面的相互作用、分泌物摄取、变异与转化、细胞识别和信号转导等重要生命活动都与复合糖的功能直接相关。40 多年来，糖复合物研究取得了令人瞩目的进展，一跃成为当代生命科学又一热门领域，许多从事生物化学、分子生物学、免疫学、细胞生物学、病理学、药理学、生理学等方面的研究者，竞相涉足这一领域。1988 年，牛津大学德韦克（Dwek）教授提出糖生物学（glycobiology），标志着生物化学最后一个巨大的学术前沿学科正式诞生。糖生物学主要研究复合糖中糖链的结构及其生物合成；糖链信号的破译、糖链信号转导；涉及分化和疾病发生的糖链识别，以及糖工程和糖生物学的前沿与应用。

（1）复合糖的分类。复合糖（complex carbohydrate）可分为聚糖（glycan）和糖缀合物或糖复合物（glycoconjugate）。其中聚糖包括同聚糖（homoglycan）和杂聚糖（heteroglycan）；糖缀合物则包括糖肽复合物（glycopeptide complex）、糖脂复合物（glycolipid complex）和糖-核酸复合物（carbohydrate-nucleic acid complex）。糖肽复合物可分为肽聚糖（peptidoglycan）或胞壁质（murein）（是细菌细胞壁结构材料）、糖蛋白（glycoprotein）和蛋白聚糖（proteoglycan）。糖脂复合物可分为糖鞘脂（glycosphingolipid）、糖基酰基甘油（glycosylacylglyceride）和脂多糖（lipopolysaccharide）。

（2）糖蛋白和蛋白聚糖中常见的单糖组分。糖复合物中常见的单糖组分包括 4 种已糖：D-葡萄糖（D-Glc）、D-半乳糖（D-Gal）、D-甘露糖（D-Man）、L-岩藻糖（L-Fuc）；两种乙酰化已糖胺：*N*-乙酰葡糖胺（GlcNAc）、*N*-乙酰半乳糖胺（GalNAc）；两种糖醛酸：D-葡糖醛酸（GlcA）和 L-艾杜糖醛酸（IdoA）；一种戊糖：D-木糖（D-Xyl），以及甘露糖胺与磷酸烯醇丙酮酸缩合产物，它的 4-位、7-位、9-位羟基和 5-氨基发生取代产生一系列产物，统称唾液酸（Sia），其中最重要的是 *N*-乙酰-D-神经氨酸（NeuNAc）等。

（3）聚糖结构的复杂性。糖蛋白和蛋白聚糖的聚糖部分尽管仅由有限的几种单糖组成，但每种单糖有吡喃式与呋喃式结构之分，异头碳有α-型与β-型之分，每个单糖有多个羟基，可能以不同的方式形成糖苷键和分支结构。两种不同的氨基酸可形成两种二肽；三种不同的氨基酸可形成6种三肽；6种不同的氨基酸可产生176种六肽。而两种相同的己糖可能形成11种二糖；三种相同的己糖可产生176种三糖；6种不同的己糖则能形成109种六糖，如带有分支六糖的数目可达1012个。如果考虑到糖残基不同部位进一步修饰，如磷酸化、硫酸化、氨基化、乙酰化、糖基内部脱水成内醚等，聚糖的数目无疑会更大。聚糖结构的复杂性增加了研究工作的难度，同时暗示它可以蕴含更多的信息，成为生物信息的理想载体。

（4）糖缀合物的许多重要性质和功能与其糖链特有的结构密切相关。为了便于表现糖链的结构，一般采用流行的简化符号系统表示（图4-1），以标明糖链单糖之间的连接方式及其修饰状况。

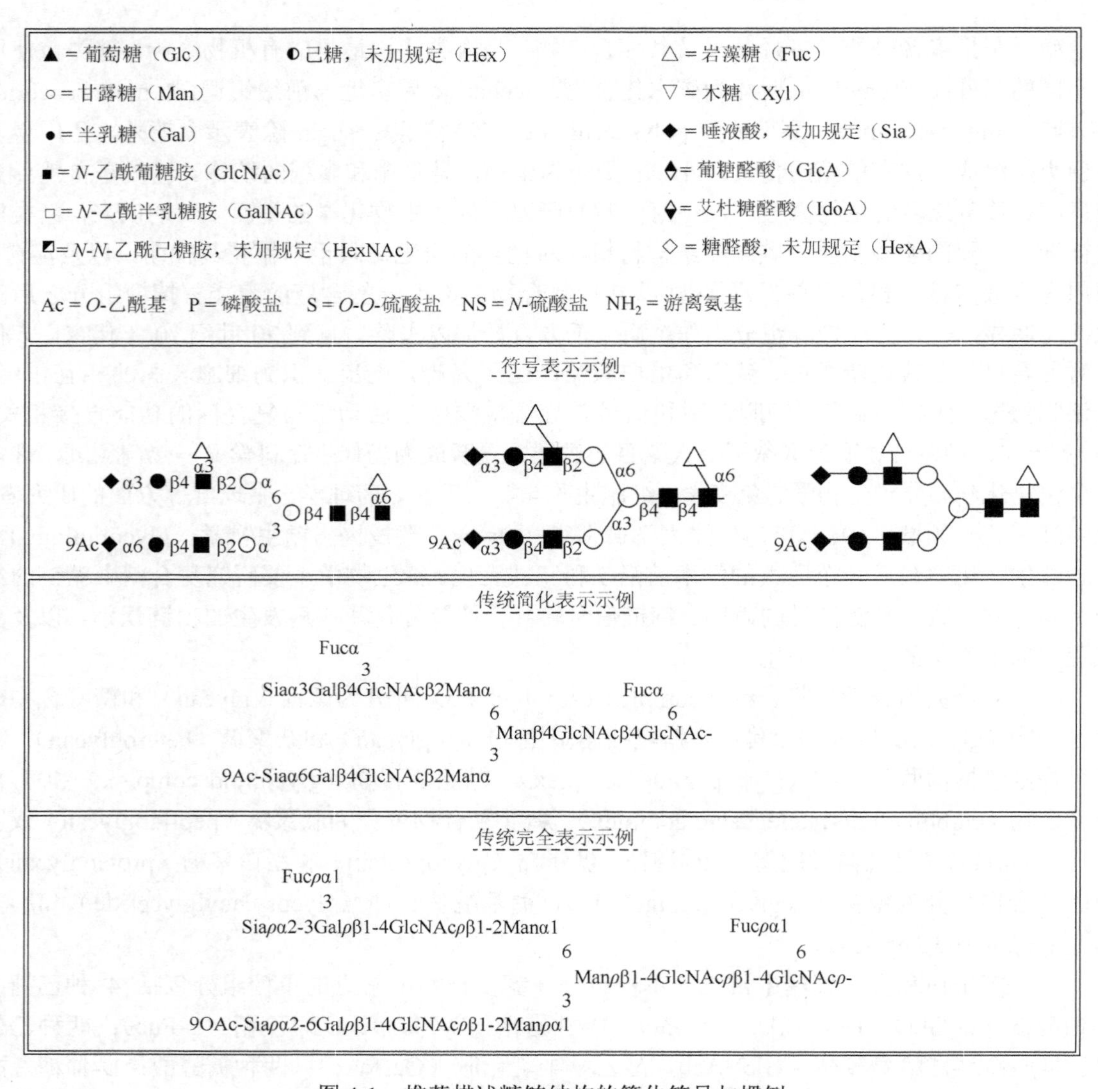

图4-1　推荐描述糖链结构的简化符号与惯例

以一个复杂型分支的双天线*N*-聚糖为例，除L-Fuc和L-IdoA外，其余糖基均为D-型；糖链中的单糖都是吡喃型（六元环）的；除Sia的糖苷链从C2开始，其余糖基的糖苷链均从C1开始

第二节 糖 蛋 白

广义的糖蛋白（glycoprotein）泛指糖肽共价复合物。为了研究的方便，目前已将肽聚糖和蛋白聚糖划分出来，狭义的糖蛋白专指肽链与一个或多个聚糖链共价结合形成的复合物，其聚糖链通常少于 15 个单糖残基（少数聚糖链含有 30～200 个单糖残基），且多数具有分支。

糖蛋白广泛存在于动植物体内，尤其是细胞表面，一些微生物也含有若干糖蛋白。据估计，生物体内的蛋白质有一半以上含糖。约 70 种已研究过的血浆蛋白中有 90%是糖蛋白。不同种类糖蛋白的含糖量为 1%～85%，如人的 IgG、甲状腺球蛋白、菠萝蛋白酶、腰子豆糖蛋白Ⅱ、大豆凝集素等糖含量＜10%；人胎球蛋白、卵黏蛋白、绿豆核酸酶等糖含量为 20%～30%；α_1-酸性糖蛋白含糖 40%，羊颌下腺黏蛋白和马铃薯凝集素含糖 50%，人的血型糖蛋白含糖超过 80%。不同糖蛋白中糖链的数目、长短、单糖组成以及糖链间平均距离相差悬殊（表 4-1）。这些糖链可广泛散布于多肽链上（如颌下腺糖蛋白），也可以集中在肽链中的一定片段上。另外，不同来源的糖蛋白具有种属特异性。以动物为例，作用相同的一种蛋白质在一种动物体内为糖蛋白，在另一种动物体内可能不含糖；即使同为糖蛋白，它们的单糖组分、含量等也可能不同，如牛、绵羊、猪的胰 RNase 含糖量分别为 9.4%、9.8%和 38%；绵羊颌下腺黏蛋白连接的是一种二糖，猪的颌下腺黏蛋白连接的是五糖。因此，标明糖蛋白来源实属必要。

表 4-1 糖蛋白中糖链数目与间距的变动

糖蛋白	每分子的糖链数目	糖链平均间距（氨基酸/糖链）
血清糖蛋白		
α_1-酸性糖蛋白	4	51
胎球蛋白	6	60
人触珠蛋白	13	113
人 α_2-巨球蛋白	31	209
牛甲状腺球蛋白	19	296
人转铁蛋白	2	375
人 IgG	2	776
胰糖蛋白		
牛胰 RNase B	1	124
DNase	1	270
黏蛋白		
羊颌下腺黏蛋白	800	6
猪颌下腺黏蛋白	约 500	8
胶原		
兔角膜胶原	19	173
牛皮肤胶原	8	435
大鼠皮肤胶原	4	770
兔巩膜胶原	3	1000

一、糖蛋白的结构

（一）糖蛋白的结构研究

糖蛋白的结构研究包括蛋白质部分的结构测定和糖链部分的结构测定。在此仅简要介绍糖蛋白中聚糖的结构测定。

（1）聚糖链与蛋白质的分离。从糖蛋白释放完整的*N*-聚糖可采用专一的肽-*N*-糖苷酶 F 水解，也可用肼解。*O*-聚糖可用内切 α-*N*-乙酰氨基半乳糖苷酶水解，或在 0.05～0.1 mol/L NaOH 与 1 mol/L $NaBH_4$ 通过 β-消去反应来完成。反应中产生的聚糖还原端被 $NaBH_4$ 还原成对碱稳定的糖醇，以防糖链被碱降解。如用 ^3H 标记的硼氢化钠，可对释放的聚糖还原端进行标记，便于在分离纯化中跟踪。也可用蛋白酶（如木瓜蛋白酶、胰蛋白酶、胰凝乳蛋白酶、嗜热菌蛋白酶等）降解。降解产物用凝胶过滤、高压液相色谱（high-pressure liquid chromatography，HPLC）等进行分级分离与纯化，得到不同的糖肽和（或）聚糖链，用于结构分析。

（2）聚糖的单糖组分分析。用糖苷酶或酸/碱将上述糖肽水解，将其中的单糖组分转变为热稳定挥发性衍生物（如糖三甲基硅醚、糖醇乙酸酯、糖三氟乙酸酯等），再用气-液相色谱（gas-liquid chromatography，GLC）进行鉴定和定量，检测精度可达 nmol 级。GLC 与质谱（mass spectrometry，MS）联用，检测精度可达 10 pmol 级。如将单糖还原端进行荧光标记，再用 HPLC 与荧光检测仪对其进行鉴定和定量，检测精度可达 fmol～pmol 水平。氨基糖可用氨基酸分析仪测定；唾液酸除用灵敏度较低的比色法测定外，也可用高灵敏度 GLC-MS 对离子化的唾液酸进行测定。

（3）糖链结构分析。表 4-2 列举了系列技术，可测定糖链中每个单糖残基的异头结构（α 或 β）、环式结构类型（p 或 f），以及与其他糖残基连接键的位置。这些方法包括外切糖苷酶，利用特异性外切糖苷酶水解糖链，再用 HPLC、高效薄层色谱（high performance thin-layer chromatography，HPTLC）和高效毛细管电泳（high performance capillary electrophoresis，HPCE）成套仪器进行检测，精度达 fmol～pmol 级，可得到糖基连接链位置的信息。由于使用的专一性外切糖苷酶种类有限，此方法的应用具有局限性。甲基化分析法利用甲基化等修饰反应制备糖衍生物，经 GLC 与质谱仪联用检测，精度达 0.1～10 pmol，可鉴定和定量残基上特定位点取代及糖的环式构型。质谱在糖结构分析中可测定糖环上键的类型与位置，如采用快速原子轰击（fast atom bombardment，FAB）、液相二次离子质谱（liquid secondary ion mass spectrometry，LSIMS）和串联质谱（tandem mass spectrometry，MS/MS），检测精度可达 fmol～pmol 水平。核磁共振（nuclear magnetic resonance）用于糖结构分析，测定糖基的异头构型和键的位置，其优点是不需要制备糖衍生物。Yakovleva 等（2010）利用外源凝集素为基础的石英晶体微天平技术，快速筛查和定量检测糖蛋白的糖基化过程；Pei 等（2012）把肿瘤细胞直接培养和固定在石英晶体微天平的芯片表面，用一系列的细胞凝集素进行快速筛查不同种类肿瘤细胞的表面糖基化结构类型。

表 4-2 分析糖蛋白糖链结构的方法

方法	获得的主要信息
酶学的：	
外切糖苷酶	顺序、异头
内切糖苷酶	糖-肽键的性质（顺序、异头）

续表

方法	获得的主要信息
化学的：	
过碘酸氧化和史密斯（Smith）降解	键的位置
甲基化分析（与质谱联用）	键的位置
酸部分水解	顺序
乙酰解	顺序（键的位置）
肼钠和亚硝酸脱氢作用	*N*-乙酰葡糖胺周围的顺序
物理的：	
核磁共振	异头（键的位置）
免疫化学的：	
抗体	异头、顺序
凝集素	异头、顺序

（4）糖链序列分析。早期曾用外切糖苷酶从糖链非还原端依次切下特定的单糖，由于可用酶种类有限，而且进行糖链序列分析的糖苷酶纯度较高，限制了该方法的应用，常用的糖苷酶见表 4-3。

表 4-3　用于聚糖测序的几种糖苷酶

酶	来源	专一性
外切糖苷酶	产气荚膜梭菌（*Clostridium perfringens*）	Fucα1 ↓ 2Gal
α-L-岩藻糖苷酶 β	肺炎双球菌（*Diplococcus pneumonias*）	Galβ1 ↓ 4GlcNAc
β-半乳糖苷酶	白刀豆（*Canavalia ensiformis*）	Manα1 ↓ 2/6Man
α-甘露糖苷酶	肺炎双球菌（*Diplococcus pneumonias*）	GlcNAcβ1 ↓ glycan
β-D-*N*-乙酰氨基葡糖苷酶	肺炎双球菌（*Diplococcus pneumonias*）	Siaα2 ↓ 3/6Gal
神经氨酸酶		Siaα2 ↓ 6GkNAc
内切糖苷酶		
内切 β-D-半乳糖苷酶	杆状拟菌（*Bacteroides fragilis*）	-GlcNAcβ1-3Galβ$_{\alpha 1}$ ↓ 3/4GalNAc-
N-糖苷酶 F	脑膜炎黄杆菌（*Flavobacterium meningoseptium*）	x-Man 6, x-Man 3 > Man-GlcNAc-GlcNAcβ$_1$ ↓ Asn-
O-糖苷酶	肺炎双球菌（*Diplococcus pneumonias*）	Galβ$_1$-3GalNAcα$_1$ ↓ Ser/Thr

用基质辅助激光解吸电离（matrix-assisted laser desorption ionization，MALDI）-飞行时间（time-of-flight，TOF）检测精度达 pmol，核磁共振法可以独立地测定聚糖全结构。完成结构阐明需要糖链的二维 ^{1}H ^{13}C NMR 波谱，检测精度为 1～10 nmol。还发展了类似于氨基酸序列分析中的 Edman 降解的化学顺序降解法，先用 $NaBH_4$ 将聚糖还原端转化成糖醇，再用四乙酸铅（–73℃）处理，在糖苷键附近引入一个羰基，然后肼解切下还原端衍生物，检测，可推知糖链序列。与核酸和蛋白质相比，糖的结构分析难度较大，需要多种技术和多种大型精密成套仪器，

目前在生物大分子精细结构数据库中，聚糖仅占 0.1%。随着结构生物学的发展，各种精密的检测技术和生物技术在糖研究中的应用不断扩展，尤其是凝集素等特异的糖结合蛋白被广泛用于糖结构研究，极大地推动了糖结构研究的发展，为阐明特定糖链的结构及其与生物学功能的关系奠定了基础。

（二）糖-肽连接键的类型

糖蛋白中的聚糖链均由其还原端以接枝方式与肽链特定部位的氨基酸侧链基团相连接，主要分为 *N*-连接键和 *O*-连接键，表 4-4 和表 4-5 分别列出了常见的糖-肽连接和罕见的糖-肽连接。

表 4-4　糖蛋白中常见的糖-肽连接

糖-肽连接	结构	分布情况
N-糖苷键 β-*N*-乙酰葡糖胺-天冬酰胺 （GlcNAc-Asa）	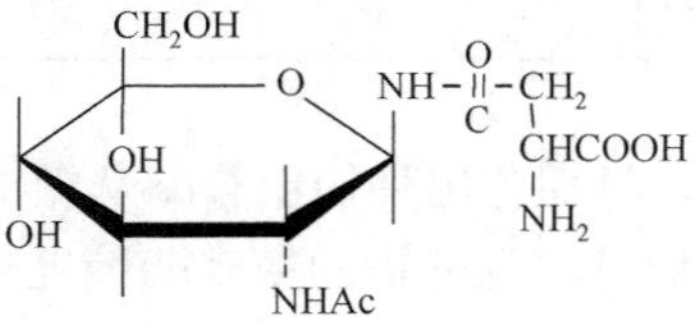	广泛分布于动物、植物和微生物中
O-糖苷键 α-*N*-乙酰半乳糖胺-丝氨酸/苏氨酸 （GalNAc-Ser/Thr）	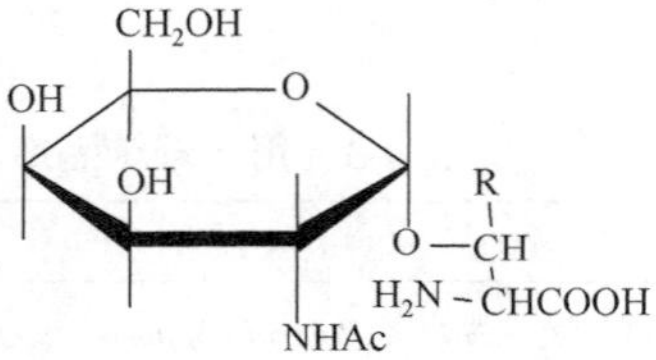	动物来源的糖蛋白
β-木糖-丝氨酸 （Xyl-Ser）	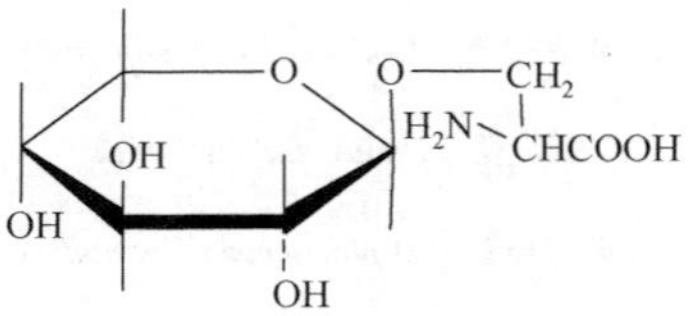	蛋白多糖、人甲状腺球蛋白
半乳糖-羟赖氨酸 （Gal-Hyl）	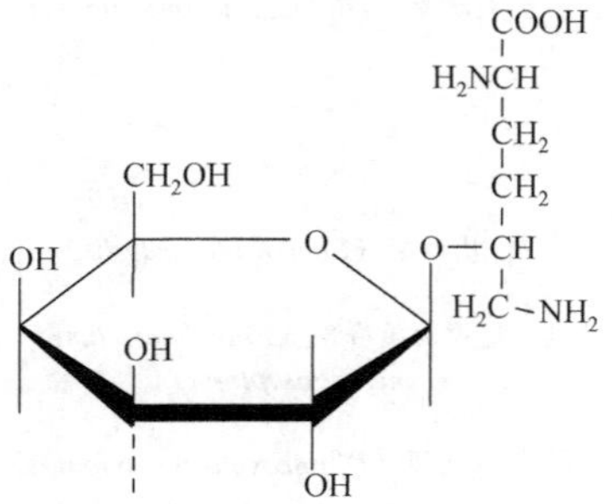	胶原
α-L-阿拉伯糖-羟脯氨酸 （Ara-Hyl）	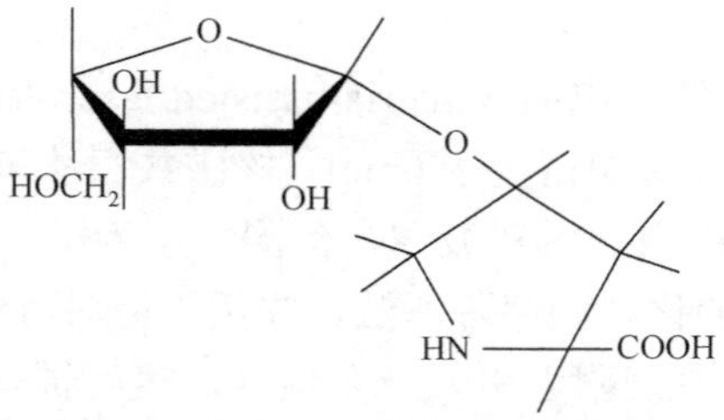	植物和海藻糖蛋白

表 4-5 罕见的糖链和肽链连接方式

连接方式	分布情况
半乳糖基-羟脯氨酸（Gal-Hyp）	阿拉伯半乳聚糖蛋白、藻类细胞壁糖蛋白
半乳糖-丝氨酸（Gal-Ser）	马铃薯凝集素、藻类细胞壁糖蛋白、地蚕表皮胶原
半乳糖-半胱氨酸（Gal-Cys）	尿糖肽
葡萄糖-半胱氨酸（Glc-Cys）	鳕变态反应原 M、红细胞膜糖肽
甘露糖-丝氨酸/苏氨酸（Man-Ser/Thr）	酵母聚甘露糖真菌糖肽、沙蚕（clamworm）表皮胶原
L-岩藻糖-苏氨酸（Fuc-Thr）	人尿糖胺

1. *N*-连接键

D-GlcNAc β-Asn，又称Ⅰ型糖肽键，由糖链还原端的β-D-GlcNAc 残基 C1-OH 与多肽链 Asn 残基侧链酰胺-NH_2缩合，形成 C-N 糖苷键，广泛分布于糖蛋白中。*N*-糖苷键以 β-*N*-乙酰葡糖胺 2 Asn 为连接点，在糖蛋白中仅有 *N*-乙酰-β-D-葡糖胺残基与 Asn 相连，生成的键是4-*N*-(2-乙酰氨基-2-脱氧-β-D-吡喃葡萄糖基)-L-天冬酰胺。*N*-糖苷键不仅与氨基酸种类有关，而且与氨基酸顺序有关。带糖链的 Asn 残基附近往往含有一个 Thr 或 Ser 残基，即它具有顺序子结构，称为天冬酰胺顺序子：Asn-X-Thr 或 Asn-X-Ser，其中 X 可代表除脯氨酸以外的任何一种氨基酸残基。这表明糖蛋白中能与 Asn 残基相连的寡糖链数目是有限的，并非所有 Asn 顺序中的 Asn 都发生糖基化。以肽链 N 端-NH_2为连接点形成的 *N*-糖-肽链迄今仅见于血红蛋白 Alc。

2. *O*-连接键

由糖链还原端与含羟基的氨基酸侧链-OH 形成 C-O 糖苷键，又可分为以下 4 类。

（1）D-GalNAcα-Ser/Thr，又称为Ⅱ(i)型糖-肽键，以 α-*N*-乙酰半乳糖胺-Ser/Thr 残基为起点，此糖肽键是 3-*O*-(2-乙酰胺-2-脱氧-α-D-吡喃半乳糖基)-L-Ser/Thr，是黏液糖蛋白的特征键，在某些非黏液型糖蛋白中也有发现，分布广泛。

（2）D-Xylβ-Ser/Thr，又称Ⅱ(ii)型糖-肽键，以木糖-丝氨酸残基为连接点，多数以 Xyl 残基与肽链上 Ser 残基结合，形成 *O*-糖苷键，主要存在于一些蛋白聚糖中。

（3）D-Galβ-Hyl，又称Ⅲ型糖-肽键，以半乳糖-羟赖氨酸残基为连接点，此糖肽键称为 5-*O*-β-吡喃半乳糖基-5-羟基-L-赖氨酸，是胶原和一些胶原样多聚物的特征结构。在发生糖基化的羟赖氨酸（Hyl）之后，紧接着往往是一个 Gly，主要存在于胶原和丝心蛋白中。

（4）D-Araβ-Hyp，以阿拉伯糖-羟脯氨酸残基为连接点，此糖肽键称为 4-*O*-β-D-吡喃阿拉伯糖基-4-羟-反式-L-脯氨酸，目前仅在高等植物中发现，主要存在于绿色植物和绿藻细胞壁的糖蛋白中。

此外，在少数糖蛋白中存在所谓的 *S*-糖-肽键，由 Gal2-或 Glc3-连接于肽链中 Cys 残基侧链的 S 上。近年还在一些含表皮生长因子（EGF）结构的蛋白质中发现了 Fuc 与 Ser/Thr 连接。Ⅰ型和Ⅱ(i)型糖-肽键的聚糖最重要，可共存于同一肽链上，这两种连接键所连聚糖的主要区别见表 4-6。

表 4-6 *N*-聚糖与 *O*-GalNAc 聚糖的主要区别

区别	*N*-聚糖	*O*-GalNAc 聚糖
糖-肽键	GlcNAcβ1-*N*（Asn-X-Ser/Thr）	GalNAcα1-*O*（Ser/Thr）
聚糖组成	都含 Man、GlcNAc，绝大多数不含 GalNAc	都含 GalNAc，不含 Man
糖链分支	全部分支	不一定分支
糖-肽键化学裂解	肼解	稀碱水解
聚糖内侧核心结构	都有分支的五糖 $Man_3GlcNAc_2$	有多种，除 GalNAc 外，可含 Gal 或（和）GlcNAc

（三）*N*-聚糖的结构

血清糖蛋白多以 *N*-糖肽键连接，因而 *N*-聚糖又称为血清型（plasma type）。血清型聚糖均由一个共同的五糖核心和不同数量的外链组成。核心五糖结构如下：

$$\begin{matrix}\text{Man}\alpha1 \searrow^{6} \\ \text{Man}\alpha1 \nearrow_{3}\end{matrix}\text{Man}\beta1\text{-4GlcNAc}\beta1\text{-4GlcNac}\beta1\text{-Asn}$$

按照核心五糖中两个 α-Man 上连接的糖基，*N*-聚糖可分为以下 5 种类型。

（1）高甘露糖型（high-or oligo-mannose type）（图 4-2a）。核心五糖连接的外链由 3～9 个 Man 组成，不分支时以 α1-2 连接，分支时以 α1-3 或 α1-6 连接。寡糖链只含有甘露糖和 N_2-乙酰氨基葡萄糖，而且只有甘露糖连接在五糖核心区上，如卵白蛋白。

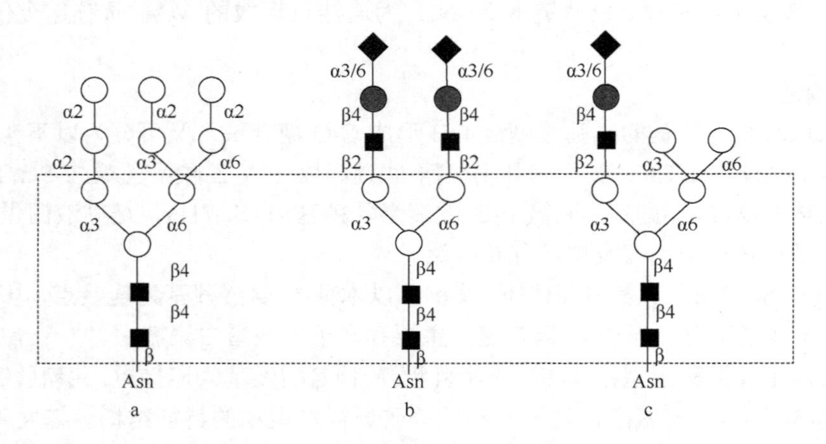

图 4-2 三种类型的 *N*-聚糖结构示意图

虚线框内为核心五糖。a. 高甘露糖型；b. 复杂型；c. 杂合型

（2）复杂型（complex type）（图 4-2b）。在核心五糖 α1,3 Man 臂的 C2 和 C4 位，以及 α1-6 Man 臂的 C2 和 C6 位上连接数目不等的外链，又称为糖蛋白的天线（antenna）。每条天线由内向外依次连接 GlcNAc、Gal 和 Sia 或（和）Fuc。最短的外链只有一个 GlcNAc，有些外链含有 5～100 个 α2-8 连接的 Sia 残基。此外，核心五糖与 Asn 连接的 GlcNAc 还可能再连接一个 α1-6Fuc。寡糖链除含有甘露糖和 N_2-乙酰基葡萄糖外，在甘露糖上还连接有半乳糖、岩藻糖和唾液酸等。α1→3Man 的 C2 和 C4 位，以及 α1→6Man 的 C2 和 C6 位上连接外侧糖链，即天线，可分为二天线型（C2C2）、三天线型（C2, 4C6）和四天线型（C2, 4C2, 6）。只有极少数是单天线型的，五天线型仅发现于鸟类卵清中。

（3）杂合型（hybrid type）（图 4-2c）。核心五糖 α1-3 Man 臂上连接复杂型外链，α1-6 Man 臂上连接高甘露糖型外链。其又称混合型，既有高甘露糖链，又有 N_2-乙酰氨基半乳糖链，连接于五糖核心的两个 α2Man 上，如卵清蛋白。

（4）核心岩藻糖型。核心五糖的最内侧 GlcNAc 上以 α1→6 连接岩藻糖（Fuc）。

（5）平分型。β2Man 上连接一个 GlcNAc。

高甘露糖型 *N*-聚糖广泛存在于各类生物的糖蛋白中，含 Sia 的复杂型和杂合型 *N*-聚糖仅见于高等动物的糖蛋白中，植物糖蛋白的复杂型 *N*-聚糖尚未发现含有 Sia。

复杂型 *N*-聚糖可有 1～5 条天线，只有极少数糖蛋白仅在 α1-3 Man 臂上有 1 条天线。二天线较为多见，均以 β1, 2-糖苷键分别连接于 α1-3 Man 臂和 α1-6 Man 臂，称为 C2C2 二天线。外链以 β1-2 和 β1-4 连接于 α1-3 Man 臂，以 β1-2 连接于 β1-6 Man 臂，称为 C2, 4C2 三天线；如外链以 β1-2 连接于 α1-3 Man 臂，以 β1-2 和 β1-6 连接于 α1-6Man 臂上，则称为 C2, C2, 6 三天线。以此类推，还有 C2, 4C2, 6 四天线。鸟类糖蛋白中发现有 C2, 4C2, 4, 6 五天线（图 4-3）。

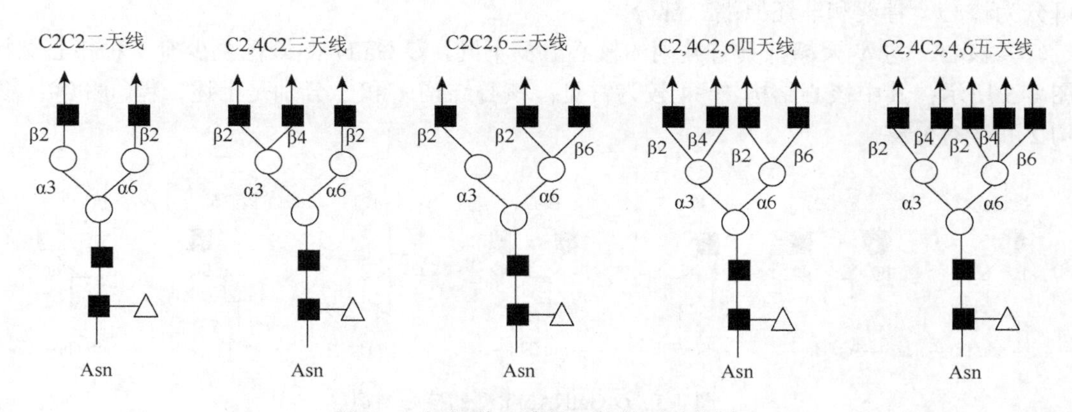

图 4-3　复杂型 *N*-聚糖天线数及其位置

连于核心五糖的外链有多种不同的糖基组成和连接方式（图 4-4）。外链 Gal 残基与内侧 GlcNAc 的连接可以是 β1-3（见于 1 型糖链）或 β1-4（见于 2 型糖链），以 β1-4 较为常见。Galβ1-4GlcNAc 二糖结构又称 *N*-乙酰氨基乳糖单位（LN unit），可重复出现，LN 单位间以 β1-3 键相互连接，形成(Galβ1-4 GlcNAcβ1-3)$_n$ 重复序列，又称 i 抗原。i 抗原常出现在 C2, C2, 6 三天线和 C2, 4C2, 6 四天线 *N*-聚糖的 GlcNAcβ1, 6 Man α1-6 臂的 C6 位上，出现在 α1-6 臂 C2 位上的频率次之，出现在 α1-3 臂 C4 位上的频率又次之，α1-3 臂 C2 位则罕见这种重复序列。

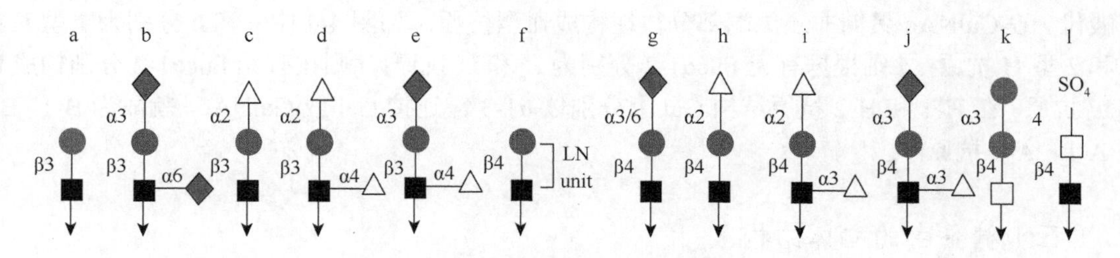

图 4-4　*N*-聚糖外链结构示意图

a. 见于 1 型糖链；b. 兼有 α2, 3 和 α 2, 6 Sia 的外链；c. 1 型 H 抗原；d. 无 Fuc α 1-2 者为 L^a_e 抗原，有 Fuc α 1-2 者为 L^b_e 抗原；e. sL_e^a 抗原；f. 见于 2 型糖链；g. 常见的唾液酸化三糖外链；h. 2 型 H 抗原；i. 无 Fuc α 1-2 者为 L^x_e 抗原，有 Fuc α 1-2 者为 L^ye 抗原；j. sL^xe 抗原；k. 仅存在于灵长类以下的哺乳动物；l. 存在于少数糖蛋白外链中

Gal 残基外侧可与 Sia 相连，Siaα2-3 常出现在 1 型或 2 型糖链中；Siaα2-6 常见于 2 型糖链。*N*-乙酰氨基乳糖重复单位为 0～3 时外链末端一般是 Siaα2-6；重复单位数＞3 时外链末端常见 Siaα2-3。在神经组织和卵细胞的糖蛋白中，Siaα2-3 外侧还可再以 α2-8 键连接一个或多个 Sia 残基。Fuc 取代 Sia 作为外链末端残基时，一般以 α1-2 键与 Gal 连接，与 GlcNAc 连接时则为 α1-3 或 α1-4 键。

（四）*O*-聚糖的结构

GalNAcα-O-Ser/Thr 糖肽键最早发现于黏蛋白，因而 *O*-GalNAc 聚糖又称为黏蛋白型（mucin type）。最简单的情况 Ser/Thr 只连接一个 GalNAc，见于不多的几种黏蛋白和分泌性糖蛋白中。少数糖蛋白中 Ser/Thr 上连接一个二糖，包括：①Siaα2-6 GalNAc-；②Galβ1-3 GalNAc-；③GlcNAcβ1-3 GalNAc-；④Galα1-3 GalNAc-。含有两个以上糖残基的 *O*-聚糖，其结构可分为核心、骨架和非还原端三部分。

（1）核心。与 *N*-聚糖都具有共同的核心五糖不同，*O*-GalNAc 聚糖至少有 7 种核心结构，如图 4-5 所示；其中核心结构 1～4 较为常见；核心结构 1 和 3 分别是上述二糖②和③；核心结构 2 和 4 有分支。

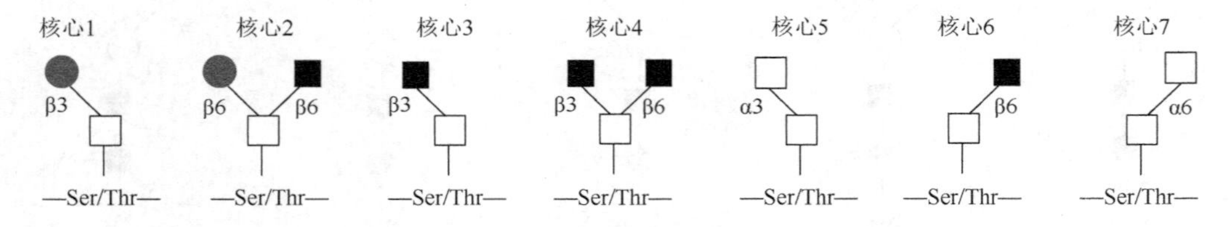

图 4-5　*O*-GalNAc 聚糖的核心结构

（2）骨架。骨架是指核心结构外侧的延长部分，与 *N*-聚糖的外链相似，基本上由 β 连接的 Gal-GlcNAc 二糖单位组成，包括 Galβ1-3 GlcNAc(1 型结构)、Galβ1-4GlcNAc(2 型结构)和 (Galβ1-4 GlcNAcβ1-3)$_n$，以及 *N*-聚糖中不存在的 Gal β1-3 GalNAcα(3 型结构)和 Galβ1-3 GalNAcβ-(4 型结构)。*O*-GalNAc 聚糖骨架的 Gal C6 位常连有 GlcNAcβ1-6 分支，如 Galβ1-4 GlcNAcβ1-3(Galβ1-4 GlcNAcβ1-6)Galβ1-结构，i 抗原直链结构上如形成这种分支就转变成 I 抗原。

（3）非还原端。*O*-GalNAc 聚糖的非还原端常是在 Gal 上连一个 Saiα2-3 或在 GalNAc 上连一个 Siaα2-6。还有一部分 *O*-GalNAc 聚糖末端糖基被硫酸化，有时糖链中部的糖基也可能被硫酸化。*O*-GalNAc 聚糖非还原端部分往往构成血型抗原，如图 4-4 中 c 和 h 分别为 1 型 H 抗原和 2 型 H 抗原；d 则根据有无 Fucα1-2 分别为 L_e^a 和 L_e^b 抗原；i 则按有无 Fucα1-2 分别构成 L_e^x 和 L_e^y 抗原。在 H-1 和 H-2 抗原结构 Gal 上分别以 α1-3 键连接 Gal 或 GalNAc，就成为 B-1、B-2 和 A-1、A-2 抗原。

（五）糖蛋白的立体结构

1. 糖蛋白分子中寡糖的三维结构

任何一个寡糖的三维结构由每个糖苷键的键角、键长和扭转角的值所确定。键角和键长可从二糖或三糖的晶体结构获得，糖苷键的 C-O 与 O-C 的空间关系分别用扭转角 φ 和 ψ 描述，另一个扭转角 ω 必定是指 1→6 连接键。φ 和 ψ 值用核增强效应（nuclear overhauser effect，NOE）确定残基间的氢原子距离和测弛缓时间（relaxation-time）长短获得。绘制以空间充实立体模式表示的 *N*-连接的寡糖的三维结构时，首先用结晶结构计算每个己糖的组成原子的坐标，然后用实验测得的 φ、ψ 和 ω 值连接糖基，最后从这些坐标在计算机上产生空间的三维结构图像。

2. 糖蛋白分子中肽链的立体结构

糖蛋白分子中肽链的立体结构与一般蛋白质相似，以氢键、疏水键、离子键、二硫键等构成螺旋、β-折叠、无规卷曲等二级结构，进一步再由这些肽链相互作用，形成分子特有的三级结构。这些肽链作为亚基再形成四级结构。

3. 糖蛋白分子的立体结构

糖蛋白分子的立体构象可归纳为以下几种：①糖蛋白的蛋白质分子（肽链）呈自由卷曲的链状，形成分子的二级结构，该链相互缠绕，进一步卷曲、折叠，形成球状等分子的三级结构。在这种结构中，糖链、游离的羟基、羧基等亲水性基团位于分子的外侧，疏水性基团则位于分子的内侧。这类立体构象可见于卵白蛋白、糖蛋白酶等分子中。②糖蛋白的蛋白质分子（肽链）呈螺旋或直链状等伸展的二级结构，短的糖链结合在这条肽链上，整个分子的立体构象为棒状等特定的形状。这类立体构象可见于三条链螺旋构造的胶原分子中。③糖蛋白的多肽链上结合很多的糖链，形成网状的立体构象，这种构象可见于蛋白聚糖中。

二、糖蛋白的生物合成

糖蛋白的肽链部分由特定基因转录的 mRNA 直接编码，聚糖部分是后加的。*N*-聚糖的合成在肽链合成尚未完成时即已开始，是伴随着翻译（co-translational）的过程；*O*-聚糖的合成则是翻译后（post-translational）修饰过程。糖基化位点的选择、糖肽键的类型及聚糖链的组成和结构，都是在基因组编码的一系列特异性酶顺序作用下，在细胞内特定的微环境中形成的，可以认为聚糖链的合成受到基因组严格而精准的间接控制。

（一）活化糖基供体的合成

所有的生物合成都需要把单体事先活化，以利于反应朝着合成的方向进行。聚糖链合成所需要的单糖也必须转化成相应的活化形式，才能在糖基转移酶催化下掺入聚糖。蛋白质糖基化反应所需活化糖基供体有三种类型：Glc、Gal、GlcNAc、GalNAc、Xy1 和 GlcA 均为 UDP-糖基，UDP-GlcA 经表异构酶催化转化成 UDP-IdoA；Man 和 Fuc 为 GDP-糖基；Sia 则以 CMP-Neu5Ac 为活化供体。此外，UDP-Glc 和 GDP-Man 还能将糖基转移到 ER 膜中的 Dol-P 上，以 Dol-P-Glc 和 Dol-P-Man 的形式被糖基化反应利用。图 4-6 概括了这些活化糖基供体的合成路线与相互转化。

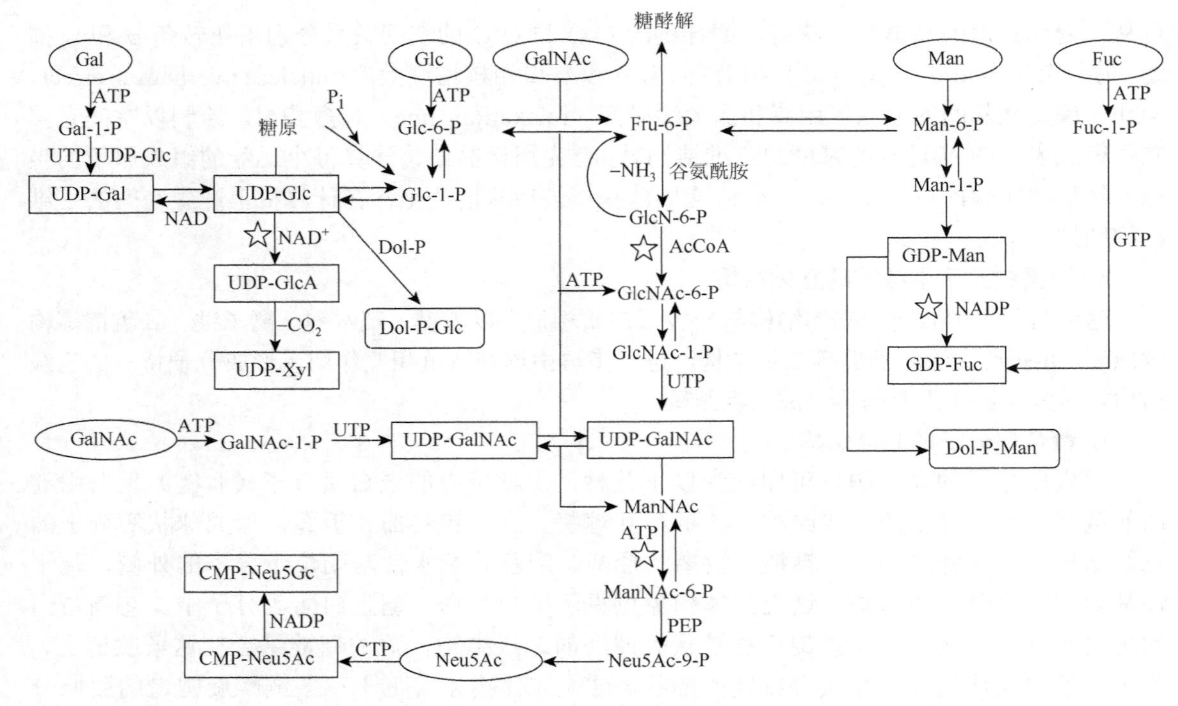

图 4-6 活化糖基供体的生物合成路线及其相互转化

矩形框为活化糖基供体；椭圆框为单糖；星号处为控制点

（二）*N*-寡糖的合成

人们曾经利用重建的无细胞系统和凝集素耐受细胞系阐明了*N*-寡糖生物合成的基本途径。发现首先在ER中组装一个脂质载体连接的寡糖前体，再把该寡糖前体转移到新生肽链适合的糖基化位点上，最后在ER和高尔基体中经过一系列剪接加工，形成成熟的糖蛋白。随后开始克隆 *N*-寡糖生物合成涉及的糖基转移酶和糖苷酶的基因。这些基因特殊的表达模式，以及它们编码的酶突出的底物专一性对阐明 *N*-寡糖特殊结构的形成与变化具有重要意义。还注意到在胚胎发生、细胞活化和肿瘤形成等条件下，*N*-寡糖的结构发生改变，为研究 *N*-寡糖的生物学功能提供了新的契机。*N*-寡糖的合成场所是粗面内质网和高尔基体，可与蛋白质肽链的合成同时进行。在内质网上以长萜醇（dolichol）作为糖链载体，在糖基转移酶的作用下先将UDP-GlcNAc 分子中的 GlcNAc 转移至长萜醇，然后再逐个加上糖基，糖基必须活化成 UDP 或 GDP 的衍生物，才能作为糖基供体底物参与反应。每一步反应都有特异性的糖基转移酶催化，直至形成含有 14 个糖基的长萜醇焦磷酸寡糖结构，其中还有 14 个糖基的寡糖作为一个整体被转移到肽链的糖基化位点中 Asn 的酰胺 N 上（图 4-7）。

1. 多萜醇寡糖前体的组装

N-寡糖的前体由 14 个特定的单糖连接而成，在真核细胞中，这个寡糖前体的结构是保守的。寡糖前体在磷酸多萜醇上组装（图 4-8）。动物的多萜醇含 17～21 个异戊二烯单元，真菌类和植物的多萜醇含有 14～24 个异戊二烯单元。多萜醇的极性端通过焦磷酸与糖相连接，长长的烃链插入 ER 膜，把正在合成的寡糖前体锚定在 ER 膜上。

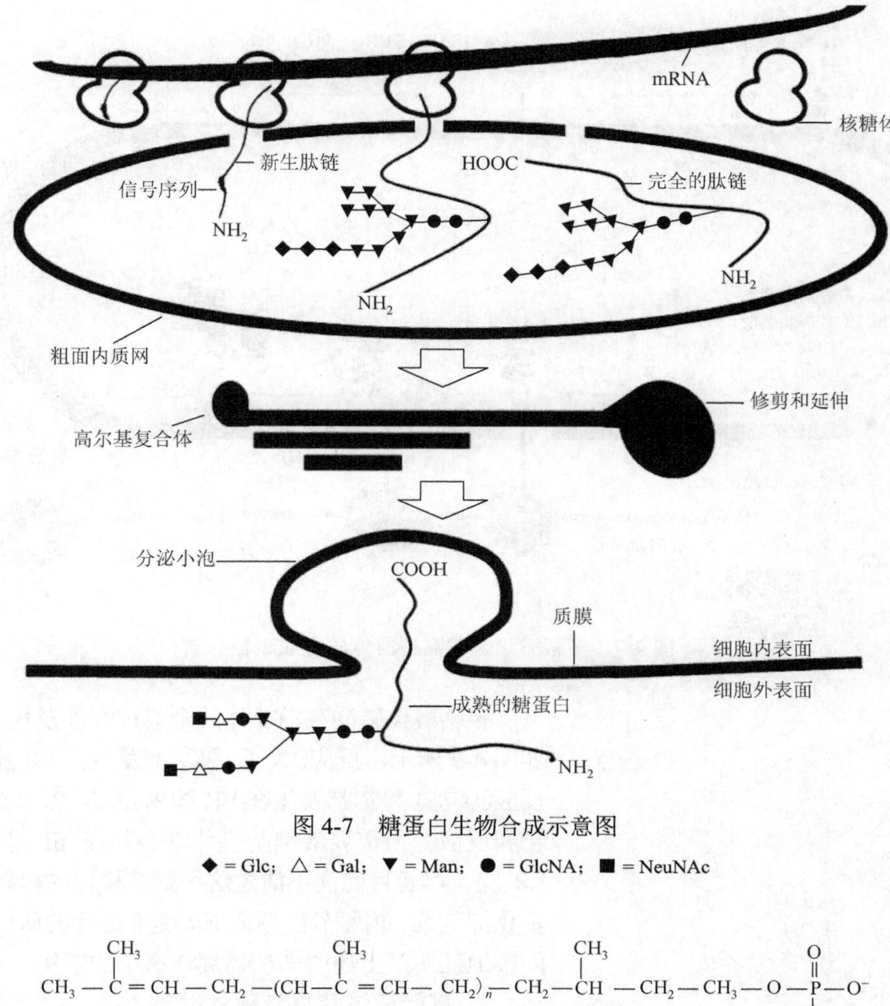

图 4-7 糖蛋白生物合成示意图

◆ = Glc；△ = Gal；▼ = Man；● = GlcNA；■ = NeuNAc

$$CH_3-\underset{}{\overset{CH_3}{\overset{|}{C}}}=CH-CH_2-(CH-\overset{CH_3}{\overset{|}{C}}=CH-CH_2)_n-CH_2-\overset{CH_3}{\overset{|}{CH}}-CH_2-CH_3-O-\underset{O^-}{\underset{|}{\overset{O}{\overset{\|}{P}}}}-O^-$$

图 4-8 磷酸多萜醇的结构

如图 4-9 所示，多萜醇焦磷酸寡糖前体组装的第一步反应由 GlcNAc-1-磷酸转移酶把 GlcNAc-P 从 UDP-GlcNAc 上转移到 Dol-P，同时释放 1 分子 UMP；然后再由 GlcNAc 转移酶从 UDP-GlcNAc 上把第二个 GlcNAc 转移到 Dol-PP-GlcNAc 上，同时释放 1 分子 UDP。接下来，在第二步反应中由 5 种不同的 Man 转移酶以 GDP-Man 为糖基供体，依次添加 5 个 Man。通过尚不完全了解的机制，Dol-PP-GlcNAc2-Man5 穿越 ER 膜翻转到 ER 腔（步骤③）。4 个 GDP-Man 在 ER 膜胞液一侧把 Man 转移到 Dol-P 上，生成的 Dol-P-Man 翻转到 ER 腔（步骤④和⑤）。在 ER 腔，4 种 Man 转移酶以 Dol-P-Man 为活化糖基供体，向 Dol-PP-GlcNAc2Man5 再添加 4 个 Man 残基（步骤⑥）。三个 UDP-Glc 在 ER 胞液一侧把 Glc 转移到 Dol-P 上，生成的 Dol-P-Glc 也翻转到 ER 腔（步骤⑦和⑧）。最后，由 Glc 转移酶以 Dol-P-Glc 为糖基供体添加三个 Glc 残基（步骤⑨），完成 Dol-PP-GlcNAc2 Man9 Glc3 的组装，其结构如图 4-10 所示。

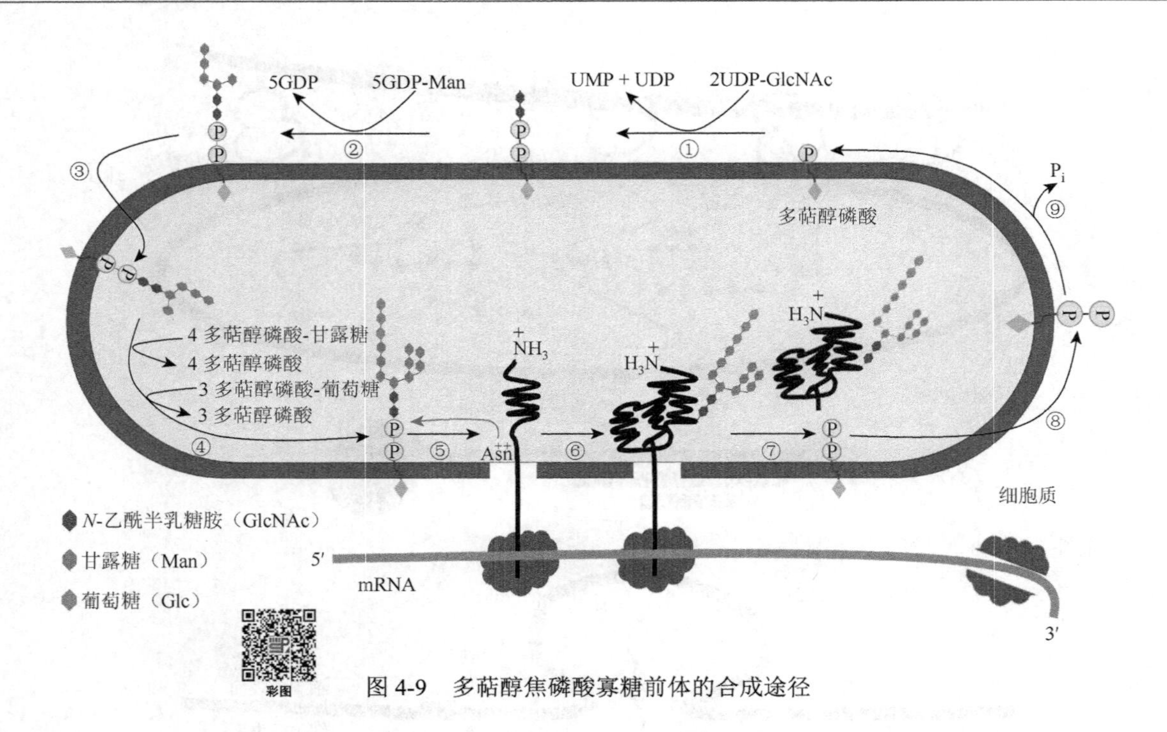

图 4-9 多萜醇焦磷酸寡糖前体的合成途径

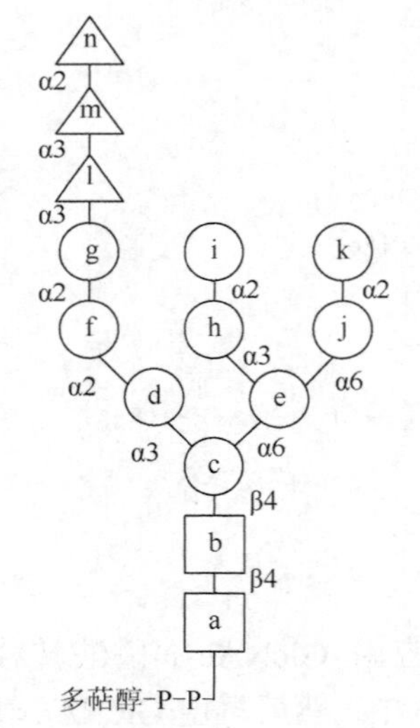

图 4-10 *N*-寡糖的结构图

寡糖前体在 ER 膜上组装，与磷酸多萜醇结合后，转移到新生肽链合适的糖基化位点上

a～n. 对应于各残基在前体上的组装顺序；□ = GlaNAc；○ = Man；△ = Glc

多萜醇焦磷酸寡糖前体的合成过程涉及拓扑变化。正如图 4-9 所示，反应①、②和⑨都发生在 ER 胞液一侧，反应④⑤⑥和⑦都发生在 ER 腔内。反应②形成的中间产物和反应③所需要的糖基供体都必须在 ER 膜中翻转到 ER 腔。尽管目前尚不清楚这种翻转移位的机制，但用糖基化抑制剂、内翻外的粗面 ER 囊泡进行的研究都直接或间接地证明了上述中间产物翻转移位的事实。

2. 寡糖前体转移到新生肽链上

上述完成组装的寡糖前体已具备了转移到新生肽链上的条件，当肽链中出现合乎要求的 Asn 残基（Asn-X-Ser/Thr）时，包括 14 个糖残基的寡糖前体整体转移，同时释放 1 分子 Dol-PP，再翻转到 ER 胞液面（步骤⑩和⑪），其后经磷酸酶作用，Dol-PP 失去 1 个磷酸基，又变成 Dol-P，可以参与下一轮寡糖前体合成（步骤⑫）。

寡糖前体的转移是由 ER 膜中的寡糖转移酶（oligosaccharyltransferase，OST）催化的。酵母 OST 复合物至少包含 9 种不同的亚基：OST1p、OST3p、Wbp1p、Stt3p、OST6p、Swplp、OST2p、OST5p 和 OST4p，所有这些亚基都是跨膜蛋白，有 1～8 个跨膜域，其中 Ost1p 对其活性必不可少（图 4-11）。寡糖前体末端的三个 Glc 显然是其转移信号，OST 可识别其非还原端的三个 Glc 和还原端的 GlcNAc，如果切掉最外侧的两个 Glc，其转移活性只剩下 1/9；如将三个 Glc 全部切掉，就不能再被转移。OST 同样具备识别多肽链中合适糖基化位点的能力。

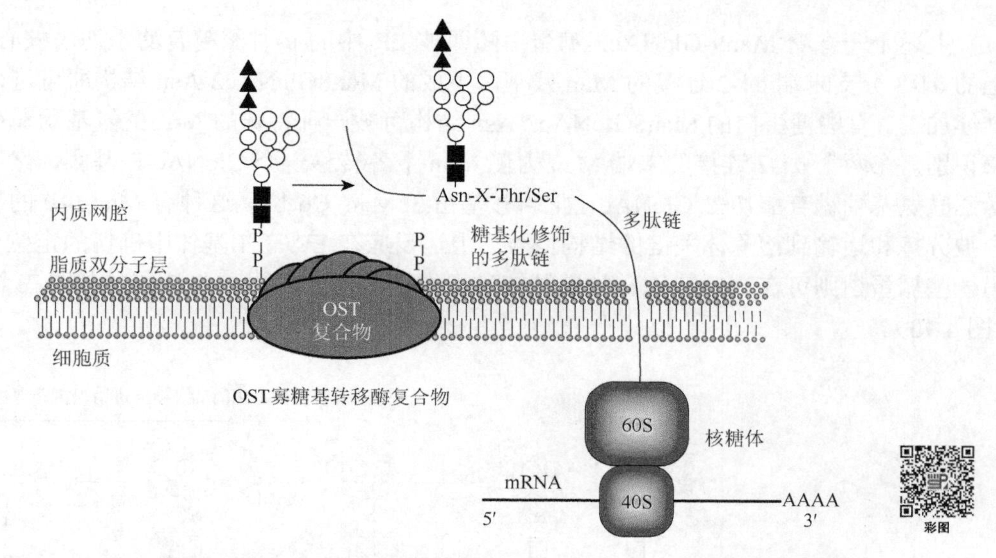

图 4-11　ER 膜上的 OST 复合物催化十四寡糖从 Dol-PP-寡糖前体转移到新生肽链上

▲ = 葡萄糖（Glc）；○ = 甘露糖（Man）；■ = *N*-乙酰葡糖胺（GlcNAc）

3. *N*-糖链的加工和成熟

结合在肽链上的 14 寡糖首先被 ER 中的葡糖苷酶 I 切去非还原端 Glcα1-2 残基，再由 α-葡糖苷酶 II 切下另外两个 α1-3Glc 残基。切除 Glc 不仅是开启后续加工的信号，而且与蛋白质折叠有关。如果糖蛋白折叠不适当，即可被 ER 腔一种 UDP-Glc：糖蛋白葡萄糖基转移酶识别并重新糖基化，带有 Glc-Man9-GlcNAc2 寡糖的不当折叠蛋白质即可被 ER 腔中的一种有糖结合活性的分子伴侣钙连蛋白（calnexin）识别并结合，然后结合于多肽链部分，把十二寡糖的 Glcα1-3Man-暴露给 α-葡糖苷酶 II。α-葡糖苷酶 II 和 UDP-Glc：糖蛋白葡萄糖基转移酶交替作用，直至多肽链正确折叠。正确折叠的肽链糖基化位点附近的疏水片段不再暴露，葡萄糖基转移酶不再结合，最后一个 Glc 被切去，钙连蛋白解离，继续进行寡糖的加工（图 4-12）。

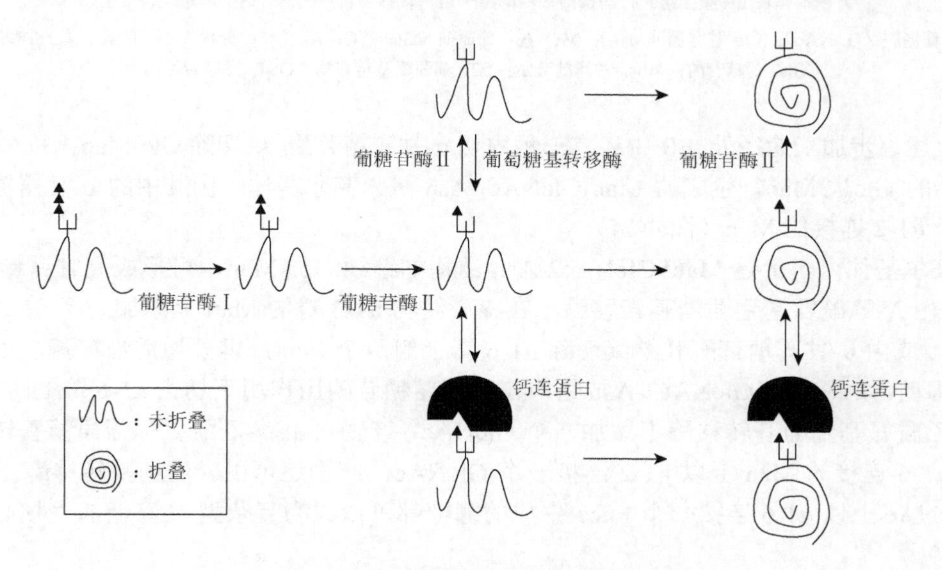

图 4-12　ER 钙连蛋白在糖蛋白折叠中的功能

上述十一寡糖 Man9-GlcNAc2-糖蛋白随即被 ER 中的 α-甘露糖苷酶 I 切去核心糖 α1-6 臂上的 α1-3 分支末端 α1-2 连接的 Man 残基，生成的 Man8GlcNAc2-Asn 结构即可进入高尔基体继续加工。有些糖蛋白的 Man8GlcNAc2-Asn 结构可被一种特殊的 *N*-乙酰氨基葡萄糖磷酸转移酶识别，在两个 α1-2 连接的末端 Man 内侧 Man 上各转移一个 GlcNAc-P-基团，然后再由一种 *N*-乙酰氨基葡糖苷酶切去 GlcNAc，把磷酸基留在 Man C6 位。这种有 Man-6-P 的寡糖是糖蛋白被分拣和运输到溶酶体关键的结构信号。上述反应在 ER/高尔基体中确切的定位尚不明确。另一些糖蛋白则可在高尔基体 α-甘露糖苷酶 I 作用下，切去以 α1-2 连接的其余三个 Man 残基（图 4-13）。

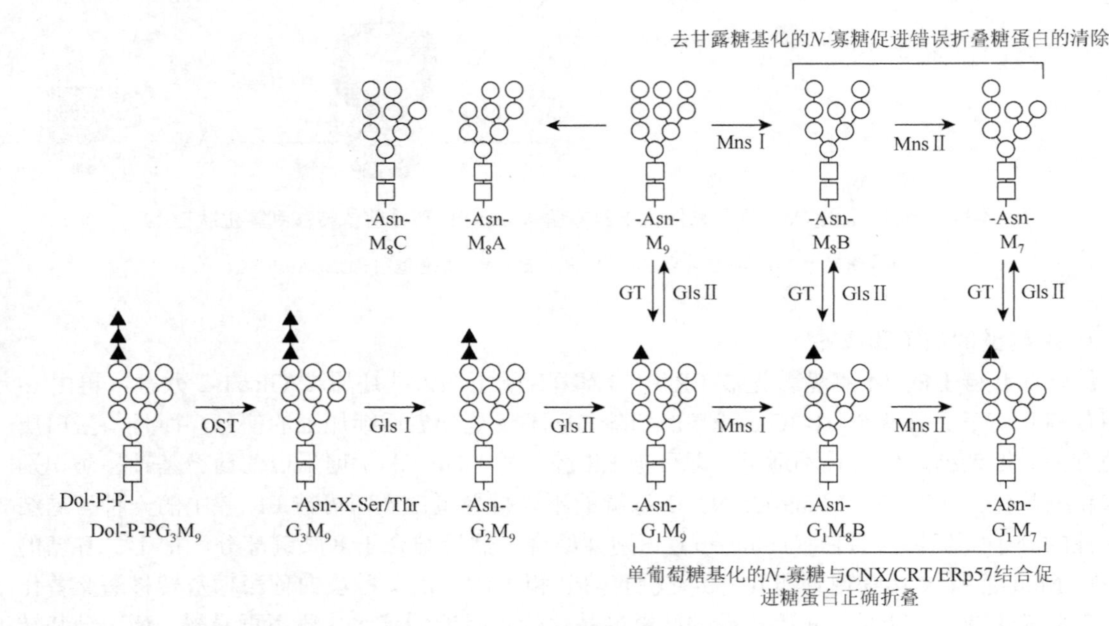

图 4-13 *N*-寡糖在 ER 膜上的加工

寡糖前体在 ER 膜上组装，与磷酸多萜醇结合后，转移到新生肽链合适的糖基化位点上

□ = *N*-乙酰葡糖胺（GlaNAc）；○ = 甘露糖（Man），M；▲ = 葡萄糖（Glc），G；A、B、C 分别为不同的高（寡）甘露糖同聚体；Gls. 葡糖苷酶；Mns. 甘露糖苷酶；GT. 葡萄糖基转移酶；OST. 寡糖转移酶

除上述逐步加工途径外，ER 中还有一种内切 α-甘露糖苷酶，可切除 $Glc-Man_9-GlcNAc_2-Asn$ 结构末端的 Glc1-3Man，生成的 $Man_8GlcNAc_2-Asn$ 进入高尔基体，由其中的 α-甘露糖苷酶 I 切去三个 α1-2 连接的 Man（图 4-14）。

在高尔基体内，上述 Man5GlcNAc2-Asn 结构如继续添加 Man，可形成高甘露糖型 *N*-寡糖。如果由 *N*-乙酰氨基葡萄糖基转移酶 I 在核心结构 α1-3 臂的 Man 上添加一个 β1-2 连接的 GlcNAc，或由 α-甘露糖苷酶 II 继续切除 α1-6 臂上的两个 Man，再添加适当糖基，可形成杂合型 *N*-寡糖。如果 Man5GlcNAc2-Asn 结构在 α-甘露糖苷酶III作用下切去 α1-6 臂上两个 Man，再由 *N*-乙酰氨基葡萄基转移酶 I 添加一个 GlcNAc，产物再由 *N*-乙酰氨基葡萄糖基转移酶 II 作用在 α1-6 连接的 Man 上以 β1-2 连接一个 GlcNAc，产物还可由岩藻糖基转移酶在 Asn 连接的 GlcNAc 上以 α1-6 连接一个 Fuc，生成的寡糖都可以成为复杂型 *N*-寡糖的“核心”部分（图 4-15）。

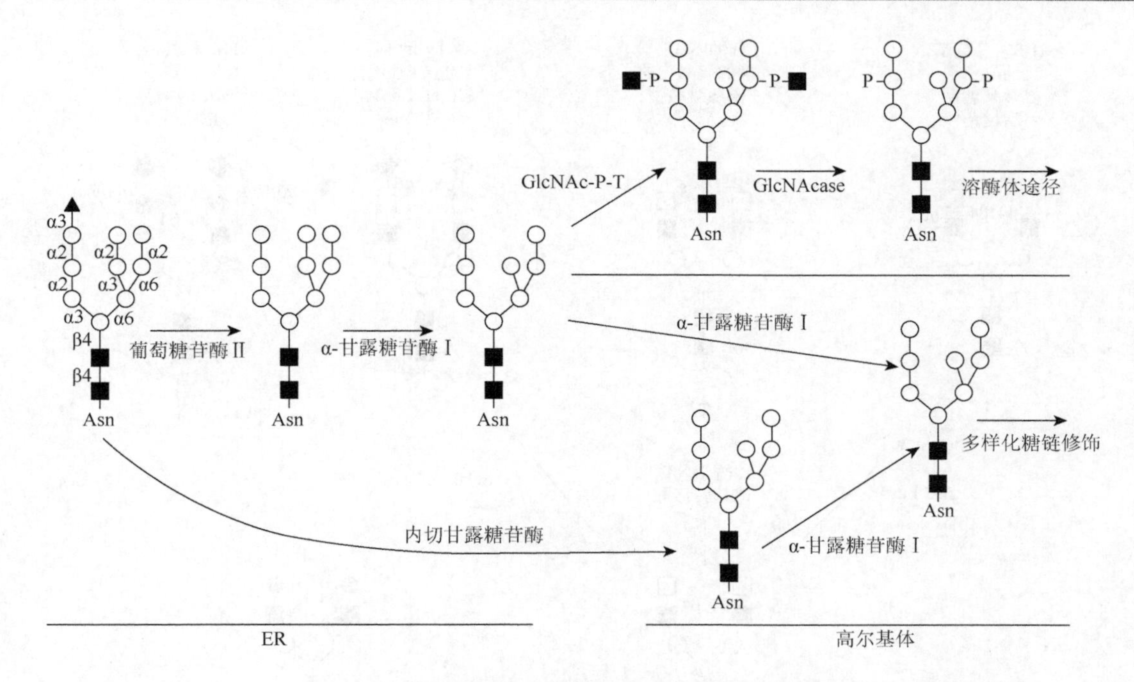

图 4-14　内质网（ER）和高尔基体内 *N*-寡糖的加工

GlcNAc-P-T. *N*-乙酰氨基葡萄糖磷酸转移酶；GlcNAcase. *N*-乙酰氨基葡糖苷酶

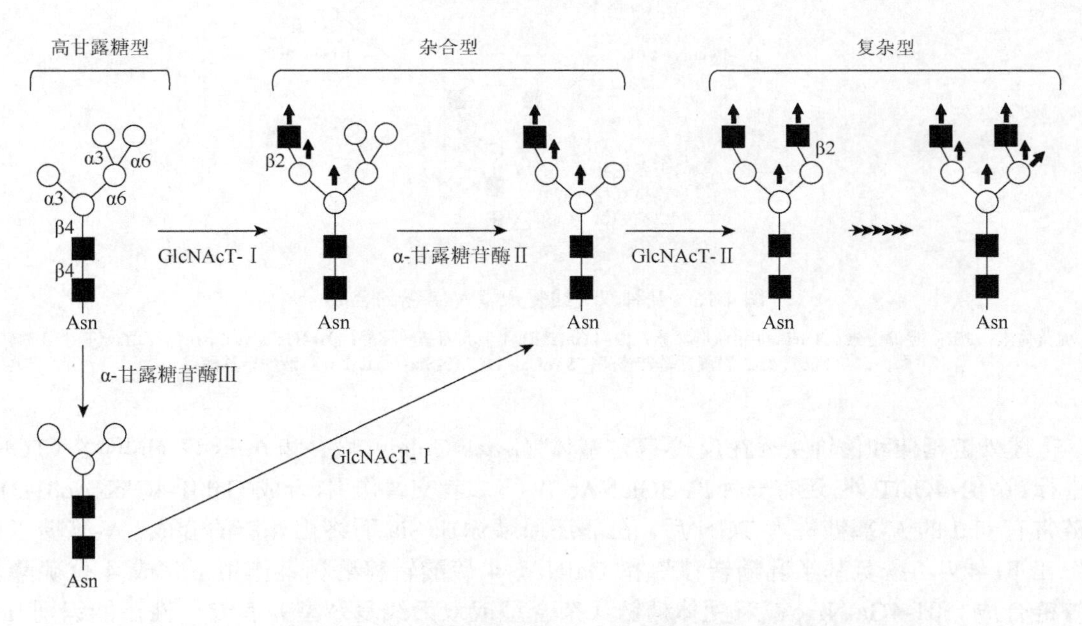

图 4-15　高尔基体中产生高甘露糖型、杂合型和复杂型 *N*-寡糖的基本途径

GlcNAcT-Ⅰ/Ⅱ. *N*-乙酰氨基葡萄糖基转移酶Ⅰ/Ⅱ

上述复杂型 *N*-寡糖“核心”在不同糖基转移酶的作用下顺序添加糖基，形成各具特点的寡糖链。图 4-16 显示了几种双天线复杂型 *N*-寡糖的合成路线，包括末端为 α1-3 连接的 Fuc、α2-3/6 连接的 Sia 及 β1-4 连接的 GlcNAc 4-SO4 残基的外链。

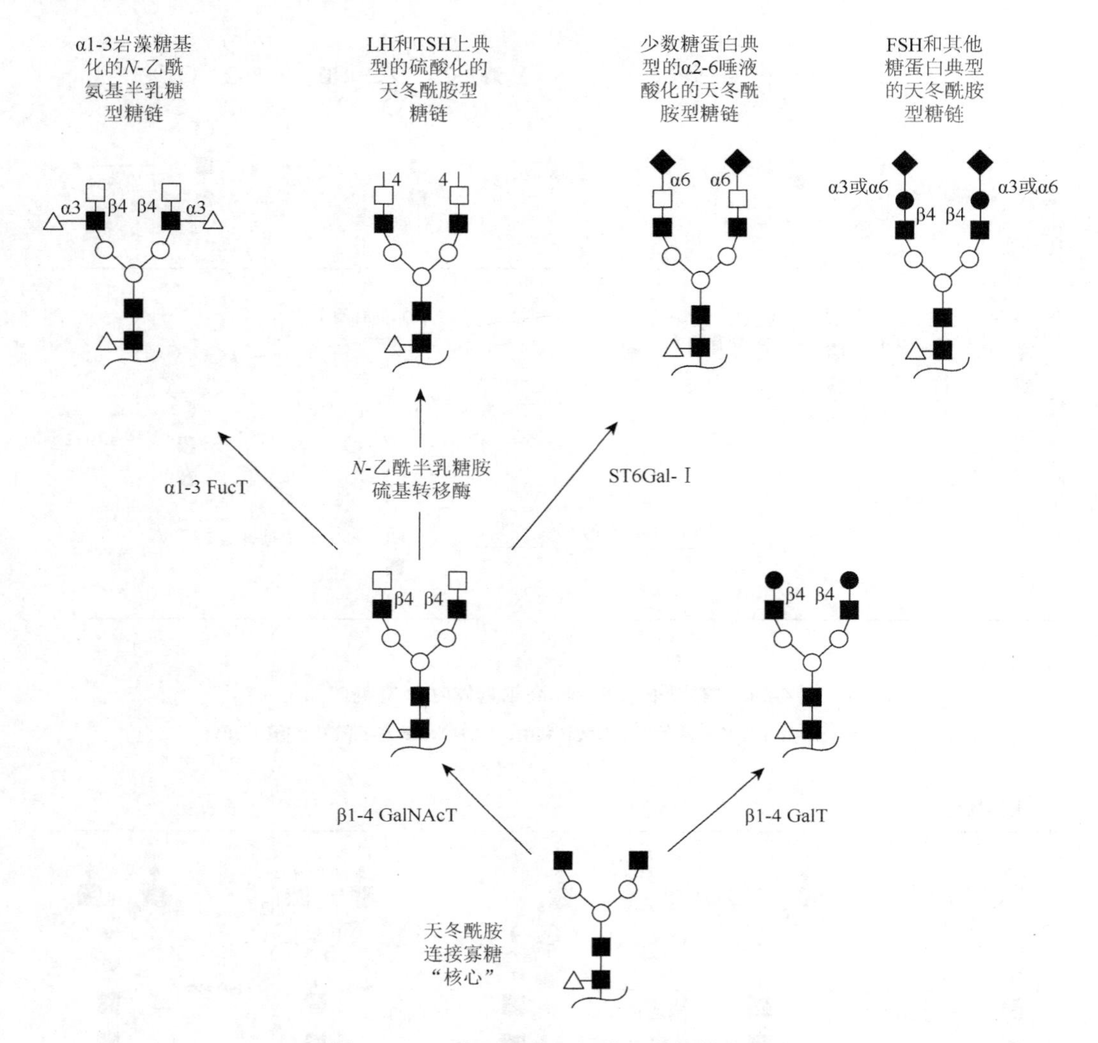

图 4-16 几种双天线复杂型 N-寡糖的合成

LH. 促黄体素；FSH. 促滤泡素；TSH. 促甲状腺激素；β1-4 GalT. β1-4 半乳糖基转移酶；β1-4GalNAcT. β1-4*N*-乙酰氨基半乳糖转移酶；α1-3 FucT. α1-3 岩藻糖基转移酶；ST6Gal-Ⅰ. CMP-Sia：Galα2-6 唾液酸转移酶-Ⅰ

上述外链延伸和修饰主要在反式-高尔基体（*trans*-Golgi）垛叠和 *trans*-Gogli 网络（TGN）中进行。除 β1-4GalT 外，还有一种 β1-3GlcNAc T-Ⅰ，二者交替作用，合成(Galβ1-4GlcNAcβ1-3)$_n$。外链带有 Gal 的 *N*-寡糖进入 TGN 后，在非还原端添加 Sia 而终止外链的合成。*N*-寡糖“核心”在 β1-4*N*-乙酰氨基半乳糖转移酶和 GalNAc-4 硫酸转移酶相继作用下完成 4 位硫酸化的外链合成。β1-4GalNAcT 对受体糖链（杂合型或双天线复杂型）有专一性，能识别 LH 和 TSH 肽链糖基化位点氨基一侧含有 Arg（或 Lys）的序列。接于外链 GlcNAc 上的 Fuc 由 α1-3 岩藻糖基转移酶催化。高等动物至少有 5 种 α1-3FucT，分别为Ⅲ、Ⅳ、Ⅴ、Ⅵ和Ⅶ型，有组织分布专一性。其中Ⅲ型 α1-3 FucT 以 2 型糖链为受体时形成 Fuc α1-3 连接；以Ⅰ型糖链为受体时则形成 Fuc α1-4 连接，是“一种糖基转移酶只形成一种糖苷键”这一法则唯一的例外。

多天线 *N*-寡糖的合成涉及 6 种不同的 *N*-乙酰氨基葡萄糖基转移酶（GlcNAcT），其中 GlcNAcT-Ⅰ和 T-Ⅳ作用于核心五糖 α1-3 臂 Man，分别形成 β1-2 和 β1-4 连接键；GlcNAcT-Ⅱ、T-Ⅴ和 T-Ⅵ作用于 α1-6 臂 Man，分别形成 β1-2、β1-6 和 β1-4 连接键（图 4-17）。合成单天线只需要 GlcNAcT-Ⅰ；双天线需要 GlcNAcT-Ⅰ和 T-Ⅱ；C2, 4, C2 三天线需要 GlcNAcT-Ⅰ、T-Ⅳ和 T-Ⅱ；C2, C2, 6 三天线需要 GlcNAcT-Ⅰ、T-Ⅱ和 T-Ⅴ；合成四天线则需要 GlcNAcT-Ⅰ、Ⅳ、Ⅱ、Ⅴ；GlcNAcT-Ⅲ负责合成平分型 GlcNAc。这 6 种 GlcNAcT 均以 UDP-GlcNAc 为糖基供体，而受体各不相同，有严格的糖基序列专一性，因而它们的作用先后也有严格的顺序：GlcNAcT-Ⅰ最先作用，其次是 GlcNAcT-Ⅱ，然后是核心 FucT，接下来是 GlcNAcT-Ⅳ和 T-Ⅴ，最后是 GlcNAcT-Ⅲ。

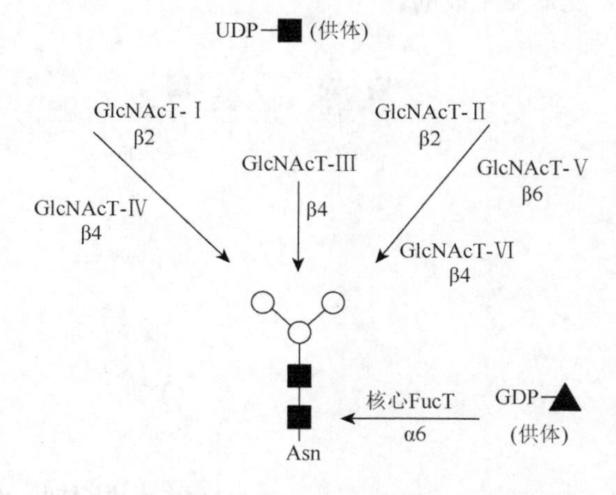

图 4-17　6 种 GlcNAcT（Ⅰ～Ⅵ）的作用位置及形成的糖苷键

（三）*O*-GalNAc 聚糖的合成

O-GalNAc 聚糖的合成不像 *N*-寡糖那样先组装前体，而是在已折叠的蛋白质表面适当的 Ser/Thr 上逐个添加糖基。一般认为 *O*-GalNAc 糖基化的发生比 *N*-糖基化要晚，目前尚不能确定加上第一个 GalNAc 的确切亚细胞定位。很可能不同的糖蛋白 *O*-GalNAc 糖基化起始部位也不同，可以在 ER、过渡小泡或顺式-高尔基体（*cis*-Golgi）扁囊。一般认为在起始之后，*O*-GalNAc 聚糖其他糖基的添加、糖链延伸和非还原端形成都发生在高尔基体内。*O*-GalNAc 聚糖合成起始步骤由多肽：*N*-乙酰氨基半乳糖转移酶（ppGalNAcT）催化。基因组分析暗示，哺乳动物至少可编码 8 种 ppGalNAcT，其中的 4 种（ppGalNAcT-1～4）已进行了体外重组研究。多种 GalNAcT 同工酶很可能有差异地定位于不同的亚细胞区隔，大概与一些糖蛋白糖基化作用的组织和细胞类型专一性有关。为了叙述方便，可将 *O*-GalNAc 聚糖酶合成划分为三个阶段：核心结构的合成、糖链的延伸和分支及非还原端的形成。

1. 核心结构的合成

如前所述，*O*-GalNAc 聚糖至少有 7 种核心结构，都是在 GalNAc 被 ppGalNAcT 添加到肽链上之后，再由有关的糖基转移酶顺序添加糖基形成的（图 4-18）。核心 1 β1-3 半乳基转移酶（corel Gal T）负责把一个 Gal 以 β1-3 键连接到 GalNAcα-Ser/Thr 上，形成核心 1。在脊椎动物中发现了至少三种核心 1 GalT，可能也存在一个像 ppGalNAcT 一样的家族，它们好像有差别地在特定的组织和细胞类型中表达，并表现出底物选择性。核心 2 β1-6*N*-乙酰氨基葡萄糖基转移酶（核心 2 GlcNAcT）把一个 GlcNAc 以 β1-6 键连接到核心 1GalNAc 残基上，形成核心 2。核心 3 β1-3GlcNAcT 转移酶（core 3 GlcNAcT）把一个 GlcNAc 以 β1-3 键连接到 GalNAcα-Ser/Thr 上，形成核心 3。由于核心 3 GlcNAcT 与核心 1 Gal T 都要利用相同的糖基受体，与核心 2 GlcNAcT 利用相同的糖基供体和相似的受体，因而在某些情况下，它们之间会出现竞争。核心 4 β1-6 *N*-乙酰氨基葡萄糖基转移酶负责把另一个 GlcNAc 以 β1-6 键连接到核心 3 的 GalNAc 残基上，产生核心 4。上述核心 1～4 成为合成多数 *O*-GalNAc 聚糖的基础。另外三种出现频率较低的核心结构分别是由核心 5 GalNAcT、核心 6 GlcNAcT 和核心 7 GlcNAcT 以 GalNAcα-Ser/Thr 为糖基受体而生成的。

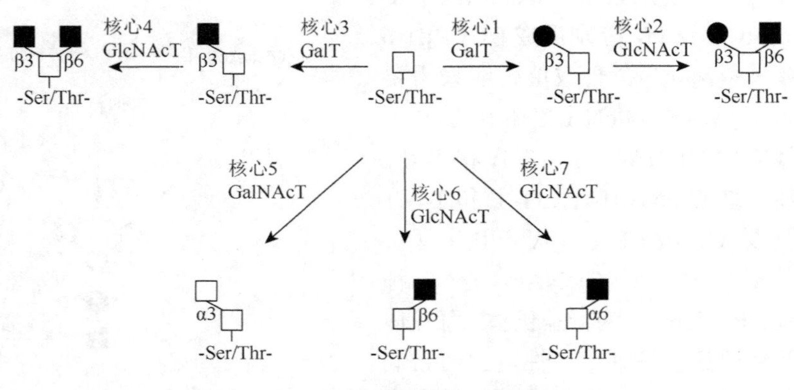

图 4-18　GalNAc 聚糖核心结构的合成

2. 糖链的延伸和分支

糖链延伸就是在上述核心结构上逐个添加糖基，通常是 β1-3 连接的 GlcNAc 或 β1-4 连接的 Gal。例如，由 β1-3GlcNAcT 在核心 1 或核心 2 的 Gal 上添加一个 GlcNAcβ1-3，再由 β1-3GalT 在 GlcNAc 上添加一个 β1-3Gal，形成 1 型骨架；或由 β1-4Gal T 在核心 2～4 中 β1-3GlcNAc 或 β1-6GlcNAc 残基外侧添加 β1-4 连接的 Gal，形成 2 型骨架（图 4-19）。β1-3GlcNAcT 和 β1-4GalT 交替作用，可形成 LN 重复序列（图 4-20）。

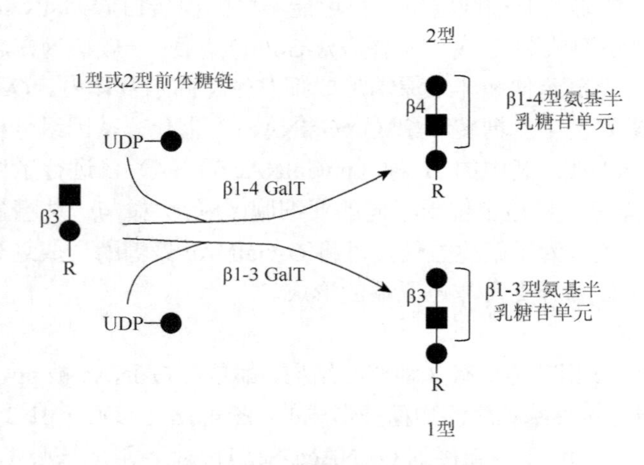

图 4-19　1 型和 2 型骨架的合成

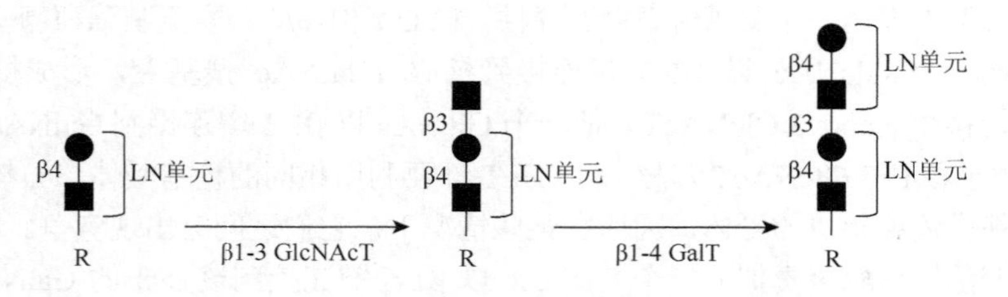

图 4-20　多聚 *N*-乙酰乳糖胺的合成

外链骨架上的Galβ1-4可接受β1-6GlcNAcT转移的GlcNAc β1-6残基而形成分支（图4-21）。该酶不同于参与*N*-寡糖合成的GlcNAc T-Ⅴ和参与核心2与核心4合成的GlcNAc T，只能以*O*-GlcNAc聚糖外链中的Galβ1-4为糖基受体。

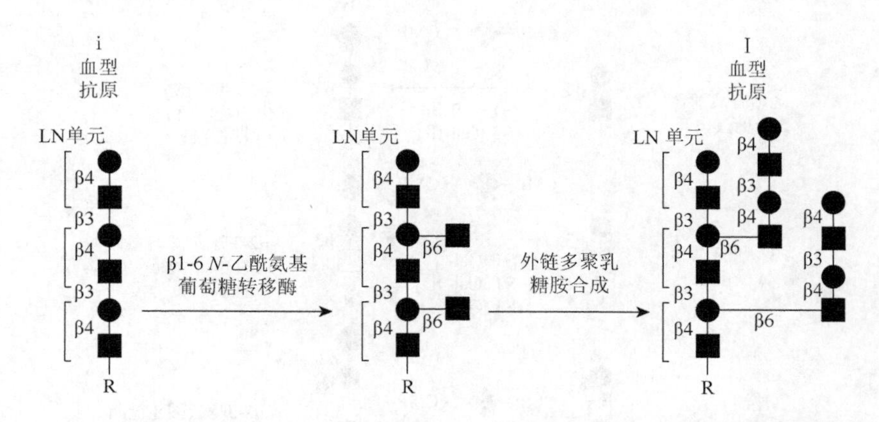

图4-21 由线性多聚乳糖（i血型抗原）生成β1-6分支多支多聚乳糖胺（I血型抗原）示意图

参与*O*-GalNAc聚糖核心和骨架合成的糖基转移酶具有严格的底物序列专一性，因而作用有一定的先后顺序。例如，核心1的Gal上接受一个β1-3连接的GlcNAc后，就不能作为核心2 GlcNAcT的底物。同样，核心2中的Gal可接受一个β1-3连接的GlcNAc，然后才能在Gal上连接β1-6GlcNAc。这种3位取代抑制6位取代的现象被称为“3先于6”（three-before-six）规律。

3. 非还原端的形成

O-GalNAc聚糖的非还原端大致可通过三种方式形成：唾液酸化、硫酸化和岩藻糖基化。

α2-3唾液基转移酶家族至少已发现5个成员（ST3Gal-Ⅰ、ST3Gal-Ⅱ、ST3Gal-Ⅲ、ST3Gal-Ⅳ和ST3Gal-Ⅴ）负责以α2-3键在末端Gal上引入一个Sia残基。这些酶的表达有组织专一性，只作用于*O*-聚糖和某些糖脂末端的Gal（图4-22）。带有α2-3 Sia的聚糖通常不再接受其他酶进一步的修饰。糖链末端或次末端甚至内部的GalNAc残基可α2-6唾液酸化。催化该反应的α2-6唾液酸转移酶家族至少存在5个成员（ST6Gal-Ⅰ、ST6GalNAc-Ⅰ、ST6GalNAc-Ⅱ、ST6GalNAc-Ⅲ和ST6GalNAc-Ⅳ）（图4-23）。末端α2-6唾液酸化的聚糖通常也不接受进一步的修饰。此外，还有一个α2-8唾液酸转移酶家族，在糖蛋白和某些糖脂上合成α2-8连接的线性多聚唾液酸。

聚糖硫酸化通常出现在Gal、GalNAc、GlcNAc、GlcA和IdoA上，这些硫酸化的糖基可以是非还原端的也可能是内部的。反应由硫酸转移酶家族催化，以磷酸腺苷酰硫酸（PAPS）为活性硫酸供体。例如，唾液酸化的路易斯X（Lewis X）抗原末端四糖为β1-3GlcNAc（α1-3Fuc）β1-4Galα2-3Sia中的Gal第6位被硫酸化或GlcNAc第4位被硫酸化，或者二者均被硫酸化。硫酸化还可发生在末端Gal和GlcNAc第4位、GlcA第3位等位点上。

部分聚糖链（尤其是血型抗原）合成中，非还原端Gal的岩藻糖基化是必需步骤，反应由α1-2FucT催化。此外，还有α1-3Fuc T催化外链中GlcNAc的α1-3岩藻糖基化，以及*N*-寡糖与Asn相连的GlcNAc的α1-6岩藻糖基化（参看“*N*-糖链的加工和成熟”有关叙述）。

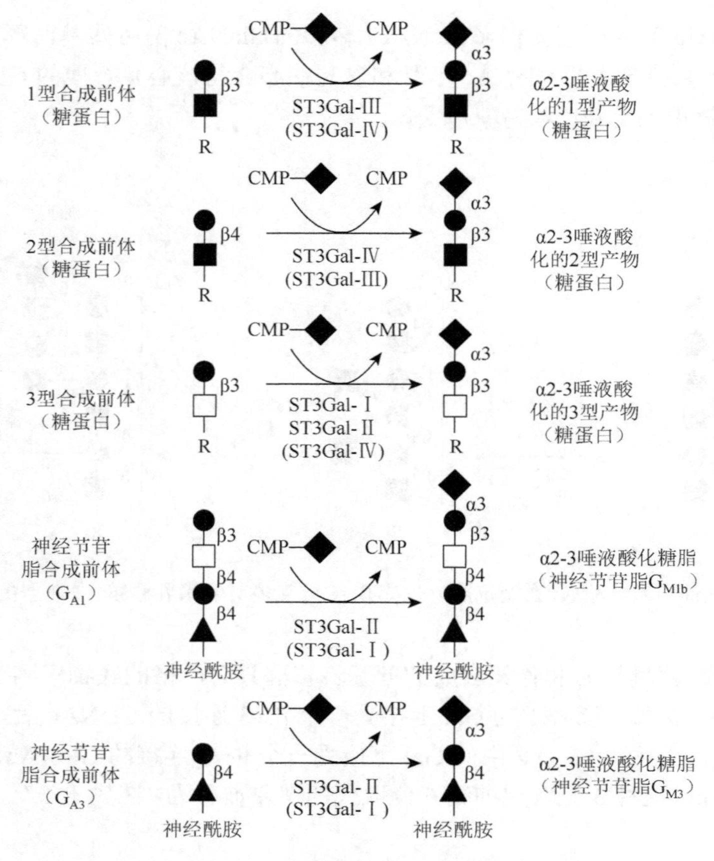

图 4-22 糖链末端 Gal 的 α2-3 唾液酸化

括号内的酶在体外系统活性相对较低

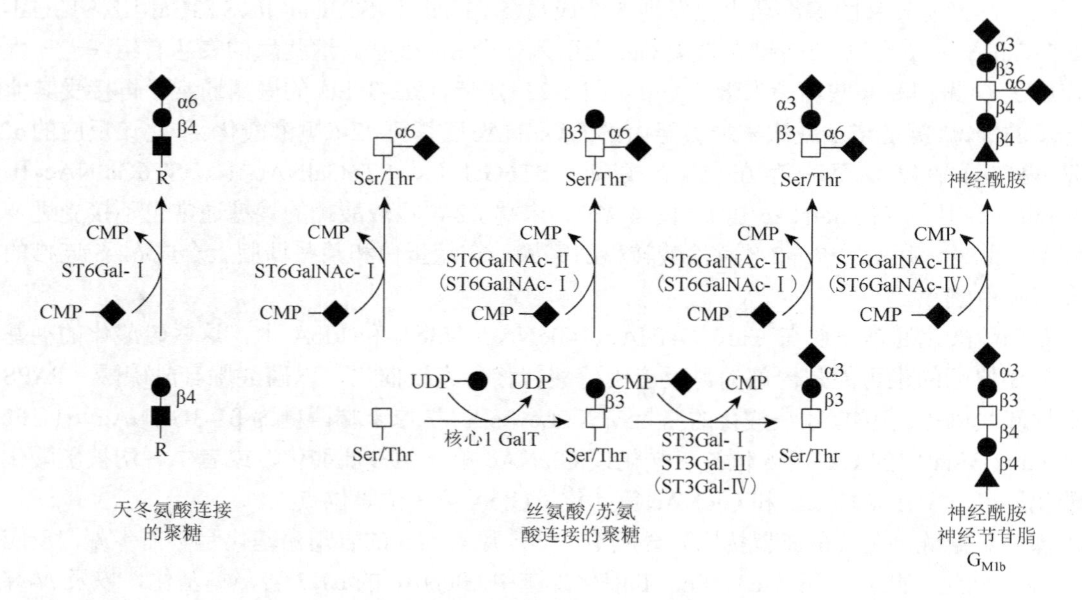

图 4-23 GalNAc 的 α2-6 唾液酸化

括号内的酶在体外系统相对活性较低

（四）糖蛋白生物合成的调控

1. 糖基化位点的选择

据统计，多肽链中的*N*-糖基化位点 Asn-X-Ser/Thr 三联序列子大约只有 1/3 被 *N*-糖基化，说明还有很多因素决定其最终是否糖基化。例如：①这个三联序列子只有处于亲水片段中才能被 *N*-糖基化。②三联序列子约 70%处于 β-转角，*N*-糖基化的概率最高；约 20%处于 β-折叠，而 10%处于 α-螺旋中的三联序列子 *N*-糖基化概率最低。③三联序列子中的 X 也明显影响 *N*-糖基化效率。例如，狂犬病病毒糖蛋白 37～39 位的 Asn-Leu-Ser 糖基化率为 43%，把 Leu38 分别突变成 Glu、Asp、Trp 和 Pro，糖基化率依次递减为 24%、19%、5%和 0；如 X 为 Cys，可因形成二硫键降低 *N*-糖基化概率。④邻近三联序列子的氨基酸也可影响其糖基化率，如为 Pro 则降低糖基化率，如为羟基氨基酸则促进 *N*-糖基化。

尽管对许多 *O*-糖基化位点周围的氨基酸序列进行了对比和分析，但至今尚未找出一致序列。许多 *O*-糖基化位点 Ser/Thr 附近多为 Ala、Ser、Thr 等，−1 和 + 3 位多为 Pro，没有带电荷的残基，大多数处于 β-转角。

2. 糖基供体的可利用性

前面提到的活化糖基供体除 CMP-Sia 在核内合成外，其余的都在胞液中合成，而利用它们的糖基化反应却定位于 ER 和高尔基体。因此，ER-高尔基体膜上的糖核苷酸运输系统必然影响糖基供体的可利用性，从而可能对糖基化作用进行调控。利用 ER-高尔基体膜微囊及运输系统有缺陷的突变体细胞进行的研究表明，高尔基体拥有的运输系统如图 4-24 所示，而 ER 拥有其中 UDP-Glc、UDP-GlcA、ATP、UDP-GalNAc 和 UDP-GlcNAc 的运输系统。这些运输系统实际上是双向搬运工，一方面，把各种活化糖基供体运入 ER-高尔基体腔内，使它们的浓度增加 10～50 倍，足以达到或超过估算的多数糖基转移酶对其糖基供体的 K_m，保证了糖基化反

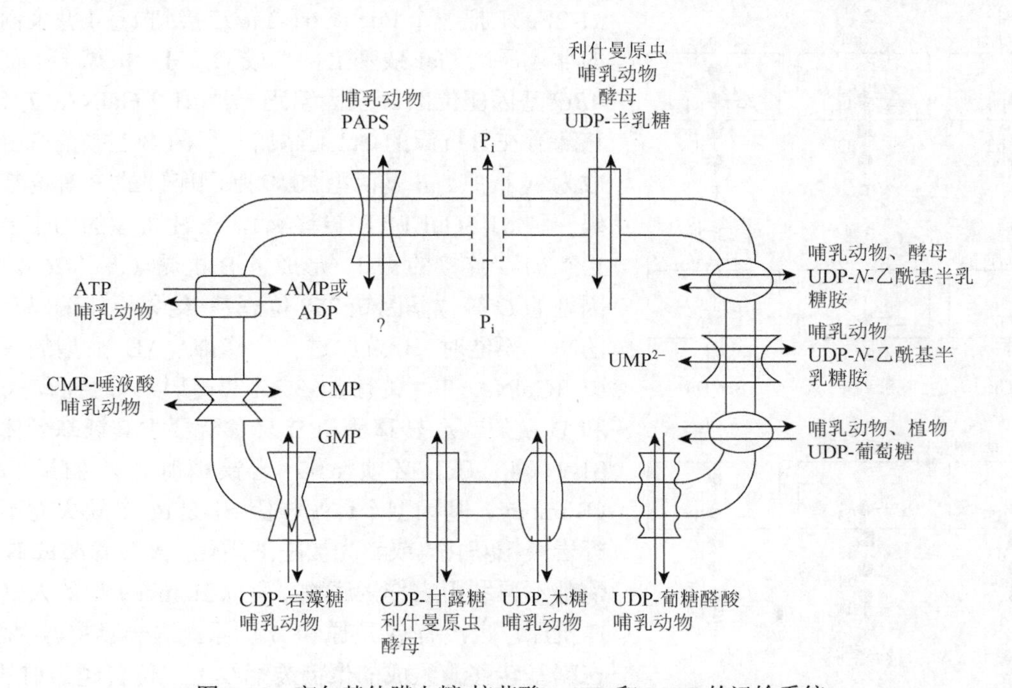

图 4-24　高尔基体膜上糖-核苷酸、ATP 和 PAPS 的运输系统

应对供体的需求；另一方面，糖基转移反应生成的5′-NMP不仅抑制运输装置，还强烈抑制糖基转移酶的活性，及时将其移出 ER-高尔基体腔对保证糖基转移酶有足够的活性显然也很重要。尽管目前还不知道糖基供体运输装置对蛋白质糖基化调节有多少贡献，但作为整个调节机制的一环，上述运输系统显然是不可或缺的。

3. 遗传控制

除了不多几种加工性糖苷酶，聚糖生物合成主要涉及糖基转移酶。据对部分脊椎动物基因组的研究，估计有数百个糖基转移酶基因。大多数糖基转移酶是膜蛋白，迄今已研究过的高尔基体糖基转移酶均为Ⅱ型膜蛋白：短的 N 端在细胞溶胶内，单跨膜，巨大的 C 端催化域位于膜的非胞液一侧。与溶酶体中 P-6-Man 合成有关的两个酶：*N*-乙酰氨基葡萄糖-磷酸转移酶和α-*N*-乙酰氨基葡糖苷酶为Ⅰ型膜蛋白，N 端催化域在高尔基体腔内。糖基转移酶的特点是具有极高的底物专一性，即对糖基供体和受体的结构有高度选择性，前一个酶的产物优先被另一糖基转移酶用作后续糖基化的受体底物，结果一组相关的糖基转移酶按一定的顺序作用，以非凡的精确度把单糖基彼此连接成特定的聚糖。

人体红细胞 A、B、O（H）血型抗原是说明聚糖结构受基因型间接控制的良好范例。图 4-25 出示了 1～4 型 A、B、O（H）血型抗原的结构。这些血型抗原大约 80%与第 9 对染色体上条带 3（band 3，离子交换蛋白）相缔合，其余的与条带 4 基因和 5 基因缔合。A、B、O（H）抗原的合成起始于 α1-2 Fuc 转移酶对前体聚糖的修饰。人类基因组的 *H* 基因编码一个 Hα1-2 Fuc T，*Se* 基因编码一个 Seα1-2Fuc T，前者在红细胞中表达，利用 2 型和 4 型聚糖前体；后者在消化道、呼吸道、生殖道和唾液腺上皮细胞中表达，利用 1 型和 3 型聚糖前体，合成分泌型血型抗原，分泌到血浆中，被红细胞吸附于表面。α1-2FucT 把一个 Fuc 以 α1-2 键连接到 1～4 型聚糖前体的非还原端 Gal 残基上，形成 O（H）抗原。*A* 基因型 *ABO* 基因座位的 *A* 基因编码一种 α1-3 GalNAc T（A 转移酶），在 H 抗原的 Gal 上添加一个 α1-3 连接的 GalNAc，成为 A 抗原。*B* 基因型 *ABO* 基因座位的 *B* 等位基因编码一种 α1-3Gal T（B 转移酶），在 H 抗原的 Gal 上添加 1 个 α1-3 连接的 Gal，形成了 B 抗原（图 4-26）。*O* 基因型的 *O* 等位基因缺 258 位碱基，结果不能编码有活性的酶，不能对 H 抗原进一步修饰。AB 血型的人既有 α1-3GalNAc T，又有 α1-3Gal T，所以同时拥有 A 抗原和 B 抗原。A 转移酶和 B 转移酶要求其糖基受体末端 β1-3（4）Gal 必须 α1-2 岩藻糖基化，如果像孟买（Bombay）基因型个体那样因 α1-2Fuc T 缺失而不能进行岩藻糖基化，或者先被唾液酸化，A 转移酶或 B 转移酶都不再利用它作为底物，所以 Bombay 型的人既没有 H 抗原，也没有 A 抗原和 B 抗原。这一事实再次表明，在糖基转移酶组成的聚糖装配线上，位置越靠前的酶，一旦出现缺失影响的聚糖结构越多。人体免疫系统产生

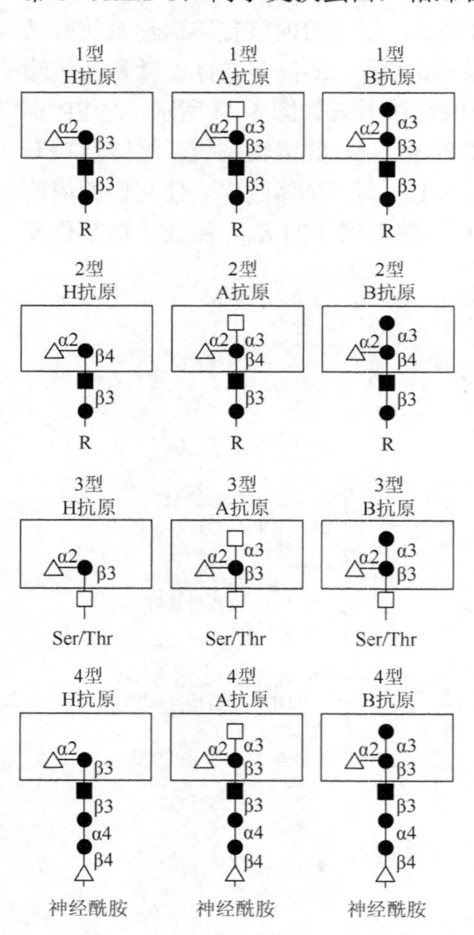

图 4-25　A、B、O（H）血型抗原的结构

的 IgM 可与相应的 ABO 抗原相互作用。O 型个体不产生 A 抗原和 B 抗原，血液中却保持相当高的 IgM 效价；A 型个体血浆中含有相当多的抗 B 抗原的 IgM 抗体；B 型个体血浆中含有很高的抗 A 抗原的 IgM 抗体；而 AB 型个体既不产生抗 A 抗原的 IgM，也不产生抗 B 抗原的 IgM。所以，“自己的”血浆中没有针对自己红细胞表面血型抗原的 IgM 抗原。血浆中的 IgM 抗体能与“异己的”红细胞膜上相应的抗原发生凝集反应，并激活补体系统，导致低血压、休克、肾衰竭、循环衰竭甚至死亡等严重后果。因此必须对供血者和受血者进行正规的交叉匹配，以避免发生输血反应。

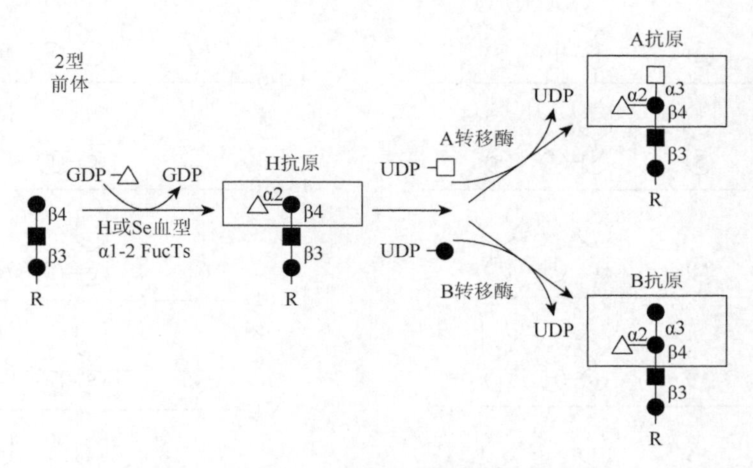

图 4-26　A、B、O（H）血型抗原的合成

α1-2 FucTs. α1-2 岩藻糖基转移酶

有趣的是合成 A 抗原的 A 转移酶与合成 B 抗原的 B 转移酶同属一个 α1-3Gal 转移酶家族，它们之间只有 4 个氨基酸不同，它们的基因也只有 4 个碱基不同：

氨基酸残基位置	176	235	266	268
A 转移酶的残基及密码子	Arg（CGC）	Gly（GGC）	Lys（CTG）	Gly（GGG）
B 转移酶的残基及密码子	Gly（GGC）	Ser（AGC）	Mct（ATG）	Ala（GCG）

（五）糖链结构的微观不均一性（microheterogeneity）

研究表明，不同种属的同一组织或同一种属的不同组织中，相同肽链上连接的聚糖并不相同，即聚糖结构具有种属和组织专一性。例如，γ-谷氨酰转肽酶（γ-GT）是一种质膜糖蛋白，人和牛的肾 γ-GT 聚糖结构相差甚远，主要区别为：①人肾 γ-GT 的 *N*-聚糖全部为复杂型，而牛肾 γ-GT 含 10%高甘露糖型；②人肾 γ-GT 含酸性聚糖仅 31%，且均为 C2, 4C2 三天线，而牛肾 γ-GT 含 62%的酸性聚糖，除三天线外还有二天线和四天线；③人肾 γ-GT 的天线外链有 60%以上的 GlcNAc 与 α1, 3 Fuc 相连，且有 LN 重复序列，而牛肾 γ-GT 没有外链 Fuc 和 LN 重复序列。同一物种的肾 γ-GT 的 N-聚糖全部含有平分型 GlcNAc，而其肝 γ-GT 则几乎没有平分型 GlcNAc。此外，同一个体同一组织中不同糖蛋白也表现出糖链结构的不均一性。例如，同样在人肝中合成的 γ-GT 与运铁蛋白 Tf，γ-GT 的 *N*-聚糖约 2/3 为二天线，其余 1/3 为三天线和四天线，其中四天线聚糖约 1/3 含 LN 重复序列，而 Tf 超过 95%都是不含 LN 重复序列的二天线 *N*-聚糖。即使是同一蛋白，其中不同的 *N*-糖基化位点所连接的 *N*-聚糖结构也不尽相同。上述聚糖结构的这种不均一性又被称为糖型（glycoform）。图 4-27 显示大鼠胸腺细胞和脑中 Thy-1 糖蛋白三个位点上聚糖结构的变化。尽管肽链结构完全相同，但在这两种细胞中这三个糖基化点上的聚糖不尽相同，甚至同一位点上的聚糖结构也有明显改变。

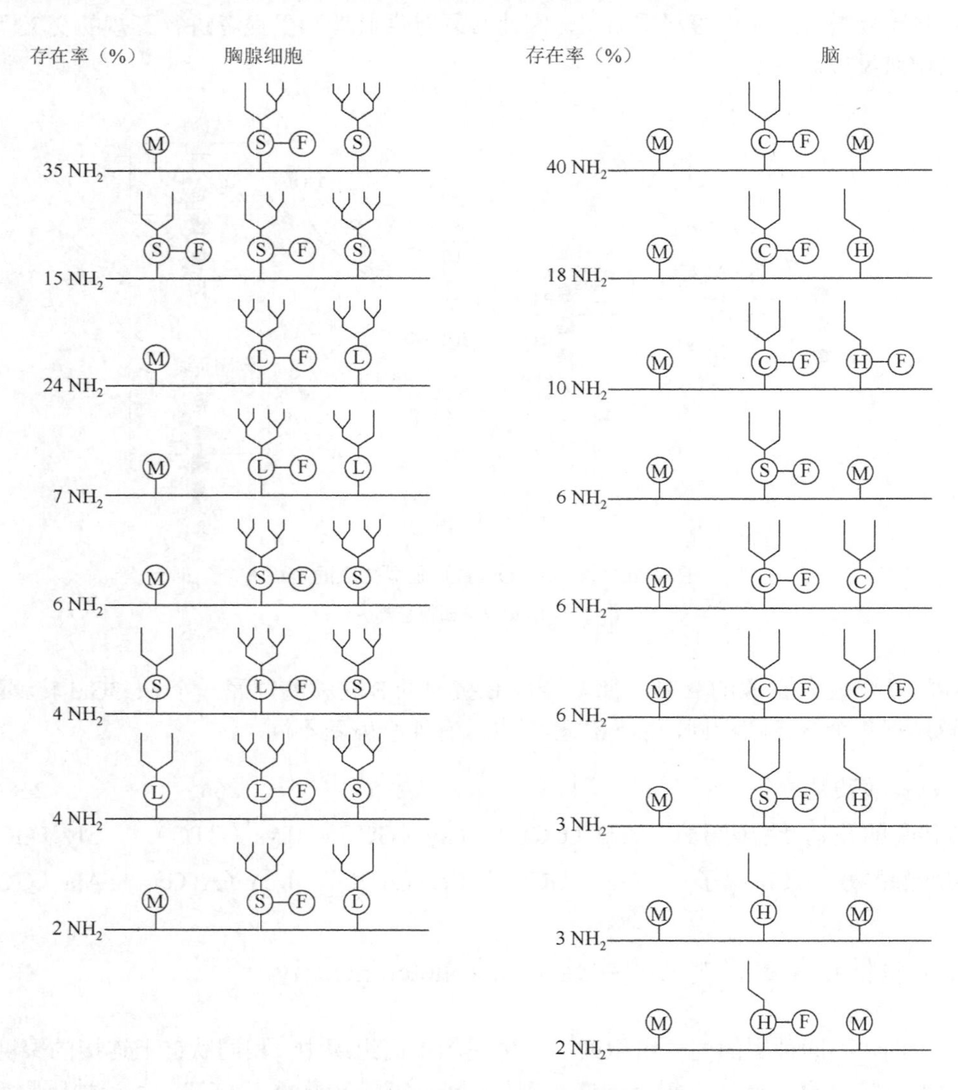

图 4-27 大鼠 Thy-1 中 *N*-聚糖的不均一性

存在率<2%的 *N*-聚糖略去不计。圆圈的符号：M 代表高甘露糖型；S 代表唾液酸化复杂型；L 代表有 LN 重复序列；H 代表杂合型；C 代表中性复杂型；F 代表有核心岩藻糖

造成聚糖结构不均一性的机制尚不清楚。目前认为，参与聚糖生物合成的主要酶系统几乎全定位于 ER-高尔基体膜系统。这是个动态膜系统中的酶，尤其是各种糖基转移酶对聚糖结构至关重要，在不同种属、不同的组织中或同一组织不同的发育阶段和不同的生理病理条件下，这些酶的相对活性会发生改变，从而导致聚糖结构出现各种微妙的变化。聚糖结构不均一性有什么生物学功能同样也不清楚，不过有的聚糖结构改变已被当作感染某些疾病或发育阶段的标志加以利用。

三、糖蛋白的降解

通过对糖蛋白在体外系统和体内降解过程及对糖苷酶的研究，同时分析了糖苷酶缺失导致的病理状态下排泄的糖肽和寡糖的结构，较好地阐明了糖蛋白降解途径的步骤。溶酶体是糖蛋白的降解场所，定位于细胞外表面和其他亚细胞组分的糖蛋白必须运到溶酶体中，在一系列蛋白酶和糖苷酶的联合作用下，经历一个有序的，常常是高度专一的过程被彻底降解，释放出的氨基酸和单糖可被细胞重复利用。溶酶体内有 60 多种水解酶，包括组织蛋白酶、脂酶、核酸酶、糖苷酶等，几乎可以作用于糖蛋白中每一种键。这些糖苷酶有可溶性酶和膜结合酶，大多数具有 4.0～5.5 的最适 pH，如 α-葡糖苷酶、β-半乳糖苷酶、α-甘露糖苷酶、神经氨酸酶、α-半乳糖苷酶、β-*N*-乙酰氨基葡糖苷酶、β-岩藻糖苷酶等外切糖苷酶和 β-*N*-乙酰氨基葡萄糖 -天冬酰胺酶等内切酶。外切糖苷酶一般仅识别糖链非还原端的一个（偶尔两个）单糖残基及其形成的糖苷键，因而有较广泛的专一性，但这些酶通常不能作用于经硫酸化、乙酰化等修饰的糖基。内切糖苷酶似乎更能容忍糖链中对糖基的修饰，有时甚至需要某些修饰才能达到最佳催化效果。

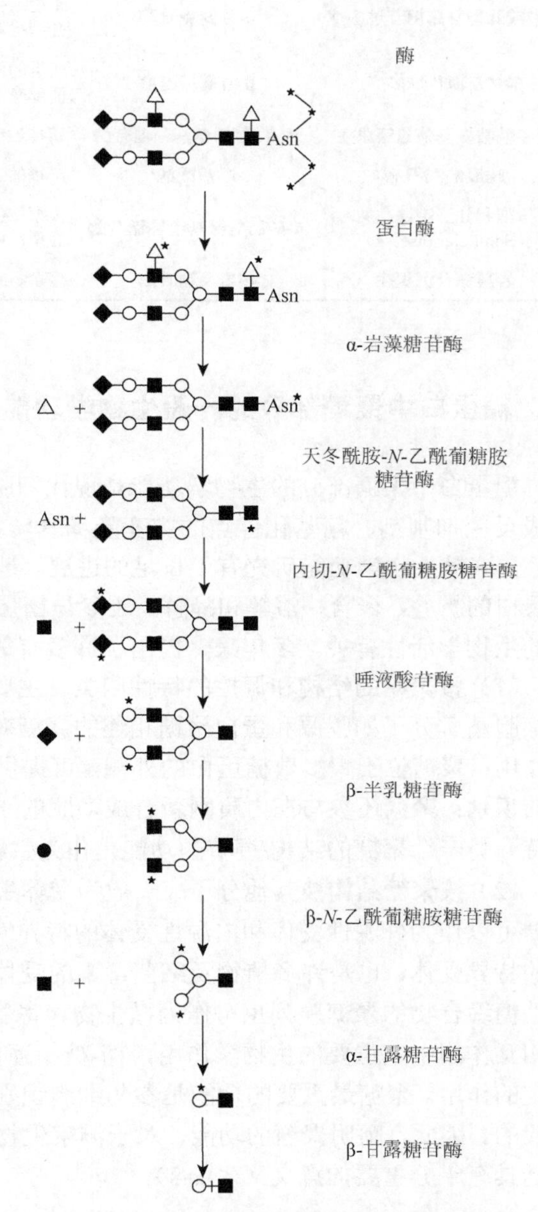

图 4-28 灵长类和啮齿动物复杂型 *N*-聚糖的降解

星号标明下一步水解的目标残基；■ = *N*-乙酰半乳糖胺（GalNAc）；◆ = 唾液酸（Sia）；○ = 甘露糖（Man）；△ = 岩藻糖（Fuc）

N-糖基化的蛋白质一般先由蛋白酶在其未被糖链覆盖的部分开始水解，肽链降解为一定的片段后才开始降解 *N*-聚糖。*N*-聚糖的降解过程如图 4-28 所示，通常先切除核心的 α1-6 Fuc，再由 β-*N*-乙酰氨基葡萄糖-天冬酰胺酶和内切糖苷酶将聚糖与肽段分开，并切下还原端的一个 GlcNAc。接下来由硫酸酶除去非还原端唾液酸基上的硫酸基，最后各种糖苷酶依次从非还原端进行降解。

丧失某种溶酶体糖苷酶，就会造成聚糖降解异常，导致降解中间产物的堆积，又称为溶酶体贮积症。表 4-7 列举了一些溶酶体贮积症的酶缺陷及临床症状。

表 4-7 糖蛋白降解缺陷

疾病名称	酶缺陷	临床症状
Ⅰ型或Ⅱ型甘露糖苷过多症	α-甘露糖苷酶	Ⅰ型：婴儿期发作，进行性精神迟钝，肝大，3～12 岁死亡； Ⅱ型：童年/成年发作，症状较Ⅰ型轻
β-甘露糖苷过多症	β-甘露糖苷酶	严重的四肢麻痹，很严重的 15 个月死亡；中等程度的精神迟钝，面部变形
天冬酰胺氨基葡萄糖尿症	天冬酰胺-氨基葡糖苷酶	精神迟钝，面部粗糙
唾液酸沉积症	唾液酸酶	严重的黏多糖沉积症样面容，精神迟钝
Ⅰ型和Ⅱ型申德勒病 （Schindler disease）	α-*N*-乙酰氨基半乳糖苷酶	Ⅰ型：婴儿期发作，神经突轴营养不良，严重的痉挛和精神迟钝，失明； Ⅱ型：中度智力损伤，血管角质瘤
岩藻糖苷沉积症	α-岩藻糖苷酶	痉挛、精神迟钝，面部粗糙，生长迟缓

四、糖蛋白中聚糖部分的一般生物学功能

糖蛋白中聚糖部分的生物学功能是现代细胞生物学关注的热点之一。近年来，糖链加工或合成反应抑制剂、糖基化位点的突变及糖基转移酶的反义技术或基因转染和敲除等技术的应用，使聚糖生物学功能研究有了长足的进展。越来越多的信息表明，糖蛋白中的聚糖不仅影响糖蛋白的折叠、聚合、溶解和降解，还参与糖蛋白的分拣和投送等细胞过程，而且与许多糖蛋白的生物学活性有关。多年来，提出了许多有关聚糖生物学作用的理论，可大致分为两组。

（1）按聚糖的结构和调控的特性归类。主要指聚糖具有保护、稳定、组织及屏障等功能。与细胞基质分子如胶原和蛋白聚糖相连的聚糖对组织结构、多孔性及整体性的维持均有很重要的作用；聚糖位于大多数糖蛋白的外侧，可提供一个屏障，保护在其下的多肽免受蛋白酶或抗体的识别；聚糖还参与在内质网新合成多肽的正确折叠或（和）其后蛋白质的溶解度与构象的维持。另一个聚糖的结构/调节的功能是作为生物重要分子的一种保护性储存物的仓库。

（2）按聚糖结构被其他分子（一般为受体蛋白质或凝集素）的特异性识别归类。主要是指聚糖可以作为外源性受体和内源性受体的特异性配体。某些聚糖可作为各种病毒、细菌及寄生物的特异受体，也是许多植物及细菌毒素的受体，并作为自身免疫和异体免疫反应的抗原，可溶性糖缀合物的聚糖序列也可作为微生物和寄生虫的诱捕器。寡糖在细胞-细胞识别和细胞-基质相互作用中起重要的生物学作用，糖-糖相互作用也可能在细胞-细胞相互作用和黏附中起到特定的作用。聚糖最重要的功能是参与细胞识别和分子识别，这些功能是蛋白质和核酸所不能替代的。因此，阐明聚糖的功能，对于洞察生物大分子在功能上的分工与合作，深刻揭示生命之谜具有十分重要的意义（表 4-8）。

表 4-8 一些特性明确的糖蛋白的功能

糖蛋白	分离的来源	功能
免疫球蛋白	脊椎动物血浆	免疫保护作用
绒毛膜促性腺激素	尿	激素
促滤泡素	垂体，血清	激素
促黄体素	血清，垂体	激素
促甲状腺激素	垂体，血清	激素

续表

糖蛋白	分离的来源	功能
核糖核酸酶	胰腺	酶
抗冷冻糖蛋白	血浆（南极的鱼）	冷冻点，抑制作用
黏糖蛋白	黏液分泌物	润滑作用，保护作用
抗生物素蛋白	鸡蛋	结合维生素
蛋白多糖	软骨	结构
胶原	皮肤	结构
纤连蛋白	细胞表面	细胞黏附

（一）聚糖在蛋白质分子正确折叠和亚基缔合中的作用

前已提及，*N*-糖基化是伴翻译过程，*N*-寡糖的引入必然对肽链折叠产生明显影响。现已查明，*N*-寡糖前体中 α1-3 臂外端的 Glc 残基是糖蛋白肽链正确折叠的重要信号（图 4-12）。ER 中的一种可溶性蛋白钙网蛋白（calreticulin）也有类似于钙连蛋白的分子伴侣功能，可识别并帮助多肽链形成正确构象。糖基化抑制剂 *N*-丙基脱氧野尻霉素（*N*-butyldeoxy-nojirimycin，NB-DNJ）专一抑制 ER α-糖苷酶，阻断 *N*-寡糖前体的加工；脱氧甘露糖野尻霉素（deoxymannojirimycin，DMJ）专一抑制高尔基体 α-甘露糖苷酶 I，中断寡糖加工，形成高甘露糖型 *N*-寡糖。酪氨酸酶有 6 个糖基化位点和两个 Cu^{2+}结合位点，其中三个糖基化位点在活性中心附近。用 NB-DNJ 处理小鼠黑色素瘤 B_{16} 细胞，所合成的酪氨酸酶三个糖基化位点连接的是未经加工的 *N*-寡糖前体（十四糖），没有 Cu^{2+}结合能力和酶活性。用 DMJ 处理后，酪氨酸酶 *N*-寡糖加工停留在高甘露糖型阶段，但此时肽链折叠已经完成，酶仍具有 Cu^{2+}结合能力和催化活性。该结果表明，糖链可影响肽链的正确折叠，为天然构象的形成和酶活性做出贡献，糖链本身并不是活性中心的组分，其结构的变化未引起酶失活。糖蛋白基因在缺乏糖基化酶系统的大肠杆菌中表达，因产物缺少糖链，肽链不能正确地折叠，还可引起异常聚集，因此常形成包涵体，很少分泌出细胞。

乙型肝炎病毒外壳由大（L）、中（M）和小（S）三种亚基组装而成。这三个亚基是同一 mRNA 从三个不同起点开始翻译而生成的。M 亚基前体 Pre S-2 区段中 Asn4 的糖基化与病毒蛋白的整合及分泌有关。L、M、S 上 S 段的 Asn146 也被糖基化，但 Asn4 上的 *N*-寡糖前体经 ER α-葡糖苷酶途径开始加工，Asn146 上的 *N*-寡糖前体则经由高尔基体内切甘露糖苷酶途径进行加工。在 NB-DNJ 存在下，M 亚基上 Asn4 *N*-寡糖前体不能进行加工，影响其正确折叠及与 L 和 S 的组装，细胞只分泌较小的不含核酸的亚病毒，因而没有感染性。有人正在探索利用 α-葡糖苷酶抑制剂治疗乙型肝炎、艾滋病等病毒性感染的可能性。

（二）聚糖对蛋白质的屏蔽效应

聚糖覆盖于糖蛋白表面，一个单糖大约覆盖 0.6 nm 长度的表面积，聚糖越大，天线数越多，覆盖的面积就越大，对糖蛋白抗御蛋白酶水解具有重要的意义。例如，运铁蛋白受体是质膜上的糖蛋白，它的 251、317 和 727 位的 Asn 上各有一个 *N*-聚糖，如果 Asn251 突变而不能 *N*-糖基化，就不能形成正常的二聚体和定位于质膜，随即被细胞内蛋白酶迅速降解。Tf 受体的 Arg102 和 Leu101 也是蛋白酶作用部位，正常情况下，有 Thr104 *O*-Gal NAc 糖链的屏蔽使其免受蛋白酶攻击。牛胰 RNase B Asn34 上有一条高甘露糖型 *N*-聚糖，而 RNase A 没有糖链。三种糖链大小不同的 RNase B 对胰蛋白酶和胰凝乳蛋白酶的抗御能力比 RNase A 增大 6～10 倍，这两种蛋白酶降解 RNase B 的速度与它的 *N*-聚糖 Man 残基数成反比。

在大肠杆菌中表达的粒细胞-巨噬细胞集落刺激因子（GM-CSF）因缺乏糖基化而被免疫系统识别，产生抗体。正常的 GM-CSF 抗原决定簇被近旁的 *O*-GalNAc 糖链屏蔽。富羟脯氨酸糖蛋白对于植物抵御外界病毒也有很大的作用（图 4-29）。

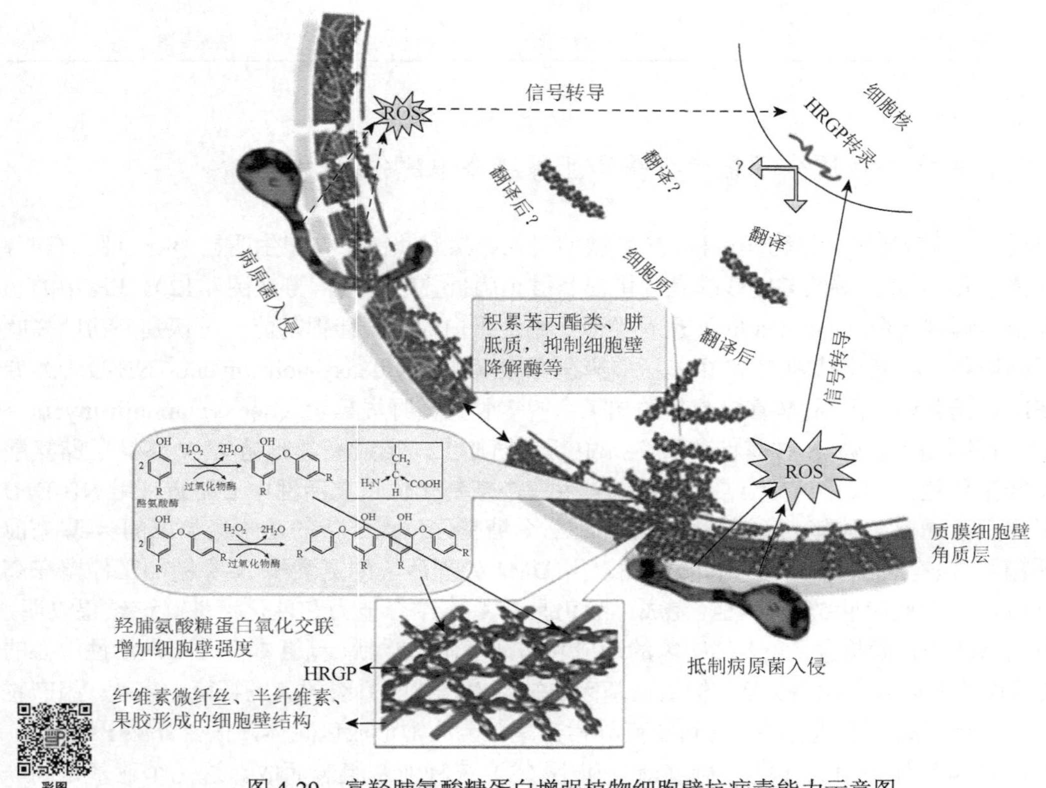

图 4-29　富羟脯氨酸糖蛋白增强植物细胞壁抗病毒能力示意图

HRGP. 羟脯氨酸糖蛋白；ROS. 活性氧

（三）聚糖在糖蛋白细胞内分拣、投送和分泌中的作用

如前所述，溶酶体蛋白上带有 Man-6-P 的高甘露糖型 *N*-聚糖是其分拣和投送的信号。合成 Man-6-P 的关键酶 *N*-乙酰氨基葡萄糖磷酸转移酶的缺失导致溶酶体酶无法投送到位，造成胎死腹中。尽管并非全部糖蛋白的分拣和投送都离不开糖链，但用 GlcNAc-1-磷酸酶抑制剂衣霉素（tunicamycin）处理细胞阻断 *N*-寡糖前体组装，导致许多质膜蛋白质无法投送。其原因可能是无糖链的蛋白质不能正确折叠和组装；或其 ER 滞留信号 KDEL（赖氨酸-天冬氨酸-谷氨酸-亮氨酸）模体失去屏蔽暴露在外；或因蛋白酶攻击位点暴露而被迅速降解。

IgM 和 IgA 的每条重链各有 3～5 条糖链，IgG 每条重链有一条糖链。未糖基化的 IgM 和 IgA 不能被细胞分泌，未糖基化的 IgG 溶解度下降，影响分泌。用衣霉素处理小鼠浆细胞，IgM、IgA 和 IgG 的分泌分别减少 81%、61%和 28%。

（四）聚糖对糖蛋白生物活性的影响

虽然聚糖并不直接参与糖蛋白酶类的底物结合与催化过程，多数糖蛋白酶类去掉糖链后催化活力没有明显变化。但是，糖链是亲水结构，酸性糖链还带有负电荷，糖链的引入必然改变蛋白质分子亲水表面的大小与布局和（或）电荷平衡，影响蛋白质的构象，不同程度地影响其生物学性质。所以有不少的糖蛋白酶类去糖基化之后，其酶活性降低或丧失。例如，用衣霉素处理细胞或在细菌中表达的溶酶体β-葡糖苷酶只有免疫原性而没有催化活性；β-羟基-β-甲戊二酸单酰辅酶A（HMG-CoA）还原酶去掉糖链后活力降低90%以上；脂蛋白脂酶*N*-聚糖的五糖核心为其活力所必需，可能与维持其天然构象有关。流感病毒主要被膜蛋白HA需经蛋白酶专一切割成两个较小的糖蛋白 HA_1 和 HA_2。其在糖基化抑制剂存在下形成非糖基化的 HA_0，其分解产物 HA_{01} 和 HA_{02} 是不均一的；看来由于缺乏糖链的保护，HA_0 失去了蛋白酶切割的专一性控制。

N-乙酰氨基葡萄糖基转移酶III的Asn243和261被*N*-糖基化，如让其中之一突变成Gln，少一个*N*-聚糖的突变体对底物UDP-GlcNAc的 K_m 增大；如这两个Asn同时突变，突变体对UDP-GlcNAc的 K_m 增加更多，但这些突变体对受体糖链的亲和力却未发生改变。

人绒毛膜促性腺激素（hCG）由α和β两个亚基组成，α亚基含92个氨基酸残基，在Asn52和78 *N*-糖基化；β亚基含145个氨基酸残基，在Asn13和30 *N*-糖基化，在Ser121、127、132和138 *O*-糖基化。其中α亚基的Asn52和β亚基的Asn13 *N*-糖基化与其活性密切相关。去掉Asn52 *N*-聚糖的α亚基能与正常β亚基形成二聚体，但是活性较低，还与天然hCG竞争受体。α亚基Asn52和β亚基Asn13同时去糖基化，则完全丧失活性。正常的α亚基Asn78和β亚基Asn13、30上的*N*-聚糖均为双天线复杂型，α亚基Asn52上有单天线复杂型*N*-聚糖，它们的非还原端均为α2-3 Neu5Ac，去掉α亚基Asn78上的糖链影响其分泌而不影响活性。β亚基上的*O*-GalNAc聚糖与维持其半寿期有关，对活性的影响不大。hCG二聚体与其受体结合后使靶细胞内cAMP浓度升高，刺激类固醇激素的合成。如果把hCG *N*-聚糖末端的Neu5Ac去掉，它与受体的亲和力增大，但cAMP的生成却减少；如将末端改为α2-6 Neu5Ac，不影响其生物活性，说明有无末端Sia很重要，而Sia连接方式并不重要。有趣的是如果把α亚基上的*N*-聚糖变成多天线，则不再与β亚基缔合，游离的α单体具有刺激催乳素分泌的活性。

（五）聚糖在分子识别和细胞识别中的作用

越来越多的资料表明，糖类是生物体内除核酸和蛋白质之外的又一类生物大分子，尤其是一类重要的信息分子。破译特定糖链结构包含的信息，阐明糖链信号接收、传递途径，以及糖链信号的生理学和病理学意义，是当代糖生物学的主要内容。也就是说，糖链最重要的生物学功能是在分子识别和细胞识别中充当信号分子。

1. 在受体-配体相互识别中的作用

受体与配体的识别，实质上是受体上的结合部位与配体上的识别标记之间专一的结合。这种专一的相互作用在很多情况下与其聚糖结构有密切关系。例如，图4-16中显示的促黄体素

(LH) 双天线复杂型 *N*-聚糖非还原端为 SO_4-4GalNAc β1-4-，而促滤泡素 (FSH) 则为 Sia α2-3/6 Gal β1-4-。肝脏网状内皮细胞有一种膜受体能专一识别 SO_4-4GalNAc β1-4GlcNAc β1-2 Man 结构，将其内吞清除。因此 LH 从血液中的清除率比 FSH 高，它在体内的生物半寿期也比 FSH 短。

另外，蛋白质类配体也可以识别受体上的聚糖。例如，大鼠卵巢 LH/hCG 受体有 6 个可能的 *N*-糖基化位点，使 Asn77 和 Asn152 突变后，高亲和力位点下降 80%；使 Asn173 突变成 Gln 而不能 *N*-糖基化，则不再结合 LH/hCG。整联蛋白 $\alpha_5\beta_1$ 是纤连蛋白 (Fn) 的膜受体。Fn 无论有无 *N*-聚糖，也不论 *N*-聚糖是双天线还是多天线，均可与整联蛋白 $\alpha_5\beta_1$ 结合。但如果用糖基化抑制剂使整联蛋白 $\alpha_5\beta_1$ 上 *N*-寡糖前体加工停留在含 Glc、Man 型或杂合型各中间阶段，均不同程度地降低 Fn 的结合。

2. 在维持血浆糖蛋白平衡中的作用

血浆中至少有 60 多种糖蛋白，每种均以一定的速率合成，又经网状内皮细胞受体介导的内吞以一定的速率清除，从而在血浆中保持动态平衡。受体介导的内吞涉及受体-配体相互识别，是 Ashwell 和 Morell (1966) 用血浆铜蓝蛋白证明的。血浆铜蓝蛋白是含有唾液酸化的复杂型 *N*-聚糖，用唾液酸酶切去其非还原端的 Sia 残基，暴露出次末端的 Gal，经氧化/再还原，用 ^3H 对 Gal 进行标记，注射到兔子体内，结果这种失去部分 (20%以上) 唾液酸残基的血浆铜蓝蛋白在血液中的半寿期从 54 h 缩短到 3～5 min，很快从循环中被清除。后来从肝细胞分离出识别 Gal 的受体，也是唾液酸化的糖蛋白。这种 Gal 结合蛋白自己的糖链非还原端必须有唾液酸，才具有配体结合活性。另外，它的结合活性需要 Ca^{2+}。血浆铜蓝蛋白的更新机制有一定的普遍性，动物体内已发现多种以识别非还原端糖基为基础的受体，如成纤维细胞上的 Man-6-P 受体，肝细胞上的 Gal 受体和 Fuc 受体，网状内皮细胞上的 Man 受体和 Glc-NAc 受体等。类似的机制还见于血浆脂蛋白的清除和血细胞的代谢更新。

糖蛋白Ⅵ (GPⅥ) 是Ⅰ型跨膜蛋白，大小为 58 kDa，其中 45%是碳水化合物。GPⅥ链从 N 端至 C 端由三个主要领域组成 (图 4-30)。离体实验表明，通过胶原蛋白的作用，血小板活化的主要受体是 GPⅥ，它可以被Ⅰ和Ⅲ型纤维胶原激活。最小的 GPⅥ结合基序在胶原纤维的表面包含两个 Gly-Pro-Hyp 三连体。在健康的血管里，纤维胶原主要为Ⅰ和Ⅲ型，它们起着重要的机械作用，除锚定细胞外，还通过受体介导的接触来调节细胞的功能 (图 4-31)。

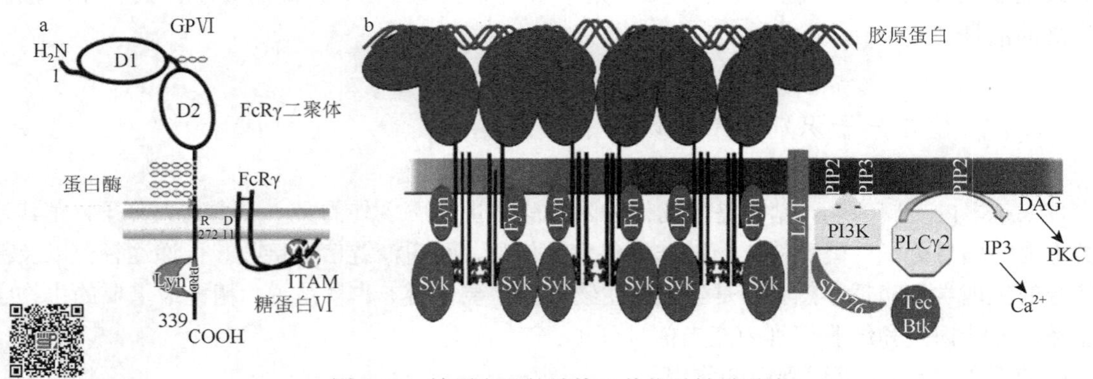

图 4-30 糖蛋白Ⅵ的结构及其信号转导通路

a. 糖蛋白Ⅵ与 FcRγ 二聚体结合示意图；b. 糖蛋白Ⅵ信号级联下游示意图；ITAM. 免疫受体酪氨酸激活基序；PI3K. 磷脂酰肌醇激酶；PLCγ2. 磷脂酶 Cr2；IP3. 三磷酸肌醇；DAG. 二酰基甘油；PKC. 蛋白激酶 C

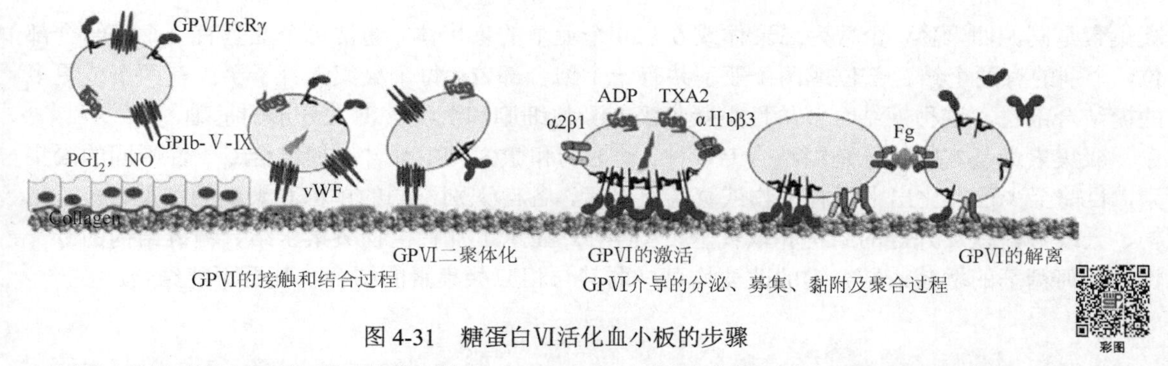

图 4-31　糖蛋白Ⅵ活化血小板的步骤

在健康的血管中，糖蛋白Ⅵ以前列腺环素［前列腺素 I_2（PGI_2）］和一氧化氮的单体形式存在。当动脉受到损伤时，血液抑制化合物的水平下降，血管性血友病因子与 GPIb 相互作用，促进了糖蛋白Ⅵ二聚体与胶原蛋白的结合，导致了由可溶性受体激动剂激活的生物信号的强烈增强。糖蛋白Ⅵ与活化的 α2β1 胶原蛋白的结合十分稳定，糖蛋白Ⅵ与活化的 αⅡbβ3 纤维蛋白原的结合则使血栓开始聚集与增长；PGI2. 前列环素；vWF. 血管性血友病因子；TXA2. 血栓素 A2；Fg. 纤维蛋白原；GPIb. 血小板膜糖蛋白 Ib

3. 构成某些抗原决定簇

生物大分子和细胞上的抗原决定簇是被生物系统“验明正身”的识别标志，有许多抗原决定簇实际上就是特定的糖结构。例如，ABO 血型抗原就是一个范例。除人类和亚洲、非洲的猴子外，其他哺乳动物器官内皮细胞表面抗原决定簇为 Galα1-3Galβ1-4GlcNAc-R，又称 αGal 抗原决定簇。如前所述，αGal 决定簇是 2 型链经高尔基体 α1-3Gal T 添加一个 Gal 形成的。人类编码 α1-3GalT 的基因由于一个碱基缺失而不能合成有活性的产物，因而不存在 αGal 决定簇。2 型链在 α1-2FucT 催化下变成 H 抗原，或再由 α1-3FucT 修饰成 Le^y 抗原。人体内的抗 Gal 抗体（IgG 和 IgM）可识别 αGal 决定簇并引发超急性排斥反应，是异种器官移植的主要障碍。为此人们设想采用基因工程消除猪细胞表面 αGal 决定簇的表达，以便有朝一日能把猪的器官移植给患者。完全除去人体内的抗 Gal 抗体或被抗 Gal 抗体-αGal 抗原复合物激活的补体，已被证明是行不通的。因而采用反义核酸技术或核酶技术抑制 *α1-3GalT* 基因的表达，甚至敲除 *α1-3GalT* 基因；或过度表达 α-半乳糖苷酶，把 αGal 抗原决定簇减少至 1/30，使这些细胞与天然抗体的反应降至 1/10；或导入人 α1-2FucT 的基因与 α1-3GalT 竞争，使细胞表面的 αGal 决定簇减少 90%；还可在导入人 α1-2FucT 的同时过量表达 α-半乳糖苷酶，把 αGal 决定簇的表达量减少到可以忽略不计的水平。由于引发超急性排斥反应的不仅是 αGal 决定簇，实现异种器官移植的目标尚需时日。

个体发育不同阶段细胞表面会出现特异的抗原。例如，受精卵发育至 8～16 细胞期出现阶段特异胚抗原 L_e^a（SSEA-1），它的出现可能与桑椹期的致密过程有关。有些特异性抗原还成了某些病理改变的标志，如胰、肝、胃、大肠等消化道癌标志性糖链抗原为 α2-3 唾液酸化的 L_e^a 抗原；肺癌、卵巢癌标志性糖链抗原为 α2-3 唾液酸化的 L_e^x 抗原。

类风湿性关节炎、红斑狼疮等自身免疫性疾病也与抗原决定簇的改变有关。例如，IgG 每条重链有一个复杂型双天线 *N*-聚糖，当 β1-4GalT 活性不足时，外链上 Gal 含量明显减少，以 GlcNAc 为末端的糖链增多，结果变成一种自身抗原，被免疫系统识别而产生自身抗体，二者结合后形成的免疫复合物沉积在血管、关节腔等处，引起类风湿性关节炎。

4. 凝集素对单糖和聚糖的识别作用

糖类作为信号分子，其生物学功能离不开专一识别并与其结合的另一类大分子——凝集素。凝集素（lectin 或 agglutinin）是非免疫原的（其合成并非免疫应答所致）能专一地识别并结合某种特定结构的单糖或聚糖中特定糖基序列的蛋白质。许多凝集素自己也是糖蛋白。多数凝集素是同源四聚体，少数为二聚体或6～20个亚基的寡聚体。通常每个亚基有一个糖结合部位，个别的有两个结合部位或两个亚基共有一个结合部位。每个凝集素分子至少有两个或更多的糖结合部位，这种糖结合多价性是凝集素能凝集细胞和沉淀含糖大分子的基础。

凝集素最基本的特征是糖结合专一性。动植物和微生物中都含有糖结合专一性不同的凝集素，目前至少已纯化出上百种植物或真菌凝集素，各自识别不同的单糖和聚糖的类型、核心结构、天线数，以及外链的结构和取代基。图 4-32 显示了几种植物凝集素结合糖链结构的专一性，任何糖基的增减或结合键的改变均可减弱其与相应凝集素的结合，甚至不能结合。

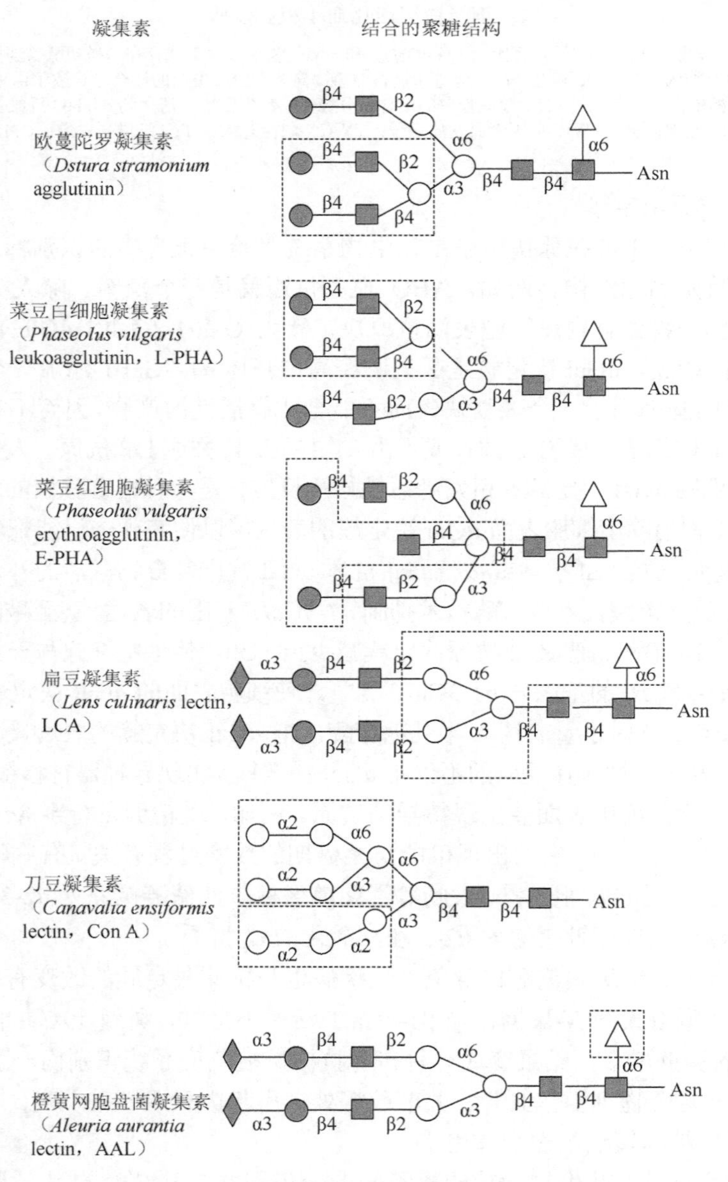

图 4-32 植物凝集素糖链结合专一性

虚线框内的结构被凝集素专一识别

凝集素最重要的生物学功能就是在细胞-细胞识别、病原菌（或寄生菌）-寄主细胞识别、细胞-基质识别中识别并结合特定的糖信号。此外，凝集素还有刺激淋巴细胞、细胞致毒等作用。例如，外源凝集素定向激活酶前体药物疗法（LEAPT）的设计，通过生物催化糖化酶和前体药物的结合来固定外源性凝集素糖（图 4-33）。

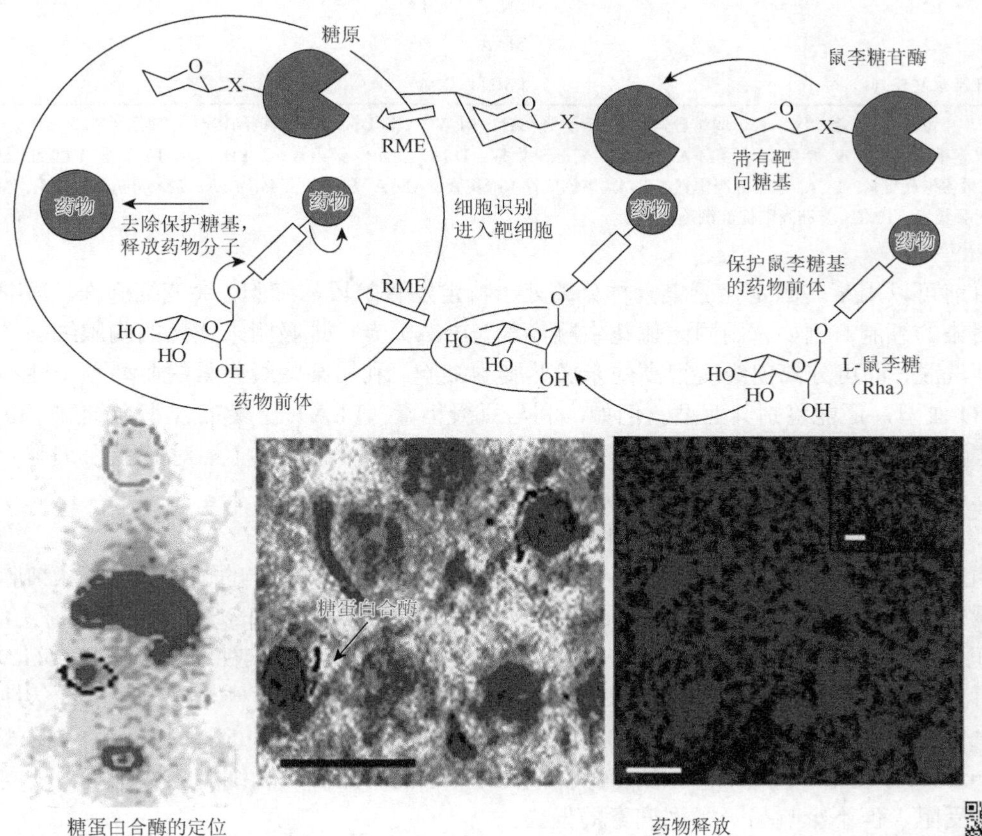

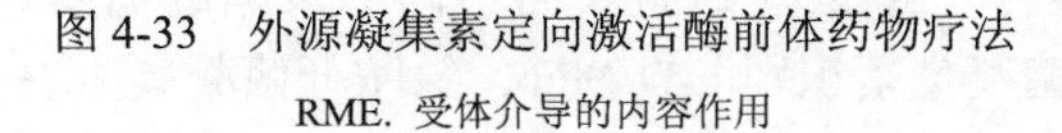

图 4-33　外源凝集素定向激活酶前体药物疗法

RME. 受体介导的内容作用

在生物学研究和临床医学等领域，利用凝集素糖结合专一性可以分离和纯化含糖大分子与细胞，可以鉴定血型和特异性抗原，还可进行聚糖结构分析（表 4-9）。

表 4-9　*N*-聚糖结构分析常用凝集素的选择

N-聚糖结构或类型	专一性凝集素
1. *N*-聚糖类型	高甘露糖型（Con A^{++}，WGA^{-}），杂合型（Con A^{++}，WGA^{+}）
2. 天线数	DSA^{+}（＞二天线），Con A^{+}（单天线或二天线）
3. 天线分布	
C2 C2,6 三天线，C2,4 C2,6 四天线	DSA^{++}，Con A^{-}，L-PHA^{+}
C2,4 C2 三天线	DSA^{+}，Con A^{-}，L-PHA^{-}
C2,4 偏二天线	DSA^{+}，Con A^{-}，L-PHA^{-}
4. 平分型 GlcNAc	E-PHA^{+}，WGA^{+}，Con A^{-}

续表

N-聚糖结构或类型	专一性凝集素
5. 核心 Fuc	AAL$^+$（无论有无平分型 GlcNAc），LCA$^+$（无平分型 GlcNAc）
6. 唾液酸	WGA$^+$
α2-6	SNA$^+$，Allo A$^+$
α2-3	MAA$^+$
7. LN 重复序列	PML$^+$，DSA$^+$

注："−"表示不结合，"+"表示弱结合，"++"表示强结合；用 WGA 和 DSA 分析糖链结构时应先切除 Sia。

凝集素缩写：Con A. 伴刀豆球蛋白 A；WGA. 麦胚凝集素；DSA. 曼陀罗凝集素；L-PHA/E-PHA. L-型/E-型红腰豆凝集素；AAL. 桔果粉孢凝集素；LCA. 小扁豆凝集素；SNA. 黑色接骨木凝集素；Allo A. 独角仙（*Allomyrina dichotomy*）凝集素；MAA. 黑龙江马鞍树凝集素；PML. 美洲商陆促红细胞分裂素

目前可以用某些固定化凝集素柱分离处于特定发育阶段的细胞、突变细胞株、癌细胞或受病毒侵染的细胞。例如，用固定化花生凝集素（PNA）专一地吸附未成熟的胸腺细胞，用半乳糖溶液洗脱，即可分离出纯度很高的未成熟胸腺细胞。利用某些凝集素的血型专一性不仅可区分 ABO 血型，还能鉴别其亚型。例如，利马豆凝集素（PLA）仅凝集 A 型血细胞，欧洲百脉根凝集素（LTL）对 O 型血细胞专一，西非单叶豆凝集素Ⅰ（BSLⅠ）对 B 型血细胞专一，双花扁豆凝集素（DBL）对 A1 型血细胞专一。

5. 在病原体-寄主细胞识别中的作用

病原菌（或寄生菌）对寄主的感染及寄主巨噬细胞吞噬病原体的过程，同样从细胞间的专一性识别和黏着开始。流感病毒就是通过识别细胞表面聚糖链末端的 Sia 残基进入寄主细胞的。A 型和 B 型流感病毒识别 5-乙酰神经氨酸（Neu5Ac）或 5-羟乙酰神经氨酸（Neu5Gc），而 C 型病毒只能识别 5, 9-二乙酰神经氨酸（Neu5, 9Ac）。流感病毒含有唾液酸酶，能专一地水解作为其受体的唾液酸衍生物。A 型和 B 型病毒只水解 Neu5Ac 或 Neu5Gc，C 病毒含的酶却能水解 Neu5, 9Ac 生成 Neu5Ac。唾液酸被水解后病毒不能再结合而从细胞表面脱落，使同一型病毒入侵受阻，但不影响另一类型病毒的侵染。

不同细菌表面凝集素专一地识别细胞表面不同的聚糖或糖基，如霍乱弧菌凝集素识别 L-Fuc 和 D-Man，大肠杆菌凝集素识别 α-D-Man，绿脓杆菌凝集素识别 D-Gal 和 D-Man，鸡败血支原体凝集素识别 Sia，这是不同细菌侵染性差别的分子基础。又如，肺炎球菌识别肺泡和脑膜细胞表面聚糖中的 GlcNAc，而嗜腐球菌识别尿路细胞表面的 GlcNAc 和 GalNAc，所以它们分别侵染肺、脑组织和尿路上皮。正因为 A 和 AB 血型的人细胞表面的 A 抗原有 GalNAc 末端，所以易受嗜腐球菌感染。

同样，细胞表面凝集素样蛋白也能专一识别细菌表面的糖复合物。例如，紫花苜蓿根毛表面的凝集素可识别苜蓿根瘤菌表面的糖，进而促成二者间的黏着，逐步形成根瘤。

6. 在配子识别与结合中的作用

有性繁殖中同种配子之间专一的识别与结合，使物种的遗传特性得以世代相传。成熟的卵子与已经获能的精子相遇，精子头部细胞器（顶体）外膜与质膜融合，释放水解酶、糖结合蛋白等内容物，再以囊泡的形式脱离精子，称为顶体反应。小鼠卵的透明带含有三种糖蛋白：ZP-1、ZP-2、ZP-3，其中 ZP-3 是与精子结合诱发顶体反应的主要蛋白，可视为精子的受体。精子表面的一种糖蛋白 SP56 与 ZP-3 专一结合，精子头部膜结合的 β1-4 Gal T 也介导与 ZP-3 的结合。现已查明，ZP-3 上有 *N*-聚糖和 *O*-GalNAc 聚糖，而后者是 ZP-3 与 SP56 结合所必需的。由于

SP56 可与固相 Gal 结合，认为 SP56 与卵 ZP-3 上 *O*-GalNAc-聚糖末端的 Gal 专一结合，是小鼠精卵结合重要的分子基础。猪卵透明带含有 ZP-1～ZP-4，其中只有 ZP-3 含 *O*-GalNAc 聚糖并能与精子结合。猪精子凝集素（BSL）、穿膜蛋白 AP_Z、顶体素原（proacrosin）和 β1-4Gal T 等均可能涉及与 ZP-3 的结合。猪的 ZP-3 *N*-聚糖全部为复杂型，其中二天线：C2, 4C2 三天线：C2C2, 6 三天线：C2, 4C2, 6 四天线 = 4：2：1：1；约 97%含核心 α1-6Fuc，可被前顶体素（proacrosin）识别；39%的外链缺乏 Sia 和 Gal，因而是 β1-4Gal T 的底物。这些证据表明，猪精子 β1-4Gal T 与卵 ZP-3 *N*-聚糖末端 GlcNAc 间的结合可能是猪精卵结合重要的分子机制。由于精卵结合的专一性涉及多种凝集素样蛋白与特定聚糖结构之间的相互作用，真正的分子机制肯定还要复杂得多。

7. 在细胞黏附中的作用

细胞作为有机体生命活动的基本单位，必须相互黏合或与胞外基质黏合，形成组织、器官和完整的个体。参与细胞识别与黏合的大分子几乎都是糖蛋白和蛋白聚糖。细胞表面的凝集素或凝集素样蛋白对配体糖结构专一的结合可能是细胞黏附专一性的分子基础。迄今已鉴定的细胞黏附分子（cell adhesion molecule，CAM）都是跨膜糖蛋白，N 端和肽链的主要部分在质膜外侧，带有数目不等的糖链，其后为跨膜区，可以是单跨膜或多次跨膜，胞质区为 C 端，一般较小，可与质膜内侧的细胞骨架或信号转导系统相结合。相邻细胞可通过同种 CAM 相互识别与黏合；也可通过不同的 CAM 相互识别与黏合；还可由相同的 CAM 借助于胞外多价连接分子相互识别与黏合。糖蛋白的这一点可以被利用来制作以聚糖为基础的药物和示踪诊断剂。

已在高等动物体内发现了上百种细胞黏附分子，大体上可划分为以下四大族。

（1）整联蛋白（integrin）：广泛存在于动植物中，在几乎所有组织中表达，是两种亚基（α 和 β）组成的二聚体。已发现 18 种 α 亚基和 8 种 β 亚基，都是单跨膜糖蛋白，它们以不同方式组合成至少 24 种整联蛋白。整联蛋白的作用需 Ca^{2+}参与，介导细胞之间及细胞与基质的相互识别和黏合。与整联蛋白结合的配体，包括胞外基质组分胶原、层连蛋白（laminin）、纤连蛋白（fibronectin）、玻连蛋白（vitronectin）等，以及细胞表面黏附分子如细胞间黏附分子（ICAM）、血管细胞黏附分子-1（VCAM-1）等。

（2）钙黏着蛋白（cadherin）：是依赖 Ca^{2+}的唾液酸化Ⅰ型膜蛋白，已经鉴定的有 30 多种，按其组织分布命名，如 E-钙黏着蛋白、P-钙黏着蛋白、N-钙黏着蛋白、M-钙黏着蛋白和 R-钙黏着蛋白等。不同种类的钙黏着蛋白氨基酸序列同源性达 50%～60%。胞外片段含 Ca^{2+}结合部位，最外侧含 His-Ala-Val 模体的区段与其细胞黏附功能有关。胞内片段通过连蛋白与细胞骨架相结合。钙黏着蛋白介导细胞黏附时只与同种钙黏着蛋白分子相互作用，对于胚胎细胞早期分化及成体组织的构筑有重要作用。

（3）选凝素（selectin）：已鉴定的选凝素有白细胞（L）、内皮细胞（E）和血小板（P）三种，都是Ⅰ型膜蛋白。N 端有 120～130 个氨基酸构成的糖识别结构域，其后依次是表皮生长因子结构域、2～9 个重复的补体结合蛋白域、跨膜区和胞内区。选凝素在 Ca^{2+}存在下识别和结合，包括含唾液酸化和硫酸化的 Lewis 抗原决定簇的糖蛋白、糖脂等，主要参与白细胞与脉管内皮细胞之间的黏合。

（4）免疫球蛋白超家族（Ig-superfamily）：该家族的某些成员属于 CAM，其作用不依赖 Ca^{2+}。有的与同种分子黏合，如各种神经黏附分子；有的与异种分子黏合，如 ICAM、VCAM 等，它们的配体都是整联蛋白。

还有 CD44 等 CAM 不属于以上四大类之列。

除以上功能之外，如南极鱼类血液中的抗冻糖蛋白、黏膜和黏液中的黏蛋白等，也具有简单而重要的生理功能。即使是一些与糖蛋白功能无关或影响不大的糖链，也可能具有环境缓冲剂的作用，它们的存在赋予细胞更大的可塑性与适应性，可能是细胞在遗传性与环境影响之间起作用的一类结构组分，是适应环境变化而形成的结构物质。

第三节　蛋 白 聚 糖

蛋白聚糖（proteoglycan，PG）由蛋白质和聚糖两部分组成。前者一般称为核心蛋白，后者则为一条到上百条糖胺聚糖（glycosaminoglycan，GAG）链。两者以共价键连接，构成完整的蛋白聚糖（图 4-34）。GAG 链是蛋白聚糖的分子标志，凡是联有此种糖链的蛋白质或糖蛋白都可称为蛋白聚糖。在糖复合物中，蛋白聚糖与糖蛋白的不同是其核心蛋白上共价连接有糖胺聚糖链。由于核心蛋白不同，GAG 链的种类、数目、链长、硫酸化部位和程度不同，蛋白聚糖的结构与功能展现出惊人的多样性。蛋白聚糖广泛存在于脊椎动物结缔组织、皮肤、脉管、骨骼等组织内，是构成胞外基质重要的大分子。自 20 世纪 70 年代以来，人们发现细胞表面蛋白聚糖与包括细胞因子在内的其他大分子相互作用，参与细胞黏附和信号转导，调节许多重要的生理过程，还发现人类一些遗传病与蛋白聚糖的合成或降解缺损有关，因此引起了人们的关注，极大地推动了该领域的发展。

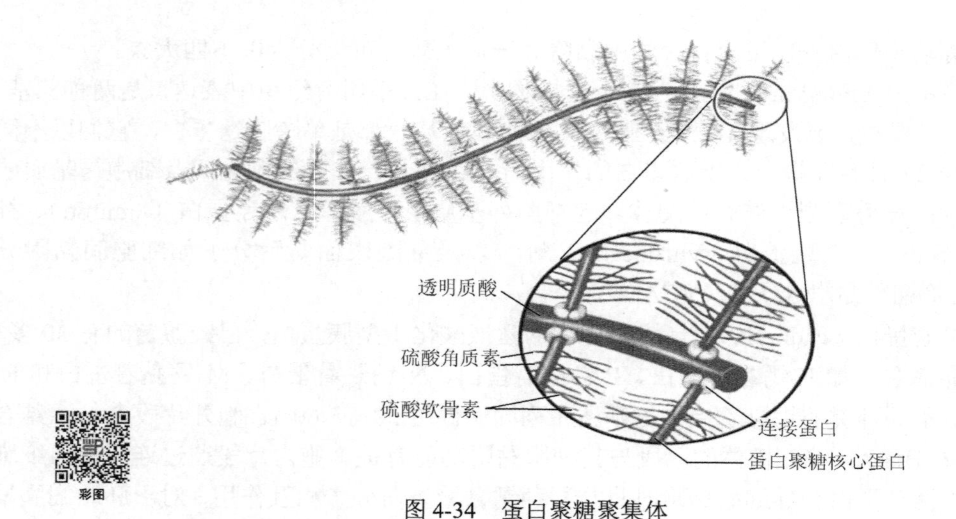

图 4-34　蛋白聚糖聚集体

一、蛋白聚糖的组成与分类

（一）核心蛋白

蛋白聚糖的核心蛋白具有以下特点：①可划分为几个不同的结构域；②均含有相应的 GAG 取代结构域；③可通过特有结构域锚定在细胞表面或胞外基质的大分子上；④有些核心蛋白还有其他特异性相互作用性质的结构域。根据 cDNA 测序，蛋白聚糖的核心蛋白可划分为以下 4 类。

（1）丝甘蛋白聚糖（serglycan）：多肽链的分子质量约为 20 kDa，GAG 连接区有 24 个连续的 Ser-Gly 重复，多存在于肥大细胞和造血细胞的贮存颗粒中。

（2）饰胶蛋白聚糖（decorin）：多肽链的分子质量约为 36 kDa，以富含 Leu 的重复序列模体为其特征。

（3）黏结蛋白聚糖（syndecan）：多肽链的分子质量约为 32 kDa，有一个 C 端胞质结构域、疏水的跨膜区和连接 GAG 的 N 端胞外结构域。

（4）可聚蛋白聚糖（aggrecan）：多肽链的分子质量为 225～250 kDa，N 端有两个球形结构域，C 端有一个球形结构域，二者之间为 GAG 连接区。

（二）糖胺聚糖

糖胺聚糖也称黏多糖（mucopolysaccharide），是由重复的二糖单位组成的线性大分子，按其重复二糖骨架的化学结构可分为以下 4 类（图 4-35）。

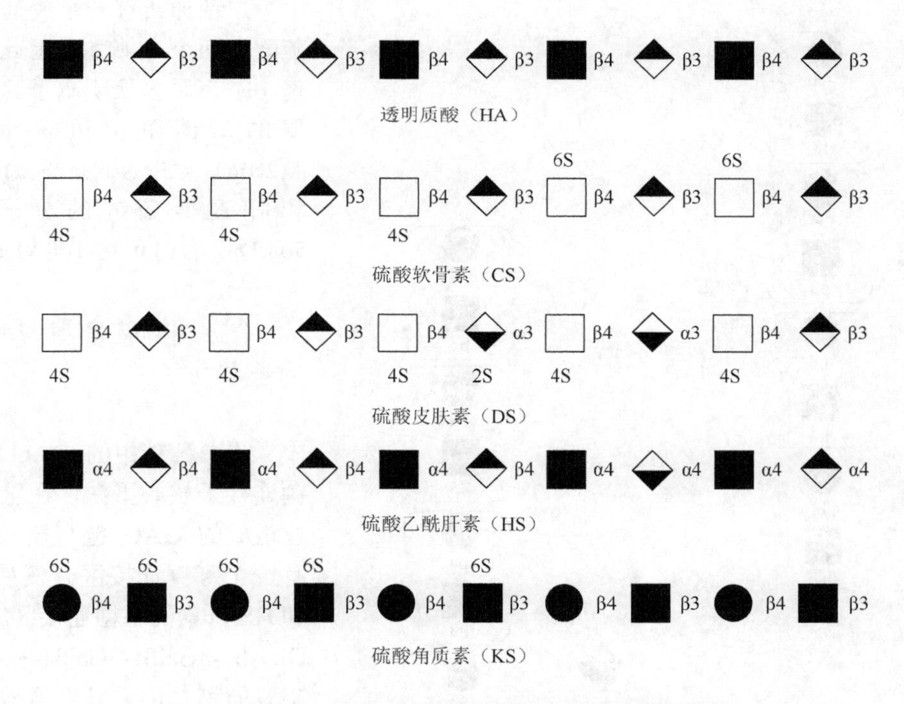

图 4-35 由重复的二糖单位组成的糖胺聚糖

（1）透明质酸（hyaluronic acid，HA）：是结构最简单的唯一不含硫酸取代基的 GAG，其重复二糖单位为（GlcAβ1-3GlcNAcβ1-4）。分子质量可达 10^4 kDa，约含 25 000 个重复二糖单位，伸展长度约 25 μm。在生理 pH 下，HA 为多聚阴离子，呈无规则扭曲的线团状结构，占有大部分溶剂领域。HA 分子之间可通过特异的相互作用形成交织网络。

（2）硫酸软骨素（chondroitin sulfate，CS）和硫酸皮肤素（dermatan sulfate，DS）：CS 链一般约含 250 个重复二糖单位，分子质量约为 100 kDa，个别的可达 300 kDa。CS 重复二糖单位由 GlcA 以 β1-3 链与 GalNAc 连接，软骨中的 CS GalNAc 的 4 或 6 位硫酸化，分别称为 C4S

和 C6S；一些分泌颗粒和软体动物含有 4 位和 6 位均被硫酸化的 CS。如果 CS 二糖重复单位中 GalNAc 4 位硫酸化，GlcA 经差向异构变成 IdoA 并在 2 位硫酸化，二者间的糖苷键也随之变为 α1-3，从而转变成 DS 中特有的重复二糖单位：IdoA(2S)α1-3 Gal NAc(4S)β1-4。

（3）硫酸角质素（keratan sulfate，KS）：KS 实际是多聚乙酰氨基乳糖硫酸化的产物，其重复二糖单位（Galβ1-4GlcNAcβ1-3）与糖蛋白中聚糖外链的 LN 单位一样。在 KS 中 Gal 的第 6 位和 GlcNAc 第 6 位被硫酸化。KS 聚糖链的分子质量为 10～20 kDa，很少超过 40 kDa（约含 80 个二糖单位）。

（4）硫酸乙酰肝素（heparan sulfate，HS）和肝素（heparin，Hep）：HS 和肝素是最复杂的糖胺聚糖，二者具有相同的结构骨架，HS 的重复二糖单位可表示为“GlcAβ1-4Glc NAc(6S)α1-4”，部分 GlcA 第 2 位硫酸化，还有不足 50%表异构化转变成 IdoA，不到 50%的 GlcNAc 脱乙酰后再 N 硫酸化转变成 GlcNS。肝素中的重复二糖单位 70%～90%的糖醛酸是 α1-4 连接的 IdoA，第二位被硫酸化，其余糖醛酸仍为 β1-4 连接的 GlcA，第二位未发生硫酸化；GlcNAc 有 70%以上脱乙酰基并发生 *N*-硫酸化，第三位也有一部分被硫酸化，其余的仍维持 *N*-乙酰化，每个二糖通常有一个羧基、一个 *N*-硫酸和两个 *O*-硫酸，因此肝素在生理 pH 下是多聚阴离子。肝素中主要的二糖单位可表示为“Ido A(2S)α1- 4GlcN(6S, 2S)α1-4”。HS 和肝素聚糖链的分子质量约 50 kDa，有时可达 100 kDa 或更高。

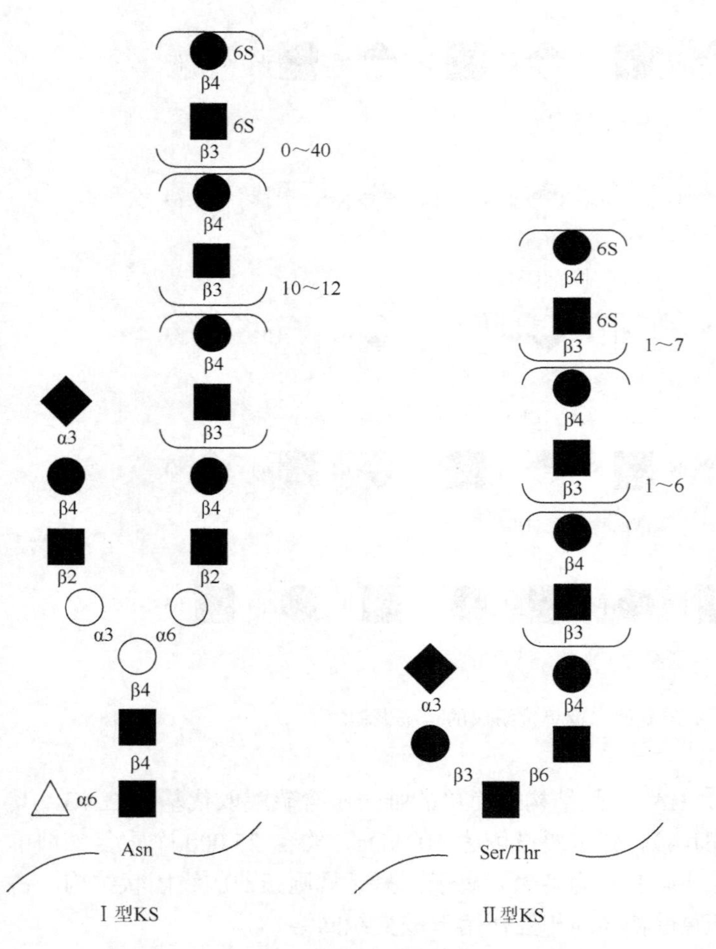

图 4-36 Ⅰ型和Ⅱ型 KS 寡糖连接区的结构

（三）糖胺聚糖与核心蛋白的连接方式

蛋白聚糖中的 GAG 链以共价键连接于核心蛋白，在重复二糖单位组成的 GAG 链与核心蛋白之间有一个寡糖连接区。例如，CS/DS 和 HS/肝素的寡糖连接区的结构为：GlcAβ1-3Galβ1-3Galβ1-3 Xylβ-Ser，Xyl 的第二位常发生磷酸化。实际上是在核心蛋白 Ser 残基上依次连接 Xyl、Gal、Gal 和 GlcA 之后，再合成 CS 或 HS 的重复二糖，最后再修饰成特有的形式。Ⅰ型 KS 是在 *N*-聚糖上合成的，Ⅱ型 KS 则在 *O*-GalNAc 聚糖上合成，它们的寡糖连接区见图 4-36。

（四）蛋白聚糖的分类

早期曾按蛋白聚糖的组织来源分类，如软骨 PG、角膜 PG、动脉 PG 等；后又按其所含 GAG 划分为 CSPG、DSPG、KSPG、HSPG 等，或同时标明组织来源和 GAG 组成，如角膜 KSPG、角膜 DSPG 等。上述传统分类法忽略了核心蛋白的特征，又难以处理含有一种以上 GAG 的 PG。因此目前较广泛采用科杰森（Kjellen）和林达尔（Lindahl）提出的分类法，根据已确定的核心蛋白序列同源性、免疫交叉反应，以及蛋白聚糖的组织细胞分布和功能等，将其归纳为以下 5 个家族。

（1）能与 HA 特异结合的大分子胞外 CSPG，包括软骨可聚蛋白聚糖、成纤维细胞多能蛋白聚糖（versican）等。

（2）具有小的同源核心蛋白及 1～2 条 GAG 链（CS、DS 或 KS）的蛋白聚糖，包括饰胶蛋白聚糖、双链蛋白聚糖（biglycan）及纤调蛋白聚糖（fibromodulin），还可能包括新发现的骨肉瘤细胞的 PG100。

（3）胞外基质/基膜的硫酸乙酰肝素蛋白聚糖及由小鼠软骨肉瘤细胞（EHS）合成的大分子 HSPG。

（4）与黏结蛋白聚糖有关的膜嵌入细胞表面蛋白聚糖。

（5）细胞内蛋白聚糖，如丝甘蛋白聚糖等。

此外还存在未纳入这 5 类的“兼职”蛋白聚糖，如运铁蛋白受体、归巢淋巴细胞受体、Ⅱ类主要组织相容性抗原及Ⅸ型胶原等。这些大分子既有结合 GAG 的形式，也有不结合 GAG 的形式。

二、蛋白聚糖的结构与功能

（一）细胞外与透明质酸特异结合的蛋白聚糖

透明质酸广泛存在于生物界，从链球菌属（*Streptococcus*）的荚膜到无脊椎动物与脊椎动物的结缔组织和胞外基质，图 4-37 为细胞内蛋白聚糖的分布。哺乳动物的皮肤、骨骼、玻璃体、脐带、滑液中含有丰富的 HA，HA 独特的理化性质及其在胞外基质中的功能是其他 GAG 不可比拟的。HA 巨大的分子量及带有密集的负电荷，使之呈展开的无规则线团结构，占有巨大的溶剂空间，在 10 mg/ml 浓度下，其黏度大约是水的 5000 倍，成为良好的生物润滑剂。这些大分子也可自身聚集，形成有序的螺旋区，进而交织成网络，具有相当的弹性。

透明质酸能以非共价键专一地与某些蛋白质结合，这些蛋白质包括两类：①结构性 HA 结合蛋白，如连接蛋白、可聚蛋白聚糖、多能蛋白聚糖及脑中的透明质酸粘连蛋白（hyaluronectin）等，它们具有富含碱性残基的 HA 结合模体，如可聚蛋白聚糖有两个这样的模体：$_{71}$RIKWSRVSK$_{79}$ 和 $_{2109}$KRTMRPTRR$_{2117}$，与 HA 至少 10 个糖残基相结合，形成蛋白聚糖聚集体，与结缔组织和软骨等的构建和功能有密切关系。②细胞表面的 HA 结合蛋白（又称 HA 受体），如 CD44、透明质酸介导的运动受体（RHAMM）等，具有 HA 结合膜体，即 CD44 的 $_{38}$KNGRYSISR$_{46}$ 和 RHAMM 的 $_{401}$KQKIKHVVKLK$_{411}$，可与 HA 至少 6 个糖残基相结合，这种结合显著影响细胞行为，如细胞-细胞黏附、细胞迁移、细胞增殖、细胞分化等。

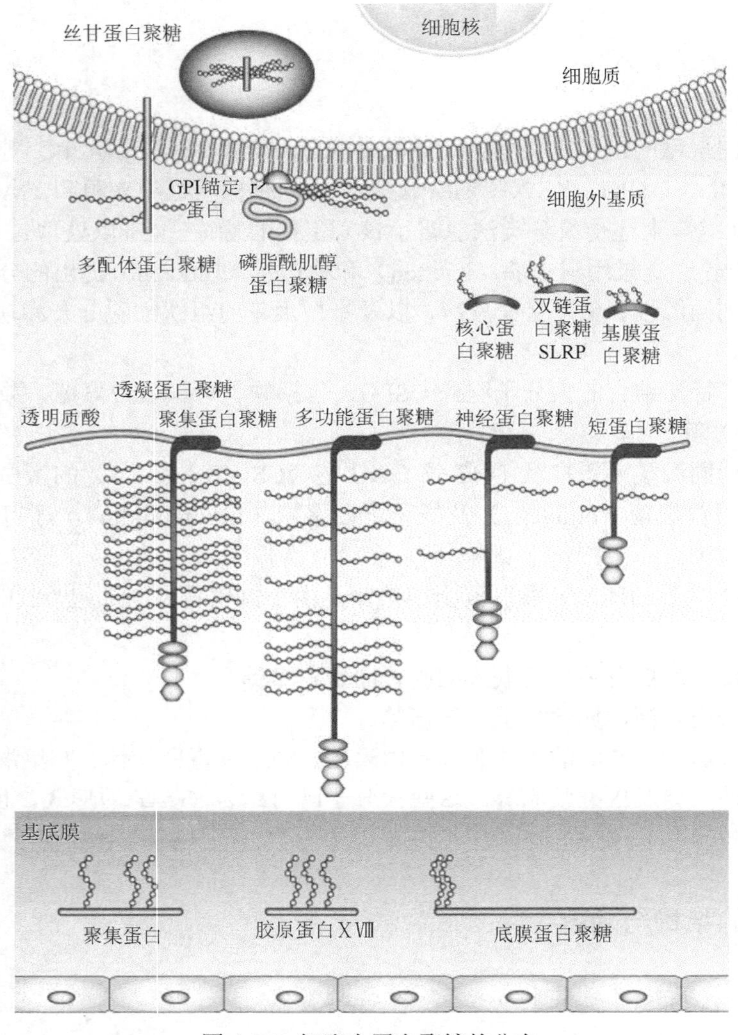

图 4-37 细胞内蛋白聚糖的分布

蛋白聚糖广泛分布于细胞表面，通过跨膜或者 GPI 锚定蛋白连接在细胞膜表面。细胞外基质也含有丰富的蛋白聚糖，细胞内的蛋白聚糖主要起存储功能，而细胞外的蛋白多糖则在生长因子、成形素和细胞因子的作用下参与细胞的黏附和迁移过程及产生转导信号。SLRP. Leu 重复序列多糖

在胞外基质中，蛋白聚糖与 HA、连接蛋白形成稳定的聚集体（图 4-38）。软骨基质中的 PG 超过其湿重的 10%，^{13}C 核磁共振研究显示在这种浓缩状态下的 GAG 有很高的负电荷密度，仍能分段高度运动，使软骨具有弹性，在抗压力负荷时发生最小限度的变形，或者说 PG 在软骨中起着“分子弹簧”的作用。

软骨胞外基质富含的可聚蛋白聚糖分子质量约为 2500 kDa，其核心蛋白共价结合大约 100 条 CS 链、50 条 KS 链、50 条 *O*-聚糖链及 10～15 条 *N*-聚糖链。骨蛋白聚糖在软骨细胞外基质的结合过程中起着重要作用（图 4-39）。大鼠可聚蛋白聚糖的核心蛋白由 2124 个氨基酸组成，除 19 个氨基酸组成信号肽外，可划分 8 个不同的结构域：N 端附近的两个球状结构域 G1 和 G2，二者之间为 135 个残基组成的球状间结构域，G1 区含有 HA 结合部位和连接蛋白结合区；C 端的 G3 结构域参与胞外基质的组装，可能与其他基质大分子上的配体相互作用；G2 与 G3 结构域之间为 GAG 附着区，CS 链、*O*-聚糖和 KS 链是紧密间隔的，平均每 7 个氨基酸残基有

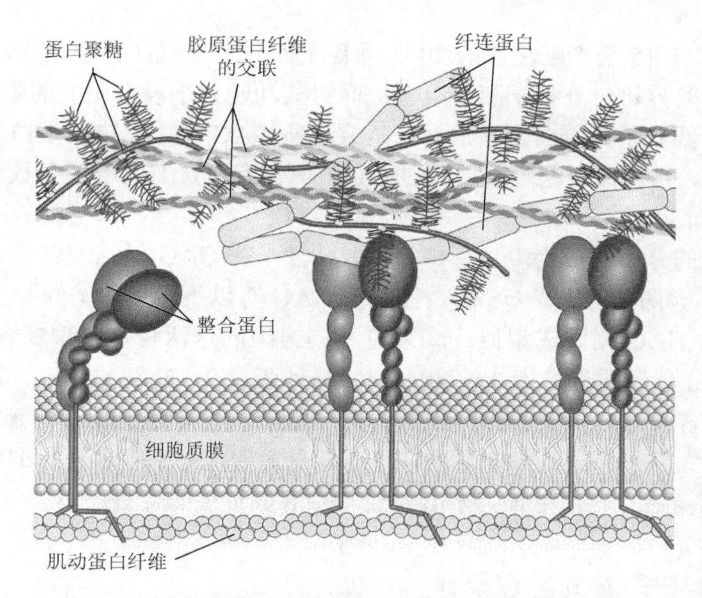

图 4-38　蛋白聚糖、透明质酸、连接蛋白等形成的聚集体

1 个糖链；CS 的平均分子质量为 20～30 kDa，KS 的分子质量为 10～15 kDa，GAG 附着区可分成 KS 富集区和 CS 富集区，后者再分成 CS1、CS2 和 CS3 区。KS 结构域和 CS 结构域有一定的种属差异，如 KS 区重复的 6 肽模体$(EE/KPFPS)_n$，牛 $n = 3$，人 $n = 12$，大鼠和鸡 $n = 3$～4。

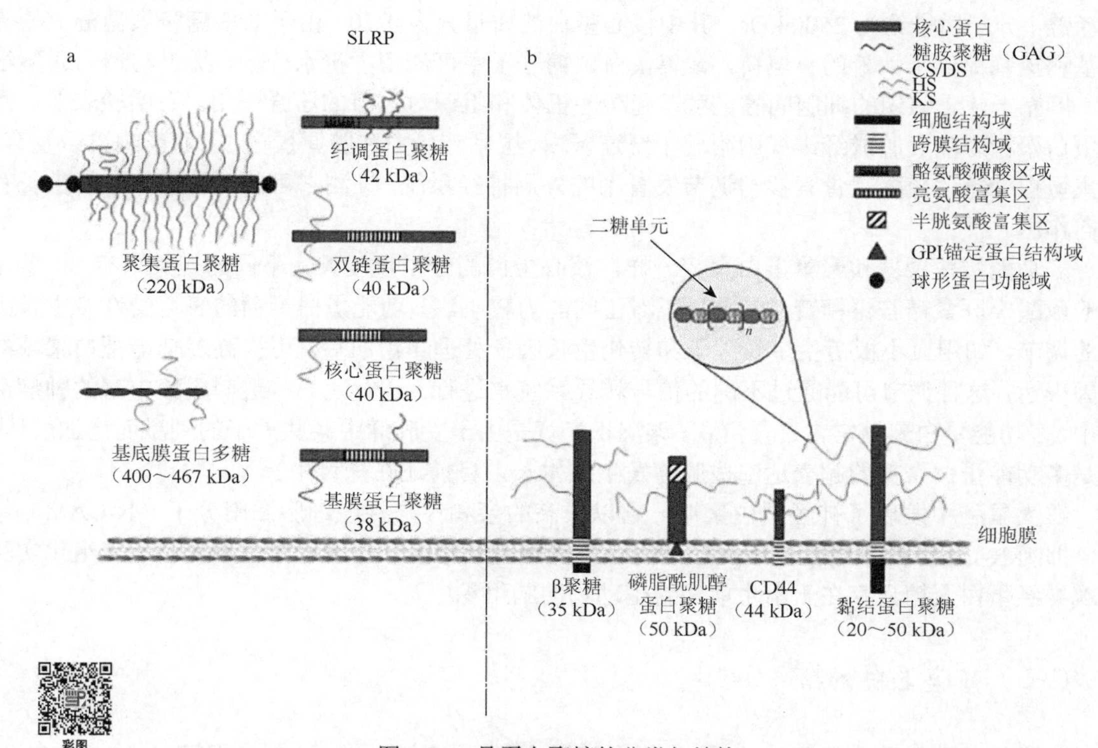

图 4-39　骨蛋白聚糖的分类与结构

a. 胞外蛋白聚糖，可大致划分为 Leu 重复序列多糖（SLRP）、含前列腺素的硫酸软骨素（聚集蛋白聚糖）和含硫酸乙酰肝素的蛋白聚糖（基底膜蛋白聚糖）；b. 膜相关蛋白聚糖，被归类为跨膜蛋白（多配体聚糖家族、CD44、聚糖）或磷脂酰肌醇蛋白聚糖

大鼠的 CS1 区含 15 个高度相似的 20 肽重复序列，人的 CS1 区含有 29 个相似的 19 肽重复序列。这些结构差异符合外显子随机组合，而对其功能似乎没有明显的影响。

胞外基质中的低分子量蛋白聚糖只含一条或几条 GAG 链，如饰胶蛋白聚糖、双链蛋白聚糖、纤调蛋白聚糖、光蛋白聚糖等，它们的核心蛋白都有富含 Leu 的重复模体，因而称为富含亮氨酸的蛋白聚糖。

饰胶蛋白聚糖的分子质量为 90～140 kDa，只含一条 GAG 链；双链蛋白聚糖的分子质量为 150～240 kDa，含两条 CS 或 DS 链。它们的 GAG 有以下特征：①同一类型细胞产生的这两种蛋白聚糖所含 GAG 相同或相似；②来自不同组织的这两种蛋白聚糖含有不同的 GAG；③它们所含的 GAG 分子质量多为 30～40 kDa，此外还有 2～3 个 *N*-聚糖。饰胶蛋白聚糖常与基质中纤维性胶原相结合，调节胶原纤维的形成与组装，还与纤连蛋白等胞外基质大分子特异结合，抑制由这些大分子介导的细胞黏附。双链蛋白聚糖常与细胞表面和细胞周围的基质相结合。这两种蛋白聚糖还与转化生长因子-β 结合，中和其促生长活性。

（二）胞外小分子基质蛋白聚糖

许多已知的蛋白聚糖都属于这一类，其功能之一是维持胞外基质的结构。胞外基质蛋白聚糖中研究最多的是聚集蛋白聚糖、多功能蛋白聚糖和神经蛋白聚糖。其共同特点是核心蛋白的分子质量最大，都与透明质酸和凝集素结合。

聚集蛋白聚糖是软骨中的主要成分，含有约 100 条硫酸软骨素和约 20 条硫酸皮肤素糖胺聚糖链，分子质量约为 2500 kDa。其中核心蛋白的质量只占 1/10。由于众多糖胺聚糖链上的硫酸基和羧基提供了大量的负电荷，聚集蛋白聚糖分子中可滞留大量水分子，加上与透明质酸结合，填充于软骨组织的细胞间隙，可以起缓冲机体和组织对关节的压强作用。有实验表明，聚集蛋白聚糖影响胚胎成纤维细胞附着于纤连蛋白、层粘连蛋白和胶原蛋白，因而影响组织发育。聚集蛋白聚糖的硫酸软骨素参与调节发育中的外周神经系统，推测它可能对神经突触的生长有定向作用。

多功能蛋白聚糖和聚集蛋白聚糖一样，核心蛋白的分子量较大。不同的是其只有 30 条左右的硫酸类肝素糖胺聚糖链，使水分子滞留的能力较小。多功能蛋白聚糖的表达受许多生长因子的调节，如用血小板衍生生长因子和转化生长因子处理平滑肌后，可提高多功能蛋白聚糖的基因表达，这种调节可能通过不同的信号转导系统来进行。还发现一些透明质酸丰富的肿瘤组织中，多功能蛋白聚糖常常过量沉积，该沉积究竟是由于受肿瘤中某些因子的刺激而增加表达，还是多功能蛋白聚糖的超表达造成肿瘤发生或生长，目前还在探讨中。

在大鼠脑中发现了神经蛋白聚糖，它以很高的亲和性与神经细胞黏附分子（N-CAM）结合，抑制 N-CAM 的同嗜性黏附反应和阻止神经细胞突触生长。通过原位杂交和免疫组化实验发现神经蛋白聚糖只存在于出生前和新生动物的脑组织中。

（三）基膜蛋白聚糖

基膜是特殊的薄片状胞外基质，由Ⅳ型胶原、层连蛋白、巢蛋白和蛋白聚糖（HSPG、CSPG）等组成。基膜蛋白聚糖如串珠样蛋白聚糖的分子质量约为 850 kDa，核心蛋白约为 467 kDa，其 N 端区连接 1～3 条分子质量约为 60 kDa 的 HS 链及 10～12 条 *N*-聚糖。串珠样蛋白聚糖可以彼此聚集，也能与Ⅳ型胶原、层连蛋白、巢蛋白等大分子结合，使 HSPG 的核心蛋白锚定于基膜致密层内或其表面，促进基膜组装。这些 HSPG 还影响肾小球基膜的渗透性，介导乙酰胆碱酯酶在神经肌肉连接点上的定位，结合抗凝血酶Ⅲ等蛋白酶抑制物，还促进细胞黏附于基膜。内皮基膜中的 HSPG 在发育过程中可调节平滑肌细胞的生长、增殖、迁移及血管重建等。

（四）细胞表面蛋白聚糖

细胞表面蛋白聚糖多属于 HSPG，通过其核心蛋白的疏水片段插入膜中，或与糖基磷脂酰肌醇共价连接锚定于膜上，或利用 HS 链与膜结合。此类蛋白聚糖包括黏结蛋白聚糖、糖基磷脂酰肌醇蛋白聚糖、β-蛋白聚糖和 CD44 等。

黏结蛋白聚糖-1 核心蛋白的分子质量约为 31 kDa，N 端 235 个氨基酸残基构成胞外域，共价连接三条 HS 和两条 CS 链；跨膜区由约 25 个氨基酸组成；C 端 34 个氨基酸残基构成胞内区。黏结蛋白聚糖-1 的 HS 链可与Ⅰ、Ⅲ型胶原和纤连蛋白等胞外基质大分子相互作用，它的胞内区则与肌动蛋白微纤维相互作用，使其成为沟通细胞骨架与胞外基质的桥梁，具有维持细胞形态的作用。黏结蛋白聚糖-1 还与 b-表皮生长因子（b-EGF）相互作用，有利于 b-EGF 与其受体结合而发挥作用。黏结蛋白聚糖-1 还有许多生理功能，如在牙齿的形态发生、前 B 细胞的成熟与分化、肢芽的发育等过程中起重要作用。

（五）细胞内蛋白聚糖

肥大细胞及许多造血细胞的贮藏颗粒中有丝甘蛋白聚糖。不同来源的丝甘蛋白聚糖大小不同，其核心蛋白的分子质量为 17～19 kDa。大鼠丝甘蛋白聚糖的核心蛋白含 153 个氨基酸，在其 89～137 位有 24 个 SG 重复，10～15 条 GAG 链（肝素和过硫酸化的 CS）就连接这里。它的肝素链分子质量约为 100 kDa，CS 链中 GalNAc 的 2, 6 位多被硫酸化，带有密集的负电荷，成为有效的阳离子交换基质。在细胞贮藏颗粒中，丝甘蛋白聚糖可与带正电荷的蛋白酶、羧肽酶、组胺等相互作用，参与这些生物活性物质的贮存和释放，或将碱性生物活性分子组装和浓缩在贮藏颗粒中。这种贮藏颗粒被排出后开始缓慢溶解，为生物活性分子提供了缓释机制，保证其在特定的作用部位较持久地发挥作用。结缔组织肥大细胞的丝甘蛋白聚糖在专一的内切葡糖苷酶作用下，产生 7～25 kDa 的游离肝素，是机体所需肝素的主要来源。游离肝素被释放入血，发挥抗凝血、促使脂蛋白脂酶释放入血、保护血管内皮细胞、增强 SOD 活性、延缓动脉粥样硬化等生理作用。

三、蛋白聚糖的代谢

（一）蛋白聚糖的生物合成

蛋白聚糖的合成途径基本与糖蛋白相似，首先在核糖体上合成核心蛋白，再由糖基转移酶在适当的糖基化位点上逐个转移糖基，合成聚糖链，然后再进行硫酸化修饰（图 4-40）。

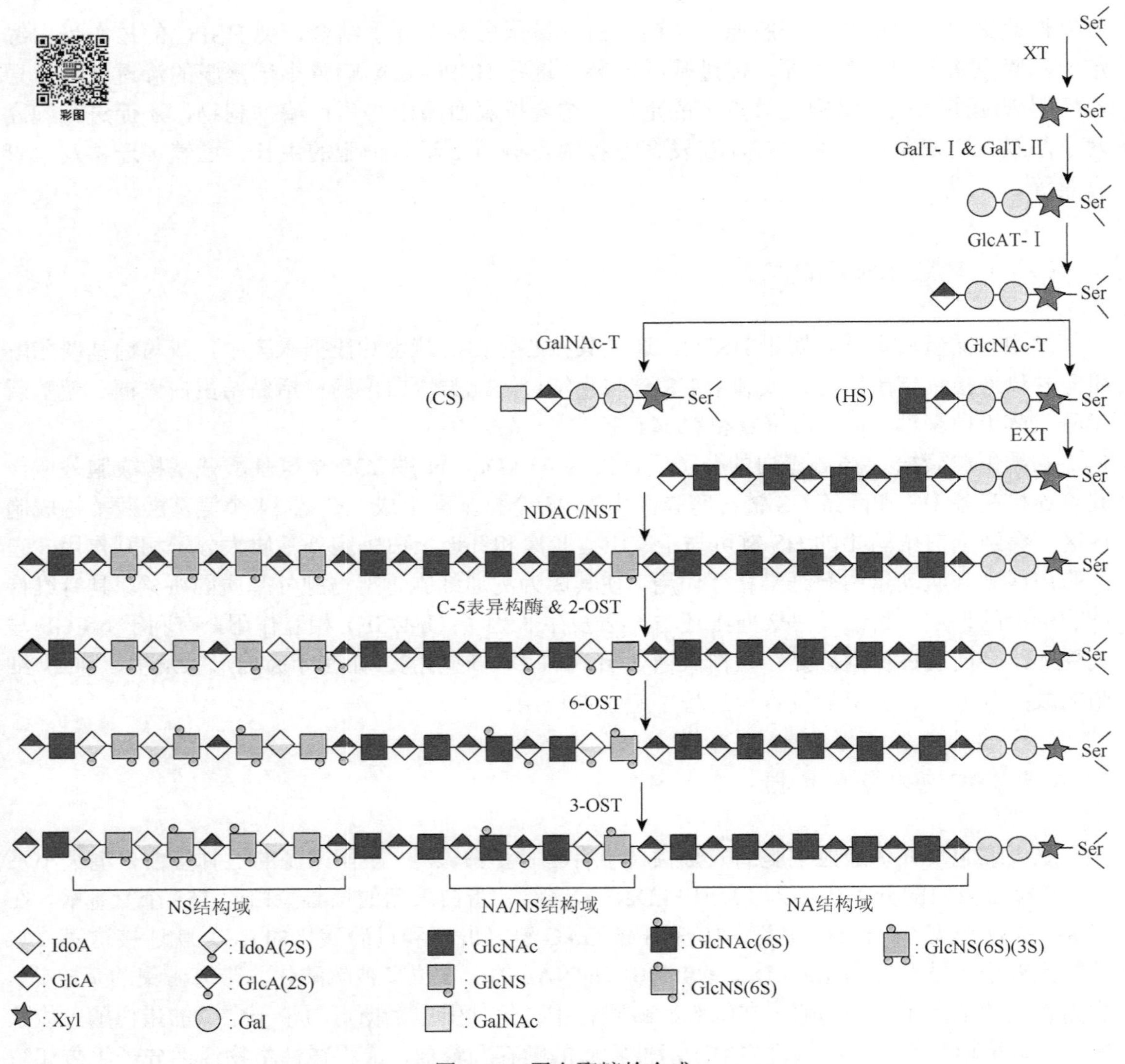

图 4-40 蛋白聚糖的合成

生物合成是以向核心蛋白添加木糖至丝氨酸残基开始的。随后，糖基转移酶添加了两个半乳糖残基和一个葡糖酸残基。图中 EXT 向糖胺聚糖链中加入葡萄糖和葡糖酸使其延长。与此同时，NDAC/NST 的某些葡萄糖转换成肝素低聚糖残基。差向异构化反应与磺化反应也在同时进行着；一些葡糖酸转换成艾杜醛酸，磺化反应作用于葡糖酸和艾杜醛酸残基。接着，6-OST 和 3-OST 形成了最终的蛋白聚糖链。EXT. 糖基转移酶；XT. 木糖基转移酶；GalT-Ⅰ. 半乳糖苷转移酶Ⅰ；GlcAT-Ⅰ. 葡糖醛酸转移酶；GlcNAc. *N*-乙酰葡糖胺转移酶；2-OST. 2-*O*-硫酸转移酶；NDAC/NST. *N*-脱乙酰基酶/*N*-硫酸转移酶；GalNAc-T. *N*-乙酰半乳糖胺转移酶

1. HA 的合成

与其他所有 GAG 在高尔基体中合成不同，HA 是在质膜上合成的。已克隆了三种透明质酸合成酶（HAS1～3），并在不同生物中鉴定出它们的同工酶，它们的分子质量为 42～65 kDa。透明质酸合成酶有 12 个跨膜区，但其精细结构尚不了解。它在体外系统每秒大约聚合 100 个糖基，催化活性很高。

2. KS 的合成

Ⅰ型和Ⅱ型硫酸角质素寡糖连接区实际上是 *N*-聚糖和 *O*-GalNAc 聚糖，它们的合成与糖蛋白相同。由 β1-3GlcNAcT 和 β1-4GalT 交替作用，在复杂型 *N*-聚糖 α1-6 臂末端 Gal 上合成多

聚 *N*-乙酰乳糖胺，或在 *O*-GalNAc 聚糖 β1-6 臂末端 Gal 上合成多聚 *N*-乙酰乳糖胺。然后由至少两种硫酸转移酶，即 GlcNAc6-*O*-硫酸转移酶和 Gal6-*O*-硫酸转移酶对 LN 链上的 GkNAc 和 Gal 进行硫酸化修饰，生成Ⅰ型和Ⅱ型 KS（图 4-36）。

3. CS/DS 的合成

在 β 木糖基转移酶、β1-4GalT、β1-3GalT 和 β1-3GlcA-T 作用下，在核心蛋白适当的 Ser 上合成了四糖连接区。然后由 β1-4GalNAc T 和 β1-3 Glc A-T 轮番作用，合成 CS 的重复二糖单位，再在硫酸转移酶作用下对 GlcNAc 残基 4, 6 位进行硫酸化，生成 CS 链。如由差向异构酶催化 CS 重复二糖中的 GlcA 转变成 IdoA，同时把连接二者的键从 β1-3 变成 α1-3，最后对 IdoA 的 2 位进行硫酸化，转变成 DS。

4. HS/肝素的合成

HS/肝素的合成也从上述四糖连接区的合成开始，然后由 β1-4 GlcNAcT 和 β1-4GlcA-T 交替作用，合成类似于 HA 的聚糖链。接下来在 GlcNAc *N*-脱乙酰基酶/*N*-硫酸转移酶催化下，部分 GlcNAc 残基脱乙酰基同时发生 *N*-硫酸化，与糖醛酸之间的糖苷键也从 β1-4 变为 α1-4；GlcA 表异构酶催化部分 GlcA 变成 IdoA，与其还原端一侧糖基间的键也从 β1-4 变为 α1-4；再由 2-*O*-硫酸转移酶催化 IdoA2 位硫酸化，还有少数 6 位和 2 位硫酸化的 GlcN 第三位在 3-*O*-硫酸转移酶催化下发生硫酸化，最终生成 HS 链（图 4-41）。当上述 GlcNAc 脱乙酰基并 *N*-硫酸化，GlcA 表异构化生成 IdoA 及后续的硫酸化程度更高一些，就从 HS 转变成肝素。已鉴定 4 种 *N*-脱乙酰基酶/*N*-硫酸转移酶、3 种 6-*O*-硫酸转移酶、5 种 3-*O*-硫酸转移酶，以及 GlcA 表异构酶和 2-*O*-硫酸转移酶。这些酶很可能定位于高尔基体同一垛叠中，形成超分子复合物，其组分变化对 HS/肝素糖链最终的结构起调控作用。

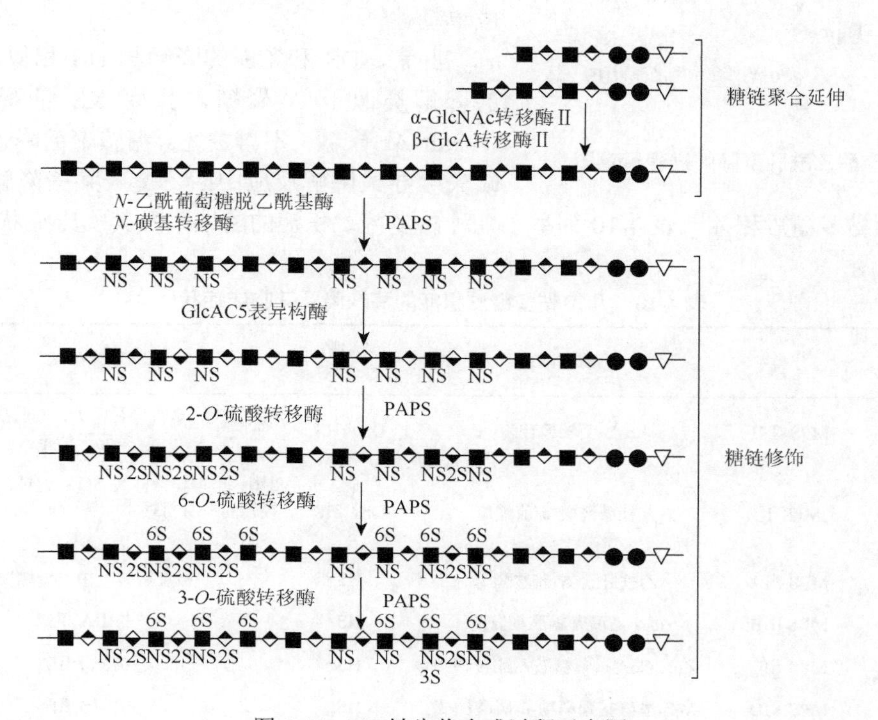

图 4-41　HS 链生物合成过程示意图

（二）蛋白聚糖的降解

与糖蛋白的降解一样，蛋白聚糖的降解也是高度有序受调控的过程。细胞外的蛋白聚糖首先被内吞，在溶酶体内，它的蛋白质部分被组织蛋白酶降解成氨基酸，糖胺聚糖链一般先被几种内切氨基己糖苷酶降解成约 10 kDa 的片段，再由外切糖苷酶从非还原端依次将其降解成单糖。外切酶通常不对有取代基的糖起作用，因而先由硫酸酶去掉硫酸基，创造出适合于外切酶作用的非还原端。

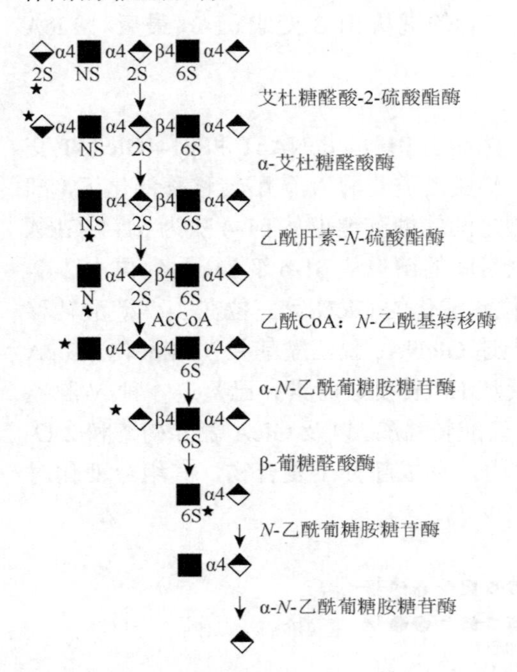

图 4-42 硫酸乙酰肝素降解过程示意图

HA 首先由透明质酸酶切下 1 个四糖，产生的片段再被 β-葡糖醛酸酶和 β-*N*-乙酰氨基己糖苷酶从非还原端顺序降解，最终生成单糖。

HS 链首先由一种内切葡萄糖苷酸酶降解成 HS 片段，接着按图 4-42 所示有序降解：非还原端的 IdoA-2-硫酸必须先在专一的 IdoA-2-硫酸酯酶作用下脱硫酸，才能成为 α-艾杜糖醛酸酶的底物。新的非还原端 GlcN-2-硫酸，也要先在专一的乙酰肝素-*N*-硫酸酯酶作用下脱去 *N*-硫酸，才能接受后续的乙酰 CoA∶*N*-乙酰基转移酶的作用，把 GlcN 转变成 GlcNAc，然后被 α-*N*-乙酰葡糖胺糖苷酶切掉。剩余部分依次被 β-葡糖醛酸酶、*N*-乙酰葡糖胺糖苷酶和 α-*N*-乙酰葡糖胺糖苷酶降解，全部变成单糖。

肝素、DS 和 CS 的降解与 HS 相似。Ⅰ型 KS 的降解类似于 *N*-聚糖，Ⅱ型 KS 的降解类似于 *O*-GalNAc 聚糖，不再赘述。糖胺聚糖降解过程中酶缺失会导致降解反应中断，造成某些降解中间物的堆积，称为黏多糖贮积症。表 4-10 列举了几种黏多糖贮积症的酶缺陷及其临床症状。

表 4-10 几种黏多糖贮积症的酶缺陷及其临床症状

综合征疾病名称	分类	酶缺陷	受影响的 GAG	临床症状
Hurler	MPS ⅠH	α-L-艾杜糖苷酶	DS，HS	角膜云斑，器官异常巨大，心脏病，精神迟钝，多死于幼年
Hurler	MPS Ⅱ	艾杜糖醛酸-α-硫酸酶	DS，HS	重型：器官异常巨大，精神迟钝，15 岁前死亡。较轻的：身材矮小，智力正常，可存活 20 年以上
Sanfilippo A	MPS ⅢA	乙酰肝素-*N*-硫酸酯酶	HS	极度愚钝，中度骨骼变形
Sanfilippo B	MPS ⅢB	α-*N*-乙酰葡糖胺糖苷酶	HS	与ⅢA 相似
Sanfilippo C	MPS ⅢC	乙酰 CoA:α-葡糖胺乙酰转移酶	HS	类似于ⅢA
Sanfilippo D	MPS ⅢD	*N*-乙酰氨基葡萄糖-6-硫酸酯酶	HS	类似于ⅢA
Morquio A	MPS ⅣA	半乳糖-6-硫酸酶	KS，CS	角膜云斑，骨骼畸形，牙齿发育不良

续表

综合征疾病名称	分类	酶缺陷	受影响的 GAG	临床症状
Morquio B	MPS ⅣB	β-半乳糖苷酶	KS	与ⅣA 相同
Maroteaux-Lamy	MPS Ⅵ	*N*-乙酰氨基半乳糖-4-硫酸酶	DS	角膜云斑，严重骨骼变形，智力正常，重型者仅存活 10 年

注：MPS 为黏多糖贮积症（mucopolysaccharidosis）

第四节 糖生物学——生命科学中的新前沿

广义糖生物学研究的是自然界中广泛分布的糖（糖链或聚糖）的结构、生物合成和生物学意义。糖类结构和生物合成是已有学科糖化学和糖生物化学的主要研究内容之一，糖生物学研究的对象更多地聚焦在一些重要的功能糖、生物体内糖缀合物的生物学功能上。蛋白质和糖类的相互作用是糖生物学的基础。

100 多年的研究史表明，糖类是生物体内除核酸和蛋白质之外的又一类重要的生物大分子，尤其是一类重要的信息分子。1988 年，牛津大学德韦克（Dwek）教授在 *Annual Reviews Biochemistry* 上发表了以“Glycobiology”为题的综述，标志了糖生物学这一新的分支学科的正式诞生。同年牛津大学成功研制出了 *N*-糖链的结构分析仪，并商品化。我国糖生物学研究主要开拓者之一、中国科学院张树政院士曾在 1999 年于《生命的化学》第 3 期上撰文，对糖生物学发展历程和前景进行了如下介绍。

1900 年，兰德施泰纳（Landsteiner）发现了人类的 ABO 血型，经过许多免疫学家包括 Landsteiner 和沃特金斯（Watkins）等半个多世纪的研究，直到 1960 年才由 Watkins 确定了 ABO（H）抗原决定簇有关的糖类结构。1985 年，Feizi 发表了题为“应用单克隆抗体确认糖蛋白和糖脂的糖链是癌发育抗原”的论文。后来在日本出版的《糖工程学》一书中有一章“糖链的免疫工程”详细介绍了单克隆抗体在糖链和疾病研究中的应用。同年发现类风湿患者 IgG 糖链中 Gal 低于正常人。类似的发现表明，糖链结构是细胞识别的基础，与细胞正常的生长、发育、分化、增殖及炎症、癌变等病理过程密切相关，提出“糖病理学”的构想。生物体由受精卵分裂发育而成，其间不仅需要相互结合，而且必须保持合理的空间配置和时间进程。糖链的结构随发育过程而发生变化。例如，8～16 细胞期出现了 L_e^x 抗原，被称为特异胚抗原-1。费兹（Feizi）等首先提出“糖分化抗原”的概念，认为在发育进程中细胞糖蛋白和糖脂所携带的糖类抗原通过有序地逐个增减糖残基完成其结构改变。人体由 40 亿～50 亿个细胞构成，这些细胞以不同方式相互黏附或与基质相互作用，组成许多不同的组织、器官和细胞基团，它们之间又相互识别、相互作用和相互制约，调节和控制着机体沿其固有的时空轴线井然有序地发展。在如此复杂的发展过程中，需要的“生物信息”数量极其巨大，只能由信息含量比核酸和蛋白质大几个数量级的复合糖来承担。这就是“糖生物学”诞生的背景。

早在 1986 年，美国能源部就资助佐治亚大学创建复合糖研究中心（CCRC）和复合糖类数据库（CCSD），相关的计算机计划也称为糖库计划（Carbank Project），到 1996 年底已收集有关数据 42 000 份。日本政府和学术界为了在生命科学前沿领域与欧美一争高下，于 1988 年建立了“糖类正在来临的时代”论坛，出版了《糖科学和糖工程学动态》杂志。1991 年，日本科学技术厅、厚生省、农林水产省和通商产业省联合实施了“糖工程前沿计划”，该计划包括糖工程和糖生物学，后者又分为糖分子生物学、糖细胞生物学。同时，成立了“糖工程研究协议会”作为协调机构。欧盟在 1994～1998 年的研究计划中专列一项“欧洲糖类研究开发网络”计划，其目的是携带欧洲各国的糖类研究和开发，以强化在糖类基础研究和把研究成果转化成商品方面对美国和日本的竞争力。

1998 年 5 月在法国召开的“国际糖生物工程讨论会”上，分别研讨了：①糖生物学，包括糖蛋白和糖脂合成的分子生物学，糖基转移酶的分子生物学，细胞内的通路和投送受体，分化发育与基因治疗，免疫学和神经生物学，寄主和病原体的相互作用，糖基化与疾病等；②糖化学，涉及化学合成、组合合成、酶法合成，分子相互作用和结构分析，数据库和网络等；③糖生物工程，包括发展糖类药物的重组工具、表达系统、寄主和载体、寄主细胞的糖基化工程，糖蛋白生产系统，生物工程工序、药理学和诊断，重组和天然糖蛋白的糖信号及其在体内的命运和靶向性，质量控制和分子技术，法规条例等。

近年来，多个国家的政府和学术界相当重视糖生物学的发展。在这样的态势之下，糖生物学在许多方面取得了长足进展。越来越多的成果显示，糖类作为信息分子在受精、发生、发育、分化、神经系统和免疫系统衡态的维持等方面起着重要作用；炎症和自身免疫病、衰老、癌细胞的异常增殖和转换、病原体感染、植物与根瘤菌共生等生理病理过程都涉及糖类的介导。在此基础上，新兴的糖生物学正处在蓬勃发展的起点。近年来，我国糖生物学的研究队伍进一步扩大，在糖基转移酶活性、糖的分离制备等领域的研究成果也逐渐与国际先进水平接轨。围绕糖生物学前沿学科的研究与发展，糖生物学、糖药学、糖化学生物学、糖复合物的分离纯化、糖结构分析、糖的应用、糖合成等相关领域的最新研究进展和成果不断涌现。糖生物学涉及生命科学的许多学科，如分子生物学、细胞生物学、病理学、免疫学、神经生物学等。糖生物学的发展又推动了这些学科的快速前进，尤其对生物体内细胞识别和调控过程的信息分子——糖类的研究必然具有举足轻重的关键性作用。

主要参考文献

陈惠黎. 1997. 糖复合物的结构与功能. 上海：上海医科大学出版社

陈惠黎. 1999. 生物大分子的结构和功能. 上海：复旦大学出版社

黄思玲，凌沛学. 2005. 糖生物学概述. 食品与药品，7（7）：61-64

孙册. 1986. 凝集素. 北京：科学出版社

孙册，莫汉庆. 1988. 代谢（二）糖蛋白与蛋白聚糖结构、功能和代谢. 北京：科学出版社

王镜岩，朱圣庚，徐长法. 2002. 生物化学. 3 版. 北京：高等教育出版社

吴东儒. 1987. 糖类的生物化学. 北京：高等教育出版社

吴士良. 2009. 医学生物化学与分子生物学. 北京：科学出版社

武金霞，赵晓瑜. 2004. 糖蛋白的结构、功能及分析方法. 生物技术通报，（1）：31-34

张树政. 2002. 糖生物学与糖生物工程. 北京：清华大学出版社

张树政. 2012. 糖生物工程. 北京：化学工业出版社

Bernfield M.，Gotte M.，Park P. W.，et al. 1999. Fuctions of cell surface heparan sulfate proteoglycans. Annu. Rev. Biochem.，68：729-777

Deepak S.，Shailasree S.，Kini R. K.，et al. 2010. Hydroxyproline-rich glycoproteins and plant defence. J. Phytopathol，158：585-593

Fry S. C. 1987. Formation of isodityrosine by peroxidase isozymes. J. Exp. Bot.，38：853-862

Fukase K.，Tanaka K. 2012. Bio-imaging and cancer targeting with glycoproteins and *N*-glycans. Current Opinion in Chemical Biology，16：614-624

Gamblin D. P.，Scanlan E. M.，Davis B. G. 2009. Glycoprotein synthesis：An update. Chem. Rev.，109：131-163

Gasimli L.，Linhardt R. J.，Dordick J. S. 2012. Proteoglycans in stem cells. Biotechnology and Applied Biochemistry，59：65-76

Grogan M. J.，Pratt M. R.，Marcaurelle L. A.，et al. 2002. Bertozzi homogeneous glycopeptides for biological investigation. Annu. Rev. Biochem.，71：592-634

Hart G. W. 1997. Dynamic *O*-linked glycosylation of nuclear and cytoskeletal proteins. Annu. Rev. Biochem.，66：315-335

Iozzo R. V. 1998. Matrix proteoglycans：from molecular design to cellular function. Annu. Rev. Biochem.，67：609-652

Jandrot-Perrus M.，Busfield S.，Lagrue A.，et al. 2000. Cloning，characterization，and functional studies of human and mouse glycoprotein Ⅵ：a platelet-specific collagen receptor from the immunoglobulin superfamily. Blood，96：1798-1807

Karthik R.，Balagurunathan K. 2010. Chemical tumor biology of heparan sulfate proteoglycans. Current Chemical Biology，4：20-31

Kjellen L.，Lindahl V. 1991. Proteoglycans：structure and interactio. Annu. Rev. Biochem.，60：443-476

Lamoureux F.，Baud'huin M.，Duplomb L.，et al. 2007. Proteoglycans：key partners in bone cell biology. Bioessays，29：758-771

Lechner J.，Wieland F. 1989. Structure and biosynthesis of prokaryotic glycoproteins. Annu. Rev. Biochem.，58：123-194

Lowe J. B.，Marth J. D. 2003. A genetic approach to mammalian glycan function. Annu. Rev. Biochem.，72：643-691

Parodi A. J. 2000. Protein glucosylation and its role in protein folding. Annu. Rev. Biochem.，69：69-93

Pei Z. C.，Saint-Guirons J.，Käck C.，et al. 2012. Real-time analysis of the carbohydrates on cell surfaces using a QCM biosensor：a lectin-based approach. Biosens. Bioelectron.，35：200-205

Robinson M. A.，Charlton S. T.，Garnier P.，et al. 2004. LEAPT：Lectin-directed enzyme-activated prodrug therapy. Proc. Natl. Acad. Sci. USA，101：14527-14532

Smethurst P. A.，Onley D. J.，Jarvis G. E.，et al. 2007. Structural basis for the platelet-collagen interaction：the smallest motif within collagen that recognizes and activates platelet glycoprotein Ⅵ contains two glycine-proline-hydroxyproline triplets. The Journal of Biological Chemistry，282：1296-1304

Trombetta E. S. 2003. The contribution of *N*-glycans and their processing in the endoplasmic reticulum to glycoprotein biosynthesis. Glycobiology，13：77R-91R

Trombetta E. S.，Parodi A. J. 2005. Glycoprotein reglucosylation. Methods，35：328-337

Varki A.，Cummings R.，Esko J.，et al. 1999. Essentials of Glycobiology. Cold Spring Harbour：Spring Harbour Laboratory Press

Weis W. I.，Dricharide K. 1996. Structure basis of lectin-carbohydrate recognition. Annu. Rev. Biochem.，65：441-473

Wormald M. R.，Parekh R. B. 1993. Analysis of glycoprotein-associated oligosaccharide. Annu. Rev. Biochem.，62：65-100

Yakovleva M. E.，Safina G. R.，Danielsson B. 2010. A study of glycoprotein-lectin interactions using quartz crystal microbalance. Analytica Chimica Acta，668：80-85

Zahid M.，Mangin P.，Loyau S.，et al. 2012. The future of glycoprotein Ⅵ as an antithrombotic target. J. Thromb. Haemost.，10：2418-2427

（张 斌 刘 杰）

第五章

细胞内蛋白质的降解

蛋白质是生命功能的体现者。细胞中蛋白质的含量取决于蛋白质的合成与降解两个方面。蛋白质的合成是指以基因转录形成的 mRNA 为模板通过翻译合成蛋白质，而蛋白质的降解则是指在蛋白酶的作用下将蛋白质切割形成多肽或者氨基酸的过程。20 世纪 50 年代到 80 年代，蛋白质降解一直是被忽视的研究领域。直到发现溶酶体，蛋白质的降解才受到关注。机体内的所有蛋白质由于功能的不同，蛋白质的“寿命”存在很大的差异，负责细胞结构的蛋白质一般寿命较长，而发挥调控功能的蛋白质寿命较短。

生物体内蛋白质的降解主要由蛋白酶负责完成，有活性的蛋白酶主要集中在溶酶体和蛋白酶体中，因此溶酶体和蛋白酶体是细胞内蛋白质发生降解的主要场所。溶酶体主要介导膜蛋白或胞外蛋白及细胞内一些长寿命蛋白或蛋白聚集体的降解，而蛋白酶体则负责胞质内错误折叠和寿命较短蛋白质的降解。随着蛋白质降解研究的不断深入，其他的蛋白质降解途径也陆续被发现，如线粒体蛋白酶体体系和钙依赖蛋白酶体体系等。

从广义上讲，蛋白质降解不仅包括溶酶体或蛋白酶体中多种专一性较低的蛋白酶将蛋白质分解成小分子多肽或者氨基酸的过程，也包括专一性强的蛋白酶对特定蛋白质进行的特异性切割。特异性切割往往产生有生理活性的多肽或蛋白质，参与有机体的一系列生理过程，像胱天蛋白酶（cysteine aspartic acid specific protease，caspase）在细胞凋亡的过程中发挥着关键作用。

蛋白质降解不仅能防止错误折叠或异常蛋白质的积累，控制酶和调节蛋白质的含量，维持机体的正常新陈代谢，还参与了多种生物学事件的调控，包括细胞周期、发育、分化、转录调控、抗原递呈、蛋白质量监控，细胞信号转导及多种代谢途径的调节，维持机体的稳态。细胞内蛋白质降解异常有可能引起一系列疾病，如恶性肿瘤、神经退行性疾病及免疫系统疾病等。

第一节　蛋白质的半衰期及蛋白酶的分类

一、蛋白质的半衰期

细胞内不同的蛋白质合成与降解的时间存在差异。通常用蛋白质的半衰期表示其降解速率，即一种蛋白质合成之后被降解一半所用的时间。细胞内不同蛋白质的半衰期存在明显的差异（表 5-1）。即使在同一细胞器内，蛋白质的降解速率也不相同。例如，心肌线粒体中 δ-氨基-γ-酮戊酸合酶和鸟氨酸转氨甲酰酶比细胞色素的降解要快得多。蛋白质的半衰期取决于它特有的结构和细胞内环境，而且其降解速率在不同生理条件下是可变的。另外，底物、产物、辅因子甚至药物也能影响一种蛋白质在细胞内的降解速率。例如，色氨酸加氧酶在其底物色氨酸和辅因子血红素存在时降解较慢；谷酰胺合酶在其终产物谷酰胺浓度增大时加速降解。虽然这些效应内在的分子机制尚不明确，但在生理功能调控上的合理性显而易见，其保证在底物大量存在时酶保持相对较高的浓度，或者当产物过多时适当降低酶的含量。

表 5-1　大鼠肝细胞中部分蛋白质的半衰期

分类	蛋白质	半衰期/h
短寿命蛋白质	鸟氨酸脱羧酶	0.2
	δ-氨基-γ-酮戊酸合酶	1.1
	RNA 聚合酶 I	1.3
	酪氨酸氨基转移酶	2.0
	色氨酸加氧酶	2.5
	脱氧胸苷激酶	2.6
	β-羟基-β-甲基戊二酰辅酶 A 还原酶	3.0
	磷酸烯醇丙酮酸羧化激酶	5.0
长寿命蛋白质	精氨酸酶	96
	醛缩酶	118
	细胞色素 b_5	122
	甘油醛-3-磷酸脱氢酶	130
	细胞色素 b	130
	乳酸脱氢酶（同工酶 5）	144
	细胞色素 c	150
	透明质酸酶	240

二、蛋白酶的分类

生物体内蛋白质的降解主要由蛋白酶催化完成。蛋白酶依据其作用位点的特征可分为肽链外切酶（exopeptidase）和肽链内切酶（endopeptidase）。前者包括氨肽酶（aminopeptidase）和羧肽酶（carboxypeptidase），分别从肽链的 N 端和 C 端裂解肽键，每次切下一个氨基酸。肽链内切酶作用于肽链内部的肽键。细胞内蛋白酶种类繁多，在分子大小和结构、作用机制和调节机制及亚细胞定位等方面存在差异。按照蛋白酶活性中心必需基团的特征可将蛋白酶分为丝氨酸蛋白酶、半胱氨酸蛋白酶、天冬氨酸蛋白酶、金属蛋白酶 4 类，但该划分标准并不能覆盖所有的已知蛋白酶。

现将按活性中心必需基团划分的 4 类蛋白酶介绍如下。

（1）丝氨酸蛋白酶（EC 3.4.21）：活性中心均含有一个 Asp-His-Ser 三元催化结构，其通过共价催化方式水解疏水性氨基酸羧基端形成的肽键。丝氨酸蛋白酶受二异丙基氟磷酸（diisopropyl fluorophosphate，DIFP）的不可逆抑制。丝氨酸蛋白酶包括胰凝乳蛋白酶（chymotrypsin）家族和枯草溶菌素（subtilysin）家族。真核细胞的丝氨酸蛋白酶均属前者，其中有许多为分泌型蛋白酶，如胰蛋白酶、弹性蛋白酶、凝血酶、血浆激肽释放酶、脯氨酰基肽链内切酶、组织蛋白酶 G 和 R 等。

（2）半胱氨酸蛋白酶（EC 3.4.22）：活性中心均存在 Cys 和 His，通过共价催化方式水解特定的肽键，受低浓度对-羟基汞苯甲酸（p-hydroxymercuribenzoic acid，pHMB）和碘乙酸等烷基化试剂的不可逆抑制。真核细胞半胱氨酸蛋白酶主要存在于细胞质和溶酶体（液泡）内，如组织蛋白酶 B、L、H、N、S、M、T，依赖金属的半胱氨酸蛋白酶等。

（3）天冬氨酸蛋白酶（EC 3.4.23）：活性中心存在两个 Asp，主要通过酸碱催化方式裂解特定的肽键，其活性受抑胃肽（pepstatin）专一抑制。天冬氨酸蛋白酶仅存在于真核细胞中，如胃蛋白酶、凝乳酶、组织蛋白酶 D 和 E 等。

（4）金属蛋白酶（EC 3.4.24）：活性部位含有催化所必需的二价金属离子，如 Zn^{2+}、Ca^{2+} 等。其活性受金属螯合剂如 EDTA 等的抑制。金属蛋白酶中对嗜热蛋白酶（thermolysin）的研究较为深入，酶分子中的 Zn^{2+} 通过诱导肽键电子云的分布变化直接参与肽键的断裂，嗜热蛋白酶中存在的 Ca^{2+} 主要发挥稳定酶分子结构的功能。属于金属蛋白酶的还有内质网、线粒体和叶绿体的信号肽酶，以及成纤维细胞胶原酶、脑啡肽酶、原胶原 C-蛋白酶等。

随着蛋白酶结构与功能研究的不断深入，已发现的一些蛋白酶不能归属于上述的 4 类蛋白酶，如半胱天冬蛋白酶及由多个亚基组成的钙依赖蛋白酶（calcium-dependent papain-like proteinase，calpain）、大肠杆菌 *LON* 基因编码的 La 蛋白酶等。

第二节 细胞内蛋白质降解的途径

目前已发现的蛋白质降解体系主要有溶酶体体系、泛素-蛋白酶体体系、线粒体蛋白酶体体系和钙依赖蛋白酶体体系等 4 种。

一、溶酶体体系

（一）溶酶体简介

溶酶体是细胞中负责细胞器和蛋白质降解的场所，为单层膜的囊泡结构，直径为 0.2～0.8 μm，肾脏细胞和巨噬细胞的溶酶体体积较大，直径能达到 0.8 μm。依赖于溶酶体膜上的质子泵维持溶酶体内 pH 约为 4.8 的酸性环境。溶酶体中含有多种只在酸性条件下发挥水解功能的酸性水解酶，主要包括多种组织蛋白酶（cathepsin）、胶原酶（collagenase）和肽酶（peptidase）等，主要负责外源蛋白、膜蛋白和一些长寿命蛋白的降解。溶酶体中的酸性蛋白酶即使泄漏到胞质中，也不会在胞质弱碱性的环境中产生蛋白质的水解作用。除了酸性蛋白酶外，溶酶体中还存在种类繁多的核酸酶、糖苷酶、脂肪酶、磷酸酶和硫酸酯酶等。因此溶酶体具有降解蛋白质及其他分子复杂的功能。

溶酶体中有 60 多种水解酶，包括多种组织蛋白酶（表 5-2）。其中包括半胱氨酸蛋白酶（组织蛋白酶 B、L、H、M、N、S 和 T）和天冬氨酸蛋白酶（组织蛋白酶 D 和 E）。组织蛋白酶多为单体，分子质量为 20～40 kDa，且均为糖蛋白，在酸性 pH 条件下活性最高，在碱性 pH 条件下不稳定。组织蛋白酶 B 优先作用于 Arg 残基羧基端形成的肽键，因此曾被称为类胰蛋白酶；组织蛋白酶 L 对与两个疏水氨基酸残基相邻残基之后的肽键有强的水解活性；组织蛋白酶 D

优先裂解疏水氨基酸残基近旁的肽键。在体外系统，组织蛋白酶 H 表现出氨肽酶活性，组织蛋白酶 B 的同工酶表现出肽基二肽酶活性，从 C 端切下二肽。

表 5-2　溶酶体中的一些组织蛋白酶

酶	分子质量/kDa	近似酶最适 pH	常用的分析底物	抑制剂
组织蛋白酶 B（EC 3.4.22.1）	25	5	Z-Arg-Arg-NMec	巯基试剂
组织蛋白酶 L（EC 3.4.22.15）	24	5	偶氮酪蛋白	巯基试剂
组织蛋白酶 H（EC 3.4.22.16）	28	5	Arg-NMec	Z-Phe-Phe-CH N_2
组织蛋白酶 M	30	5～7	醛缩酶	巯基试剂
组织蛋白酶 N	20	3.5	胶原	巯基试剂
组织蛋白酶 S（EC 3.4.22.27）	25	3.5	血红蛋白	巯基试剂
组织蛋白酶 T（EC 3.4.22.24）	35	6	TAT、偶氮酪蛋白	巯基试剂
组织蛋白酶 D（EC 3.4.23.5）	42	3.5	血红蛋白	抑胃肽
组织蛋白酶 E（EC 3.4.23.34）	100	2.5	白蛋白	抑胃肽

注：NMec. *N*-甲基香豆素；TAT. 酪氨酸转氨酶；Z-Phe-Phe-CH N_2. 苯甲基氧羰基-Phe-Phe-重氮甲基酮

溶酶体可根据是否含有底物分为初级溶酶体和次级溶酶体。初级溶酶体含有酶系统，但没有作用底物，内容物的电子致密度较低，呈均质状态。底物进入溶酶体后，促进水解酶的活化和溶酶体的成熟，形成次级溶酶体。根据底物来源及降解阶段的不同，次级溶酶体内会呈现出多种多样的形态和结构，内容物呈非均质状态。底物被消化降解后产生的氨基酸等产物将通过溶酶体膜上的转运蛋白释放到细胞质中。含有底物消化残渣的溶酶体称为残余小体或后溶酶体，这些溶酶体将以胞吐方式排出细胞外，或终生存留于细胞质中。

溶酶体是细胞内具有消化降解功能的细胞器，其对底物的降解不具有选择性。因此，溶酶体对底物的识别与收集及相关的调控是决定何种物质将被送去降解的关键。降解的物质进入溶酶体主要有三种方式：一是通过膜系统包裹降解的底物于囊泡，再与溶酶体融合进入溶酶体，这是待降解物质进入溶酶体的主要方式。需要囊膜包裹的底物包括细胞器、长寿命蛋白、膜蛋白和一些外源性的蛋白与颗粒物。二是胞质中的一些物质可直接通过溶酶体膜的内陷进入溶酶体。三是溶酶体膜上存在的一些受体可选择性地介导一些胞质可溶性蛋白进入溶酶体腔中。

根据降解底物的来源，可以把传送底物的囊泡系统分为两类：内吞体系统和自吞噬体系统。内吞体系统主要介导膜受体及胞外物质向溶酶体的输送，自吞噬体系统则主要负责胞内物质的搜集和传送。

（二）内吞体-溶酶体降解途径

经由内吞体途径进入溶酶体降解的物质有膜受体和其配体、胞外蛋白质和细菌等外源性颗粒。具体的途径包括以下三种。

1. 胞饮介导的胞外蛋白质的降解

胞外可溶性蛋白可以随着液体，通过胞饮（pinocytosis）的方式进入细胞。胞饮主要指细胞对液体的内吞，所有真核细胞的质膜都会在一些特殊的区域发生内陷，封闭形成直径为0.05～0.1 μm的囊泡，然后释放到细胞质中。通过该方式，细胞可以“饮”入液体，而溶解在液体中的蛋白质也就毫无选择地被吞入了细胞。由胞饮形成的囊泡，可以通过内吞体膜系统传导最后到达溶酶体。胞饮形成的机制有多种，包括网格蛋白（clathrin）介导的、胞膜窖（caveolae）介导的、非网格蛋白和胞膜窖介导的及脂筏介导的等，而且在囊泡释放的过程中有些机制需要具有GTPase活性发动蛋白（dynamin）的参与，有些则不需要。胞饮的启动需要一些信号分子的参与。

真核细胞还存在一种特殊的胞饮形式——巨胞饮（macropinocytosis）。通过巨胞饮形成的液泡直径为0.5～10 μm，比普通胞饮形成的囊泡大约10倍。巨胞饮形成的机制也比较特殊，它不是通过质膜内陷形成的，而是先通过发生胞膜皱褶（membrane ruffling）作用，形成膜皱褶。皱起来的膜顶部向下弯曲并包裹胞外的物质，最后和接触到的胞膜融合形成一个大液泡。巨胞饮通常需要生长因子等外界刺激激活酪氨酸激酶受体，然后通过受体激活胞内的信号通路，诱导肌动蛋白微丝的动态变化，形成膜皱褶。在此过程中，GTPase Rac和Cdc42及其下游激酶Pak1发挥了重要作用。PI3K及肌球蛋白等多因子参与了囊泡的关闭。巨胞饮主要用于对胞外液体和胞膜的非选择性内吞。和普通胞饮一样，胞外蛋白也因此被摄入胞内，并通过内吞体膜系统传送到溶酶体进行降解。除了生长因子外，一些颗粒性物质像细菌、凋亡小体、坏死细胞和病毒也能激发膜皱褶的产生，引起细胞的巨胞饮活动。这些物质也将随液体一起进入巨胞饮体中，最后进入溶酶体中进行消化处理。

2. 吞噬作用

吞噬作用（phagocytosis）是细胞对胞外颗粒性物质进行主动摄入的一种方式。原生动物通过吞噬作用可将胞外物质摄入胞内，并送至溶酶体进行消化，以获取营养。在哺乳动物中，吞噬是机体清除入侵病原微生物及体内衰老和凋亡细胞的一种重要手段，以保护机体不受损伤。多数高等真核细胞不具备吞噬功能，只有一些特殊的细胞，如巨噬细胞、中性粒细胞及树突状细胞等具有吞噬能力。吞噬作用是一种高度调控的生理过程，首先需要特异性膜受体对胞外颗粒物进行捕捉，一旦受体结合颗粒物，就会引起胞内肌动蛋白微丝系统发生改变，诱导细胞产生伪足（pseudopod），这些伪足将围绕颗粒物扩展，最后融合，形成包含颗粒物的特殊内吞体——吞噬体（phagosome），吞噬体再和溶酶体融合形成吞噬溶酶体（phagolysosome）。巨噬细胞识别病原微生物后，体内会发生一系列的变化，引起自身的活化。活化的巨噬细胞会产生活性氧和活性氮中间体及抗菌肽等杀菌物质。这些物质和溶酶体中的水解酶一起作用，将病原微生物灭活消化，一些不能被降解利用的产物将通过胞吐（exocytosis）的方式释放到细胞外。有些细菌容易和巨噬细胞上的受体结合，而有些则需要抗体的包裹，再通过抗体的Fc端和巨噬细胞上的Fc受体结合，才能被巨噬细胞抓捕。

3. 受体介导的内吞途径

受体和其配体主要由受体介导的胞吞途径，经由早期内吞体和晚期内吞体包括多囊泡体（multivesicular body）进入溶酶体进行降解（图5-1）。在早期内吞体中，受体和配体要进行分选，有些受体和配体会在内吞体的弱酸性环境中发生分离［如低密度脂蛋白（LDL）与其受体等］，脱离配体的受体将被分选到循环内吞体中，运送回质膜，而配体（如LDL）则和其他物质进入溶酶体进行降解；另一些受体和配体（如EGF与其受体）将共同进入溶酶体进行降解。需要降解的质膜蛋白，将随内吞体膜的内陷出芽，被遣送至内吞体内形成的小囊泡上，包含有多个小囊泡的后期内吞体称为多囊泡体。多囊泡体和溶酶体融合后，小囊泡会被释放到溶酶体腔内进行消化降解。决定质膜蛋白是否进入溶酶体降解途径的关键因素是是否发生了单泛素化。单泛素化修饰介导质膜蛋白进入内吞体内部小囊泡。在膜蛋白的分选和小囊泡形成的过程中，肝细胞生长因子调控的酪氨酸激酶底物（hepatocyte growth factor-regulated tyrosine kinase substrate，Hrs）和胞内体分选转运复合物（endosomal sorting complexes required for transport，ESCRT）发挥了重要的作用。Hrs 含有一个泛素结合域（UIM），而且能发生泛素化修饰。内吞体膜结合的发生了泛素化的 Hrs，可以和 ESCRT 中的泛素结合蛋白 Tsg101 结合，从而将 ESCRT 招募到内吞体膜上，ESCRT 将驱动内吞体膜的出芽及单泛素化膜蛋白向出芽小泡中的运载，最后形成内吞体内部的小囊泡。通过这种机制，质膜上发生了泛素化修饰的膜蛋白将被送往溶酶体中降解，而没有修饰的膜蛋白则进入循环内吞体中，运回质膜。

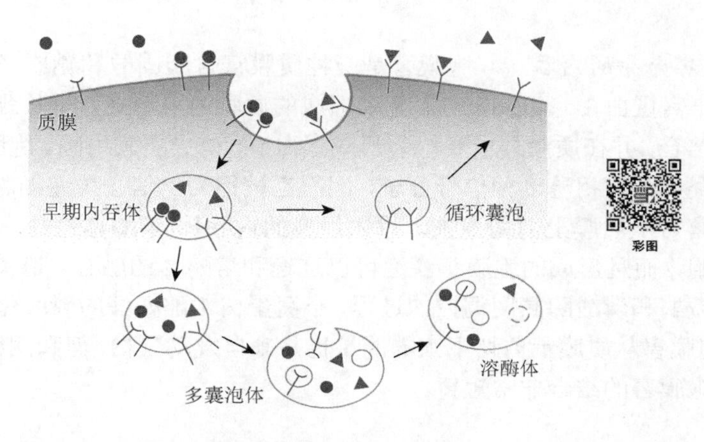

图 5-1　受体介导的内吞途径

受体介导的内吞途径是细胞摄入不能穿膜营养物质的重要手段。例如，LDL 受体可以介导对 LDL 承运的胆固醇的摄入，转铁蛋白负责对铁离子的转运等。除此之外，受体介导的内吞降解途径是降解受体和配体的一种重要方式，在细胞信号转导的调控上起重要作用。通过溶酶体降解激活的膜受体，可以降低表面受体的数量，灭活配体传递的信号。

受体和配体结合后，主要通过网格蛋白和胞膜窖介导的内吞进入细胞。

1）网格蛋白介导的内吞　网格蛋白具有特殊的三脚架型结构，寡聚化后会形成一种网篮结构，该结构能使网格蛋白聚集的质膜区域发生弯曲，当弯曲到一定程度时，内陷的质膜就会形成囊泡从质膜上脱离下来。网格蛋白和质膜之间的连接是由连接蛋白 AP-2（adaptor protein-2）介导的。受体和配体结合引起受体构象改变，暴露出介导内吞的信号序列，这些序列可以直接或间接地与 AP-2 或网格蛋白结合，促使受体和网格蛋白的聚集。这种聚集了网格蛋白的质膜区域称为网格蛋白包被的小窝（clathrin coated pit）。有些受体在没有配体结合的情况下，也能在网格蛋白包被的小窝中聚集（图 5-2）。当网格蛋白聚集到一定程度时，就会发生寡聚化形成网篮结构，导致网格蛋白包被小泡（clathrin-coated vesicle）的形成。而将包被小泡从质膜上脱离下的动力则来自发动蛋白（dynamin）。发动蛋白是一种 GTPase，在包被小泡形成的后期会在小泡和质膜连接的颈口处自我组装形成环圈，利用水解 GTP 获取的能量，将包被小泡和质膜脱离。肌动蛋白骨架，以及一些和网格蛋白、AP-2、发动蛋白结合的蛋白如 Eps15 和 epsin 等也在该途径中发挥重要作用。

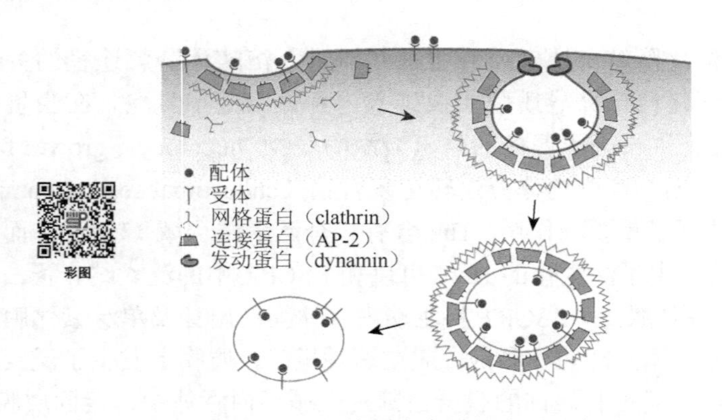

图 5-2　网格蛋白介导的内吞示意图

2）胞膜窖介导的内吞　　胞膜窖是一种质膜富含胆固醇和鞘脂（sphingolipid）的脂筏小区，其是由小窝蛋白 1（caveolin-1）驱动形成的质膜内陷形式，呈长颈瓶形。小窝蛋白 1 能与胆固醇直接结合，并在质膜外自我组装形成蛋白层，诱导质膜内陷。胞膜窖在质膜上较为稳定，其特殊的脂类成分可招募多种信号分子，因而也被称为“信号传递细胞器”。在一些配体的刺激下，胞膜窖可从质膜上剪切下来，进入经典的内吞体-溶酶体途径。一些病毒也可以借助胞膜窖进入细胞，而且形成的胞膜窖囊泡可以逃逸和溶酶体的融合，避免降解。胞膜窖介导的内吞是一个受激酶和磷酸酶高度调控的过程，小窝蛋白 1 酪氨酸的磷酸化是启动胞膜窖内吞的关键事件。将胞膜窖从质膜上剪切下来的能量也是来自发动蛋白，但和网格蛋白介导的内吞不同，发动蛋白和胞膜窖的结合非常短暂。

（三）自噬体-溶酶体通路

1. 自噬体-溶酶体通路的几条途径

自噬是一种借助于溶酶体对细胞内容物进行降解的生命活动。根据细胞内容物进入溶酶体的方式，可将自噬分为三种类型：微自噬（microautophagy）、分子伴侣介导的自噬（chaperone-mediated autophagy，CMA）和巨自噬（macroautophagy）。

1）微自噬途径　　微自噬是指细胞质中的物质通过溶酶体膜的内陷包裹到小泡中，然后出芽直接进入溶酶体腔中被消化降解的过程。在正常代谢条件下，细胞会通过这种方式将细胞质中某个区域的蛋白质全部吞入溶酶体中进行降解。微自噬在动物细胞中的功能并不完全清楚，推测可能是细胞对细胞质物质进行自我更新的一种方式。

2）分子伴侣介导的自噬途径　　分子伴侣介导的自噬是指细胞质中含特殊氨基酸序列（KFERQ）的可溶性蛋白，被热激蛋白 70（Hsp70）的分子伴侣复合物识别后，与溶酶体上的特殊受体——溶酶体相关膜蛋白 2A（lysosome associated membrane protein type 2A，LAMP-2A）结合并转运到溶酶体腔进行降解的过程。细胞在长时间的饥饿处理下会显著激活 CMA，参与约 30%胞质蛋白的降解。CMA 与衰老及神经退行性疾病等相关，随着年龄的增加，细胞中 CMA 的活性和 LAMP-2A 均逐渐降低。

3）巨自噬　　巨自噬是最主要的自噬类型，也是目前研究较为广泛的自噬形式。巨自噬主要介导线粒体、内质网膜、糖原颗粒等细胞质中实体物质的降解。巨自噬会在细胞处于饥饿等极端环境时被强烈诱导，降解细胞器等为细胞生存提供能量和物质，诱导的巨自噬一般没有选择性，因此巨自噬是细胞应对营养缺乏的一种生存机制。巨自噬还能介导损伤细胞器、入侵病原体及老化蛋白的降解，清除细胞内的“老弱病残”以提高细胞的生命力。巨自噬的这种清除机制则具有一定的选择性。

（1）巨自噬的形成。在自噬过程中，细胞首先形成一些双层膜片，称为分离膜（isolation membrane/phagophore）。这些膜片逐渐延伸并包裹一些细胞质内容物形成杯状，最后封闭形成具有双层膜的囊泡，该囊泡结构称为自噬体（autophagosome）。自噬体的外膜将和溶酶体的单层膜发生融合，形成吞噬溶酶体。自噬体在核溶酶体融合前，也可以先和内吞体融合。在溶酶体中各种水解酶的作用下，自噬体的内膜和包裹的细胞内容物被完全消化降解，最后通过溶酶体膜上的转运蛋白将降解产物释放到胞质中，以便再利用。

与其他通过出芽方式形成的单层膜系统不同，自噬体起源于独特的双层膜片。这些双层膜片来源于何处目前尚无定论。有一种模型认为，自噬体的形成首先需要在胞质中新合成一种聚集物，然后通过 ATG9 等蛋白将脂类从其他地方转运到聚集物处，最后扩展形成自噬体。另一种模式认为自噬体的分离膜是以内质网的一些微小区域作为摇篮（cradle），在内质网膜间形成，分离膜被夹在内质网膜之间，并在顶部和内质网相互连接。三维电镜研究表明，自噬体的分离膜的确是和内质网连接在一起的，目前认为自噬体起源于内质网特殊区域的观点比较占优势，但该模型也只是部分解释了自噬体的形成，还存在很大的局限。此外，尽管自噬体主要在内质网附近产生，但内质网、高尔基体、线粒体和细胞质等的膜都参与了自噬体的形成。

自噬体的形成是一个复杂的过程。目前已经鉴定出 30 多个和自噬相关的基因，统称为 ATG（autophagy-related gene）。哺乳动物自噬相关的基因也大多以 ATG 命名，但有一些特例，如酵母中的 *ATG1*、*ATG6* 和 *ATG8* 在哺乳动物中分别称为 *ULK1*、*Beclin 1* 和 *LC3*。自噬体的形成大致可以分为三个阶段，即自噬的诱导、自噬体分离膜片起始核心的形成、分离膜片的延展和封闭。第一阶段，自噬的起始是从 ATG1 复合物（或 ULK1 复合物）的活化开始。ATG1 复合物有激酶的活性，但此活性在营养丰富的情况下，受到丝/苏氨酸激酶 mTORC1 磷酸化等机制的抑制。mTORC1 是细胞营养信号的感受器，在营养缺乏时，失去对 ATG1 复合物的抑制。第二阶段，活化的 ATG1 复合物移位至 ER 的特定区域，并启动含有 Beclin 1 的Ⅲ型 PI3K 复合物。Ⅲ型 PI3K 可磷酸化磷脂酰肌醇，生成 3-磷酸磷脂酰肌醇（PtdIns3P），招募含-FYVE-或-PX-序列的蛋白质，形成一个蛋白质富集的 ER 微小区域。因此自噬体膜片起始核心形成的本质就是将 ATG 蛋白富集到 PtdIns3P 含量丰富的 ER 区域形成前自噬体（preautophagosomal structure，PAS）。在此基础上，跨膜蛋白 ATG9 通过在 PAS 和非 PAS 膜结构之间穿梭，将一些膜成分搬运到 PAS，从而参与到自噬体早期的形成。第三阶段，在分离膜片的延展和封闭过程中，ATG8（LC3）和 ATG12 两种蛋白修饰系统发挥了重要作用。ATG8 和 ATG12 是泛素样蛋白，它们能通过类似泛素化修饰的系统和其他分子共价偶联。ATG8 主要和膜上的磷脂酰乙醇胺（PE）偶联，形成 ATG8-PE 介导膜融合和分离膜片的延伸。ATG12 主要和 ATG5 连接，ATG12-ATG5 一方面可以募集 ATG8 到分离膜上促使 ATG8 和特定的 PE 连接，另一方面负责自噬体膜的弯曲。

（2）巨自噬的调控。细胞的自噬水平与细胞所处的内外环境密切相关，mTOR 和Ⅲ型磷脂酰肌醇-3-羟激酶（PI3K）是自噬调控中的两个关键点。

在正常代谢条件下，自噬负责 1%～1.5%胞内蛋白质的降解，以维持细胞内物质的更新。在饥饿、激素及一些药物的刺激下，细胞的自噬水平会明显提高，吞噬消化胞内的细胞器以减少给养的消耗来维持细胞的生存。氨基酸、生长因子的缺乏及氧气和能量的不足都能诱导自噬的产生，其中氨基酸缺乏诱导的自噬水平最高。mTOR 是一种丝/苏氨酸激酶，是细胞感知能量及营养水平信号通路的交会点，也是细胞决定是否诱导自噬的关键点。mTOR 可以形成两种不同的复合物 mTORC1 和 mTORC2，其中 mTORC1 与自噬调控有关。当细胞处于适宜的生长环境中时，mTORC1 处在激活状态，通过磷酸化真核细胞翻译起始因子 eIF4E 结合蛋白 1（eIF4E-BP1）等下游效应蛋白，促进蛋白质合成和细胞生成，同时通过抑制 ULK1 复合物的活性以抑制自噬的产生（图 5-3）；反之则抑制细胞生长诱导自噬。mTORC1 的激活因子是小 G 蛋白 Rheb，负调控蛋白是 TSC1 和 TSC2。TSC1/2 复合物的磷酸化可以激活 Rheb GTP 酶活性，使 Rheb 处于结合 GDP 的失活状态，从而抑制了 TORC1 的活化。外界信号主要通过对 TSC1/2 和 Rheb 的调控来控制 mTORC1 的活性。胰岛素等生长因子可通过 Ⅰ 型 PI3K-Akt/PKB 途径来解除 TSC1/2 对 mTORC1 活性的抑制，从而抑制自噬的产生；细胞在缺氧或能量时，胞内 AMP 与 ATP 的比例上调，从而激活 AMPK（AMP 依赖蛋白激酶），AMPK 进而磷酸化 TSC1/2，抑制 TORC1 活性，诱导自噬的产生；氨基酸可以激活 mTORC1，抑制自噬。尽管自噬对氨基酸的缺乏最为敏感，但目前对细胞感知氨基酸水平的机制还不清楚。

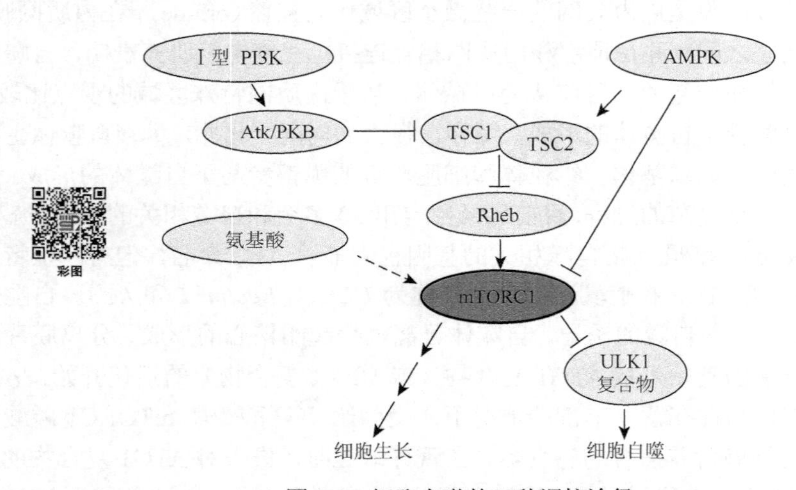

图 5-3 细胞自噬的三种调控途径

Ⅲ型 PI3K 复合物是自噬调节的另一个调控点。Ⅲ型 PI3K 复合物在自噬体膜片起始核心的形成中起着关键性的作用，该复合物中的 Beclin 1 含有一个 BH3 结构域，抗凋亡蛋白 Bcl-2、Bcl-XL 等可以通过和 Beclin 1 的 BH3 区域结合抑制自噬的产生。在饥饿的刺激下，JNK1 可以磷酸化 Bcl-2，使 Beclin 1 和 Bcl-2 解离，从而诱导自噬的产生。

（3）巨自噬的选择性。尽管在营养缺乏情况下诱导的自噬一般不具有选择性，但细胞可通过自噬途径清除损伤或老化的细胞器和蛋白质，因此自噬对被降解物质有一定的选择性，这种有选择性的自噬在细胞正常活动中持续进行，一些外界刺激可进一步诱导自噬的增强。

选择性自噬主要是由承接蛋白（adaptor）p62（又称 SQSTM1 sequestosome 1）和 NBR1（neighbor of Brac 1 gene）介导。p62 和 NBR1 均包含 LC3 结合区域（LC3-interacting region，LIR）和一个泛素结合区域（Ub-associated，UBA）。LIR 介导 p62 和自噬体膜上的 LC3 结合，而 UBA 则负责 p62 与泛素化修饰的物质结合。一些蛋白质聚集物、损伤的线粒体、过氧化物酶体以及一些病毒的衣壳蛋白和进入胞内的微生物均能在细胞识别系统的作用下发生泛素化修饰。p62 或其他承接蛋白则作为这些泛素修饰的受体将这些需要降解的物质招募到自噬的分离膜片上，进而包裹到自噬体内并在自噬溶酶体中降解。

蛋白质聚集物会在分子伴侣系统的作用下发生泛素化修饰，然后经 p62 介导进入自噬系统降解。如果自噬系统出现缺陷，细胞会有大量 p62 积累，并伴随含 p62 和泛素的大型蛋白质聚集体的形成。在神经退行性疾病和肝脏疾病相关的细胞中均发现有类似的蛋白质聚集现象。损伤线粒体会稳定线粒体激酶 PINK1，并通过 PINK1 将泛素 E3 连接酶 Parkin 招募到线粒体上，介导各种外膜蛋白发生泛素化修饰从而诱导自噬。进入胞质中的细菌物质可以由 p62 和另一种承接蛋白 NDP52 介导进入自噬过程。

2. 自噬体-溶酶体途径的主要功能

自噬体-溶酶体途径不仅能降解蛋白质，而且能降解脂类、核酸等，并将降解产物用于各类新物质的合成，因此在细胞的物质和能量代谢方面起重要的作用。自噬体-溶酶体途径的该特点，使其不仅能提高细胞在饥饿等恶劣环境中的生存能力，在有机体正常发育和分化过程中也起重要作用。例如，哺乳动物受精后将诱导产生大量的自噬，以降解母源的蛋白质和 RNA，同时合成杂合子编码的新蛋白质，这种新陈交替过程是胚胎早期正常发育必需的步骤。自噬体-溶酶体途径的另一个重要功能是清除功能，包括清除细胞内蛋白质聚集体、入侵的病原体及损伤老化的细胞器。如果自噬体-溶酶体途径的清除功能发生异常，则会导致蛋白质聚集物的积累、损伤的线粒体产生大量的 ROS，以及病原体的慢性感染等。因此，自噬体-溶酶体途径和神经退行性疾病、衰老、病原体感染等关系密切。此外，自噬体-溶酶体途径在抗原呈递、细胞凋亡诱导及炎性反应中也有一定的作用。

二、泛素-蛋白酶体体系

在真核细胞中，细胞质和细胞核内多数蛋白质由泛素-蛋白酶体途径降解。已有的研究表明，有 2000 多种蛋白质参与泛素-蛋白酶体降解过程。目前已经发现至少有 5000 种蛋白质通过泛素-蛋白酶体途径降解，而且此数目在不断增加。泛素是一种高度保守的小分子蛋白质，在一系列酶的催化下与靶蛋白共价连接。多泛素化的靶蛋白可被 26S 蛋白酶体识别并迅速降解。泛素-蛋白酶体途径的过程概括于图 5-4。

（一）泛素

1978 年，阿夫拉姆・赫什科（Avram Hershko）等在网织红细胞中发现依赖 ATP 的蛋白水解系统，并从中分离出一种含 76 个氨基酸的热稳定蛋白，该蛋白质广泛存在于各类真核细胞，故命名为泛素（ubiquitin，Ub）。泛素是迄今发现的最保守的蛋白质之一。高等植物的泛素与衣藻、酵母、哺乳动物的泛素相比，分别仅有 1、2、3 个氨基酸的差异。所有泛素均有相同的三维结构：N 端部分形成致密的球形，Lys48、Lys29 和 Lys63 均分布在分子表面，C 端的 Gly-Gly 残基部分具有柔性结构并伸出。泛素主要定位于细胞质和细胞核，在膜和溶酶体中仅有少量存在。

在已研究的真核细胞中均发现有泛素的存在，而且浓度高达 10～20 μmol/L，其中约一半与蛋白质共价连接。在一系列酶的催化下，泛素的 C 端可与靶蛋白中一个 Lys 残基的 ε-NH_2 形成异肽键。蛋白质的单泛素化是涉及多种生物学过程的调节性修饰，包括转录、组蛋白的功能、内吞和膜运输等调节。例如，受体型酪氨酸蛋白激酶和其他膜蛋白的单泛素化，是启动内

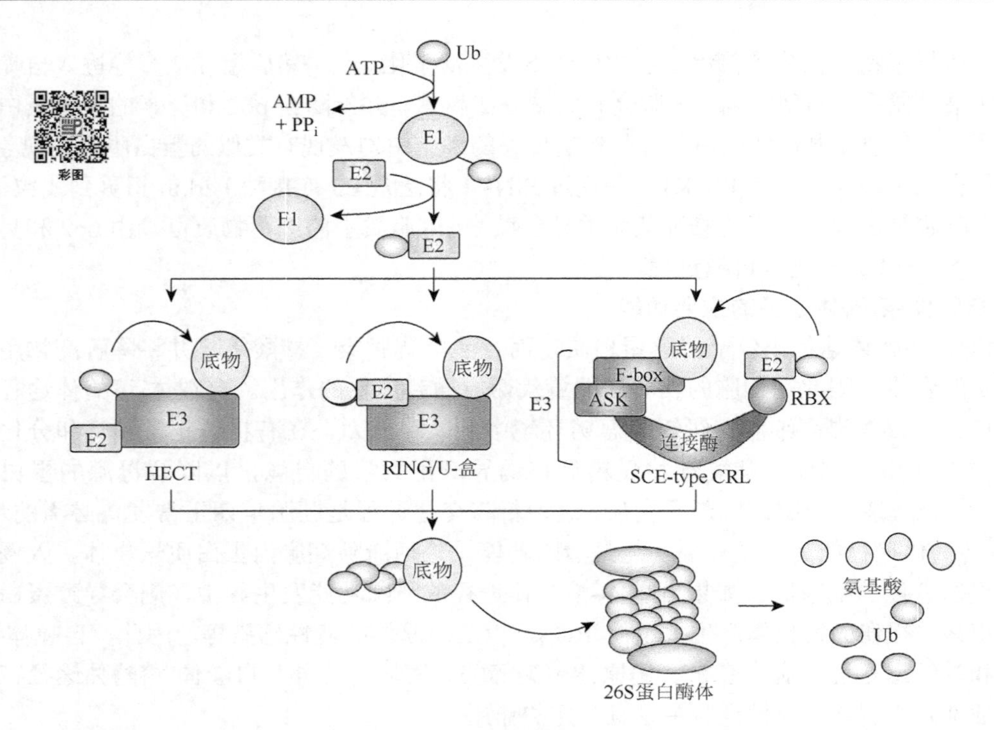

图 5-4 泛素-蛋白酶体途径的过程

Ub. 泛素；HECT. HECT 型泛素连接酶；RING/U.RING/U 型泛素连接酶；F-box. F 盒蛋白；ASK. 拟南芥 SKP 样蛋白；RBX. RING 盒蛋白；SCE-type CRL. SUMO 结合酶型 Cullin-RING 泛素连接酶

吞和靶向溶酶体的信号。泛素上的 Lys48 及 Lys6、Lys11、Lys29 和 Lys63 可与后续泛素 C 端形成异肽键，组装成多泛素链。Lys48 连接的多泛素化靶蛋白是 26S 蛋白酶体最重要的底物。Lys11 和 Lys29 连接的多泛素链也可以将蛋白质靶向到蛋白酶体。而 Lys63 连接的多泛素链直接调节蛋白质的功能，涉及 DNA 修复、信号转导、胁迫应答和内吞作用。可见多泛素链的不同连接部位和方式被赋予不同的含义和效应。泛素化具有多种形式，通常连接在靶蛋白的赖氨酸残基，但也有研究表明存在非赖氨酸的泛素化，蛋白质的 N 端甲硫氨酸可与泛素的 C 端羧基产生线性泛素化，蛋白质的 Ser、Thr 和 Cys 也可发生泛素化。

（二）蛋白质泛素修饰过程

泛素共价连接到底物蛋白的反应涉及泛素活化酶（E1）、泛素缀合酶（E2）和泛素连接酶（E3）的顺序作用：在 E1 催化下，泛素以硫酯键连接在 E1 上；在 E2 作用下，活化的泛素以硫酯键结合于 E2 上；在 E3 帮助下，泛素从 E2 转移到底物蛋白一个 Lys 残基的 ε-氨基上。多泛素链的形成通常还需要多泛素链延伸因子（E4）的帮助。去泛素化酶（DUB）可消除错误的泛素化。泛素结合蛋白（UBP）则通过与泛素化蛋白的相互作用防止单泛素变成多泛素链。多数生物体内只有一种或为数不多的几种 E1，有 10～30 种不同的 E2 和数目众多的 E3，每种 E2 只对数种 E3 起作用；每种 E3 只识别数量有限的底物。特定的 E2/E3 支配着泛素化的类型，即单泛素化还是多泛素化。在多泛素链组装中，后续泛素的添加需要 E4 或泛素专一的 E3 参与。

1. 泛素活化酶

泛素活化酶（ubiquitin-activating enzyme，E1）催化 Ub 的 C 端与酶分子中的巯基结合，同时消耗 1 分子 ATP。酵母的 *UBA1*，小麦的 *TaUBA1*、*TaUBA2*、*TaUBA3* 和人的 *E1* 基因比较分析显示 E1 有较强的保守性，推测 E1 的作用机制如下：E1 首先结合 MgATP，引起的构象改变有利于泛素结合，并形成 AMP-泛素中间物，随即催化这个泛素以硫酯键连接在活性中心的 Cys 残基上。接着进行 ATP/AMP 交换，并结合第二个泛素，再把泛素转移到与 E1 结合的 E2 上。

2. 泛素缀合酶

泛素缀合酶（ubiquitin-conjugating enzyme，E2 或 Ubc）具有携带活化泛素的功能。不同的 E2 将与不同的靶蛋白和不同的 E3 匹配，成为底物蛋白泛素化专一性的基础。在酵母中，Ubc2/Rad6 与 DNA 修复和 N 端规则蛋白的降解有关；Ubc5/cdc34 参与细胞周期 G→S 期过渡；Ubc4 和 Ubc5 则涉及众多短寿命蛋白和反常蛋白的降解。

尽管已获得几种 E2 的晶体结构，但 E2 的催化机制并未阐明。现有的研究结果显示，E2 能有效结合载有泛素的 E1，对游离的 E1 亲和力很低；游离的 E2 可结合游离的 E3。催化活化的泛素从 E1 转移到 E2 的活性主要来自 E1。

3. 泛素连接酶

泛素连接酶（ubiquitin-ligase，E3）可直接或间接地与特定的靶蛋白结合，直接或间接地将活化的泛素转移到蛋白质或多泛素链上。根据结构和功能的差异可将 E3 分为四大类：HECT E3（homologous to E6AP C-terminus E3）、RING-finger 型（really interesting new gene）、U-盒（U-box）型和 RBR 型（RING-IBR-RING）。不同类型的 E3 结构导致其与泛素-E2 复合物及与底物蛋白的识别方式不同，转移泛素至底物蛋白的过程也不同。HECT E3 可与泛素分子形成硫酯键中间体，并且可直接催化靶蛋白的泛素化；而 Ring-finger E3 没有催化结构域，不与泛素分子发生作用，它只起到桥梁作用，将 E2 与靶蛋白募集在一起完成泛素从 E2 到靶蛋白之间的传递。不同类型泛素连接酶的底物泛素化过程如图 5-5 所示。

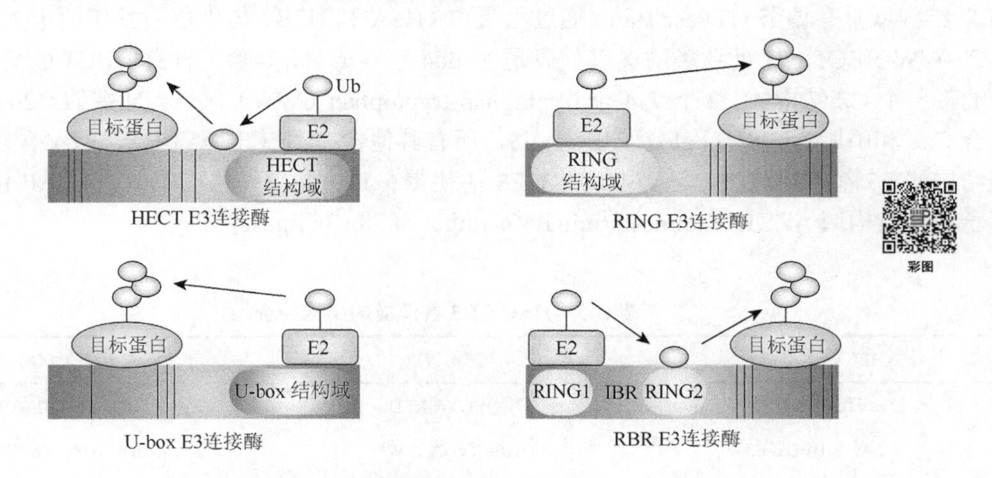

图 5-5　不同类型泛素连接酶的底物泛素化过程（Yang et al.，2021）

1）HECT 型泛素连接酶　　HECT 型泛素连接酶是研究最早的泛素连接酶，其分子质量约为 100 kDa，C 端约 350 个残基的片段被称为 HECT（homologous to E6AP C-terminus）结构域，在 C 端上游约 35 位有一个高度保守的 Cys 残基。HECT 结构域负责识别并结合特定类型的泛素-E2 复合物，并将泛素转移至自身 Cys 位点。HECT 型泛素连接酶 N 端结构域具有结合 E2 和底物的功能，并将泛素从 Cys 位点转移至底物蛋白。游离的 E6AP 呈 L 形，HECT 结构域为短臂，N 端结构域为长臂，二者之间由柔性肽链相连（图 5-6）。被乳头瘤病毒（HPV）侵染的细胞中，病毒基因产物之一为 E6，E6 与 AP 结合为 E6-AP，催化抑癌基因产物 p53 的泛素化及后续 26S 蛋白酶体的降解。酵母中的一种 HECT E3 Rsp 5 与 E2 Ubc 4/5 匹配，催化 RNA pol Ⅱ LS、质膜透性酶、受体等的泛素化。Rsp5 N 端结构域包括与膜脂结合的 C2 域，以及识别并结合磷酸化丝氨酸的 WW 域。

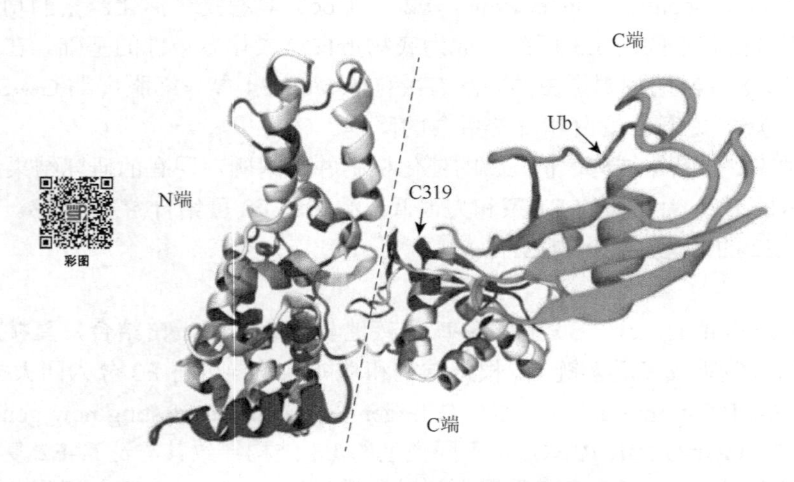

图 5-6 HECT E3 的结构

根据 N 端结构域的差异，可将 HECT E3 分为三个亚类：①HERC E3，该亚类包含一个类 RCC1（regulator of chromosome condensation 1）结构域（RCC-like domain，RLD）（表 5-3）。RLD 结构域具有调节 GTPase Ran、通过组蛋白（H2A 和 H2B）与染色质互作两个主要的功能。②C2-WW-HECT E3，此亚类的典型代表是 Nedd4 家族成员，其除了含有 HECT C 端结构域外，N 端带一个 C2 结构域、2 个或 4 个 tryptophan-tryptophan（WW）区域。N 端的 C2 结构域可以结合 Ca^{2+}和磷脂。③SI（ngle）-HECT E3，所有其他含有 HECT3 结构域，但不含以上其他特征结构的 E3 都归在此类。该类 HECT3 E3 往往带有其他的一些结构域，如 E6AP 包含一个锌离子结合结构域 AZUL（amino-terminal Zn-finger of Ube3a ligase）。

表 5-3 HECT E3 各亚类的结构特征

HECT E3 类别	结构特点	代表蛋白质
HECT E3	HECT，RLD	HERC1～HERC6
C2-WW-HECT-E3	HECT，C2，WW	NEDD4-1/2，WWP1/2
SI(ngle)-HECT E3	HECT，其他结构域(UBA…)	E6-AP，HUWE1

2）*Ring-finger 型泛素连接酶* 由于其含有环指结构域（Ring finger domain）而得名。环指结构域含有 7 个 Cys 残基和 1 个 His 残基，并螯合 2 个 Zn^{2+}。Ring-finger 型泛素连接酶直

接将泛素转移至底物蛋白而不经过泛素-E3 复合体。根据结构组成，Ring-finger E3 可分为两大类：单亚基 Ring-finger E3 和多亚基 Ring-finger E3（图 5-7）。

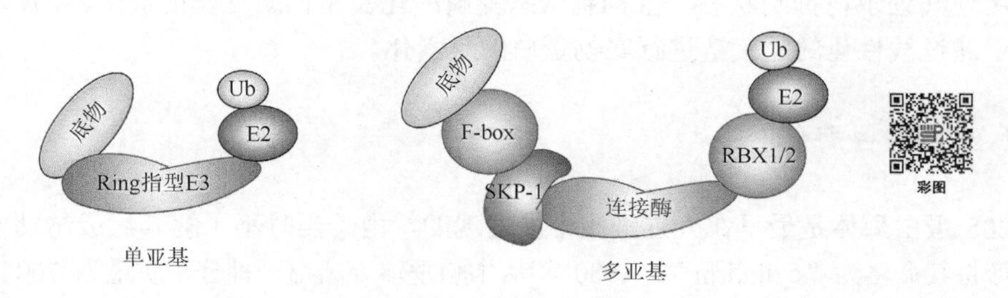

图 5-7　Ring-finger E3 的结构

（1）单亚基 Ring-finger E3。此类 E3 由单一亚基组成，Ring 指中 8 个高度保守的残基与 2 个 Zn^{2+}配位结合，形成一个“十字支撑”结构。单亚基 Ring-finger 泛素连接酶不仅具有底物识别和转移泛素的功能，还可以进行自泛素化。

（2）多亚基 Ring-finger E3。此类含有多个亚基，多亚基型 Ring-finger 泛素连接酶包括 APC/C 型、SCF 型和 VBC 型三类。APC 型由 19 个包含 Ring-finger 结构域的亚基和一个 cullin-like 亚基组成；SCF 型由接应蛋白 Skp1、Cullin 结构域蛋白和 F-box 蛋白等组成；VBC 型包含 Elongins B 和 C、Cullin 2 和 pVHL 亚基。典型的如由 4 个亚基组成的 Ring-finger E3 SCF 由接应蛋白 Skp1、Cullin 结构域蛋白 Cul 1、Ring finger 蛋白 Rbx1 和底物结合蛋白 F-box 组成。Rbx1 与 Cul 1 结合募集活化的 E2-泛素（如 Cdc34-Ub），Cul 1 通过 Skp1 与 F-box 蛋白（如 Skp2）缔合，构成底物结合部位。实际上 Cul 1 是基础支架分子，Cul 1/Rbx 1/Skp 1/Cdc 34 构成一个公用平台，与不同的 F-box 蛋白组成底物专一性不同的 SCF E3s。

另一个受到关注的多亚基 Ring-finger E3 APC（anaphase-promoting complex）至少含有 19 种亚基。已知 APC 的 Ring finger 蛋白为 Apcll，Cullin 结构域蛋白为 Apc2，Doc 结构域蛋白为 Doc1/Apc10，接应蛋白则有 Cdc16/Apc6/Cul9、Cdc27/Apc3/Nuc2、Cdc23/Apc B/Cul 23，激活蛋白包括 Cdc20/Fzy/$p56^{cdc}$、Cdhl/Hcl 1/Fzt 或 Amal，以及许多结构、功能不详的组分。APC E3 的结构十分复杂，与 E2-C/Ubc H11 匹配，催化包括 M 期 cyclin 在内的含毁灭盒（destruction box）底物蛋白的泛素化。毁灭盒位于靶蛋白 N 端 40～50 个氨基酸处，由 9 个残基组成 R（A/T）（A）L（G）X（I/V）（G/T）N，R 和 L 为不变残基，括号内的残基出现频率大于 50%。

3）*U-box 型泛素连接酶*　此类 E3 的 C 端都含有约 70 个氨基酸残基的 U-box（UFD2-homology domain）结构域，结构域在不同生物间具有保守性，U-box 结构参与蛋白质间的互作，其三维构象类似于 Ring-finger E3 家族中的 Ring finger 结构域。U-box E3 通过 U-box 结构域与泛素缀合酶 E2 相互作用，将泛素分子从 E2 上转移到靶蛋白上实现泛素化修饰。在植物中，U-box 型泛素连接酶又被称作 PUB（plant U-box）型泛素连接酶。PUB 型泛素连接酶在植物的生理过程中尤其是应对胁迫时具有重要作用。例如，AtPUB25 和 AtPUB26 在拟南芥中通过限制细胞生长周期来调控花瓣生长。AtPUB12 和 AtPUB13 可以多聚泛素化 FLS2（FLAGELLIN-SENSING 2），推动病原菌诱导的 FLS2 降解来减弱免疫反应。

4）*RBR 型泛素连接酶*　RBR 型（Ring-IBR-Ring，RBR）泛素连接酶是一种 Ring-HECT 杂合型泛素连接酶，包含 Ring1、Ring2 和在两个 Ring 结构域之间的 IBR（in-between-Rings）

区域。Ring1 招募结合有泛素的 E2，Ring2 含有 Cys 活性位点，其泛素化底物的过程与 HECT 相似，即先将泛素与 Ring2 结合，然后再转移其至底物蛋白上。RBR 型 E3 可通过分子间的相互作用使其处于自抑制状态，且抑制状态受磷酸化及蛋白质互作的调节。RBR 型泛素连接酶倾向于通过线性化的泛素链进行底物蛋白的泛素化。

（三）蛋白酶体

20S 蛋白酶体是最早在人红细胞中被发现的，由于当时不了解其组成与功能，就按圆筒状的外形将其命名为“cylindrin”。1980 年从牛脑垂体分离出一种分子质量为 700 kDa 的中性蛋白酶，其后几年从许多物种组织中分离了类似的高分子质量、多催化、ATP 依赖的蛋白酶。1989 年从一种古菌嗜酸热原体（*Thermoplasma acidophilum*）中分离出一种复杂程度较低的高分子质量的同类蛋白酶，使 20S 蛋白酶体结构和功能研究很快取得了进展。这种圆筒状 20S 蛋白酶复合物不能单独降解泛素化蛋白质，在 ATP 存在下，其与 19S 调节复合物组成的 26S（约 2000 kDa）蛋白酶复合物才能专一降解泛素化的蛋白质。为了突出复合体的蛋白水解活性和结构，将其命名为 20S 和 26S 蛋白酶体（proteasome）。

1. 20S 蛋白酶体

20S 蛋白酶体主要分布于细胞质和细胞核，约占细胞总蛋白的 1%，是蛋白酶体的蛋白水解中心，由 14 个 α 亚基和 14 个 β 亚基组成。嗜酸热原体（*Thermoplasma acidophilum*）只有一种 α 亚基和一种 β 亚基，形成同源 7 元环，再组装成 $\alpha_7\beta_7\beta_7\alpha_7$ 圆筒状复合物。*Rhodococcus* sp. 的 NI186/21 蛋白酶体由两种 α 亚基和两种 β 亚基组成。*E. coli* 的蛋白酶体（Hs1VV 复合物）仅有一种 β 亚基（Hs1）。真核细胞通常有 7 种不同的 α 亚基和 7 种不同的 β 亚基，组装成（α1～α7）（β1～β7）（β1～β7）（α1～α7）圆筒状复合物。20S 蛋白酶体为直径 11.3 nm、长 14.8 nm 的圆筒，中央形成贯通整个颗粒的孔道，包括三个空腔，中部的大空腔（$\beta_7\beta_7$）是蛋白水解部位。腔的入口（α_7）狭窄，直径仅 1.3 nm，只允许伸展的肽链进入，同时还能防止水解中间产物逃逸（图 5-8）。

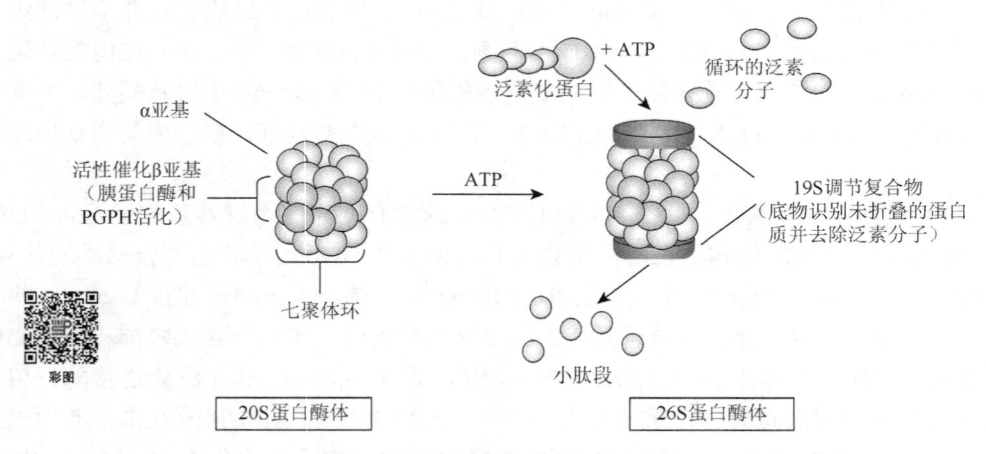

图 5-8 20S 和 26S 蛋白酶体结构示意图

PGPH. 肽基谷氨酰肽水解活性

蛋白酶体的蛋白水解活性由 β 亚基负责。成熟的 β 亚基 N 端的 Thr1 是蛋白酶体的蛋白水解活性位点，其与丝氨酸蛋白酶的作用机制类似，Thr1 的羟基对底物的肽键进行亲核攻击，Thr1 的α-氨基则代替 His 咪唑基充当质子受体，而活性部位附近的 Lys 残基还发挥碱催化作用。蛋白酶体中央空腔的两层β亚基上七聚体环各有三个活性位点，但其催化活性有所不同。已发现 20S 蛋白酶体具有以下三种不同的催化活性：①胰凝乳蛋白酶样活性，作用于大的疏水残基（如 Phe、Trp、Tyr 等）羧基形成的肽键；②胰蛋白酶样活性，作用于碱性氨基酸（如 Lys、Arg 等）羧基形成的肽键；③胱天蛋白酶样活性，作用于 Glu、Asp 两个酸性氨基酸羧基形成的肽键。在这些活性共同作用之下，靶蛋白很快被水解成有 5～15 个氨基酸残基的肽段，释放到蛋白酶体外侧，再由其他肽酶迅速降解成游离氨基酸。

2. 19S 调节复合物

在 ATP 存在条件下，20S 蛋白酶体必须与 19S 调节复合物缔合形成 26S 蛋白酶体才能发挥蛋白质的高度选择性降解和精准调控作用。19S 调节复合物又称 PA700，由 18～20 种不同的亚基组成，其中 6 种亚基具有 ATPase 活性。酵母的 6 种具有 ATPase 活性的亚基和另外三种亚基形成靠近 20S 蛋白酶体的基座状亚复合物，其余亚基形成距离较远的盖子状亚复合物，并结合于 20S 蛋白酶体的两端。19S 调节复合物的主要功能为：①识别并结合多泛素化的靶蛋白，已知 S5a/Rpn10 亚基的 C 端有多泛素链结合部位；②激活 20S 蛋白酶体的蛋白酶活性；③参与底物蛋白的伸展，使之能进入 20S 蛋白酶体腔内；④切除$(Ub)_n$多聚链并将其降解成 Ub 单体。

3. 11S 调节复合物

除了 19S 调节复合物外，20S 蛋白酶体也可以与第二种调节复合物即 11S 调节复合物（又称为 PA28 或 REG）结合；11S 调节复合物由α和β亚基组成，二者交替组成六元环状结构，结合于 20S 蛋白酶体，在电镜下呈橄榄球状，被称为橄榄球蛋白酶体（football proteasome）。11S 调节复合物以类似于 19S 调节复合物的方式与 20S 核心颗粒结合。20S 蛋白酶体与 11S 调节复合物的结合使之对多种底物的 K_m 下降，V_{max} 增大，PA28 显著促进蛋白酶体的肽酶活性。11S 调节复合物不含有 ATP 酶活性，能够促进短肽而不是完整的蛋白质的降解。这可能是因为由 11S 颗粒与核心颗粒所组成的复合物无法将大的底物去折叠。推测橄榄球蛋白酶体不是催化蛋白质降解初反应的内切蛋白酶，而参与 26S 蛋白酶体的中间降解过程。11S 颗粒可能在降解外源肽（如病毒感染后产生的肽段）上发挥作用。

（四）去泛素化酶

在泛素途径中靶蛋白被 26S 蛋白酶体降解，泛素只是降解信号并不被降解，而是经去泛素化酶（deubiquitinating enzyme，DUB）再生之后重复利用。DUB 是半胱氨酸蛋白酶，具有裂解酯键、硫酯键及泛素 C 端与 Lys 侧链 ε-NH_2 形成的异肽键的活力，也被称为异肽酶。已在不同物种的组织中鉴定出多种 DUB，酵母中至少有 16 个基因编码 DUB。DUB 由两个基因家族编码，一个是泛素 C 端水解酶（Ub carboxyl-terminal hydrolase，又称Ⅰ型 UCH），另一个是泛素专一的加工蛋白酶（Ub-specific processing protease，又称Ⅱ型 UCH 或 UBP）。UCH 和 UBP 的主要功能是裂解多泛素链内及其与靶蛋白之间的异肽键，保持细胞内游离泛素的浓度，以便对其进行再利用；同时还具有编辑功能，使错误泛素化的蛋白质去泛素化，以免被 26S 蛋白酶体降解；有时 UDB 还能对不规范的多泛素链进行修剪，使之更好地被 26S 蛋白酶体识别与结合。UBP 还能裂解泛素 Gly76 的羧基与 α-NH_2 间的肽键，用于泛素前体的加工。已有研究表明，有些 DUB 实际上是 26S 蛋白酶体中 19S 调节复合物的组分，如兔网织红细胞 19S 调节复合物中 30 kDa 的 C 端水解酶和果蝇 PA700 中 37 kDa 的异肽酶 p37a；有些 DUB 只短暂地与蛋白酶体结合，如海兔中的 Ap-uch、酵母的 Doa4 和人的 UBPY；另一些 DUB 则以游离方式存在，降解游离的多泛素链或加工泛素前体，如哺乳动物 UCH-L1、UCH-L2、UCH-L3，以及酵母 Yuh1 和异肽酶 T。UCH 参与细胞增殖、发育、基因沉默、长期记忆等重要生理过程，但详细的分子机制仍不清楚。

（五）泛素-蛋白酶体体系的主要功能

泛素-蛋白酶体体系是细胞内生命活动最为基础的调节方式之一。蛋白酶体体系主要具有介导错误折叠蛋白和短寿命蛋白的降解及 I 类 MHC 抗原肽加工等功能，另外还参与细胞内氨基酸代谢库的动态平衡的维持、控制细胞内关键蛋白的浓度以调节代谢或控制发育进程、程序性细胞死亡和贮藏蛋白的动员、寡聚蛋白质的亚基或去辅基蛋白/辅因子累积比率的调控、膜受体和转运体含量的调节、组蛋白泛素化与转录调控等重要的生物学过程。受泛素-蛋白酶体体系调控的生物事件非常广泛，本节主要介绍其在蛋白质量控制（protein quality control）及信号转导中的作用。

1. 参与细胞内蛋白质量控制

1）*细胞内蛋白质量控制，Hsp70/Hsp90-CHIP 途径*　　细胞在正常或者某些刺激条件下，会累积影响细胞正常代谢的错误折叠或者突变的蛋白质，这些蛋白质必须被清除。现已发现细胞内降解这些蛋白质的方式主要有两种：泛素-蛋白酶体体系，以及 p62 介导的巨自噬。前面已经介绍过巨自噬主要负责蛋白聚合体的降解，而对未聚集的损伤蛋白的清除则主要由蛋白酶体体系执行。

细胞中产生错误折叠蛋白的来源主要有三种：新生肽链出现折叠错误、热激及重金属等胁迫引起的蛋白质变性和来自细胞内部的高能量辐射及氧化等破坏性修饰。在蛋白质正确折叠和修复的过程中，分子伴侣蛋白发挥了重要的作用。不仅如此，分子伴侣蛋白还和泛素修饰系统偶联，将无法修复的蛋白质经泛素-蛋白酶体体系进行降解。分子伴侣中很大一部分是热激蛋白，其中对 Hsp70 和 Hsp90 的研究比较深入。Hsp70 和 Hsp90 均具有 ATP 酶的活性和 C 端底物结合结构域（C-terminal substrate-binding domain，CTD），并利用水解 ATP 获取的能量对蛋白质结构进行调整以形成正确的折叠构象，但这两种蛋白质在底物识别和功能上存在差异。Hsp70 主要识别一些短的富含疏水氨基酸和碱性氨基酸的区域，这些区域在正常折叠的蛋白质中通常会隐藏在内部，否则会引进蛋白质的聚集。Hsp70 除了能防止蛋白质聚集外，还能帮助蛋白质折叠。在此过程中，Hsp70 会在 ATP 的控制下和底物发生多次结合与分离，不断调整蛋白质的构象。Hsp70 和底物之间循环式的结合需要其他分子伴侣的辅助，其中 Hsp40 可以刺激 Hsp70 的 ATP 酶的活性，而 Hsp110 则是作为核酸交换因子，帮助 Hsp70 释放掉 ADP 重新和 ATP 结合。和 Hsp70 相比，Hsp90 结合可能和底物的三级结构有关。Hsp90 主要结合并稳定已经部分折叠但还不具有活性的蛋白质。Hsp90 的底物包括许多信号转导中的重要蛋白质，在 Hsp90 抑制剂的作用下，这些蛋白质的降解明显加快。Hsp90 分子伴侣的活性与 Hsp70 相同，也需要其他分子伴侣的辅助使其不断水解 ATP 获取能量。

如果蛋白质的损伤无法实现修复，分子伴侣系统则启动泛素化修饰体系，将这些损伤蛋白质进行泛素化修饰，然后输送至蛋白酶体进行降解。目前还不清楚分子伴侣系统甄别蛋白损伤程度放弃修复进而启动降解途径的分子机制。诱导底物蛋白发生泛素化修饰的决定因素是伴侣分子与泛素连接酶（E3）之间的直接相互结合。与热激同源蛋白 Hsp70 C 端相互作用的蛋白 CHIP （carboxyl-terminus of Hsp70 interacting protein）是介导分子伴侣结合底物发生泛素化最主要的一个 E3。CHIP 含有两个结构域，一个是氨基端的 TPR（tetratricopeptide）结构域，能够与 Hsp70 和 Hsp90 的 C 端相互作用（图 5-9）；另一个是位于羧基端的 U-box 结构域，U-box 结构和指环（Ring-finger）结构相似，具有 E3 活性。CHIP 能在分子伴侣的帮助下使分子伴侣结合的底物发生泛素化，是细胞内蛋白质量控制的泛素连接酶。CHIP 能泛素化修饰 Hsp70 和 Hsp90 结合的各种底物，但具体的方式略有不同。对于 Hsp70 而言，CHIP 可抑制 Hsp40 对 Hsp70 ATP 水解活力的激活，减弱 Hsp70 反复结合底物发挥其分子伴侣的能力。对于 Hsp90 而言，CHIP 可以改变 Hsp90 复合物的构象，使 Hsp90 复合物不能继续与辅助分子 p23 结合，从而影响 Hsp90 的分子伴侣活性。在 CHIP 介导的 Hsp70 底物降解过程中，BAG 家族成员起了进一步的调控作用。其中 BAG-1 含有一个泛素样结构域，可以和 26S 蛋白酶体结合，促进 Hsp70 结合底物的降解。

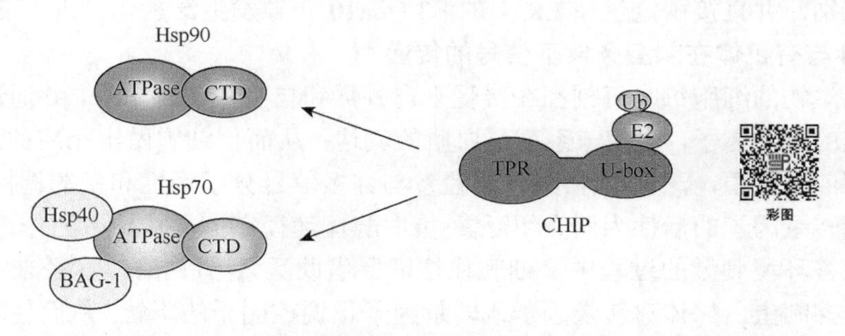

图 5-9　CHIP 蛋白的结构及其与热激蛋白相互作用示意图

CHIP 主要由 TPR 和 U-box 两个结构域组成，通过 TPR 结构域和热激蛋白相互作用，而通过 U-box 实现泛素化连接酶 E3 的功能

2）*内质网内蛋白质量控制——内质网相关蛋白降解（ERAD）*　人类基因组编码的蛋白质中约 30%的蛋白质需要经过内质网的加工处理。内质网提供众多的分子伴侣帮助蛋白质折叠、成熟。进入内质网中的蛋白质大多是分泌蛋白和膜蛋白，这些蛋白质在内质网中进行糖基化修饰、二硫键形成或膜插入。这些步骤会使内质网中的蛋白质更容易发生折叠错误。未折叠和错误折叠的蛋白质则通过内质网相关蛋白降解（ER-associated protein degradation，ERAD）途径进行降解，以保证内质网内蛋白质的质量。ERAD 途径主要包括 ERAD 底物的识别、蛋白质从内质网向细胞质转运及蛋白质在细胞质中发生泛素化修饰和降解等过程。

内质网中蛋白质折叠体系和胞质中类似，也存在 Hsp70/Hsp90 家族成员。内质网中 Hsp70 家族成员称为 BiP（也称 GRP78），也会在不同 Hsp40 及核苷酸交换因子 BAP 等的辅助下结合未折叠或错误折叠的蛋白质。BiP 还参与蛋白质的移位和内质网腔中错误折叠蛋白的降解；内质网中 Hsp90 家族成员糖蛋白 96（glycoprotein 96，gp96）识别的底物较胞质中 Hsp90 要少很多。和胞质中蛋白质折叠体系不同，内质网腔中蛋白质二硫键的形成和糖基化修饰也参与蛋白质的正确折叠，这些因素发生异常也将被 ERAD 系统识别。进入内质网内的蛋白质多数需进行糖基化修饰形成，即 *N*-聚糖（*N*-glycan）。在正常修饰过程中产生的糖基化修饰会被 ER 中跨膜蛋白钙联蛋白（calnexin）和 ER 腔中钙网蛋白（calreticulin）两种凝集素样蛋白识别，以促进蛋白质折叠。如果蛋白质不能正常形成以上修饰，则将在甘露糖苷酶 1（Mns1）的作用下，剪支形成甘露糖 7-*N*-乙酰葡糖胺 2（mannose 7-*N*-acetylglucosamine 2）结构，该结构包含有 α-1, 6 连接甘露糖残基，能被 ERAD 系统中凝集素 Yos9 识别从而进入 ERAD 系统。不需要糖基化修饰的 ER 蛋白则可借助另一个蛋白 Herp 的帮助进入 ERAD 系统。

由于内质网腔中没有泛素化修饰和蛋白酶体降解体系，因此 ERAD 底物经识别后需要从内质网转运到细胞质，然后在细胞质中进行泛素化修饰进而降解。内质网蛋白转运到细胞质的过程称为逆转运（retrotranslocation），由几种跨膜蛋白构成的转位孔道介导完成。Yos9 结合 ERAD 底物后将和锚定在内质网膜上的 HRD E3 连接酶复合物中 Hrd3 亚基结合。HRD 复合物中的另一个亚基 Hrd1 是 6 次跨膜蛋白，在胞质端含一个指环结构的泛素连接酶 E3，当 ERAD 底物的一端一旦在胞质端出现，就会在 Hrd1 作用下发生泛素化修饰。发生修饰的底物将在细胞质中泛素选择性 AAA 类 ATP 酶 Cdc48/p97 的作用下，以 ATP 依赖的方式从内质网完全转运到细胞质中，并在 Cdc48/p97 的帮助下从内质网膜上脱离下来，进入 26S 蛋白酶体被降解。Hrd1 不仅是介导 ER 腔变性可溶性蛋白泛素化的主要泛素连接酶，也是介导跨膜区或 ER 腔端区域异常跨膜蛋白泛素化的 E3。如果跨膜蛋白只是在胞质端发生异常，则主要由胞质中的分子伴侣系统识别，并直接由定位在 ER 上的 E3 Doa10 介导发生泛素化，进入 ERAD。

2. 参与有机体在刺激条件下信号的传递

真核生物的细胞每时每刻都在接受来自外界和自身的各种信号，并通过细胞信号转导途径激活相应的转录因子，促使一系列蛋白质的表达，从而使细胞做出相应的反应。在细胞的信号转导和灭活过程中，泛素-蛋白酶体途径参与许多信号分子活性和量的调控。以泛素-蛋白酶体途径调节转录因子的活性为例介绍泛素-蛋白酶体途径在信号转导中的作用。

在应答环境刺激的过程中，细胞往往需要借助泛素-蛋白酶体途径来活化转录因子。常见的机制是抑制蛋白酶体对转录因子或转录因子正调控因子的降解，从而使转录因子或转录因子正调控因子快速积累进而激活转录。另一种较普遍的机制是通过泛素-蛋白酶体途径降解转录因子的抑制因子，使转录因子得以活化。

抑癌因子 p53 是多种胁迫刺激信号通路交汇的一个转录因子。p53 在正常未受刺激的细胞中会在泛素连接酶 E3 Mdm2 的作用下发生泛素化修饰和降解，因此非常不稳定且含量极低。在 DNA 损伤刺激下，p53 和 Mdm2 均会在激酶 ATM（毛细血管扩张性共济失调症突变蛋白）和 Chk2（检查点激酶 2）的作用下发生磷酸化修饰，使 Mdm2 失去了和 p53 的结合能力，从而不能再泛素化 p53，导致 p53 蛋白含量迅速升高，转录激活其调控的下游靶基因，如细胞周期负调控因子 p21、促凋亡因子 Bax 和 Puma 等。在这些靶蛋白的作用下，细胞将停止生长或发生凋亡，以保证基因组的稳定性。应答低氧刺激的转录因子 HIF1α，在氧气含量正常条件下会发生羟基化修饰，从而被泛素连接酶 E3 VHL 识别进而被泛素化和降解。在低氧环境下，HIF1α 发生羟基化修饰的水平急剧下降，而无法被 VHL 识别，导致稳定性提高，进而转录上调 VEGF（血管内皮细胞生长因子）等靶蛋白。类似的机制也在其他通路中被发现，像 Wnt-β-catenin（连环蛋白）通路中，在无 Wnt 信号的情况下，细胞质中的 β-catenin 和许多蛋白质，如 APC、Axin、酪蛋白激酶（casein kinase，CK）1a 和 1e、糖原合成激酶-3β（GSK-3β）一起形成多蛋白复合物。GSK-3β 和 CK1 会对 β-catenin 进行磷酸化修饰。这种磷酸化修饰将启动泛素化依赖的蛋白质降解过程，将 β-catenin 降解。当糖蛋白 Wnt 与受体 Frizzled 和 LRP5/6 结合后，GSK-3β 的活性受到抑制，细胞质内的 β-catenin 稳定积累，并进入核内，通过 TCF4 家族转录因子介导开启下游基因的转录。

通过泛素-蛋白酶体途径降解转录因子的抑制因子，使转录因子得以活化的机制在 NF-κB 的活化中得到了充分展示。NF-κB 是多效性转录因子，尤其在各种免疫反应中起重要的作用。在未受到肿瘤坏死因子（TNF）等刺激的情况下，NF-κB 和其抑制蛋白 IκB 形成复合物，被隔离在细胞质中。TNF 和受体结合后，通过一些信号转导事件，活化 IκB 激酶（IKK）使 IκB 发生磷酸化修饰，进而被识别磷酸化修饰的泛素化修饰系统识别，启动泛素化依赖的蛋白质降解过程。IκB 降解后，NF-κB 进入细胞核激活靶基因的转录。

三、其他蛋白质降解体系

（一）线粒体蛋白酶体体系

线粒体中没有蛋白酶体的存在。线粒体中氧化损伤、发生突变而失去原有功能及其他需要清除的蛋白质主要通过两条途径进行降解：一是溶酶体的自我吞噬（占 25%～30%）；二是通过线粒体内的蛋白酶降解途径，其为主要的降解途径。哺乳动物线粒体主要含有 Lon、ClpXP 和 AAA 蛋白酶等三种 ATP 依赖的蛋白酶，对于维护细胞的内环境稳定、参与线粒体蛋白质量控制和代谢调控起着重要作用。

Lon 蛋白酶含有三个功能结构域，即 N 端结构域、ATP 酶结构域（也叫 AAA＋模块）和 P 结构域。N 端结构域参与底物的识别和结合；ATP 酶结构域包含两个基序，即 α/β 结构域和 α 区域，分别参与 ATP 结合和水解；P 结构域含有 Ser 和 Lys 活性位点（在人 Lon 蛋白酶中分别位于第 855 和 896 位），具有蛋白水解活性。Lon 作为丝氨酸蛋白酶对疏水氨基酸（如 Met、Tyr、Trp）羧基形成的肽键进行水解。Lon 蛋白酶通过介导异常或损伤的蛋白质和短寿命调控蛋白的降解来维持细胞的体内平衡。

AAA 蛋白酶也含有三个功能域，即将蛋白酶锚定在线粒体膜上的 N 端跨膜区域、中间的 ATPase 区域和 C 端的 M41 金属肽酶区域。AAA 蛋白酶包括 m-AAA 蛋白酶和 i-AAA 蛋白酶。i-AAA 蛋白酶含有一个跨膜区域，活性部位暴露在线粒体内外膜之间；m-AAA 蛋白酶含有两次跨膜区域使催化位点暴露在线粒体基质中。两种蛋白酶都在线粒体膜上形成同源或者异源多聚体复合物，介导非组装的、未完全组装的或者损伤的膜锚定蛋白的选择性降解。

（二）钙依赖蛋白酶体体系

钙依赖蛋白酶（calpain）是依赖钙离子的半胱氨酸蛋白酶，其活性受胞内钙离子浓度的影响。根据酶激活所需的钙离子浓度将钙依赖蛋白酶家族分为两个亚族，即 μ-钙依赖蛋白酶（微摩尔级）和 m-钙依赖蛋白酶（毫摩尔级）。钙依赖蛋白酶由 80 kDa 催化亚基（大亚基）和 30 kDa 调节亚基（小亚基）组成。催化亚基包含Ⅰ～Ⅳ四个结构域，调节亚基由Ⅴ、Ⅵ结构域构成，具有调节和膜结合位点。结构域Ⅰ为 N 端的一个 α-螺旋结构，能够与小亚基上的结构域Ⅵ相互作用，对钙依赖蛋白酶的稳定起重要作用；结构域Ⅱ为蛋白水解酶活性部位，活性位点包含 Cys、His 和 Asn 催化三联体；结构域Ⅲ包含由 8 个 β-折叠排列组成的 β 三明治组态，与 C2 结构类似（C2 最早在蛋白激酶 C 中发现，是由约 130 个氨基酸残基组成的 Ca^{2+}依赖型磷酸化结构），表明结构域Ⅲ有着与 C2 类似的 Ca^{2+}依赖型磷酸化调节机制；结构域Ⅳ和Ⅵ分别位于大、小亚基上，各含有 5 个 Ca^{2+}结合的 EF 手形结构域，各自的第 5 个 EF 手形结构域相互作用，结合形成异源二聚体（图 5-10）；结构域Ⅴ位于小亚基上，富含 Gly，呈现非常灵活的结构特征。钙依赖蛋白酶在胞质内以非活化形式存在，随着胞内 Ca^{2+}浓度升高，钙依赖蛋白酶会转位到内质网膜上，进而通过自催化水解而激活。

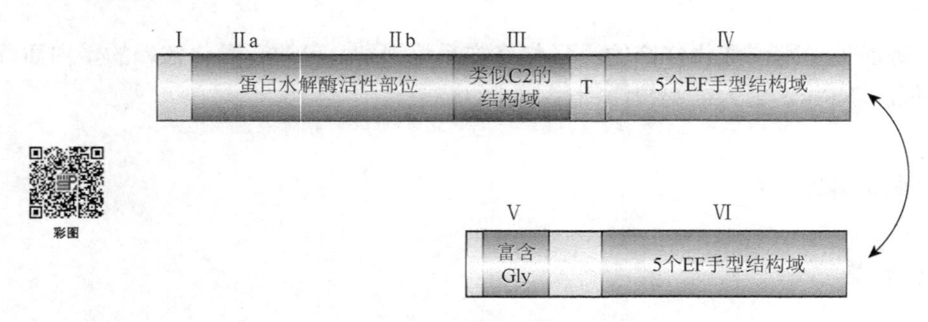

图 5-10 经典的钙依赖蛋白酶结构示意图

目前很多钙依赖蛋白酶底物已经被证实，其中包括细胞骨架蛋白、各种转录因子、跨膜受体、黏附分子、离子转运子、激酶、磷酸酯酶和磷脂酶等。近期研究表明，钙依赖蛋白酶介导质膜上的钠/钙交换载体的切割，可导致胞内钙过载和相应的细胞坏死。钙依赖蛋白酶所调节的裸蛋白（talin）的水解，对黏附斑解体至关重要。其可抑制对 talin 的水解作用，可降低黏附斑解体的比率。钙依赖蛋白酶对其他骨架蛋白如桩蛋白（paxillin）、黏着斑蛋白（vinculin）等的水解，也依赖对 talin 的裂解。

第三节 蛋白质降解相关的信号通路——caspase 和细胞凋亡

细胞凋亡（apoptosis）是细胞在受到生理和病理性刺激后出现的一种自发的死亡过程，是由基因控制的细胞自主的有序死亡。细胞凋亡是主动过程，它涉及一系列基因的激活、表达和调控等作用，因此细胞凋亡又称程序性细胞死亡（programmed cell death，PCD）。细胞凋亡在多细胞生物的组织分化、器官发育及维持内环境稳定中具有重要意义。凋亡是一个主动的、依赖信号转导的细胞自杀现象，除发育等生理性信号外，病毒感染、放射线照射、毒物和药物、缺血和缺氧等因素均可诱导细胞凋亡。参与细胞凋亡的引发、进行和调控的主要功能分子包括肿瘤坏死因子受体（tumor necrosis factor receptor，TNFR）超家族、接应蛋白（adoptor）、胱天蛋白酶（caspase）和凋亡调控蛋白 Bcl-2（B cell lymphoma-2）家族等 4 类。凋亡信号与死亡受体结合，经接应蛋白激活胱天蛋白酶，引发酶促级联效应，最终导致细胞解体。凋亡抑制因子 Bcl-2 家族中的抗凋亡（anti-apoptotic）成员或阻断死亡信号的传递，或抑制 caspase 的活化；促凋亡（proapototic）成员则通过竞争抑制抗凋亡成员的功能或加速线粒体破坏等促进细胞凋亡。本节重点讨论执行毁灭细胞功能的胱天蛋白酶（caspase）。

一、caspase 家族的结构与分类

caspase 家族属于半胱氨酸蛋白酶，具有以下特征：在 Asp 残基羧基端的肽键位置进行切割，因此命名为 caspase（cysteine aspartate-specific protease）；酶活性依赖于 Cys 残基的亲核性；通常以酶原的形式存在，成熟酶是由两个大亚基和两个小亚基组成的异源四聚体。大、小亚基由同一基因编码，酶原包含 N 端结构域、一个大亚基片段（约 20 kDa）和 C 端的一个小亚基（约 10 kDa）结构。活化时，首先切下 C 端的小亚基，再从大亚基片段前切除 N 端结构域，两个大亚基和两个小亚基组成异源四聚体。一旦信号转导途径被激活，caspase 被活化，随后发

生凋亡蛋白酶的级联反应。细胞内的酶被激活，可降解细胞内的重要蛋白质，最终导致细胞不可逆地走向凋亡。

研究细胞凋亡常用的动物模型是秀丽隐杆线虫（*Caenorhabditis elegans*）。发现在凋亡过程与凋亡相关的基因中最重要的是 *CED-3*、*CED-4* 和 *CED-9* 三个基因：CED-3 是一种 caspase，CED-4 是凋亡蛋白酶活化因子（Apaf-1）同系物，CED-9 则是 Bcl-2 家族成员的同系物。正常情况下三者结合在一起，使 CED-3 处于钝化状态。当细胞受到凋亡信号刺激后，CED-9 解离，使 CED-3 活化，诱导细胞凋亡。后来在其他生物中发现了多种 CED-3 的同系物，由于这个家族成员均属于 Cys 蛋白酶，特异地识别四肽模体并切断 Asp 之后的肽键，因而命名为天冬氨酸特异的半胱氨酸蛋白酶（cysteine aspartate-specific protease），简称胱天蛋白酶（caspase）。目前已发现 14 种哺乳动物的 CED-3 同源蛋白酶，依次命名为 caspase-1～caspase-14（图 5-11），其中 caspase-11 和 caspase-12 尚未发现人类同系物（表 5-4）。已发现的 caspase 家族成员不但具有氨基酸序列同源性，而且空间结构也很相似。

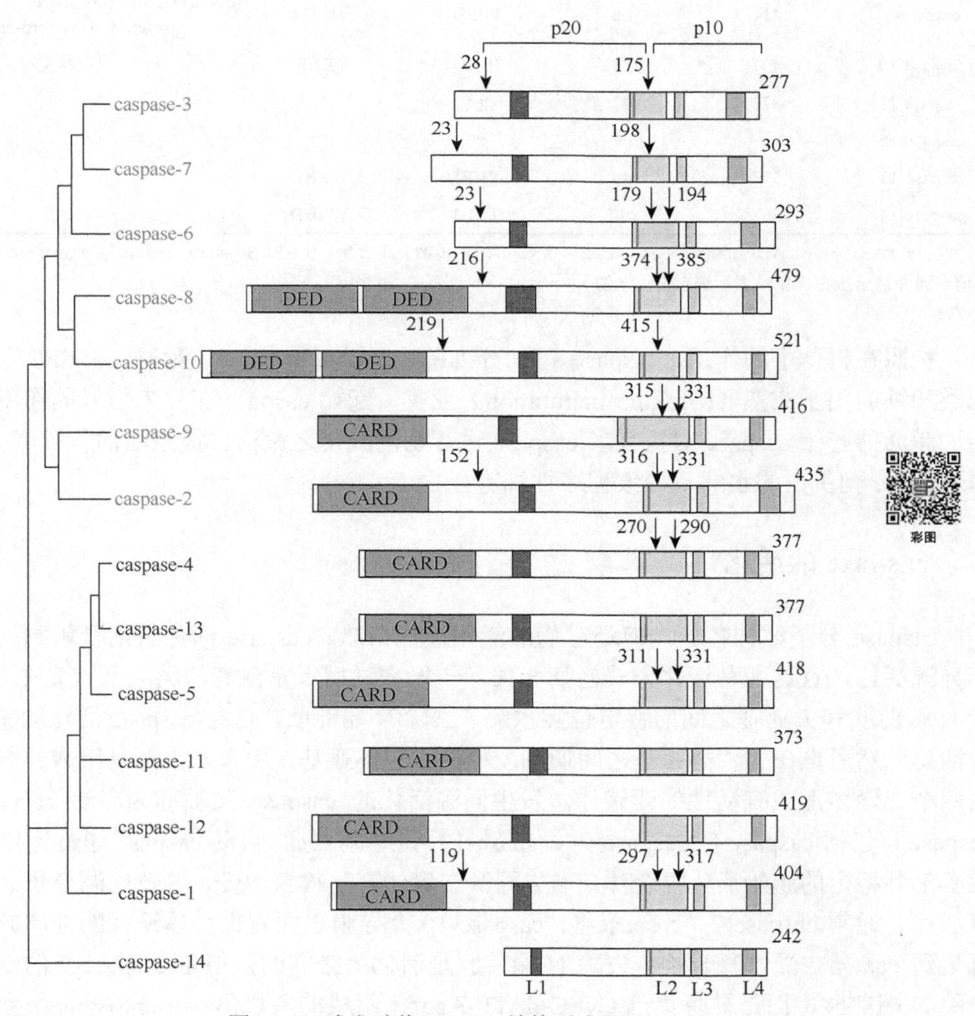

图 5-11 哺乳动物 caspase 结构示意图

图中箭头所示为序列识别位点；数字代表氨基酸位点；DED. 死亡效应结构域；CARD. caspase 募集结构域

表 5-4 caspase 蛋白酶家族

caspase	前体多肽链		酶原裂解位点	识别序列	底物
	氨基酸残基数	分子质量/kDa			
CED-3	530	62	DSVD	DETD	
caspase-1	404	45	WFKD	WEHD	pro-IL-1β，pro-caspase-3，pro-caspase-4
caspase-2	435	48	DQQD	DEHD	PARP[a]
caspase-3	277	32	IETD	DEVD	PARP，DNA-PK，SREBP[b]，rho-GDI
caspase-4	377	43	WVRD	（W/L）EHD	pro-caspase-1
caspase-5	418	47.7	WVRD	（W/L）EHD	
caspase-6	—	34	TEYD	VEHD	
caspase-7	304	35	IQAD	DEVD	核纤层蛋白 A
caspase-8	479	55	VETD	LETD	PARP，pro-caspase-6
caspase-9	414	46	PEPD	LETD	pro-caspase-3，pro-caspase-4，pro-caspase-7，pro-caspase-9，pro-caspase-10
caspase-10	497	55	IEAD	LEND	PARP
caspase-11	373	42	**	**	
caspase-12	—	—	**	**	
caspase-13	377	43	WVRD	WEHD	
caspase-14	257	29.5	TYID	WEHD	

注：a. PARP. poly（ADP-ribose）polymerase，多聚（ADP-核糖）聚合酶；b. SREBP. sterol response element binding protein，胆固醇调节元件结合蛋白；星号表示识别位点未知

按照在机体中的作用，caspase 可划分为凋亡启动（initiator）亚类、凋亡效应（effector）亚类和细胞因子成熟（cytokine maturation）亚类。起始 caspase 在外来信号的作用下被切割激活，激活的起始 caspase 对执行者 caspase 进行切割并使之激活，被激活的执行者 caspase 通过对 caspase 靶蛋白的水解，导致程序性细胞死亡。

二、caspase 的活化

caspase 分子结构各异，但是它们的活化过程相似。caspase 活化有两种机制，即同源活化和异源活化，且这两种活化方式密切相关，一般来说后者是前者的结果。首先在 caspase 前体的 N 端前肽和大亚基之间的特定位点水解，去除 N 端前肽，这是 caspase 活化的第一步，即同源活化。然后再在大、小亚基之间切割，释放大、小亚基，由大、小亚基组成异源二聚体，再由两个二聚体形成有活性的四聚体。发生同源活化的 caspase 又被称为启动 caspase（initiator caspase），包括 caspase-8、caspase-9、caspase-10。诱导凋亡后，启动 caspase 通过连接物（adaptor）被募集到特定的起始活化复合体，形成同源二聚体产生构象改变，导致同源分子之间酶切而自身活化。通常 caspase-2、caspase-8、caspase-10 介导膜表面死亡受体途径的细胞凋亡，分别被募集到 Fas 死亡受体复合物。去除 N 端前肽是活化所必需的，但是 caspase-9 的活化却不需要去除 N 端前肽，而是被募集到 Cyt C-dATP-Apaf-1 组成的凋亡体（apoptosome）参与线粒体途径的细胞凋亡。

同源活化是细胞凋亡过程中最早发生的 caspase 水解活化事件，启动 caspase 活化后，即开

启细胞内的死亡程序。再通过 caspase 活化的另一种机制——异源活化，将凋亡信号放大，同时将死亡信号向下传递。异源活化（hetero-activation）即由一种 caspase 活化另一种 caspase，是凋亡蛋白酶的酶原被活化的经典途径，通过异源活化方式水解下游 caspase，将凋亡信号放大并同时向下传递。被异源活化的 caspase 又被称为执行 caspase（executioner caspase），包括 caspase-3、caspase-6、caspase-7。执行 caspase 不同于启动 caspase，不能被募集到或结合起始活化复合体，它们必须依赖启动 caspase 才能活化。

caspase 可激活称为 CAD（caspase-activated deoxyribonulease）的核酸酶。CAD 能在核小体的连接区将其切断，形成约为 200 bp 整数倍的核酸片段。在正常情况下，CAD 存在于细胞质中，并与抑制因子 ICAD/DFF-45 结合处于无活性状态，不能进入细胞核，故不出现 DNA 断裂。caspase 活化后可以降解 ICAD/DFF-45，CAD 即可被激活。CAD 释放并进入细胞核，降解 DNA 引起 DNA 片段化（fragmentation）。因为 CAD 是通过 caspase 裂解其抑制物而被激活的，故又被称为 caspase 激活的脱氧核糖核酸酶，其抑制物被称为 ICAD。

三、caspase 诱发细胞凋亡的机制

诱导细胞凋亡的因素经由不同的信号途径传递和放大，最后都集中于 caspase，在 30～60 min 内，活化的 caspase 运用不同手段有效地选择性破坏维持细胞基本结构和功能的蛋白质，最终将细胞杀死。

1. 灭活细胞抗凋亡蛋白

活化的 caspase-3 可以把 ICAD 降解，释放有活性的 CAD，进入细胞核之后在核小体之间裂解染色体 DNA，使之片段化。凋亡抑制因子 Bcl-2 家族的一些抗凋亡成员也被活化的 caspase 降解而丧失抗凋亡作用，有些片段甚至具有促凋亡作用。

2. 破坏细胞结构

活化的 caspase-6 可通过剪切直接拆毁细胞结构，如特异地切割核纤层蛋白（lamin），将核纤层蛋白首尾聚合形成的支持核膜和使染色质组织化的刚性结构核板破坏，促使染色质固缩。胶溶蛋白（gelsolin）是一种专一的细胞骨架调节蛋白，具有依赖 Ca^{2+}的分割细胞骨架肌动蛋白聚合物的作用，通过调节细胞内肌动蛋白的排列，影响细胞的形态和运动。活化的 caspase-3 可将胶溶蛋白裂解成 39 kDa 的 N 端片段和 41 kDa 的 C 端片段，前者以不依赖 Ca^{2+}的方式迅速使肌动蛋白聚合物解聚，导致细胞骨架崩塌，并进一步激活下游 caspase，引起核裂解和细胞死亡。实际上细胞骨架通过黏着斑把胞外基质与细胞内信号途径联系起来，使维系细胞存活的信号不断传递。细胞骨架的这种功能涉及的蛋白质除肌动蛋白外，还有 α-胞影蛋白（α-fodrin）、桩蛋白（paxillin）、细胞角蛋白-18（cytokeratin-18）、FAK（focal adhesion kinase）、PAK 2（p21-activated kinase-2）等也是 caspase 的攻击目标。FAK 被 caspase-3、caspase-6 和颗粒酶 B（granzyme B）剪切后，就会通过影响细胞黏附及其他功能而诱导凋亡。PAK2 被 caspase-3 和 caspase-8 剪切与凋亡小体（apoptotic bodies）的形成有关。

3. 破坏细胞损伤监测网络和修复机制

细胞中存在着精巧的监测网络，以便及时探测 DNA 的损伤，并在 DNA 修复期间推迟细胞周期的进程。监测基因组状态和调节细胞周期进程的两种重要的蛋白质 p53 和 pRb 在凋亡期间被 caspase-3 和其他效应 caspase 裂解。被 caspase 破坏的有关蛋白质还有 PARP、DNA-PK、DNA 复制蛋白 RF-C140、DNA 结合蛋白 MCM3、DNA 拓扑异构酶Ⅱ和 U1-70K

等。其中 PARP[poly（ADP-ribose）polymerase]涉及 DNA 损伤修复和基因完整性的监护，其 DNA 结合域可特异地识别多种因素造成的 DNA 断点，并启动以 NAD^+ 为底物的基因修复。caspase-3 可在 PARP Asp216-Gly217 之间将其剪切成 31 kDa 和 85 kDa 的两个片段，使 PARP 分子中 DNA 结合域与 N 端的催化域分离，不能行使正常功能，结果使受 PARP 负调控的 Ca^{2+}/Mg^{2+}依赖性核酸内切酶的活性增高，裂解核小体之间的 DNA。

4. 激活启动细胞死亡的蛋白激酶

已知在细胞凋亡期间至少有 13 种蛋白激酶被 caspase-3 和其他效应 caspase 裂解，如 MEKK1、PAK2、Mst1/Krs、PKCδ、PKCθ、PKCβ1 和 PRK2 等。它们的裂解产物包括具有组成型活性的催化片段，这些失控的激酶活性通过活化促凋亡基因的转录而启动细胞凋亡。caspase 还可通过裂解 CDC27 钝化细胞周期体（cyclosome），裂解抑制 p21Cip1/Waf1 和 p27Kipl 及一种蛋白质酪氨酸激酶 WEE1，结果导致依赖细胞周期的蛋白激酶 CDK 的活性异常增高，从而启动细胞凋亡。

第四节　蛋白质降解的生物学意义

伴随着生物体生长发育和对环境条件适应的需求，细胞内重要组分——蛋白质的更新，对于维持细胞代谢活动的正常进行及应激情况下机体的反应具有重要的意义，可以概括为以下几个方面。

1. 维持细胞内氨基酸代谢库的动态平衡

蛋白质降解可以维持细胞正常的生长发育状态，保证氨基酸代谢库的动态平衡，维持基本的物质代谢和转化的需求，同时有效实现氨基酸等基本物质的回收再利用。以正常成年男子（体重 70 kg）为例，体内的氨基酸代谢库需要保持在 600～700 g，每日从食物中吸收 70～100 g，从组织蛋白降解中回收 300～500 g，新合成 30～40 g，合成组织蛋白需消耗 300～500 g，分解代谢消耗 120～130 g，还有少量用于合成其他含氮物质。

2. 参与程序性细胞死亡和贮藏蛋白的动员

生长发育伴随有细胞死亡，无论是非程序性细胞死亡还是程序性细胞死亡，都是由内外信号启动的极其复杂的过程，在此过程中，均有蛋白质降解的参与（如 caspase 依赖的和 caspase 非依赖的程序性细胞死亡）。在此期间，细胞内蛋白质经专一的水解发挥调控的重要功能。蛋白质水解生成的氨基酸，可被转运至其他组织用于生长或贮藏。例如，植物叶片和花衰老时 70%以上的蛋白质被水解回收。木质部和厚壁组织的分化、花粉开裂前绒垫层的分解，以及种皮、周皮的成熟，都涉及部分细胞的程序性死亡。此外，种子萌发时贮藏蛋白的动员等过程，均涉及蛋白质降解途径。

3. 按化学计量调控脱辅因子蛋白和寡聚蛋白质亚基的累积

生物体可以通过蛋白质降解途径，调控寡聚蛋白质亚基的比例及调控脱因子蛋白的累积。例如，在 Rubisco 组装中，过剩的小亚基被迅速降解（半衰期 $t_{1/2} = 2～10$ min）。在缺叶绿素和 Cu^{2+}时，叶绿素 a/b 结合蛋白和质蓝素也迅速被降解。

4. 蛋白质前体分子的裂解加工

许多蛋白质以前体分子形式合成，必须经过蛋白酶的水解切去多余的残基或肽段才能转化为成熟蛋白或酶，如酶原激活、凝血酶原和纤维蛋白原的激活、信号肽的切除、抗原呈递和转录因子 NF-κB 的激活等。

5. 清除反常蛋白质以防止累积到对细胞有害的水平

基因突变、生物合成错误、变性、自由基损伤、病理状态等均可能导致机体产生反常蛋白质，其中有些可在分子伴侣的帮助下再折叠成天然构象，其余的必须经蛋白质降解途径进行清除。例如，高光强加速光合复合体 PSⅡ D1 蛋白的光氧化，随之被选择地降解，再用新合成的 D1 补充才能恢复光合电子传递。又如，血红蛋白作为半衰期最长的蛋白质之一，其半衰期约为 120 天。在红细胞存活期间（约 110 天），血红蛋白基本保持稳定。但当掺入 Val 类似物氨基氯甲酸的珠蛋白，半衰期只有 10～12 min，比正常 Hb 的降解快 1000 多倍。同样，高铁血红蛋白或 β 地中海贫血患者产生的过多的 α 亚基，都会被细胞内蛋白质降解系统识别和清除。

6. 控制细胞内关键蛋白质的浓度，调节代谢或控制发育进程

细胞内关键蛋白质的质量调控是生物体调节代谢和发育的基础手段，蛋白质降解在其中发挥着重要的作用，如植物利用硝态氮的第一个酶硝酸还原酶、催化乙烯合成的限速酶 ACC 合酶、叶绿素合成中的关键酶 NADPH:原叶绿素酸酯氧化还原酶、精胺合成中的限速酶鸟氨酸脱羧酶、萜类合成中的限速酶 HMG-CoA 还原酶等。许多转录调控蛋白、原癌基因产物和抑癌基因产物及信号转导系统的组分都是短寿命蛋白，它们在发挥功能之后随即被降解途径迅速清除。又如细胞周期的运转，实质上是一系列调节蛋白在特定时间表达、活化并发挥功能、降解的过程，驱使细胞周期沿时相有序运转。细胞通过修饰一些蛋白质（磷酸化/去磷酸化）、合成新蛋白（如 cyclin）、水解冗余蛋白（如按细胞周期降解冗余的 cyclin）等实现对细胞周期运转的控制。

7. 参与细胞防御机制

例如，补体是存在于脊椎动物血液中的一组具有酶活性或经活化后具有酶活性的不稳定的球蛋白，至少包括 11 种组分，其中许多具有蛋白酶活性。抗体-抗原结合后发生构象改变，即可与补体组分结合，触发补体激活的级联反应，形成攻膜复合物将细胞抗原溶解，同时还可吸引吞噬细胞将病原体吞噬，然后在溶酶体内将其降解。血液中的凝血系统至少包括 7 种蛋白酶原，在凝血信号的刺激下依次激活，将纤维蛋白原裂解成纤维蛋白，形成稳定的交联纤维蛋白。

8. 蛋白质降解机制研究用于生物技术

对于生物体内蛋白质降解系统的基础研究，使人们可以在生物技术领域有效地改造生物以满足蛋白质重组表达和生产的需求。例如，用于蛋白质表达的大肠杆菌菌株 BL21（DE3）中 Lon 蛋白酶和外膜蛋白酶 OmpT 的缺乏，可有效降低细胞中表达的异源蛋白的降解。

主要参考文献

王丰，施一公. 2014. 26S 蛋白酶体的结构生物学研究进展. 中国科学：生命科学，44（10）：965-974

余婷，关洪鑫，欧阳松应. 2021. 蛋白酶体调节颗粒的结构生物学特征及其功能.中国生物化学与分子生物学报，37（3）：270-288

Hayashi T.，Horiuchi A.，Sano K. et al. 2010. Mice-lacking LMP2，immuno-proteasome subunit，as an animal model of spontaneous uterine leiomyosarcoma. Protein Cell，1（8）：711-717

Leznicki P.，Kulathu Y. 2017. Mechanisms of regulation and diversification of deubiquitylating enzyme function. J. Cell Sci.，130（12）：1997-2006

Mandal R.，Barrón J. C.，Kostova I.，et al. 2020. Caspase-8：The double-edged sword. Biochim. Biophys. Acta. Rev. Cancer，1873（2）：188357

Shi Y. 2002. Mechanisms of caspase activation and inhibition during apoptosis. Mol. Cell，9（3）：459-470

Stone S. L.， Callis J. 2007. Ubiquitin ligases mediate growth and development by promoting protein death. Curr. Opin. Plant Biol.，10（6）：624-632

Yang Q.， Zhao J. Y.， Chen D.， et al. 2021. E_3 ubiquitin ligases：Styles， structures and functions. Molecular Biomedicine，2（1）：23

Yin J.，Zhu J. M.，Shen X.Z. 2015. The role and therapeutic implications of RING-finger E3 ubiquitin ligases in hepatocellular carcinoma. Int. J. Cancer，136（2）：249-257

（陈　鹏）

第六章

蛋白质的翻译后修饰

第一节 蛋白质的共价修饰

新生多肽链离开核糖体时很少是有功能的，多数都必须经过翻译后修饰才会转变为成熟的蛋白质。例如，原核细胞和真核细胞的蛋白质合成分别以甲酰甲硫氨酸（fMet）和甲硫氨酸（Met）起始，而成熟蛋白质的 N 端没有 fMet，很少为 Met，因为在肽链合成尚未完成时，N 端已被去甲酰基酶和氨肽酶修饰过。分泌蛋白和膜蛋白及线粒体和叶绿体蛋白均以前体形式合成，N 端的信号序列在分拣运输中已被切除。许多蛋白质要经过甲基化、羟基化、糖基化、泛肽化、羧基化、磷酸化、乙酰化、脂酰化和异戊烯基化等不同的共价修饰。本章将重点介绍蛋白质的可逆磷酸化作用，蛋白质的糖基化和泛肽化已分别由第四章和第五章论述，其余重要修饰方式简介如下。

一、蛋白质前体加工的部分水解

前面的章节已经提到酶原的激活、前体在分拣运输中发生裂解切去 N 端的信号序列，以及抗原呈递中的部分水解。实际上动物细胞内还有多种加工性蛋白酶，如弗林蛋白酶（furin）和前激素转换酶 PC1～PC3，能识别前体分子中的双碱性序列-RR-、-KR、-KK-等，从其羧基一侧切断肽链。furin 负责细胞中组成型表达的蛋白质前体加工，PC1～PC3 负责受调控的激素前体的切割加工。胰岛素在 β 细胞中以前胰岛素原的形式合成，进入 ER-高尔基体系统中先切除 N 端的信号肽，重排二硫键，形成正确折叠的胰岛素原。在分泌小泡中由 PC2 和 PC3 切去中间的 C 肽，产生的 A 链与 B 链由两个二硫键相连，再切去 B 链 C 端的两个精氨酸，成为成熟的胰岛素。研究表明，C 肽含有指导胰岛素原正确折叠的信息，而 PC2 和 PC3 的加工很可能与调控胰岛素分泌有关。又如，脑垂体细胞合成的前阿片促黑皮质素（POMC）由 265 个氨基酸组成，在垂体前叶中被加工成 β-促脂解素（β-LPH）和促肾上腺皮质激素（ACTH）；在垂体中间叶则被加工成 α-促黑素（α-MSH）、γ-LPH、β 内啡肽和中间叶促皮质样肽（CLIP）。通过组织专一的加工，一个基因编码的前体在不同组织中按严格的比例产生多种不同的生理活性产物，具有重要的生理意义。

此外，已发现某些蛋白质前体具有自我催化功能，可剪去内部不需要序列［内含肽（intein）］，再将外部的肽段［外显肽（extein）］连接成为成熟的蛋白质。迄今已在古细菌、真细菌和单细胞真核生物中鉴定出 100 多种推定的内含肽，其长度为 134～600 个氨基酸。与内含肽连接的 N 外显肽和 C 外显肽并未展示出有意义的序列相似性，表明它们不包含介导其前体自我剪接的催化元件。而内含肽约 150 个残基的剪接元件却展示出明显的序列相似性。这类自我催化的蛋白质剪接涉及 4 个依次发生的亲核攻击反应系列：①内含肽 N 残基（Ser、Thr 或 Cys）攻击其前方的羰基，产生一个线性（硫）酯中间物；②C 外显肽的 N 残基（Ser、Thr 或 Cys）上的-DH 或-SH 攻击上面的（硫）酯键，经转酯反应生成一种分支中间物，把 N 外显肽转移给 C 外显肽；③内含肽 C 端残基（Asn 或 Gln）环化，使之与 C 外显肽连接的酰胺键断裂；④连接外显肽的酯键重排，形成较为稳定的肽键。内含肽还伴有部位专一的内切核酸酶活性，其真正的生物学意义有待阐明。

二、氨基酸残基的修饰

掺入多肽链的氨基酸只有 20 种，而天然蛋白质中的氨基酸种类远比 20 种多，这些氨基酸几乎都是在翻译后经共价修饰产生的。修饰氨基酸虽然只占极小比例，却是这些蛋白质发挥功能必不可少的。

1. 乙酰化

据估计，人体内 50%左右的蛋白质末端氨基被乙酰化，以延长其在细胞内的半寿期。其中组蛋白的乙酰化状态在转录调控、染色质复制与组装中起着重要作用，甚至还与细胞的分化和癌变有关。核心组蛋白$(H2A、H2B、H3、H4)_2$的 N 端富含 Lys 残基，由组蛋白乙酰基转移酶（HAT）催化其乙酰化，使正电荷减少而产生构象改变，外侧结合的 DNA 松解，才能与调控蛋白结合。TATA box 结合蛋白（TBP）的某些亚基也有 HAT 活性，可催化 H3 和 H4 的乙酰化。环腺苷酸反应元件结合蛋白（CREB）介导的基因转录中，CREB 先与 CRE 结合，然后通过 CREB 结合蛋白（CBP）与其他蛋白因子组装转录起始复合物，这种 CBP 就有 HAT 活性。组蛋白脱乙酰基酶催化去除乙酰基，与 HAT 共同调节组蛋白的乙酰化状态。

2. 甲基化

哺乳动物用以编码甲基转移酶的基因超过其基因组的 1%，这些酶的底物包括核酸、某些蛋白质和许多小分子，其中组蛋白中赖氨酸残基 ε-氨基和精氨酸胍基的甲基化尤其引人关注。

3. 酰胺化

有些蛋白质羧基端的甘氨酸被酰胺化，以免被羧肽酶降解。反应分为两步：先是甘氨酸羟基化，然后脱去一分子乙醛酸并产生新的酰胺化羧基端。有些蛋白质 N 端谷氨酸残基的氨基可与其 γ-羧基脱水形成焦谷氨酸，以消除 N 端氨基。

4. γ-羧基化

在凝血酶原及凝血因子Ⅶ、Ⅸ、Ⅹ中均发现谷氨酸残基 γ-羧基化。反应由依赖维生素 K 的羧化酶催化，形成的产物 γ-碳上有两个羧基，能与 Ca^{2+}螯合，在凝血中起重要作用。

5. 脯氨酰和赖氨酰的羟基化

胶原是脊椎动物体内最丰富的蛋白质。胶原新生肽链在内质网腔内首先在脯氨酰-4-羟化酶（识别-Gly-X-Pro-）和赖氨酰羟化酶（识别-Gly-X-Lys-）的催化下，生成 4-羟脯氨酰和 δ-羟赖氨酰，再由脯氨酰-3-羟化酶（识别-Gly-Pro-Hyp-）把中间的脯氨酰-3-羟基化，然后 Hyl 再糖基化，才能形成三股螺旋前胶原。分泌到胞外后，切去 N 端和 C 端肽段，变为成熟的原胶原。原胶原自发聚合形成胶原微纤维。羟赖氨酰氧化酶催化 Hyl 形成醛赖氨酰，两个醛赖氨酰缩合成醇醛，进一步与 His 和 Hyl 残基反应形成链间共价交联，成为稳定和强度高的胶原蛋白。

缺氧诱导因子（HIF）由不稳定的 α 亚基和稳定的 β 亚基组成。在富氧条件下，HIFα 亚基中保守的富氧酸残基被人脯氨酰羟化酶（EGLN）家族蛋白质羟基化酶羟基化，使之成为泛素连接酶［如 pVHL（一种肿瘤抑制因子抗体蛋白）］的结合与作用部位，随即被泛素化，并经以泛素-26S 蛋白酶体途径降解，这是因为在氧浓度较高的情况下，HIFα 亚基中保守的天冬酰氨基被抑制因子 FIN（一种肿瘤抑制因子蛋白）羟基化，影响辅活化蛋白 p300 和 CBP 的招募。而在缺氧条件下，HIF 则具有转录因子活性，与 p300 和 CBP 结合后，活化基因的表达。这是蛋白质羟基化直接参与基因表达调节的第一个例子，也是原生动物细胞应对氧胁迫的一种新机制。

6. ADP-核糖基化

蛋白质的 ADP-核糖基化普遍存在于各类生物中。哺乳动物核外蛋白质以单 ADP-核糖基化为主，ADP-核糖基转移酶从 NAD^+中把 ADP-核糖基转移到 Arg、Asn 或 His 的修饰产物白喉酰胺的侧链 N 上。核内蛋白质大多发生多聚 ADP-核糖基化，ADP-核糖基聚合酶（PARP）先将 NAD^+中的 ADP-核糖基转移到 Glu 侧链羧基上，再不断添加 ADP-核糖基，形成含有数百个 ADP-核糖且有分支的多聚 ADP-核糖。PARP 自己就以这种方式修饰，并参与 DNA 断裂的修复。白喉毒素、百日咳毒素和霍乱毒素等具有 ADP-核糖基转移酶活性，分别把 ADP-核糖基转移到白喉酰胺、Cys 和 Arg 残基上。

三、蛋白质与脂类共价结合

1. 蛋白质与糖基磷脂酰肌醇（glycophosphatidylinositol，GPI）共价结合

某些蛋白质新生肽链的停止转运肽位于 C 端，被内质网转肽酶切除后，生成新的 C 端在膜中与 GPI 乙醇胺的氨基反应，以酰胺键与 GPI 连接定位于内质网膜内侧，然后运到质膜成为膜锚蛋白。哺乳动物有 50 多种蛋白质以此种方式与膜结合，包括水解酶、受体、黏附分子、补体抑制因子和功能不详的表面抗原等。GPI 是由膜中组分 PI 糖基化再与磷酸乙醇胺结合而成的，合成途径酶缺陷将导致细胞表面 GPI 结合蛋白缺乏。人类阵发性睡眠性血红蛋白尿症就是基因突变导致 GPI 合成的第一步受阻，使得红细胞表面缺乏补体衰变加速因子、CD59 等 GPI 结合蛋白，造成补体异常活化而使红细胞溶解。

2. 豆蔻酰化

在 N 端豆蔻酰转移酶的催化下，有些蛋白质 H_2N-Gly-X-X-X-Ser/Thr-Lys（Arg）-Lys（Arg）-的 N 端氨基酸以酰胺键与一个豆蔻酰基相连，并以此插入脂双层成为一种膜锚蛋白。G 蛋白 α 亚基、Src 或介导小泡运输的 Arf 均以这种方式与质膜或小泡膜结合，这种修饰是伴翻译的，不可逆。

3. 棕榈酰化

棕榈酰基转移酶可将棕榈酰基转移至一些肽链 C 端附近的 Cys 残基上，使之成为膜锚蛋白；经硫酯酶水解切去棕榈酰基重新成为可溶性胞质蛋白。这种细胞定位的改变与其功能调节有密切关系。

4. C 端异戊烯基化

一些 C 端为-C-X-X-S/M/Q-COOH 的肽链，在酶催化下从法尼基焦磷酸上把含三个异戊二烯单位的法尼基转移到 Cys 残基的 S 上，再由水解酶切掉 Cys 后面的残基，产生的新羧基端又被甲基化，通过法尼基把蛋白质锚定在膜上。Ras 蛋白以这种方式与膜结合，如阻断其法尼基化反应，也就阻断了它与膜的结合，从而逆转 Ras 转化细胞的功能。C 端为-C-C、-C-X-X-L 或-C-X-C 的肽链不进行法尼基化，而发生牻牛儿牻牛儿基化，在 Cys 的 S 上连接由 4 个异戊二烯单位聚合而成的牻牛儿牻牛儿基。疏水尾巴越长，膜锚蛋白与膜的结合越牢固。

第二节 蛋白质的可逆磷酸化作用

蛋白质的可逆磷酸化修饰是调控各种生物学功能的通用机制。1955年，美国生化学家克雷布斯（E. G. Krebs）和费希尔（E. H. Fischer）发现糖原磷酸化酶的调节机制，并因此获得1992年诺贝尔生理学或医学奖。其后，人们陆续发现了许多受此方式调控的生理生化过程，如基因的复制和转录，分子识别和信号转导，蛋白质的合成与降解，物质代谢与跨膜运输，细胞形态建成与肌肉收缩，细胞周期的运转，细胞增殖与分化，肿瘤发生，以及包括学习记忆在内的高级神经活动等。实际上，蛋白质的可逆磷酸化是许多信号转导途径实现其生物学功能的枢纽（图6-1）。

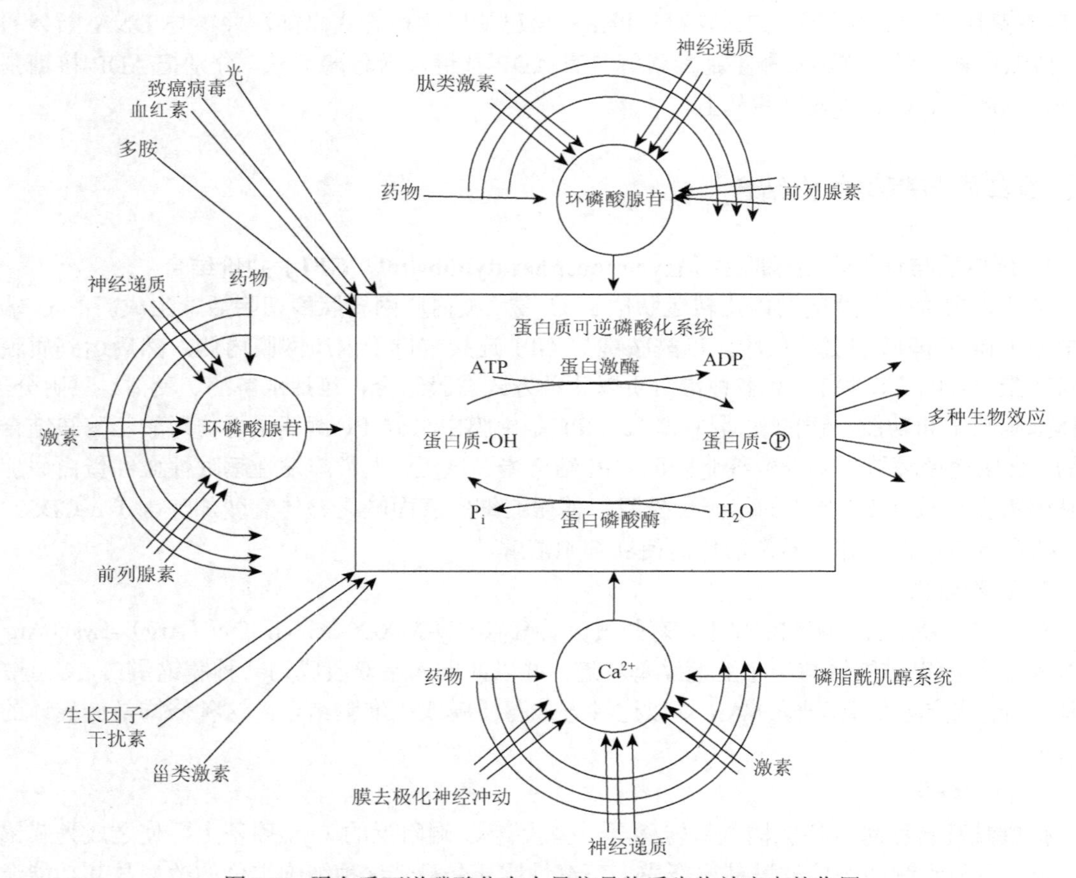

图6-1 蛋白质可逆磷酸化在介导信号物质生物效应中的作用

一、蛋白质可逆磷酸化作用的特点

原核细胞通过蛋白质可逆磷酸化进行调控的生理生化过程相对较少。随着生物进化，越是高等生物，这种调节方式的使用越普遍，表明蛋白质可逆磷酸化作用具有显著的优势和特殊的重要性。这种调控方式至少具有以下特点。

1. 专一性强

胞外信号经胞内信使控制蛋白激酶和蛋白磷酸酶的活性，通过对特定靶蛋白进行可逆的磷酸化修饰调节细胞生理过程，与别构调节相比显然较少受胞内代谢物的影响，能较专一地对胞外刺激做出准确的应答。

2. 级联放大效应

信号转导过程包括一系列连锁反应，前面的反应对下一步的酶进行可逆磷酸化修饰，从而使微弱的原始信号逐级放大，同时级联系统各层次的可调控性增强了对生理生化过程的调控作用。

3. 节省而有效的调节

可逆的磷酸化使被修饰的蛋白质激活或被“冻结”，在不改变蛋白质总量的情况下，只需消耗很少的ATP，就能有效地调节活性蛋白质的含量。与重新合成和分解相比，这种方式使细胞得以快速、有效、节省地对外界刺激做出反应。

4. 功能上的多样性

蛋白质的磷酸化与脱磷酸化几乎涉及所有的生理过程，除调节酶活性这个主要功能外，有些蛋白质的磷酸化导致其亚细胞定位改变。此外，从磷蛋白为胚胎发育提供营养到调控细胞的生长发育、分裂分化、基因表达甚至癌变，都有蛋白质可逆磷酸化的参与。可逆磷酸化的靶蛋白包括许多酶类、受体、膜上运输系统、结构蛋白、调节蛋白等其他功能蛋白。最近还发现某些功能蛋白被磷酸化后对其活性并无影响，称为“哑态”磷酸化。这类蛋白质磷酸化后常常成为蛋白质降解的靶子，因此推测磷酸化作用参与活性蛋白的灭活，成为某生理过程调节机制的一部分。

5. 持续的时效

信号引起的细胞效应中，有些是相当持久的，如细胞分裂、分化等过程。虽然胞内信号分子的寿命很短促，蛋白激酶一旦被激活，即通过自身磷酸化等方式把活性维持较长的时间，被它们磷酸化的靶蛋白则可更长久地维持其效应，直至被蛋白磷酸酶脱去磷酸。

6. 时空上的精确性

虽然受可逆磷酸化调节的蛋白质很多，但每种蛋白质的磷酸化修饰具有自己的细胞周期特异性、发育阶段周期性、种属和组织分布的特异性，从而呈现出特有的时空分布模式。这种分布上的广泛性与时空上的特异性相结合，构成了对生命过程更精确和更有效的调控。

二、可逆磷酸化作用调节蛋白质活性的机制

通过可逆磷酸化向蛋白质大分子中引入或去掉一个或不多的几个共价结合的磷酸基，可使其生物学活性发生戏剧性的转变，二者之间的关系可以归纳为以下几种：①单一部位磷酸化导致单一功能的变化，如肝细胞糖原磷酸化酶中Ser14被磷酸化之后即可从钝化状态变成活化构象，催化糖原的磷酸解。②多部位磷酸化导致单一功能的变化，肝细胞中糖原合酶的Ser7和Ser10分别被AMPK和PKA磷酸化而钝化。③多部位磷酸化分别导致不同功能的变化，如转录因子STAT1的单体为钝化状态，当被受体结合的JAK将其Tyr701磷酸化后，有了二聚化和核转位的能力，再经一种MAPK将其Ser727磷酸化，才会充分活化，刺激靶基因的转录。④单一部位磷酸化导致多个不同功能的变化，如肝细胞中的果糖-6-磷酸激酶-2/果糖-2, 6-二磷酸酶中Ser32的磷酸化导致激酶活性的钝化和磷酸酶活性的活化。

可逆磷酸化作用调节蛋白质活性的分子机制据目前研究的水平可从下述几方面予以说明。

1）*磷酸化导致蛋白质整体构象发生较大变化*　磷酸化位点虽然远离活性部位，但导入一个负电基团带来的结构信息经远距离的构象传导可使活性部位的构象发生巨大改变。许多别构酶的磷酸化位点在远离催化部位的N端或C端。例如，肝细胞糖原磷酸化酶亚基由842个

氨基酸组成，N 端结构域（1～484 位）含有磷酸化位点（Ser14）、AMP 和 ATP 等效应剂结合部位及糖原停靠部位；C 端结构域（485～842 位）Lys680 共价连接一个辅因子磷酸吡哆醛，活性中心 Arg569 在结构域界面处。非磷酸化的二聚体是其钝化状态（GP_b），活化形式为磷酸化的二聚体（GP_a），磷酸化的 Ser14 距活性中心约 3.5 nm。对 GP_a 和 GP_b 晶体结构进行的解析表明，磷酸化之后引发了巨大的构象变化：GP_b 的 N 端形成两个 α-螺旋夹一个帽状结构（α1-cap-α2），位于亚基界面；磷酸化之后 Ser14 磷酸化与另一亚基帽状结构中的 Arg43 相互作用，将它拉向自己的 α-螺旋，产生一个对别构激活剂 AMP 高亲和力的结合部位。另外，在 GP_b 中活性部位离分子表面约 1.5 nm，282～286 位残基形成的环阻塞了活性中心通道，把 Arg569 隔在内部；磷酸化导致上述环移开，使活性中心暴露。

2）*磷酸化导致功能部位区域构象发生变化*　当磷酸化部位靠近功能部位时，引入的磷酸基团与功能区域某个或某些残基相互作用，导致功能部位构象的改变或调整。例如，cAMP 依赖性蛋白激酶（PKA）催化亚基呈双叶瓣结构，活性中心在两个叶瓣之间的裂隙底部。在催化部位附近的 Thr197 是其自身磷酸化位点，Thr197 磷酸化与催化残基 Asp166 及相邻的 Asp165 相互作用，还与上下叶瓣的某些残基（如 His87、Lys189）相互作用，使催化部位呈现更为紧凑的结构。

3）*磷酸基的位阻效应导致功能丧失*　有些蛋白质被磷酸化后，其构象并未发生明显改变，但由于引入的磷酸基团的位阻效应而丧失其功能。以异柠檬酸脱氢酶为例，当它的 Ser113 磷酸化后活性中心的构象并未变化，但是 Ser113 磷酸化占据了底物异柠檬酸一个羰基的位置，因而丧失活性。异柠檬酸脱氢酶对苹果酸的活性比对其生理底物低得多，被磷酸化后虽然丧失了对异柠檬酸的活性，对苹果酸的作用并无明显改变。

4）*磷酸化为其他蛋白质提供了识别标志*　含有 SH2 结构域的下游蛋白可以识别上游蛋白磷酸化的酪氨酸，在前一章中这样的例子很多。

三、蛋白激酶

蛋白激酶是能把磷酸基供体如 ATP 的 γ-磷酸基团转移到靶蛋白氨基酸受体上的酶类。国际生物化学与分子生物学联合会根据底物蛋白氨基酸残基的性质把蛋白激酶划分成 5 类：①丝氨酸/苏氨酸蛋白激酶（S/T PK），磷酸基受体是 Ser 或 Thr 的侧链羟基；②酪氨酸蛋白激酶（PTK），磷酸基受体是 Tyr 的苯环羟基；③组氨酸/赖氨酸/精氨酸蛋白激酶（H/K/RPK），磷酸基受体分别是 His 的咪唑环、Lys 的 ε-氨基和 Arg 的侧链胍基；④半胱氨酸蛋白激酶，磷酸基受体是 Cys 侧链巯基；⑤天冬氨酸/谷氨酸蛋白激酶，磷酸基受体是其侧链羧基。目前研究得较多的是 S/T PK 和 PTK，其余几类不仅研究得不多，而且与前两类差异甚大。

作为调节其他功能蛋白活性的酶，蛋白激酶具有相当高的底物专一性。催化特定反应的蛋白激酶必须识别其特定的靶蛋白并排除其他蛋白质，还要从靶蛋白上许多个可能被磷酸化的氨基酸中选择出特定的作用位点。为了满足细胞内为数众多的磷酸化反应的需要，蛋白激酶超家族必须拥有大批成员。在已经解密的物种基因组中，蛋白激酶家族都是最大的基因家族之一。正如表 6-1 所示的那样，蛋白激酶家族是人类基因组中第三大基因家族；在果蝇和线虫基因组中是第二大基因家族；在拟南芥和酵母基因组中位居第一。有许多蛋白激酶基因还能从不同的启动子开始转录，或对 mRNA 前体进行差异剪接，结果形成了更多的亚型，进一步扩大了蛋白激酶家族。从酵母到人类，如此不同的生物都以其很大的基因份额用来编码蛋白激酶，其重要性不言而喻。

表 6-1　不同物种蛋白激酶基因数量的排名比较

物种	基因总数	蛋白激酶基因数量	排名
人类	约 32 000	575	3
果蝇	13 338	319	2
线虫	18 226	437	2
拟南芥	25 498	1 049	1
酵母	6 114	121	1

（一）蛋白激酶的一般特征

S/T PK 和 PTK 是蛋白激酶家族中两个已知的最大的超家族，它们的催化结构域在结构和进化上有相当大的保守性。典型的蛋白激酶催化结构域由 300 个左右的氨基酸组成，分为 12 个保守的亚区（见图 6-2 罗马数字所示），其中包含一些不变的或几乎不变的残基和模体，在催化作用和维持活性部位三维结构方面具有重要的作用。虽然蛋白激酶有一定的底物专一性，但很少有绝对专一性。一种蛋白激酶有多种底物或一种蛋白质是几种蛋白激酶的底物的现象相当普遍。几乎所有的蛋白激酶都可进行自身磷酸化（autophsosphorylation），即蛋白激酶以自身作为底物。这种作用可以发生在分子间（这种作用也称为反式作用，即 *trans*），也可发生在分子内（这种作用也称为顺式作用，即 *cis*）。研究表明，自身磷酸化是蛋白激酶调节其活性重要的通用方式。

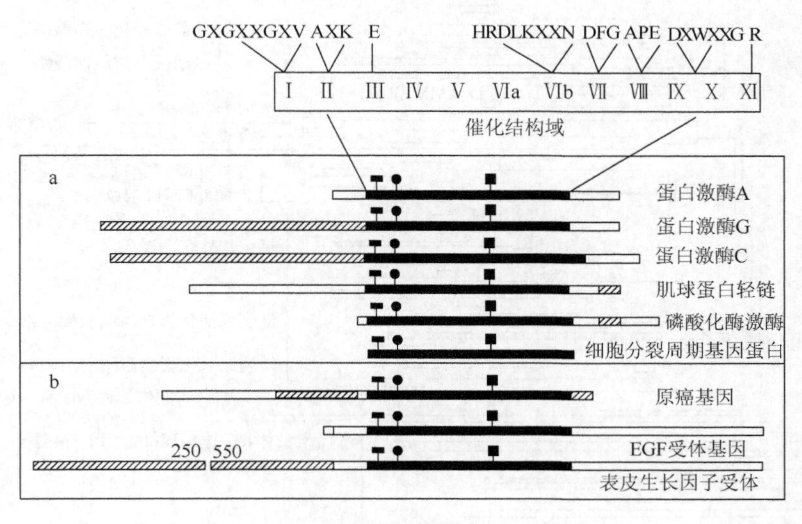

图 6-2　蛋白激酶结构示意图

a. S/T PK 蛋白激酶结构示意图；b. 部分 PTK 结构示意图

蛋白激酶底物专一性主要体现在对靶蛋白磷酸化位点附近的氨基酸序列或三维结构特征的选择上，如 PKA 的磷酸化位点的特征序列为 RRXS/TY，X 多为侧链较小的残基，Y 则有较大的疏水侧链。

蛋白激酶催化结构域之外的部分（或调节亚基）对决定其底物专一性同样重要。例如，真核细胞的细胞周期循环由多种蛋白激酶（CDK）及多种不同的细胞周期蛋白（cyclin）进行调控。细胞周期蛋白不仅作为调节亚基对其激酶活性进行调控，还作为靶向亚基把激酶定位到合适的作用位点上。

蛋白激酶的专一性除由其自身和底物结构特点决定之外，细胞内的一系列接应蛋白对蛋白激酶的亚细胞定位及作用顺序发挥关键的调节作用。其中一类被称为“脚手架”蛋白或接头蛋白，通过与一系列蛋白激酶结合和相互作用，调节它们依次激活的顺序。另一类被称为“锚定”蛋白，可同时结合激酶和锚定位点，其作用类似于靶向亚基。

（二）蛋白激酶的分类

蛋白激酶家族拥有众多的成员，结构上的相似性表明它们在进化上相关，很可能有共同的原始祖先基因。迄今，蛋白激酶的分类并没有公认的统一标准。有人把蛋白激酶分为信使依赖型和非信使依赖型；普遍的分类法是按靶蛋白中磷酸化位点氨基酸残基分为前面所说的 5 类；还可按其在信号转导途径中的作用进一步划分成受体型蛋白激酶和非受体型蛋白激酶。后来发现有的 PTK 还具有 S/T PK 活性，即所谓双重底物专一性的蛋白激酶，如 MAPKK（MEK）等。也有人认为最合逻辑的方法是根据氨基酸序列同源性对蛋白激酶进行分类。图 6-3 是一些动物细胞中常见的蛋白激酶的进化树；图 6-4 则是根据已被克隆的 89 种拟南芥蛋白激酶催化结构域序列同源性制作的进化树。功能和结构相近的列为一个家族，分支的长度反映彼此间趋异的程度。

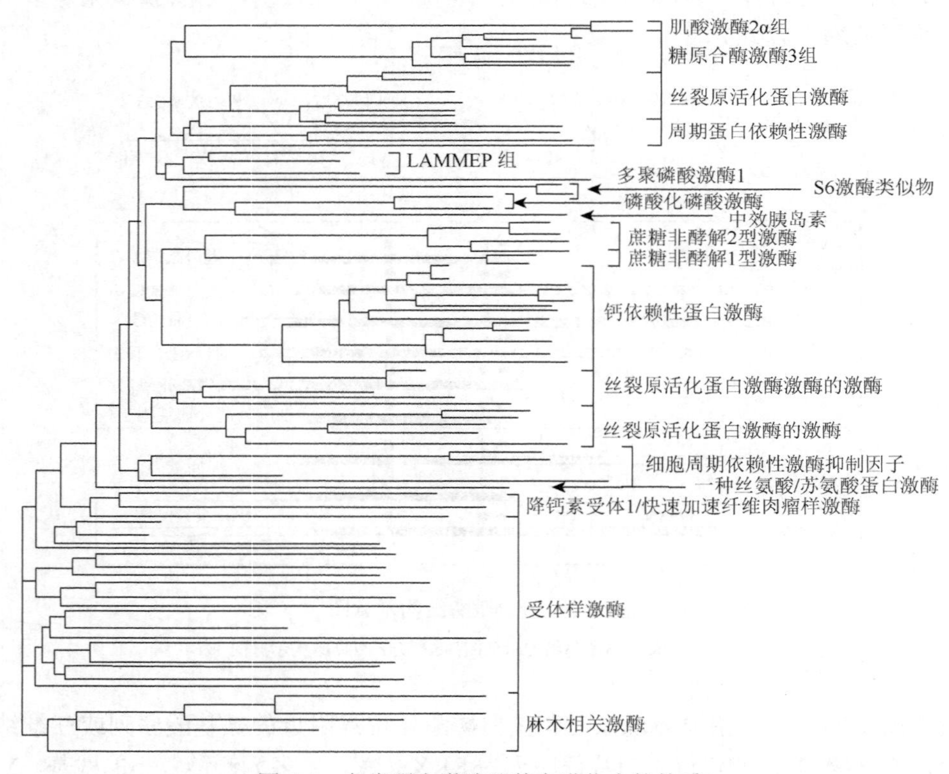

图 6-3 各类蛋白激酶及其在进化中的关系

LAMMEP. lysosomal-associated membrane protein

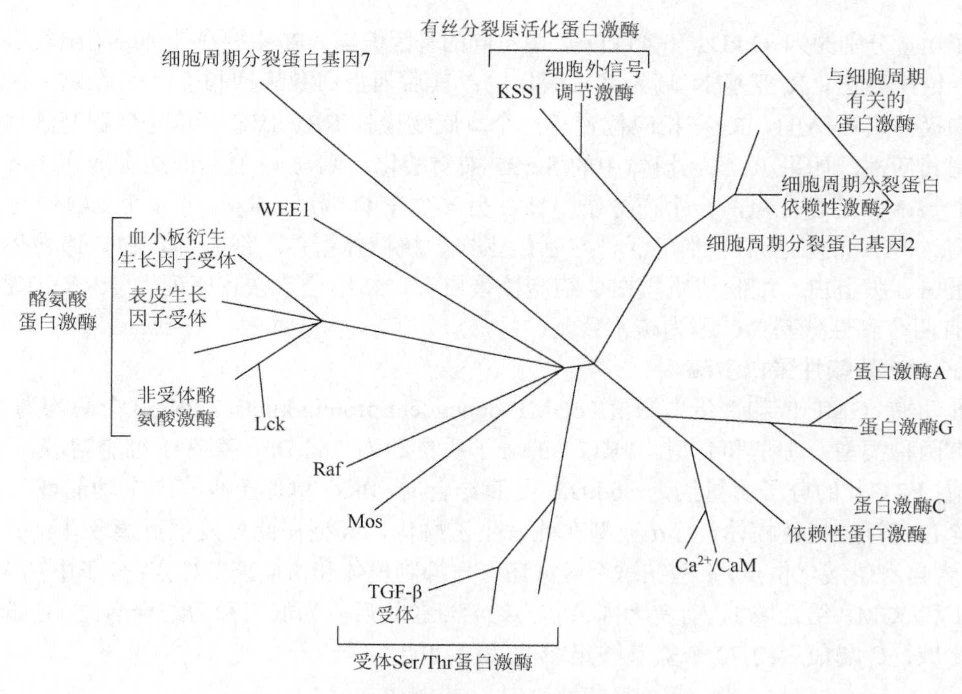

图 6-4　已克隆的拟南芥蛋白激酶的种系发生树

KSS1. 一种丝裂原活化蛋白激酶；WEE1. 一种丝氨酸苏氨酸蛋白激酶，定位于细胞核；Lck. 淋巴细胞特异性蛋白酪氨酸激酶；Raf. *raf* 基因编码的蛋白产物，具有丝氨酸/苏氨酸蛋白激酶活性；Mos. 原癌基因丝氨酸/苏氨酸蛋白激酶

（三）蛋白激酶简介

为了比较全面、系统地认识蛋白激酶这类具有特殊重要性的酶类，只能选择一些常见的、有代表性的蛋白激酶简要介绍。

1. cAMP 依赖性蛋白激酶

cAMP 依赖性蛋白激酶（cAMP-dependent protein kinase，PKA）全酶由两个催化亚基和两个调节亚基组成（C_2R_2），分子质量为 150～170 kDa。在全酶分子中，R_2 高度不对称，C 亚基大致呈球形（图 6-5）。催化亚基至少有三种亚型（Cα、Cβ 和 Cγ），分子质量约为 40 kDa，N 端区含核苷酸识别序列 $GXGXXGX_{16}K$，ATP 结合还需要保守的 Lys72-Glu91 形成的离子对。活性中心位于分子中部，RDLKPEN 序列构成一个环，其中 Asp166 是磷酸基转移的基础。Thr197 的自身磷酸化是其充分活化的必要条件。调节亚基有 4 种亚型（$R_{Iα}$、$R_{Iβ}$、$R_{IIα}$ 和 $R_{IIβ}$），R_I 和

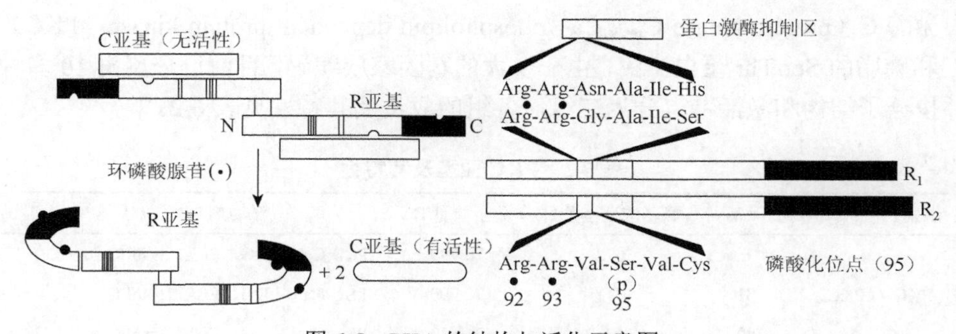

图 6-5　PKA 的结构与活化示意图

$R_{Ⅱ}$的分子质量分别约为 43 kDa 和 45 kDa，由不同的基因编码，$R_{Ⅰ}$主要在非神经组织表达，$R_{Ⅱ}$主要在神经组织表达。R 亚基 N 端为其二聚化区；其后为蛋白激酶抑制区，$R_{Ⅰ}$在这个区域有一个假底物模体 RRNAIH，$R_{Ⅱ}$在相应位置有一个真底物模体 RRVSVC，可与 C 亚基活性中心结合而抑制其活性，如果$R_{Ⅱ}$底物模体中的 Ser95 被磷酸化，则与 C 亚基的结合速率下降。每个 R 有两个 cAMP 结合位点，一个在分子中部，另一个在 C 端区。R_2结合 4 个 cAMP 即与催化亚基解离。PKA 的靶蛋白相当广泛，包括组蛋白、核糖体蛋白、线粒体蛋白、微粒体蛋白、溶酶体蛋白、膜蛋白、细胞溶质蛋白、细胞核蛋白等，作用位点共有序列为 RRXS/TY，特点是 N 端有两个碱性残基，C 端为疏水残基。

2. cGMP 依赖性蛋白激酶

哺乳动物 cGMP 依赖性蛋白激酶（cGMP-dependent protein kinase，PKG）全酶均为二聚体，其单体有两种类型：Ⅰ型和Ⅱ型。PKGⅠ的分子质量约为 76 kDa，存在于细胞溶胶，有 α、β 两种亚型；PKGⅡ的分子质量约为 86 kDa，是膜结合的。PKG 单体至少有 5 个功能域（图 6-6）：N 端区含有亮氨酸拉链模体，Ⅰα 亚型在此发生乙酰化，Ⅱ型在此处发生豆蔻酰化；其后为二聚体域，含自身磷酸化位点，Ⅰ型在这个区域还有自抑制模体和协同调节位点；分子中部为 cGMP 结合域 2 和 cGMP 结合域 1，前者为高亲和力结合部位，后者为低亲和力结合部位；C 端为蛋白激酶催化域；C 端最后约 70 个氨基酸组成的片段功能不详。

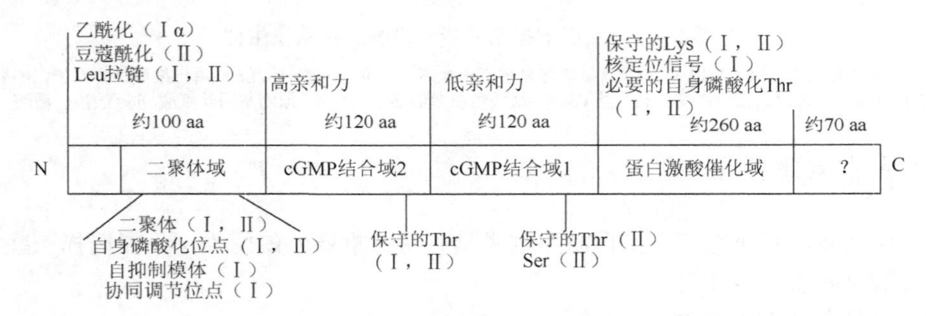

图 6-6 PKG 单体分子中的功能域

PKG 参与心钠素、NO、亚硝酸盐类血管扩张药的信号转导。PKG 的靶蛋白也很多，高度选择性的底物有 cGMP 结合的磷酸二酯酶、PKA 的$R_Ⅰ$亚基、磷酸化酶激酶 α 亚基、组蛋白 H2B、酪氨酸羟化酶、脂肪组织激素敏感的脂酶等。作用于靶蛋白共有序列 RRXS/TY，X 为可变残基，C 端 Y 多为疏水残基。虽然 PKG 与 PKA 催化中心高度同源，底物中的共有序列相同，但磷酸化位点所在区域不同的结构特点造成这两种酶作用的选择性差异。

3. 蛋白激酶 C

蛋白激酶 C（protein kinase C 或 Ca^{2+}/phospholipid dependent protein kinase，PKC）是一类依赖 Ca^{2+}和磷脂的 Ser/Thr 蛋白激酶，由一个大的基因家族编码，目前已分离出 10 多种不同的亚型，并按分子结构和激活特点分为三组，各组的成员及其特性见表 6-2。

表 6-2 PKC 亚型及其特性

组别	亚基	氨基酸残基数目	分子质量/Da	激动剂	组织分布
A 组：典型 PKC（cPKC）	α	672	76 799	PS，Ca^{2+}，DG，FFA，lysoPC	广泛
	β1	671	70 790	PS，Ca^{2+}，DG，FFA，lysoPC	一些组织
	β2	673	76 933	PS，Ca^{2+}，DG，FFA，lysoPC	很多组织

续表

组别	亚基	氨基酸残基数目	分子质量/Da	激动剂	组织分布
A 组：典型 PKC（cPKC）	γ	697	79 366	PS，Ca^{2+}，DG，FFA，lysoPC	脑
B 组：新 PKC（nPKC）	δ	673	77 517	PS，DG	广泛
	ε	737	83 474	PS，DG，FFA	脑及其他组织
	η	683	77 972	?	肺，心脏，皮肤
	θ	707	81 571	?	骨骼肌
C 组：非典型 PKC（aPKC）	ζ	592	67 740	PS，FFA	广泛
	λ	586	67 200	?	卵巢，睾丸

注：PS. 磷脂酰丝氨酸；DG. 二酰基甘油；FFA. 游离脂肪酸；lysoPC. 溶血磷脂酰胆碱

PKC 均为单肽链，分为两个功能域：一个是 N 端的调节区，另一个是 C 端的催化区。各亚型的催化区基本相同，而调节区有明显差异。cPKC 有 4 个保守区（C1～C4）和 5 个可变区（V1～V5）。C1 区富含 Cys，可能与膜结合有关；C2 区与 Ca^{2+}结合有关；C3 区为 ATP 结合位点和催化部位；C4 区可能与靶蛋白识别有关。nPKC 和 aPKC 都没有 C2 区，不需要 Ca^{2+}激活。部分酶解研究表明，PKC 调节区对激酶活性起抑制作用，激动剂与调节区结合后通过某种机制解除这种抑制（图 6-7）。

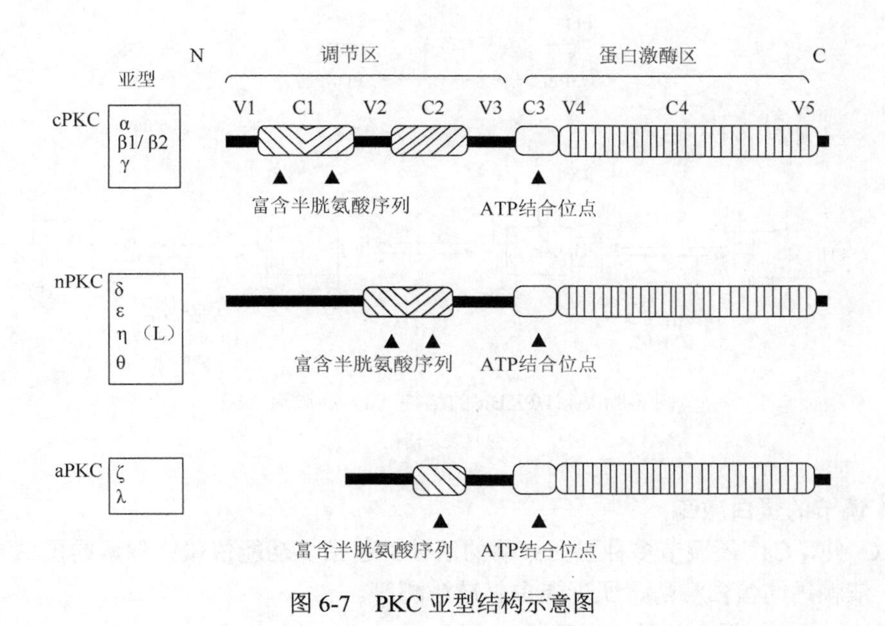

图 6-7 PKC 亚型结构示意图

4. 蛋白激酶 B

蛋白激酶 B（protein kinase B，PKB）也属单链 Ser/Thr 蛋白激酶，其催化域分别与 PKC_{ε} 和 PKA 有 73%和 68%的序列相同。由于它与 T 细胞性淋巴瘤逆病毒癌基因 *v-akt* 的产物同源，又被称为 Akt。已发现的亚型包括 Akt1/PKBα、Akt2/PKBβ 和 Akt3/PKBγ。Akt1/PKBα 的 N 端 1～106 位为 PH 结构域，是主要的调节区，148～412 位为激酶功能域，含有保守的 Thr308，C 端区含有保守的 Ser473。PKB 的活化机制比较复杂，多步骤模型认为 Akt/PKBα

首先通过自身磷酸化使 Ser124 和 Thr450 磷酸化，产生的构象改变有利于转位到膜内侧，PH 域与膜上 PI3K 应答胞外刺激产生的胞内信使 D3PPI 结合，再被 D3PPI 激活的 PDK1 和 PDK2 分别将 Thr308 和 Ser473 磷酸化而激活（图 6-8）。

PKB 的靶蛋白也很广泛，胰岛素和一些生长因子的细胞效应主要靠它介导，这些效应包括：①调节糖代谢。PKB 使质膜葡萄糖载体 GLUT4 磷酸化，促进葡萄糖输进细胞；催化糖原合酶激酶磷酸化而失活，从而促进糖原合成；催化 PF2K/FBPase-2 磷酸化，抑制糖酵解，促进糖异生。②活化 PDE3B，导致胞内 cAMP 浓度下降，PKA 活性下降，激素敏感的脂酶活性下降，从而抑制脂解作用。③通过使 GSK-3β 和 CREB 等磷酸化调节有关基因的转录。④使起始因子抑制蛋白 4E-BP1 磷酸化而失活，解除对 eIF-4E 的抑制；催化 $p70^{S6K}$ C 端激酶磷酸化而失活，激活 $p70^{S6K}$，促进延伸因子与核糖结合，从而促进翻译。⑤抗细胞凋亡。⑥参与细胞周期的调控。⑦过量的 PKBα 和 PKBβ 与肿瘤诱导有关。

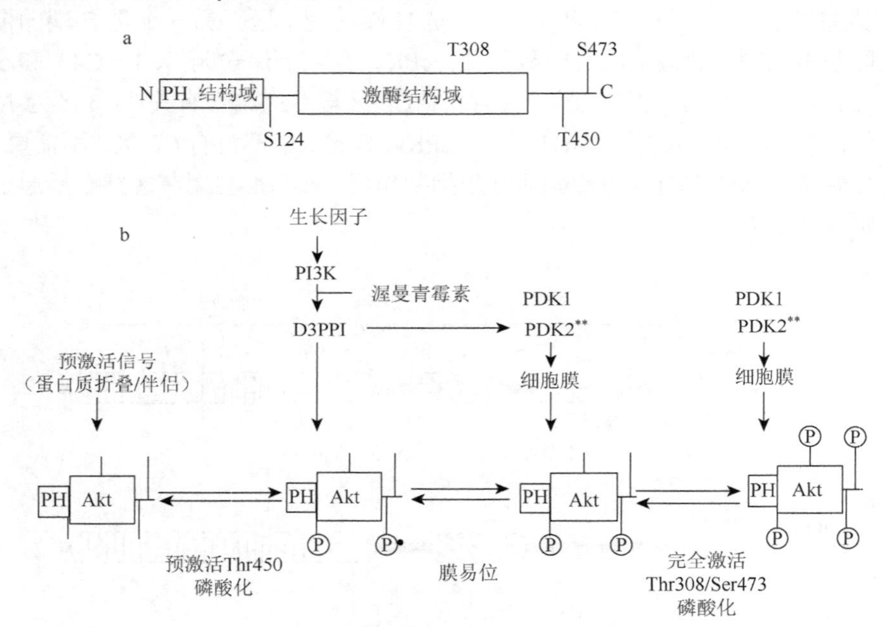

图 6-8 Akt1/PKBα 的结构（a）和激活（b）

星号表示活化

5. Ca^{2+}调节的蛋白激酶

除 PKC 外，Ca^{2+}还调节多种蛋白激酶的活性，包括多功能依赖钙调素的蛋白激酶、磷酸化酶激酶、依赖钙的蛋白激酶、肌球蛋白轻链激酶等。

1）*多功能依赖钙调素的蛋白激酶*（multifunctional calmodulin-dependent protein kinase，CaMPK） CaMPK 是 Ser/Thr 蛋白激酶，有Ⅰ、Ⅱ、Ⅳ、Ⅴ多种亚型，研究得最多的是 CaMPKⅡ。CaMPKⅡ全酶至少有 4 种亚基：α（50 kDa）、β（60 kDa）、γ（59 kDa）和 δ（60 kDa），全酶有 8～12 个亚基，分子质量为 500～650 kDa，不同来源的 CaMPKⅡ由上述亚基按不同比例组合而成。各亚基的结构相似：N 端为催化域；中部调节域含有重叠的自抑制序列和 CaM 结合序列；C 端为亚基结合域（图 6-9）。

无 Ca^{2+}/CaM 时，自抑制序列与催化域结合，使 CaMPKⅡ处于钝化状态；Ca^{+2}/CaM 的结合解除了这种自抑制，Thr286 随即自身磷酸化，CaMPKⅡ即处于不依赖 Ca^{2+}/CaM 的活化状态。

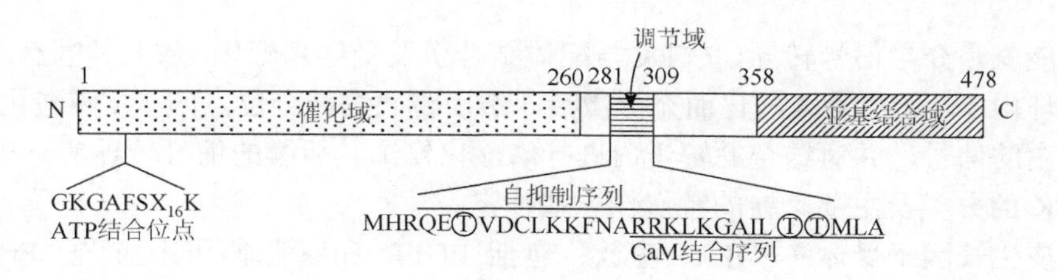

图 6-9　CaMPKⅡ亚基的结构模式

CaMPKⅡ的底物很多，包括色氨酸羟化酶、酪氨酸羟化酶、糖原合酶、磷酸二酯酶等酶类，以及细胞骨架、离子通道、转录因子等。CaMPKⅠ和Ⅳ的 αβ 除可被 Ca^{2+}/CaM 别构激活外，它们的 Thr 还能被 CaM 依赖激酶的激酶（CaMPKK）磷酸化而激活，形成一个 Ca^{2+}/CaM→CaMPKK→CaMPKⅠ和 CaMPKⅣ→靶蛋白磷酸化的级联反应。

2）依赖钙的蛋白激酶（Ca^{2+}-dependent protein kinase 或 calmodulin-like domain protein kinase，CDPK）　是植物中特有的 Ca^{2+}调节 Ser/Thr 蛋白激酶，有众多的亚型。CDPK 的 N 端为催化域，C 端 CaM 样调节区有 4 个 EF 手模体（图 6-10）。

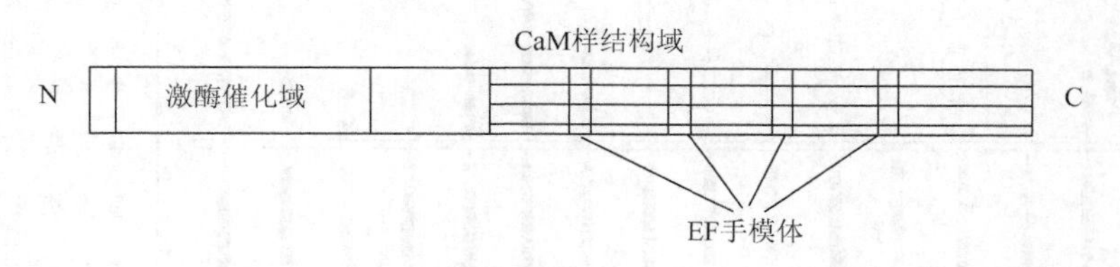

图 6-10　CDPK 分子结构模式图

CDPK 的活性绝对依赖于 Ca^{2+}，几 μmol/L 的 Ca^{2+}浓度即可将 CDPK 激活 40～100 倍。由于 CDPK 分子含有 CaM 样结构域，因而不需要 CaM 和磷脂，还能被 CaM 拮抗剂抑制。CDPK 的靶蛋白有硝酸还原酶、蔗糖合酶、根瘤素 Nodulin26、液泡膜上的 $αCl^-$通道等。

3）磷酸化酶激酶（phosphorylase kinase，PhK）　PhK 由 α/α′（118～145 kDa/130～140 kDa）、β（108～128 kDa）、γ（45 kDa）和 δ（17 kDa）4 种亚基组成，全酶$[α(α')βγδ]_4$的分子质量约为 1300 kDa。γ 是 PhK 的催化亚基，δ 亚基实际上就是 CaM，α 和 β 则为 PhK 的抑制亚基。几 mmol/L 的 Ca^{2+}浓度是 PhK 活化的必要条件，Ca^{2+}与 δ 亚基结合可解除 α 和 β 的抑制作用，再通过自身磷酸化激活全酶。PKA、PKC 等可使 α 和 β 亚基磷酸化，从全酶上解离或被降解，从而使 PhK 充分活化。PhK 的基本底物是糖原磷酸化酶，糖原合酶、Na^+-K^+-ATPase、Ca^{2+}-ATPase 等也可成为其靶蛋白。

6. 酪氨酸蛋白激酶

虽然酪氨酸蛋白激酶（tyrosine protein kinase，PTK）的研究比 S/T PK 晚，数目也少许多，但由于后来发现它们直接参与细胞因子信号转导，与细胞增殖、分化、转化关系密切，因而受到极大重视。PTK 分为 RPTK 和 NRPTK。

1）RPTK（receptor protein tyrosine kinase）　RPTK 超家族有 50 多个成员，除胰岛素受体等少数例外，都是Ⅰ型跨膜蛋白，即单肽链，单跨膜，大的 N 端胞外域高度糖基化，形成配体结合部位，不同家族结构上的差异主要表现在胞外域；C 端胞质区为保守的酪氨酸蛋白激酶活性域（图 6-11）。按照分子结构的特点，已知的 RPTK 被划分成 16 个亚类（图 6-11）。RPTK

最基本的功能就是介导信号转导，RPTK 与配体结合引发受体寡聚化，放大其固有的激酶活性，并通过活化环内 Tyr 的自身磷酸化而充分激活，然后将底物结合位点的 Tyr 磷酸化，造成募集下游信号蛋白的信号，并对结合的靶蛋白进行磷酸化修饰。后续的信号转导前一章已有论述，这里对 RPTK 的分类及主要家族的特点作一些补充。

（1）表皮生长因子受体（EGFR）家族：包括 EGFR 和原癌基因表达产物 ErbB2、ErbB3 和 ErbB4。其特点是胞外区有两个富含 Cys 的区域和两个 L 结构域。

（2）胰岛素受体（InsR）家族：包括 InsR、胰岛素样生长因子-1 受体（IGF-1R）和胰岛素受体相关的受体（IRR）。由两个 α 链和两个 β 链组成四聚体，两个 α 之间及 α 与 β 链之间通过二硫键相连。α 链在膜外，形成配体结合域；β 链有一个跨膜区，大部分在膜内侧，形成激酶功能域。

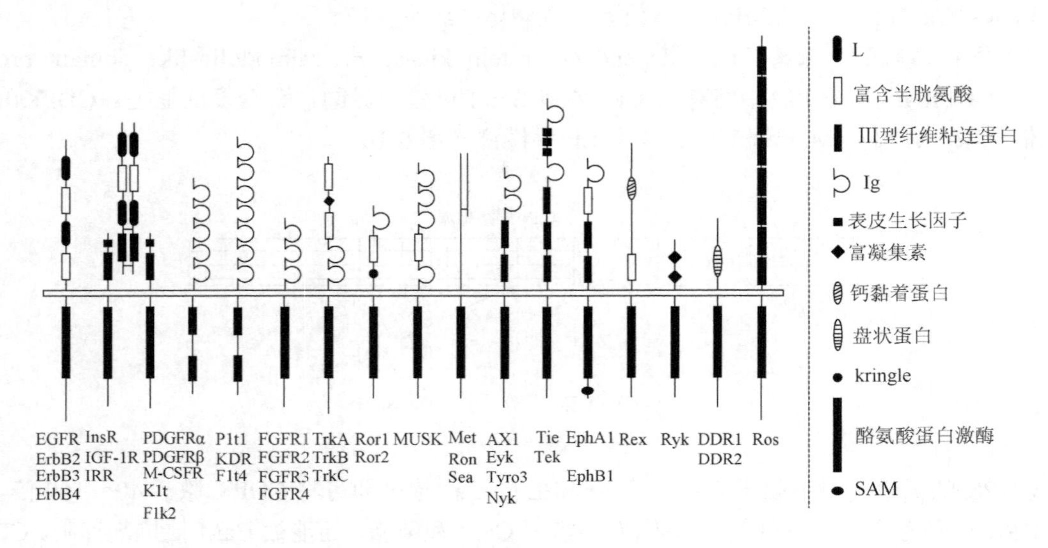

图 6-11 RPTK 的结构及分类

SAM. *S*-腺苷甲硫氨酸；kringle. 一种受体酪氨酸激酶

（3）血小板衍生的生长因子受体（PDGFR）家族：包括 PDGFRα、PDGFRβ、巨噬细胞集落刺激因子受体（M-CSFR）和干细胞因子受体（SCFR）等。该家族成员膜外部分包含 5 个免疫球蛋白（Ig）样结构域；胞质区的激酶区含有一段疏水的插入序列，包括可被磷酸化的 Tyr 残基，参与活化受体与下游蛋白的相互作用。

（4）成纤维细胞生长因子受体（FGFR）家族：成员有 FGFR1～FGFR4，分别是原癌基因 *flg-1*/*cek-1*、*bek*、*cek-2* 和 *flg-2* 的产物，它们的胞外区有三个 Ig 样结构域，第一与第二 Ig 样结构域之间含有 8 个连续的酸性氨基酸残基；激酶区也有插入序列。

（5）血管内皮细胞生长因子受体（VEGFR）家族：包括 VEGFR 和原癌基因表达产物 Flt、Flk 等。其特点是胞外域含有 7 个 Ig 样结构域，膜内的激酶区被较大的插入序列分割。

（6）肝细胞生长因子受体（HGFR）家族：包括 HGFR/Met、Ron、Sea，膜外的 α 链（50 kDa）通过二硫键与跨膜的 β 链（145 kDa）相连接，激酶区在 β 链胞内域。

（7）神经营养因子受体家族：成员有 TrkA、TrkB、TrkC。它们的胞外区有两个富含 Cys 的区域，二者之间为一富含 Leu 的片段，其后还有两个 Ig 样结构域。

（8）Eph 家族：包括 EphA1～EphA8 和 EphB1～EphB6 共 14 个成员，分子质量为 130～135 kDa，因其第一个成员得自分泌红细胞生成素的肝癌细胞株（erythropoietin-producing hepatoma cell line）而得名。该家族的成员胞外区包含一个 Ig 样结构域、一个富含 Cys 的结构域和两个Ⅲ型纤维粘连蛋白（FNⅢ）结构域。

（9）Axl 家族：成员有 Axl、Eyk、Tyro3、Nyk，分子质量约为 140 kDa，胞外区含有两个 Ig 样结构域和两个 FNⅢ结构域。

2）NRPTK（non-receptor tyrosine protein kinase）　NRPTK 是胞质或胞核中的有 PTK 活性的信号蛋白，目前发现 NRPTK 有 30 多种，分子质量为 50～150 kDa，根据序列同源性可将其分为 11 个家族（图 6-12）。不同家族在结构上有一定的同源性，同源性最高的是催化活性域，是其发挥功能的主要结构。许多 NRPTK 还含有 SH2、SH3、PH 等结构，用以介导与其他信号分子或靶蛋白的相互作用。NRPTK 可通过自身磷酸化或其他 PTK 催化，使活化环中的 Tyr 磷酸化而充分激活；活化环外的 Tyr 被其他 PTK 磷酸化或活化环 Tyr 脱磷酸，可对其进行负调控。

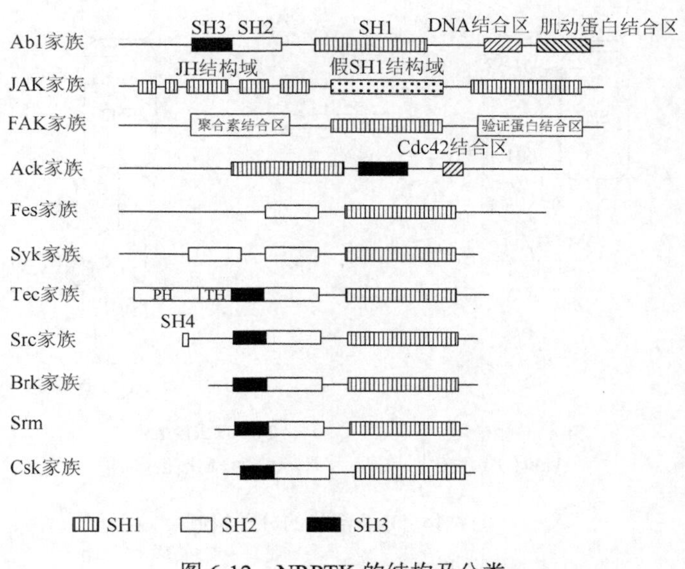

图 6-12　NRPTK 的结构及分类

（1）Src 家族：包括 Src、Fyn、Yes、Lyn、Hck、Fgr、Lck 和 Blk 共 8 个成员，从 N 端开始，依次为 SH4、SH3、SH2 结构域和 C 端的激酶活性域（SH1）。SH4 为 Src 家族特有的结构域，其中有可供豆蔻酰化的 Gly 或供棕榈酰化的 Cys 残基，使其能锚定于膜受体近旁的质膜内侧。除 Src 和 Yes 外，其余成员均参与淋巴细胞、单核细胞或粒细胞的信号转导。

Lck 由 509 个氨基酸残基组成，整个分子可分为 4 个功能区：N 端的 SH4 为其膜接触区，其中的 Gly2 为豆蔻酰化位点；其后的 SH3 和 SH2 结构域构成了底物作用区；激酶活性区中的 Lys273 为 ATP 结合位点，Tyr394 为自身磷酸化位点；最后是 C 端的调节区，含调节性磷酸化位点 Tyr505（图 6-13）。

在非活化状态，Lck 的 Tyr505 被另一 PTK（Csk）磷酸化，与自身 SH2 相结合，掩盖了 SH1 激酶活性区。当细胞活化时，一种 PTP（CD45）使 Tyr505 脱磷酸，引起 Tyr394 的自身磷酸化和激酶活化（图 6-14）。

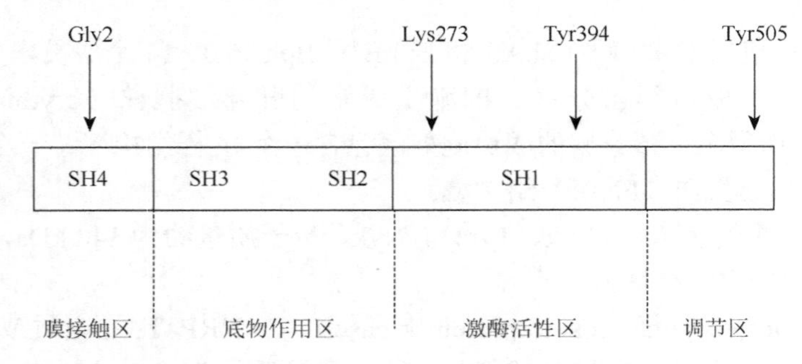

图 6-13 Lck 分子的功能区

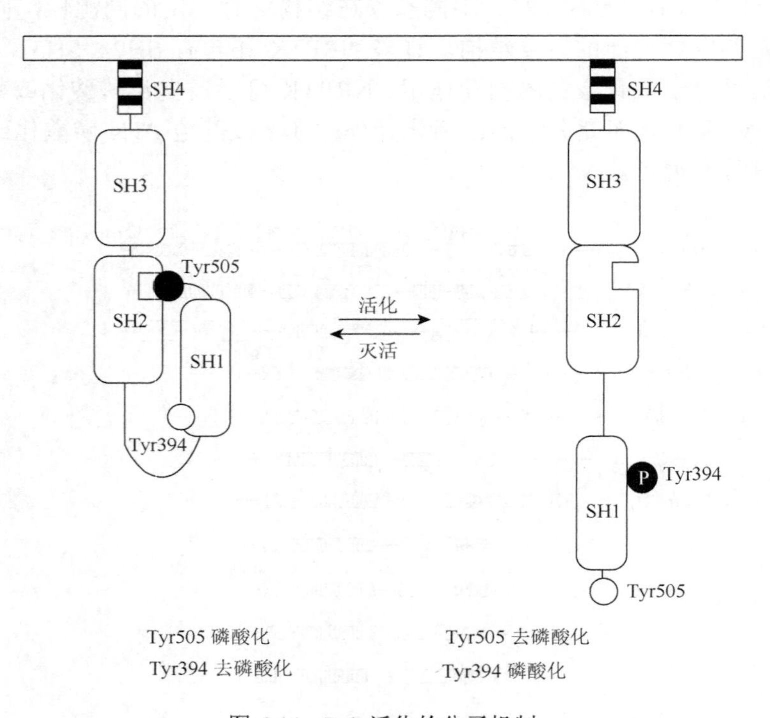

图 6-14 Lck 活化的分子机制

（2）Csk 家族：包括 C 端 Src 激酶（Csk）、Csk 型酪氨酸激酶（Ctk），除了没有 SH4 结构域，与 Src 家族结构相似。其主要功能是通过对 Src 家族 C 端磷酸化，对其活性进行负调控。

（3）Tec 家族：成员有 Tec、Btk、Itk、Bmk 和 Txk，主要在造血细胞表达。Tec 家族成员都含有 TH（Tec homology）结构域，除 Txk 外都有 PH 结构域，在 TH 结构域 C 端依次为 SH3、SH2 和 SH1 结构域。

（4）Fes 家族：目前只有 Fes 和 Fer 两个成员，分布于胞质和胞核，只有 SH2 和 SH1 结构域。

（5）Abl 家族：只有 Abl 和 Arg 两个成员。Abl 的基因与小鼠 Abelson 白血病病毒癌基因 *v-abl* 同源，Arg 的基因是 Abl 相关基因。它们除含有 SH1、SH2 和 SH3 结构域外，还含有一个 DNA 结合区和一个肌动蛋白结合区。

（6）Syk 家族：有两个结构相似的成员 Syk 和 ZAP-70，N 端有两个 SH2 结构域，C 端为激酶活性区。Syk 除参与多种受体介导的信号转导外，还参与整联蛋白和 G 蛋白偶联的受体活化过程。ZAP-70 则是 T 细胞受体信号通路的重要成员。

（7）FAK 家族：包括 FAK（focal adhesion kinase）、FAK-B 和 RAFTK（related adhesion focal tyrosine kinase）。FAK 家族成员不含 SH2 和 SH3 结构域，PTK 催化功能区在分子中部，N 端一侧有一个整联蛋白（integrin）结合域，C 端一侧有一个桩蛋白（paxillin）结合域。跨膜的糖蛋白整联蛋白实际上是许多胞外基质的膜受体，整联蛋白 β 亚基胞内区可与踝蛋白（talin）、桩蛋白、张力蛋白（tensin）、黏着斑蛋白（vinculin）、α 辅肌动蛋白（α-actinin）、Src、FAK、PI3K 等有序聚集形成黏着斑。黏着斑不但起着机械支撑的结构作用，还具有信号转导功能。例如，刺激导致胞外基质的组成或结构发生变化，即可通过整联蛋白激活黏着斑组分，Src 可使 FAK C 端 Tyr925 磷酸化，随即与 Grb2 的 SH2 结合，通过 Sos 活化 Ras 蛋白，从而活化 MAPK 信号级联通路。另外，FAK 可自身磷酸化或由 Src 将 N 端一侧的 Tyr（397 和 407 位）磷酸化，与 PI3K 结合并将其激活，生成 D3PPI 胞内信使，活化 PKB 等激酶，调节细胞的状态与功能，称为内向信号转导（outside-in signalling）；同时，细胞功能状态的变化也通过一定途径影响整联蛋白与其配体的结合，称为外向信号转导（inside-out signalling）。细胞定着依赖性增殖就需要 FAK 转导的信号途径（图 6-15）。植物细胞内大概也存在着类似的信号转导途径。

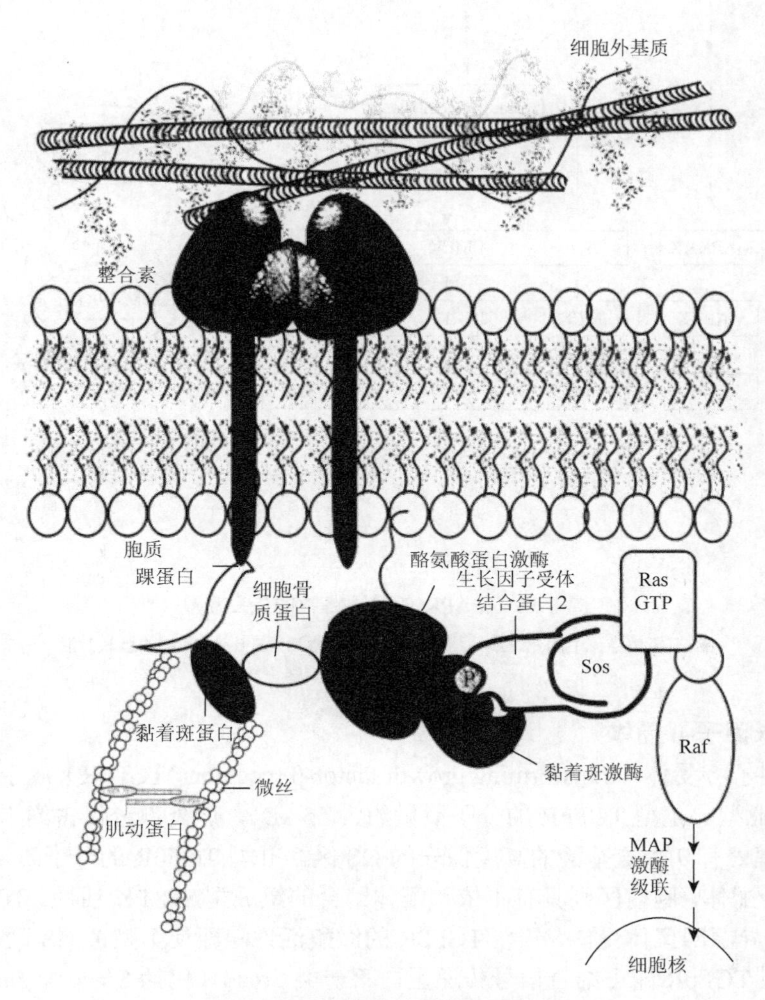

图 6-15　黏着斑复合物的信号转导

7. 丝裂原活化蛋白激酶

丝裂原活化蛋白激酶（mitogen-activated protein kinase，MAPK）家族普遍存在于动植物和真菌中，参与细胞因子、一些激素的信号转导及应激等刺激下的细胞反应。哺乳动物 MAPK 可分为三个亚家族：①ERK（extracellular signal-regulated kinase）亚家族，至少包括 ERK1、ERK2、ERK3，分子质量分别为 44 kDa、42 kDa、62 kDa。靠上一级双功能蛋白激酶将 TXY 模体中的 Thr 和 Tyr 磷酸化而激活。ERK1 和 ERK2 是 Pro 依赖的 Ser/Thr 蛋白激酶，优先催化靶蛋白中 PX S/T 模体的 Ser/Thr。②JNK/SAPK（c-Jun N-terminal kinase/stress-activated protein kinase）亚家族，至少有 12 个成员，如 JNK1/SAPKγ、JNK2/SAPKα 和 JNK3/SAPKβ，每种都有 1α、1β、2α、2β 四种亚型。③p38 亚家族，成员有 p38α、p38β、p38γ、p38δ。这些酶在磷酸化级联中的位置和激活见图 6-16。

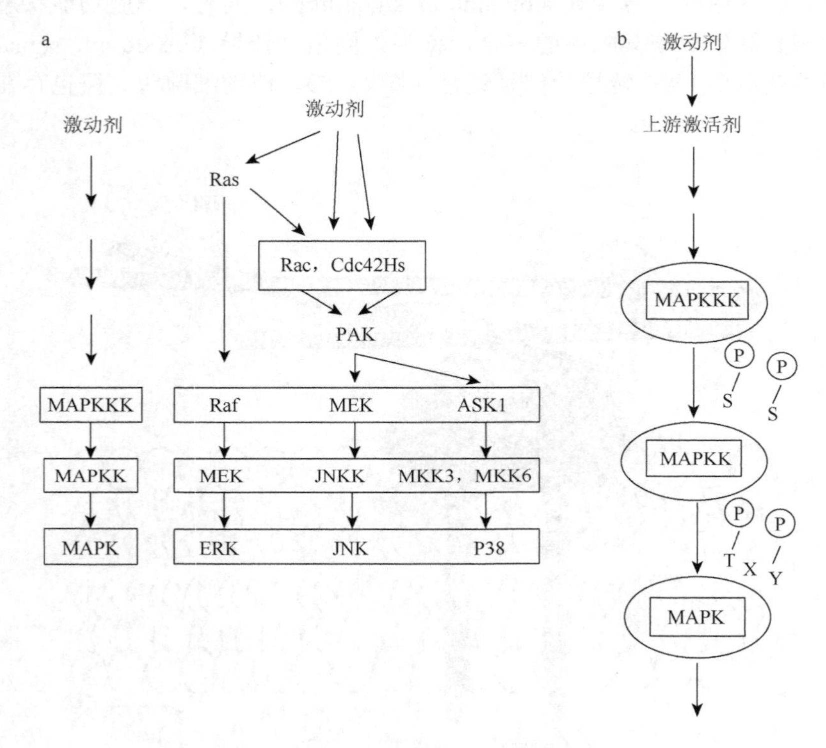

图 6-16　MAPK 信号通路中的蛋白激酶

a. 三级信号流中的亚家族、相互关系及上游激活剂；b. MAPK 的级联激活

8. 转化生长因子-β 受体

转化生长因子-β 受体（transforming growth factor-β receptor，TGFβR）属于 Ser/Thr 蛋白激酶，有 20 多种亚型。Ⅰ型 TGFβR 的分子质量约为 55 kDa，胞外部分仅占约 1/5，胞内为激酶域和 C 端，近膜处有 9 个氨基酸的高度保守的 GS 区。Ⅱ型 TGFβR 的分子质量约为 75 kDa，胞外部分可结合配体，胞内区则具有不依赖配体结合的组成型 S/T PK 活性。TGFβ 与Ⅱ型受体结合，导致形成异源四聚体受体，Ⅱ型 TGFβR 的激酶活性随即使Ⅰ型链 GS 区 Ser 磷酸化而激活。活化的Ⅰ型 TGFβR 即可结合信号传递蛋白第一类 Smad（包括 Smad1、Smad2、Smad3、Smad5、Smad8 等亚型）并将其 C 端 SSXS 区的 Ser 磷酸化而激活。活化的第一类 Smad 然后

与第二类 Smad4 形成异源寡聚体转位入核，作为转录因子单独或与其他 DNA 结合蛋白一起激活靶基因的转录（图 6-17）。

9. HK-RR 双组分信号转导系统

人们已经在细菌中发现了由特殊的组氨酸蛋白激酶（histidine protein kinase，HK）与应答调控蛋白（response regulator protein，RR）组成的双组分信号转导系统。并已查明，*E. coli* 基因组编码 30 种 HK 和 32 种 RR，组成的信号系统涉及代谢调控、渗透调节等。植物和少数其他真核细胞中也存在类似的双组分信号系统。这个双组分系统的 HK 是一个跨膜蛋白，它的膜外区域构成配体结合部位，当与配体结合时，即可引起二聚化并使胞内部分的 HK 活化，通过分子间相互作用使各自的 His 磷酸化。活化的 HK 还有能力将自己的磷酸基从 His 转移到 RR 的 Asp 残基上。RR 被磷酸化后也发生二聚化，即可利用其 C 端的 DNA 结合域与靶基因启动子区相结合，调节基因表达（图 6-18）。

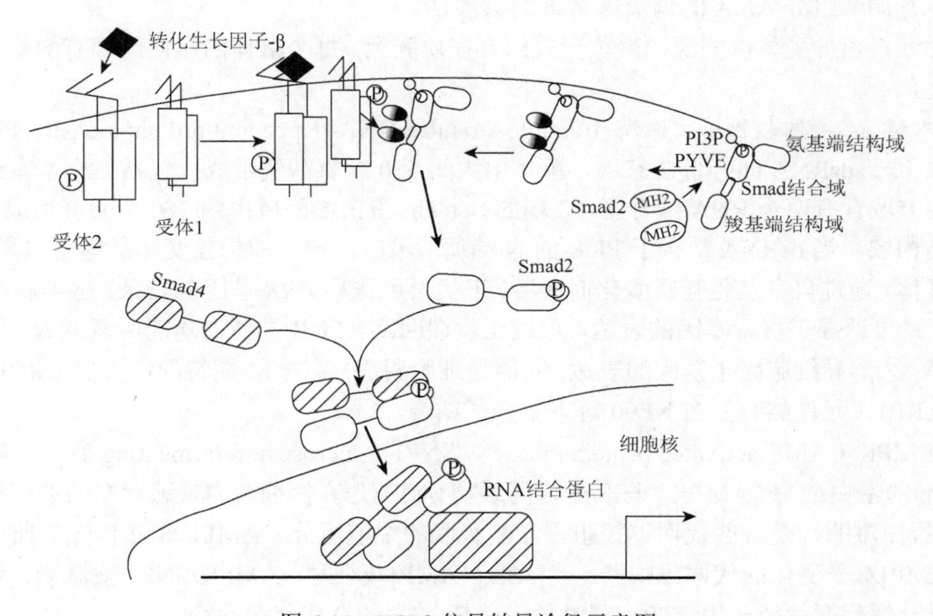

图 6-17　TGFβ 信号转导途径示意图

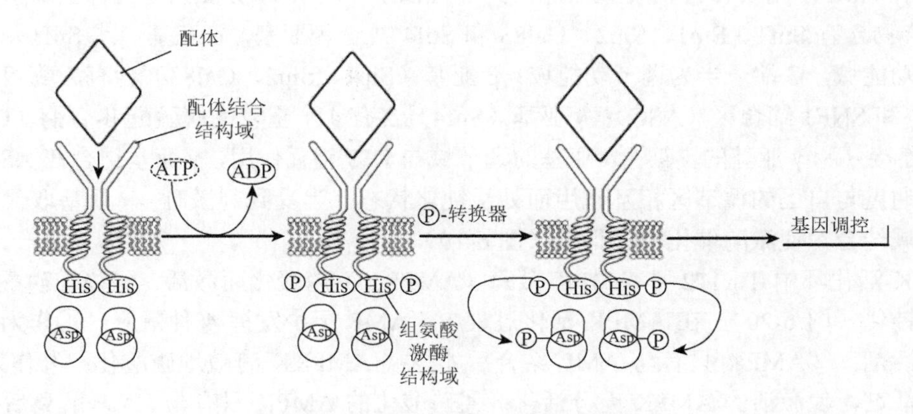

图 6-18　HK-RR 双组分信号转导示意图

E. coli 渗透压调节系统是这种双组分信号系统的原型，由 EnvZ 和 OmpR 两种组分构成。EnvZ N 端有两个跨膜区，在浆膜外周形成一个渗透压传感器；胞内部分构成它的 HK 核心，具有催化活性和二聚化功能。当渗透压改变时，EnvZ 的传感器结构域构象发生改变，促使 HK 核心二聚化，通过分子间相互作用使各自的 His 残基磷酸化。OmpR N 端为调节域，C 端是有 DNA 结合功能的效应区。当 EnvZ 活化之后，还有能力把磷酸基从自己的 His 上转移给 OmpR 的 Asp 残基。OmpR 在 Asp 磷酸化之后也发生二聚化，结合于编码外膜孔蛋白的 *ompC* 及 *ompF* 基因的启动子区，调节这两个基因有差异地表达，改变外膜水孔的亚基组成，调节膜的透水性。OmpR 则通过自动脱磷酸恢复到单体状态。

大多数双组分信号系统都比上述渗透压调节系统复杂。例如，*E. coli* 的厌氧/需氧转换控制系统的 HK 与 RR 之间还有两个组分，构成磷酸中继链，即 ArcB 感受刺激并通过二聚化使自己的 His 磷酸化，然后催化磷酸基转移给下游组分的 Asp，再转给另一下游组分的 His，最后转移给应答调节组分 ArcA 的调节域 Asp 将其激活。

植物激素乙烯受体以同源二聚体形式结合在质膜上，每个单体的胞内区都有 HK 功能区和 RR 功能区。

1）双链 RNA 依赖性蛋白激酶（double-stranded RNA-dependent protein kinase，PKR）

PKR 属于 dsRNA 结合蛋白家族，单体由大约 550 个氨基酸组成，包括三个基本结构域：N 端的调节域含有两个 RNA 结合区，C 端的 Ser/Thr 蛋白激酶域由约 300 个残基组成，中间为第三个结构域。当 dsRNA 结合于 PKR 的 N 端调节域时，诱导的构象变化暴露出二聚化位点，形成二聚体，通过自身及相互磷酸化而激活。干扰素可诱导 *PKR* 基因的转录；感染病毒后 PKR 被激活，又可诱导干扰素基因的表达，形成正反馈回路。PKR 主要的功能可概括为：①抑制蛋白质翻译；②诱导细胞因子基因的表达；③诱导细胞凋亡；④与 M 期特异性蛋白 DRBP76、IL-2 启动子 ARRE2 元件结合蛋白 NF90 等下游分子结合。

2）AMPK（AMP-activated protein kinase）/SNF1（sucrose non fermenting-1）　哺乳动物 AMP 激活的蛋白激酶（AMPK）与其酵母同系物 SNF1 是真核细胞中普遍存在的非信使依赖的 Ser/Thr 蛋白激酶，是一些代谢调控蛋白激酶级联的中枢组分。AMPK/SNF1 充当监控细胞中[ATP]/[AMP]水平变化的代谢传感器：当[ATP]/[AMP]减小时，AMPK/SNF1 被激活，然后打开能源物质分解代谢途径产生 ATP，同时关闭消耗 ATP 的合成代谢途径。

大鼠肝 AMPK 由 α（约 63 kDa）、β（约 38 kDa）和 γ（约 35 kDa）三种亚基组成，酵母 SNF1 复合物含有 Snf1、Sip1、Sip2、Gal83 和 Snf4 共 5 种亚基。α 亚基（或 Snf1）N 端一半构成激酶功能域，C 端一半为调节功能域；β 亚基（Sip1、Sip2、Gal83）含有激酶相互作用序列（KIS）和 SNF1 缔合区（ASC）；γ 亚基（Snf4）含有 4 个重复的胱硫醚 β-合酶（CBS）域。β 亚基是连接 α 和 γ 亚基的支架；α 亚基的调节域与 KIS 相互作用，γ 亚基结合在 ASC 区，激酶功能域通过与自己的调节区相互作用而处于钝化状态。当受到刺激时，γ 亚基取代激酶功能域与调节域结合，使激酶催化域去抑制（图 6-19）。

AMPK 活化环中 Thr172 被 AMPK 激酶（AMPKK）磷酸化而激活，经蛋白磷酸酶 2C 去磷酸化而钝化（图 6-20）。在 AMPK 活化过程中，AMP 至少发挥 4 种效应：①作为 AMPKK 的别构激活剂；②AMPK 只有与 AMP 结合后才能被 AMPKK 有效地磷酸化；③作为 AMPK 的别构激活剂，使激活的 AMPK 充分活化；④磷酸化的 AMPK 只有与 AMP 解离后才容易被 PP2C 去磷酸化。

AMPK/SNF1 优先作用于–3 位有碱性残基，–5 位和 + 4 位为大的疏水残基的 Ser/Thr。哺

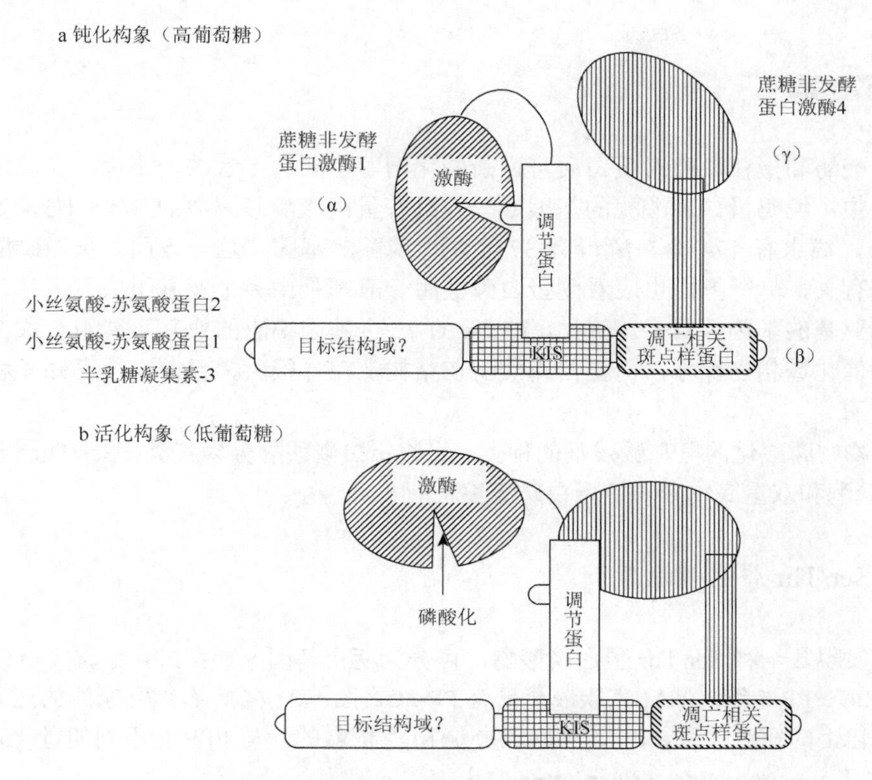

图 6-19　AMPK/SNF1 分子内亚基相互作用模型

乳动物中已查明的 AMPK 靶蛋白包括乙酰 CoA 羧化酶和 HMG-CoA 还原酶，它们被磷酸化后钝化，关闭了脂肪酸合成和类异戊二烯合成。激素敏感的脂蛋白脂酶如先被 AMPK 磷酸化，就能抗拒 PKA 对它的激活，因而 AMPK 活化具有部分抗脂解作用。糖原合酶钝化时先由 AMPK 磷酸化，再由其他蛋白激酶催化。酵母中的 SNF1 底物除乙酰 CoA 羧化酶外，还有与替代碳源分解代谢去阻遏相关的转录因子如 Mig1、Sip4、Sip3、Cat8 等。植物中 SNF1 相关的蛋白激酶已查明的靶酶有 HMG-CoA 还原酶、蔗糖磷酸合酶、硝酸还原酶，还涉及异柠檬酸裂合酶和蔗糖合酶基因的去阻遏。

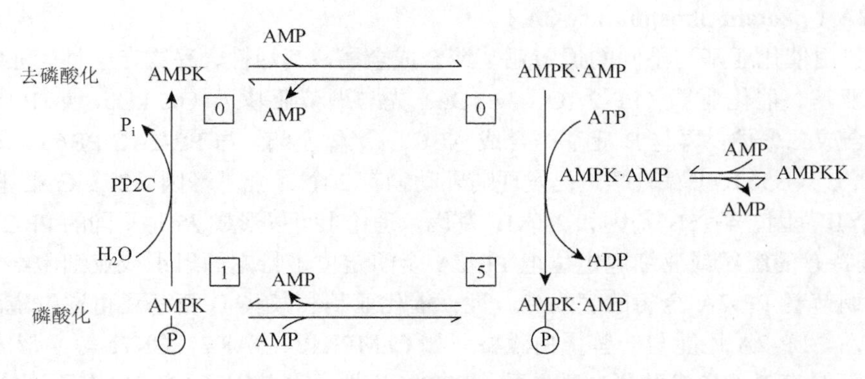

图 6-20　AMPK 激活作用模式图

方框内的数字代表相对活力

四、蛋白磷酸酶

蛋白磷酸酶和蛋白激酶对蛋白质可逆磷酸化同等重要，二者缺一不可。在已解密的真核生物基因组中，编码蛋白磷酸酶的基因数一般只有蛋白激酶基因数的 1/4～1/3，如人类基因组有 119 个，线虫有 174 个，酵母有 37 个蛋白磷酸酶基因。这一方面与蛋白磷酸酶的底物专一性较低有关，另一方面也应看到蛋白磷酸酶一般都是由多个亚基组成寡聚体，全酶的数目远比编码亚基的基因数目多。例如，PP2A 的 22 个基因编码的亚基可能组合成 75 种全酶。蛋白激酶的催化域相当保守，而蛋白磷酸酶在结构上差异很大，目前至少已知 4 种不同结构的蛋白磷酸酶。

根据底物中磷酸化的氨基酸残基的种类，可将蛋白磷酸酶分为三类：Ser/Thr 蛋白磷酸酶、Tyr 蛋白磷酸酶和双重底物专一性蛋白磷酸酶。

（一）Ser/Thr 蛋白磷酸酶

目前已发现数十种 Ser/Thr 蛋白磷酸酶，可分为两个基因家族：PPP 家族成员包括 PP-1、PP-2A、PP-2B、PP-5 等；PPM 家族成员只有 PP-2C。图 6-21 概括了 PPP 家族的亚族各成员之间在分子进化上的相对关系。PPM 家族成员是 Mg^{2+}依赖的，与 PPP 有不同的进化背景。

1. PP-1（phospharylase phosphatase-1）

PP-1 是一种常见的蛋白磷酸酶，调节不同的细胞反应，如在细胞周期、肌肉收缩、蛋白质合成、糖代谢、基因转录等过程中起着十分重要的作用。PP-1 由催化亚基与一系列不同的调节亚基组成，催化亚基（PP-1C）为 38 kDa 的肽链，是 PP-1 的基本结构，对底物的选择性不强，全酶功能的多样性依赖于催化亚基与不同的调节亚基相互作用。PP-1 的调节亚基包括抑制因子Ⅰ-1 和Ⅰ-2，以及不同的定位亚基。PP-1C 与调节亚基 GM（糖原结合蛋白，120 kDa）结合成 PP-1 全酶，通过 GM 与参与糖原代谢的三种酶磷酸化酶激酶、糖原磷酸化酶、糖原合酶相结合。在该系统，这三种酶都是 PP-1 的适宜底物，在与 GM 及糖原结合的状态下，催化亚基对它们的活性提高了 8 倍，而对其他蛋白质的活性未变。抑制蛋白Ⅰ-1 和Ⅰ-2 与其他调节亚基的作用互相排斥。

2. PP-2A（protein phosphatase-2A）

PP-2A 也由催化亚基与不同的调节亚基缔合成全酶，其活性、底物专一性、亚细胞定位均取决于调节亚基。催化亚基（PP-2AC，34 kDa）先与调节亚基 A（65 kDa，或 PR65，一种支架蛋白）结合成二聚体，再与 B 亚基结合成 ABC 三聚体全酶。与 PP-2AC·PR65 二聚体结合的 B 亚基有 B、B′（B56）、B″和 B‴。已发现哺乳动物有 2 个 A 亚基基因、2 个 C 亚基基因、4 个 B 基因、8 个 B′基因、4 个 B″基因和 2 个 B‴基因，理论上可以形成 75 种不同的 PP-2A 全酶。不同的 B 亚基特有的组织或亚细胞定位把 PP-2A 全酶定位于特定的组织或亚细胞结构；不同的调节亚基还调节着 PP-2A 全酶的底物专一性；催化亚基和某些 B 亚基还可通过磷酸化或甲基化调节其活性。PP-2A 还能与一些蛋白激酶（如 CaMPKⅣ、JAK2、CK2a 等）形成复合物。

PP-2A 还具有低的酪氨酸蛋白磷酸酶（PTP）活性，调节因子 PTPA 在不影响其 Ser/Thr 蛋白磷酸酶活性的情况下调节 PR-65·PP-2AC 的 PTP 活性。

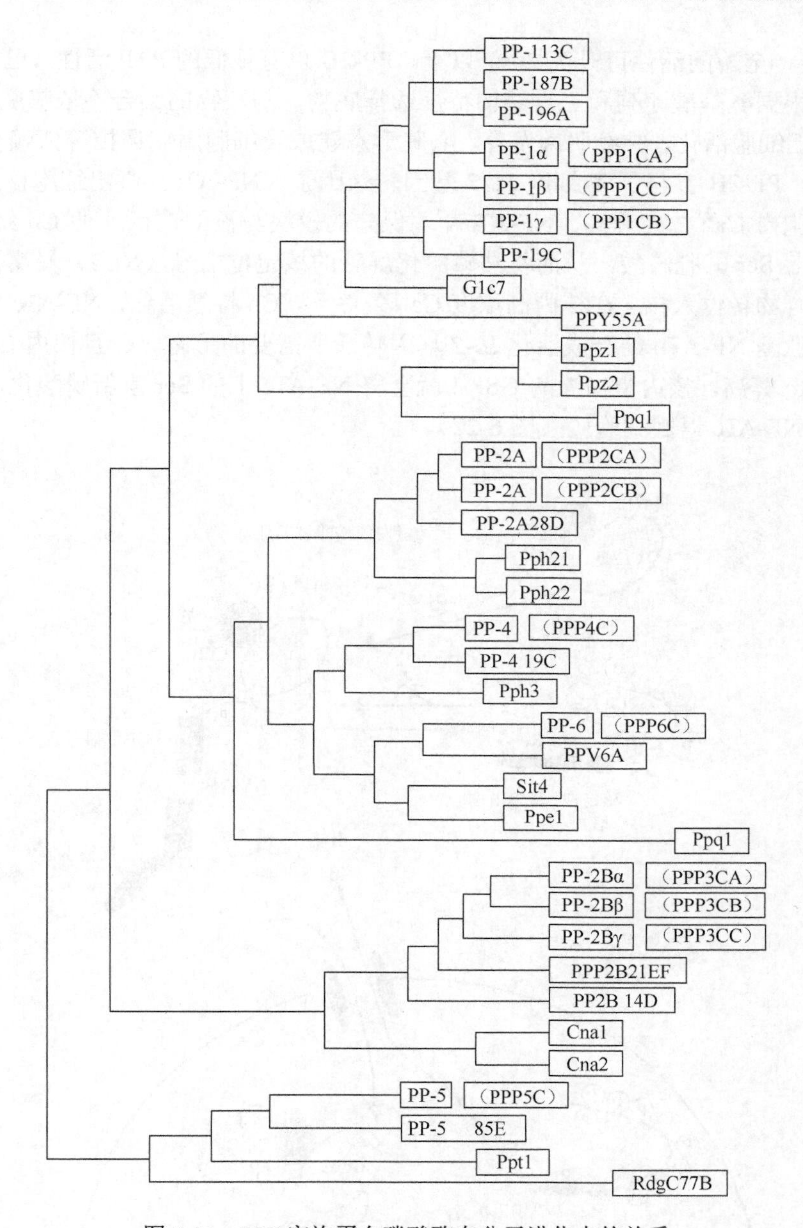

图 6-21　PPP 家族蛋白磷酸酶在分子进化中的关系

PP-2A 在体内主要的靶蛋白是蛋白激酶和转录因子，如 CREB、c-Jun、STAT 等，广泛参与代谢调节和基因表达的调控，以及细胞周期的调节、细胞发育和形态建成等。某些病毒还通过其蛋白质与 PP-2A 相互作用，抑制宿主细胞若干信号途径并借以促进自身繁殖。

3. PP-2B（calcineurin，Cn 或 CaN）

PP-2B 是真核细胞内唯一受 Ca^{2+}/CaM 调控的 Ser/Thr 蛋白磷酸酶。PP-2B 由一个催化亚基（CnA，71 kDa）与一个调节亚基（CnB，19 kDa）缔合而成。CnA 是 CaM 结合亚基，CnB 有 4 个 EF 手结构，是 Ca^{2+}结合亚基。CnB 上的 4 个 Ca^{2+}结合部位有一个高亲和力结合部位，当 Ca^{2+}浓度低于 10 nmol/L 时即可结合，但这时形成的全酶并无活性。只有当 Ca^{2+}浓度升高之后，Ca^{2+}才能与 CnB 上的低亲和力部位结合，此时形成的全酶只有很低的基础活性。如果再与等摩尔的 CaM 结合，全酶的活性可升高 20 倍以上。PP-2B 也有很低的 PTP 活性。已探明的 PP-2B 底物很少，它根据氨基酸序列和三维结构特征选择底物，与底物的结合不依赖底物的磷酸化。PP-2B 参与淋巴细胞活化、神经肌肉发育、心脏形态建成及细胞周期调控等依赖 Ca^{2+}的细胞生理过程。例如，PP-2B 参与了 T 细胞 IL-2 基因转录因子（NF-ATc）进出细胞核的调节。当 T 细胞活化后，胞内 Ca^{2+}浓度升高，NF-ATcN 端保守的模块与被 Ca^{2+}活化的 Cn 结合。Cn 随即催化 NF-ATc 上 Ser-Ⓟ脱磷酸，从而将被磷酸化屏蔽的核定位信号（NLS）暴露出来，并引导 NF-ATc·Cn 复合物转位入核。在核内高浓度 Ca^{2+}条件下，Cn 持续活化，NF-ATc 保持脱磷酸化状态，与核内亚基 NF-ATn 结合成活化 *IL-2* 基因转录所需要的形态。一旦核内 Ca^{2+}浓度下降，Cn 即与 NF-ATc 解离，核内蛋白激酶 GSK3 就会将 NF-ATc 上的 Ser 重新磷酸化，NLS 又被屏蔽，磷酸化的 NF-ATc 返回细胞质（图 6-22）。

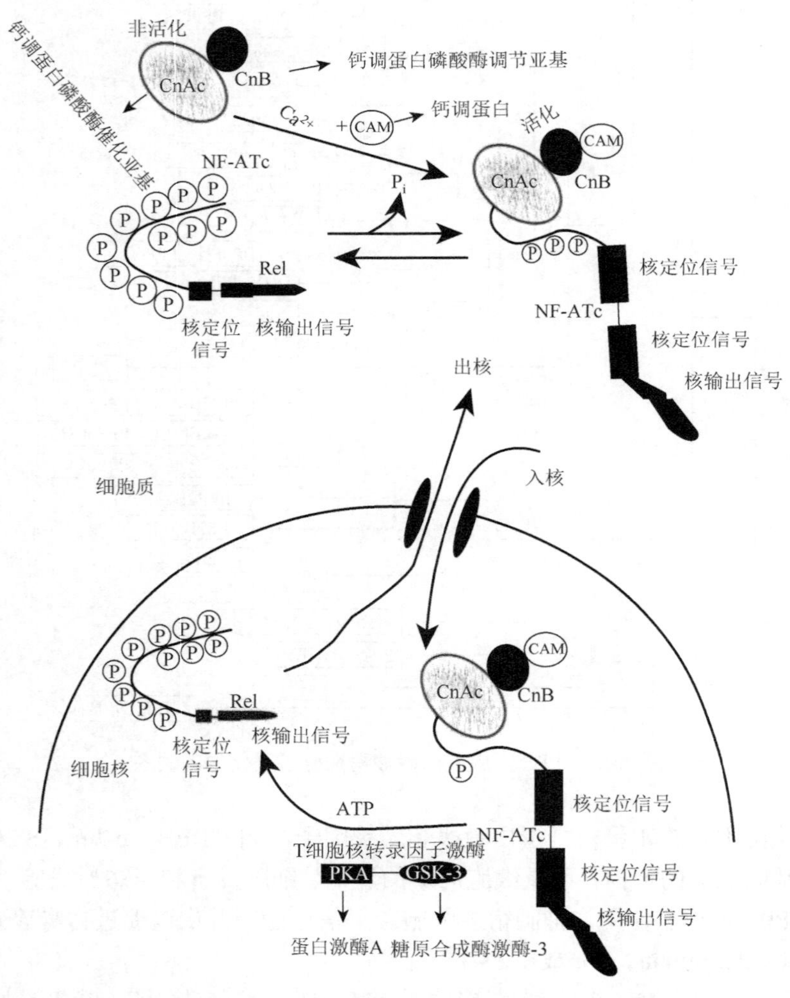

图 6-22 PP-2B 对 NF-ATc 进出细胞核的调节作用

Rel. 原癌基因

4. PP-2C（protein phosphatase-2C）

PP-2C 是属于 PPM 家族的 Ser/Thr 蛋白磷酸酶，在分子进化上与 PPP 家族关系疏远，对它的了解甚少，至今尚未发现可调节 PP-2C 活性的亚基。在人体内，PP-2C 催化 AMPK 脱磷酸化而钝化。在融合酵母中，PP-2C 对 MAPK 途径介导的胁迫信号转导具有负向调节作用。在植物中，发现 PP-2C 与受体样激酶家族成员 PLK5 相互作用，还参与 ABA 信号转导及 MAPK 途径的调节。

（二）Tyr 蛋白磷酸酶

酪氨酸蛋白磷酸酶（protein tyrosine phosphatase，PTP）催化从磷酸化的酪氨酸上移去磷酸基团的反应，与 PTK 的作用相反。目前已发现 100 多种 PTP，它们在结构上有一定的同源性，同源性最高的是由约 230 个氨基酸组成的催化域。根据分子结构可分为受体型 PTP 与非受体型 PTP。

1. 受体型 PTP

受体型 PTP（receptor protein tyrosine phosphatase，RPTP）属Ⅰ型跨膜蛋白，胞外部分变化较大，胞质区为同源性较高的催化功能域，在保守的（I/V）HCXAGXXR（S/T）G 十一肽序列中，C 为其活性中心的关键基团。大多数 RPTP 有两个催化域，中间是 58 个氨基酸组成的保守序列连接区。

RPTR 的分类：RPTP 超家族有 50 多个成员，根据胞外域结构的多样性可分为 6～7 个类型，多数所知甚少，研究较多的有 4 种类型（图 6-23）。第一类包括 CD45、PTPζ、PTPγ，它们的胞外区高度糖基化，有 1～3 个 FnⅢ样结构域。CD45 是调节淋巴细胞活化的重要膜蛋白；PTPζ 参与神经元黏附；PTPγ 为抑癌基因产物。第二类胞外区有 1～3 个 Ig 样结构域和多个 FnⅢ样结构域，成员有 LAR、PTPδ、PTPσ、PTPμ、PTPκ。LAR、PTPσ 参与局灶黏附；PTPμ 和 PTPκ 参与细胞同源黏附，PTPμ 还通过将 E-钙黏着蛋白去磷酸化调节黏附过程；PTPδ 仅分布于脑内。第三类只有 PTPβ，胞外区有多个串联的 FnⅢ样结构域，胞内只有一个催化功能域。第四类有 PTPα 和 PTPε，胞外区分别为 123 个和 27 个氨基酸残基组成的肽段。PTPα 分布广泛，参与 Src 家族 RPTK 分子调节性去磷酸化，以及 MAPK 和 c-Jun 的活化。

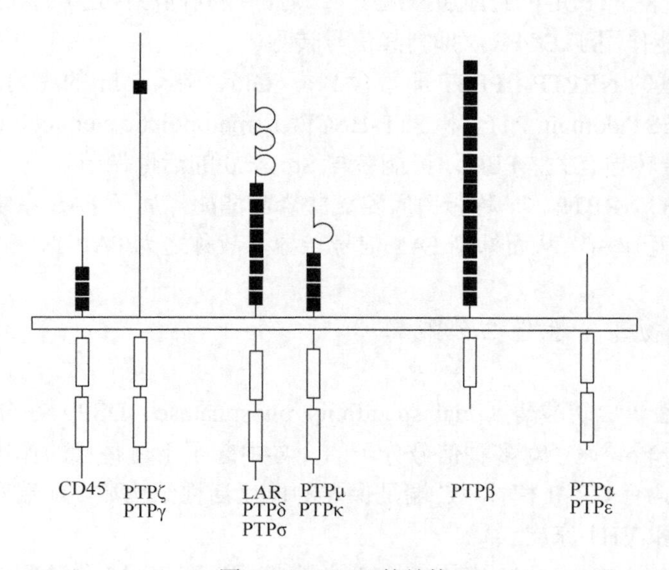

图 6-23　RPTP 的结构

2. 非受体型 PTP

非受体型 PTP（non-receptor protein tyrosine phosphatase，NRPTP）种类较多，在此只能简要介绍几个结构上有代表性的 NRPTP（图 6-24）。

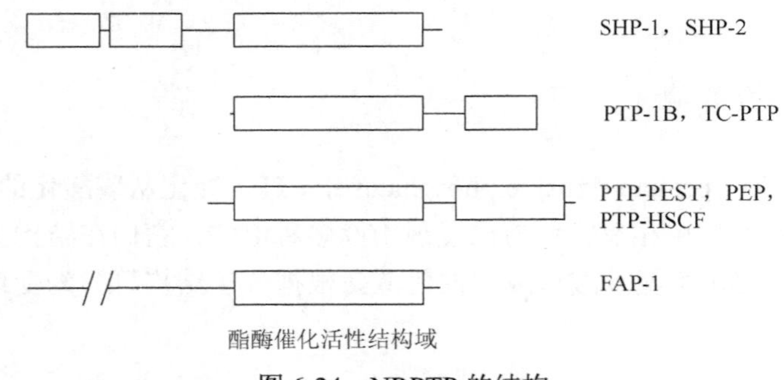

图 6-24 NRPTP 的结构

（1）SHP（SH2-containing tyrosine phosphatase）包括两个主要成员，即 SHP-1 和 SHP-2，N 端都有两个串联的 SH2 结构域，C 端有 PTP 活性结构域。

SHP-1 仅在造血细胞中表达，参与细胞因子受体、生长因子受体和淋巴细胞抗原受体的信号调控。SHP-1 一方面通过 SH2 结构域与 CD22、FcγRⅡB 等受体分子中的 Tyr-Ⓟ相结合，导致受体构象改变；另一方面利用其 PTP 活性将活化的靶蛋白中 Tyr 脱磷酸化而灭活。已经证实，SHP-1 对 EPO、SCF、EGF、IL-3 等细胞因子的信号转导发挥负调控作用。

SHP-2 表达非常广泛，在不同条件下可以发挥正调控或负调控作用。SHP-2 通过 SH2 结构域与 PDGFR、EGFR、GM-CSFR、IL-6Rgp130 等细胞因子受体直接结合，或通过 IRS-1 与 IR 结合，被这些 RPTK 磷酸化。磷酸化的 SHP-2 可与接头蛋白 Grb2 等结合，使有关的下游信号蛋白与受体聚集，从而激活 MAPK 等增殖信号转导途径。近来还发现 SHP-2 对 INF 诱导的 JAK-STAT 途径有负调控作用。

（2）含 ERT（endoplasmic reticulum targeting）的 NRPTP，包括 PTP-1B 和 TC-PTP，N 端有一段疏水序列，可将 PTP 定位到内质网膜上，二者的序列同源性达 65%，催化域更高达 74%。因而作用相似，均能作用于 EGFR，抑制其信号转导。

（3）含 PEST 域的 NRPTP，PEST 即富含 Pro、Glu、Ser、Thr 的序列。这类 NRPTP 包括 PTP-PEST、PEP（PEST-domain PTP）和 PTP-HSCF（hematopoietic stem cell fraction）。PTP-PEST 和 PEP 与 BCR 信号转导有关，PEP 还可能参与 Src 家族的活性调节。

（4）含 FAP-1 的 NRPTP，一种蛋白质酪氨酸磷酸酯酶，属于 FAS 系统的负调节因子。因其能与 FAS 抗原相互作用，从而抑制 FAS 信号转导，故称之为 FAP-1。

（三）双重底物专一性蛋白磷酸酶

双重底物专一性蛋白磷酸酶（dual specificity phosphatase，DSP）在分类上属于 PTP 超家族，在 MAPK 信号转导途径对多种信号分子的介导中起了不可替代的作用。这类磷酸酶的催化中心与 PTP 一样，有 CX_5R 模体，C 端是保守的催化活性结构域，N 端变化较大。DSP 还可再分为 Cdc25 家族和 VH1 家族。

Cdc（cell division control）25 家族使 $p34^{cdc2}$ 的 Thr14 和 Tyr15 脱磷酸化而激活，是细胞从

G_2 期进入 M 期的必要前提。VH1（vaccinia virus late H1 gene）家族包括 MKP-1（MKP phosphatase-1）、PAC-1 等，作用于 MAPK 的 TXY 模体，与 MAPKK 催化其中 Thr 和 Tyr 磷酸化的作用相反，VH1 催化其脱磷酸化而灭活，影响细胞增殖信号的传递。

细胞在外界信号刺激下迅速表达一个或多个 DSP 的基因，DSP 表达本身受 MAPK 的调节。新生的无活性 DSP 定位于细胞内特殊的亚细胞结构，以其 N 端与 MAPK 紧密结合而被激活。如果活化的 DSP 与活化的 MAPK 结合，就会使其脱磷酸而灭活；如果与非活化的 MAPK 结合，则将阻断任何刺激对 MAPK 的活化。DSP 在胞内的定位保证其能选择性抑制特定的 MAPK。当胞外信号消失后，DSP 的转录和翻译迅速停止。DSP 蛋白的半寿期很短，因而它的作用很快就会消退。细胞对 DSP 基因的精密调控及 DSP 对靶标 MAPK 选择性的结合与催化，保证了 DSP 能准确、迅速地灭活 MAPK。

在生物体内，尤其是高等动物体内，蛋白质可逆磷酸化参与调控的生理过程和病理变化比比皆是。找一个完全不受蛋白质可逆磷酸化调控影响的代谢途径或生理过程的确要困难得多。时至今日，已经不可能列一个清单把蛋白质可逆磷酸化调控的酶、蛋白质、生理和病理过程全部展示出来。希望读者能继续关注这个领域的动态与进展，进一步较系统地审视这个貌似平常的调控机制极其丰富的内涵。

主要参考文献

陈惠黎. 1999. 生物大分子的结构与功能. 上海：复旦大学出版社

孙大业，郭艳林，马力耕，等. 2001. 细胞信号转导. 3 版. 北京：科学出版社

Brautiganl D. L.，Shenolikar S. 2018. Protein serine/threonine phosphatases：Keys to unlocking regulators and substrates. Annu. Rev. Bio.，87：921-964

Buschiazzo A，Trajtenberg F. 2019. Two-component sensing and regulation：How do histidine kinases talk with response regulators at the molecular level？Annu. Rev. Microbio.，73：507-528

Cohen P. 1989. The structure and regulation of protein phosphatases. Annu. Rev. Biochem.，58：453-508

Hardie D. G. 1999. Plant protein Ser/Thr kinases：Classification and function. Annu. Rev. Plant physiol. Plant Mol. Biol.，50：97-131

Hardie D. G.，Carling D.，Carlson M. 1998. The AMP-activated/SNF1 protein kinase subfamily：Metabolic sensors of the eukaryotic cell？Annu. Rev. Biochem.，67：821-855

Harvey Millar A.，Heazlewood J. L.，Giglione C.，et al. 2019. The scope，functions，and dynamics of posttranslational protein modifications. Annu. Rev Plant Bio.，70：119-151

Hubbard S. R.，Till J. H. 2000. Protein tyrosine kinases structure and function. Annu. Rev. Biochem.，69：373-398

Kikkawa U.，KishimotoA.，Nishizuka Y. 1989. The protein kinase C family：Heterogeneity and its implication. Annu. Rev. Biochem.，58：31-44

Pitcher J. A.，Freedman N. J.，Legkowtz R. J. 1998. G protein-coupled receptor kinases. Annu. Rev. Biochem.，67：653-692

Ronkina N.，Gaestel M. 2022. MAPK-activated protein kinases：Servant or partner？Annu. Rev. Bio.，91：505-540

Smith R. D.，Walker J. C. 1996. Plant protein phosphatases. Annu. Rev. Plant Physiol. and Plant Mol. Biol.，47：101-125

Stock A. M.，Robinson V. L.，Goudreau P. N. 2000. Two-component signal transduction. Annu. Rev. Biochem.，69：183-215

Stone J. M.，Walker J. C. 1995. Plant protein kinase families and signal transduction. Plant Physiol.，108：451-457

Taylor S. S.，Buechler J. A.，Yonemoto W. 1990. cAMP-dependent protein kinase：Framework for a diverse family of regulatory enzymes. Annu. Rev. Biochem.，59：971-1005

Trewavas A. 1976. Post-translational modification of proteins by phosphorylation. Annu. Rev. Plant Physiol.，927：349-374

Walton K. M.，Dixon J. E. 1993. Protein tyrosine phosphatases. Annu. Rev. Biochem.，62：101-120

Woodgett J. 2000. Protein Kinase Functions. Oxford：Oxford University Press

（武永军）

第七章

细胞信号转导

第一节　概　　述

生物体的代谢、生长、发育受遗传信息和环境变化信息的调控。对细胞而言，环境信息包括体外环境和体内环境变化信息。生物体与环境、生物体内各组织器官、细胞及细胞内的亚细胞结构和生物大分子，在空间上是相互隔离的。为了使这些空间隔离的组分之间相互作用协调一致，必须进行信号传输或信息交流。

细胞的各项生物学功能包括生长、发育、代谢、死亡、适应、防御等均受生物信号分子所携带的信息在细胞内传递，即信号转导通路调控。精细调节的信号转导是正常生命活动的前提，而信号转导异常可以导致各种病理过程的发生。细胞信号转导（cell signal transduction）主要研究细胞感受、转导环境刺激的分子途径及其对代谢生理反应和基因表达的调控，即外界刺激和胞间信号怎样作用于质膜（或胞内）受体，然后如何跨膜传递形成胞内信号，以及其后信息分子级联传递，生物信号逐级放大，引起基因表达和代谢反应的变化等内容。近50年来，随着对激素、神经递质等胞间信号分子作用机制的研究，以及在分子水平对光、水分等环境刺激和病原体对生物体的作用进行的研究日益深入，使得今天已有可能把细胞信号转导系统的轮廓展示在世人面前。

鉴于细胞信号转导与代谢和基因表达调控，细胞免疫，生长发育，细胞的分裂、分化、转化、增殖等重要生命活动有着十分密切的联系，不仅是细胞生物学、分子生物学、生物化学、生理学、免疫学等领域的热门课题，还引起医学、农学、环境科学等学科的高度重视。细胞信号转导的概念已深入生命科学的各个领域，成为解决许多重大理论和实际问题最重要的依据。

一、细胞信号转导的研究范畴与定义

广义的细胞信号转导范畴，如按生物信号交流范围可以分为生物个体之间、多细胞生物的各细胞之间和细胞内三类；如按信号载体范围主要可以分为物理信号和化学信号两大类。胞外信号首先刺激细胞质膜，通过跨膜的信号转导系统引发胞内各种特定的反应。细胞信号转导包括信号分子接收、信号放大和效应产生三个阶段。大多数胞外化学信号（第一信使）都通过质膜上的专一受体识别与结合。受体不仅能区别不同的外界刺激，还能激活特定的信号放大系统，产生胞内信使（第二信使），后者再通过特定的效应分子作用于其靶分子，导致蛋白质结构、酶活力、膜通透性、基因表达等方面的改变，从而产生一系列生理、病理效应。类似的概念还有细胞识别和细胞通信，前者强调细胞与细胞、细胞与大分子相互作用中的特异性结合；后者着重于细胞之间的信息传递；而细胞信号转导则突出胞外信号跨膜进入细胞时的信号转换与放大。

二、细胞信号与胞间信号

信息与信号是密切相关而又有区别的两个概念，信息是抽象的，信号则是信息的物质体现形式及物理过程。生物大分子（蛋白质、核酸、复合糖）的结构信息在细胞中具有独特的功能。在细胞内交流时，大分子结构信息负责细胞成分的组装，决定细胞的基本结构和基本代谢形式，指导细胞代谢及其调节。在细胞间交流时，大分子结构信息则决定同种细胞间的粘连、聚集，病原体对寄主细胞的侵染、配子的融合等。基因组核酸碱基序列蕴涵的遗传信息是决定细胞生长发育及世代相承的蓝图。尽管生物大分子结构包含丰富的信息，但除一些蛋白质激素、抗原等外，它们大多数并不专司信号功能，不能称为信号分子。

目前，细胞信号主要指生物体内的一些化学物质，它们既非能源分子，又不是结构组分，其主要功能就是在细胞间或细胞内传递信息。细胞间的信号转导可分为三种类型：①通过细胞表面大分子直接接触，如精卵细胞的相互识别和病原体对宿主细胞的侵染；②通过间隙连接直接联系，如神经细胞间动作电位经电突触的快速传递；③通过分泌化学信号物质间接联系，以下将重点讨论这种类型的通信。

（一）胞间化学信号的分类

细胞受到刺激后，可向胞外分泌化学信号，经不同距离的传输，被靶细胞接收，完成胞间通信。化学信号可分为内分泌激素、神经递质、局部化学介导因子和气体信号。

1. 内分泌激素

内分泌激素由内分泌细胞直接分泌进入血液，被靶细胞特异的受体识别。高等动物的内分泌激素已查明的多达数十种，按其化学本质分为三类：①氨基酸衍生物，如肾上腺素、甲状腺激素等；②寡肽和蛋白质类，包括小肽类如促甲状腺激素释放因子（3 肽）、促黄体素释放因子（10 肽）、生长激素释放抑制素（14 肽）等，多肽和蛋白质类如促肾上腺皮质激素释放因子（41 个氨基酸）、生长激素（191 个氨基酸）、胰岛素（51 个氨基酸）、胰高血糖素（29 个氨基酸），以及糖蛋白如促卵泡激素（210 个氨基酸）、促甲状腺激素（204 个氨基酸）；③类固醇类，如雌二醇、雄性酮、黄体酮、皮质醇、醛固酮等。

2. 神经递质

神经递质是神经元之间、神经元与靶细胞之间通信的化学信号分子。当神经元末梢受到神经动作电位刺激时，分泌神经递质，通过只有 20～50 nm 的突触间隙，被突触后膜上的受体接收，完成胞间信息传递。神经递质包括：①胆碱类，如乙酰胆碱；②氨基酸类，如 γ-氨基丁酸；③单胺类，如 5-羟色胺；④小肽类，如脑啡肽（5 肽）。

3. 局部化学介导因子

这类化学信号分子被分泌到细胞外液后很快被邻近的细胞接收或被破坏，极少有机会进入血液循环。按照化学本质，此类信号分子包括：①单胺类，如组胺；②脂肪酸衍生物，如前列腺素；③肽和蛋白质类，如嗜伊红趋化因子（4 肽）、神经生长因子（单体 118 个氨基酸），以及干扰素、白细胞介素、集落刺激因子等。

4. 气体信号

迄今在哺乳动物心血管系统中发现的气体信号分子有三种，分别是 NO、CO 和 H_2S。它们也被称作气体递质（gasotransmitter），有平衡调节心血管的功能。

（二）胞间化学信号的共同特点

胞间化学信号分子的特点和区别介绍如下。

1. 特异性

胞间化学信号分子只能与可识别它的靶组织、靶细胞上的受体特异结合，改变受体的构象，并转换成细胞内信号，然后才能调节细胞功能。

2. 多效性和重复性

同一种化学信号分子与不同细胞上的不同受体相互作用或不同细胞的同一类型受体相互作用产生不同的反应；不同信号分子与同一细胞各自的受体相互作用产生相同的反应。

3. 时效性

神经递质介导的反应最快；协调细胞代谢的信号转导也比较快；影响细胞生长发育、组织器官分化的化学信号时效一般较持久。

4. 半寿期与溶解性

亲水性化学信号（神经递质、多数内分泌激素和局部作用化学介导因子）分泌后很快被清除，它们的半寿期只有几毫秒到几分钟。这类信号分子通常与靶细胞表面受体相互作用。疏水性化学信号（类固醇激素和甲状腺激素）在血液中与特殊的载体蛋白相结合，半寿期为数小时，被释放后进入细胞，与胞内受体结合，再与DNA结合，调节基因表达模式，影响生长发育和分化。

（三）胞间化学信号的释放、运输、接收与灭活

1. 激素分泌的三级反馈调控

例如，肾上腺皮质激素分泌的调控，内外刺激作用引起下丘脑分泌促肾上腺皮质释放素（CRH），CRH刺激垂体分泌促肾上腺皮质激素（ACTH），ACTH刺激肾上腺皮质分泌糖皮质激素和盐皮质激素。糖皮质激素作用于肝细胞，促进糖异生，导致血糖升高；盐皮质激素作用于肾远曲小管，促进水和Na^+吸收，促进H^+和K^+分泌，导致血Na^+水平上升。过高的糖皮质激素和血糖反馈地抑制下丘脑分泌CRH；过高的血Na^+反馈地抑制肾素的分泌，降低血管紧张素的浓度，减少醛固酮分泌。过高的糖皮质激素还反馈地抑制脑垂体分泌ACTH。激素具有强大而复杂的调节作用，它的浓度只能在一定限度内波动，浓度过高或过低都会导致严重后果，必须通过逐级管制、层层反馈，使激素分泌受到严格、精密的调控。

2. 血液运输

肾上腺素、胰高血糖素等以游离形式运输；疏水激素和许多亲水激素则与血浆中的载体蛋白结合运输。激素-载体复合物运输可防止激素在运输中的损失，而且能维持血液中游离激素的恒定状态。

3. 激素的接收与灭活

激素被受体接收而引起细胞反应将在后续章节论述。起作用后，激素必须被及时灭活清除，这是信号转导的基本要求之一。激素通常在肝内或血液中被降解或经氧化、还原、脱氨基、脱羧基、甲基化等方式被灭活。

三、细胞信号转导的途径

一种胞间信号被靶细胞质膜上的受体接收，通过跨膜的信号转导系统传入胞内，然后经过一系列蛋白质传递作用于效应分子，产生预定的生物学效应。这样的信号转导途径实际上是一个把原初信号逐级放大的级联系统，使得一种胞间信号的微弱刺激可以引发下游千百种酶和转录因子的活性改变，导致生物体内明显的生理变化。图 7-1 展示了细胞主要的信号转导途径。在这个大大简化了的模式图中，每种信号看来都是从上游到下游线性传递，彼此间似乎并无联系。实际上细胞信号转导途径是一个复杂的网络系统，多数信号分子可激活不同的信号途径。

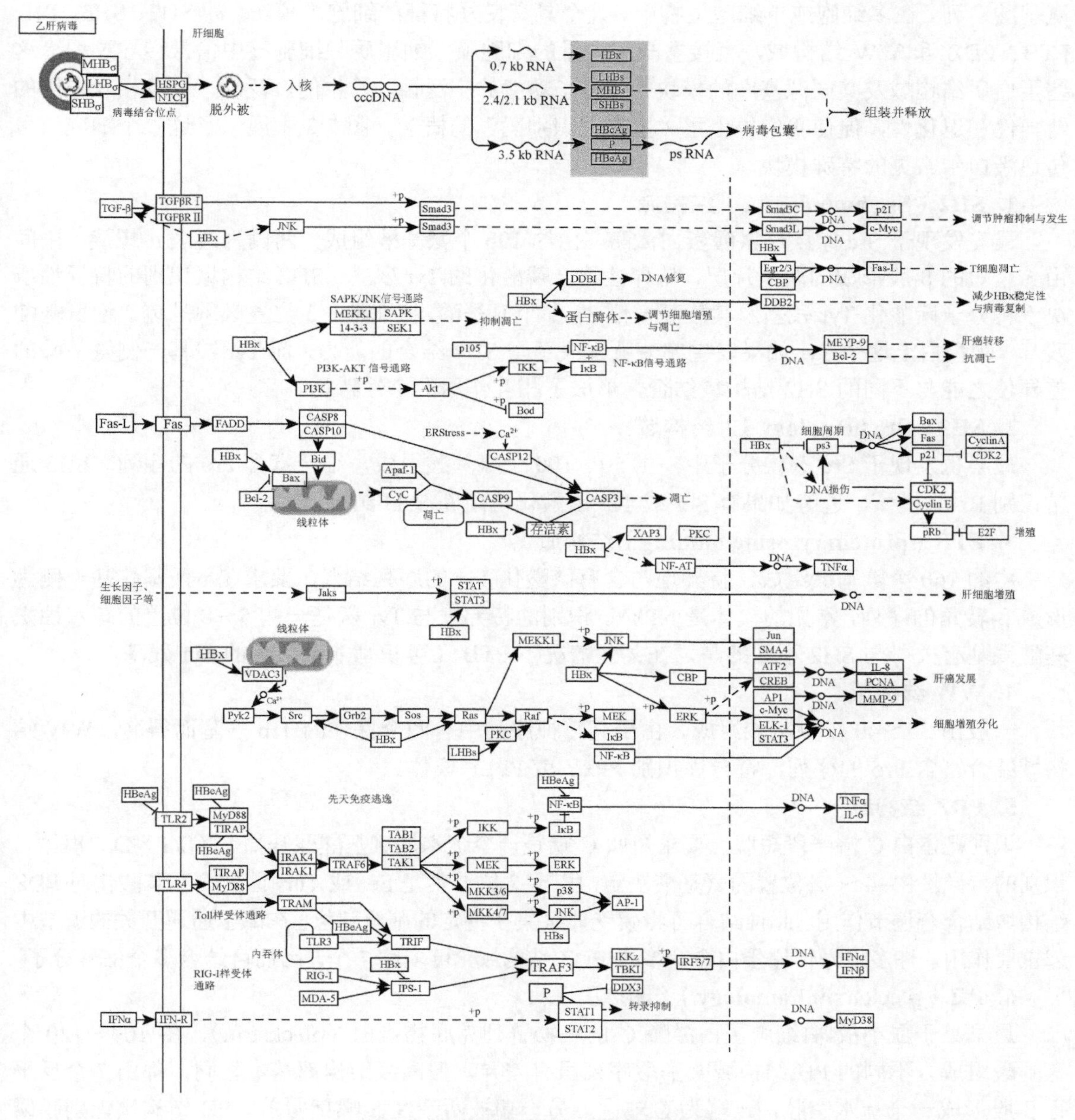

图 7-1　细胞信号转导主要途径模式图

几个不同的信号途径可激活同一蛋白激酶，不同蛋白激酶的靶蛋白及不同转录因子调控的靶基因发生重叠的情况更是屡见不鲜。通过这些共同作用的效应分子，不同的信号途径交织整合成一个错综复杂的网络系统。

四、参与信号分子相互作用的特殊结构域

细胞信号转导中涉及的信号分子间相互作用，有些是酶-底物之间的特异性作用，还有许多则是由蛋白质特殊结构域介导的相对特异的作用。这些结构域一般由 50～100 个氨基酸组成，具有特殊的空间结构，在不同信号分子间有高度同源性，可识别并结合特定的信号分子或氨基酸序列。在多细胞或单细胞生物中，几个具有良好特征的细胞内模块，即 SH2、SH3、PH、PTB、PDZ 和 WW 结构域，直接参与了大量的细胞膜、细胞质和细胞核中信号转导过程。这些蛋白质结构域及其同源基序的模块性、分子功能的广泛性、发生的广泛性，以及相互作用的特异性和退化性，促使我们提出了“蛋白质识别码”的概念。图 7-2 中展示了这 6 个细胞信号传递蛋白中常见的特殊模块。

1. SH2（Src homology 2）结构域

最先发现于 Src 家族酪氨酸蛋白激酶，由约 100 个氨基酸组成，两侧为两个 α-螺旋，中间由 5 个短的 β-股形成的两个片层，特异性结合磷酸化的 Tyr 残基。SH2 结构域识别的特异性取决于靶分子磷酸化 Tyr 残基及其羧基一侧 3～5 个氨基酸，特别是 + 3 位置必须是疏水性氨基酸残基。靶蛋白上这个 Tyr 如果发生突变就丧失了与 SH2 结合的能力，而 Tyr 羧基一侧氨基酸的差异使之能与不同的 SH2 结构域结合，形成了相互作用的个性特色。

2. SH3（Src homology 3）结构域

最早也发现于 Src 家族分子中，由 50～100 个氨基酸组成，结合富含 Pro 的序列。SH3 通常识别 PxxP 模体，近旁如果有 Ser 或 Thr 磷酸化可阻断 SH3 结合。

3. PTB（protein tyrosine binding）结构域

由约 160 个氨基酸组成，特异地与含有磷酸化 Tyr 的序列结合，要求 Tyr 残基氨基一侧为形成 β-转角的序列，常见的模体是 NPxY，识别的特异性与 Tyr 氨基一侧 5～8 位置的疏水性氨基酸残基有关。与 SH2 不同的是，在某些情况下 PTB 还可识别非磷酸化的 Tyr 残基。

4. WW 结构域

一般由 35～40 个氨基酸组成，由于其特征序列中有两个保守的 Trp 残基而得名。WW 结构域结合富含 Pro 的序列，特异性识别 PPxY 或 PPLP 模体。

5. PDZ 结构域

识别靶蛋白 C 端一段短肽，要求短肽 C 端是一个疏水性氨基酸残基如 E（S/T）DV 模体。识别的特异性由–4～–2 位置的氨基酸决定，由于–2 位通常是 Ser 或 Thr，因此 S/T 磷酸化对 PDZ 结构域结合有调节作用。此种结合可将膜受体聚集在特定的胞质部位，在离子通道开关的调节中起重要作用。许多信号传递蛋白含有多个 PDZ 结构域，可多达 7 个，因而可结合多个信号分子。

6. PH（pleckstrin homology）结构域

最早见于血小板-白细胞蛋白激酶 C 的底物普列克底物蛋白（pleckstrin），由 100～120 个氨基酸组成。不同的 PH 结构域氨基酸序列虽有差异，但高级结构都基本相同，都由 7 个反平行 β-股形成一个疏水空腔，一端为 C 端区，另一端被两亲性 α-螺旋覆盖。PH 结构域识别膜磷脂组分及其代谢产物，如磷脂酰肌醇二磷酸、磷脂酰肌醇三磷酸、肌醇三磷酸等。

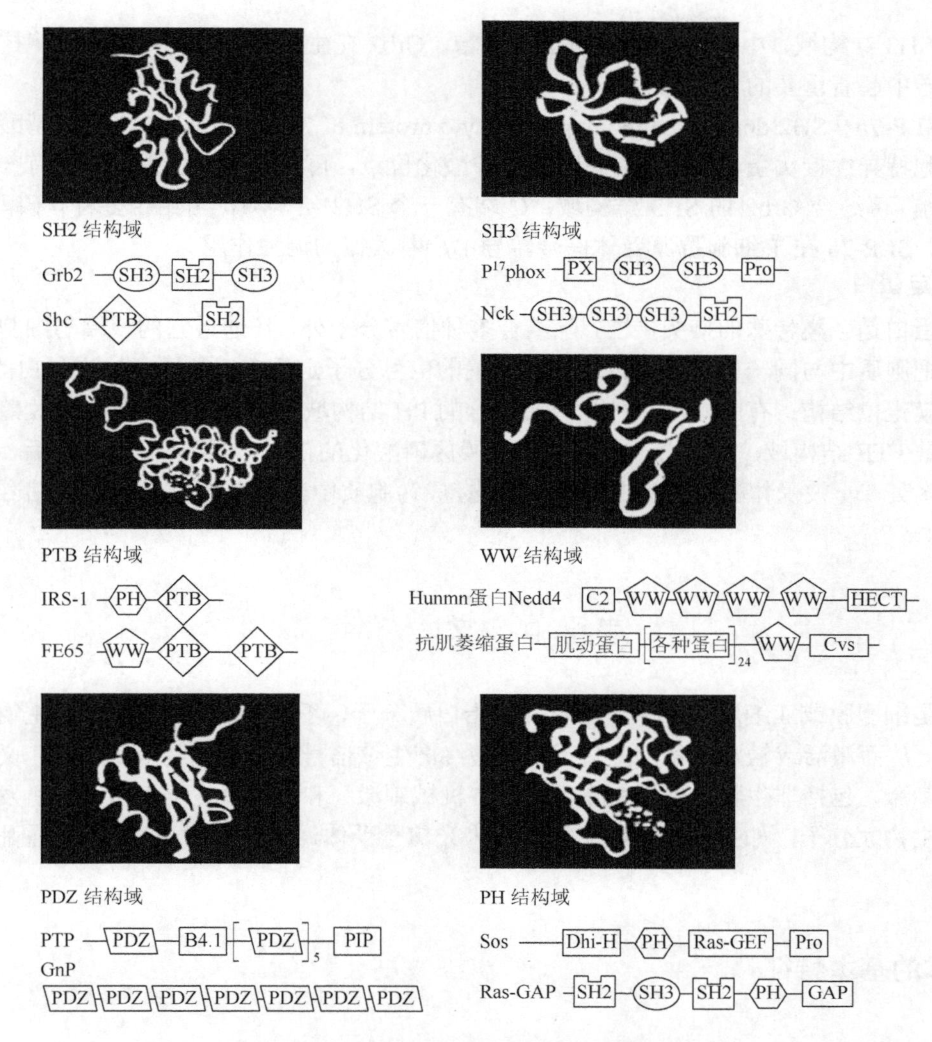

图 7-2 细胞信号传递蛋白质中常见的特殊结构域

五、接头蛋白与锚定蛋白

在细胞信号转导中，为了专一、高效地实现有关蛋白质之间的相互作用，进化出一类特殊的支架蛋白（scaffold protein），包括比较简单的接头蛋白和锚定蛋白。

接头蛋白（adaptor protein）和锚定蛋白（docking protein 或 anchoring protein）是信号传递中两类特殊的蛋白质，它们不具备酶活性或转录因子活性，其功能是把上游和下游的信号传递分子联系起来，为信号传递提供空间上的保障。

1. 接头蛋白

接头蛋白通常含有多个结合其他分子的特殊蛋白模块（如 SH2、SH3、PDZ、WW、PH、PTB 等），或与蛋白模块结合的结构（如磷酸化的 Tyr、富含 Pro 的模体、磷脂等），因此可以连接上游和下游的信号分子，协助信号的传递。常见的接头蛋白有 Grb2、SLP-76、Lnk 和 Crk 等。

（1）Grb2（growth factor receptor-bound protein-2）：最常见的接头蛋白之一，N 端和 C 端

各有一个 SH3 结构域，中间夹着一个 SH2 结构域。Grb2 在生长因子受体和淋巴细胞抗原受体的信号转导中起着重要的作用。

（2）SLP-76（SH2 domain-containing leukocyto protein of 76 kDa）：由 533 个氨基酸组成，是造血细胞特异性接头蛋白，N 端有三个 Tyr 磷酸化位点，可结合 Vav 蛋白；中部有一段富含 Pro 的序列，可结合 Grb2 的 SH3 结构域；C 端有一个 SH2 结构域，可结合多种含磷酸化 Tyr 的蛋白质。SLP-76 在 T 细胞抗原受体信号转导中起着关键的调控作用。

2. 锚定蛋白

锚定蛋白是一类特殊的接头蛋白，除结合多种信号分子外，还通过它的一端与细胞膜结构相结合，把胞质中与同一信号传递过程密切相关的信号分子定位在近膜区，锚定蛋白的 N 端有特殊的膜定位结构：有的是可直接与膜脂结合的 PH 结构域；有的是棕榈酰化或豆蔻酰化位点；有的是 PTB 结构域，可结合于受体胞质近膜区磷酸化的 Tyr。与活化受体结合后，锚定蛋白自己有多处 Tyr 被受体酪氨酸蛋白激酶磷酸化，成为胞质中其他含 SH2 结构域的信号分子的结合位点。

第二节 受 体

受体是细胞膜或亚细胞组分中一类特殊的蛋白质分子，可识别并专一地结合有生物活性的信号分子，从而激活或触发一系列生化反应，最终产生该信号特定的生物学效应。广义受体是接受任何刺激，包括非生物的环境刺激（如光、机械刺激）和病原微生物刺激，并引发一定细胞反应的生物大分子，如把植物细胞光敏素称为光信号受体，把脑苷脂 GM_2 称为霍乱毒素受体等。

一、受体的基本特征

根据受体的亚细胞定位把受体分为膜受体和胞内受体。甾类激素、甲状腺激素等疏水性胞间信号和气体信号的受体均定位于胞内或核内，其他亲水性胞间信号的受体均位于细胞质膜上。无论定位于何处，受体的两个基本功能缺一不可，即特异地识别并结合特定的信号分子，然后把接收的信号准确无误地放大并传递到细胞内，引发一系列胞内信号级联反应，产生特定的细胞效应。受体与信号分子的结合有以下主要特征。

1. 特异性

受体最基本的特征或功能是能准确地识别特定的信号分子并与之结合，否则就无法准确地传递信息。像酶与底物的识别、结合一样，受体上的结合部位与信号分子的三维构象互补，它们的结合也是分子识别过程，与诱导契合理论相符。已知肾上腺素 β 受体胞外部分的激素结合部位由螺旋 3 的 Asp113、螺旋 5 的 Ser204 与 Ser207 和螺旋 6 的 Phe290 等残基组成，Asp113 的负电荷与肾上腺素氨基的正电荷相互作用，Ser204 和 Ser207 的羟基氧原子与肾上腺素苯环上的两个羟基氢原子形成氢键，Phe290 的苯基与其他疏水基团形成的疏水袋恰好可以容纳肾上腺素分子。如果 Ser204 和 Ser207 或 Asp113 突变成 Ala，对肾上腺素的亲和力都会大幅度下降。在特定的生理条件下和特定的细胞中，受体结合具有高度特异性，不能把这种特异性简单地理解为一种受体只结合一种信号分子或一种信号分子只结合一种受体。实际上，同一细胞或不同类型的细胞中，同一信号分子可能有两种或多种不同的受体。例如，肾上腺素有α和β两种类型的受体，胰岛素有高亲和力和低亲和力两种受体。

受体的特异性还体现在胞内部分与特定的信号传递蛋白偶联，肾上腺素的β受体和α受体分别与不同的G蛋白偶联，产生不同的细胞效应。肾上腺素β_2受体CⅢ环221～228位的序列对其偶联G蛋白绝对必要；269～272位如缺失或发生突变也会大大降低它偶联G蛋白的能力；位于胞外侧E-Ⅰ中的Cys106和E-Ⅱ中的Cys184对于偶联G蛋白也绝对必要，表明和G蛋白的偶联不仅与胞内直接接触的肽段有关，而且与受体分子的整体构象有关。

2. 敏感性

胞间信号和受体的浓度通常都极低，因此受体必须具有极高的敏感性，它们的结合服从质量作用定律，可用下式表示：

$$[H]+[R] \underset{K_d}{\overset{K_a}{\rightleftharpoons}} [HR] \quad K_a=\frac{[HR]}{[H][R]} \quad K_d=\frac{[H][R]}{[HR]}=\frac{1}{K_a}$$

式中，[H]为游离信号物质（配体）浓度；[R]为未结合的受体浓度；[HR]为信号分子-受体复合物浓度；K_a为结合常数（亲和常数）；K_d为解离常数，K_d值为50%受体被结合时的配体浓度（图7-3）。通常表观K_d值为10^{-12}～10^{-9} mol/L。例如，胰岛素受体的K_d为2×10^{-8} mol/L或0.12 μg/ml，当血浆中胰岛素浓度达血浆总蛋白的10^{-5}时就能与之专一结合。有些受体对配体的亲和力会发生变化，而且多表现为负协同，如胰岛素受体、肾上腺素β受体、乙酰胆碱受体等；个别受体表现为正协同，如抗利尿激素受体。

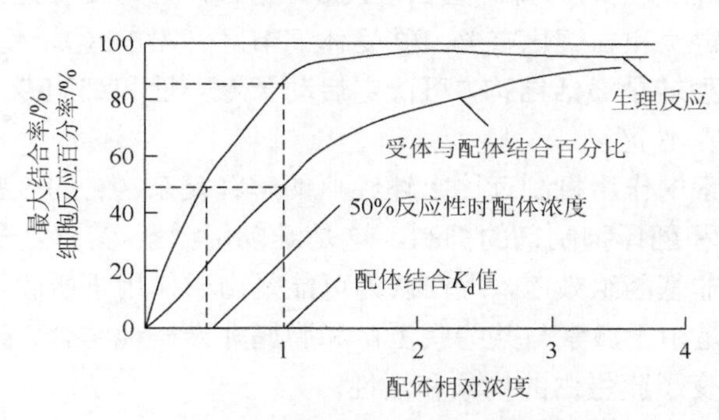

图7-3　受体的配体结合曲线

3. 饱和性

在一定生理条件下，细胞的某种受体数目保持相对恒定。例如，每个靶细胞的受体少的可低至500个（如甲状腺中促甲状腺激素受体），多的可高达10^{11}个（如电鳗电器官中乙酰胆碱受体）。受体以高亲和力特异地结合配体一般很容易被饱和；而低亲和力的非特异性结合可能只是一种物理吸附作用。

4. 可调控性

受体数目恒定是相对的，在一定的条件下可以进行上调或下调。例如，血液中胰岛素浓度过高时，靶细胞上的胰岛素受体数目下调，在高胰岛素血症或胰岛素抗拒性的人和鼠肝细胞、脂肪细胞、心肌细胞中，胰岛素受体数目下降50%～70%。反之，血中胰岛素浓度过低时，靶细胞上的胰岛素受体数目上调。激素长时间刺激导致组织“脱敏”和较长时间激素撤退时引起的组织“超敏”，均可能与受体数目改变有关。另外，有些受体被磷酸化后对配体的亲和力下降，或与某种磷蛋白结合而不能与下游信号蛋白偶联，都能影响或调节受体的功能。

二、胞内受体的作用机制

甾类激素、甲状腺激素和维甲酸等疏水性小分子信号物质，通过简单扩散即可跨越质膜进入细胞。黄体酮、皮质醇、孕酮等与胞质内的受体结合，激素-受体复合物即可通过核孔进入细胞核；甲状腺激素、维生素D、雌激素和维甲酸则与核内的受体结合。这些受体与其配体结合之后引起构象变化，对DNA的亲和力增大，与靶基因上的调节序列结合，调节基因的表达。胞内受体介导的信号途径起效慢，但持续时间长，影响范围大。

一个典型的靶细胞大约有10^5个甾类激素受体，每种受体与一种特殊的激素分子以高亲和力（$K_d = 10^{-10} \sim 10^{-8}$ mol/L）可逆地结合。

根据cDNA已经推测出多种胞内受体的氨基酸序列，这些受体含400～900个氨基酸残基，它们的C端长度相似，有相当的保守性，N端长度变化很大，保守性也差。通过部分酶解、定点突变和基因重组技术，已查清几种甾类受体共同的特点是有三个主要功能区：①DNA结合区（C区），位于受体中部，由66～68个氨基酸组成，富含Cys，形成两个锌指结构，还富含碱性氨基酸，有利于与带负电荷的DNA相结合，特异地与靶基因调控区的激素反应元件（HRE）相结合。该区域的保守性最强，而且有一个由8个氨基酸组成的核定位信号（RKTKKKIK）。②激素结合区（E区），位于C端，由250个氨基酸组成，与甾类激素结合后导致受体活化。E区和C区还可在未结合激素时与抑制蛋白（Hsp）结合，妨碍受体进入细胞核及与DNA结合。E区还与受体的核定位和二聚化有关。③受体调节区（A/B区），受体N端的A/B区具有一个非激素依赖的组成型转录激活结构，可决定启动子专一性和细胞专一性。另一个激素依赖的诱导型转录激活结构在E区。

研究显示，甾类激素的作用机制远比上述经典的解释复杂。它的一些生理效应很迅速，常以分或秒计，不受转录和翻译抑制剂的抑制，这是难以用激素-受体复合物调节基因转录来解释的。甾类激素的这些非基因组效应，现在认为可能是由于作用于质膜上的特异部位，启动了信号转导通路；也可能是由于激素与某些膜蛋白和膜脂非专一地结合，改变了膜的流动性或膜蛋白的微环境，进而改变了膜蛋白的构象和活性。

三、细胞膜受体

所有的水溶性胞间信号和个别脂溶性信号分子（如前列腺素）的受体都属于细胞表面受体，按照其信号转换机制和受体分子的结构特征，又将它们再划分成离子通道型受体、G蛋白偶联受体、具有酶活性的膜受体和与酪氨酸蛋白激酶偶联的膜受体。

（一）离子通道型受体

烟碱型乙酰胆碱受体（nAChR）、γ-氨基丁酸受体、甘氨酸受体、谷氨酸/天冬氨酸受体、5-羟色胺受体等均属于配体依赖的离子通道型受体（ion channel receptor）。其共同特点是由多亚基组成受体/离子通道复合体，膜外侧的配体结合部位与信号分子结合后，立即打开离子通道，导致离子跨膜流动，引起膜电位发生变化，继而引发生物学效应，介导可兴奋信号的快速传递。

以烟碱型乙酰胆碱受体为例，它是神经突触后膜上的一种整合膜蛋白，由 α、β、γ、δ 四种亚基组成五聚体（$\alpha_2\beta\gamma\delta$），呈不对称环形颗粒状，貌似一朵玫瑰花，“花瓣”直径 8～9 nm，中央为一直径 0.6～0.7 nm 的 Na^+通道（图 7-4）。在 nAChR 各亚基较长的 N 端与较短的 C 端之间都有 4 个由 19～27 个氨基酸组成的疏水 α-螺旋，分别用 M_1、M_2、M_3和 M_4表示，其长度足以贯穿脂双层膜。M_3和 M_4之间有由 20 多个氨基酸组成的 M_5片段，几乎每隔 4 个氨基酸就有一个带电荷的残基，可形成两亲性跨膜螺旋，其亲水一侧面向离子通道。这样，5 个亚基的 M_5共同组成带相间正负电荷的离子通道内壁，各亚基的 M_2和 M_3构成离子通道的中间层，各亚基的 M_1和 M_4构成外层。虽然离子通道内壁有带正电荷的残基，由于通道中充满着水，Na^+被水包裹着通过通道，并不与内壁带电基团直接发生作用。实验表明，δ 亚基在调节通道关闭状态上起着重要作用。各亚基较长的 N 端片段位于膜外侧，且被糖基化，乙酰胆碱结合位点在两个 α 亚基的 N 端片段。较短的 C 端亲水片段位于膜内侧。

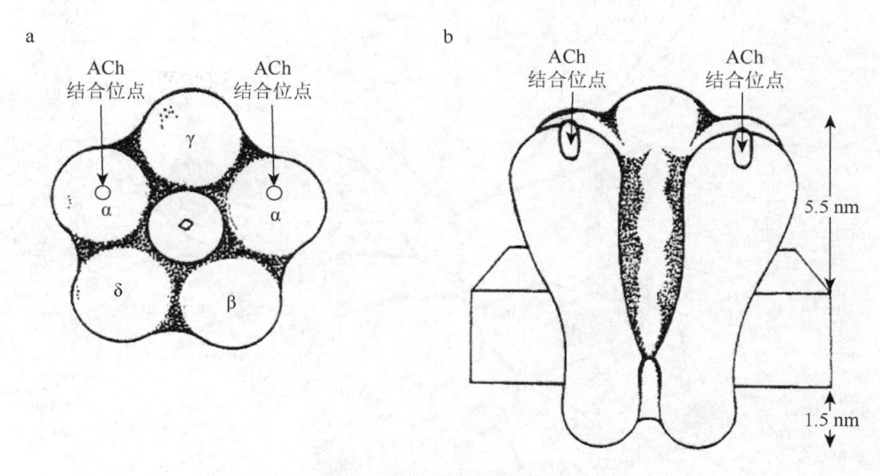

图 7-4 nAChR 结构模式图

nAChR 由 5 个亚基组成，嵌在质膜中，中央为 Na^+通道。a. 横剖面；b. 纵剖面

另一类为电压依赖型受体/离子通道复合体，如二氢吡啶受体，其特点是由大的单肽链构成，每个肽链有 4 个同源重复序列，每个重复序列单位含有 6 个跨膜片段，由这 24 个跨膜螺旋围成离子通道，每个重复单位的片段 4 大概是电位感受器。

此外，IP_3、cADPR 和 Ca^{2+}依赖的 Ca^{2+}通道，cGMP 和 cAMP 依赖的离子通道也是配体依赖型，但它们存在于细胞内膜。

（二）G 蛋白偶联受体

信号转导是维持细胞内环境稳定和确保所有生物体内细胞活性的基本生物学过程。细胞表面的膜蛋白是细胞内外环境之间的通信接口。G 蛋白偶联受体（G-protein-coupled receptor，GPCR）是人类基因组中最大的细胞表面受体超家族，目前已经鉴定出 800 多个基因对其进行编码。GPCR 的功能是检测广泛的细胞外信号，它们是卓越的环境传感器，介导多种细胞外激活配体的信号传递，包括光子、离子、感觉刺激、脂质、激素、神经递质、代谢物、肽和蛋白质。在配体结合后，GPCR 发生构象变化，导致复杂的胞质信号网络被激活，进而导致细胞反应。

G 蛋白偶联受体是真核细胞信号转导的关键看门人。目前人体中 GPCR 家族有 826 个成员，通常根据其序列和结构相似性分为 5 个家族：视紫红质家族、分泌因子家族、谷氨酸家族、黏附因子家族和卷曲基因/味觉因子家族（图 7-5）。

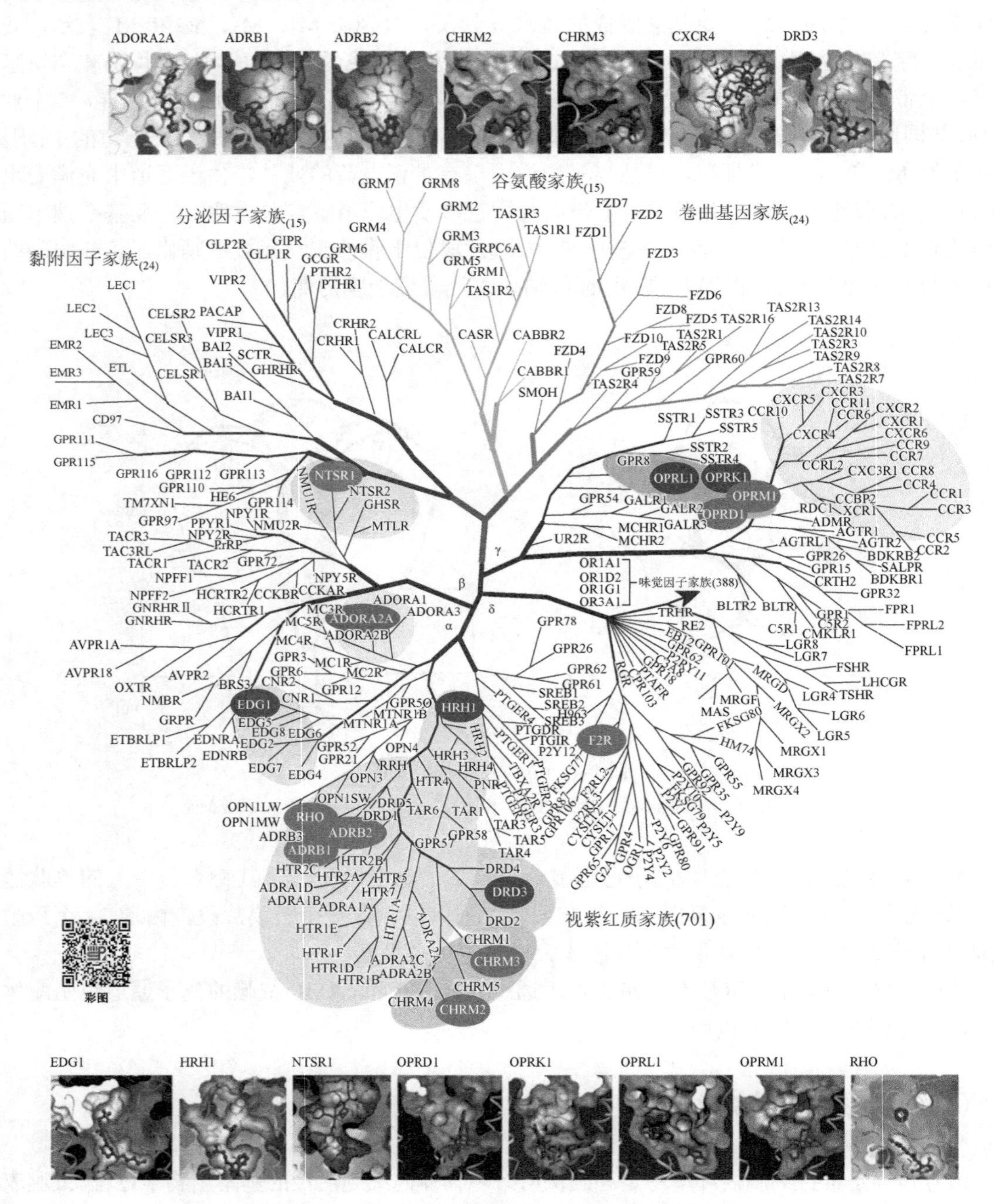

图 7-5 人类 G 蛋白偶联受体超家族的系统发育树

视紫红质家族代表了迄今为止最大的 GPCR 类别，为 A 类 GPCR，有 701 个成员，包括了生物胺、多肽、信号脂质、金属离子、核苷酸和感官刺激（如可见光和气味）类型的受体。A 类 GPCR 的结构特征是N端的胞外区较小，跨膜区有较多的保守位点。

B 类为分泌素与黏附因子家族，分泌因子家族有 15 个成员，对长链 α-螺旋肽配体起反应，包括激素、胰高血糖素和甲状旁腺激素等受体。

黏附因子家族有 24 个成员，由于未发现天然配体而被称为孤儿受体。其包含较大的细胞外氨基端结构域和可能的诱导 GPCR 自体水解的 GAIN 结构域。

C 类为谷氨酸家族，通常会形成同源二聚体，且具有较大的胞外结构域，其包含整个配体结合位点。这些受体包括谷氨酸和 γ-氨基丁酸（GABA）的代谢型受体，以及涉及甜苦味觉的受体。

卷曲基因家族（F 族）包括卷曲状和平滑化受体，其胞外区均富含半胱氨酸的结构域（CRD）。

它们在发育生物学中起重要作用（图 7-6）。

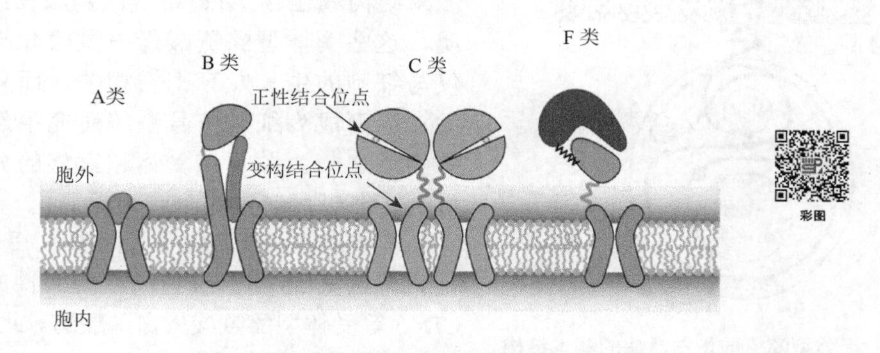

图 7-6　不同家族 GPCR 的结构特征示意图

尽管 GPCR 经历了广泛的序列多样化，但是它们共享一个守恒的 7 次跨膜螺旋结构。GPCR 结构的主要特征是具有由三个细胞外环（ECL1～ECL3）和三个细胞内环（ICL1～ICL3）连接的 7 次跨膜螺旋区域（7TM）。GPCR 超家族的成员具有相同的基本架构：7 跨膜 α-螺旋，一个细胞外氨基端片段，一个细胞内亲水脂的螺旋和羧基端尾巴（图 7-7）。

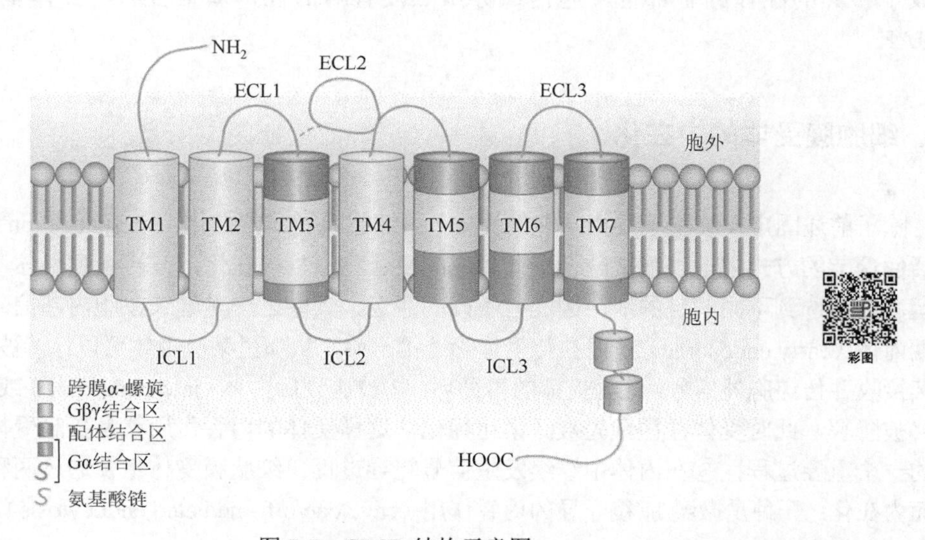

图 7-7　GPCR 结构示意图

（三）具有酶活性的膜受体

具有酶活性的膜受体是具有跨膜结构的酶蛋白，其胞外域与配体结合而被激活，通过胞内酶活性域催化的反应将信号转至胞内。许多生长因子如表皮生长因子（EGF）、血小板生长因子（PDGF）和胰岛素的受体均属于此类。这些受体多为Ⅰ型跨膜蛋白，N端在膜外侧，C端在膜内侧，整个分子可分为三个结构区，即胞外的配体结合区、跨膜螺旋区和膜内侧的酪氨酸蛋白激酶结构域（图 7-8），激酶结构域包含ATP结合区和底物结合区。研究表明，这些受体型酪氨酸蛋白激酶介导的信号途径不仅与细胞的生长发育密切相关，而且与细胞转化有关，因而成为细胞信号系统研究中最活跃、最深入的领域之一。关于该受体超家族的分类及信号转导机制将在以后节中进一步讨论。

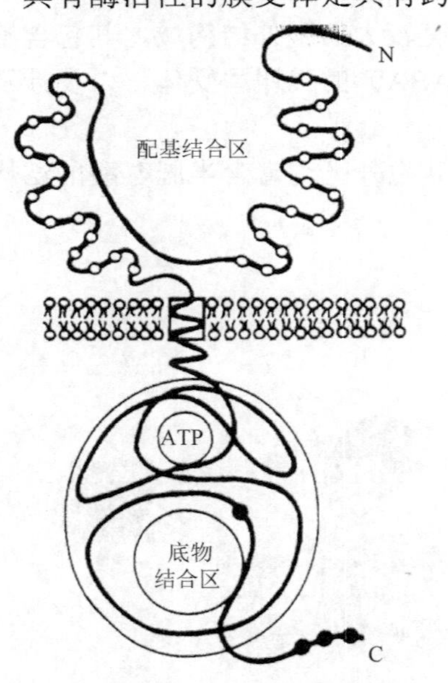

图 7-8　受体型酪氨酸蛋白激酶的基本结构

近年来还发现转化生长因子β受体超家族的成员是具有丝氨酸/苏氨酸蛋白激酶活性的膜受体，以及CD45等受体型酪氨酸蛋白磷酸酶。此外，膜结合的鸟苷酸环化酶也具有受体功能。

（四）与酪氨酸蛋白激酶偶联的膜受体

许多细胞因子（如IF-6、INF-γ等）的受体是由不同亚基组成的异源寡聚体，胞外部分构成了特异的配体结合部位，胞内部分虽然没有酶活性，却结合着非受体型酪氨酸蛋白激酶JAK。

四、细胞膜受体的内在化

除了前述固定在细胞膜发挥功能的受体外，细胞膜受体内在化（internalization）也是受体功能及活性调节的方式之一。配基结合受体形成的复合物一旦内在化，在一系列内体（endosome）间转运，被筛选到不同的目的地，因此有不同的命运，其中之一是继续在胞内起信号转导的作用。早期内体（early endosome）是内在化受体筛选第一站，从那里某些受体可以：①被返回质膜表面，继续接收并传递胞外信号，此为受体的再循环；②被送到后内体（late-endosome）或与溶酶体融合，最终被降解，此时受体往往预先被泛素化标记，这样受体的内吞作用就是控制受体数量使信号衰减的一个重要过程；③在内体中继续发生信号转导过程。细胞膜受体主要通过两种方式的内吞作用而内在化：一种是微囊/脂筏介导的内吞作用（caveloae/raft-mediated endocytosis），另一种是网格蛋白介导的内吞作用（clathrin-mediated endocytosis）。

第三节 G 蛋白

G 蛋白即 GTP 结合蛋白（GTP binding protein）或鸟苷酸调节蛋白（guanine nucleotide regulatory protein），是一个蛋白质家族，有许多在细胞信号转导中起偶联膜受体与效应器的中介作用。G 蛋白的 GTP 结合形式为其活化状态；GDP 结合形式为其非活化状态。按其分子大小分为异源三聚体（αβγ）G 蛋白（缩写为 Gp）和单链的小 G 蛋白。

一、异源三聚体 G 蛋白

（一）分类

异源三聚体 G 蛋白由 α、β、γ 亚基组成，哺乳动物中已发现了 17 个 Gα 亚基等位基因，可编码 27 种不同的 α 亚基，含 350～395 个氨基酸残基，分子质量为 39～40 kDa；β 亚基至少有 6 种，约有 340 个氨基酸残基，分子质量约为 37 kDa；γ 亚基已发现 12 种，约含 80 个氨基酸残基，分子质量为 8 kDa 左右。这些亚基可以组合成上千种 αβγ 三聚体，各种 Gp 的 α 亚基差别最大，成为 Gp 分类的依据。表 7-1 列出了哺乳动物 Gp 各种亚基的特征。

表 7-1 哺乳动物异源三聚体 G 蛋白各种亚基的特征

亚基及其亚类	分子质量/kDa	同源性/%	毒物	组织分布	代表性受体	效应器和功能
G_{α}						
$G_{s\alpha}$						
Gsα-S	44.2	100	CTX	广谱	βAR、TSHR、胰高血糖素受体	活化 ACase 和 Ca^{2+} 通道，抑制 Na^{+}通道
Gsα-L	45.7	—	CTX	广谱		
Gsα-olf	47.7	88	CTX	嗅神经上皮	嗅觉受体	活化 ACase
$G_{i\alpha}$						
Ai1	40.3	100	PTX	广谱	M_2ChoR、α_2AR	活化 K^{+}通道，抑制 Ca^{2+} 通道及 ACase，活化 PLC 及 PLA_2（？）
Ai2	40.5	88	PTX	广谱		
Ai3	40.5	94	PTX	广谱		
α_oA	40	33	PTX	脑等	Met-EnkR	?
α_o	40.1	73	PTX	脑	α_2AR	?
α_t1	40	68	PTX	视杆细胞	视紫红质	活化 cGMP 专一的 PDE
α_t2	40.1	68	CTX，PTX	视锥细胞	视锥蛋白	
α_g	40.5	67	CTX，PTX	味蕾	味觉受体（？）	?
α_z	40.9	60		脑、肾上腺、前列腺	M_2ChoR（？）	抑制 ACase（？）
$G_{Q\alpha}$						

续表

亚基及其亚类	分子质量/kDa	同源性/%	毒物	组织分布	代表性受体	效应器和功能
α_Q	42	100		广谱	M_1ChoR、α_2AR	活化 PLC-β_1、PLC-β_2、PLC-β_3、PLC-β_4 等
α_{11}	42	88		广谱		
α_{14}	41.5	79		肺、肾、肝	?	?
α_{15}	43	57		T 细胞、髓细胞	?	
α_{16}	43.5	58		T 细胞、髓细胞	?	活化 PLC-β_1、PLC-β_2、PLC-β_3
G_{12}(G_{13})						
α_{12}	44	100		广谱	?	?
α_{13}	44	67		广谱	?	?
G_β						为 G_α 与受体反应所必需，抑制 G_α 活性，调节 $G_{Q\alpha}$。或抑制 GaM 对 ACase 的活性，调节 PLC、PLA_2（？）和 K^+ 通道（？）
β_1～β_5	37.3	83～100		广谱	—	
G_γ						
γ_1～γ_{10}	7.3～8.4	25～100		广谱	—	

注：CTX. 霍乱毒素；PTX. 百日咳毒素；βAR. 肾上腺素 β 受体；α_2AR. 肾上腺素 α_2 受体；TSHR. 促甲状腺激素受体；M_2ChoR. 蕈毒型胆碱受体 M_2；M_1ChoR. 蕈素型胆碱受体 M_1；Met-EnkR. Met 脑啡肽受体；ACase. 腺苷酸环化酶；PLC. 磷脂酶 C；PLA_2. 磷脂酶 A_2；PDE. 磷酸二酯酶

前人按照对效应酶（或分子）和细菌毒素的敏感性，把 Gp 分为 4 类：①Gs，能活化 ACase。②Gi、Go 和 Gt 系列，Gi 能抑制 ACase、电压门控 Ca^{2+}通道和磷脂酰肌醇专一的 PLC，活化 K^+通道和 Na^+通道等；Go 能抑制神经元 Ca^{2+}通道；Gt 能活化 cGMP 专一的 PDE。③G_Q 系列，能活化磷脂酰肌醇专一的 PLC_β。④G_{12}（G_{13}）系列，功能不详，可能与活化 JNK（c-Jun N-terminal kinase）、Na^+/K^+交换系统和活化立早基因转录有关。

目前根据其氨基酸序列进行分类，结果与上述分类有一定的交叉。例如，结构上属 Gs 亚类的成员并不一定总是起激活作用，Gi 亚类也存在类似情况。

（二）结构

Gp α 亚基结构上的共同特点是有 GTP 结合域、GTPase 催化域、ADP 核糖基化位点、细菌毒素 CTX 和 PTX 修饰位点，以及受体和效应器结合位点。G1～5 保守功能区主要是 GTP 结合域和 GTPase 域，形成一个疏水口袋，在 GDP 结合状态时，G_β 的 W99 恰好嵌入其中，与效应器的结合位点也在功能区。C 端 α-螺旋是与受体作用的部位，N 端被豆蔻酰化或棕榈酰化，与 G_γ 亚基 C 端的法尼基或牻牛儿基一起插入质膜内侧而起锚定作用（图 7-9）。

G_β N 端螺旋与 G_γ N 端螺旋绞成麻花状，共同参与与效应器的相互作用。G_β 其余部分形成 WD 结构域，其中有 7 个富含 W、D、G、H 的重复保守序列形成的 β-折叠股，每个 WD 序列约有 40 个氨基酸残基，共构成 7 个螺旋桨样叶片，围成一个中空管道。每个叶片有 4 个反平行的 β-折叠股，结构紧密。叶片 1 和 2（含 W99）与 G_α 结合；叶片 1 和 7 外侧与 G_α 的 N 端螺旋相互作用；叶片 1、5、6、7 的侧面与伸展状的 G_α 广泛结合。不同 β 亚基与 γ 结合具有专一性：β_1 与所有的 γ 结合；β_2 与 γ_1、γ_{11}、γ_8 结合；β_3 只与 γ_8 结合。

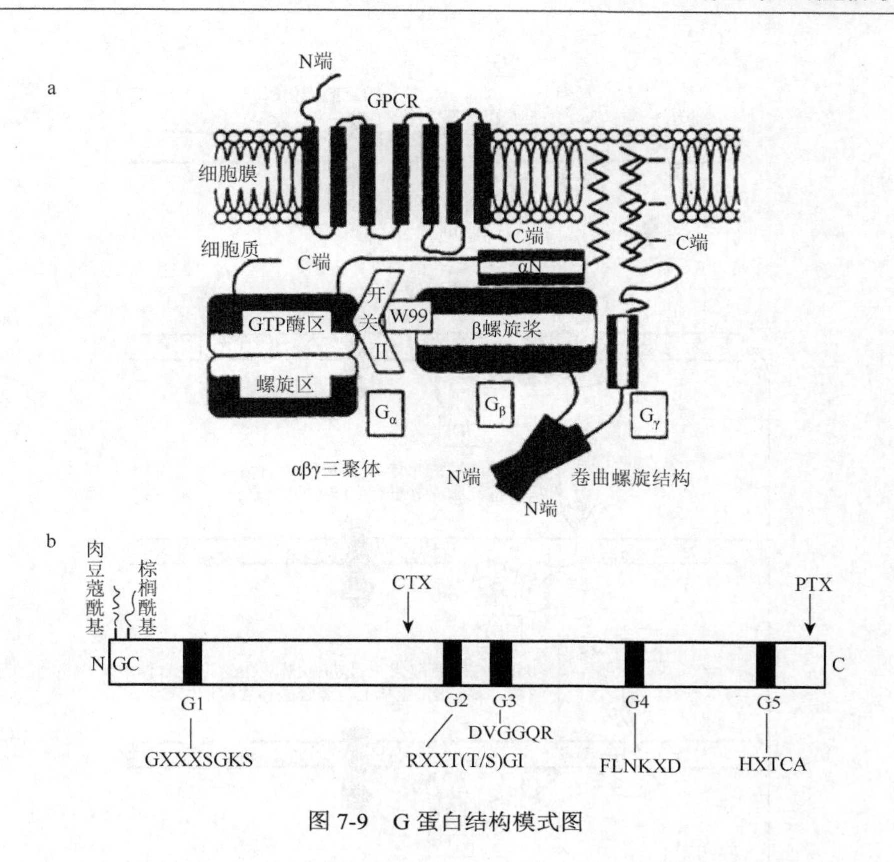

图 7-9　G 蛋白结构模式图

G_γ 呈伸展状态，与 G_β 多点结合密不可分，只有变性后才能分离。G_γ 的 C 端被法尼基或牻牛儿牻牛儿基修饰。

（三）活化与功能

1. G_α 的活化与功能

在非活化态，Gp 以异源三聚体（αβγ）形式存在，G_α 与 GDP 结合。当配体与 Gp 偶联的受体结合后，受体螺旋 3 和 6 的方向改变，导致胞内构象域变化，与 G_α C 端相互作用，促使 GTP 交换 GDP，GTPase 功能区的开关Ⅱ结构旋转，将疏水口袋关闭，促使 G_α·GTP 与 βγ 亚基分离。Gp 与配体-受体复合物分离，降低了二者之间的亲和力，使配体-受体复合物解离。G_α·GTP 与效应分子结合并将其激活，同时 G_α 的 GTPase 把结合的 GTP 水解成 GDP 和 P_i，变回非活化状态，开关Ⅱ旋回原位，重开疏水口袋，使 G_α 与 βγ 结合成 αβγ 而灭能（图 7-10）。

活化的 G_α 可调节多种效应酶，如 $G_{s\alpha}$ 可激活 ACase，$G_{i\alpha}$ 可抑制 ACase，$G_{t\alpha}$ 可活化光受体 cGMP 专一的 PDE，$G_{Q\alpha}$ 可活化 PI-PLCβ 等。

2. $G_{\beta\gamma}$ 的活化与功能

$G_{\beta\gamma}$ 不仅能帮助 G_α 更好地与质膜结合，并对 G_α 的活性起辅助和抑制作用，$G_{\beta\gamma}$ 自己也能与一些效应分子相互作用。例如，直接调节 PI-PLC-β_1、PI-PLC-β_2、PI-PLC-β_3 及 ACase；直接或间接活化某些离子通道；活化 PI3K、MAPK 等；以及与 Rho、Rac、Arf 等小 G 蛋白发生作用。

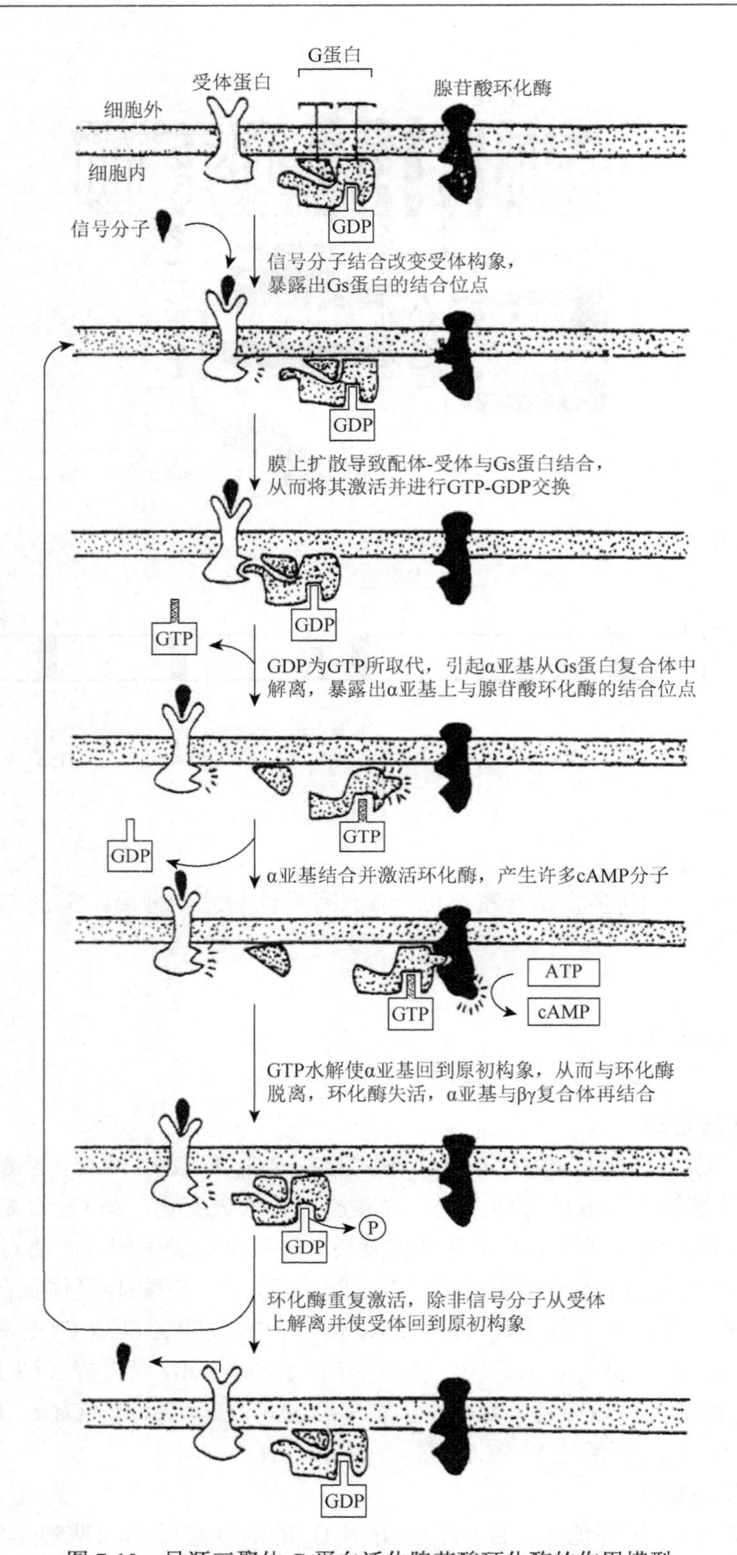

图 7-10　异源三聚体 G 蛋白活化腺苷酸环化酶的作用模型

非水解 GTP 类似物如 GTPγS 等，可与 $G_α$ 结合并使之持续活化。细菌毒素 CTX 可催化把

NAD^+上的 ADP-核糖基转移到 $G_{s\alpha}$ 的一个 Arg 残基上的反应，抑制其 GTPase 活性，从而使 $G_{s\alpha}$·GTP 持续活化；PTX 则催化 $G_{i\alpha}$ 上一个 Cys 残基的 ADP-核糖基化，使之失去对效应酶的抑制作用。另外，还发现 Gp 突变与一些疾病的联系。例如，8 例生长激素分泌型垂体瘤中，有 5 例 $G_{s\alpha}$ Arg201 突变成 Cys/His，伴有 cAMP 水平过高；3 例 Glu227 突变成 Leu/His，伴有 GTPase 活性下降，致使生长激素分泌过多。又如，肾上腺皮质瘤 $G_{i\alpha}$ 的 Arg179 突变成 Cys/His 等。这些资料对于阐明 Gp 的作用机制有重要的参考价值。

（四）作用模式

Gp 的 α、β、γ 亚基都有许多亚型，使 Gp 具备了功能上的多样性，能够与多种受体和多种效应分子形成复杂的信号通路。图 7-11 列举了受体、Gp 和效应分子不同的作用模式。

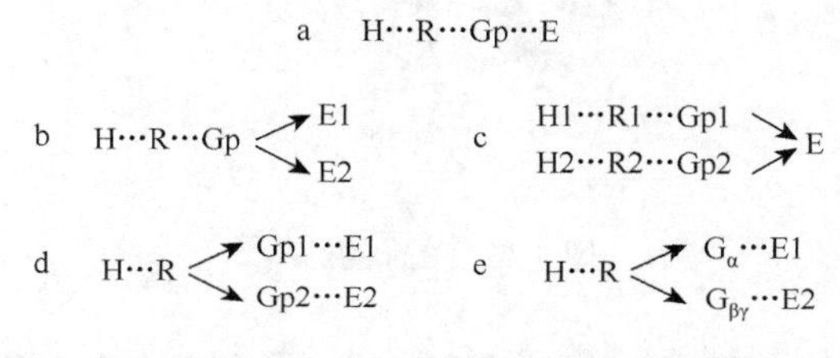

图 7-11　受体、Gp、效应分子的作用模式

a. 一个配体-受体复合物（H…R）与一个 Gp 作用，再作用于下游一个效应分子；b. 一个 H…R 与一个 Gp 作用，再作用于下游两个 E；c. 两个 H…R 与两个 Gp 作用，再作用于下游一个 E；d. 一个 H…R 与两个 Gp 作用，再作用于下游两个 E；e. 一个 H…R 分别作用于 Gp 的 α 和 βγ 亚基，后两者再分别与下游两个 E 作用

二、小 G 蛋白

小 G 蛋白超家族有 60 多个成员，均为分子质量为 20～30 kDa 的单肽链，GTP 结合形式为活化状态，GDP 结合形式为非活化状态。根据氨基酸序列的同源性，将其划分为 6 个家族，即 Ras、Rho、Arf、Sar、Ran 和 Rab。小 G 蛋白都有 4 个保守的结构域（Ⅰ～Ⅳ），Ⅰ和Ⅱ区有 GTPase 活性区，Ⅱ～Ⅳ区为 GTP/GDP 结合部位。小 G 蛋白的 GTPase 活性很低，在生理条件下不能把结合的 GTP 水解成 GDP 和 P_i，需要 GTP 酶激活蛋白（GTPase-activating protein，GAP）的帮助才能水解 GTP。许多小 G 蛋白的 GDP 结合形式与 GDI（GDP dissociated factor）形成稳定的复合物存在于胞质中。在 GDF（GDI dissociated factor）和鸟苷酸交换因子（guanine nucleotide exchange factor，GEF）的帮助下，非活化状态的小 G 蛋白与 GDI 和 GDP 解离，与 GTP 结合。这些蛋白因子共同组成了一个调节小 G 蛋白活性的体系。

（一）Ras 家族

Ras 是最早被发现的小 G 蛋白，是 *ras* 基因的产物。*ras*（rat sarcoma）基因首先是在鼠肉瘤病毒（Ha-MSV 和 Ki-MSV）上发现的。人细胞中除了有 *Ha-ras* 和 *Ki-ras* 外，还有在神经母细胞瘤中发现的第三种基因 *N-ras*。Ras 家族还有 Raf（A，B）、Rap1（A，B）、Rap2（A，B）、R-Ras 和 TC_{21} 等成员，它们与 Ras 的氨基酸序列同源性为 50%～60%。Ras 由 6 个 β-折叠股、5 个 α-螺旋和 10 个环状连接结构组成（图 7-12）。

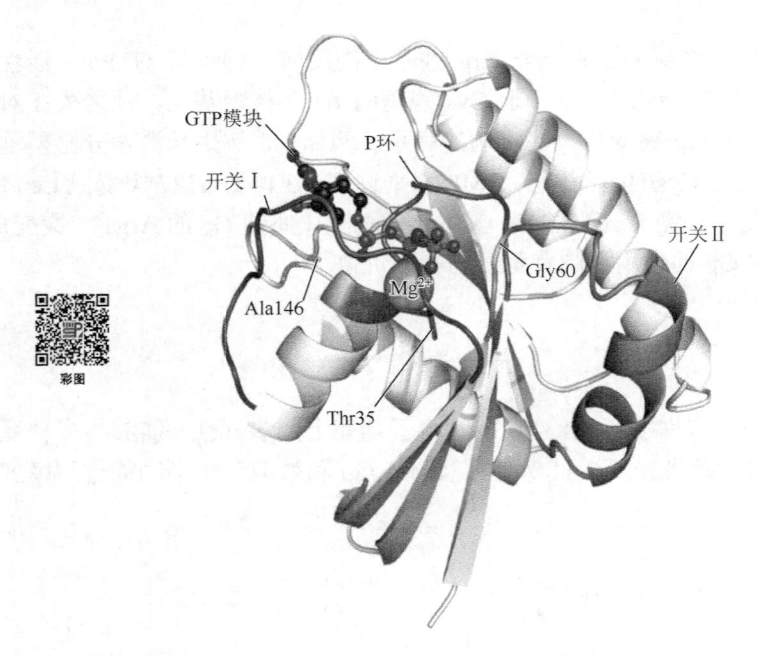

图 7-12 Ras 的结构

根据对人 Ha-Ras、Ki-Ras 和 N-Ras 的研究，Ras 蛋白由 189 个氨基酸组成，N 端 86 个氨基酸残基对其信号传递功能最重要，32～40 位的开关Ⅰ和 59～75 位的开关Ⅱ是 Ras 与靶蛋白相互作用的效应区；Asp38 突变为 Glu 使 Ras 丧失致癌能力。许多 Ras 为癌基因的产物，具有致癌作用的 Ras 与正常 Ras 相比，常在 12、13、61、63 位发生突变，从而使内源 GTPase 活力下降，更主要的是 GAP 激活作用也下降，从而使 Ras·GTP 半寿期延长 3～9 倍。这表明上述氨基酸残基与 Ras 水解 GTP 所必需的构象有关。C 端的 166～189 位保守性差，缺失 166～129 位氨基酸残基仍可维持 Ras 的功能。但 Ras 的转化活性需要 C 端，因为它在膜上定位必须先使 Cys186 法尼基化，然后切去最后三个（187～189）氨基酸残基，Cys186 的羧基甲基化，最后在其上游的 Cys 棕榈酰化，进一步增强与膜的亲和力。如果 Ras 丧失膜定位能力，也就失去了转化活性。

Ras 的 GTPase 活性不到 $G_{s\alpha}$ 的 1%，而细胞中[GTP]/[GDP]≈10，这就意味着，如果没有其他蛋白质的帮助，Ras 一旦与 GTP 结合就会长久地保持活化状态。实际上细胞内存在的 GAP 可以帮助 Ras 增强水解 GTP 的活性使之变成非活化的 Ras·GDP 形式；而鸟嘌呤核苷酸释放因子（guanine nucleotide release factor，GRF）帮助 Ras·GDP 释放 GDP 并重新与 GTP 结合成活化状态。如果突变使 GDF 活性过高，Ras 上 GTP/GDP 交换加快，也会促使细胞癌变。人类约有 30%的肿瘤与 *Ras* 基因组成型活化有关。

Ras 在细胞信号转导中的主要作用是把上游受体型酪氨酸蛋白激酶接收的信号传递到下游 MAPK 级联系统和 PI3K 通路。Ras 参与的信号途径涉及：①成纤维细胞的生长和癌变；②造血细胞的增殖与分化；③T 细胞的活化；④嗜铬细胞瘤细胞的分化；⑤上皮细胞的生长抑制。

（二）Rho 家族

在小 G 蛋白超家族成员中，Rho 是最早被发现的一种 Ras 同源蛋白，因而得名 Rho（Ras

homologue）。哺乳动物 Rho 家族包括 Rho（A、B、C）、Rac（1、2）、Cdc42、RhoG、TC10，各亚型之间有 80%～90%的序列相同，Rho G 和 TC10 与其他成员差异较大。

Rho 的激活也与 Ras 不同，Ras 与 GDP 或 GTP 结合均在膜上，而 Rho·GDP 和 Rho·GDI 均存在于胞质中，激活时在 GDF 帮助下与 GDI 解离并向膜移动，再由 GEF 帮助释放 GDP，与 GTP 结合。

Rho 和 Rac 在信号通路中处于 Ras 的下游，它们的靶标包括 PIP5K、Rho 激酶、Citron 激酶、肌球蛋白磷酸酶亚基等重要酶类和蛋白质，主要功能之一就是调节微丝中肌动蛋白的聚集/解离，从而影响细胞的形态和细胞黏附。

Rho 家族由 Rac、Rho、Cdc42 组成，Cdc42 和 Rho 普遍存在于酵母和大多数动物细胞中，而 Rac 则是动物细胞所特有的。拟南芥基因组显示植物中缺失 Cdc42、Rac 和 Rho 的直系同源基因，对 11 个 Rho-like 蛋白分析显示不同于 Rho GTPase，因此称为 Rop（Rho of plant），同源性和进化系统分析表明它是植物特有的一小类成员。

早期研究表明，Cdc42、Rac、Rho 调控真核细胞肌动蛋白的装配和细胞的极性生长。最近的研究表明，它们还调控多种生理过程，如基因表达、细胞壁的合成、H_2O_2 产生、胞质移动、细胞周期、真核生物器官细胞分化、花粉管生长、根毛发育和氧化还原反应等。

Rho 在酵母细胞和哺乳动物细胞中的调控功能是类似的。最先发现 Rho 调节酵母细胞和哺乳动物细胞的肌动蛋白骨架组成。在酵母中，*Cdc42p* 和 *Rho1p* 基因分别调控肌蛋白细胞骨架的两极分化、调控功能的确立及细胞极性的维持。而哺乳动物的 Rho 蛋白在肌动蛋白压力纤维的组装上起关键功能。Rho 还参与调控多种其他的生命活动过程，包括细胞骨架重组、基因表达、细胞壁合成及细胞循环等。

植物的 Rop 参与细胞极性生长的调控，该调控作用在根毛和花粉管两种典型细胞极性生长模式中得到证实。起初，豌豆的 *Rop1Ps* 基因被定位在花粉管的顶端，而且当被注入 *Rop1Ps* 基因抗体时植物的生长会被抑制，而且这种抑制作用不依赖于胞质流动，当胞质之外的 Ca^{2+} 浓度降低时，这种作用会加强，这说明 *Rop1Ps* 基因在控制花粉管的极性生长方面尤其是与 Ca^{2+} 信号相互作用时起到了关键的作用。与 *Rop1Ps* 功能相似，*AtRop5* 基因定位在花粉管顶端区域的质膜上控制顶端的生长。运用 *CA*（constitutively active）*-Rop* 和 *DN*（dominant negative）*-Rop* 基因的两种突变体材料进行研究，结果表明 *CA-Rop4* 和 *CA-Rop6* 导致了根毛细胞的极性生长，而 *DN-Rop4* 和 *DN-Rop6* 突变体产生各向同性生长、根毛伸长生长。然而，另一研究显示 *DN-AtRop2* 突变体抑制根毛的伸长。Rop 还参与 H_2O_2 的信号途径。在对哺乳动物的研究中发现了一种依赖 Rac 蛋白来调节 NADPH 氧化酶的系统。植物中也鉴定出一个类似哺乳动物的 NADPH 氧化酶调控系统，然而不同之处在于植物以 Rop 来调控 NADPH 氧化酶活性。NADPH 氧化酶是 H_2O_2 产生的一种必需的催化酶，Rop 的调控方式是作为 NADPH 氧化酶的调节亚基来激活其活性。此外，研究报道 *AtRAC/Rop7* 基因在拟南芥的根、子叶下轴、茎及叶片的木质部组织内高丰度、特异地表达，并且该基因过表达转基因植物的叶片表现出较明显的损伤状态，这表明 *AtRAC/Rop7* 基因调控细胞极性的扩增。非常有意思的是研究人员发现了依赖于 Rop 介导的 H_2O_2 信号调控纤维素的合成及纤维长度，它在木质部的形成过程中也起重要作用。

迄今为止，尚未发现 Rho-1 的突变。Rho-1 的功能目前已经通过 RNAi 和转基因技术被确定，其构成活性分为显性和负性形式。

RNAi 介导的 Rho-1 抑制可导致早期胚胎发育停滞，常常导致细胞分裂失败。在发育后期停滞的胚胎在组织形态发生方面显示出严重的缺陷。其他影响胚胎形态发生和细胞质分裂的突变确定了在这个过程中与 *rho-1* 基因相互作用的其他基因。*let-502* 编码 Rho 结合激酶，*mel-11* 编码肌球蛋白磷酸酶。在细胞分裂过程中，这些分子可能影响肌动蛋白-肌球蛋白的细胞骨架动力学，以响应 Rho 信号。*cyk-4* 基因在筛选影响胚胎细胞质分裂的突变时被发现，它编码一个 Rho GAP，该 GAP 刺激 Rho、Rac 和 Cdc42 的 GTPase 活性，并可能在细胞质分裂中调节 Rho-1 的活性。

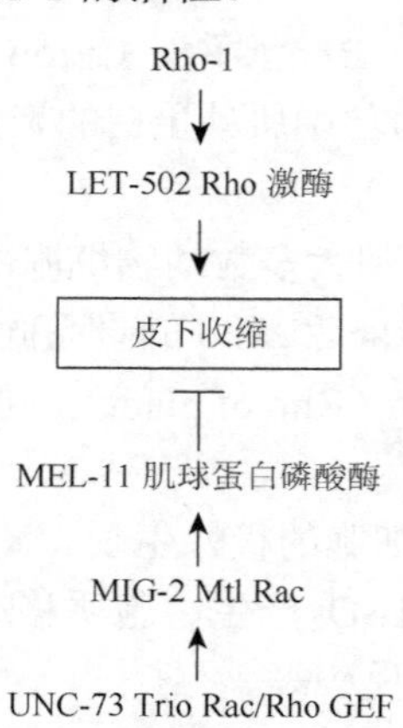

图 7-13 LET-502 和 MEL-11 调控胚胎伸长示意图

LET-502 和 MEL-11 共同控制胚胎伸长，使胚胎膨化的皮下细胞含有收缩的肌动蛋白环，导致胚胎的“挤压”和随后的长度增加。LET-502 和 MEL-11 在这一过程中起相反的作用（LET-502 通常促进收缩，MEL-11 通常抑制收缩）。

有趣的是，MIG-2 Mtl Rac 和 UNC-73 Trio Rac/Rho GEF 在此过程中作用于 MEL-11 通路。UNC-73 Trio 作为 Rho-1、CED-10 和 MIG-2 的 GEF。这些结果表明，MIG-2 Mtl Rac 和 Rho-1 可能在胚胎伸长中起相反的作用（图 7-13）。

在发育后期，Rho-1 控制 P 细胞的腹侧迁移。P 细胞核出生在亚侧位置并腹侧迁移以在腹侧中线对齐。Rho-1 和显性阴性 Rho-1 转基因表达的RNAi干扰了P细胞的这种迁移。UNC-73 Trio Rac/Rho GEF 在 P 细胞迁移中作用于 Rho-1 的上游（UNC-73 在 Rho 上充当 GEF，激活的 Rho-1 部分拯救了 *unc-73* 突变体），LET-502 Rho 激酶在此过程中作用于 Rho-1 的下游，激活的 Rho-1 无法挽救 *let-502* 突变（图 7-14）。有趣的是，Rac GTPase CED-10 和 MIG-2 以与 Rho-1 平行冗余的方式控制 P 细胞迁移（例如，Rho-1 活性可以部分补偿 P 细胞迁移中 Rac 活性的损失）。

（三）Arf 家族

Arf 是在研究 CTX 使 $G_{s\alpha}$ ADP-核糖基化时作为一种必需的辅因子（ADP-ribosylation factor）而被发现并得名的，其后证明它与 G_{α} 有同源性，能结合鸟苷酸，而归属于小 G 蛋白。Arf 家族成员至少有 6 种，即 Arf1～Arf6。

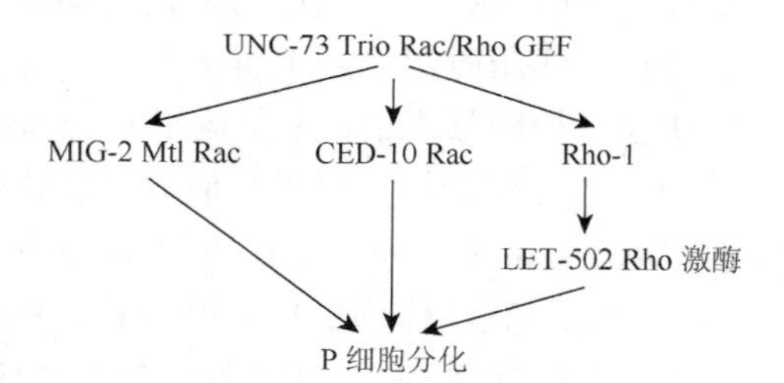

图 7-14 Rho-1、MIG-2 Mtl Rac 和 CED-10 Rac 在 P 细胞迁移中的重叠作用

Arf 的活化需要 GEF 帮助 GDP 解离和 GTP 结合，还需要 GAP 帮助 Arf 水解 GTP。PI4P、PI、PA 等磷脂可使 Arf·GDP 上的 GDP 解离加快 4～7 倍，PI4，5P2 则可加速 100 多倍。游离 Arf 与 GTP 结合也需要一些磷脂。Arf 在高尔基体膜上 COP 包被的运输小泡组装中起重要作用。Arf 还可调节 PLD 的活性，影响 PA 和 DG 的产生，从而参与细胞信号途径的调节（图 7-15）。

小鸟苷三磷酸酶蛋白超家族的成员，也称为小 GTP 酶、小 G 蛋白或 Ras 超家族，几乎涉及细胞生物学的各个方面。小 GTP 酶是严格调节的分子开关，通过受控 GTP 加载（激活）和 GTP 水解为 GDP（失活）来做出二元开/关决定。小 GTP 酶通常用作整合广泛的上游输入与传播和广泛的效应器输出节点。该超家族包括 5 个在真核生物中保守的家族：Ras、Rho、Rab、Arf 和 Ran。

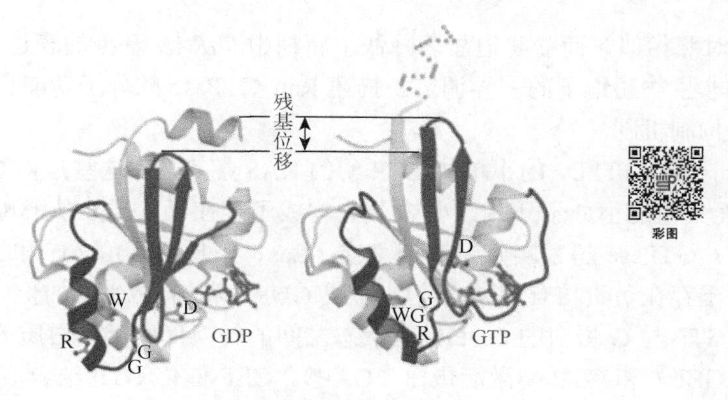

图 7-15 人类 Arf6 的切换开关

（四）Sar 家族

Arf GTPase 和 Arf-like GTPase 被归为 Arf GTPase，Arf-like 简称 Arl-GTPase，又被称为 Sar GTPase。Arf 主要参与形成笼形蛋白、囊泡运输及作为多功能调节蛋白。囊泡外周蛋白有 COP-Ⅰ、COP-Ⅱ和网格蛋白。Arf 蛋白参与更新外周蛋白，并将其运输到囊泡出芽位点。酵母 Sar1p 调控 COP-Ⅱ外周蛋白的更新，将其从内质网运输到高尔基体。此外，酵母的另两种 Arf GTPase 基因 *Arf1p* 和 *Arf2p* 也被发现更新 COP-Ⅰ外周蛋白，调节其从内质网到高尔基体的囊泡运输，它们的功能是可以互替的。但与 Sar1p 不同的是，Arf1p 和 Arf2p 是在内质网到侧面高尔基体的囊泡运输过程中行使功能。在拟南芥发现了 4 种 Arf GAP（GTPase activating protein）蛋白和两种 Arf GEF（guanine nucleotide exchange factor）蛋白，它们分别在 Arf 亚家族中起作用。一种蛋白转运抑制剂 BFA（brefeldin A）能够阻止不同的膜系统囊泡运输。研究表明 Arf GEF 对 BFA 是敏感的，Arf GEF 定位在高尔基体外周膜上，BFA 通过 Arf GEF 影响到高尔基体的形态功能。拟南芥中存在三个 Sar1p 的同源序列，被命名为 At SARA1a、At SARA1b 和 At SARA1c。At SARA1a 的表达水平与植物细胞内质网膜的分泌活性有关，内质网物质转运被阻断导致 At SARA1a 的 mRNA 水平升高。另外，At ARFA1a（以前称 At Arf1）与拟南芥 COP-Ⅰ笼形蛋白复合体共同定位于外周高尔基体，参与对细胞囊泡运输的调控。

（五）Ran 家族

维持生长对于在胁迫条件下提高产量很重要。因此，在非生物胁迫下鉴定参与细胞分裂和生长的基因至关重要。Ras 相关核蛋白（Ran）是植物中核质转运、有丝分裂进程和核包膜组装所需的一种小 GTP 酶。通过小麦的全基因组分析鉴定了两个 Ran GTPase 基因 *TaRAN1* 和 *TaRAN2*，通过对来自小麦、大麦、水稻、玉米、高粱和拟南芥的 Ran GTPase 的比较分析，揭示了系统发育进化树内相似的基因结构和高度保守的蛋白质结构。来自 expVIP 平台的表达分析显示 *TaRAN* 基因在组织和发育阶段普遍表达。在生物和非生物胁迫下，TaRAN1 的表达基本没有改变，而 TaRAN2 则表现出胁迫特异性反应。在 qRT-PCR 分析中，与 TaRAN2 相比，TaRAN1 在幼苗、营养和生殖阶段的芽与根中的表达显著高于 TaRAN2。在干旱胁迫期间，TaRAN1 和 TaRAN2 的表达在胁迫早期增加，并在较高的胁迫水平下恢复到控制水平的表达。在干旱胁迫下，转录本的稳态水平保持在对照的水平。在冷胁迫下，*TaRAN* 基因的表达在 3 h 显著下降，在 6 h 时与对照相似，而盐胁迫显著降低了新梢中 *TaRAN* 基因的表达。这表明 *TaRAN* 基因在发育阶段和非生物胁迫下的差异调节。描述 Ran GTPase 的分子功能将有助于揭示小麦中胁迫诱导的生长抑制机制。

Ran 属于 20～40 kDa 的小单体 GTP 酶的 RAS 超家族。这些是由 GTP 激活并通过 GTP 水解为 GDP 而失活的小分子开关。小 G 蛋白构成了存在于人类及从酵母到植物的大家族。根据结构和功能，GTPase 超家族分为 5 个家族：Ras、Rab、Rho、Arf 和 Ran。在结构上，Ras 家族的特征在于存在负责核苷酸结合（GTP 或 GDP）和 GTP 水解的保守 G 结构域。在 GTP 水解过程中，GTP 与 G 蛋白的 GDP 结合状态之间的转换受两类蛋白质的调节，即鸟嘌呤核苷酸交换因子（GEF）和 GTP 酶激活蛋白（GAP）。GEF 催化 GTP 结合活性形式的形成，而 GAP 是激活小 GTP 结合蛋白固有的弱 GTP 水解活性所必需的，从而将它们转化为非活性 GDP 结合 GTP 酶。保守 G 结构域之外的可变残基及 GTP 和 GDP 结合形式获得的构象变化被不同的效应蛋白识别，这些效应蛋白有助于不同的信号转导、细胞和生理过程。拟南芥和水稻的小 GTPase 超家族分别有 93 个和 111 个成员。这些蛋白质属于 4 个家族，即 Rab、Arf、Rho 和 Ran。拟南芥和水稻中不存在真正的 Ras 家族。然而，它们具有 ROP（植物中的 Rho 相关 GTP 酶），这是植物中 Rho 家族 GTP 酶的独特亚科。ROP GTP 酶在控制植物生长、分化和发育的细胞途径中具有多功能作用，并在与激素和生物-非生物胁迫反应相关的信号通路中发挥重要作用。Rab 和 Arf GTPase 是囊泡运输的调节剂，在细胞极性和极化生长中发挥重要作用，因此有助于根和花粉生长、生长素转运、细胞壁合成等。囊泡运输是 ROP、Rab 和 Arf 的常见功能，而 Ran 仅参与核质转运、微管有丝分裂组装、细胞周期控制和植物核膜（NE）的形成。Ran 是唯一具有核定位及在细胞核和细胞质之间穿梭的 GTPase 家族蛋白。Rab GTPases 是拟南芥和水稻中最大的家族，分别有 57 个和 47 个成员，其次是 Arf 和 ROP，而 Ran 是最小的家族，有 4 个成员。此外，Rab、Arf 和 ROP 蛋白进一步分为亚类，并表现出序列和功能差异，而 Ran 蛋白表现出高度保守性。对小麦和水稻 RAN1 的过表达研究表明，这些 GTP 酶参与了芽和根顶端分生组织的有丝分裂过程，并且受生长素的调节。发现过表达 OsRAN1、OsRAN2 和 AtRAN1 的植物具有低温耐受性。然而，OsRAN2 在拟南芥和水稻中的过表达导致对盐和渗透胁迫的超敏反应。因此，Ran 蛋白通过其细胞过程调节植物的生长和发育，并可能对植物的非生物胁迫反应做出不同的贡献。

Ran 最初被认为是其在大分子穿过核膜的核质转运中发挥作用。随后又发现它还与有丝分裂纺锤体的形成和有丝分裂后的核组装有关。该蛋白质由 216 个具有一定基序的氨基酸组成，认为是 Ras 相关的 GTP 酶。

Ran GTPase 在间期细胞内核质转运中定义的 Ran 分子机制是对 Ran 功能的最佳理解。在 Ran GTPase 循环中如何在两种核苷酸结合形式 Ran-GDP 和 Ran-GTP 之间切换是有用的。蛋白质和核糖核蛋白分子通过核孔复合物的运动是通过将蛋白质-受体相互作用与该循环耦合来实现的。Ran 在有丝分裂过程中也有重要作用，Ran 影响有丝分裂纺锤体组装和功能的机制与核质转运密切相关，研究表明涉及多个纺锤体靶标。很明显，Ran GTPase 的活性对于细胞的正常功能至关重要。Ran 系统的失调可能导致一系列有丝分裂错误的发生和传播，这可能使细胞易于遗传不稳定。由于遗传不稳定性被认为是癌症发作和增殖的易感性，因此有人提出 Ran 的活性可能在致癌途径中很重要。有研究表明，肿瘤组织中 Ran 蛋白的丰度高于非肿瘤组织，Ran 的高表达与更高级别、局部侵袭和转移有关。Ran GTPase 的表达与癌症的发生和发展之间存在显著的关系。Ran GTPase 的缺乏导致异常有丝分裂，其特征是有丝分裂纺锤体扁平、微管耗竭和染色体错误分离，这些过程与诱导细胞死亡有关。与肿瘤细胞相比，大量正常细胞内的 Ran 消融具有良好的耐受性，没有观察到有丝分裂缺陷或细胞死亡。由于 Ran 在癌症中的这种差异表达和敏感性与正常组织相反，可以假设 Ran 通路的分子或药理学拮抗剂可以通过选择性地禁用肿瘤细胞有丝分裂同时对正常组织的影响最小来表现出有效的抗癌治疗。此外，微管相互作用药物正在成为癌症化疗中越来越重要的药物。在正常细胞中，核材料周围的 Ran GTPase 浓度梯度参与染色质对微管成核的直接刺激，这是微管从头形成有丝分裂纺锤体的先决条件。它还涉及在染色体周围产生局部浓度的微管稳定因子，以促进星光微管的捕获，这些分子有助于纺锤体的形成。Ran 还被证明可以作用于微管相关蛋白（MAP），因此对于功能性有丝分裂器的形成至关重要。另外，转移是癌症患者治疗失败的主要原因。Ran 过表达明显与转移有关的途径之一是通过其与骨桥蛋白（OPN）的关系。OPN 是一种 33 kDa 的磷蛋白，在骨重塑和免疫功能中发挥作用，包括趋化性、细胞活化和细胞凋亡。OPN 过度活跃是许多癌细胞类型共有的特征，并且 OPN 诱导的下游信号转导通路通过在诱导过度表达时赋予细胞系侵袭性和转移特性而与转移有关。这种行为是通过晦涩的 OPN 诱导途径协调的，这些途径刺激肿瘤抑制基因的协同下调，同时显著增加促肿瘤基因的水平以促进致病细胞黏附、不依赖锚定的生长和侵袭。许多这些前转移细胞效应的机械基础被认为是由 Ran 协调的，特别是 OPN 介导的 c-MET/HGF 信号转导通路作为主要的下游效应物靶向，并与 OPN 水平相关直接过表达（图 7-16）。通过涉及用 OPN 表达载体（R37-OPN）稳定转染的 Rama 37 大鼠乳腺细胞系池的研究，已经确立了这种活性的有力证据。

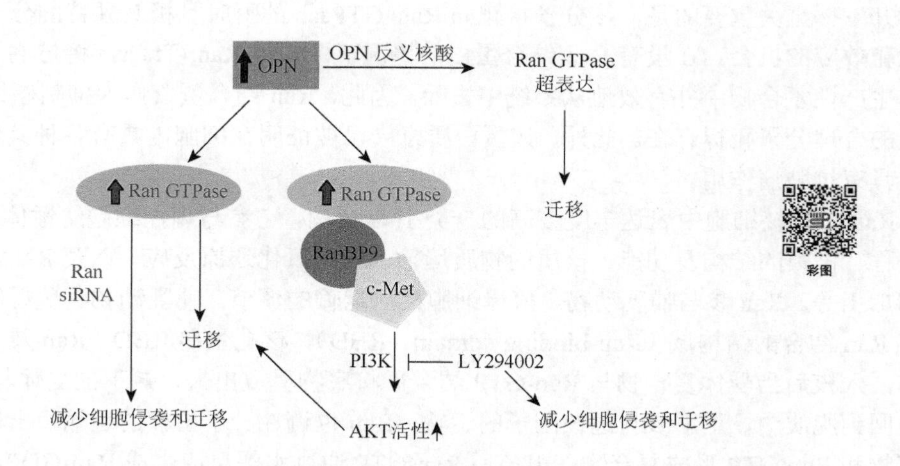

图 7-16　OPN 调节 Ran 对细胞侵袭与迁移的影响

OPN 促进细胞侵袭与迁移。它可以通过上调活性 GTP 形式的 Ran 来介导。如果 Ran 被 siRNA 敲低，则其侵袭和转移能力会受到抑制。Ran GTPase 可以与 RanBP9 结合，后者将与 c-Met 相互作用。随后，PI3K/Akt 通路被激活并诱导转移，而用 LY294002 抑制 PI3K 可以逆转这种作用。此外，即使 OPN 被反义技术抑制，Ran 的过表达也可以恢复转移能力，表明 OPN 诱导的转移可能是通过 Ran 介导的

使用抑制性消减杂交方法评估基因表达，R37-OPN 细胞系显示出的活性 OPN 量是正常细胞中的 10 倍。这些相同的 OPN 饱和细胞也表现出增加的成熟乳腺癌相关癌基因（包括 *Ran*）的表达和降低各种主要肿瘤抑制基因的活性。R37-OPN 细胞系也适应了显著的转移特征，包括增加的细胞黏附、不依赖锚定的生长和侵袭。这些结果中的一个关键发现与 R37-OPN 细胞诱导的 Ran 特异性过表达的程度有关，因为 Ran GTPase 显示出比任何其他基因高得多的倍数，

其水平比对照 R37 野生型乳腺细胞高 45 倍。这些结果暗示 Ran GTPase 家族是转移转化的主要推动者，因为其主要的 OPN 诱导过表达与深刻的转移性细胞适应有关。然而，尽管 OPN 与转移之间已建立联系，但进一步的研究表明 OPN 并不直接影响转移，实际上需要 Ran 表达来刺激转移发展。研究人员将 Ran 过表达的 R37 细胞（R37-Ran）导入大鼠体内，研究表明无论是否存在 OPN，Ran 过表达都能在体内诱导肿瘤发生和转移性变化。然后将 siRNA 成分引入 R37-Ran 细胞，以研究敲低 Ran 表达的效果，这导致不存在转移性细胞适应。这些结果有助于确定 OPN 诱导的转移性细胞发育为 Ran 依赖性，因为该研究表明，过表达 OPN sans Ran 的存在不足以产生与显示大量 Ran 水平的细胞系相同的转移效应。此外，仅过表达可水解 Ran 的细胞中转移特性的发展表明，Ran 水平，而不是 OPN 靶标，主要负责这种特定转移途径中细胞增殖、黏附和迁移的发展。Ran GTPase 的多种作用取决于其 GTP 和 GDP 结合形式的相互作用。TPX2 和 NuMa 是两个受影响分子的例子，它们接收来自 Ran GTPase 的调节输入，以调节与输入蛋白 α 和 β 的相互作用以进行纺锤体组装，其模式非常类似于 Ran GTPase 对核质转运控制的影响，进一步确定 Ran GTPase 的下游目标。通过使用突变蛋白和抑制剂的组合，发现 Ran 信号转导是通过 c-Met 受体和 PI3 激酶（PI3K）发生的。已有研究表明，与未转染的细胞相比，在用 Ran 稳定转染的细胞中，磷酸化 c-Met 和磷酸化 Akt 的含量要高得多。它还表明，LY294002 对 PI3K 的抑制完全消除了可检测水平的磷酸化 Akt 并减少了体外细胞侵袭。因此，确定 Ran 信号及其通路的相关效应子可为癌症治疗提供一种新方法。开发一种可降低细胞中内源性 Ran GTPase 水平的小分子化合物无疑将具有抗有丝分裂作用，并可能促进新型癌症治疗剂的开发。至关重要的是，该分子将靶向 Ran GTPase 的瞬时且极其独特的分子界面，从而减少脱靶效应的机会。在没有 Ran 结合蛋白的情况下，预计 Ran GTPase 将与输入蛋白保持锁定在非生产性复合物中并有效地从系统中去除。因此，Ran 结合蛋白作为抑制癌细胞内 Ran 信号转导的合理分子靶标存在。此外，该蛋白质家族已被证明在细胞内具有各种其他功能，其中一些还具有抗肿瘤作用。

Ran 是真核细胞中表达丰度较高的一类小 G 蛋白，它参与调控细胞纺锤体的形成、细胞周期进程、核膜的结构及功能、核质的物质运输、细胞氧化还原反应，以及 RNA 出核、RNA 合成和加工等。Ran 参与哺乳动物、酵母细胞核质运输的调节。哺乳动物、酵母的许多核孔蛋白含有 Ran 结合的结构域（Ran-binding domain，RBD），核孔蛋白 RBD、Ran 及进核因子形成三聚体，入核后当受体复合物与 Ran-GTP 结合后将底物释放出来，剩下的受体与 Ran-GTP 二聚体返回到胞质中，重新参与进核因子的运输。Ran 也调控分子出核的运输，出核受体在核内与其底物和 Ran GTP 形成复合物，出核后 Ran-GTP 通过水解反应生成 Ran-GDP，使受体与底物分离。拟南芥中反义表达 At Ran BP1c 使转基因植株的主根增长，侧根的生长被抑制，并且导致根系对生长素的反应更为敏感。另一个研究小组在拟南芥和水稻中过量表达 TaRan1 也得到类似的结论。另外，研究显示低温逆境明显地上调水稻 *OsRan2* 基因的表达水平，下调 *OsRan2* 基因表达使水稻有丝分裂期纺锤体组成表现异常、生长出现障碍，过表达 *OsRan2* 基因增强了水稻御寒耐性，维持细胞的正常分化。

（六）Rab 家族

Rab 家族是 Ras 超家族中最大的亚家族，为小 GTP 结合蛋白。目前发现的 Rab 家族成员已达 60 多种，各成员之间有相似的结构。除少数特异表达于某一细胞或组织，大多数 Rab 蛋白广泛存在于组织细胞中，Rab 蛋白是囊泡运输重要的调节因子。

自从 1983 年 GallwitZ 等发现了第一个 *Rab* 基因以来，目前发现的 Rab 成员已达 60 多种。在酿酒酵母中发现了一种 Rab 蛋白（YPT），在哺乳动物中发现超过 50 种 Rab 蛋白，其中至少有 28 种与人类相关基因可以在公共数据库中找到。这些蛋白质与 Ras 及其他 GTP 结合蛋白在结构上有相似性，均由 20 个氨基酸组成，都有 GTP 结合、水解所必需的 5 个高度保守区域。此外，有一些小片段是 Rab 家族所特有的。所有 Rab 蛋白在羧基端都含有两个半胱氨酸残端，通常以-CXC、-CC 或-CCXY 的形式出现。Rab 家族成员中氨基酸序列的相似性可达 35%～80%，甚至大于 80%；而 Rab 蛋白与 Ras 蛋白的相似性只有 30%。相同序列大于 75%的几种 Rab 蛋白可以标为同一序列号，如 Rab 5A、Rab 5B 和 Rab 5C，这些高度相关的 Rab 蛋白可能是同一种的不同亚型，因为它们处于相同细胞器上，而表现为几种功能。

目前 Rab 的定位是通过细胞分馏、免疫荧光和免疫电镜等方法进行的，大多 Rab 蛋白是无处不在的，少数特异表达于某一细胞或组织。例如，Rab 17 只有在上皮细胞中被检测到。Rab 3A 只表达于神经分泌细胞，Rab 3D 主要存在于脂肪细胞。对于细胞器来说，除了溶酶体，所有参与生物合成、分泌等途径的细胞器，在它们的胞质面至少有一种 Rab 蛋白。

新合成的 Rab 蛋白需在香叶醇转换酶的作用下异戊二烯化，使得 Rab 蛋白具有疏水性，才能与膜可逆地连接，这是 Rab 蛋白与膜附着、结合的关键一步。如同 Ras 一样，Rab 蛋白在执行功能时，在 CDP 结合（关）和 CTP 结合（开）两种构象间循环。活化的 Rab 为 CTP-Rab 结合形式，位于胞膜；而未活化状态时，Rab 与 GDP 结合，位于胞质。在胞质中，鸟嘌呤分离抑制剂（guanine nucleotide dissociation inhibitor，GDI）的作用是维持 Rab 蛋白与 GDP 结合状态。一旦 GDI 移位因子（GDI displaeement factor，GDF）将 Rab 从 GDI 释放出来，Rab 便可以结合到膜上（供体细胞器膜或囊泡膜），在那里 GDP/GTP 交换因子（CDP/GTP exchange factor，GEF）将 GDP 转化成 GTP。当运输囊泡与靶膜融合后，在 GTPase 活化蛋白（GTPase activating protein，GAP）的作用下，GTP 发生水解（图 7-17）。

Rab 是小 G 蛋白家族（small GTP-binding protein）中最大的一类亚家族，如拟南芥 93 个小蛋白家族成员中有 57 个是 Rab 亚家族成员。

囊泡运输是蛋白质跨膜运输的主要方式，是指细胞质膜上的物质与相关的传输分子共同作用，形成运输囊泡，然后与胞内小泡融合的过程。Rab 亚家族通过调控复杂的囊泡运输和维管系统活动以调控真核细胞各细胞器之间的物质交换和信息传递。

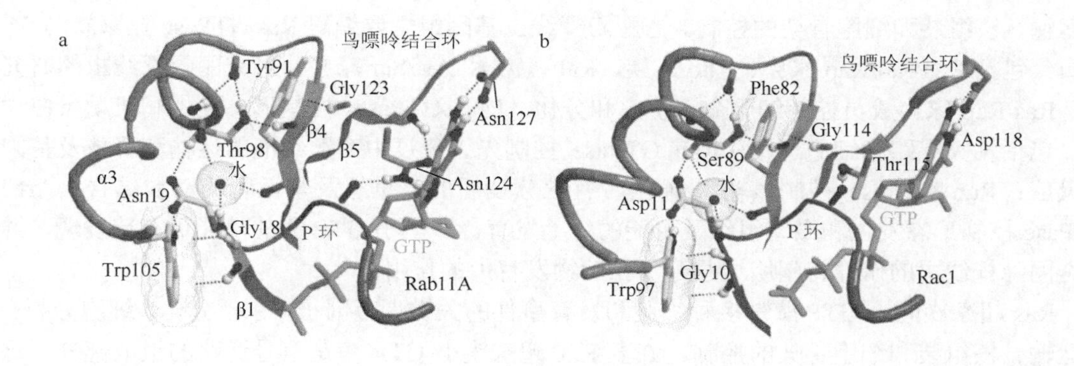

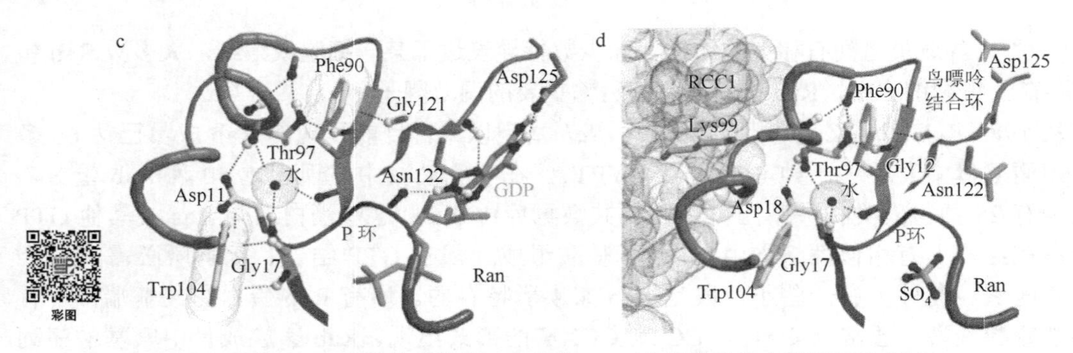

图 7-17 具有代表性的 Rab 相关 GTP 酶晶体结构中的甘氨酸支链

P 环区域主干，暗红色；甘氨酸结合区域的骨干，暗黄色；鸟嘌呤结合环区主干，绿色；P 环区域 GTP 酶特征残基的侧链，品红色；Rab 相关 GTP 酶的残基侧链特征，黄色。a. Rab11A 与 GTP 类似物结合（GTPJS）；b. Rho/Rac 家族 GTP 酶 Rac1 与 GTP 模拟物结合；c. 运行 GTP 酶与 GDP 绑定；d. 运行 GTP 酶结合到其交换因子 RCC1

酵母中第一个被识别的小 G 蛋白 YPT1 属于 Rab 蛋白，之后的研究证明 YPT1 在细胞囊泡运输过程中扮演着重要的角色。在酵母细胞的内质网、高尔基体、反式高尔基体网、胞体小泡的间隔及液泡上，均有 YPT1 蛋白分布。跨膜蛋白、分泌蛋白和可溶性蛋白通过囊泡运输到相应的细胞器。YPT1 在供体膜上囊泡的萌发、接受体膜确定目标囊泡、囊泡与接受体膜黏附和接受体膜与囊泡锚定融合这 4 个囊泡运输过程中均起到了调控作用。YPT51p 调控液泡前体（prevacuolar）的核膜运输，YPT2p 调控分泌蛋白的分泌途径，YPT5 调控笼形蛋白的囊泡融合使之运输到早期的核内体，完成囊泡运输。

哺乳动物中大部分 Rab 蛋白的功能尚不清楚，已经知道的是它们在细胞中的定位及调控囊泡运输的功能，这一功能与在酵母细胞中相似，并且被证实。哺乳动物中的 Rab 与酵母细胞中 YPT 蛋白的功能很相似，人类的 *Rab8* 基因调控蛋白质分泌途径，而 *Rab8* 基因与酵母细胞中的 *Sec4p*/*Ypt2p* 基因具有较高的序列相似性，而且 *Sec4p*/*Ypt2p* 调控酵母细胞的蛋白质分泌途径；*Rab5* 基因调控笼形融合蛋白的囊泡运输使之运输到早期核内体，此功能与酵母中 *YPT5* 基因的功能相似，由此推测哺乳动物细胞中 Rab 亚家族也同样对细胞的囊泡运输起着调控作用。

植物拟南芥的 Rab 蛋白也被报道参与囊泡运输过程。Ara6/At Rab F1 正向调控体内胆固醇的内吞；有研究显示，Rha1/At Rab F2a、Ara7/At Rab F2b 在液泡定位的蛋白质运输上起着重要的调控作用；At Rab1、At Rab2 和 At Rab6 调控细胞合成、分泌过程中内质网及高尔基体的状态水平；At Rab4 和 At Rab5 调控早期的内吞作用及核融合过程。有研究表明 Rab5 调控质膜上囊泡的形态；而 At Ra-bf2a、At Rabf2b 的功能与酵母 YPT1 的调节囊泡运输功能基本相同。

Ras 超家族的小 GTP 酶是多种细胞和发育事件的关键调节因子，包括分化、细胞分裂、囊泡运输、核组装和细胞骨架的控制。秀丽隐杆线虫基因组主要编码 Ras GTPase 亚家族的 56 个成员，包括 Ras/Ral/Rap 家族、Rho 家族、Rab 家族和 Arf/Sar 家族。对秀丽隐杆线虫的研究表明，Ras/Rap 家族成员控制细胞命运决定和分化。Rho GTPases 控制形态发生和肌动蛋白动力学，包括轴突寻路和细胞迁移；Rab GTPase 控制先天免疫中突触小泡的运输和释放及基因表达反应；Ran GTPase 控制核输入/输出、有丝分裂后的核重组及与微管的动粒结合；Arf/Sar GTPase 控制形态发生和微管组织及可能的纤毛发育。许多小 GTP 酶的功能仍有待发现，继续对秀丽隐杆线虫的研究将阐明这些分子在动物发育中的作用。

Ras 超家族的小 GTP 酶是多种细胞和发育事件的关键调节因子，包括分化、细胞分裂、囊泡运输、核组装和细胞骨架的控制。许多 Ras 超家族小 GTP 酶是信号通路的组成部分，这些信号通路通过跨膜受体将细胞外信号与细胞质或细胞核反应联系起来。Ras 超家族小 GTP 酶及其 G 蛋白通过保守机制发挥作用（图 7-18）：当与 GTP 和 GDP 结合时，分子的信号转导活性不同，它们的 GTP 酶活性（将 GTP 水解为 GDP）决定了它们的GTP约束状态与GDP约束状态。通常，GTP 结合分子被认为是活性信号分子，而 GDP 结合形式被认为是无活性的。调节 Ras GTP 酶的分子包括 GTPase 激活蛋白（GAP），它通过激活 Ras GTPase 的活性促进其 GDP 结合状态，从而有利于非活性状态。GTP 交换因子（GEF）促进有活性的 GTP 结合及 GDP 与 GTP 的交换。

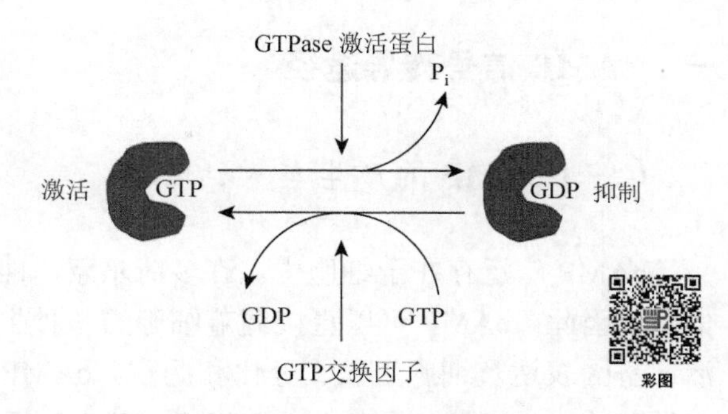

图 7-18　GTPase 循环

与 GTP 结合的 Ras 超家族 GTP 酶是活性信号分子。该分子的内在 GTPase 活性将 GTP 水解为 GDP，而与 GDP 结合的形式是无活性的。GTPase 激活蛋白（GAP）增强 GTPase 活性并有利于非活性 GDP 结合状态。GTP 交换因子（GEF）促进 GDP 与 GTP 的交换，因此有利于 GTP 绑定状态

第四节　环核苷酸胞内信使及其信号转导途径

20 世纪 50 年代，萨瑟兰（E. W. Sutherland）在研究糖原降解时发现了一种热稳定因子，其可以促使糖原磷酸化酶活化，1959 年证实该热稳定因子是 cAMP，是 ATP·Mg^{2+}在腺苷酸环化酶（AC）催化下生成的。后来又发现多种多肽激素都是通过影响靶细胞内的 cAMP 浓度来引发相应的生理反应。在此基础上，Satherland 提出了第二信使学说，成为细胞信号转导研究中第一个里程碑。1963 年，戈德堡等发现 cGMP 也具有类似的第二信使功能。迄今研究者发现 IP3、Ca^{2+}也可以充当第二信使（图 7-19）（Zhang et al.，2020）。

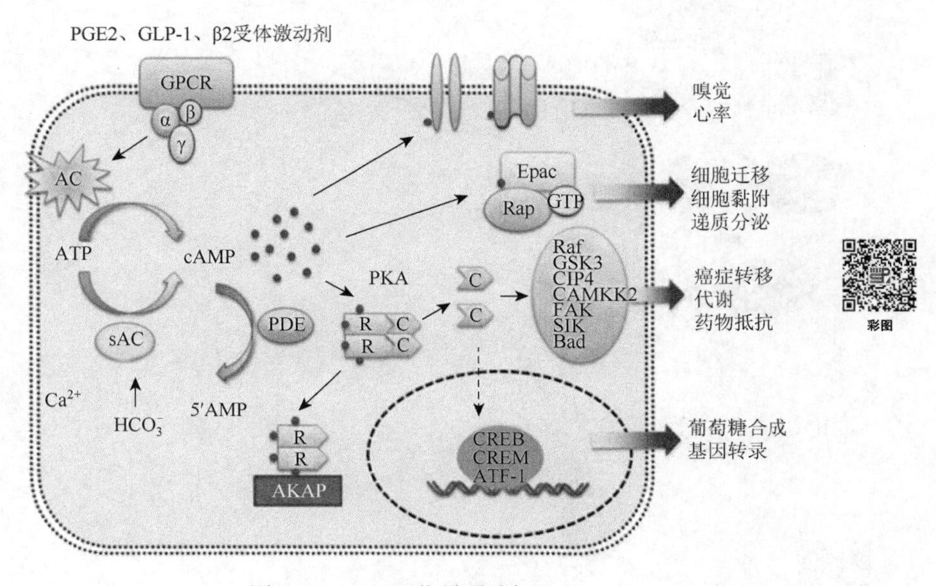

图 7-19　cAMP 信号通路概况

一、cAMP 信号转导途径

（一）cAMP 的产生与灭活

cAMP 广泛存在于细胞内。许多荷尔蒙、神经递质和其他信号分子将其用作细胞内的第二信使。因此，cAMP 可以直接调节细胞的各种生物学过程或行为，包括细胞代谢、离子通道激活、基因表达及细胞生长、分化和凋亡。cAMP 的产生是以 G 蛋白依赖或 G 蛋白非依赖的方式调节的。当细胞外配体，如 PGE2、GLP-1 和 β2 受体激动剂与 G 蛋白偶联受体（GPCR）结合后，G_α 亚基从 G_β 和 G_γ 亚基中分离出来，然后激活腺苷酸环化酶，导致 ATP 转化为 cAMP。此外，碳酸氢根（HCO_3^-）和钙离子（Ca^{2+}）通过激活不依赖于 G 蛋白的可溶性腺苷酸环化酶（AC）来诱导 cAMP 的合成。

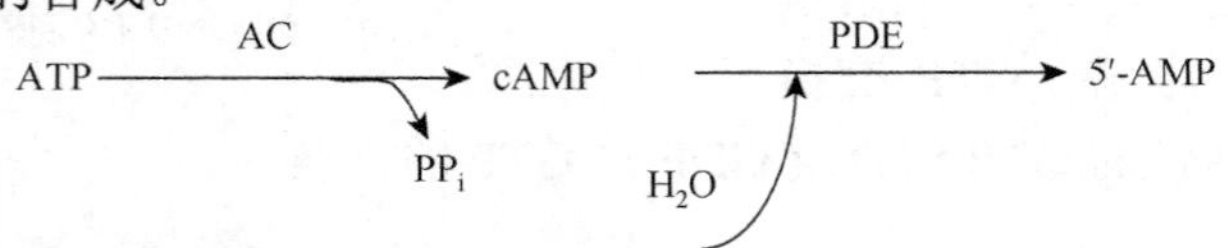

细胞内 cAMP 水平受两种酶的活性平衡调节（图 7-20），分别是腺苷酸环化酶（AC）和磷酸二酯酶（PDE），其中，AC 催化 ATP 生成 cAMP 和 PP_i，PDE 催化 cAMP 水解生成 5′-AMP；Sutherland（1962）首次发现了 G 蛋白调节腺苷酸环化酶系统。

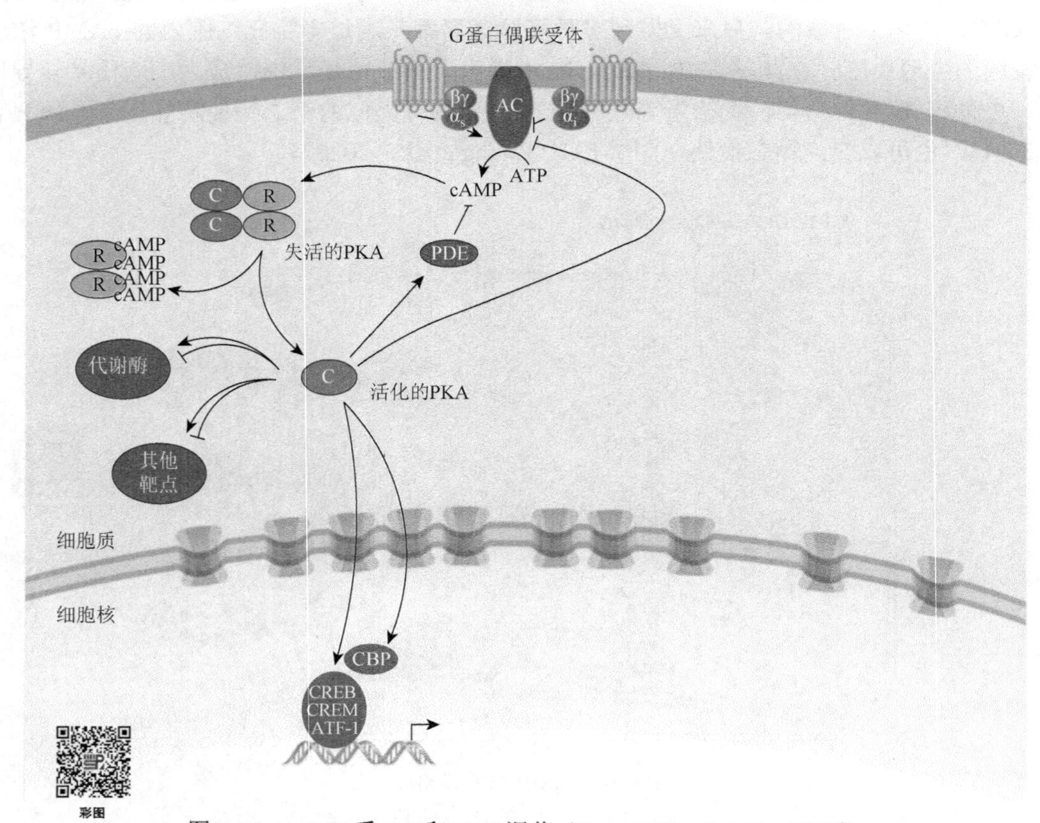

图 7-20　cAMP 受 AC 和 PDE 调节（Sassone-Corsi et al.，2012）

目前在哺乳动物中已分离、鉴定出 10 种不同的 AC 亚型，其中 AC1～AC9 为膜结合蛋白，AC10 为可溶性蛋白，它们分别由不同的基因编码，在不同的组织及细胞中，脂筏的分布、定位、活性及表达水平皆不相同。除 AC9 以外，其余 AC 亚型均能被毛喉素所激活。根据其调节特点，膜结合的 9 种 AC 亚型常被分为 4 组，第 1 组包括 Ca^{2+}刺激的 AC1、AC3、AC8，第 2 组包括 $G_{\beta\gamma}$（G 蛋白 βγ 亚基）激活的 AC2、AC4、AC7，第 3 组包括 $G_{i\alpha}$（抑制型 G 蛋白 α 亚基）/Ca^{2+}抑制的 AC5、AC6，第 4 组包括毛喉素不敏感的 AC9（图 7-21）。

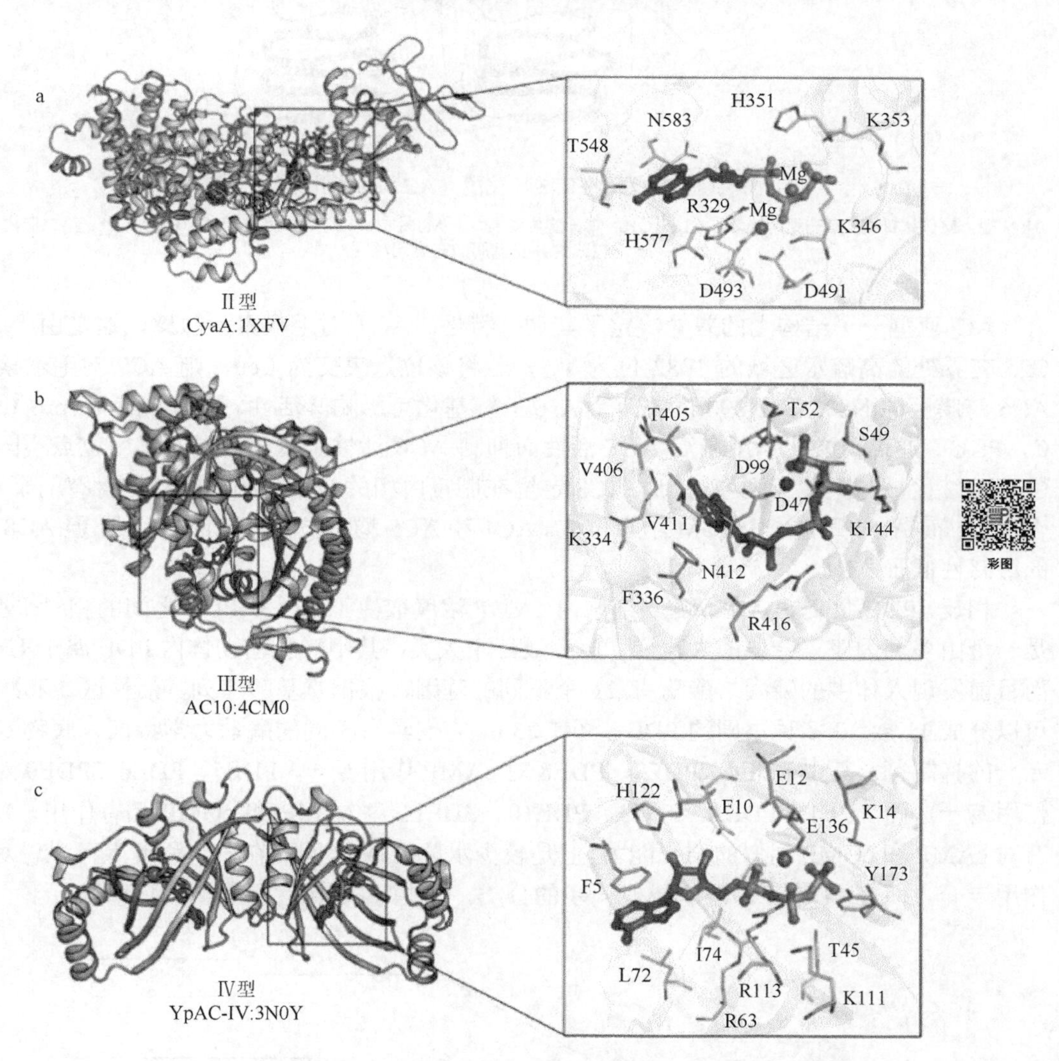

图 7-21 具有代表性的 AC 结构（Khannpnavar et al.，2020）

膜结合 AC 是分子质量为 100～150 kDa 的糖蛋白，已克隆的 9 种 AC 亚型的初级结构相似，都有两个跨膜区（M1 和 M2，包括 6 个跨膜 α-螺旋）和两个胞质区（C1 和 C2），形成对称的蛋白质。其中跨膜区参与 AC 的膜定位。胞质区又可进一步分为 C1a 与 C1b 及 C2a 与 C2b，且 C1a 和 C2a 两者之间高度保守且同源，相互结合形成 AC 的催化区。跨膜区被认为在调节蛋白质组装和细胞膜运输上起重要作用。催化作用及与毛喉素和 $G_{s\alpha}$ 相互作用的位点均在胞质部分（图 7-22）。

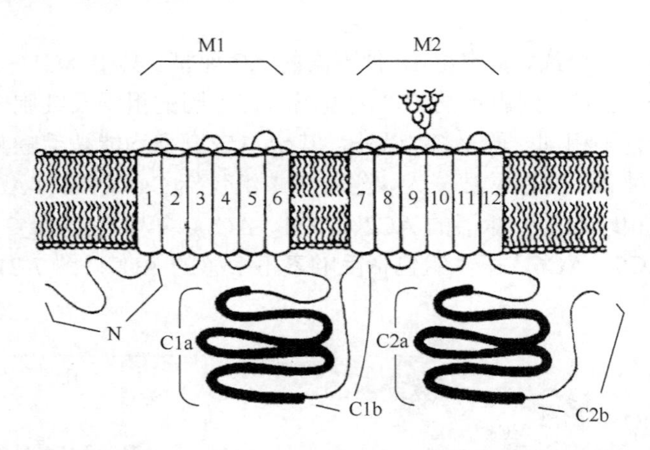

图 7-22 腺苷酸环化酶（AC）的拓扑结构

N. N 端；M1 中 1～6. 第一组跨膜域；C1a、C1b. 第一胞内结构域；M2 中 7～12. 第二组跨膜域；C2a、C2b. 第二胞内结构域；粗线为各亚型间的高度同源区

AC 亚型分子结构上的差异决定了其调节特性。AC9 对毛喉素不敏感，这是由于 C1a 和 C2a 交界处的高疏水区域的 1082 位为 Tyr，若将该位点突变为 Leu，则 AC9 对毛喉素敏感。AC6 跨膜区的 N805 和 N890 位的两个 Asp 的糖基化可影响其活性。蛋白激酶 C（proetin kinase C，PKC）通过磷酸化作用激活 AC5 活性而抑制 AC6 活性，这与两者的作用位点不同有关。C1 和 C2 区域与某些亚型如 AC5、AC8 定位在脂筏内相关。AC8 的初级结构含有两个 CaM 结合位点；而 AC1 只有一个 CaM 结合位点。AC1 和 AC8 均可被 Ca^{2+}/CaM 激活，但 AC8 对 Ca^{2+} 的敏感性低于 AC1。

相反，PDE 负责 cAMP 降解。细胞内 cAMP 浓度取决于 AC 和 PDE 之间的相对平衡。PDE 是一个由多基因序列合成的大家族，可分成三个大类，其中哺乳动物体内 PDE 属于第一大类。而目前发现人体中的磷酸二酯酶有 21 个不同的基因，根据氨基酸序列、活性区域和酶的性质可以分成 11 族 30 多种不同的 PDE（图 7-23）。它们具有不同的酶动力学特征、底物专一性及专一的抑制剂。其中 PDE4、PDE7、PDE8 对 cAMP 作用专一，PDE5、PDE6、PDE9 对 cGMP 作用专一，而 PDE1、PDE2、PDE3、PDE10、PDE11 对 cAMP 和 cGMP 都有作用。PDE3 具有对 cAMP 和 cGMP 相似的结合能力，但是较少水解 cGMP，因而在一定程度上可以说对 cAMP 作用专一。而在 11 族下，还有更进一步的分类，这些小类相互之间也有所不同。

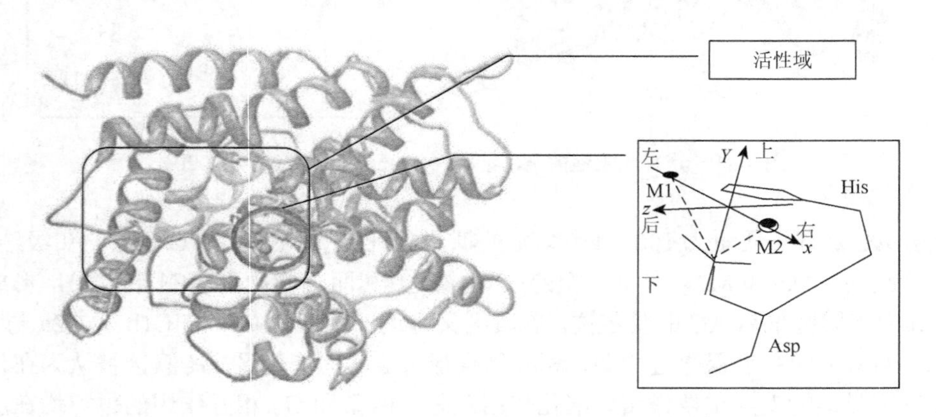

图 7-23 PDE 的活性区域及双金属结构

PDE1：受到 Ca^{2+}和 CaM 的调控，主要有 PDE1A～PDE1AC 三个子类。在人体内 PDE1A 对 cGMP 有比较高的亲和性，PDE1B、PDE1C 对 cAMP 和 cGMP 都有水解作用，但是 K_m 和 V_{max} 都有所不同。

PDE2：cGMP 的存在会使活性增强。PDE2A 水解 cAMP 和 cGMP 有相近的最高速率和比较高的 K_m 值。

PDE3：被称为 cGMP 抑制性的 cAMP 水解酶。PDE3A 和 PDE3B 对 cGMP 和 cAMP 都有比较高的结合能力，但是对 cGMP 的水解速率却很低。因此当 cGMP 存在时，PDE3 对 cAMP 的水解作用就会被抑制。

PDE4：cAMP 单一性的水解酶，分为 4 个极为相似的子类，即 PDE4A～PDE4D，对罗立普兰（rolipram）敏感。

PDE5：对 cGMP 专一水解。

PDE6：对 cGMP 专一水解。感光传导素可以刺激 PDE6 的活性，PDE6 也是感光受体的组成部分，因此在视网膜等器官中有重要的作用。

PDE7：专一水解 cAMP，但是对罗立普兰不敏感，主要有两个子类：PDE7A 和 PDE7B。

PDE8：专一水解 cAMP，有 PDE8A 和 PDE8B 两个子类，对罗立普兰和 3-异丁基-甲基黄嘌呤（IBXM）都不敏感。PDE8 其他的活性区域易于结合比较小的配体，同时对蛋白质间的相互作用也可能有调节作用。

PDE9：对 cGMP 高度专一，是目前发现的对 cGMP 活性最高的 PDE。

PDE10：对 cGMP 和 cAMP 都有水解作用，但是对 cAMP 的结合更容易，因此 cAMP 的存在会降低 PDE10 对 cGMP 的活性。

PDE11：对 cGMP 和 cAMP 都有作用。

（二）cAMP 信号转导

cAMP 信号产生之后，通过激活依赖 cAMP 的蛋白激酶（cAMP-dependent protein kinase，PKA），对靶蛋白的 Ser/Thr 进行磷酸化修饰，调节其活性，产生生物学效应。PKA 是丝氨酸/苏氨酸蛋白激酶，是由 4 个亚基组成的无活性四聚体，包括两个相同的调节亚基和两个相同的催化亚基，传统的观点认为两分子的 cAMP 和两个调节亚基结合，导致调节亚基的二聚体构象发生改变，从而催化亚基被解离并暴露了其活性位点，因此 PKA 具有了催化活性。但是越来越多的证据表明，某些催化亚基在 cAMP 刺激下并不能完全从调节亚基上解离下来，而是将其底物磷酸化到调节亚基附近。对于 PKA 信号的正常运作，重要的是 PKA 活性在空间和时间上都会受到严格调节，许多 PKA 通常也通过调节亚基与 A 激酶锚定蛋白（A-kinase anchoring protein，AKAP）的支架蛋白结合，并将其定位在 cAMP 产生位点附近的特定位置，从而使 PKA 目标快速磷酸化（图 7-24，图 7-25）。尽管已经表征了不同生物的催化亚基，但是 PKA 的生化功能特征在很大程度上仍取决于调节亚基的结构和性质。此外，PKA 底物的磷酸化对于各种细胞功能至关重要，包括代谢、分化、突触传递、离子通道活性、生长和发育等（Tasken and Anadan，2004）。

被释放的 PKA 催化亚基经核孔转位进入细胞核，使一种转录因子 CREB（cAMP-responsive element binding protein）的 Ser133 磷酸化而被激活，从而引起靶细胞中基因表达的变化。CREB 激活靶基因的转录，以响应一系列不同的刺激，包括肽激素和生长因子、蛋白激酶 A（PKA）、丝裂原活化蛋白激酶（MAPK）和钙离子/钙调素依赖的蛋白激酶（CaMK）等。这些蛋白激酶都会使 CREB 在 Ser133 处磷酸化。CREB 调节的基因涉及代谢调控、细胞的增殖、分化和适应及学习和记忆等重要生理过程（图 7-26）。

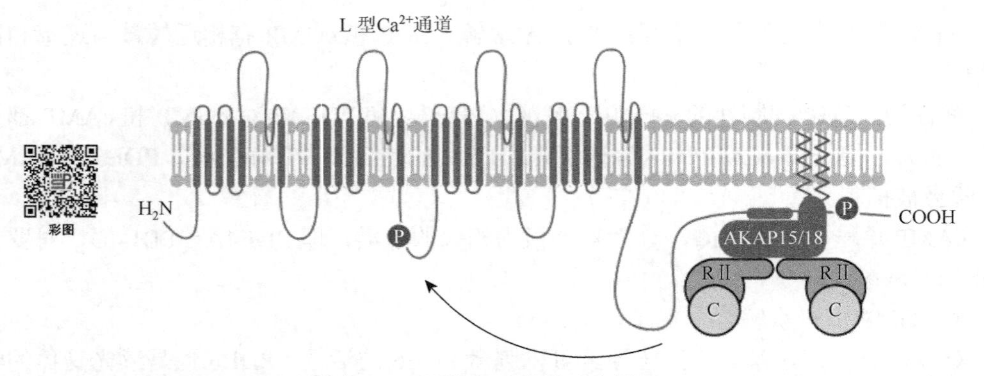

图 7-24 AKAP 锚定 PKA 调节离子通道示意图（Taskén and Anadahl，2004）

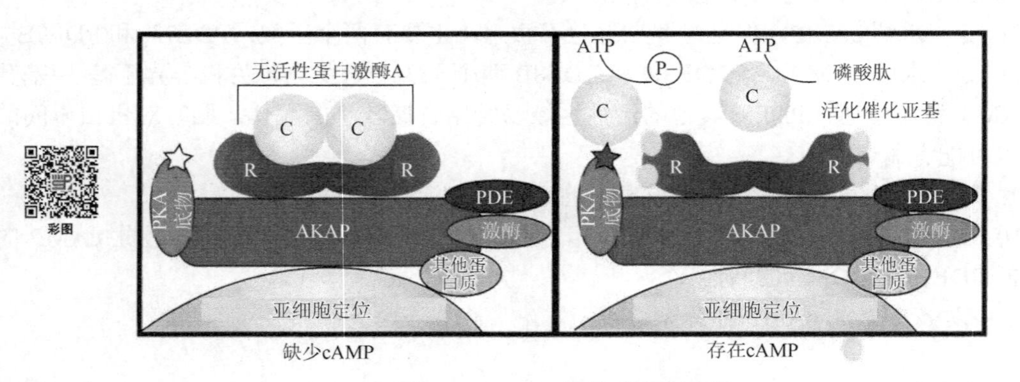

图 7-25 AKAP 促进磷酸化过程

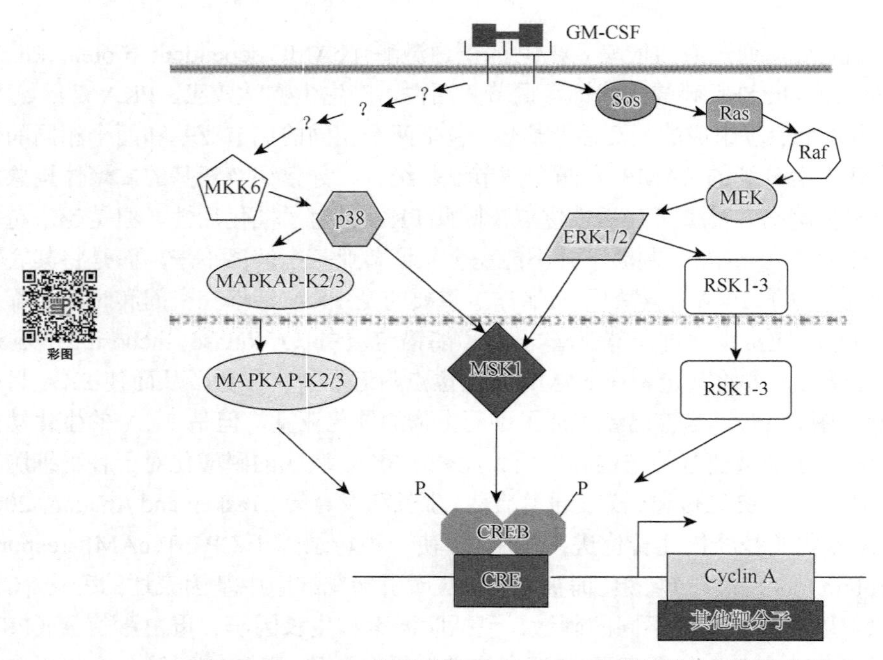

图 7-26 CREB 在髓系细胞 GM-CSF 信号转导途径中的作用

信号转导系统不仅把胞外信号跨膜传入胞内，而且通过胞内信使级联反应把原初信号逐级放大，从而极为有效地把胞间信号的微小变化转化成大量胞内效应分子，产生明显的生物学效应（图 7-27）。除了发挥信号扩增效应，细胞信号转导级联系统还为代谢调节提供多级调控系统。级联反应链依次连接的每个蛋白质和酶，都可作为代谢调节的一个环节，以便对这个强大的信号扩增系统进行精确而严密的调控。

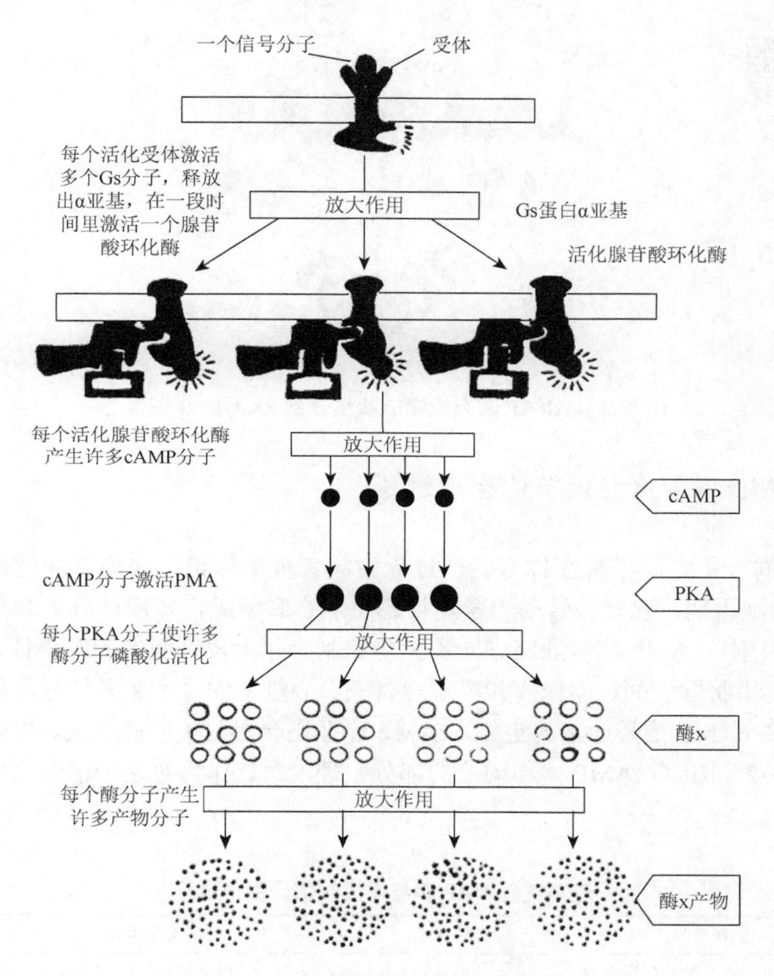

图 7-27　cAMP 信号转导中的放大作用

PKA 的细胞内靶向和区划是通过与 AKAP 的结合来调控的。AKAP 是一个结构多样化的功能相关蛋白质家族，现在包括 50 多个成员。可以根据它们与 PKA 结合和共沉淀催化活性的能力来定义它们。AKAP 中保守的 PKA 结构域形成一个由 14～18 个氨基酸残基组成的两亲性螺旋，与位于调节亚单位二聚体末端的疏水决定簇相互作用（图 7-28）。AKAP 的重要性还包括它们可以将酶定位于特定的亚细胞间隔，从而对 PKA 信号提供空间和时间上的调节。所有的锚定蛋白都含有一个 PKA 结合的结构域和一个独特的靶向结构域，将 PKA-AKAP 复合体导向特定的亚细胞结构、膜或细胞器。除了这两个结构域，几个 AKAP 还可以通过与磷酸酶及其他参与信号转导的激酶和蛋白质相互作用而形成多价信号转导复合体。通过在效应和底物的空间还有时间整合中的中心作用，AKAP 为 cAMP-PKA 信号通路提供了高度的特异性和时间调节。

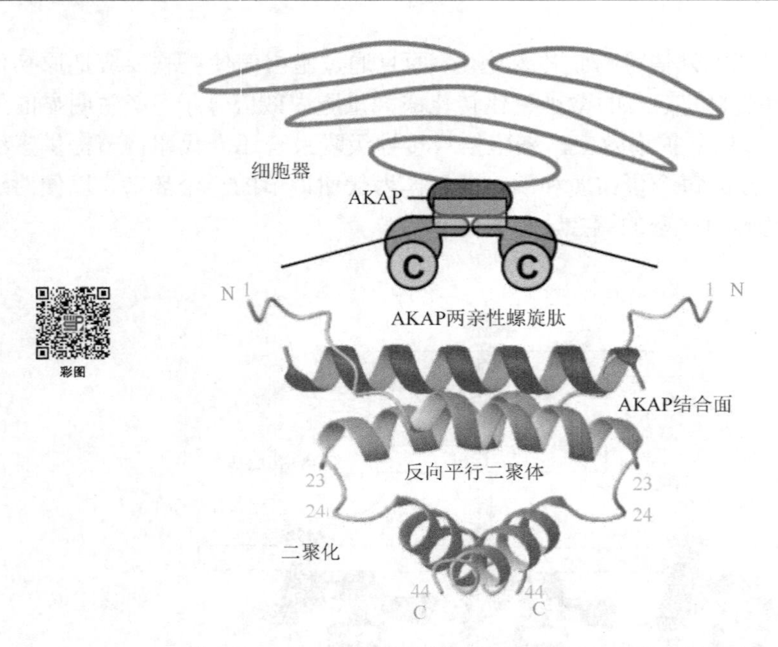

图 7-28 AKAP 两亲性螺旋肽结合到 PKA 的 R 亚基上

（三）cAMP 信号途径调节的生理过程

AKAP 靶向 PKA 同工酶在许多生理过程中起着重要作用，如调节神经系统离子通道的 cAMP，调节细胞周期，包括微管动力学，染色质缩合和解缩，核膜的分散和重组，以及许多细胞内的运输机制。cAMP 信号通路进一步参与控制极化上皮细胞的胞吐事件，与尿崩症、高血压、胃溃疡、甲状腺疾病、糖尿病和哮喘等有关。心脏中的肾上腺素信号和脂肪组织中新陈代谢的控制需要 cAMP 信号通路的定位。cAMP 途径还会参与类固醇合成、生殖功能和免疫反应的调节。表 7-2 列出了 cAMP 参与调控的部分生理过程，作为对这个信号途径生理功能过分简化的概括。

表 7-2 cAMP 参与调控的部分生理过程

生理过程	细胞组织
促进糖原分解，抑制糖原合成	肝、肌肉、脂肪细胞
促进糖异生	肝、肾
促进三酰甘油和胆固醇酯水解	脂肪细胞、肝、肌肉、产生类固醇的细胞
抑制脂类合成	肝、脂肪细胞
促进类固醇激素合成	肾上腺皮质、黄体、睾丸间质细胞
促进分泌	胰、唾液腺、甲状腺、胃腺、胰岛和脑垂体
增强膜透性（离子）	神经细胞、肌细胞、视网膜、分泌细胞
增强膜透水性	肾、膀胱、皮肤
蛋白质代谢	分解效应（肝）、选择性合成（肾上腺皮质）
基因表达	PEPCK、LDH、fibronectin、fos 等的数十个基因
细胞分裂分化	肿瘤细胞等

二、cGMP 信号转导途径

细胞内 cGMP 的浓度较 cAMP 低得多，cGMP 信号参与调节的生理过程也少得多，但是 cGMP 信号途径在血管平滑肌松弛、光信号转导等重要生理过程中有着重要的作用。

（一）cGMP 信号的产生与灭活

Ashman 等（1963）在大鼠的尿液中发现了 cGMP，6 年之后有三个实验室找到了催化 GTP 向 cGMP 转化的酶。国际生物化学与分子生物学联合会命名委员会将这种酶命名为鸟苷酸环化酶（guanylate cyclase，GCase）或者 GTP 焦磷酸裂解酶（GTP guanylate cyclase）。整个催化反应是：二价金属离子结合 GTP 转变为 cGMP 和 PP_i。在生物体内，二价金属离子通常为 Mg^{2+}，但是在一些早期的研究中，也用 Mn^{2+}来激活相关酶的活性。这些早期的研究结果确定了这类酶有可溶性（sGC）和膜型（mGC）两类，两者都与卵巢的功能相关。mGC 是利钠肽的受体，由胞外配体结构域、跨膜结构域和胞内环化酶催化调节结构域组成。sGC 是一种胞质蛋白酶，由一氧化氮激活。这两种 GC 的激活都将导致 cGMP 的大幅度增加，从而激活 cGMP 依赖的信号转导途径。使 cGMP 水解灭活的 PDE 在前面已经介绍，不再赘述。

$$\text{GTP} \xrightarrow[\searrow PP_i]{\text{GCase}} \text{cGMP} \xrightarrow[H_2O]{\text{PDE}} 5'\text{-GMP}$$

（二）cGMP 信号转导与功能

图 7-29 展示了 cGMP 信号在调节视觉传导中的作用：视锥细胞和视杆细胞的视觉传导受 cGMP 和 Ca^{2+}的调节，在黑暗中，cGMP 水平很高（为 3～4 μmol/L），且环核苷酸门控离子通道（CNG）通道是开放的，允许 Na^+和 Ca^{2+}内流。Na^+内流导致光感受器膜去极化和谷氨酸释放。光/光子激活视紫红质，视紫红质激活三聚体 G 蛋白转导蛋白。它的 α 亚基激活磷酸二酯酶 6，降低 cGMP 水平。CNG 通道关闭，Na^+、Ca^{2+}浓度降低。Na^+的减少使膜超极化，减少谷氨酸的释放。大脑将谷氨酸释放的变化解释为光。光感受器外段的 Ca^{2+}与鸟苷酸环化酶激活蛋白（GCAP）结合，从而抑制视网膜鸟苷酸环化酶。在低 Ca^{2+}浓度下，GCAP 激活视网膜颗粒状鸟苷酸环化酶（pGC），增加 cGMP 水平。RD3 进一步抑制视网膜 pGC 的活性。

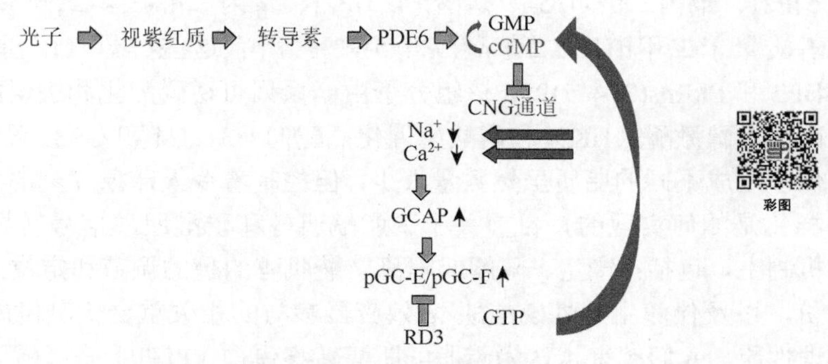

图 7-29　cGMP 调节视觉传导示意图

视紫红质转导、CNG 通道和视网膜 *PGC* 基因的激活突变、*PDE6* 和 *GCAP* 基因的失活突变会增加 cGMP（高于 5 μmol/L）和钙离子的浓度，并导致视网膜变性。然而，CNG 通道的失活突变会导致视网膜色素变性，这是视网膜变性的一个亚种。变性背后的分子机制尚不清楚，但可能涉及 cGMP 依赖性蛋白激酶Ⅰ（cGKⅠ）或钙激活的蛋白酶 calpain。到目前为止，治疗方法集中在开发基因疗法来取代缺陷基因或阻断 cGMP 的靶点（Hopmann，2020）。

cGMP 参与细胞内非常复杂的信号通路，其中 NO/cGMP/PKG 通路调控许多重要机制。拉内克（Ranek）等发现，在新生大鼠心室肌细胞中过表达活化的 PKG1a 或通过 PDE5 抑制 PKG 激活，可增强蛋白酶体的肽酶活性，减少错误折叠和泛素化蛋白积累。血管中 PKG1 在 NO 信号的作用下诱导平滑肌松弛，从而降低全身和肺的血压。在血小板中，cGMP 刺激 PKG1 可抑制其活化和聚集。而在心力衰竭的实验模型中，抑制 cGMP 降解可激活 PKG1 活性从而发挥保护作用。cGMP 还可以通过 PKG/CREB 途径刺激神经发生，最终产生脑源性神经营养因子等。

第五节　膜磷脂产生的信使及其信号转导

Hokin 等（1953）发现外界刺激可加速膜脂代谢，如乙酰胆碱在促进胰腺分泌淀粉酶的同时也加快膜脂的周转。^{32}P 标记研究表明，外界刺激引起膜中磷脂酰肌醇（PtdIns，PI）的变化。而磷酸肌醇（PPIns）是脂质信号分子，也是一组衍生自磷脂酰肌醇的分子，充当细胞信号转导的主调节剂，包括膜运输、质膜受体信号转导、细胞增殖和转录。后来揭示了 PPIns 在无数细胞过程和由 PPIns 信号转导失调介导的多种人类疾病中的新作用。又发现许多膜脂代谢产物，如磷脂酰肌醇磷酸、溶血磷脂酸、神经酰胺等都是重要的胞内信使（Hammond and Burke，2020）。

一、PPIns 信号途径

（一）PPIns 信号的产生和 PITP 的功能

磷酸肌醇是一组衍生自磷脂酰肌醇的分子，它定义了一种化学密码，有助于将细胞内膜表面转化为高清脂质信号网（图 7-30）。哺乳动物细胞合成 7 种不同的磷酸肌醇，即 PtdIns 3-磷酸（PtdIns3P）、PtdIns 4-磷酸（PtdIns4P）、PtdIns 5-磷酸（PtdIns5P）、PtdIns 3, 5-二磷酸[PtdIns(3, 5)P2]、聚丙二醇-4, 5-二磷酸[(4, 5)P2]、聚丙二醇-3, 4-二磷酸[(3, 4)P2]和聚丙二醇-3, 4, 5-三磷酸聚苯二甲醚[聚二苯醚(3, 4, 5)P3]，所有这些酵母（酵母菌）都能合成，除了 PtdIns(3, 4)P2 和 PtdIns(3, 4, 5)P3，该组分子由一系列可逆磷酸化和去磷酸化反应产生，这些反应分别由磷酸肌醇激酶（ΠK）和磷酸酶催化，靶向 C3、C4 和 C5 位置的肌醇头基。

这些化学组成不同的脂质虽然数量很少，但控制着令人印象深刻的大量细胞内活动。生物功能的多样化是如何实现的？目前关于磷脂酰肌醇和磷酸肌醇信号转导如何多样化的观点集中在调节机制上，包括：产生、降解或隔离磷酸肌醇的酶的调节和定位；识别这些分子的效应蛋白的身份，以及伴随生产性磷酸肌醇/效应器参与的相关重合检测机制；以及这些脂质驻留的膜的物理性质。人们越来越认为磷脂酰肌醇转移蛋白（PITP）是磷酸肌醇生物结果多样化机制的核心组成部分。

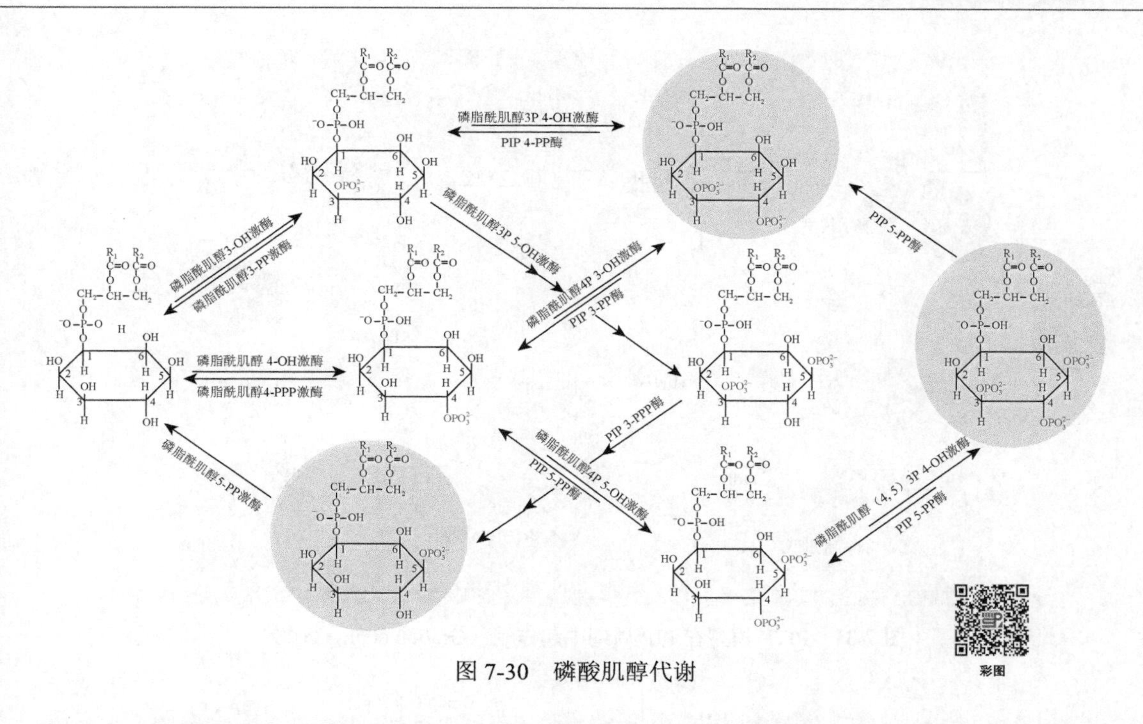

图 7-30　磷酸肌醇代谢

PITP 历来被解释为“脂质载体”，由于磷酸肌醇驱动的信号转导反应，将 PtdIns 从合成位点（即 ER）运送到 PtdIns 耗尽的膜。研究表明，PtdIns 的周转和磷脂酶 C（PLC）催化的肌醇磷酸裂解在用卡巴胆碱刺激分泌组织后迅速增加。这些观察结果最终表明 PtdIns(4, 5)P2 是第二信使的代谢前体，肌醇三磷酸（IP3）和二酰基甘油（DAG）通过质膜驻留 PLC 的作用。断续器 3 促进 Ca^{2+}从 ER 存储释放，DAG 激活下游蛋白激酶信号转导。各种数据促使罗伯特·米歇尔（Robert Michell）提出了一个问题：PLC 消耗后，磷脂醇如何在质膜上补充？这个问题凸显了一个难题，即 PtdIns 合成可能仅限于 ER，而磷酸肌醇循环则在物理上不同的亚细胞区室中运行。Michell 假设质膜 PtdIns 池在脂质运输循环中从 ER 重新供应，其中可溶性脂质载体蛋白将 PtdIns 从 ER 运送到质膜（图 7-31）。Michell 假说启动了对这种脂质转移蛋白的搜索，并定义了蛋白质的推定作用机制，该机制至今仍主导着该领域（Grabon et al.，2019）。

（二）PPIns 的其他功能

PPIns 为整合膜蛋白信号转导的调节剂。PPIns 与整合膜蛋白的结合可以调节其活性，并且可以允许整合膜蛋白的活化仅在它们位于特定的膜细胞器中时发生。PPIns 可以通过多种机制调节整合膜蛋白：它们可以诱导构象变构和（或）介导与蛋白质结合伙伴的偶联（图 7-32）。长期以来，人们一直认为 PPIns 是离子通道的关键调节剂，PI(4, 5)P2 被确定为通道打开的关键调节因子，首次对 PI(4, 5)P2 在瞬时受体电位黏附蛋白 1（TRPML1）离子通道中的作用进行了分子洞察，结果显示 Ca^{2+}通道与 PI(4, 5)P2 的结合会抑制通道打开，而结合 PI(3, 5)P2 导致通道激活，提供脂质介导的开关，确保通道仅在 PI(3, 5)P2 中处于活性状态。这揭示了 PPIns 在正向和负向调节整合膜蛋白信号转导方面潜在的多方面作用。例如，PPIns 代谢在协调长程信号的生理传播方面起着重要作用，PI(4, 5)P2 的修饰水平被发现在神经脉管系统的脑上皮细胞的血流中起重要作用。PI(4, 5)P2 结合激活 Kir2.1 离子通道并抑制瞬态受体电位阳离子

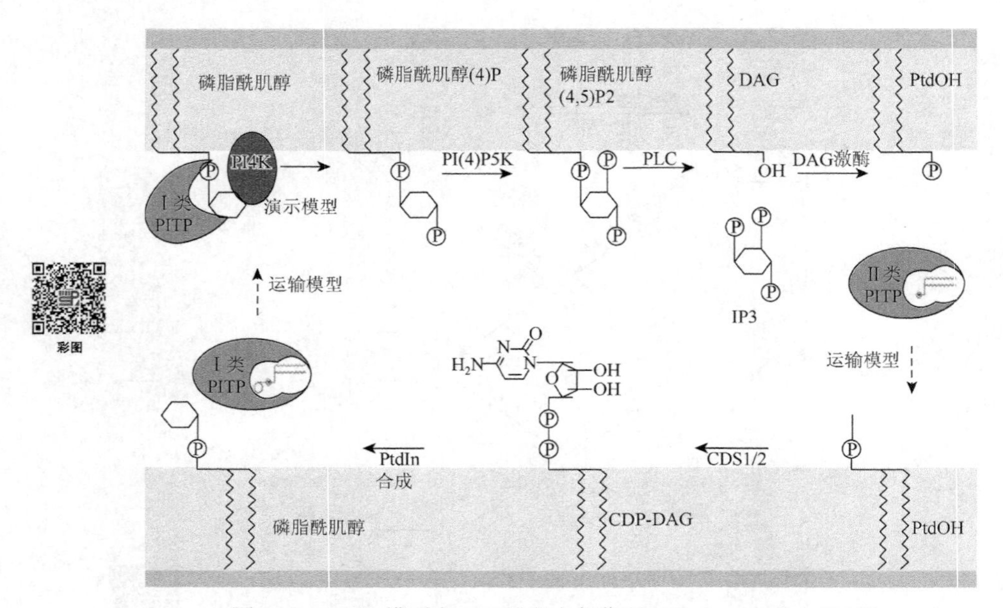

图 7-31 PITP 模型在 PIP 周期中起作用（Grabon et al.，2019）

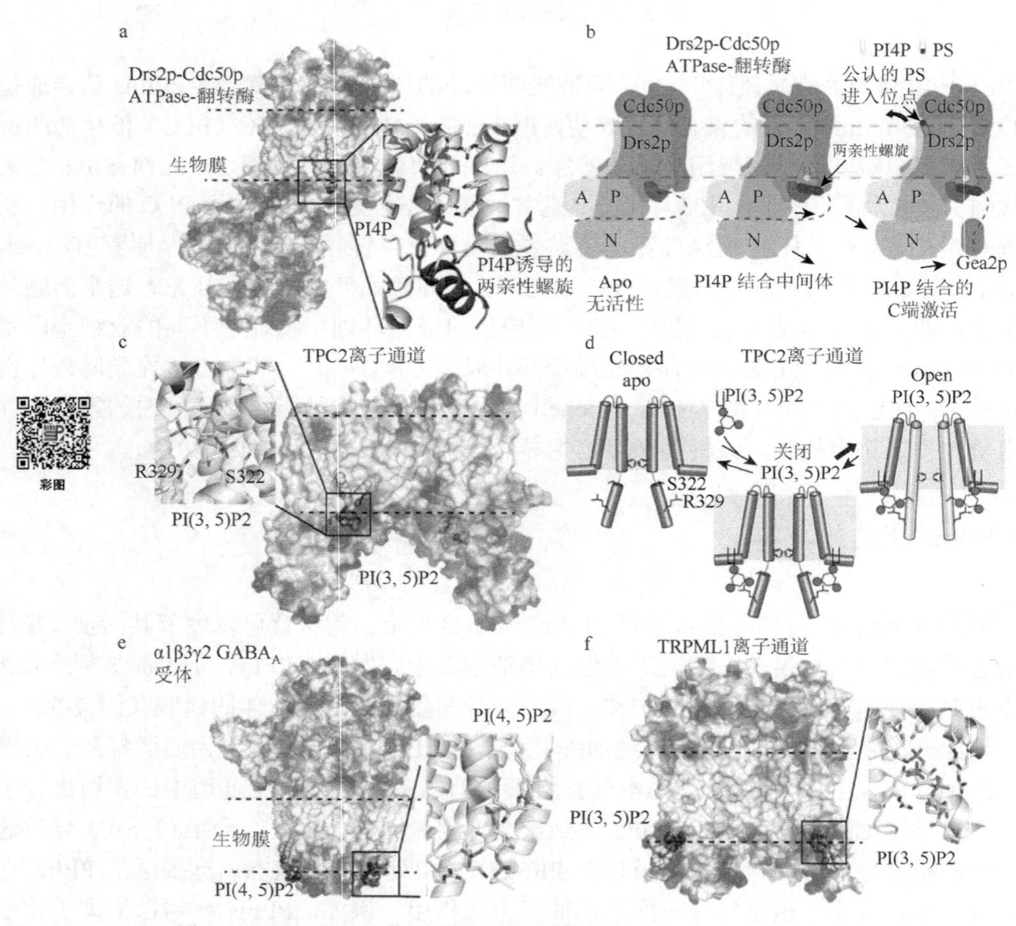

图 7-32 PPIns 调节整合膜蛋白的结构基础（Hammond and Burke，2020）

a. Drs2p-Cdc50p（P_4-ATP 酶，翻转酶）三维结构；b. Drs2p-Cdc50p 的 C 端激活；c. TPC2 离子通道的三维结构；d. TPC2 离子通道的激活；e. α1β3γ2 $GABA_A$ 受体的三维结构；f. TRPML1 离子通道的三维结构

通道亚家族 V 成员 4（TRPV4）通道。PI(4, 5)P2 的缺失在 GqPCR 受体介导的磷脂酶 C（PLC）激活下可以差分调节通道活性，导致脑血流改变。

G 蛋白偶联受体（GPCR）的激活可以通过周围的磷脂进行变构调节，这可能在控制其低聚态中发挥作用。PI(4, 5)P2 与腺苷 A2A GPCR 结合可以增强 G 蛋白活化。GPCR 能够整合多个信号并产生特定的下游输出，包括 G 蛋白和 β-arrestin 信号。GPCR-β-arrestin 复合物的形成需要 GPCR 激酶（GRK）下游的 GPCR 磷酸化。PI(4, 5)P2 的存在促进 β2 肾上腺素能 GPCR 与 GPCR 激酶 GRK5 之间复合物的形成。β-arrestin 介导的 GPCR 内吞作用被认为需要 β-arrestin 与 PPIns 结合。膜上存在活性 β-arrestin 构象的可能性，该构象被 GPCR 催化激活，但独立于稳定的 GPCR-arrestin 复合物。据推测，信号转导的活性 β-arrestin 的解离由 PPIns 介导。偏倚激动剂可以特别偏向于一种途径而不是另一种途径，该过程的分子细节尚不清楚。GPCR 主要在质膜上产生信号，但也可以在内膜室中活动。

（三）参与调节的生理过程

PPIns 是几乎每个细胞内膜室中信号转导的主调节剂。用于询问 PPIns 代谢的新工具的开发揭示了它们在控制膜运输、代谢、自噬和信号转导中所发挥作用的令人兴奋的新见解。对 PPIns 信号转导的经典理解是作为可以招募和（或）激活可溶性效应蛋白的信使。目前对这种蛋白质及其相关功能的了解仍在扩大（Hammond and Burke，2020）。

二、溶血磷脂酸信号转导

溶血磷脂酸（lysophosphatidic acid，LPA）是一种无处不在的溶血磷脂，其产生有两种主要途径（图 7-33），即通过磷脂酶 A（PLA1 或 PLA2）去除脂肪酸链，将膜磷脂裂解成溶血磷脂。随后，ATX 切割溶血磷脂上的头部基团（胆碱、乙醇胺或丝氨酸）并将其转化为 LPA。同时 LPA 也是主要的膜源性脂质信号分子之一。LPA 通过至少 6 个 G 蛋白偶联受体（GPCR）充当自分泌/旁分泌信使，称为 LPA1～6，诱导各种细胞过程，包括伤口愈合、分化、增殖、迁移和存活。

LPA 由甘油主链的 sn-1（或 sn-2）位置的酰基链和磷酸盐头部基团组成。它是最小（分子质量为 430～480 Da）和最简单的生物活性甘油磷脂，来源于膜磷脂。

然而，它具有广泛的活性，参与从磷脂合成到作为脂质介质的许多生理反应。LPA 将 i/0 一直到 Gs 转移至异源三聚体 G 蛋白中，刺激不同的信号通路。LPA 与激活型 G 蛋白结合信号转导的结果取决于细胞环境和对生物过程的影响，如伤口愈合、分化、神经发生和存活。

由于其结构小，LPA 是水溶性的，血清中浓度＞1μmol/L；在其他生物液体（如血浆、唾液、滤泡液、脑脊液和恶性积液）中发现浓度＜1 μmol/L。众所周知，ATX-LPA 信号转导在伤口愈合期间增加，并且两者都在水疱液中产生和检测，在那里它们介导血小板聚集和皮肤再上皮化。在此过程中，ATX-LPA 信号转导诱导促炎细胞因子的产生。因此，该轴的异常激活会进入错误的免疫反应，从而导致癌症等病理的促炎状态（Anahi and Aliesha，2017）。

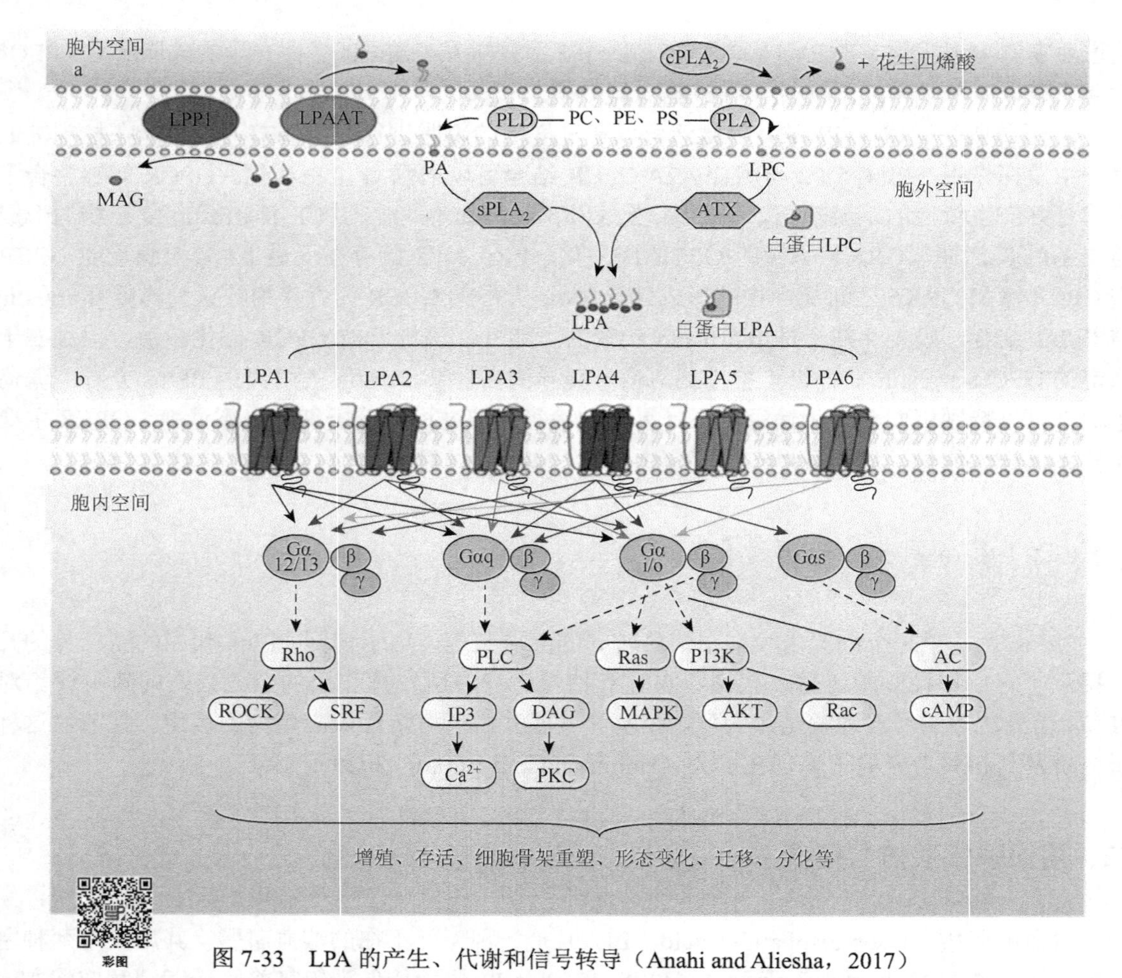

图 7-33 LPA 的产生、代谢和信号转导（Anahi and Aliesha，2017）

a. LPA 来源于膜磷脂。PLA 从 PC、PE 或 PS 中去除脂肪酸链，将它们转化为溶血磷脂。之后，ATX 从 LPC 中删除极性头部（包括 LPE、LPS 的极性头部）并生成 LPA。LPC 可以来源于细胞膜或与白蛋白结合的循环 LPC。LPA 也可以通过 cPLA2 从 LPC 产生 LPA 和花生四烯酸在细胞内产生。另外，PLD 可以从膜磷脂中除去头部基团并产生 PA。然后，sPLA2 去除产生 LPA 的脂肪酸链。两种酶代谢 LPA，膜外小叶中的 LPP1 将 LPA 水解成 MAG，LPAAT 将酰基链转移到产生 PA 的膜内小叶中的 LPA。b. LPA 信号通过至少 6 个 GPCRS（LPA1～LPA6）耦合到不同的 Gα 蛋白，以引发 Rho、PLC、Ras、PI3K 和腺苷酰环化酶（AC）的活化，并介导细胞和文中依赖性的各种过程

三、神经酰胺信号转导系统

神经酰胺是一种鞘脂代谢物，也是鞘脂代谢的核心（图 7-34）。鞘脂属于一类脂质，是细胞膜的主要成分。它们无处不在，且高度保守，其中一些在细胞生理学和病理学中起着关键作用。神经酰胺含有鞘碱（18-碳胺醇）、主链和 *N*-连锁脂肪酸链，与一种或多种碳水化合物组合，分别产生脑苷脂或神经节苷脂，而磷酸胆碱掺入神经酰胺部分形成鞘磷脂（SM）。神经酰胺可以通过三种主要途径合成（图 7-34）：①从头合成途径，发生在内质网中，主要由丝氨酸棕榈酰转移酶（SPT）和（二氢）神经酰胺合成酶（CERS）调节；②鞘磷脂酶途径，其中鞘磷脂酶（SMase）在细胞的质膜或溶酶体中激活，直接从 SM 产生磷酸胆碱和神经酰胺；③通过 CERS 的作用将来自复杂鞘脂代谢的鞘氨醇（Sph）再循环回神经酰胺的补救途径（Zhang et al.，2020）。神经酰胺可以通过神经酰胺酶的作用进一步代谢产生 Sph，反过来，Sph 可以通过 Sph 激酶

（SphK）磷酸化以形成 Sph 1-磷酸盐（S1P）。此外，神经酰胺可以通过神经酰胺激酶（CERK）的作用直接磷酸化形成神经酰胺 1-磷酸（C1P）（图 7-34）。所有这些鞘脂代谢物、神经酰胺、C1P、Sph 和 S1P 都是有生物活性的，可以调节重要的生理和病理过程。

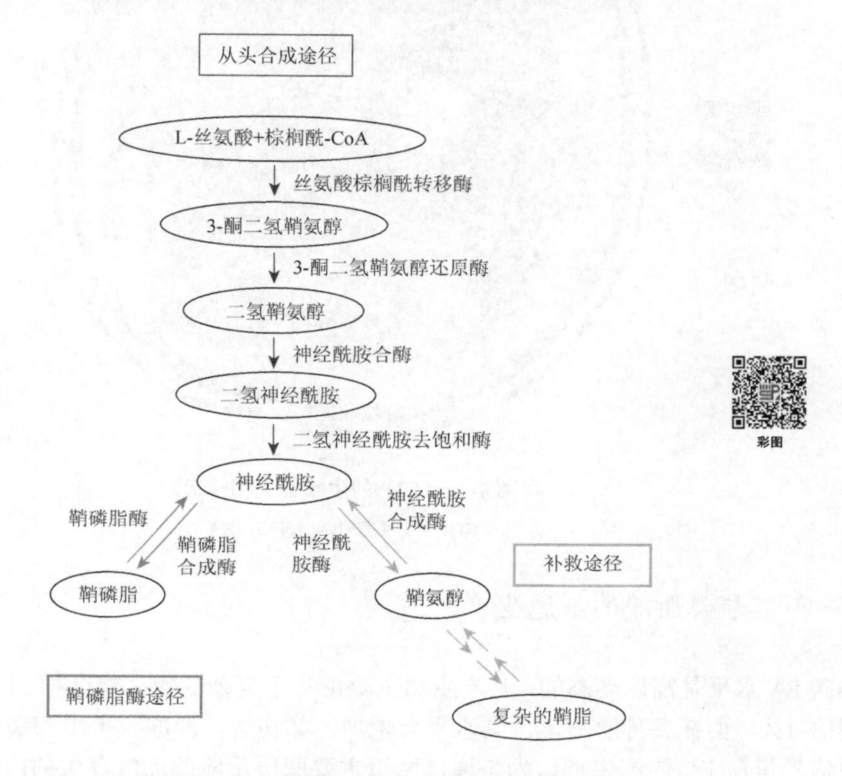

图 7-34　神经酰胺的生物合成途径（李玉慧和陈成，2020）

C1P 是一种相关的神经酰胺代谢物，其由 CERK 作用于神经酰胺产生，神经酰胺通过神经酰胺转移蛋白（CERT）从 ER 运输到高尔基体（图 7-35）。迄今在哺乳动物细胞中，CERK 的激活是合成 C1P 的唯一机制。然而，一些节肢动物如平甲蛛属（*Loxosceles*）的蜘蛛，以及一些细菌包括结核棒状杆菌、溶血弓杆菌和丹氏弧菌，其毒液或毒素中含有鞘磷脂酶 D（SMase D）。SMase D 是一种磷脂酶 D 样酶，除了产生环状神经酰胺磷酸盐外，还会通过 SM 的降解直接形成 C1P，可能在细胞的质膜上作用于信号转导过程。值得注意的是，CERK 生成的 C1P 可以通过最近鉴定的 C1P 转移蛋白从高尔基体运输到质膜，因此它也可能有助于 C1P 作为信号代谢物的作用。

四、磷脂酸介导的信号转导

磷脂酸（PA）是一类小的膜脂质，由磷酸甘油与两个脂肪酸链酯化而成。PA 被称为甘油酯生物合成的关键中间体，其中 PA 脱磷酸化为二酰基甘油（DAG），用于合成磷脂、半乳糖脂和三酰基甘油。近几年 PA 才被认为是一类脂质信使，发现 PA 与各种效应蛋白相互作用，调节其催化活性和（或）膜关联。PA 的细胞水平可以通过各种磷脂酶、脂质激酶和磷酸酶来控制（图 7-36）。细胞中 PA 水平的遗传和药理学操作揭示了细胞信号转导中广泛的细胞和生理作用。

内质网
神经酰胺
CERT
高尔基体
神经酰胺
CERK
细胞核
C1P
C1P
CPTP
细胞器
细胞膜

彩图

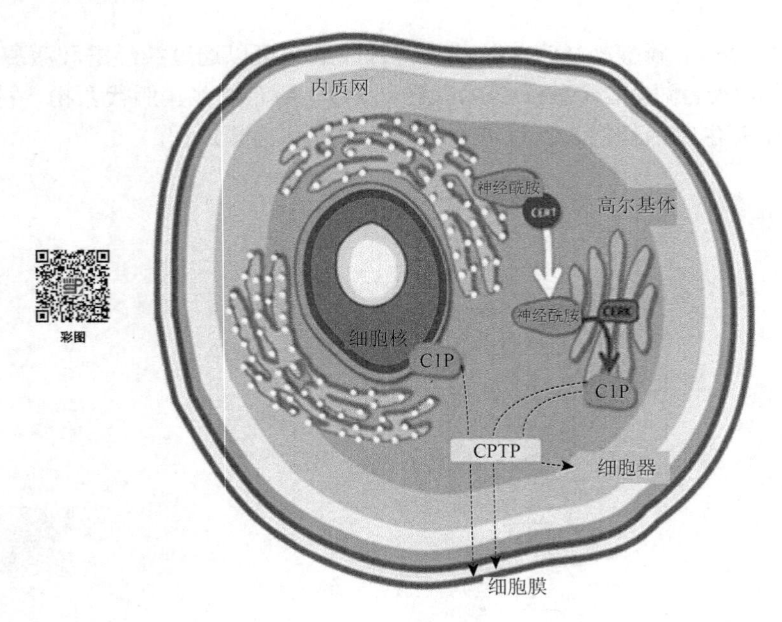

图 7-35　C1P 的生物合成和转运

CPTP. 神经酰胺-1-磷酸转运蛋白

（一）信号磷脂酸的细胞生产

细胞 PA 水平是高度动态的，其产生和去除由几个复杂的酶家族介导。PA 约占植物中总膜甘油酯的 1%，但在各种胁迫下，其水平会增加，如伤害、冷冻、干旱和病原体引发。植物和动物中信号蛋白 PA 的产生被认为是通过两组主要脂质反应的活性发生的：磷脂酶 D（PLD）和二酰基甘油激酶（DGK），通常与磷脂酶 C（PLC）的活化相结合（图 7-36）。另外，植物中的脂质磷酸磷酸酶（LPP）、PA 磷酸水解酶、PA-磷脂酶和 PA 激酶可以去除 PA。这些酶由多种形式组成，且具有复杂的控制体系，并控制着信号 PA 产生的时空调节。PA 存在于各种膜中，其信号转导作用与血浆、内质网、线粒体、核膜和真空膜上发生的事件有关。

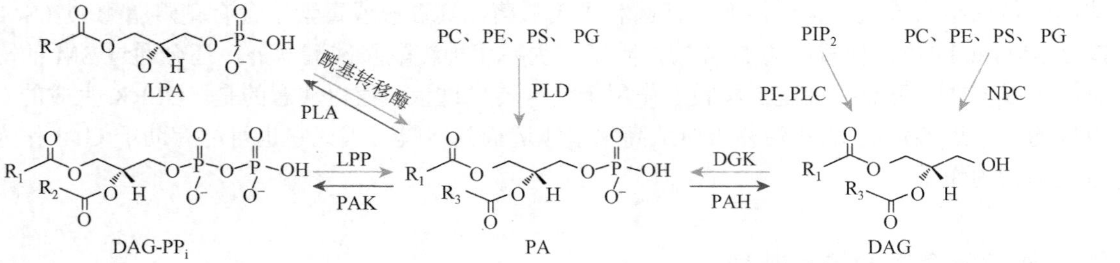

LPA
酰基转移酶
PLA
PC、PE、PS、PG
PLD
PIP2
PI-PLC
PC、PE、PS、PG
NPC
LPP
PAK
DGK
PAH
DAG-PPi
PA
DAG

图 7-36　磷脂酸的生产和去除

（二）磷脂酸信号转导

对于某些蛋白质，PA 相互作用可能不会直接影响它们的催化活性，而是调节它们与其他蛋白质和细胞内位置的关联，像将蛋白质锚定在膜上。信号转导、囊泡运输和许多其他关键的细胞功能需要将蛋白质靶向到特定位置。总之，PA 有助于将蛋白质引导到特定的细胞内或膜区域。

在 ABA 信号转导中的 PA-ABI1 相互作用中，PA 与 ABI1 的结合除了降低 PP2C 活性外，还将 ABI1 拴在质膜上，从而减少其向细胞核的易位。在酿酒酵母中，增加的 PA 将转录抑制剂阿片（Opi1p）拴在内质网中，从而阻止其在细胞核中发挥作用。PA 与 Raf1 和鞘氨醇激酶的结合，调节其与膜相关的蛋白质互作的特定功能。除了可溶性蛋白在细胞内易位到膜上外，PA 还与整合膜蛋白的区域相互作用以调节其功能。PA 与整合膜蛋白 NADPH 氧化酶的细胞质区域结合，以促进植物中 ROS 的产生。

PA 的细胞水平也支持膜 PA 结合效应蛋白的假设。植物细胞中 PA 的基础水平（50～150 μmol/L），大大高于亚纳摩尔范围内磷脂的临界胶束浓度。因此，信号 PA 的增加不会影响单体 PA 的浓度，因为当 PA 水平高于其临界胶束浓度时，溶液中 PA 单体的浓度是恒定的。膜可能是 PA 信号转导和与靶蛋白相互作用的主要位点。

（三）参与调节的生理过程

PA 已被记录在广泛的生理过程中。在动物中，虽然多数研究都使用了细胞模型，但越来越多的研究表明 PA 和 PLD 与广泛的病理生理过程有关，如炎症、糖尿病、神经元心血管疾病及肿瘤发生、转移和生殖过程。在癌症生物学中，PLD 衍生的 PA 被认为是促进肿瘤的第二信使。最近，PLD 和 PA 被证明在精子发生中起重要作用。

第六节　Ca^{2+}信号系统

Ca^{2+}是细胞内最古老、作用最广泛的信号物质，参与调控机体几乎所有的生物学功能，诸如心脏和肌肉收缩、神经信息传递、学习和记忆、胚胎形成和发育、细胞增殖和凋亡、细胞分裂和分化、细胞能量代谢、蛋白质磷酸化和去磷酸化修饰、基因表达和调控等。早在 100 多年前，人们就注意到 Ca^{2+}生理功能的多样性和复杂性，认为 Ca^{2+}可调节许多酶的活性。随着众多钙结合蛋白和钙调节蛋白尤其是钙调素的发现，人们开始逐渐意识到 Ca^{2+}作为胞内信使的重要作用，并开始深入解析其内在机制。

一、细胞 Ca^{2+}信号的形成及调控

（一）Ca^{2+}在细胞内外的分布

Ca^{2+}在细胞内外及细胞内不同房室中的分布极不均匀。一般认为，细胞内总[Ca^{2+}]≈1 mmol/L，其中 50%在细胞核内；线粒体[Ca^{2+}]≈0.6 mmol/L，约占总 Ca^{2+}的 30%；内质网[Ca^{2+}]≈0.28 mmol/L，约占总 Ca^{2+}的 14%；质膜[Ca^{2+}]≈0.1 mmol/L，约占总 Ca^{2+}的 5%；细胞溶胶中的 Ca^{2+}约占总 Ca^{2+}的 0.5%，而且大部分处于结合状态。自由态 Ca^{2+}的转移是形成 Ca^{2+}信号的基础。细胞外游离 Ca^{2+}浓度为 0.1～10 mmol/L。静止状态时细胞溶胶中游离 Ca^{2+}的浓度约为 0.1 μmol/L，与细胞外相差 3～4 个数量级；线粒体、内质网等钙库中游离 Ca^{2+}浓度也比细胞溶

胶中高数倍（内质网中游离 Ca^{2+}浓度约为 0.5 μmol/L）。因此，当受到刺激时，少量的 Ca^{2+}从细胞外进入或从钙库中释放，形成 Ca^{2+}信号。

（二）胞内 Ca^{2+}信号的形成与调控

虽然不同细胞有不同的具体机制，但参与其中的分子一般包括细胞膜和细胞器膜离子通道（介导 Ca^{2+}进入细胞质）、细胞膜和细胞器膜的转运蛋白（包括原发性主动转运和继发性转运，将 Ca^{2+}运出细胞或运入细胞器）、细胞质和细胞器的钙缓冲蛋白（结合储存 Ca^{2+}）等（图 7-37）。

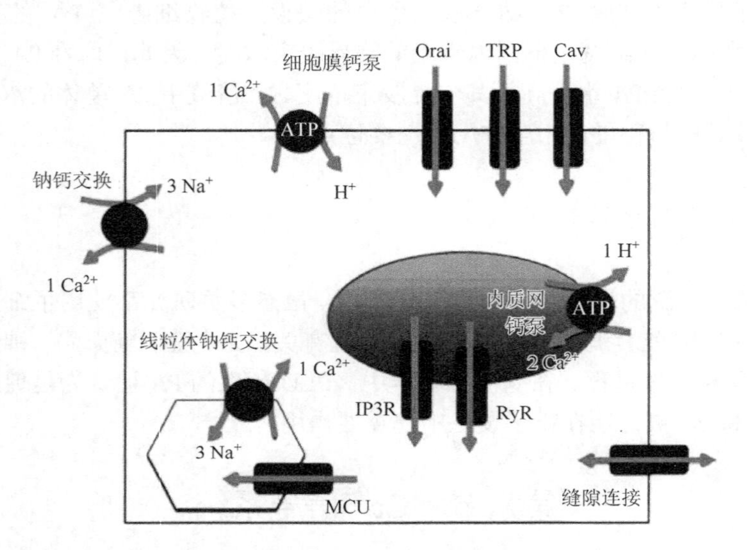

图 7-37 细胞中主要 Ca^{2+}通道和转运体（范雪彩等，2016）

Orai. 钙库调控钙离子通道；TRP. 瞬时受体电位通道；Cav. 电压门控钙离子通道；MCU. 线粒体钙单向转运体；IP3R. IP3 受体；RyR. Ryanodine 受体

1. 质膜上的 Ca^{2+}转移系统

1）质膜 Ca^{2+}泵　质膜 Ca^{2+}-ATPase 为单肽链整合膜蛋白，是高亲和力和低容量的 Ca^{2+}外排系统，水解 1 分子 ATP，泵出 1～2 个 Ca^{2+}，主要起稳态灵敏微调作用。质膜 Ca^{2+}-ATPase 的分子质量约为 138 kDa，有 10 个跨膜区，活性位点在第 4 和 5 跨膜区之间的胞质区段；C 端有 CaM 结合位点和磷酸化位点。在非活化状态下，C 端将活性部位遮蔽。当细胞内 Ca^{2+}浓度升高时，即可与 CaM 结合，然后与 Ca^{2+}泵 C 端结合，露出活性部位将 Ca^{2+}泵出细胞。PKC、PKA 等可通过使 C 端磷酸化从活性部位移开，使 Ca^{2+}-ATPase 活化。

2）质膜 Na^{+}-Ca^{2+}交换器　神经细胞、肌细胞等可兴奋性细胞质膜上有 Na^{+}-Ca^{2+}交换器，用于在受刺激后从细胞中大量泵出 Ca^{2+}。Na^{+}-Ca^{2+}交换器不直接消耗 ATP，而是利用质膜两侧 Na^{+}的电化学梯度来驱动，每进入 3 个 Na^{+}排出 1 个 Ca^{2+}。认为当胞内 Ca^{2+}浓度达 1 mmol/L 时才会开启 Na^{+}-Ca^{2+}交换器，每秒大约可把 10^{9} 个 Ca^{2+}泵出细胞。

3）质膜 Ca^{2+}通道　质膜上有多种 Ca^{2+}通道，在不同刺激下瞬时开启，Ca^{2+}即借助于浓度梯度进入细胞。按照启闭调节方式可将其主要划分为电压门控钙通道（VOC）、瞬时受体电位通道（TRP）、库控钙内流（SOCE）等。

VOC 介导细胞钙内流，对脑、骨骼肌、心肌和平滑肌、内分泌腺及其他可兴奋细胞的生理功能至关重要。根据编码基因的不同，电压门控钙通道可分为 L、T、N、P/Q 和 R 等多种类型。迄今共确认了 10 个 α1 亚基的基因，分成 Cav1.1-4（L 型钙通道）、Cav2.1-3（分别为 P/Q、N、R 型钙通道）、Cav3.1-3.3（T 型钙通道）。其中，L 型钙通道也叫二氢吡啶受体（dihydropyridine receptor，DHPR），是最早鉴定的电压门控钙通道，主要位于骨骼肌细胞的横管，是肌肉兴奋收缩偶联（excitation contraction coupling）的膜电位敏感元件（图 7-38）。

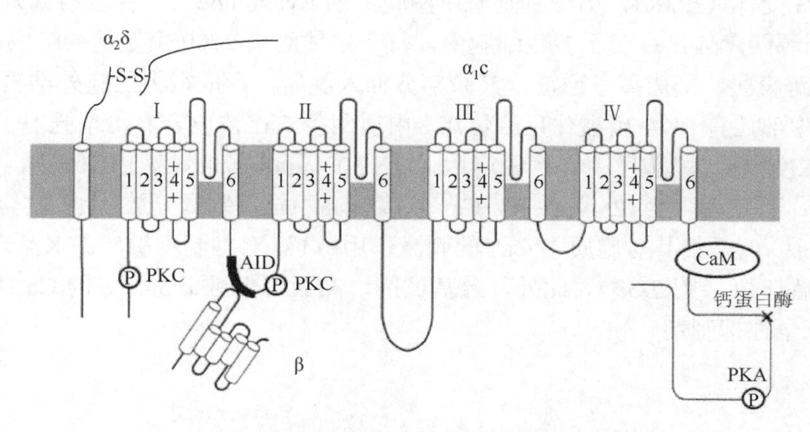

图 7-38 L 型钙通道的结构示意图（范雪新等，2016）

TRP 是一类在各器官组织分布很广泛的通道蛋白，通常包含 4 个亚基，每个亚基均为 6 次跨膜蛋白，其 N 端和 C 端均在胞内，由第五和第六跨膜结构域共同构成非选择性阳离子孔道，一般都对 Na^+、K^+、Ca^{2+}有通透性，但它们对 Ca^{2+}的通透性会因亚型不同而有很大差异。迄今哺乳动物中已克隆了超过 30 个 TRP 通道，按照基因同源性等特点可分为 6 个家族，包括 TRPC（canonical）、TRPV（vanilloid）、TRPA（ankyrin）、TRPM（melastatin）、TRPP（polycystin）、TRPML（mucolipin）等。每个家族又有很多亚型，有的 TRP 通道可以由不同亚型的 4 个亚基组成，这些不同亚型和不同亚型组合表达于不同器官和组织，发挥不同的作用。这些通道可被多种因素调节，包括温度、渗透压、pH、机械力、细胞内信号分子，以及一些内源或外源配体。

当内质网中 Ca^{2+}通过 IP3R 释放导致内质网钙储量下降时，Ca^{2+}可以从细胞外进入细胞，该过程被称为库控钙内流（SOCE）。库控钙内流在基因表达调控、细胞运动、分泌及免疫反应中发挥着重要作用。近几年陆续发现并鉴定了参与 SOCE 的蛋白质分子，SOCE 的核心蛋白包括位于内质网上的 STIM（stromal interaction molecule）和位于胞膜上的 Orai。STIM 是 SOCE 的钙感受器，与细胞膜钙感受蛋白是一个 G 蛋白偶联受体不同，STIM 是单次跨膜的内质网蛋白，当内质网钙库耗竭时，STIM 可以发生快速聚集，并位移到与细胞膜相对的区域激活 Orai 产生钙内流。在哺乳动物中，STIM 蛋白存在高度同源的 STIM1 和 STIM2 两种亚型，广泛表达于多种器官和组织中。在不同类型的细胞中，两种亚型的表达丰度不同，而且可通过彼此竞争性结合 Orai 发挥功能。

2. 内质网 Ca^{2+}转移系统

1）内质网 Ca^{2+}泵　内质网或肌质网也有类似于质膜上的 Ca^{2+}-ATPase，对 Ca^{2+}的亲和力最高，水解 1 分子 ATP 同时将 2 个 Ca^{2+}从胞质泵入内质网，在 Ca^{2+}的快速转移中发挥主要作用。心肌细胞肌质网上的 Ca^{2+}-ATPase 活性部位被受磷蛋白（phospholamban）所遮蔽，活化的 PKA 和 Ca^{2+}-CaMPK 可将其磷酸化而离开，使 Ca^{2+}-ATPase 活性中心暴露。被泵入的 Ca^{2+}以氧化钙或磷酸钙的形式存在，也可与各种钙结合蛋白结合，如集钙蛋白、小清蛋白、钙网蛋白等。

2）内质网 Ca^{2+}通道　肌质网许多 Ca^{2+}通道已提纯和克隆，并成功地重组到人工脂双层中。研究表明，内质网 Ca^{2+}通道释放 Ca^{2+}的能力很强。内质网 Ca^{2+}通道至少有两种，一种是内质网膜上的 IP3 受体（IP3R），另一种是肌质网膜上的 Ryanodine（一种植物碱）受体（RyR）。

IP3R 为同源四聚体，存在于多数细胞中，每个单体约由 2700 个氨基酸组成，至少有 5 种亚型。C 端有跨膜区，形成离子通道，其余部分伸入胞质，形成很大的膜外结构；N 端为 IP3 结合部位，在中部还有 PKA 磷酸化反应位点。内质网腔 Ca^{2+}浓度升高可增强 IP3R 对 IP3 的敏感性。在 IP3 浓度很低时，胞质中 Ca^{2+}浓度达 100～300 nmol/L 即刺激 IP3R 开放；＞300 nmol/L 时抑制其开放；而在高浓度 IP3 条件下，Ca^{2+}浓度升高不再抑制其开放。IP3 结合于 IP3R 并不直接促使它开放，而是使其对胞质中 Ca^{2+}的刺激作用敏感，对抑制不敏感。PKA 磷酸化后 IP3R 对 IP3 的敏感性下降（图 7-39）。此外，巯基试剂、ATP 可促进 IP3 介导的 Ca^{2+}释放；肝素是 IP3R 专一的竞争性抑制剂。

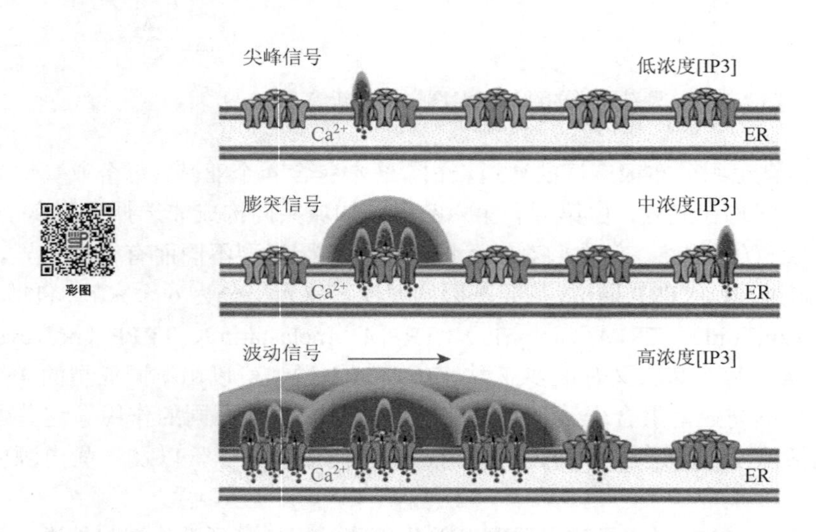

图 7-39　ER 上 IP3R 通道释放 Ca^{2+}信号的层次结构（Parker et al.，1996）

RyR 是存在于肌细胞肌质网和其他细胞内质网的胞内钙释放通道之一，是已知最大的膜蛋白分子，每个分子包含相同的 4 个 560 kDa 的亚基，组合成了一个正方形的阳离子通道。哺乳动物的 RyR 有 RyR1（骨骼肌型）、RyR2（心肌型）、RyR3（脑型）三种亚型。一般认为，骨骼肌肌质网 RyR1 与细胞膜 DHPR 有分子间相互作用，DHPR 的构象变化激活 RyR1 产生电压依赖性钙释放。RyR2 主要表达于心肌细胞和部分脑组织，在心肌细胞，肌质网 RyR2 的钙释放是通过细胞膜 L 型钙通道流入的 Ca^{2+}而激活的，被称为钙致钙释放（calcium-induced calcium release）。RyR3 分布广泛，在很多组织有表达，也是通过钙致钙释放的方式激活。

由 RyR 和 IP3R 介导的时空性钙信号转导在很多方面都与质膜上的电兴奋很相似，胞质钙变化类似于膜除极，而胞内钙释放类似于动作电位。再生性的钙释放由 IP3 诱导的局部钙释放所介导，其产生取决于 Ca^{2+}与 IP3 引起的钙释放或 Ca^{2+}和 IP3 作用辅因子操纵 Ca^{2+}/IP3R 通道激活或失活之间的平衡。钙释放以再生的方式向周围扩散分布，并将信号传递至核内和线粒体，可能是一种频率编码而非幅度调制的电兴奋信号。

3. 线粒体 Ca^{2+}转移系统

线粒体内外的钙转移依赖线粒体 Ca^{2+}单向转运体（mitochondrial calcium uniporter，MCU），发生于细胞质的 Ca^{2+}信号可经电压依赖性阴离子通道蛋白（VDAC）穿过线粒体外膜，再经 MCU 复合体转运入线粒体基质。MCU 是位于线粒体内膜上的 Ca^{2+}单向转运蛋白，将 Ca^{2+}顺电化学梯度从细胞质转运入线粒体基质。线粒体基质内的 Ca^{2+}可经线粒体钠钙交换从线粒体转出，作为线粒体摄入 Ca^{2+}的核心结构分子，MCU 对线粒体的能量代谢和维持细胞生存起着关键作用，对于神经细胞、胰腺细胞、心肌细胞等多种细胞的正常功能至关重要。

MCU 作为线粒体钙转运的核心通道，其开放与关闭受到多个蛋白质的调节，这些蛋白质与 MCU 分子以复合物的形式稳定存在，统称为 MCU 全复合物。近年来，通过基因组学的研究已经鉴定了 MCU 全复合物的其他几个重要成员，在哺乳动物细胞中主要有 MICU1/MICU2、MCUb 及 EMRE（essential MCU regulator）。其中，含有 EF 手形结构的 MICU1 与 MICU2 通过二硫键形成异源二聚体，覆盖在 MCU 通道口。当胞质内 Ca^{2+}浓度升高时，MICU1/MICU2 二聚体构象发生改变，允许 Ca^{2+}进入 MCU 通道口，MICU1 可进一步促进 MCU 通道活性达到较高的钙摄入水平。

4. 溶酶体 Ca^{2+}转移系统

双孔通道家族（two-pore channel，TPC）是一类选择性离子通道，其结构含有类电压门控钙通道的 6 次跨膜结构域（图 7-40），但与瞬时受体电位通道相差较大。TPC 存在于溶酶体系统中，可介导烟酸腺嘌呤二核苷磷酸（NAD^{+}）诱导的 Ca^{2+}释放，促进非内质网释放 Ca^{2+}，是细胞内溶酶体和溶酶体膜最有效的钙动员信使之一。

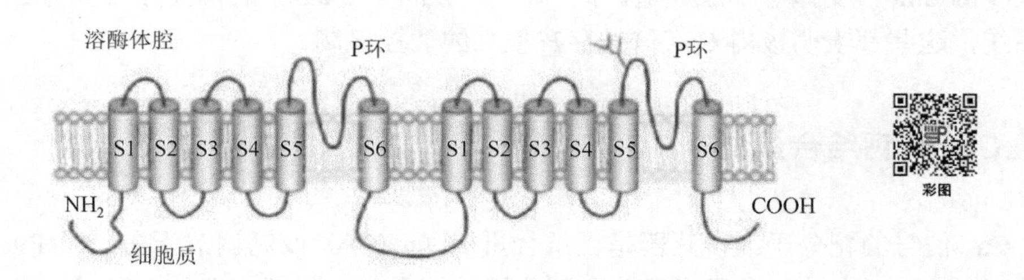

图 7-40　TPC 的结构示意图（潘丹等，2015）

通过多种途径激活 NAADP 后，内溶酶体储存的 Ca^{2+}会通过 TPC 释放，触发胞质 Ca^{2+}信号。含有 Ca^{2+}的酸性囊泡大小可变，并且呈离散分布，而内溶酶体钙信号局部集中分布，可能具有独特的生理作用。该局部信号可以通过钙触发从内质网诱导的钙释放被转换成再生整体钙波。NAADP 诱导内溶酶体钙信号和 S/ER 钙释放之间的耦合效率取决于许多因素。某些血管平滑肌细胞 RyR 和溶酶体的亚群之间的连接可小于 100 nm。这些紧密连接可构成一个“触发区”传播钙对 NAADP 信号做出反应，“触发”区包括 60～100 个连接点，需要给予某种幅度的信号。Ca^{2+}微区会在膜接触部位形成，是调节细胞活性的关键。溶酶体和内质网之间的这些区域可能通过 Ca^{2+}激活，使 NAADP 提供一个信号平台。酸性细胞器被 ER 和酸性细胞器之间连接处的局部高 Ca^{2+}微区优先激活。

（三）核内 Ca^{2+}信号的产生与调控

近年提出了细胞核 Ca^{2+}信号的问题，以前认为核内 Ca^{2+}信号是胞质 Ca^{2+}信号扩散入核的结果。例如，用分别定位于胞质和核的 Ca^{2+}荧光探剂钙绿葡聚糖（calcium green dextran）对嗜碱性白血病细胞的研究表明，当抗原刺激或光解诱发的钙振荡在整个细胞中扩散时，核中的钙波与胞质始终同步，并且通过核膜时延隔很小。在胞质内注射不能进入核的 IP3 受体特异性阻断剂——肝素葡聚糖（heparin dextran），在抑制胞质钙信号的同时，核钙信号也不再出现，他们认为核钙信号是胞质钙扩散入核的结果。

然而，观察到负载钙荧光探剂的肝细胞在血管加压素的刺激下，核内 Ca^{2+}波动与胞质内 Ca^{2+}信号并不是同步发生的，核侧信号可早于胞质侧 324～336 ms 发生，说明核内 Ca^{2+}信号并非由胞质扩散所致。对核孔复合体（nuclear pore complex，NPC）结构和功能的研究表明，核孔并非只是个物理性孔道，它对物质转运有调控作用，即使对 Ca^{2+}这样的小分子也存在门控机制。最近观察到跨核膜的分子扩散是受核膜腔内 Ca^{2+}浓度调节的，核膜腔内 Ca^{2+}可通过影响核孔复合体构型状态而调节胞质与核之间的分子扩散。

利用电子显微镜观察爪蟾（*Xenopus laevis*）卵母细胞的核孔发现，耗竭核膜腔中的 Ca^{2+}可使核孔开放，Ca^{2+}再充满核膜腔时又可使核孔关闭。由此可见，核孔对 Ca^{2+}扩散存在开放和关闭两种状态，核内钙信号能否自由扩散入核，可能主要取决于细胞的种类、细胞所处的生理状态及外界刺激的差异等。虽然目前关于胞内 Ca^{2+}是否能自由扩散入核尚有争议，但核内存在独立的 Ca^{2+}信号调节系统是无疑的。

核被膜由外膜和内膜组成，核膜腔与内质网腔是相通的，可能起到了核钙库的作用。已证实核外膜上分布有钙泵和 IP4 受体，可将胞内 Ca^{2+}摄入核膜腔；而在内膜上分布有 IP3 和兰尼丁（ryanodine）受体等释放通道。此外，核内还存在 PLC 的特异分布及与之相偶联的信号转导系统，这些都表明核内 Ca^{2+}信号存在独立的调控机制。

二、Ca^{2+}与钙结合蛋白

Ca^{2+}信号的靶分子或传感器是钙结合蛋白（CaBP）或钙调节蛋白（CRP），CRP 是已知功能的 CaBP。表 7-3 列举了哺乳动物部分钙结合蛋白，包括许多酶、离子通道、离子泵、结构蛋白、调节蛋白等，体现了 Ca^{2+}信号途径的多样性和复杂性。钙调素（CaM）是细胞内最重要的 Ca^{2+}传感器，Ca^{2+}的许多功能是由 CaM 介导的。哺乳动物细胞内有 30 多种酶和功能蛋白由 Ca^{2+}-CaM 进行调控，如Ⅰ型和Ⅲ型 ACase、PDE1、NOS、MLCK、PhK、CaMPK、PP1B 和细胞骨架等。

表 7-3　哺乳动物细胞内部分钙结合蛋白

蛋白质名称	主要功能
含 EF 手模体的钙结合蛋白	
肌钙蛋白 C	肌肉收缩调节
钙调素	参与蛋白激酶等多种酶及生理功能调节

续表

蛋白质名称	主要功能
钙调神经磷酸酶	蛋白磷酸酶
小清蛋白，钙结合蛋白	缓冲 Ca^{2+}作用
钙网蛋白，视黄素，维生素	GCase 激活物
PI-PLC	生成 IP3 和 DG 胞内信使
钙依赖蛋白	蛋白酶
α-肌动蛋白	肌动蛋白结合蛋白
结合方式不详的钙结合蛋白	
膜联蛋白	胞饮、胞吐作用，内膜系统调节
PLA_2	水解磷脂生成脂肪酸
PKC	蛋白激酶
Ca^{2+}激活的 K^+通道	膜电位调节
IP3R，RyR	内质网膜 Ca^{2+}通道
Na^+/Ca^{2+}交换器	质膜离子交换
Ca^{2+}-ATPase	质膜 Ca^{2+}泵
凝溶胶蛋白	参与肌动蛋白功能调节
Ca^{2+}反向转运体	膜 Ca^{2+}交换
BCPCAR	G 蛋白耦合，Ca^{2+}敏感受体
抑制蛋白	终止视觉光受体作用
钙调素结合蛋白	肌肉收缩调节
viltin 蛋白	肌动蛋白组织者
钙螯合素	缓冲 Ca^{2+}作用

（一）钙调素

钙调素（CaM）是普遍存在于真核生物中且高度保守的一类 Ca^{2+}结合蛋白，在不同物种中，其氨基酸的同源性非常高。作为典型的 EF 手形家族蛋白成员，CaM 可以结合 Ca^{2+}，形成 Ca^{2+}-CaM 复合体，从而调节细胞代谢及靶酶的功能。CaM 与多种靶蛋白结合，调节靶蛋白的活性，激活下游细胞凋亡、自噬等细胞反应。

Ca^{2+}结合到 CaM 的部位受体系中 Ca^{2+}浓度调控，每个球形末端对 Ca^{2+}的亲和力不同，其中一个位点亲和力较高，而另一个亲和力相对较低，Ca^{2+}通常结合在亲和力较低的球形末端。α-螺旋和 β-折叠的相互作用形成了 CaM 独特的二级结构。CaM 含有 7 个 α-螺旋、4 个 Ca^{2+}结合位点及 2 个短的、反向平行的双链 β-折叠，作为 EF 手形家族蛋白成员的 CaM，具有特殊的螺旋-环-螺旋结构。2 个相互垂直的 α-螺旋由 1 个钙结合环连接，细胞内的 Ca^{2+}结合在此环上（图 7-41），CaM 结构的稳定性依赖于 α-螺旋的氢键和疏水键作用的强度。CaM 本身无任何酶活性，但可以与靶蛋白相互作用并调节靶蛋白的活性，而此过程是通过与其下游的靶蛋白-钙调素结合蛋白（CaMBP）的作用来完成的。

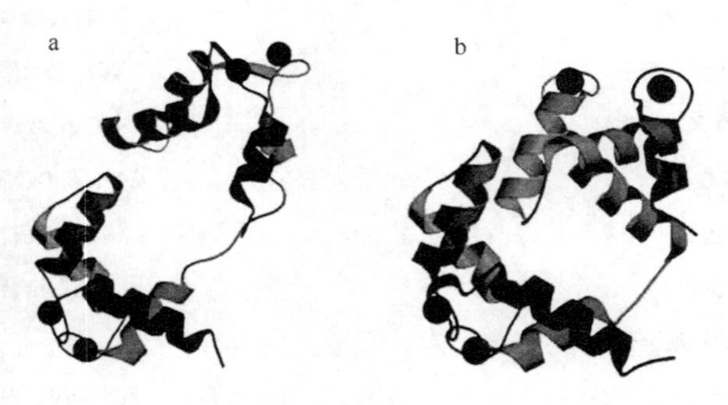

图 7-41 钙调素结构示意图（李庆伟等，2017）

a. CaM 纵切图；b. CaM 横切图

（二）肌钙蛋白 C

肌钙蛋白 C（TnC）作为肌钙蛋白复合物中的一个 Ca^{2+}结合亚基（图 7-42），需要与 TnI、TnT 共同作用调节肌肉收缩。TnI 是肌原纤维 ATP 酶的抑制亚基，它可抑制肌球蛋白与肌动蛋白的偶联，松弛骨骼肌或心肌。TnT 是原肌球蛋白的结合亚基，它将 TnC 和 TnI 连接到肌动蛋白和原肌球蛋白上，从而在肌纤维收缩和舒张过程中发挥中介作用。TnC 与 TnT、TnI 结合成肌钙蛋白复合物（Tn），然后再与原肌球蛋白（Tm）一起构成 Tm-Tn 复合体，调节肌肉收缩与舒张的力量和速度。Tm-Tn 复合体位于横纹肌的细肌丝和心肌细胞的细肌丝上。肌原纤维由肌小节构成，每个肌小节又由粗丝与细丝构成，而 Tm-Tn 复合体就位于细丝上。

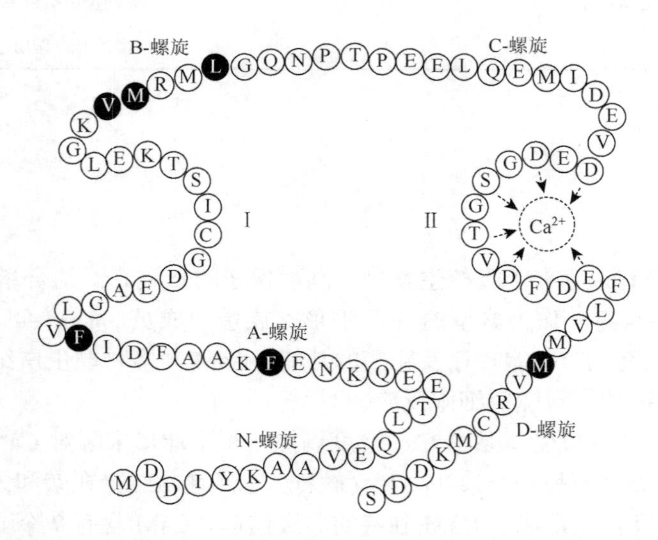

图 7-42 人 TnC 结构与 Ca^{2+}结合位点示意图（Tikunova and Davis，2004）

Tm-Tn 复合体对肌肉收缩的调节作用需在 Ca^{2+}的诱导下进行。当肌质中的 Ca^{2+}浓度较低时，TnC 的 N 端处于无 Ca^{2+}状态，使其与 TnI 的结合能力减弱，无法解除 TnI 对肌动球蛋白 ATP 酶的抑制，从而使肌肉处于舒张状态。当肌质中的 Ca^{2+}浓度升高时，Ca^{2+}结合到 TnC 上，并使后者发生构象改变，从而使 TnC 与 TnI、TnT 的结合能力增强，TnI 与肌动蛋白的结合能力减弱并与其脱离变成应力状态。同时，TnT 使原肌球蛋白移动到肌动蛋白双螺旋沟的深处，消除肌动蛋白与肌球蛋白结合的障碍，肌球蛋白头部结合到邻近的肌动蛋白上，这一结合引起肌球蛋白头部 ATP 酶的活化，释放 ADP、P_i 和能量，从而使肌球蛋白头部弯曲，导致了细肌丝和粗肌丝之间的滑动。

三、Ca^{2+}信号的生理功能

（一）调控细胞凋亡的主要信号通路

细胞凋亡的调控由十分复杂的信号网络系统控制，目前已知有三条主要信号通路：①线粒体通路；②内质网通路；③死亡受体通路。这些信号转导通路大部分与 Ca^{2+}有关，其最终都能激活凋亡执行者 caspase-3 水解各种细胞成分而使其凋亡。

1. 线粒体通路

线粒体作为胞内钙库之一，其 Ca^{2+}的摄入依赖于线粒体的跨膜电位改变。线粒体 Ca^{2+}升高的机制包括非特异性漏入和孔道形成等。在一些刺激作用下，内质网将其储存的 Ca^{2+}释放，然后线粒体摄取 Ca^{2+}，线粒体钙超载导致线粒体损伤，细胞色素 c 释放，活化 caspase 诱导细胞凋亡。Ca^{2+}的升高参与了凋亡早期信号转导和凋亡的执行阶段，而更重要的是在凋亡的早期阶段，细胞凋亡早期线粒体出现内膜渗透性改变，通透性增加、Ca^{2+}摄入增多、跨膜电位降低、细胞色素 c 和凋亡诱导因子的释放等。

2. 内质网通路

内质网是细胞内蛋白质合成、翻译后修饰、折叠的主要场所，同时也是钙储备和钙信号转导的主要部位。有研究表明细胞内的钙稳态主要是通过内质网来保持的，发现内质网和线粒体在细胞凋亡之间也有重要的联系。而 Ca^{2+}是两者之间相互联系的一个重要的信号分子。内质网通过其表面的 IP3R 或 RyR 释放 Ca^{2+}进入细胞质的同时，线粒体内的 Ca^{2+}水平升高。例如，人们在 HeLa 细胞上使用神经酰胺（ceramide）后发现，它使得内质网释放 Ca^{2+}后，线粒体内的 Ca^{2+}超载，而后线粒体肿胀、结构裂解，进而引起细胞凋亡。在 Bax/Bak 双敲除的小鼠上，由于这种敲除不影响线粒体对 Ca^{2+}的处理，但却使得内质网无法将足够的 Ca^{2+}传送至线粒体而使得这种小鼠对一系列的凋亡刺激都有抵抗力。另外，ASK-JNK 激活后，JNK 也是通过线粒体 Aparf-1 依赖的 caspase 途径导致细胞凋亡。

3. 死亡受体通路

死亡受体包括 Fas（又称 CD95/Apol）、TRAILR2（DR5）、TRAILR1（DR4）、TNFR1 等，都属于肿瘤坏死因子受体超家族，都是Ⅰ型跨膜蛋白。在杂交瘤和腹膜渗出物的淋巴细胞中证实，Fas 介导的细胞溶解属于 Ca^{2+}依赖性的。凡海（Oshimi）在 T 细胞的研究中也证实 Fas 抗原可激活细胞中的酪氨酸蛋白激酶，使钙库内 Ca^{2+}释放及 Ca^{2+}进入细胞质引起核和细胞的损害。Fas 触发的凋亡机制是通过升高 Ca^{2+}浓度来实现的，凋亡开始时，Ca^{2+}、Fas 作为第二信使是相辅相成的。钙结合蛋白对内质网腔内 Ca^{2+}的变化非常敏感，与 Fas 受体结合后使 Ca^{2+}内流，从而启动 Fas 受体介导的细胞凋亡。

（二）Ca^{2+}信号与血小板活化

血小板活化由多种激动剂诱发，包括内皮下胶原蛋白、血栓素 A2（TXA2）和活化血小板释放的 ADP 及凝血级联产生的凝血酶。尽管这些激动剂作用于不同的血小板受体，并引发不同的信号转导途径，但都导致细胞内 Ca^{2+}浓度增加。激动剂诱导的胞质内 Ca^{2+}浓度升高对止血和血栓形成中的血小板活化是必不可少的。它通过细胞内储存的 Ca^{2+}释放和质膜的 Ca^{2+}进入而发生。Ca^{2+}储存释放是一个公认的过程，涉及磷脂酶 C 介导的 IP3 的产生，其通过 IP3 受体从细胞内储存器释放 Ca^{2+}通道。ER 的 Ca^{2+}消耗促使细胞外 Ca^{2+}通过 SOCE 流入，该过程对维持长时间的 Ca^{2+}瞬变和重新储存至关重要。SOCE 的活化过程需要 ER 和 PM 组分的结构重排和动态再分配，以及它们在 ER-PM 结合处的相互作用。Ca^{2+}结合使二聚体 STIM1 保持紧密、无活性的构象。ER 消耗改变 STIM1 构象，固有 Ca^{2+}解离，导致 STIM1 的寡聚化和通过其胞质结构域的延伸而激活。

在血小板中，Ca^{2+}进入的主要方式涉及激动剂诱导释放的胞质螯合的 Ca^{2+}，接着通过质膜的 Ca^{2+}内流。血小板需要在立即激活的血管损伤后完成止血。血小板被细胞溶质 Ca^{2+}活性增加激活，这是通过 Ca^{2+}从胞内储存释放和 Ca^{2+}从细胞外空间进入而实现的。STIM1 是 Ca^{2+}含量在血小板 PM 中的传感器。在钙库大量消耗和储存时，STIM1 激活 Orai1 导致其易位到细胞膜表面，激活蛋白的孔隙形成单位，完成 Ca^{2+}运输过程。凝血酶和胶原相关肽 CRP 通过消耗或增加更多的 Ca^{2+}抑制小 G 蛋白 Rac1。Orai1 和 Ca^{2+}易位到血小板膜表面提高蛋白质丰度及 Rac1 活性，从而增加 Ca^{2+}浓度。Ca^{2+}浓度增加时引起细胞骨架重组和凋亡样磷脂酰丝氨酸易位到血小板膜表面。进一步刺激血小板导致小 G 蛋白 Rac1 的激活，参与肌动蛋白聚合的调节，介导活化的 Rac1 蛋白易位到细胞膜（Kile，2014）。

第七节　细胞因子信号转导途径

细胞因子（cytokine）是由细胞合成并分泌的一类可溶性低分子量蛋白（包括糖蛋白）或多肽，具有调节免疫、细胞增殖与分化和胚胎发育等多方面的生物活性。作为细胞（主要是免疫细胞和造血细胞）间通信的语言或信号分子，细胞因子的信号转导具有明显的特征：大多数细胞因子信号的跨膜转导是由受体单独完成的，不产生经典意义上的第二信使，受体胞内部分具有蛋白激酶等酶活性或具有募集胞质中酶分子的能力，通过蛋白质磷酸化级联反应为主要方式传递信号，最终调节基因表达和细胞反应。

一、细胞因子的 Ras-MAPK 信号转导途径

（一）RPTK 介导的信号转导

许多细胞因子的受体具有酪氨酸蛋白激酶（RPTK）活性，多为单跨膜糖蛋白，目前已发现 50 多种，分为 14 个家族，以非活性形式结合于细胞表面，当与其配体结合后以不完全一致

的方式被激活。胞外只有一个配体结合部位的RPTK，如EGFR、FGFR，配体结合后受体构象改变和二聚化，导致膜内激酶的活化；PDGF可同时与两个受体分子结合，因而同时发生二聚化与活化；胰岛素受体本身由两个α亚基和两个β亚基聚集而成，两个α亚基与配体结合引发β亚基构象改变，不需要寡聚化就可活化。

RPTK胞质区至少有1～3个Tyr残基，寡聚化后胞质区激酶域相互靠近，发生自身磷酸化（autophosphorylation）。自身磷酸化一方面使激酶活性显著增大，有能力催化其他靶蛋白的磷酸化；另一方面，p-Tyr为多种有SH2或PTB结构域的下游信号传递分子提供识别和结合部位。

RPTK活化后以两种方式向细胞内传递信息：一是蛋白质磷酸化；二是蛋白质-蛋白质之间的相互作用。无论何种方式，都对其靶蛋白的结构有严格的要求。正如图7-43所示，RPTK活化后可结合SH2分子。如PLCγ的Tyr被其磷酸化而激活，即催化PI(4, 5)P2水解生成胞内信使IP3和DG，产生生物效应（图7-44a）。如果结合的是PI3K的调节亚基p85，则通过蛋白质-蛋白质相互作用引起构象改变将其激活，通过后者产生D3PPI胞内信使，产生包括抗凋亡和调节细胞骨架等细胞效应（图7-44b）。如果是接头分子Grb2与活化的受体结合，则通过Ras-MAPK途径把信号传递下去（图7-44c）。

（二）Ras-MAPK信号通路

RPTK介导的细胞因子信号主要经由Ras-MAPK途径传递。可溶性接头蛋白Grb2中部的SH2结构域与活化的RPTK中Tyr-Ⓟ结合，两端的SH3结构域与鸟苷酸交换因子Sos富含Pro残基的区域相结合，把它募集到质膜内侧，促使邻近的Ras-GDP转变成Ras·GTP而活化。活化的Ras即可激活MAPKKK，启动MAPK级联反应。MAPKKK中的一种Raf是Ser/Thr蛋白激酶，Ser295和Ser621被磷酸化的Raf与支架蛋白14-3-3ζ二聚体结合而处于非活化状态。Ras·GTP与Raf结合可促使14-3-3ζ二聚体从Ser259处部分解离，从胞质转移至质膜，在p21活化的蛋白激酶（PAK）催化下，Ser338或Ser339磷酸化。膜中磷脂酰丝氨酸结合使Raf进一步活化。同时膜结合的一种非受体型酪氨酸蛋白激酶Src催化Raf中Tyr340和Tyr341磷酸化，使Raf完全活化。活化的Raf催化MAPKK上Ser残基磷酸化而将其激活。活化的MAPKK是一种Thr/Tyr蛋白激酶，可催化MAPK中TXY模体中Thr和Tyr磷酸化。MAPK被激活后可进入细胞核，作用于许多转录因子，调节基因表达并促进细胞增殖（图7-43）。

除Ras外，参与MAPK级联反应的支架蛋白还有多种。例如，哺乳动物细胞中的支架蛋白JIP-1（c-Jun N-terminal kinase interacting protein-1）可依次同时结合HPK1（haemopoietic progenitor kinase-1）、MLK-3（mixed lineage kinase-3）、MKK-7（MAPK kinase-7）和SAPK（stress-activated protein kinase）；另一支架蛋白MP1上两个结合部位同时结合MEK-1和ERK-1，使MAPK级联有关组分彼此接近，增强了信号传递的效率。而支架蛋白PKIP虽然可结合Raf和MEK，但二者的结合部位多处交叠，不能同时结合。因此，RKIP结合实际上阻断了Raf与MEK之间有效的相互作用，干扰了信号传递。可见支架蛋白在细胞信号转导中的作用丰富多彩。

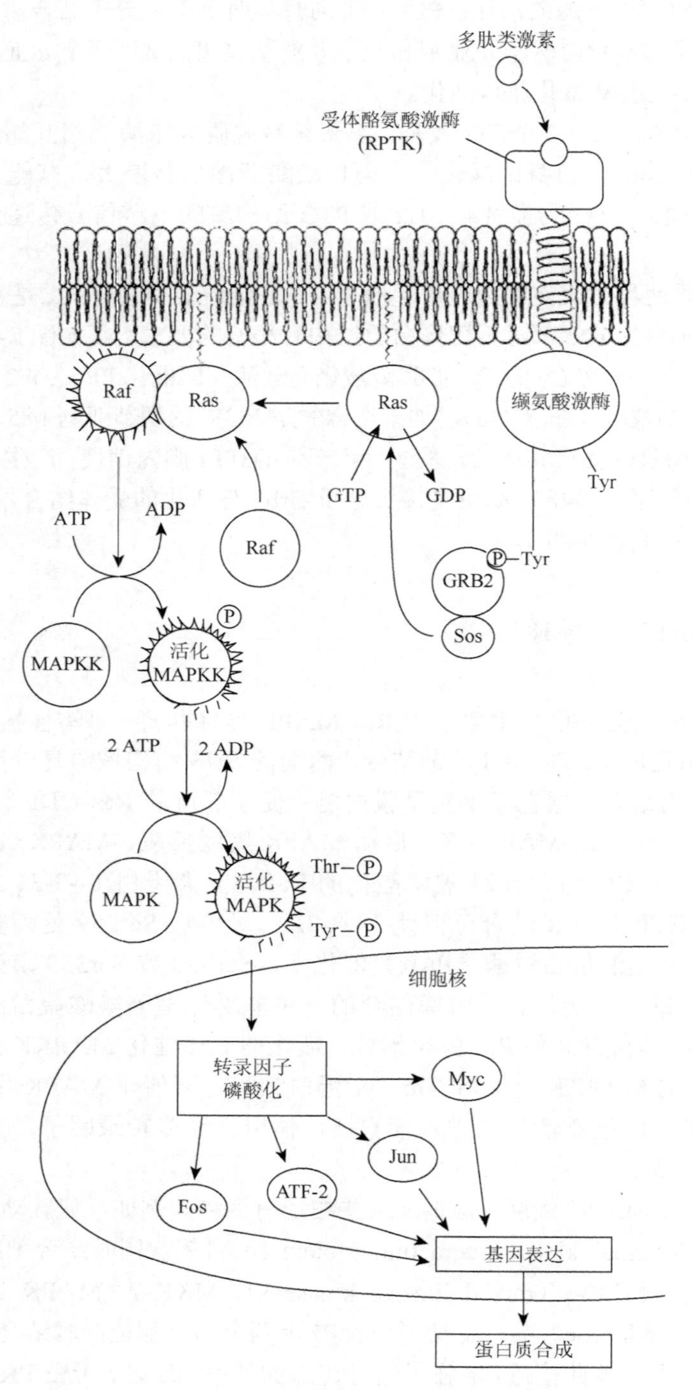

图 7-43 细胞因子的 Ras-MAPK 信号转导途径

GRB2. 含 SH2 结构域分子

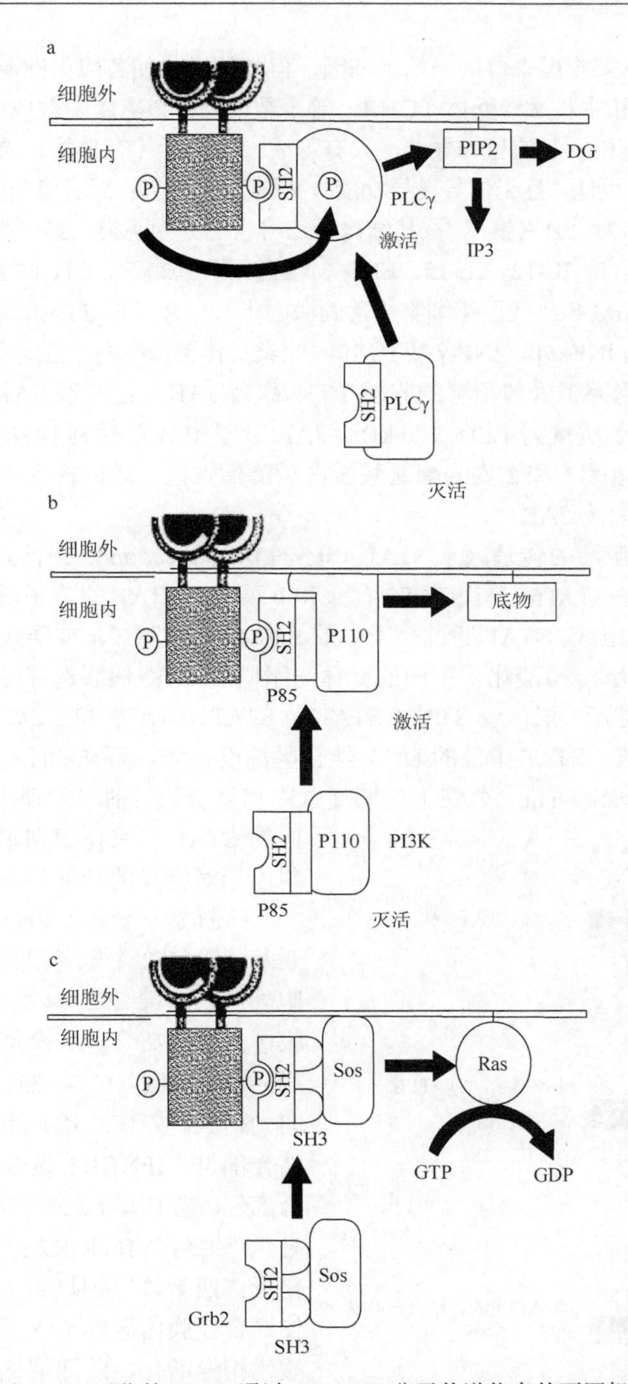

图 7-44 活化的 RPTK 通过 SH2/SH3 分子传递信息的不同机制

a. RPTK 通过自身磷酸化而激活，与 PLCγ 的 SH2 结合，将其 Tyr 残基磷酸化使之活化；b. 活化的 RPTK 与 PI3K 调节亚基 p85 的 SH2 结合，使其催化亚基 P110 从钝化状态变成活化构象；c. 通过接头分子 Grb2-Sos 活化 Ras-MAPK 途径

二、细胞因子的 JAK-STAT 信号转导途径

大多数造血细胞因子受体缺乏酪氨酸蛋白激酶活性，胞外区与配体结合后受体寡聚化，胞内区募集并激活胞质中酪氨酸蛋白激酶，然后激活转录因子，调节基因的表达。

造血细胞因子受体家族虽来自同一始祖基因，但长期进化使各成员同源性并不高。除红细胞生成素受体（EPOR）和生长激素受体（GHR）等少数例外，该家族多数成员都由几个亚基组成，至少有一条配体结合链和一条信号转导链，只有形成二聚体后才有功能。前者各不相同，专一地与配体结合，但亲和力很低，且无信号转导功能，又称“私有链”；后者参与多种受体的信号转导，但无配体结合能力，称为“公有链”。按其结构特点将它们分为两类：第一类有 20 多种，其配体分别为 IL-2、IL-7、IL-11、IL-12、IL-15、EPO（促红细胞生成素）、GH（生长激素）、G-SCF（粒细胞集落刺激因子）、GM-SCF（巨噬细胞集落刺激因子）、LIF（白血病抑制因子）等。第二类成员较少，其配体分别为 INF-α/β、INF-γ 和 IL-10。此类受体至少有两个亚基参与信号转导。

被活化的造血细胞因子受体招募的胞质 PTK 称为 JAK，已发现 JAK1、JAK2、JAK3 和 TyK2 共 4 个成员，分子质量为 120～140 kDa。JAK 分子中从 C 端到 N 端有 7 个高度保守的同源区。其中 C 端的同源区 1 和 2 均为酪氨酸蛋白激酶活性区，遂以神话中的两面天神 Janus 命名为 Janus kinase，缩写为 JAK。

被 JAK 磷酸化而激活的转录因子 STAT（signal transducer and activator of transcription）至少有 7 种，即 STAT1～STAT6，其 STAT5 有 a 和 b 两种。STAT 的分子质量为 84～113 kDa，由 734～851 个氨基酸组成。STAT 通过分子中的 SH2 结构域与 Tyr 被磷酸化的受体结合，并被结合在相应受体上的 JAK 磷酸化。不同的受体与不同的 JAK 偶联选择性激活不同的 STAT。活化的 STAT 需形成同源二聚体或 STAT1-STAT2、STAT1-STAT3 和 STAT5a-STAT5b 等异源二聚体，才能进入细胞核。STAT 中部的 DNA 结合区高度保守，可与 DNA 上被称为 IFN-γ 活化位点（γ interferon activation site，GAS）的回文顺序相结合。目前已发现十余种 GAS 序列，不同的 STAT 二聚体识别不同的 GAS 序列，表现出相对特异的功能。

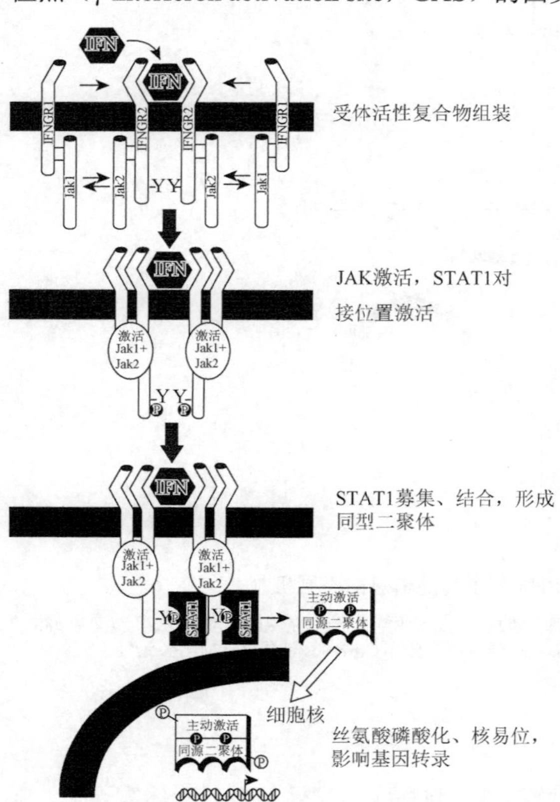

图 7-45　干扰素 γ 信号转导模式图

干扰素 γ 受体（IFNγR）由两种亚基组成，亚基 1 含 472 个氨基酸残基，N 端 1～228 为胞外区，C 端 252～472 为胞内区，中间为跨膜区；亚基 2 含 315 个氨基酸残基，N 端 1～226 为胞外区，C 端 251～315 为胞内区，中间为跨膜区。IFNGR1 胞内区近膜处有 JAK1 结合部位；IFNGR2 胞内区近膜处有 JAK2 结合部位。当 IFN-γ 二聚体与两个 IFNGR1 结合时，产生两个 IFNGR2 结合部位，形成受体活化形式四聚体。受体链的寡聚化和构象变化促使缔合在膜内区的 JAK2 和 JAK1 通过自身磷酸化相继活化，随即催化 IFNGR1 链 Tyr440 磷酸化，形成 STAT1 的识别和停靠位点。然后，两个 STAT1 以其 SH2 结合于 IFNGR1 C 端区，被 JAK 将其 C 端附近的 Tyr701 磷酸化。活化的 STAT1 形成二聚体进入细胞核，被一种 MAPK 将其 Ser727 磷酸化，即可结合于专一的 GAS 元件并刺激基因转录（图 7-45）。

通过 JAK-STAT 调控转录的基因很多，

JAK-STAT 的功能极其广泛，表 7-4 列举了几种 JAK-STAT 基因敲除小鼠的表现型，或可为了解其生理意义提供有用的信息。

表 7-4 JAK-STAT 基因敲除小鼠的表现型

敲除的基因	表现型	敲除的基因	表现型
JAK1	围产期死亡	*STAT4*	Th1 分化障碍
JAK2	胚胎期死亡，造血缺陷	*STAT5a*	雌性乳腺发育受损
JAK3	重症联合免疫缺陷	*STAT5b*	雄性第二性征发育受损
STAT1	IFN 信号转导缺陷	*STAT6*	Th2 分化障碍
STAT2	无法获得胚胎	*STAT4* 和 *STAT6*	T 细胞倾向 Th1 样发育
STAT3	胚胎期死亡	*STAT5a* 和 *STAT5b*	雌性不育，体型变小，脾大，夭折

三、Toll 受体/Toll 样受体和 NF-κB 途径

Toll 受体及 Toll 样受体（Toll-like receptor，TLR）也是在进化早期出现的招募型受体，为单跨膜分子，胞外区大部分为富含 Leu 结构域，少量富含 Cys 的结构域紧邻跨膜域。在胞质区有一个 TIR 结构域（Toll-interleukin receptor domain）（图 7-46），被认为是起始胞内信号所必需的。Toll 受体首先在果蝇中被发现，其在胚胎期背腹轴建立时起重要作用，后来证实 Toll 受体在果蝇成体期的先天免疫反应中起重要作用。由于果蝇等低等动物不具备获得性免疫系统，因此 Toll 受体兼任应答真菌和革兰氏阳性菌感染功能。

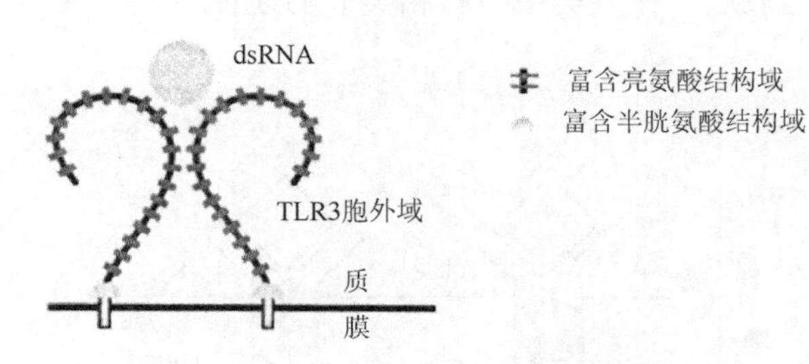

图 7-46 果蝇 Toll 受体的结构示意图

果蝇的 Toll 受体实际上并不与病原菌相关的任何分子直接作用，它的天然配基是含 Cys 纽结（cystine-knot）蛋白的裂解物。以一个无活性的同源二聚体的形式被分泌到细胞外，当发育信号或者是可溶性受体在细胞外与真菌或革兰氏阳性菌结合后，会激活丝氨酸蛋白酶信号级联系统，它将成一个有活性的同源二聚体，该二聚体作为配基结合 Toll 二聚体胞外域，并通过其胞内 TIR 结构域发送信号，最终产生抗菌肽（图 7-47）。

果蝇和人类的炎症信号都是由各种变异的核转录因子-κB（NF-κB）介导的。当不同的 Toll/TLR 被炎症信号分子活化后，通过 TIR 结构域招募不同的中心接头蛋白，如 MyD88 等，这些接头蛋白再招募并活化下游信号蛋白，包括一些蛋白激酶等，最终激活 NF-κB，促进特异基因的表达，使效应细胞释放细胞因子来进一步激活免疫细胞应答。如图 7-48 所示，果蝇中 MyD88 接头蛋白一端结合 Toll 受体的 TIR 结构域，另一端结合微管（tube）蛋白和桨叶（paddle）

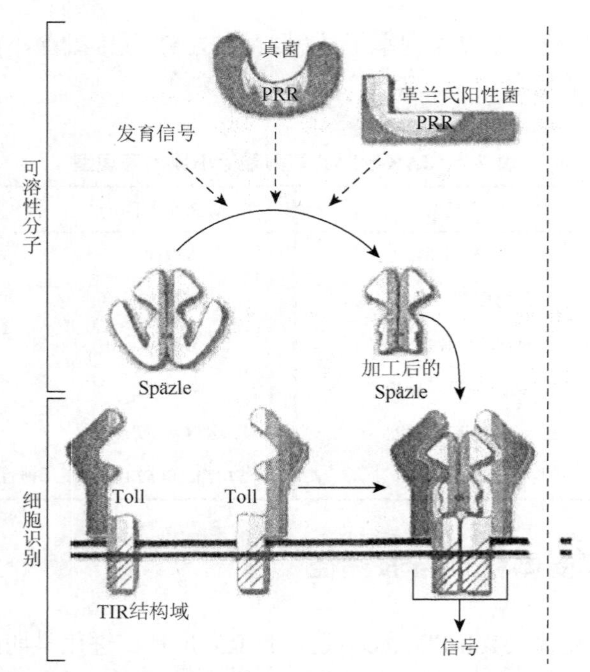

图 7-47 Toll 样受体（TLR）及其所识别的各种微生物分子

Spätzle. 含 Cys 结合蛋白裂解物

蛋白激酶，这一复合物的形成对于下游蛋白激酶 Tak1 和 IKK 的级联磷酸化及最终仙人掌蛋白（cactus）的磷酸化是必需的，并由此释放 NF-κB 类转录因子 DIF 使其转移至细胞核中，进而调控发育基因或防御基因表达，在人类中也有相类似的途径。

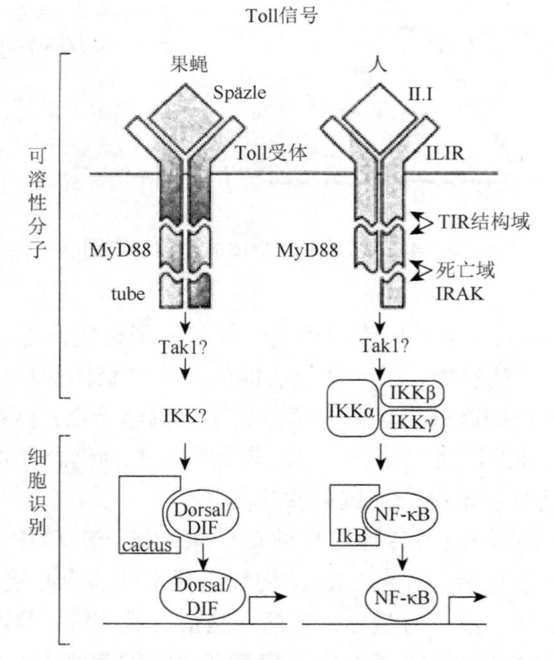

图 7-48 在炎症反应中 NF-κB 介导 Toll/TLR 的下游信号途径

Dorsal. 背侧蛋白

第八节　细胞信号转导途径的网络化

外界信号、细胞代谢和基因调控的多样性、复杂性，决定了信号转导途径的多样性和复杂性。除了前面提及的众多传统的细胞信号，膜脂代谢产物如油酸、亚油酸、亚麻酸、花生四烯酸、二十二碳六烯酸、IP4 等，均有可能作为胞内信使参与细胞生理过程的调控。被视为胞外惰性支持物的胞外基质组分，可通过整连蛋白（integrin）等细胞表面黏附受体与胞内的细胞骨架蛋白、激酶等相结合，不仅在细胞内外建立了一个物理的刚性结构，而且可以把胞外基质组成与结构变化的信息回馈细胞，还可通过这种联系由胞内向胞外传递信号。

一、细胞信号转导途径间的相互联系

任何活细胞总是同时拥有许多种受体和信号转导系统，同时接收和传递多种不同的信号。细胞内的信号转导通路大多数由配体、受体、转导物（G 蛋白或支架蛋白）、蛋白激酶/蛋白磷酸酶和转录因子或复制因子 5 类成分组成，其中有许多都是多基因家族（如 GPCR 膜蛋白家族、IL-1 炎症细胞因子家族、MRF 转录因子家族等）编码的产物。它们组成的各种信号通路多有重叠，或利用共同的组分相互联系，从而在细胞内形成错综复杂的信号转导网络（图 7-49）。针灸通过提高脑源性神经营养因子水平来治疗神经系统疾病，涉及多个信号通路，包括 p38 MAPKs、Raf/MAPK/ERK1/2、TLR4/ERK、PI3K/AKT、AC/cAMP/PKA、ASK1-JNK/p38，以及下游 CREB、JNK、mTOR、NF-κB 和 Bcl-2/Bax 平衡。

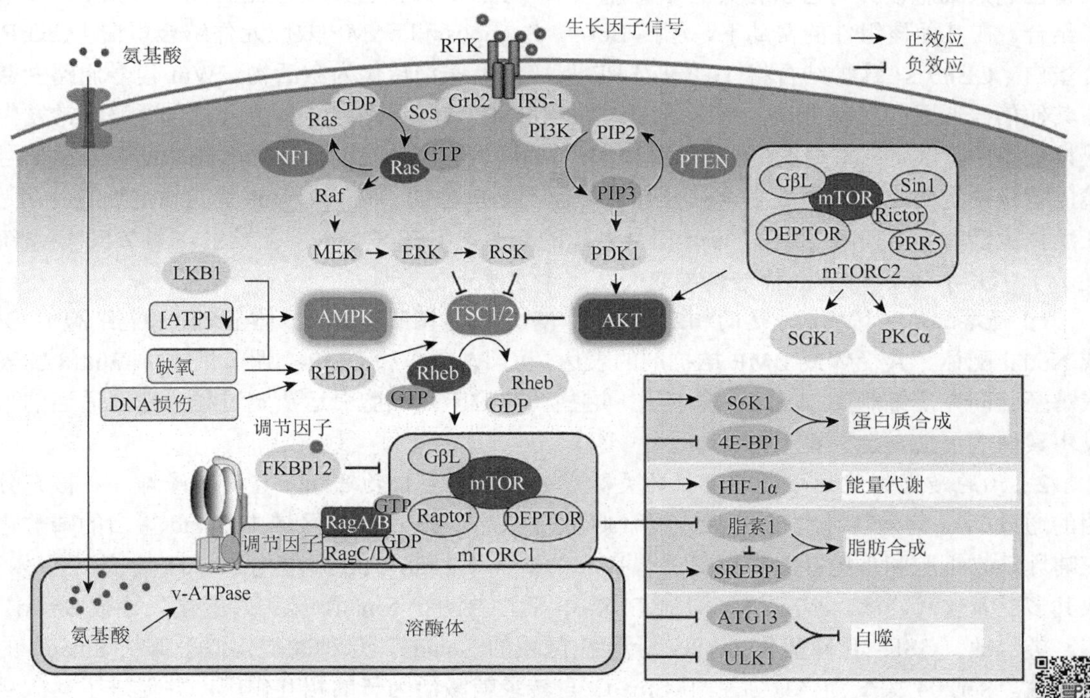

图 7-49　mTOR 信号通路的激活及效应（江彬等，2022）

信号转导途径之间的相互作用、相互协调是保证细胞正常生理功能的必要条件。不同信号途径相互作用的结果可表现为彼此拮抗、相互制约或是相互促进、协同增效，但也不排除有时这种相互作用对各自的生理效应没有明显影响。同一信号途径，在某种细胞或某种生理条件下表现为相互拮抗，而在另外的细胞或其他生理条件下则表现为协同。

人们用“交谈”（cross talk）描述信号途径之间复杂微妙的关系。以 TGF-β/Smad 与其他信号通路之间的信号交谈为例，转化生长因子 β（TGF-β）细胞因子家族，包括 TGF-β、骨形态发生蛋白（BMP）和激活素，在各种细胞类型和不同发育阶段调节广泛的生物活性。Smad 蛋白是 TGF-β、BMP 和激活素信号转导的关键介质。在被激活的 I 型受体激酶磷酸化后，受体相关的 R-Smad 与 co-Smad 形成异聚复合物并转移到细胞核中，在那里它们与序列特异性 DNA 结合辅因子和转录辅激活因子或辅阻遏因子相互作用调节靶基因的转录。此外，该 Smad 通路的活性可以受到正向和负向调节剂的调节，包括抑制性 Smad、Smad6 和 Smad7，辅助阻遏物 Ski 和 SnoN，以及 E3 泛素连接酶的 Smurf 家族。Smad 通路通过与其他信号通路的串扰整合到细胞内信号网络中，这些串扰活动在调节各种生物反应中发挥着重要作用。

1. 与 Wnt 信号的交谈

经典 Wnt 信号通路在 Wnt 配体与其同源受体 Frizzled 和跨膜蛋白 LRP5 或 LRP6 结合时启动，主要由 β-catenin 介导。在没有 Wnt 配体的情况下，新合成的 β-catenin 存在于与结肠腺瘤样息肉蛋白（APC，肿瘤抑制因子）和支架蛋白 Axin 的破坏复合物中，在该复合物中被酪蛋白激酶 1（CK1）和糖原合酶激酶-3β（GSK-3β）磷酸化并以降解为目标。在配体结合时，LRP5 或 LRP6 以 Wnt 和磷酸化依赖性方式与 Axin 结合，导致形成含有 disheveled（Dvl）、Axin 和 GSK-3β 的复合物。结果使得 GSK-3β 的激酶活性受到抑制，导致 β-catenin 稳定。β-catenin 然后易位进入细胞核并与密切相关的 T 细胞因子（TCF）或淋巴增强子结合因子（LEF）转录因子结合。在其他核组件的帮助下，包括 Bcl-9、Pygopos 和 cAMP 效应元件结合蛋白［CREB 结合蛋白（CBP）］，这种结合将 TCF 或 LEF 从转录阻遏物转化为激活物。Wnt 信号通路受益于与其他信号通路的广泛交谈，特别是 TGF-β 和 BMP 信号通路，并且组合信号通路通常发生在早期胚胎中，以允许重叠的信号通路指定不同的区域和细胞命运。信号交谈的结果是由信号环境的背景决定的，并且需要多个信号输入，而不是单独的 BMP 或 Wnt 就能确定细胞的命运。在受体激活时，TGF-β 家族和 Wnt 信号之间的交谈可以在多个水平上发生。图 7-50 较系统地展示了 TGF-β 家族和 Wnt 信号转导之间在多个水平上的交谈。

1）*通路配体和拮抗剂表达的相互调节*　Wnt 信号调节胚胎、成体干细胞和癌细胞中 BMP 或 Nodal 配体、共受体或 BMP 拮抗剂的表达，而 BMP-2 和 BMP-4 调节爪蟾中 Wnt-8 的表达或鸡胚胎间充质细胞中 Wnt-7c 的表达。这些调节对于在细胞命运决定过程中建立适当的形态发生素梯度可能是至关重要的。

2）*细胞质或细胞核中两种途径的关键成分之间的直接物理相互作用和修饰*　被充分证明的通过 Wnt 信号转导调节 Smad 的机制是通过 GSK-3β 在接头区域中 Smad 蛋白的磷酸化。在哺乳动物细胞和爪蟾胚胎中，在缺乏 Wnt 的情况下，GSK-3β 磷酸化 Smad1 的接头区域，导致其多泛素化和降解。Wnt 信号抑制 GSK-3β 活性并防止 Smad1 接头磷酸化，导致 Smad1 稳定。类似地，GSK-3β 磷酸化 Ser204 上接头区域的 Smad3，这种磷酸化似乎抑制 Smad3 的转录活性。Ser204 突变为 Ala 加强了 Smad3 与转录辅激活因子的相互作用，并促进了其激活靶基因的能力和诱导细胞周期停滞的能力。在没有 TGF-β 的情况下，Axin 和 GSK-3β 可以与 Smad3 结合，促进其降解。GSK-3β 在 Thr66 位点磷酸化 Smad3，导致其泛素化和降解，并且这种

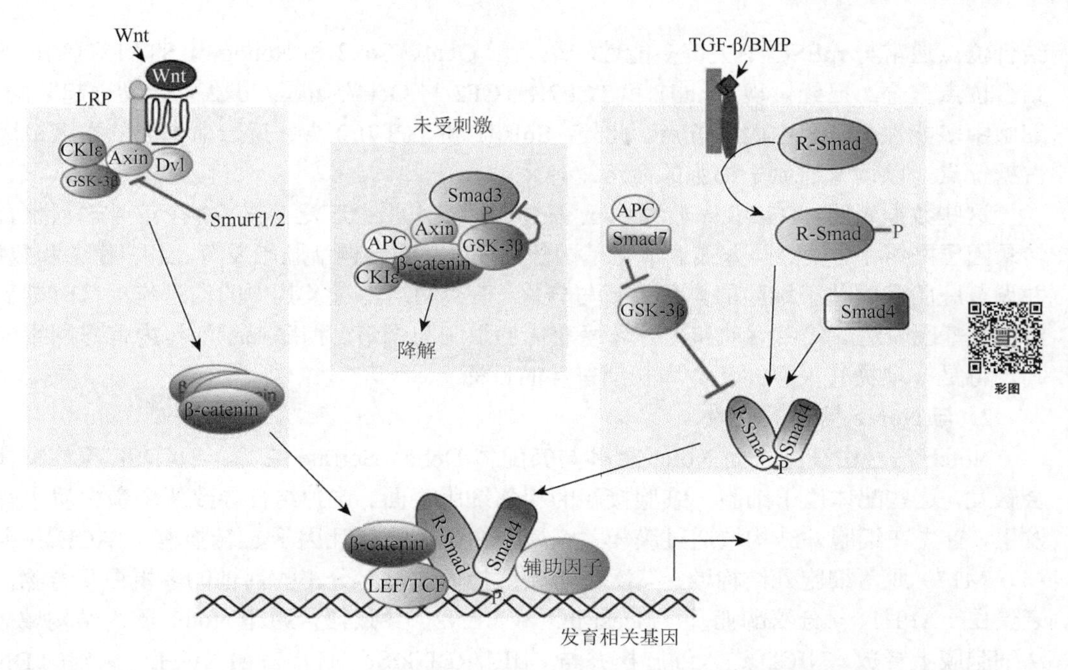

图 7-50 转化生长因子 β（TGF-β）家族和 Wnt 信号在多点的相互作用

磷酸化在 Axin 存在下进一步增强。通过这种接头磷酸化，Wnt 信号可以控制细胞中 Smad3 活性的基础水平。Smad 蛋白和 Wnt 途径成分也可以通过物理相互作用来调节彼此的活性。在无 TGF-β 刺激的情况下，Smad3 在转染细胞及人间充质干细胞（MSC）中与 Axin 和 CKIε 及 GSK-3β 的复合物相同，其中 Smad3 可以被 CKIε 或 GSK-3β 磷酸化和抑制。Smad3 在 β-catenin 穿梭进入细胞核中也起重要作用，可能是通过 TGF-β 诱导 Smad3 的磷酸化及随后 Smad3 与 GSK-3β 相互作用的减少实现的。这种蛋白复合物的解离允许 β-catenin 和 Smad3 共转运到细胞核中，Smad3 作为伴侣蛋白，这种调节是 TGF-β1 刺激 MSC 增殖和抑制 MSC 成骨分化所必需的。Smad 途径的其他正性和负性调节因子也可以介导与经典 Wnt 途径的交谈。例如，Smurf1 和 Smurf2 已被证明通过靶向 Axin 泛素化来抑制 Wnt 信号转导，但使用不同的机制并具有不同的结果。Smurf2 在 Lys505 处诱导 Axin 的多泛素化，导致其降解。降低内源性 Smurf2 水平导致 Axin 的积累和 β-catenin 信号的降低。另外，Smurf1 主要通过 Lys29 泛素连接位于 Lys789 和 Lys821 的 Axin，这破坏了 Axin 与 LRP5 或 LRP6 的关联，导致 Wnt 信号的减弱。除了 Smurf 蛋白，Smad7 和 p38 MAP 激酶（MAPK）一起调节前列腺癌细胞中 APC 的表达和细胞迁移。

3）*在靶基因调控序列上组装的转录复合物的会聚* 包含 β-catenin 和 TCF 或 LEF1 的转录复合物通常充当信号协调剂，与 Smad 蛋白相互作用来介导 Wnt-TGF-β 家族交谈。在 Wnt 信号和 BMP 或 TGF-β 刺激下，R-Smad，包括 Smad1、Smad2 和 Smad3 及 Smad4，直接与 TCF 或 LEF1 结合，在启动子 DNA 上形成转录复合物。许多 Wnt 和 BMP 或 TGF-β 反应基因的启动子区域，如 Xtwin、tbx6、Msx2 和胃泌素，通常包含 Smad 结合元件（SBE）和 TCF 或 LEF1 结合位点，使得存在于同一转录复合物中的 Smad 蛋白和 TCF 或 LEF1 可以同时结合它们自己的识别序列并协同激活转录。这些基因在生理浓度下的最佳激活通常需要两种途径的协同作用。全基因组染色质免疫沉淀-测序（ChIP-Seq）图谱研究显示，Smad1、Smad5 和 Smad8 的结合位点通常与mESC中关键多能性转录因子Oct4、Sox2和Nanog及STAT3（LIF下游）的结合位点重叠。已经发现Smad1和TCF7l1/TCF3与Oct4/Nanog/Sox2复合物一起共同占据ES细胞中多能性靶基因中的靶位点。此外，Smad1和TCF7L2与邻近造血基因的主调节因子共同占据位点，以调节造血干细胞的命运。

这些数据表明，TGF-β家族和Wnt信号在许多水平上广泛交叉，多个信号输入整合到核心转录因子网络中，以协同方式调节靶基因表达。它们共同调节胚胎发育、组织稳态和致癌作用，并调节胚胎和成体干细胞的自我更新与分化。信号网络本身及其中的信息流动都时刻受到细胞结构、基因表达、代谢活动和内外环境变化的限制与调节。彻底揭示活体内信息网络的运行机制，将是一项极其艰巨的任务和长期奋斗的目标。

2. 与Notch信号的交谈

Notch信号由细胞表面Notch受体与其配体Delta、Serrate或Lag-2（DSL家族配体）的结合触发，这些配体位于细胞与细胞接触的相邻细胞表面。这种结合导致两个蛋白质水解情况的发生，首先在细胞外结构域通过膜相关金属蛋白酶肿瘤坏死因子α-转换酶（TACE）（也被称为ADAM17）脱落细胞外结构域，其次在跨膜结构域通过γ-分泌酶活性的多蛋白复合物，包含早衰蛋白、APH1、γ分泌酶亚基（nicastrin）和PEN2，导致信号通路Notch胞内结构域（NICD）从细胞膜上释放。NICD进入细胞核并与CBF1/RBPjk/Su（H）/Lag1（CSL）家族的DNA结合蛋白（典型代表为HES1、RBP-Jκ和CBF1）结合。NICD与DNA结合的RBP-Jκ结合，然后取代RBP-Jκ相关的组蛋白去乙酰化酶共抑制复合物并募集辅激活因子P/CAF，将RBP-Jκ从转录抑制因子转化为激活因子。许多受Notch信号调节的发育过程也受包括BMP在内的TGF-β家族配体控制，从而为两条通路之间频繁发生的串扰奠定了基础。

与BMP类似，TGF-β也可以与Notch合作，通过Smad3-NICD相互作用以Smad3依赖性方式诱导Hes1、Hey1和Jag1表达。在角质形成细胞、NMuMG乳腺上皮细胞和原代肾小管上皮细胞中，Notch信号转导是TGF-β诱导的EMT和细胞分化及TGF-β诱导的细胞抑制和TGF-β表达所必需的。从机制上讲，Notch和TGF-β/BMP信号之间的串扰可以发生在多个层面。TGF-β和Nodal影响Notch配体Delta2或Jagged1及Notch靶基因*Hey*1在多种细胞类型中的表达。一些Smad蛋白，包括Smad3和Smad1或Smad5已被证明与NICD直接相关，并且通过这种相互作用，Smad被招募到关键Notch靶基因的调控序列中与NICD/RBP-Jκ一起增强它们的表达。在某些情况下，Smad3-NICD相互作用能够协同激活Notch靶基因，而在其他情况下，Smad3和NICD相互拮抗，通过NICD将p300或CBP与Smad3隔离或将Notch4 NICD直接结合到Smad3以抑制其活性。总之，Notch和TGF-β/BMP信号在多种细胞类型和组织中表现出频繁的串扰。然而，这些串扰活动的结果和机制因细胞环境和其他信号通路的活性而异，如Wnt和Hippo通路，它们也参与了类似生理和病理过程的调节。

3. 与Hippo信号的交谈

哺乳动物中的典型核心Hippo激酶复合物包含两种激酶，即Mst1或Mst2和Lats1或Lats2。Mst激酶与Sav1衔接蛋白形成复合物以磷酸化和激活Lats激酶。激活的Lats激酶与肿瘤抑制分子Mob结合，然后磷酸化并抑制转录共激活因子TAZ或YAP。TAZ和YAP不直接与DNA结合，但可以通过与TEAD转录因子结合募集到特定的靶启动子序列，并调节基因的表达。

首次报道的TGF-β和Hippo信号之间的串扰涉及YAP与Smad7的结合，导致TGF-β信号的抑制增强。YAP和TAZ还与其他Smad蛋白结合，并通过不同的机制参与BMP或TGF-β

信号转导的调节。在哺乳动物细胞中，YAP 可以通过其两个 WW 结构域与 Smad1 中的 PPxY 基序有效结合，并且通过 CDK9 对 Smad1 接头区域的磷酸化进一步加强了这种结合。YAP-Smad1 结合支持 Smad1 依赖性转录，并且是 BMP 抑制 mESC 神经分化所必需的。相反，TAZ 并不能很好地与 Smad1 结合。此外，YAP 或 TAZ 与 Smad 在同一转录复合体中参与靶基因的启动子，TGF-β 和 Hippo 信号也在共同靶基因的转录调控水平上收敛。除了 YAP 或 TAZ 与 Smad 之间的直接串扰外，TGF-β/Smad 信号转导的负调节因子 Ski 和 SnoN 也通过直接与 Hippo 核心激酶的成分结合来影响 YAP 和 TAZ 的稳定性及转录活性复合物，并改变 Lats2 的激酶活性和 YAP 与 TAZ 的磷酸化。SnoN 也与 Hippo 激酶复合体相互作用，SnoN 与 Lats2 和 Sav 强烈结合，与 Mst2 结合较弱，但与 Mob 或 TAZ 不结合，这些相互作用阻止了 Lats2 与 TAZ 的结合和 TAZ 的磷酸化，从而导致 TAZ 稳定。因此，SnoN 是 Hippo 调节网络的关键组成部分，它接收来自组织结构和极性的信号以协调细胞内信号通路的活动。随着人们对 Hippo 通路的理解加深和新成分的发现，更多 TGF-β 家族信号转导和 Hippo 信号转导之间的串扰模式将被揭示出来，以协调各种生物过程。

4. 与 Hedgehog 信号的交谈

Hedgehog（Hh）信号由两种细胞表面跨膜蛋白、修补受体（PTCH1 或 PTCH2）和 7 膜跨膜受体样蛋白 Smoothened（SMO）控制，并由 Gli（神经胶质瘤相关癌基因同源物）蛋白在细胞内介导，属于 Krüppel 锌指转录因子家族。在没有配体的情况下，PTCH1 和 PTCH2 抑制 SMO 的活性，这导致 Gli 被几种蛋白激酶磷酸化。Hh 配体的结合消除了 PTCH 对 SMO 的抑制，导致 Gli 蛋白激活和易位进入细胞核以控制 Hh 靶基因的表达。

在胚胎发育和肿瘤发生过程中，TGF-β/BMP 信号经常调节 Hh 配体和通路成分的表达，Hh/Gli 也可以诱导 TGF-β 或 BMP 蛋白的表达。更常见的是 TGF-β 可以直接调节 Gli 蛋白的表达，而 Gli 可能介导一些不依赖于 Hh 信号的 TGF-β 反应。已显示 TGF-β 抑制 PKA 活性，同时诱导 Gli2 和 Gli1 表达。TGF-β 激活 *Gli2* 转录涉及 Smad3 和 β-catenin 的作用。在 TGF-β 的作用下，Smad3 和 β-catenin 被招募到 Gli2 调控基因序列的不同元件中，诱导其表达。一种更直接的交谈模式是由 Gli 蛋白和 Smads 在共同靶启动子序列上的功能相互作用介导的。因此，在恶性人类癌细胞中，Gli 蛋白的表达通常由 TGF-β 信号转导诱导，它们反过来通过与 Smad 蛋白形成转录复合物来介导 TGF-β 的促肿瘤活性。这种监管合作模式是否也适用于未转化的细胞或在正常组织发育和体内平衡期间还有待确定。

5. 与 MAP 激酶通路的交谈

TGF-β 和 BMP 可以直接激活 Erk、c-Jun 氨基端激酶（JNK）和 p38MAP 激酶通路，不依赖于 Smad 蛋白，从而调节细胞运动、上皮细胞间质转型（EMT）、细胞分化和存活。TGF-β 也可以通过诱导激活这些途径的配体或受体的表达间接上调 Erk 和 p38 MAP 激酶活性。Erk MAPK 与 Smad 信号之间存在协同作用。在哺乳动物中，Smad 和 MAPK 通路一般是同一信号网络的关键组成部分，对大多数细胞过程至关重要。在机制上，这两种途径通常直接相互作用并相互调节彼此的活动或表达。在细胞内信号转导和转录水平，Erk MAPK 和 Smad 通路一般相互关联，这些相互作用可导致 Erk MAPK 升高或抑制 Smad 活性，具体取决于特定的靶基因和细胞类型。明确定义的协同串扰发生在 TGF-β 靶基因的调节 DNA 序列上，其中许多含有组织纤溶酶原激活物（TPA）反应元件（TRE），可与 AP-1 转录因子或 TRE-SBE（Smad 结合元件）结合。Smad3/4 复合物本身或与 AP-1 结合，可以与这些 TRE 中的一些结合以介导 TGF-β 反应。激活后，Erk MAPK 可以磷酸化 AP-1，然后与 TRE 序列结合或与 Smad 物理相互作用，以介导 TGF-β 响应启动子与二分 TRE-SBE 序列的协同激活。

还可以通过 Erk MAPK 通路下调 TGF-β 信号转导。除了 Erk MAPK 信号和 Smad 在靶基因转录水平上的协同作用外，这两条通路还直接改变了彼此在细胞质中的活性。在人类癌细胞中，组成型活性 Ras-Erk MAPK 可以拮抗 TGF-β 诱导的细胞凋亡和细胞周期停滞以促进增殖，同时允许 TGF-β 的迁移和侵袭功能。Ras-Erk MAPK 信号转导对 TGF-β/Smad 信号转导的抑制可以通过多种机制发生。Erk MAPK 信号可以通过诱导细胞表面 TβR Ⅰ 的切割来下调 TGF-β 信号。TβR Ⅰ 胞外域的这种脱落是由 TACE/ADAM17 介导的，TACE/ADAM17 由 Erk MAPK 激活。此外，Erk MAPK 可以直接磷酸化各种 Smad 蛋白的接头区域，从而改变其亚细胞定位并抑制其转录活性。除了 R-Smad 的接头区域外，MAPK 还磷酸化和调节 Smad4 与 Smad7 的表达水平。由致癌 Ras 激活的 MEK-Erk MAPK 信号转导导致 Smad4 磷酸化并降低其蛋白质稳定性。

除此之外，TGF-β 激活 MAPK 信号转导。TGF-β 是 Erk MAPK 通路的有效激活剂，通过 Smad 非依赖性机制实现。首先，TGF-β 受体可以在 Tyr 残基上被磷酸化。TβR Ⅱ 细胞质结构域在三个 Tyr 上自磷酸化。以类似于受体酪氨酸激酶激活的方式，TβR Ⅱ 中的这些磷酸化 Tyr 残基为 SH2 结构域蛋白的募集创造了停靠位点。Src 介导的 TβR Ⅱ 在 Tyr284 上的磷酸化导致 Grb2 和 Shc 的募集，进而导致 p38 MAPK 激活。类似地，活化的 TβR Ⅰ 除了具有充分表征的 Ser-Thr 激酶活性外，还含有内在的酪氨酸激酶活性，并且可以直接磷酸化 Tyr 和 Ser 残基上的 Shc。磷酸化的 Shc 与 TβR Ⅰ 结合并募集 Grb2 和 Sos，导致 Ras-Erk MAPK 信号通路的激活（图 7-51）。通过其 Smad 非依赖性信号转导，TβR Ⅰ 激活 TAK1，其为一种 MAPK 激酶激酶（MAPKKK）家族成员，已知是 p38MAPK 通路的重要激活剂。这种激活是由 TRAF6 介导的，它最初被确定为一种衔接蛋白，可激活 NF-κB 信号转导以响应白细胞介素-1 和在转移性乳腺中差异表达的 TRAF4 癌症。TRAF6 和 TRAF4 都含有环域 E3 泛素连接酶活性。在 TGF-β 刺激下，TRAF6 在保守的共有基序（碱性残基-XPXEXX 芳香族/酸性残基）处与 TβR Ⅰ 结合，导致 TRAF6 的自泛素化和随后的 Lys63 连接的 TAK1 多泛素化。TRAF4 还与活化的 TGF-β 受体复合物结合，并通过拮抗 Smurf2 介导的 TβR Ⅰ 降解来稳定 TβR Ⅰ。与 TRAF6 类似，TRAF4 与 TβR Ⅰ 的这种结合也促进了与 Lys63 相关的 TRAF4 自身泛素化及 TAK1 的多泛素化。Lys63 连接的 TAK1 多泛素化通过构象变化或 TAK1 结合蛋白 2 和 3（TAB2 和 TAB3）的募集引起其激活。一旦被激活，TAK1 作为 MAPKKK 起作用以刺激 MKK3 和（或）MKK6 的激活，从而导致 p38 MAPK 激活。TAK1 还磷酸化 IκB 激酶 α（IKKα）以激活 NF-κB 信号转导。通过这些途径，TGF-β 诱导的 TAK1、p38MAPK 和 JNKMAPK 途径的激活与细胞凋亡、细胞迁移和 EMT 的调节有关。这些非典型的 TGF-β 诱导的 TAK1-p38MAPK 或 JNK 通路还可以通过抑制性 Smad 以正或负的方式进行调节（图 7-51）。鉴于相互调节的复杂性和多层次，Erk MAPK 通路与 TGF-β 信号转导交谈的最终结果非常复杂，具体取决于细胞环境和其他信号输入的影响。

6. Smad 蛋白和 PI3K-Akt 通路之间的交谈

在被多种细胞外刺激激活后，PI3K 会产生 3'-磷酸肌醇[PI(3, 4)P2 和 PI(3, 4, 5)P3]，它们将具有脂质结合结构域的靶蛋白募集到质膜。Ser-Thr 激酶 Akt/蛋白激酶 B（PKB）是 PI3K 的重要下游效应器，并启动激酶级联反应，在调节细胞存活中起关键作用。Akt 在其氨基端包含一个 pleckstrin 同源（PH）结构域，该结构域介导与 3'-磷酸肌醇的相互作用，导致其易位至细胞膜，随后在两个关键残基 Thr308 和 Ser473 处被磷酸化。质膜定位和磷酸化都是 Akt 最佳激活所必需的。Akt 的几个靶点在调节细胞代谢和蛋白质合成中发挥重要作用，包括哺乳动物雷帕

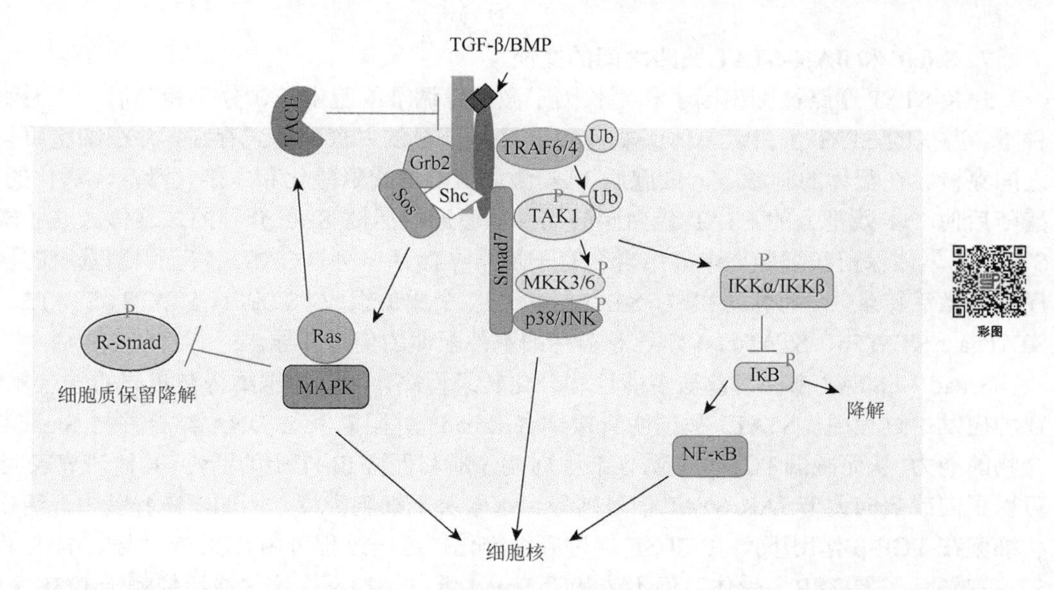

图 7-51　转化生长因子 β（TGF-β）与 NF-κB 和丝裂原活化蛋白（MAP）激酶通路的交谈（Luo，2016）

霉素靶点（mTOR）和 GSK-3β。mTOR 是一种大型 Ser-Thr 激酶，存在于两种复合物中，即 mTORC1 和 mTORC2。mTORC1 由 mTOR、Raptor、mLST8 和 PRAS40 组成，响应 Akt 的激活，磷酸化 S6 激酶 1（S6K1）和真核起始因子 4E 结合蛋白 1（4E-BP1）以增加蛋白质翻译和合成。mTORC2 由 mTOR、Rictor、mSin1 和 mLST8 组成，可以磷酸化 Ser473 上的 Akt，这是完全激活 Akt 所需的。

TGF-β 和 PI3K 通路之间的广泛交谈很复杂，并且可能导致相互激活或抑制，具体取决于所涉及的细胞环境和生物过程。在 hESC 中，激活素诱导的 Smad2 和（或）Smad3 信号可以根据 PI3K 激活的状态调节细胞命运决定。在强大的 PI3K 信号存在下，Smad2 和 Smad3 激活多能性基因 Nanog 的表达以维持自我更新。然而，低 PI3K 活性将 Smad2/3 信号转换为指导中内胚层分化。这种转换的机制似乎涉及 Erk MAPK 和 Wnt 信号。在许多细胞类型中，包括成纤维细胞、角质形成细胞和肝星状细胞，PI3K-Akt 通路是 TGF-β 诱导的各种 EMT 反应激活的重要介质，以及通过药理学抑制剂或显性失活突变体抑制 PI3K 或 Akt 可阻断 TGF-β 诱导的靶启动子转录、EMT 和细胞迁移及 BMP 诱导的成骨细胞分化。TGF-β 信号可以直接或间接激活 PI3K-Akt 通路，如在角质形成细胞和乳腺上皮细胞中，TGF-β 刺激导致 Akt 在 Ser473 位点磷酸化并激活其激酶活性。这种激活似乎不依赖于 Smad，并且可能由依赖于 RhoA 的机制介导。此外，mTORC1 和 mTORC2 响应 TGF-β 的激活是由 PI3K-Akt 通路介导的。TGF-β 受体可以与 PI3K 的 p85 调节亚基形成间接复合物，导致其活化，进而导致 Akt 的激活，以及 mTORC1 和 mTORC2 的形成与激活（Zhou et al.，2016）。

PI3K-Akt 通路还可以通过调节去泛素化酶泛素特异性蛋白酶 4（USP4）的活性直接增强 TβR Ⅰ 的稳定性。USP4 被保守的 Ser445 上的 Akt 磷酸化激活，导致其从细胞核易位到质膜，其中 USP4 与 USP11 或 USP15 一起直接与 TβRI 结合，导致其去泛素化并在质膜上稳定。此外，Akt 的激活会导致 GSK-3β 的抑制，从而促进 Smad3 多泛素化和降解。PI3K-Akt 途径还可以在羧基端区域之前的残基处诱导 Smad3 的磷酸化，导致 Smad3 的转录活性增加，从而增强 TGF-β 信号转导。

7. Smad 和 JAK-STAT 通路之间的交谈

JAK-STAT 通路被细胞因子和生长因子激活以调节细胞生长、分化和存活。在无刺激的条件下，潜伏的 STAT 蛋白以单体或非磷酸化 N 域介导的二聚体形式存在，并在细胞质和细胞核之间穿梭。在配体的刺激下，细胞质 JAK 激酶被酪氨酸磷酸化和二聚化激活。活化的 JAK 激酶随后使 Tyr 残基上的 STAT 蛋白磷酸化，从而形成活性 SH2 介导的二聚体。这些磷酸化的 STAT 二聚体保留在细胞核中并结合含有干扰素-γ 激活序列（GAS）共有识别基序的调节基因序列以激活转录。在哺乳动物中，STAT 家族由 7 个成员组成（STAT1、STAT2、STAT3、STAT4、STAT5a、STAT5b、STAT6），介导对多种细胞外配体的信号转导。

Smad 和 STAT 都密切参与多能性和分化转录程序，并且经常结合在相同的转录复合物中。在肿瘤发生过程中，STAT3 被证明直接结合 Smad3 并阻断其与 DNA 结合并与 Smad4 形成复合物的能力，从而减弱 TGF-β 在诱导细胞周期停滞和促进 EMT 中的活性。其他研究表明，TGF-β 可以正向或负向调节 JAK-STAT 信号转导，这取决于细胞类型。例如，在肝脏中，活化的肝星状细胞在 TGF-β 作用下产生 CTGF 促进肝纤维化，这一过程可由 STAT3 介导。响应 TGF-β 的 STAT3 激活需要 TβRⅠ受体，但不依赖于 Smad 蛋白。相反，这种激活依赖于 PI3K 和 MAPK 通路，并由诱导 STAT3 磷酸化和激活的 JAK1 激酶介导。JAK-STAT 通路还可以通过增强抑制性 Smad7 的表达来间接调节 Smad3 的活性。

8. 与 NF-κB/IKK 信号的交谈

NF-κB/Rel 家族包括 NF-κB1（p50/p105）、NF-κB2（p52/p100）、RelA（p65）、c-Rel 和 RelB，它们作为二聚体转录因子起作用。NF-κB 最初被确定为介导各种免疫和炎症反应的重要转录因子。随后，发现 NF-κB 信号转导有助于广泛的生物过程，包括细胞黏附、分化、增殖、自噬、衰老和细胞存活。在经典途径中，促炎细胞因子、生长因子和抗原受体激活由 IKKα、IKKβ 和 NF-κB 必需调节剂（NEMO）组成的 IKK 复合物，激活的 IKK 复合物在关键 Ser 残基处磷酸化 IκB，导致其泛素化，由 E3 泛素连接酶 $SCF^{\beta TrCP}$ 和蛋白酶体降解。释放的 NF-κB/Rel 复合物通过磷酸化进一步激活并转移到细胞核中，在那里它们诱导靶基因表达。这种典型的信号通路严格依赖于 NEMO，而两个催化亚基（IKKα、IKKβ）可能更加多余。非经典途径被一组特定的受体激活，如 TNF 家族成员淋巴毒素-α/β 或 CD40L 的受体，并诱导 NF-κB 相互作用激酶（NIK）的稳定和激活。NIK 然后磷酸化 IKKα，进而磷酸化 NF-κB2p100 中的羧基端残基，导致其蛋白酶体加工产生具有转录能力的 NF-κB 或 p52/RelB。然后 NF-κB 或 p52/RelB 易位至细胞核并诱导靶基因表达。非经典途径独立于 IKKβ 和 NEMO，并且在淋巴器官的发育中起关键作用。

TGF-β 可以与 TNF-α 或白细胞介素-1 协同作用，通过调节基因序列中的 NF-κB 结合位点和 SBE 位点激活Ⅶ型胶原基因表达，表明两者是共同靶基因的通路。NF-κB 可被 TGF-β 激活并介导多种细胞类型中 TGF-β 靶基因的转录激活。TGF-β 对 NF-κB 的激活可由 Smad 依赖性和 Smad 非依赖性途径介导。除了通过 IKK 介导的磷酸化激活 NF-κB 外，TGF-β 还诱导 p65/RelA 的乙酰化，依赖于 Smad3 和 Smad4、PKA 和共激活因子 p300。这种 p65/RelA 在 Lys221 的乙酰化是 TGF-β 增强 NF-κB 对细菌 DNA 结合和转录活性的协同作用所必需的。因此，NF-κB 和 IKKα 既可以作为 NF-κB 激活的信号成分，也可以作为 NF-κB 和 TGF-β 通路之间串扰的重要界面。NF-κB/RelA 还可以通过诱导 Smad7 表达来抑制 TGF-β/Smad 信号转导。在脂多糖（LPS）或促炎细胞因子刺激的成纤维细胞中，活化的 NF-κB/RelA 可以诱导 *Smad7* 基因的转录。

9. 与多能性和谱系特异性转录因子的交谈

在细胞中，来自各种途径的多个输入不可避免地会聚在靶基因的调节 DNA 序列的转录复合物上。作为转录因子的 Smad 蛋白是这些转录复合物或染色体修饰复合物的重要组成部分，Smad 与其他高亲和力 DNA 结合蛋白或谱系特异性转录因子之间的物理和功能相互作用对于信号整合和协作至关重要。因此，在调控基因序列上与各种转录因子的串扰是 Smad 功能的固有特征。与此一致，在小鼠和人类 ES 细胞中使用 ChIP-Seq 进行的全基因组分析表明，Smad 蛋白与多能性转录因子或染色体修饰剂一起存在于转录复合物中，以决定干细胞命运。Smad2 或 Smad3 激活谱系特异性基因表达的机制之一是将组蛋白去甲基化酶 JMJD3 募集到 Nodal 靶启动子，从而直接作用于抑制性染色质状态以诱导其激活。

二、细胞信号转导网络的形成

细胞信号转导最重要的特征之一在于它是一个网络系统，具有高度的非线性特点。网络形成至少是下面几个层次相互作用的结果。

1. 通过质膜不同种类受体的相互作用

质膜对于细胞完整性至关重要，并作为一个界面来感知和响应细胞外环境的变化。种类繁多的质膜结构域，如黏附和紧密连接、黏着斑（FA）、网格蛋白涂层凹坑（CCP）或斑块、小窝和原发性纤毛，允许细胞动态传递化学和机械刺激，被转化为直接的细胞反应。质膜作为一个整体，特别是 FA，与细胞外基质（ECM）强烈相互作用。ECM 是一种围绕细胞和组织的动态非细胞基质，可作为细胞锚定和机械转导的支架。

质膜元件感知的信号通过多种信号通路整合和传递，使细胞能够对各种信号做出反应的一个中心通路是 Hippo 通路（图 7-52）。在典型的 Hippo 通路中，MST1/2 与 SAV1 相互作用并磷酸化 LATS1/2，后者在 5 个 YAP 和 4 个 TAZ 中保守的 Ser 残基上被激活并磷酸化 YAP/TAZ。

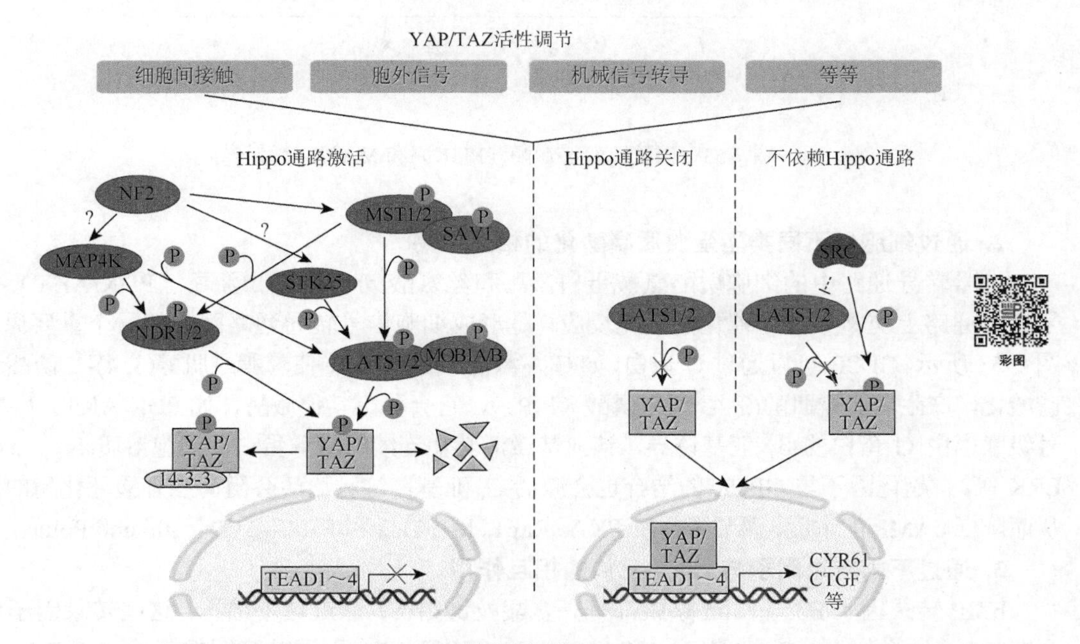

图 7-52　YAP/TAZ 的 Hippo 通路和调控（Piccolo et al.，2014）

YAP 及其旁系同源 TAZ 的这些抑制性磷酸化是细胞质保留和 YAP/TAZ 与 14-3-3 蛋白结合或 YAP/TAZ 降解的信号。MST1/2 和 LATS1/2 的这种激活表示 Hippo 通路处于激活状态，其中 YAP/TAZ 处于非活动状态。此外，Hippo（MST1/2）独立、LATS1/2 介导的 YAP/TAZ 调节也通过 MAP4K 激酶家族及 STK2 实现。这个激酶网络（图 7-53）为信号输入、细胞适应性和稳健性提供了额外的手段。未磷酸化的 YAP/TAZ 易位到细胞核中，主要与 TEAD1-4 相互作用以调节基因转录。Hippo 通路核心激酶的活性受各种刺激的调节，如细胞间接触、细胞外信号、细胞极性、代谢状态和机械转导。

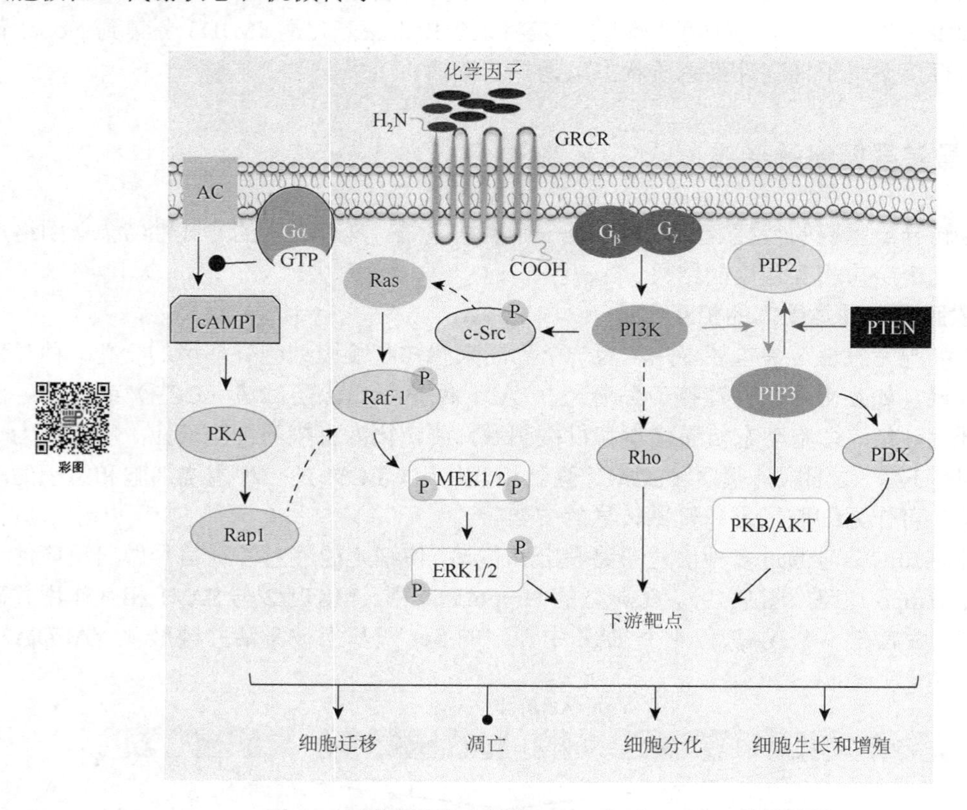

图 7-53 磷酸肌醇-3 激酶（PI3K）和 MAPK 信号转导

2. 通过细胞质不同类型蛋白质磷酸化的相互作用

信号转导通路中的细胞质酪氨酸蛋白激酶和丝氨酸/苏氨酸蛋白激酶（PDK/AKT）在各信号转导通路上交叉穿梭地催化磷酸化反应，是形成细胞信号转导通路网络的一个重要原因。如图 7-53 所示，GPCR 可以通过 G 蛋白（如 $G_{βγ}$）激活 PI3K，PI3K 使磷脂酰肌醇(3, 4)-二磷酸（PIP2）磷酸化，产生磷脂酰肌醇(3, 4, 5)-三磷酸（PIP3），它会募集其他激酶，如 PDK/AKT。MAPK 信号级联也由 G 蛋白的 βγ 亚基诱导，该亚基激活其他连续的成分蛋白（细胞溶质 Src、MEK 和 ERK 等）。趋化因子与 GPCR 的结合也会激活 $G_α$ 亚基。这种激活会阻碍腺苷酸环化酶的活性，从而降低 cAMP 的浓度，调节蛋白质 PKA、Rap1、MEK1/2 和 ERK1/2（Tripathi and Poluri，2020）。

3. 通过不同转录因子与 DNA 元件的相互作用

bZIP 转录因子 Fos 和 Jun 家族都有亮氨酸拉链结构，通过这个结构，这些转录因子可以与含有 AP-1 结合位点 TGA（C/G）TCA 的 DNA 靶序列结合而调节基因的表达（表 7-5）。

表 7-5　bZIP 转录因子二聚化及其作用的 DNA 靶序列

bZIP 转录因子	CREB/ATF	Fos/Jun
家族	CREB	c-Fos，Fos B，Fra-1，Fra-2
	ATF-1，ATF-2（CRE-BP1），ATF-3，ATFa	c-Jun，Jun B，Jun D
	CREB：CREB	Fos：Jun
	CREB：ATF-1	Jun：Jun
	ATF-1：ATF-1	c-Jun：c-Fos
		c-Jun：ATF-1
		c-Fos：ATF-4
靶序列元件	TGACGTCA	TGA（C/G）TCA

三、细胞信号转导网络的研究方法

细胞信号转导网络是指由参与细胞内信号转导通路和生化反应的分子与酶组成的网络。这些分子之间的关系一般表现为基因表达的抑制和促进、磷酸化和去磷酸化、甲基化、作用的激活和停止。细胞信号转导网络是描述生物对环境刺激的反应和生物信号交换的重要手段。这个网络的一般特点是：①各信号通路主要由配体、受体、胞质信号连接物、激酶和转录因子五大要素组成；②组成特定信号转导通路成员的基因多是一些多基因家族的成员，它们之间常常关系密切；③由关系密切的成员组成的各种各样的信号转导通路有重复性；④各信号通路中共享组分之间可以在许多水平上进行交流。信号转导通路编织成的这个网络迷宫，使机体的细胞能够对外来信号做出精确、恰当的反应。构建细胞信号转导网络为研究生物活性、疾病机制、药物靶点等提供了重要依据。

随着高通量检测技术的发展，基因表达数据可用于构建生物网络。基因表达数据反映了基因转录产物的丰度——在细胞中直接或间接测量的 mRNA，这些数据可用于分析不同条件下基因与基因活性之间的相关性。例如，使用 RNA 干扰（RNAi）的扰动实验提供了一种有吸引力的方法来以高通量方式阐明基因功能。该技术已广泛用于大规模筛选方法，如鉴定与细胞生长和活力、细胞增殖、细菌或病毒感染、信号转导、细胞运输、影响肿瘤的化学敏感性或确定干细胞相关的基因标识。虽然功能性敲低在识别与特定表型相关的基因方面非常成功，但对其在周围信号或调控网络中的空间和时间位置提出了相当大的挑战。使用机器学习方法进行计算机网络重建已被用于从扰动数据中推断出潜在的分子网络，并取得了一些成功。建议的方法包括贝叶斯或动态贝叶斯网络、概率布尔阈值网络、条件相关分析、微分方程模型等。

除此之外，蛋白质相互作用是代谢、信号转导及遗传调控等生物途径的生化基础，人们将一个生物体内所有蛋白质的相互作用称为蛋白质相互作用网络（protein-protein interaction network）或相互作用（interaction）。信号网络接收来自环境的输入并调节基本的细胞行为，如增殖、新陈代谢、形态发生和死亡。理想情况下，网络图应该是对不同组件如何物理交互的定量描述，并可以预测信息如何通过网络流动以响应刺激。尽管早期对信号转导的研究得出了对由数量有限的蛋白质（如 10～20 种蛋白质）组成的分层和线性通路的描述，显然这些表示并不反映体内网络架构和动态。具体来说，信号网络涉及数千种不同的组件，信号通路高度互连，蛋白质作为大型复合物的一部分，信息传播通过线性和非线性方式（如通过反馈和振荡）发生，并且这些网络本质上是动态的。尽管我们对细胞信号的理解在概念上取得了广泛的进步，但大多数信号网络仍未被探索。目前，已建立了几个大规模技术来研究蛋白质相互作用。研究蛋白质相互作用网络为基因功能的研究提供了一条新的途径，尤其是对那些应用序列相似性不能注释的基因。随着细胞信号转导研究的日益深入，只有定性的实验数据已远远不能满足信号网络化模型的建成需要，定量化阐释信号组分的研究方法已经得到应用，主要包括正向遗传学手段、蛋白质组学研究方法、生物信息学手段等。

全基因组图谱技术令人振奋的进展是将在不同生理环境中揭示细胞中机械水平的完整信号网络，而数学模型与信号网络生化分析相结合可能会在该领域产生重要信息。

主要参考文献

范雪新，杨磊，项斌，等. 2016. 钙离子通道蛋白的研究进展. 生物化学与生物物理进展，43（12）：10

郭静，蒲咏梅，张东才. 2005. 钙离子信号与细胞凋亡. 生物物理学报，21（1）：1-18

江彬，赵文涛，欧阳聪，等. 2022. 细胞代谢调控网络. 厦门大学学报（自然科学版），61（3）：346-364

李庆伟，张撼，逄越. 2017. 钙调蛋白结构、性质及其细胞生物学功能的研究进展. 辽宁师范大学学报：自然科学版，40（1）：9

李玉慧，陈成. 2020. 神经酰胺从头合成途径关键代谢酶的研究进展. 生物学杂志，37（4）：90-95

潘丹，蒋永亮，戴爱国. 2015. 双孔通道家族与钙信号调节. 中国生物化学与分子生物学报，31（6）：6

Anahi V.，Aliesha G. A. 2017. Autotaxin-lysophosphatidic acid：From inflammation to cancer development. Mediators of Inflammation，2017：1-15

Grabon A.，Bankaitis V.，McDermott M. 2019. The interface between phosphatidylinositol transfer protein function and phosphoinositide signaling in higher eukaryotes. Journal of Lipid Research，60（2）：242-268

Hammond G.，Burke J. 2020. Novel roles of phosphoinositides in signaling，lipid transport，and disease. Current Opinion in Cell Biology，63：57-67

Hammond G. R. V.，Burke J. E. 2020. Novel roles of phosphoinositides in signaling，lipid transport，and disease. Curr. Opin. Cell Biol.，63：57-67

Hofmann F. 2020. The cGMP system：components and function. Biological Chemistry，401（4）：447-469

Khannpnavar B.，Mehta V.，Qi C. 2020. Structure and function of adenylyl cyclases，key enzymes in cellular signaling. Current Opinion in Structural Biology，63：34-41

Kile B. 2014. The role of apoptosis in megakaryocytes and platelets. British Journal of Haematology，165（2）：217-226

Luo K. X. 2016. Signaling cross talk between TGF-β/Smad and other signaling pathways. Cold Spring Harbor Perspectives in Biology，9（1）：a022137

Parker I.，Choi J.，Yao Y. 1996. Elementary events of InsP3-induced Ca^{2+} liberation in *Xenopus oocytes*：Hot spots，puffs and blips. Cell Calcium，20（2）：105-121

Piccolo S.，Dupont S.，Cordenonsi M. 2014. The biology of YAP/TAZ：hippo signaling and beyond. Physiological Reviews，94（4）：1287-1312

Sassone-Corsi P. 2012. The cyclic AMP pathway. Cold Spring Harbor Perspectives in Biology，4（12）：DOI：10.1101/cshperspect.a011148.

Taskén K.，Aandahl E. 2004. Localized effects of cAMP mediated by distinct routes of protein kinase A. Physiological Reviews，84（1）：137-167

Tikunova S. B.，Davis J. P. 2014. Designing calcium-sensitizing mutations in the regulatory domain of cardiac troponin C. Journal of Biological Chemistry，279（34）：35341-35352

Tripathi D. K.，Poluri K. M. 2020. Molecular insights into kinase mediated signaling pathways of chemokines and their cognate G protein coupled receptors. Frontiers in Bioscience，25（7）：1361-1385

Zhang H.，Kong Q. B.，Wang J.，et al. 2020. Complex roles of cAMP-PKA-CREB signaling in cancer. Experimental Hematology & Oncology，9（1）：32

Zhou J.，Jain S.，Azad A. K. 2016. Notch and TGFβ form a positive regulatory loop and regulate EMT in epithelial ovarian cancer cells. Cellular Signalling，28（8）：838-849

（孙　超）

第八章

植物脂类合成代谢

脂类（lipid）是脂肪（fat）和类脂（lipoid）的总称，包括简单脂质（脂肪和蜡），复合脂质或类脂如磷脂（甘油磷脂和鞘磷脂）、糖脂（甘油糖脂、脑苷脂和硫脂等），以及非皂化脂质（如类固醇、萜类、色素、前列腺素等），是生物体一大类重要的有机化合物。尽管这些物质在化学组成、理化性质、结构及生物功能上差异很大，并不属于同一类物质，但其共同性质是不溶于水，溶于乙醚、氯仿等脂溶性溶剂，在代谢上都与脂肪酸存在着直接的或某种间接的联系。

有关植物脂类的分子结构、性质、生物合成及其对膜的生物起源与功能的影响，以及它们在细胞生物发育中的作用，人们已相继发现磷脂、甲基茉莉酸、油菜甾醇在植物细胞信号转导中扮演重要的角色，以及膜脂组成与植物耐寒性相关、类囊体膜脂组成与光合反应耐热性相关等。如何从遗传上改变种子脂肪合成，提供品质更佳的食用油和工业用油，早就是许多遗传学家和育种学家关注的焦点，所有这一切都需要更进一步深入了解植物脂类代谢的途径、酶学及调控机制。

有三种方法在植物脂类代谢研究中发挥了重要的作用：①利用放射性同位素示踪法，揭示了活体内脂类生物合成途径的基本框架（图 8-1）。以 ^{14}C 标记的乙酸和 CO_2 及 ^{3}H 标记的甘油为底物，研究它们在高等植物叶片内和离体菠菜叶绿体内掺入脂类中间代谢物的动力学，结果提出了叶绿体脂类合成的原核途径和真核途径模型。②利用现代生物化学和分子生物学技术，

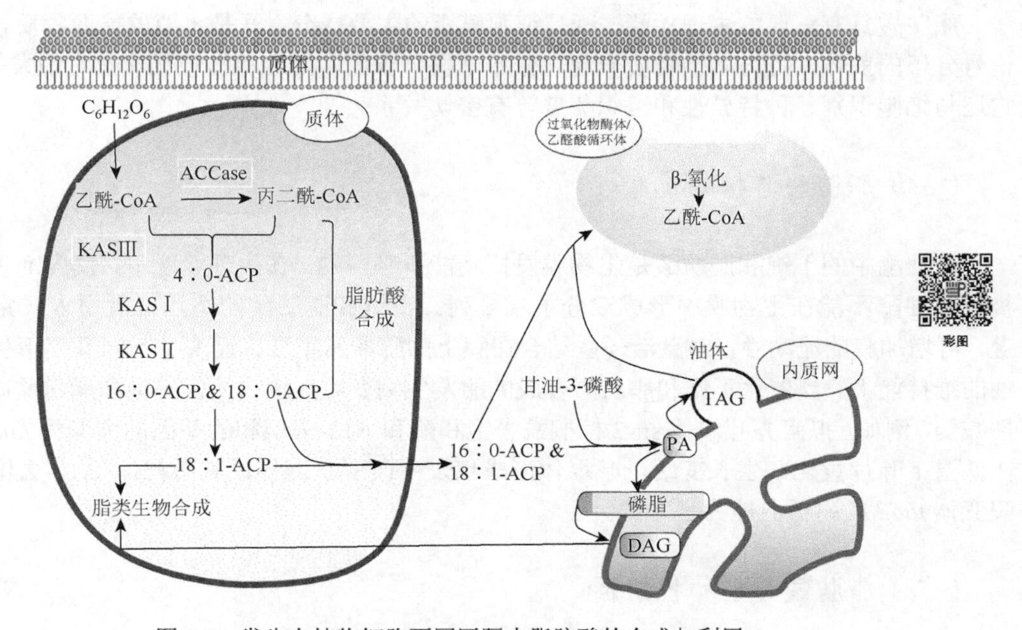

图 8-1　发生在植物细胞不同区隔内脂肪酸的合成与利用

如反相高效液相色谱、亲和层析、基因克隆、PCR 和无细胞翻译体系等，分离纯化出一系列酶和蛋白因子，重建体外脂类合成体系，为阐明植物脂类代谢的反应历程、催化和调控机制提供了有力的直接证据。③突变分析的应用，尤其是一系列膜脂组分发生变化的拟南芥（*Arabidopsis thaliana*）突变体的分离和表征，使得长期困扰植物脂类代谢研究的膜结合酶难以分离的问题有望得以克服，为了解多烯脂肪酸生物合成途径提供了许多极有价值的信息。正是在生物化学与分子生物学、遗传学日臻完美的结合中，植物脂类代谢研究正以前所未有的广度和深度不断进步。

本章着重介绍植物体内脂肪酸、膜脂和贮藏脂合成代谢与分解的概况及有关的进展，并希望从中领会当代植物生物化学研究的一些思路与方法。

第一节　脂肪酸的生物合成

脂肪酸在生物体中普遍存在，作为细胞基本成分之一，与人类生活息息相关，多年来一直受到研究者的高度重视。随着对脂肪酸生物功能的深入了解和工业应用的增加，一些脂肪酸，特别是一些多聚不饱和脂肪酸已成为高值物质。脂肪酸生物合成是生物体基本代谢之一，合成途径及其调节研究不仅具有重要的理论意义，还有广泛的应用前景，如利用基因工程技术生产有用脂肪酸、改善油和脂肪的品质、增加机体的抗逆性及设计除草剂等。

脂肪酸在组织和细胞中绝大部分为结合形式，极少数以游离形式存在。所有的脂肪酸都有一个长的烃链和一个羧基端。烃链以线性的为主，分支或环状的为数甚少。不同脂肪酸之间的区别主要在于烃链的长短、饱和与否及双键的数目和位置等。

一、植物脂肪酸的生理功能

脂肪酸具有重要的生理功能，既是细胞膜脂的主要成分，又是重要的能源物质，还是一些信号分子的前体，可与其他物质一起，分布于机体表面，防止机械损伤和热量散发等。此外，它还与细胞识别、种特异性和组织免疫等有密切关系。

（一）脂肪酸与植物抗寒性

甘油酯中的不饱和脂肪酸是生物膜发挥功能所必需的。在生理温度下，仅含饱和脂肪酸的极性甘油酯不能在生物膜中形成双分子层排列。在饱和脂肪酸的适当位置引入一定数目的双键，可增加膜的流动性，对激活一些结合在膜上的酶非常重要，反映了不同温度下生物膜流动性的维持能力。当催化不饱和脂肪酸合成的酶发生突变时，植物体内不饱和脂肪酸减少，抗寒性减弱。例如，拟南芥叶绿体 sn-2 棕榈酰去饱和酶和 Δ12-去饱和酶基因的突变体 *fad5* 和 *fad6*，在低温下叶片黄化，生长变缓，叶绿体形成也发生改变。同样，其微粒体 Δ12-去饱和酶基因突变体 *fad2* 的耐低温能力也减弱。

（二）脂肪酸与植物抗病性

脂肪酸去饱和作用是植物防御反应中的一个重要组成部分。例如，真菌感染和肽激发子 Pep25

可诱导微粒体 Δ12-脂肪酸去饱和酶和质体 ω3 去饱和酶基因快速、短暂表达，催化 α-亚麻酸的形成。这些 α-亚麻酸作为细胞信号分子茉莉酮酸的一个重要前体，引起茉莉酮酸累积。又如，超长链脂肪酸主要存在于某些种子油中或位于植物表面，是蜡、角质、木栓质的组成部分，并参与其他组分如碳水化合物、乙醇、乙醛的合成。其中植物体表面的蜡是植物防御体系的重要组分，在防止病原物侵染、草食性昆虫侵食及抵御环境胁迫如干旱、紫外线破坏和霜冻中发挥重要作用。

（三）植物脂肪酸的食用及工业价值

人体内可合成饱和与单不饱和脂肪酸，但不能合成维持机体正常生长所需的一些脂肪酸（称为必需脂肪酸），如亚油酸和亚麻酸等。它们只能从食物中摄取。随着人们生活水平的提高，人们对食品的营养要求越来越高。由于长期摄入大量饱和脂肪酸会导致高血压、冠心病，而植物油的饱和脂肪酸含量较动物脂肪少 40%～50%，使人们对脂肪的摄入由动物脂肪逐渐转向植物油，进而对饱和脂肪酸含量低、不饱和脂肪酸含量高的植物油的需求逐渐提高。除食用外，脂肪酸还是生产油漆、润滑剂、尼龙等化工产品的重要原料。

二、脂肪酸的合成

脂肪酸是构成各种脂类最基本的前体分子。植物是以乙酰-CoA 为基本的 C_2 单位从头合成所需的各种脂肪酸。植物脂肪酸全过程合成在质体内进行，生成饱和的 C_{16} 脂肪酸，然后延长成 C_{18} 饱和脂肪酸，再在质体和内质网去饱和。新合成的脂肪酸除少部分在质体内用于膜脂合成外，大部分进入细胞溶胶，在内质网系统合成各种脂类。在质体外合成的类脂部分返回质体，对发生在细胞内不同区隔中的这些脂肪酸合成与利用途径发挥协调作用。

从大肠杆菌到高等动植物脂肪酸全程合成的反应历程都像图 8-2 所示：第一步，乙酰-CoA 经乙酰-CoA 羧化酶催化生成活化的二碳供体丙二酸单酰 CoA；第二步，在丙二酸单酰-CoA∶ACP 转移酶作用下，丙二酸单酰基从 CoA 转移到酰基载体蛋白（ACP）上；第三步，在酮脂酰-ACP 合酶Ⅲ（KASⅢ）作用下，乙酰基与丙二酸单酰基缩合，释放 1 分子 CO_2，生成 3-酮脂酰-ACP；第四步，以 NADPH 为还原剂，由 3-酮脂酰-ACP 还原酶（KAR）催化 3-酮酯酰-ACP 还原，生成 3-羟丁酰基-ACP；第五步，在脱水酶（DH）作用下，3-羟丁酰基-ACP 脱去 1 分子水，生成反式-Δ^2-丁烯酰-ACP；第六步，在 2, 3-反式-烯脂酰-ACP 还原酶（EAR）作用下，以 NADPH 为还原剂，反式-Δ^2-丁烯酰-ACP 被还原成丁酰-ACP。接下来，在 KASⅠ作用下，丙二酸单酰基与丁酰基缩合，再经过第四至第六步的两次还原一次脱水，使脂酰基延伸两个碳。继续这种延伸循环，直到生成 16 个碳的棕榈酰-ACP。

（一）乙酰-CoA 的来源

乙酰-CoA 是能源物质代谢的重要中间产物，在体内能源物质代谢中是一个枢纽性的物质。糖、脂肪、蛋白质三大营养物质通过乙酰-CoA 会聚成一条共同的代谢通路——三羧酸循环和氧化磷酸化，经过这条通路彻底氧化生成 CO_2 和 H_2O，释放能量用以 ATP 的合成。乙酰-CoA 也是合成脂肪酸、酮体、类固醇、类黄酮和某些氨基酸的前体物质（图 8-3）。乙酰-CoA 不能直接跨膜转位，因而必须在利用它的亚细胞区隔内生成。

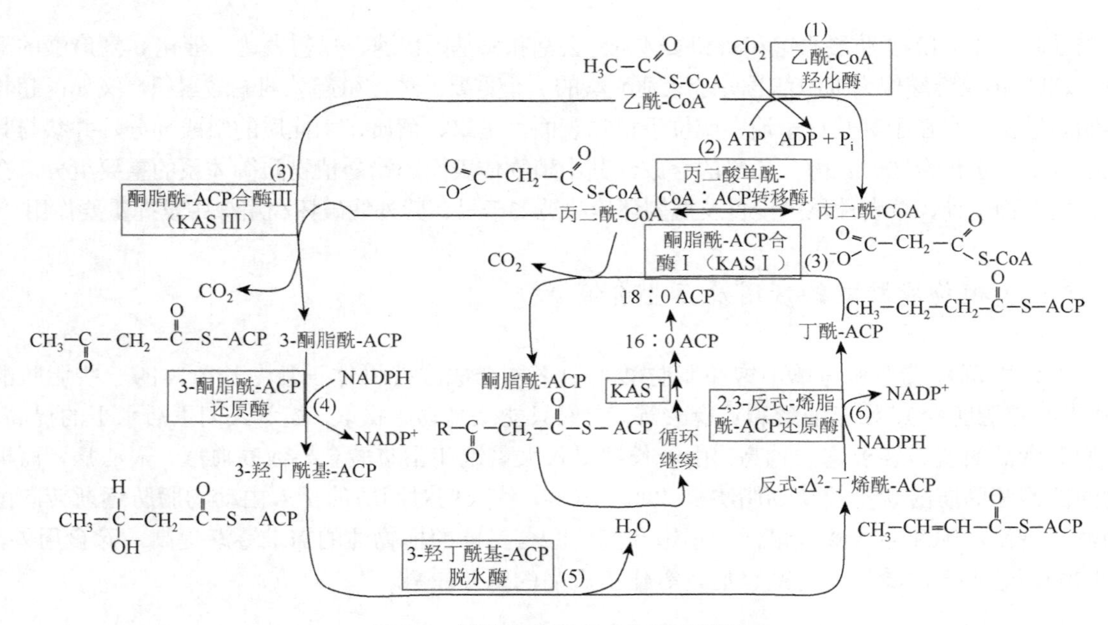

图 8-2 脂肪酸全程合成的反应历程

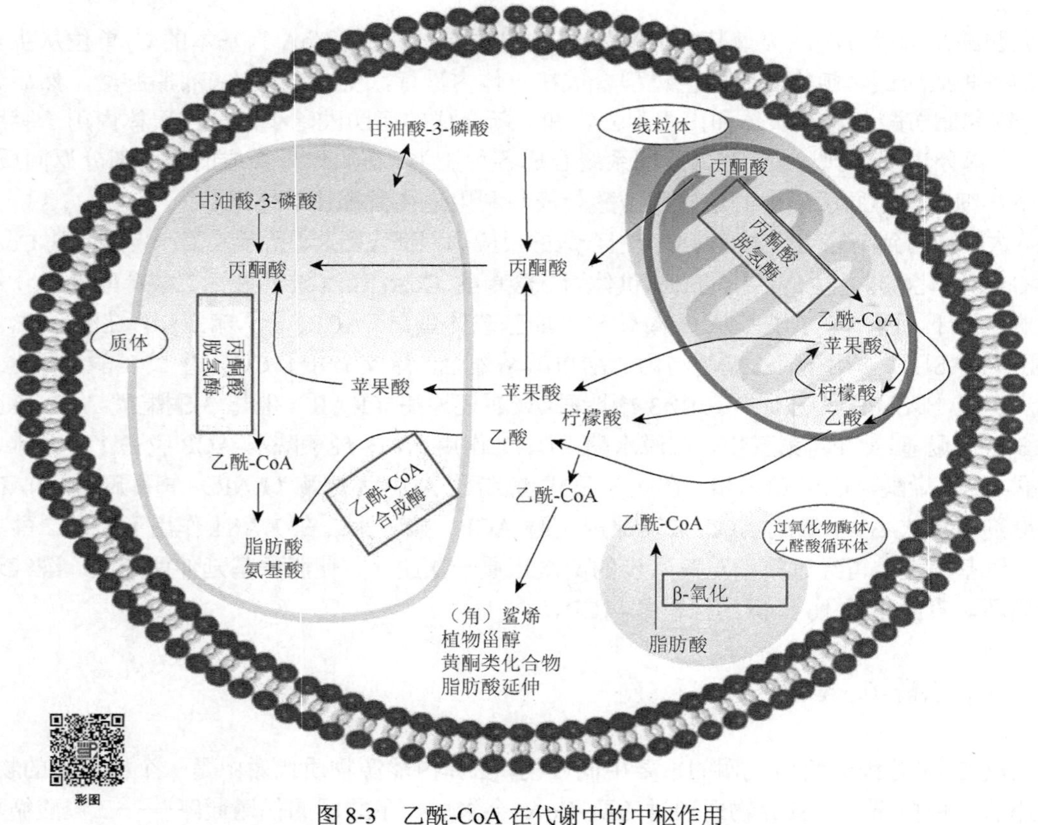

图 8-3 乙酰-CoA 在代谢中的中枢作用

植物细胞脂肪酸全程合成在质体内进行，当然必须在质体内源源不断地产生乙酰-CoA。首先，质体内的光合产物甘油酸-3-磷酸和磷酸丙糖，都可经糖酵解生成丙酮酸。在质体丙酮酸脱氢酶复合物的催化下，丙酮酸脱氢脱羧，生成乙酰-CoA。其次，细胞溶胶内糖酵解中间产物磷酸丙糖、甘油酸-3-磷酸、丙酮酸也可经载体转位进入质体，用于合成乙酰-CoA。细胞质内的丙酮酸还可先进入线粒体，由线粒体丙酮酸脱氢酶复合物催化生成乙酰-CoA，然后水解生成乙酸，扩散到细胞质后再进入质体，在质体乙酰-CoA 合成酶催化下生成乙酰-CoA。当然，在光照条件下，质体内上述酶多被激活，同时线粒体酶活性较小，用于脂肪酸合成的乙酰-CoA几乎全由质体内光合产物转化而来。线粒体生成的乙酸仅在非光照条件下或非光合组织中才有意义。

（二）乙酰-CoA 羧化酶

乙酰-CoA 羧化酶（acetyl-CoA carboxylase，ACCase）属于生物素包含酶（biotin containing enzyme）的类型 I，催化乙酰-CoA + ATP + HCO_3^- ⟶ 丙二酰-CoA + ADP + P_i 反应的生物素酶，广泛存在于生物界。此反应制约着脂肪酸合成第一阶段的速度。本反应由两个步骤组成，即利用 ATP 把 CO_2 固定在酶所结合的生物素上和把 CO_2 转移给乙酰-CoA 的反应。

ACCase 在动物和微生物中已得到广泛深入的研究。但由于它在植物中较为复杂，研究相对较少。近年来人们发现 ACCase 是几类化学除草剂作用于植物的靶蛋白。在植物体内有两种同工型的 ACCase（图 8-4），主要位于质体和胞质溶胶中。它们的功能区域在结构上有很大的差别。

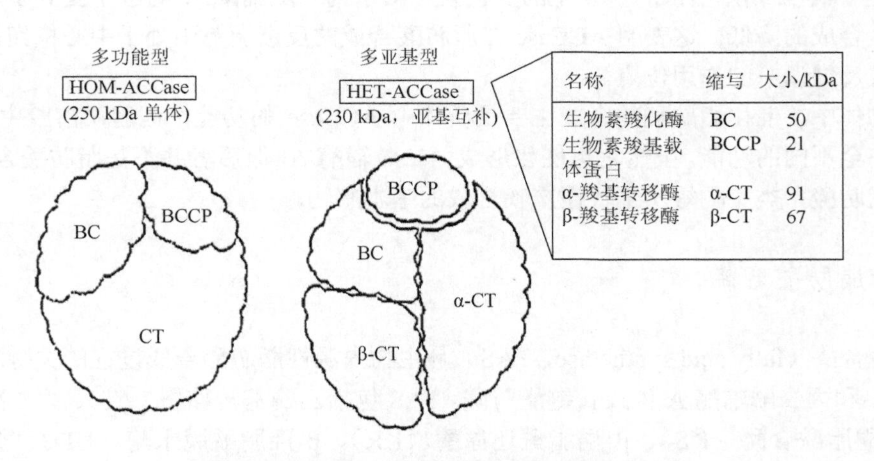

名称	缩写	大小/kDa
生物素羧化酶	BC	50
生物素羧基载体蛋白	BCCP	21
α-羧基转移酶	α-CT	91
β-羧基转移酶	β-CT	67

图 8-4　植物中存在着两种不同类型的 ACCase

大多数植物质体中的 ACCase 结构与早期研究的大肠杆菌 ACCase 属于同一类型，因此把它称为原核类型 ACCase，又称异质型（heteromeric）ACCase（简称 ACCaseⅡ）。它具有 4 个亚基：1 个生物素羧基载体蛋白（biotin carboxyl carrier protein，BCCP）亚基，1 个生物素羧化酶（biotin carboxylase，BC）亚基，转羧酶（biotin transcarboxylase，CT）的 2 个亚基 α-CT 和 β-CT。在 ACCase 活性状态下，前 2 个亚基呈现同型二聚体，而 α-CT 和 β-CT 是异型二聚体。多数植物胞质溶胶中的 ACCase 与酵母、大鼠和人的属于同一类型，因此把它称为真核类型 ACCase，又称为同质型（homomeric）ACCase（简称 ACCaseⅠ）。它的一条多肽链包含着原核类型 ACCase 所有的 4 个亚基，排列顺序是 BC、BCCP、α-CT 和 β-CT，形成了 3 个功能域

（α-CT 和 β-CT 属于 1 个功能域）。这两种同工型 ACCase 在植物中的定位有两个例外。一个是油菜的叶绿体中可能同时包含两种同工型 ACCase；另一个是禾本科植物，它们的质体和胞质溶胶中的 ACCase 都属于真核类型，活性状态下的真核类型 ACCase 呈现同型二聚体。研究表明植物的 ACCase 非常复杂，现已查明，双子叶植物和多数单子叶植物同时拥有这两种类型的酶。

植物中的 ACCase 是控制脂类合成速率的关键酶。人们通过以下三方面的研究获得了验证。

1. ACCase 在光诱导下调节脂肪酸的合成

在光照条件下，通过一个光信号转导途径，使 ACCase 处于一种活跃的还原状态，能够很好地催化脂肪酸的合成，而在黑暗条件下，ACCase 就处于不活跃的氧化状态，催化效率很低。小崎（Kozaki）等认为，正是这个氧化还原级联系统将光合作用和脂肪酸的合成联系起来，导致了这两个生理反应的协同作用。

2. ACCase 控制植物叶片的碳流量

佩奇（Page）等测得 ACCase 的催化系数为 0.5～0.6。在酶催化反应体系中，所有酶的催化系数的总和等于 1，而在植物叶片中，酯酰基脂类的合成需要包括 ACCase 在内的 20 多种酶的参与，表明在反应中碳流量系数（flux control coefficient）总量的 60%体现在 ACCase 水平上，证明了 ACCase 在叶片脂类合成中的重要作用。

3. ACCase 是脂肪酸合成反馈调节的作用位点

真谷（Shintani）等用 ^{14}C 标记烟草细胞的酰-酰载体蛋白，加入外源脂肪酸后，发现在反馈抑制过程中酰-酰载体蛋白的量发生的变化正是由于丙二酰辅酶 A 的水平受到了限制，最终导致脂肪酸合成的降低。这表明 ACCase 在脂肪酸合成的反馈调节中处于中心枢纽的地位，是脂肪酸合成反馈调节的作用位点。

在植物体中，催化脂肪酸的合成主要是质体中 ACCase 的功能，而胞质溶胶中的 ACCase 承担的是完全不同的功能。虽然它也催化形成丙二酰辅酶 A，但后者并不是脂肪酸合成的底物，而是长链脂肪酸、类黄酮等次生代谢产物合成的基本底物。

（三）脂肪酸合酶

脂肪酸合酶（fatty acid synthetase，FAS）是生物内源性脂肪酸合成过程的关键酶，它催化乙酰辅酶 A 和丙二酰辅酶 A 生成长链脂肪酸。FAS 包括乙酰基转移酶（AT）、丙二酰基转移酶（MT）、β-酮脂酰合酶（KS）、β-酮脂酰还原酶（KR）、β-羟脂酰脱水酶（HD）、烯脂酰还原酶（ER）及硫酯酶（TE）等 7 个功能域。自然界同时存在多亚基型（Ⅱ型）FAS 和多功能型（Ⅰ型）FAS。细菌和植物中的 FAS 属Ⅱ型，是由以上 7 个功能域分别作为独立的酶而聚合在一起的多酶体系；人类及其他哺乳类动物的 FAS 属Ⅰ型，是包括以上 7 个功能域的一个单链多功能酶，其由单基因编码，分子质量为 250 kDa。由这些酶按图 8-2 所示的反应，催化棕榈酸的合成。最后在硫酯酶（TE 或 TEase）催化下，棕榈酰基由 ACP 转移到 CoA 上。

酵母的Ⅰ型 FAS 全酶由 6 个 213 kDa 的 α 亚基和 6 个 203 kDa 的 β 亚基组成 12 聚体（$\alpha_6\beta_6$）。α 亚基包含 KSase、KRase 和 ACP 三个功能域；β 亚基含有 ATase、MTase、DH 和 ERase 四个功能域（图 8-5）。全酶的分子质量高达 2400 kDa，理论上可以同时催化 6 个脂肪酸的合成。哺乳动物细胞中的Ⅰ型 FAS 全酶是同源二聚体，每个亚基的分子质量约为 272 kDa，从 N 端开始依次为 KSase、ATase、MTase、DH、ERase、KRase、ACP 和 TEase 共 8 个功能域。在全酶中两个亚基头尾相对，每个亚基前 4 个功能域与另一亚基后 4 个功能域构成一个功能齐全的催化单位，理论上可以同时合成两个脂肪酸（图 8-6）。

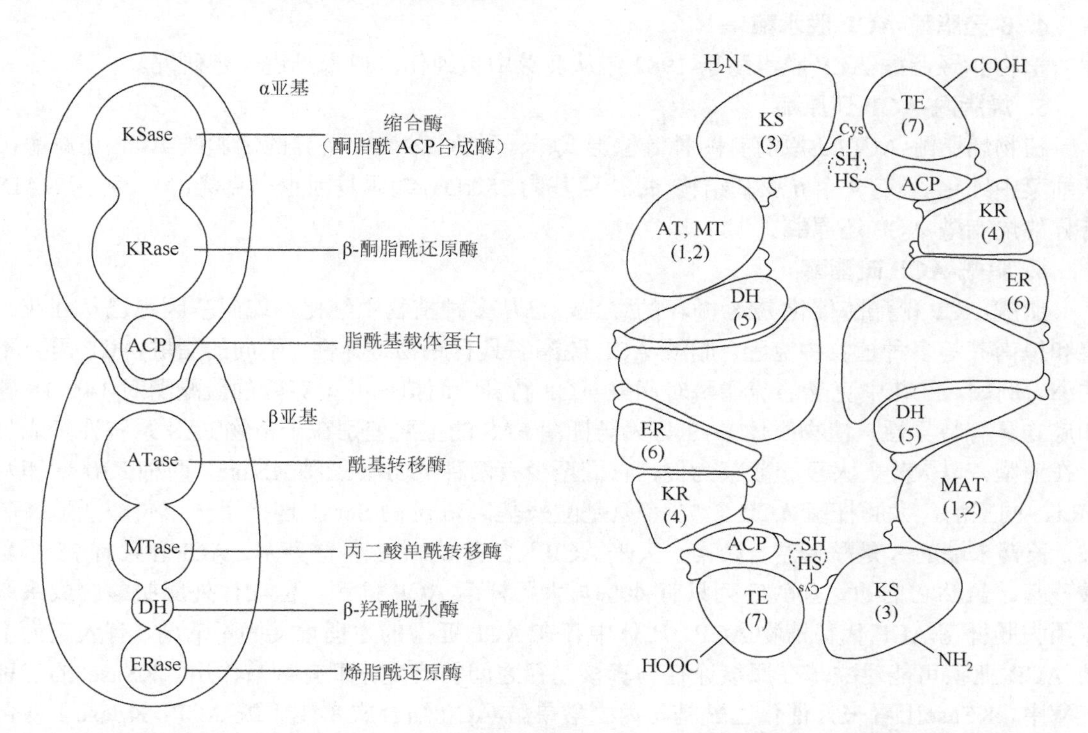

图 8-5 酵母脂肪酸合酶的 α 和 β 亚基上功能域的排布　图 8-6 哺乳动物肝脂肪酸合酶酶促活性的排布

1. 酰基载体蛋白（β-羟脂酰-ACP）

植物体内存在多个 ACP 同工酶。大麦有 3 个，分别为 ACPⅠ、ACPⅡ和 ACPⅢ，由 *Acl1*、*Acl2* 和 *Acl3* 基因编码。*Acl3* 为组成型表达，*Acl1* 在叶片中特异表达，*Acl2* 编码的 ACPⅡ位于质体。拟南芥至少有三个，除编码 ACPⅠ和 ACPⅡ的基因外，人们还克隆一个与牛心肌线粒体 ACP 高度同源的 ACP。菠菜 ACPⅠ和 ACPⅡ的编码基因已克隆，多肽的三维结构已详细研究。还有研究表明，植物 ACP 受光调节，在种子发育时表达。

2. β-酮脂酰 ACP 合酶

已发现多种 β-酮脂酰 ACP 合酶（KAS），分别为 KASⅠ、KASⅡ和 KASⅢ。KASⅠ对硫乳霉素不太敏感，对浅蓝菌素敏感，催化 4～14 碳脂酰-ACP 的缩合；KASⅡ对浅蓝菌素不太敏感，对硫乳霉素敏感，催化 14 碳和 16 碳脂酰-ACP 的缩合，决定 16 碳脂肪酸与 18 碳脂肪酸的比率；KASⅢ对硫乳霉素敏感，对浅蓝菌素不敏感，催化丙二酰-ACP 与乙酰-ACP 的缩合和（或）随后的 1～2 轮循环。缩合反应起始的底物乙酰-ACP 的合成可由单独的乙酰-CoA：ACP 转酰基酶催化，也可由 KASⅢ催化。另一个底物丙二酰-ACP 由丙二酰-CoP：ACP 转酰基酶催化产生。

3. β-酮脂酰-ACP 还原酶

植物 β-酮脂酰-ACP 还原酶有两个等位形式，已从菠菜、鳄梨和油菜中纯化，其中从鳄梨、油菜中分离的还原酶是 NADPH 特异的，它的 N 端具有细胞色素 f 结构域，内部有一个类似

NodG 基因的产物。其编码基因已从油菜、拟南芥中克隆，基因的 N 端编码区编码一个可将多肽定位于质体基质的转运肽。另一种等位形式有待进一步研究。

4. β-羟脂酰-ACP 脱水酶

植物 β-羟脂酰-ACP 脱水酶于 1982 年从菠菜中被纯化，但未见进一步研究。

5. 烯脂酰-ACP 还原酶

植物烯脂酰-ACP 还原酶有两种等位形式：一种为 NADH 特异的烯脂酰-ACP 还原酶，已从油菜中纯化，具有 4 个 α 亚基结构，每个亚基为 35 kDa，编码基因也已克隆；另一种为 NADPH 特异的烯脂酰-ACP 还原酶。

6. 脂酰-ACP 硫酯酶

脂酰-ACP 硫酯酶催化 FAS 循环的终止，已从多种植物中纯化，编码基因也已从红花、油菜和拟南芥等多种植物中克隆。脂酰-ACP 硫酯酶具有底物特异性，不同的脂酰-ACP 需要不同的酶。例如，红花中克隆的硫酯酶对脂酰-ACP 特异，而拟南芥中克隆的硫酯酶对 14～18 碳饱和底物具有特异性。植物质体 FAS 与大肠杆菌 FAS 的主要差别在于植物 FAS 系统许多成员都存在亚型，以大麦、大豆和菠菜为例，它们至少有两种 ACP、三种 KSase、两种 KRase 和两种 ERase 同工酶。大肠杆菌 ACP 含 77 个氨基酸残基，36 位的 Ser 上连接了一个磷酸泛酰巯基乙胺，长臂末端的 S 是酰基结合位点。大麦 ACP Ⅰ 含有 87 个氨基酸残基，ACP Ⅱ 只有 75 个氨基酸残基。虽然它们的氨基酸序列只有 40%与大肠杆菌 ACP 同源，但在体外脂肪酸合成系统可以用大肠杆菌 ACP 代替植物 ACP。质体中存在 ACP 亚型的生理意义尚不清楚，有人认为不同的 ACP 亚型可能对酰基在原核途径与真核途径之间的流量分配有调节作用。KSase 的三种同工酶中，KSaseⅢ看来只催化乙酰基与丙二酸单酰-ACP 缩合成 3-酮丁酰-ACP；KSase Ⅰ 催化棕榈酰-ACP 合成中其余 6 个丙二酸单酰-ACP 与酰基的缩合；而 KSase Ⅱ 则催化棕榈酰-ACP 与丙二酸单酰基缩合成 C_{18} 脂酰基。其他酶的同工酶在体外试验中表现出不同的底物专一性和抑制敏感性，但它们在活体内的生理意义尚待查明。

三、脂肪酸的碳链延长

高等植物可以合成 300 多种脂肪酸，但植物共有的脂肪酸数量不多，主要包括棕榈酸（palmitic acid，16∶0）、硬脂酸（stearic acid，18∶0）等饱和脂肪酸，以及油酸（OA，18∶1Δ^{9}）、亚油酸（LA，18∶2$\Delta^{9,12}$）、α-亚麻酸（ALA，18∶3$\Delta^{9,12,15}$）等不饱和脂肪酸。少数植物还能合成 γ-亚麻酸（GLA，18∶3$\Delta^{6,9,12}$）和十八碳四烯酸（SDA，18∶4$\Delta^{6,9,12,15}$），但不能进一步合成更长碳链的多不饱和脂肪酸（long chain polyunsaturated fatty acid，LC-PUFA）。

质体 FAS 的终产物通常是棕榈酰-ACP，因为 KSase Ⅰ 只能有效利用 C_2～C_{14} 的酰基-ACP，对棕榈酰-ACP 的活性很低。质体内的 KSase Ⅱ 对 C_{14}～C_{16} 的酰基-ACP 底物比较有效，可以将棕榈酰与丙二酸单酰基缩合成 C_{18} 酰基-ACP，经两次还原和一次脱水生成硬脂酰-ACP。但是植物中用来合成蜡的脂肪酸含 26～32 个碳；鞘脂类中通常含有 C_{22} 和 C_{24} 脂酰基；某些植物三酰基甘油中含有大量 C_{20} 和 C_{22} 的脂酰基。这些极长链脂肪酸是由细胞质中的脂肪酸延长酶系统合成的。

从质体中输出到细胞质脂酰-CoA 代谢库中的 C_{16} 和 C_{18} 脂酰基，由细胞质中与内质网膜结合的延长酶系统催化，生成所需要的极长链脂肪酰-CoA。该酶系统包括 4 种酶，即 3-酮脂酰-CoA 合酶（KCS）、3-酮脂酰-CoA 还原酶（KR）、3-羟脂酰-CoA 脱水酶（DH）和烯脂酰-CoA 还原酶（ER）。酰基先从 CoA 上转移到 KCS 中的 Cys 残基上，然后与 1 分子丙二酸单酰-CoA 缩合，释放1分子CO_2同时生成3-酮脂酰-CoA；在KR催化下消耗1分子NADPH，生成3-羟脂酰-CoA；再经DH的作用脱去1分子水生成α，β-烯脂酰-CoA；最后由ER催化，再消耗1分子NADPH，生成比开始时多了两个碳的脂酰-CoA。已经克隆了拟南芥（*Arabidopsis*）和荷荷巴（*Jojoba*）的KCS基因，并推测它编码一个约60 kDa的延长酶，该酶的氨基酸序列与已知的其他缩合酶相似程度极低。从*Arabidopsis*基因组中发现了一个延长酶家族，至少有15个成员，而且可能会超过25个成员。不同的延长酶将会以长度不同的脂酰-CoA为底物，合成多种更长的脂肪酸。

四、脂肪酸的去饱和

不饱和脂肪酸根据双键个数的不同，分为单不饱和脂肪酸和多不饱和脂肪酸两种。根据双键的位置及功能又将多不饱和脂肪酸分为ω-6系列和ω-3系列。亚油酸和花生四烯酸属ω-6系列，亚麻酸、二十二碳六烯酸（docosahexaenoic acid，DHA）和二十碳五烯酸（eicosapentenoic acid，EPA）属ω-3系列。不饱和脂肪酸是植物膜脂的主要结构成分，大多数植物组织中不饱和脂肪酸占脂肪酸总量的75%以上。不同细胞内膜系统的脂肪酸组成显著不同，它们不仅提供了大量保守自由能，并且具有影响植物生长发育、应答各种环境信号等多种作用。

天然脂肪酸中的双键主要是顺式（*cis*）构型，反式（*trans*）构型较少。向脂肪酸碳链中导入双键有两种方式：厌氧生物的不需O_2方式涉及羟基化、脱水和双键的顺反异构；蓝细菌、某些杆菌和真核生物则宜使用脂肪酸去饱和酶系统以依赖O_2的方式生成不饱和脂肪酸。

（一）脂肪酸去饱和酶的反应机制

脂肪酸合成途径首先是在质体基质中产生饱和脂肪酸（16∶0和18∶0）。第一步去饱和反应是由硬脂酸（18∶0）形成油酸，由位于质体基质中的硬脂酰-ACP去饱和酶（stearoyl-ACP desaturase，SAD）催化完成。18∶1和16∶0是植物细胞在质体基质中合成的两种主要脂肪酸，形成甘油酯后，参与生物膜的构建。在各种去饱和酶的作用下，内质网或叶绿体被膜中的甘油酯部分脂肪酸被还原，成为含多不饱和脂肪酸的甘油酯。

脂肪酸去饱和酶可分为两类：一类是分布广泛的膜整合去饱和酶，含有铁和保守的组氨酸模体HX$_{(3\sim4)}$HX$_{(7\sim41)}$HX$_{(2\sim3)}$HHX$_{(61\sim189)}$H（Q）X$_{(2\sim3)}$HH；另一类是质体中可溶性去饱和酶，含有二铁簇和铁结合模体$[(D/E)X_2H]_2$（图8-7）。双键的形成需要两个电子，在不同亚细胞区隔中由不同的电子传递系统供给。在质体中：

NADP$^+$ ← FNR^{red} → 2Fd^{ox} ← Des^{red} → 18∶0-ACP + O_2
NADPH → FNR^{ox} ← 2Fd^{red} → Des^{ox} ← Δ^9-18∶1-ACP + $2H_2O$

FNR为黄素蛋白，是NADPH∶铁氧还蛋白氧化还原酶；Fd为铁氧还蛋白，光合时由PSⅠ直接提供电子将Fd还原；Des代表Δ^9-去饱和酶。

在内质网系统：

NAD$^+$ ← FNR^{red} → 2Cytb$_5$(Fe^{3+}) ← Des^{red} → 18∶0-CoA + O_2
NADH → FNR^{ox} ← 2Cytb$_5$(Fe^{2+}) → Des^{ox} ← Δ^9-18∶1-CoA + $2H_2O$

黄素蛋白FNR为NADH∶细胞色素b$_5$氧化还原酶；Des为膜整合去饱和酶。

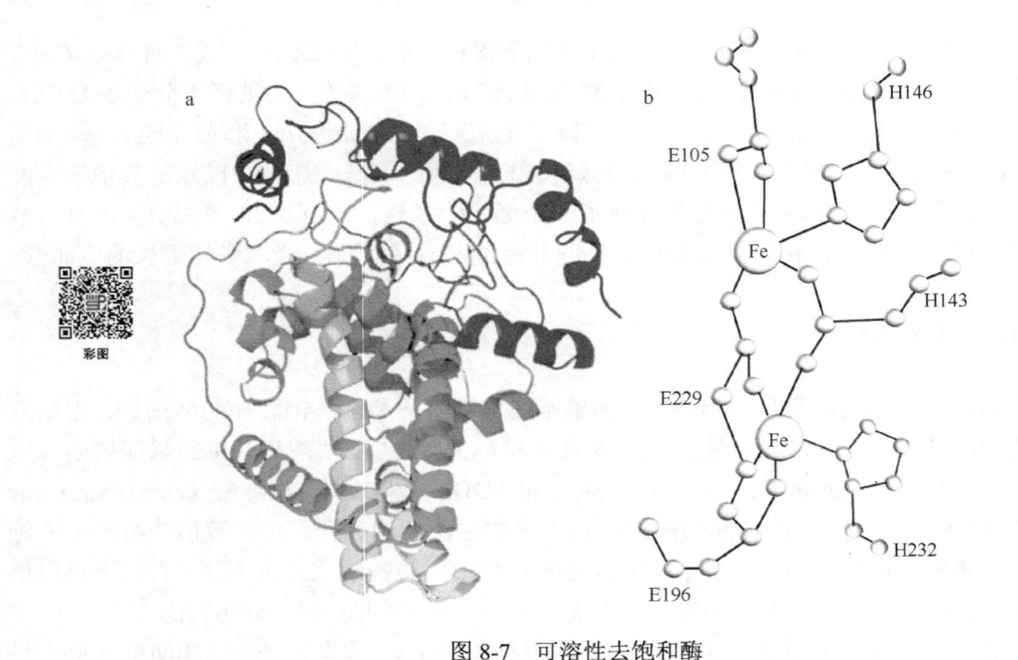

图 8-7 可溶性去饱和酶

a. 蓖麻 Δ^9-18∶0-ACP 去饱和酶二聚体的三维结构；b. 活性部位二铁簇及其结合的氨基酸残基

根据对甲烷单加氧酶反应的分析，提出了脂肪酸去饱和酶可能的反应机制。在静息状态，去饱和酶二铁簇处于氧化态，两个铁通过 μ-氧桥形成双高铁：Fe^{3+}-O-Fe^{3+}。由电子传递系统提供两个电子将其还原成双亚铁 Fe^{2+}-Fe^{2+}状态。O_2 与去饱和酶二铁簇结合，产生过氧化中间物“P”，然后 O-O 键断裂形成了活化型的菱形 $Fe^{4+}{}_2O_2$ 二铁核心“Q”。最后，“Q”中间物先后从脂肪酸链中两个特定的亚甲基各移去一个氢，与“Q”中一个氧原子生成一分子 H_2O，同时在脂肪酸碳链中形成一个顺式双键，去饱和酶的二铁簇重新回到氧化态（图 8-8）。

（二）脂肪酸去饱和酶的底物专一性

脂肪酸去饱和酶大都具有很强的底物专一性，不仅选择脂肪酸，而且选择脂酰基所在的脂类化合物及脂酰基的位置。例如，质体 Δ^9-18∶0-ACP 去饱和酶对 18∶0-ACP 的活性比对 16∶0-ACP 高 100 倍；而 Δ^9-16∶0-ACP 去饱和酶对 16∶0-ACP 的活性比对 18∶0-ACP 高 6～7 倍。红花种子可溶性 Δ^9-去饱和酶对 18∶0-CoA 和 16∶0-ACP 的活性分别只有对 18∶0-ACP 活性的 5%和 1%。内质网膜结合的 Δ^{12}-去饱和酶以 *sn*-1-18∶2（或 16∶0）、*sn*-2-18∶1 的 PC 为最佳底物，催化 *sn*-2 位的油酰基（18∶1）去饱和生成亚油酰（$\Delta^{9,12}$-18∶2），而对 *sn*-1 位上的油酰基几乎没有任何作用。蓖麻 Δ^9-18∶0-ACP 去饱和酶的晶体结构（图 8-7）表明，它的底物结合袋是一个疏水通道，足以容纳一个 18 碳的脂酰基链。去饱和酶底物专一性的差异可能与从酶分子表面到二铁簇活性中心的底物结合通道的长度有关。如果用具有较大疏水侧链的 Phe 和 Ile 取代蓖麻 Δ^9-18∶0-ACP 去饱和酶底物结合袋底部的 Leu118 和 Pro179，突变体的酶促活性则与 16∶0-ACP 去饱和酶相似。如果用 Gly 和 Phe 分别取代 Δ^6-16∶0-ACP 去饱和酶中的 Ala188 和 Tyr189，突变的酶对 16∶0-ACP 和 18∶0-ACP 的活性相等。

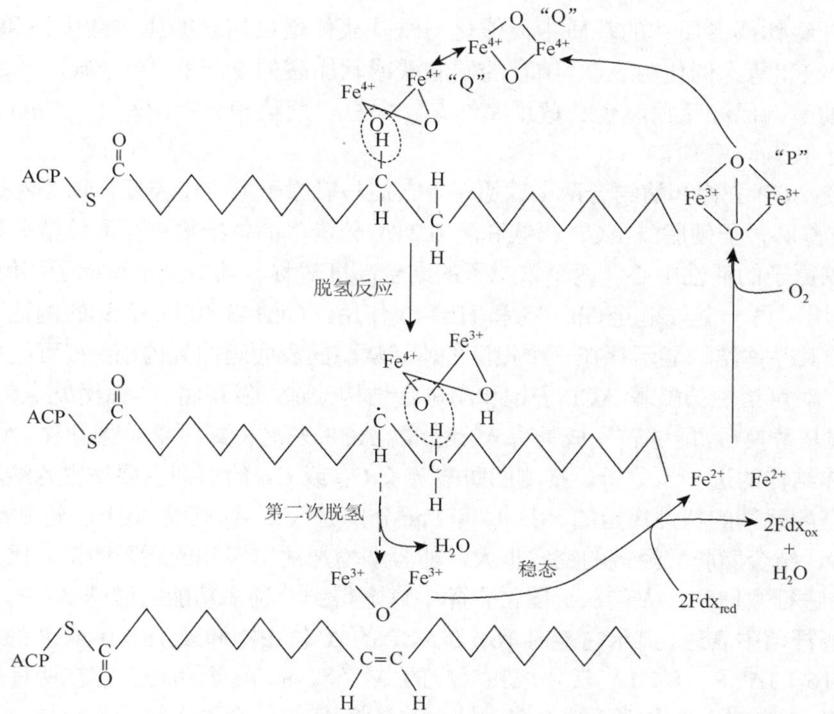

图 8-8　脂肪酸去饱和酶可能的反应机制

脂肪酸去饱和酶专一性的另一表现是在碳链特定的位置引入双键。对膜结合去饱和酶的研究表明，它们至少进化出三种不同的机制来确定双键的位置。第一种是以羧基碳原子为计数基准，如酵母 Δ^9-18：0-CoA 去饱和酶，在从羧基碳计数第 9 位与第 10 位引入双键。第二种是以脂酰基末端的甲基碳为计数基准，如蓝细菌 Δ^{15}-去饱和酶实际上从 18 碳脂酰基甲基碳开始计数，在 ω-3、4 之间引入双键（即 $\Delta^{15,16}$之间）。第三种称为 Δ^{x+3} 去饱和酶，Δ^x 代表已有的双键位置，也就是说这类酶以已有双键为计数基准，在 $x+3$ 位引入双键。例如，植物 Δ^{12}-去饱和酶以-Δ^9 双键为基准，在第 12 位与第 13 位碳之间引入双键。

（三）重要的脂肪酸去饱和酶

植物中脂肪酸去饱和酶的种类繁多，几乎存在于所有生物中，是催化多不饱和脂肪酸生物合成的关键酶类。除对蓖麻 Δ^9-18：0-ACP 去饱和酶等少数酶进行了较深入的研究外，其他酶尤其是膜结合的去饱和酶提取分离十分困难，因而所知甚少。

根据脂肪酸去饱和酶作用的底物不同可以分为三类：①可溶性的酰基-ACP（酰基载体蛋白）去饱和酶，能将与酰基载体蛋白相结合的脂肪酸去饱和，在其烃链上引入双键，存在于植物质体的基质中；②酰基-lipid 去饱和酶，是一类膜结合的酶，能将结合于甘油酯上的脂肪酸去饱和形成双键，或在糖脂结合的脂肪酸烃链上引入双键，存在于内质网膜、植物的叶绿体膜、一些杆菌的质膜上；③酰基-CoA 去饱和酶，也是一种膜结合蛋白，能在与辅酶 A 结合的脂肪酸的烃链上引入双键，存在于动物及真菌的内质网膜上。

1. 酰基-ACP 去饱和酶

酰基-ACP 去饱和酶（acyl-ACP desaturase）是脂肪酸去饱和酶家族中唯一的可溶性酶，存在于植物的叶绿体或者质体的基质中，催化与酰基载体蛋白结合的脂肪酸去饱和，主要有 Δ^9 酰基-ACP 去饱和酶，催化与 ACP 结合的硬脂酸或软脂酸的 9 号和 10 号碳原子之间去饱和形成油酸和软油酸。已经从蓖麻子、黄瓜、红花、大豆、菠菜和翼叶山牵牛（*Thunbergia alata*）中克隆获得了其编码序列。

每个脂酰-ACP 去饱和酶结合两个铁原子，它们与氧原子形成反应复合物，将 C-C 单键转化成 C＝C。对蓖麻种子硬脂酰-ACP 去饱和酶 0.24Å 分辨率晶体结构进行晶体学分析显示，它形成了一个二铁原子的活性中心，两个铁原子的结合高度对称，其中一个铁原子和侧链的 Glu196 与 His146 作用；另一个与侧链 Glu105 和 His146 作用，Glu143 和 Glu229 的侧链对两个铁原子起协调作用，其晶体结构显示存在一个很深的沟，从酶的表面延伸到内部，很可能是脂肪酸烃链的结合部位。对可溶性的酰基-ACP 去饱和酶进行结构改造，发现将 Δ^6-棕榈酰-ACP 去饱和酶的 5 个氨基酸残基替换后，能够转变成具有 Δ^9 硬脂酰-ACP 去饱和酶功能的酶。根据 Δ^9 硬脂酰-ACP 去饱和酶晶体结构的进一步分析，推测脂肪酸链长 C_{18} 或 C_{16} 的识别主要是由容纳脂肪酸烃链的空穴底部氨基酸残基的特性决定的。用 Gly 和 Phe 分别替代 Δ^6-棕榈酰-ACP 去饱和酶中的 Ala188 和 Trp189 后，结合脂肪酸烃链的空穴扩大，能容纳增加两个甲基的脂肪酸链，因此能对 C_{16} 和 C_{18} 的脂肪酸进行去饱和。人们从英国常青藤中克隆得到一种多功能的酰基-ACP 去饱和酶，在拟南芥和大肠杆菌中表达，显示它能对 16∶0-ACP 的 Δ^4 位去饱和及 18∶0-ACP 的 Δ^9 位去饱和，同时还能将 16∶1Δ^9 和 18∶1Δ^9 转化成相对应的 $\Delta^{4,9}$ 双烯。这表明可能存在两种底物结合的模式：一种是将 Δ^4 位结合到含铁活性位置；另一种是将 Δ^9 位结合到含铁活性位置。人们还获得了英国常青藤的这种多功能酰基-ACP 去饱和酶的 1.95 Å 分辨率晶体结构，显示其结合的两个 Fe 之间距离约为 3.2 Å，一个 U 型氧桥将这两个 Fe 连接起来，以氧化 Fe^{3+}-Fe^{3+}形式存在的去饱和酶，将其与推测的蓖麻 Δ^9 硬脂酰-ACP 去饱和酶的活性位点进行对比，发现在蓖麻的去饱和酶活性位点中协调 2 号 Fe 的 His227 仅通过一个水分子与 2 号 Fe 有微弱的联系，与两个 Fe 相互作用的 Glu224 侧链也与这两个 Fe 失去了相互作用，同时认为环绕底物结合孔穴表面的氨基酸和其他存在于孔穴底部的氨基酸可能是酶底物特异性的决定因素。

酵母和动物内质网膜结合的 Δ^9-去饱和酶以硬脂酰-CoA 为底物。把该酶的基因转移到 *E. coli* 中，得到有活性的 Δ^9-18∶0-ACP 去饱和酶，从 *E. coli* 中分离并纯化出足够的酶，对其晶体结构进行了研究，结果如图 8-7a 所示。该酶亚基的分子质量约为 41.6 kDa，除 C 端有一 β-发夹外，其余部分形成了 11 个 α-螺旋，其中 9 个构成一个螺旋束核心，另外两个螺旋分别覆盖在两端。核心束内活性中心二铁簇分别与 4 个螺旋上的残基相结合（图 8-7b）。二聚体内两个活性中心的距离大于 2.3 nm，表明它们在功能上可能是独立的。质体内 Δ^9-去饱和酶的作用很强，以致用放射性同位素标记的乙酸很快生成油酰基，很少输出 18∶0 产物。

2. 酰基-CoA 去饱和酶

大多数酰基-CoA 去饱和酶（acyl-ACP desaturase）由 300～350 个氨基酸残基组成，是一种膜结合的蛋白质，跨膜 4 次，主要存在于动物、酵母、真菌中。该酶接受来自细胞色素 b_5 和 NADH-细胞色素 b_5 还原酶组成的电子转运系统提供的电子。从不同的物种中克隆到了 Δ^5、Δ^6 和 Δ^9 脂酰-CoA 去饱和酶，硬脂酰-CoA 去饱和酶与辅酶 A 相结合的饱和脂肪酸烃链的 Δ^9 位引入双键形成单不饱和脂肪酸，在哺乳动物体内的脂类代谢及能量消耗过程中起着关键作用。人们已经从大鼠、小鼠、牛、人类及仓鼠中克隆获得硬脂酰-CoA 去饱和酶的编码基因。硬脂酰-CoA1 是从大鼠中克隆的硬脂酰-CoA 去饱和酶 4 种亚型中了解最为清楚的一个，包含

355个氨基酸残基，受食物和激素因素调节，在调节脂肪代谢过程中起重要作用。

植物内质网Δ^{12}-去饱和酶（Fad2）以*sn*-1-18：2（或16：0）、*sn*-2-18：1的PC为底物，催化*sn*-2的Δ^{9}-18：1生成$\Delta^{9,12}$-18：2产物。为了满足对亚油酰的大量需求，又要服从酶的底物专一性，溶血磷脂酰基转移酶将Δ^{9}-18：1-CoA的油酰基转移到溶血PC的*sn*-2位，经Δ^{12}-去饱和酶生成亚油酰后又转入酰基-CoA代谢库，再转移到甘油酯中，称为"亚油酸富集循环"。质体型Δ^{12}-去饱和酶（DesA/Fad6）催化甘油酯中的油酰基生成亚油酰基。

3. 酰基-lipid去饱和酶

多数酰基-lipid去饱和酶（acyl-lipid desaturase）也是由300～350个氨基酸残基组成的，跨膜4次，主要存在于高等植物和蓝细菌中。在蓝细菌的细胞及叶绿体中，此酶利用铁氧还蛋白作为电子供体；而在植物细胞质中，这种酶则利用由细胞色素b_5和NADH-细胞色素b_5还原酶组成的系统作为电子供体。Δ^{9}酰基-lipid去饱和酶基因已经从玫瑰花瓣、拟南芥、红藻、高山被孢霉、蓝细菌中克隆得到。其中红藻Δ^{9}酰基-lipid去饱和酶基因与动物和真菌的脂酰-CoA去饱和酶基因序列具有同源性。从蓝细菌中克隆获得了Δ^{6}、Δ^{9}、Δ^{12}、Δ^{15}等4种酰基-lipid去饱和酶，它们都特异性地作用于结合在甘油酯*sn*-1的脂肪酸，从蓝细菌中克隆获得的一种新的Δ^{9}酰基-lipid去饱和酶能特异地作用于Δ^{6}酰基-lipid去饱和酶基因，已从琉璃苣、向日葵和藓类植物中克隆到N端的氨基酸序列中含细胞色素b_5结构域，其中藓类植物Δ^{6}酰基-lipid去饱和酶的N端约100个氨基酸与已知序列不同源，接着有一个细胞色素b_5结构域，C端与其他酰基-lipid去饱和酶的相似性较低，敲除基因组中的相应基因，细胞不能合成γ-亚麻酸和花生四烯酸。根据脂肪酸去饱和反应中电子供体的不同可以分为两类：①以NADH：NADH-细胞色素b_5还原酶和细胞色素b_5作为电子供体。首先电子由NADH转至NADH-细胞色素b_5还原酶的FAD辅基上，先使细胞色素b_5铁卟啉蛋白中的Fe^{3+}还原为Fe^{2+}，再使去饱和酶中的非血色素Fe^{3+}还原成Fe^{2+}，然后分子氧及饱和的软脂酰或硬脂酰-CoA底物与其作用，氧分子分别接受来自NADH及脂酰底物单键的两对电子，形成一个双键，同时释放两分子水。②以NADPH：铁氧还蛋白氧化还原酶和铁氧还蛋白作为电子供体，主要是可溶性的脂肪酸去饱和酶的电子供体。

4. 其他去饱和酶

质体反式Δ^{3}-去饱和酶（Fad4）催化*sn*-2-16：0-PG生成反式Δ^{3}-16：1，是光合膜重要的脂质组分。$t\Delta^{3}$-16：1的合成与光合能力的发育密切相关。集光叶绿体蛋白质（light harvesting chlorophyll protein，LHCP）中富集含$t\Delta^{3}$-16：1的PG，这样的PG可促进LHCP的组装。对阳光直射敏感的兰科植物缺乏反式Δ^{3}-去饱和酶。

某些植物中存在特殊的去饱和酶，如芫荽Δ^{4}-棕榈酰去饱和酶催化16：0-ACP生成Δ^{4}-16：1-ACP；老鸦嘴Δ^{6}-棕榈酰去饱和酶催化棕榈酰-ACP生成Δ^{6}-16：1-ACP；天竺葵尾Δ^{9}-豆蔻酰去饱和酶催化14：0-ACP生成Δ^{9}-14：1-ACP。表8-1是*Arabidopsis*中部分脂肪酸去饱和酶的某些酶促特性。

表8-1 *Arabidopsis*中部分脂肪酸去饱和酶的某些酶促特性

去饱和酶	亚细胞定位	脂肪酸底物	嵌入双键的位置	说明
Fad2	内质网	Δ^{9}-18：1	Δ^{12}	优先底物为PC
Fad3	内质网	$\Delta^{9,12}$-18：2	ω-3	优先底物为PC
Fad4	质体	16：0	$t\Delta^{3}$	在PG的*sn-2*位生成$t\Delta^{3}$-16：1

续表

去饱和酶	亚细胞定位	脂肪酸底物	嵌入双键的位置	说明
Fad5	质体	16∶0	Δ^7	优先催化 MGDG *sn-2* 位 16∶0
Fad6	质体	Δ^7-16∶1，Δ^9-18∶1	ω-6	作用于所有的质体糖脂
Fad7	质体	$\Delta^{7,11}$-16∶2，$\Delta^{9,12}$-18∶2	ω-3	作用于所有的质体糖脂
Fad8	质体	$\Delta^{7,11}$-16∶2，$\Delta^{9,12}$-18∶2	ω-3	低温诱导的 Fad7 同工酶
Fab2	质体	18∶0	Δ^9	间质 18∶0-ACP 去饱和酶

五、稀有脂肪酸的合成

从不同植物种子的贮藏脂和膜脂中已鉴定出 200 多种天然脂肪酸，按照双键或三键，以及像羟基、环氧基、环戊烯基、环丙基、呋喃等功能基团的数目和排列，将天然脂肪酸从结构上大体划分成 18 类。膜脂及多数贮藏脂中出现最普遍的是 C_{16}和 C_{18} 脂肪酸家族，它们含有 0～3 个顺式双键，是从 C9 位开始，并向末端甲基碳方向进行的一系列去饱和反应的产物。其余大多数脂肪酸仅出现在一种或少数几种的贮藏脂中，因而习惯上称为稀有脂肪酸。

前已提及，硫酯酶终止了脂肪酸生物合成循环，从 FAS 系统释放 C_{16} 的棕榈酸和从延伸系统释放出 C_{18} 脂肪酸。已发现两种类型的硫酯酶，分别命名为 FatA 和 FatB。FatA 对 Δ^9-18∶1-ACP 最活跃；FatB 的最佳底物是 16∶0-ACP。在萼距花属（*Cuphea*）和月桂（*Umbellularia california*）种子油中有大量 C_{10} 和 C_{12} 的中长链脂肪酸。现已查明这些植物种子发育成熟中表达对 10∶0-ACP 和 12∶0-ACP 特别活泼的硫酯酶（FatB），从而提前终止脂肪酸碳链的延长。研究表明，随着月桂种子的发育成熟，这种 12∶0-ACP 硫酯酶的表达逐渐增加，种子贮藏脂的月桂酸含量也随之直线升高至约 35%，二者之间密切的相关性表明，中长链或短链脂肪酸的生成与特殊的硫酯酶提前终止延伸循环相关。

蓖麻油中含有大约 90%的蓖麻酸（12-羟, Δ^9-18∶1），是由脂肪酸羟基化酶（FAH12）催化 PC 中油酰基（18∶1）C12 羟基化而生成的。斑鸠菊属（*Vernonia*）编码一种环氧化酶，在 PC 的亚油酰（18∶2）C12 导入环氧基，生成斑鸠菊酸，约占其种子油的 72%。另外，还阳参属（*Crepis*）能编码一种乙炔化酶，催化 PC 中亚油酰进一步去饱和生成含 3 个键的脂酰基。这些酶与脂肪酸去饱和酶同属一个超家族，在结构和催化机制上有许多相似之处。

人们对某些植物在其种子贮藏脂中积累大量稀有脂肪酸的生理意义还不大了解。有些稀有脂肪酸或其代谢产物有毒，因而很可能是植物抗御食草动物的手段，还有些稀有脂肪酸在分类学上有一定的指标意义。

六、脂肪酸合成的调控

酵母、动物 ACCase 是脂肪酸全程合成主要的限速酶，它接受 CO_2 和柠檬酸的激活，受长链脂肪酸的抑制，还接受 PKB 等蛋白激酶的钝化。植物 ACCase 不接受磷酸化作用的调节，也不受 CO_2 和柠檬酸的激活，同时活体内的酰基-ACP 结合蛋白把长链脂酰-ACP 的浓度控制在 nmol/L 水平，不会对 ACCase 产生抑制作用。

植物 ACCase 是叶片在光/暗转换时控制脂肪酸合成的主要限速酶，曝光时，叶绿体间质 pH 下降，$[Mg^{2+}]$上升，[ATP]/[ADP]增大，ACCase 活性增大，脂肪酸合成活跃。在暗中丙二酸单酰-CoA、丙二酸单酰-ACP 在数秒内消失，乙酰-ACP 增多，其他酰基-ACP 中间产物浓度几乎不变，而脂肪酸合成下降至光下的 1/6。此外，酮脂酰-ACP 合酶 I 可能是潜在的调节位点。

植物脂肪酸合成体系的许多组分均由多个基因编码，如 ACP、KS、18∶0-ACP 去饱和酶等，有的亚型为组成型表达，有的是组织专一表达。*Arabidopsis* ACP 基因 *Acll2* 的启动子与半乳糖苷酶融合基因表达研究表明，这个启动子在发育的种子、顶端分生组织、花中活性最强，其–320～–236 一段 85 bp 区域与其在叶中表达有关；–235～–55 区域与其在种子内表达有关。植物脂肪酸合成有关基因的转录可能依赖于发育和代谢信号。

第二节　膜脂的生物合成

膜脂（membrane lipid）是存在于质膜及细胞内膜的脂质，主要是甘油磷脂、固醇和少量的鞘脂。膜蛋白则镶嵌在膜脂中。所有的膜脂都具有双亲性，即这些分子都有一个亲水端（极性端）和一个疏水端（非极性端）。高等植物膜脂中含有磷脂酰胆碱（PC）、磷脂酰乙醇胺（PE）、磷脂酰肌醇（PI）、磷脂酰甘油（PG）、磷脂酸（PA）等磷脂（PL）和单半乳糖二甘油酯（MGDG）、双半乳糖二甘油酯（DGDG）等糖脂，以及少量硫脂（SL）和中性脂如胆固醇等。

Roughan 和 Slack（1979）提出高等植物的膜脂合成存在两条不同的途径，并命名为原核途径和真核途径。这是植物脂类代谢最重要的进展之一。在叶绿体内从头合成的脂酰-ACP 可通过原核途径直接用于叶绿体膜脂合成，大部分则输出到细胞质中以脂酰-CoA 的形式在内质网中通过真核途径掺入各种脂质。真核途径合成的部分脂类又返回质体外被膜，通过一种尚未阐明的机制转移到内部的膜中，通过头部基团取代和去饱和作用进一步修饰，这些真核型脂类与原核型脂类共同构成叶绿体膜系统。

由于酰基转移酶的底物专一性，原核型脂类 *sn*-1 位通常是 18∶1，或是 16∶0 或 18∶0，而 *sn*-2 位一定是 C_{16} 脂酰基。真核型脂类 *sn*-2 位上肯定是 C_{18} 脂酰基（18∶1 或 18∶0），如果有 C_{16} 脂酰基只能局限于 *sn*-1 位。高等植物叶绿体中 PG 完全是原核途径的产物，单半乳糖二甘油酯（MGDG）、双半乳糖甘油酯（DGDG）和糖基磷脂酰甘油（SQDG）既有原核型又有真核型。某些植物中原核型 MGD 和 DGD 的 *sn*-2 位是 16∶3 脂酰基，而被称为 16∶3 植物，如 *Arabidopsis*，以区别于其他被子植物（18∶3 植物）。

一、原核途径合成的叶绿体脂类

催化原核途径第一步反应的是间质中的一种可溶性酶，即甘油-3-磷酸∶脂酰-ACP 酰基转移酶，该酶优先利用 18∶1-ACP，也可利用 16∶0-ACP 或 18∶0-ACP。生成的产物溶血磷脂酸（LPA）迅速掺入膜中，随即被内膜结合的溶血磷脂酸∶脂酰-ACP 酰基转移酶转变成原核型磷脂酸，该酶专一地利用 16∶0-ACP。原核型 PA 水解成二酰基甘油（DAG）用于甘油糖脂（SQDG、MGDG、DGDG）的合成；或消耗 CTP 生成 CDP-DAG 用于 PG 的合成（图 8-9）。

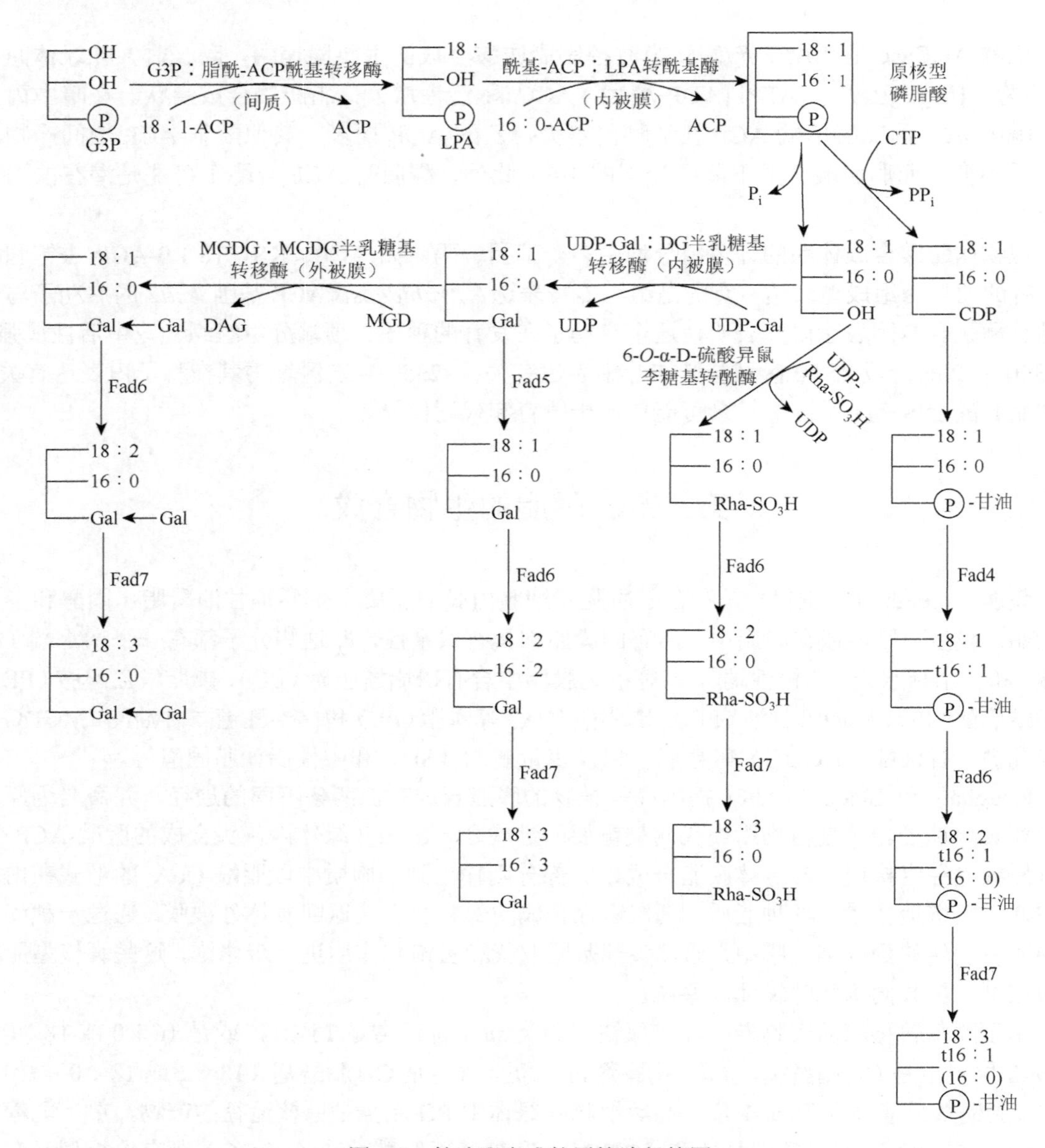

图 8-9 甘油酯合成的原核途径简图

现已查明，催化 MGDG 合成的半乳糖基转移酶定位在叶绿体内被膜，以 UDP-Gal 为糖基供体、DAG 为糖基受体。而 DGDG 是由两分子 MGDG 在外被膜半乳糖脂半乳糖基转移酶催化下生成的，这种酶以 1 分子 MGDG 为糖基供体，将其 Gal 转移到另一分子 MGD 的半乳糖 C6 位。叶绿体内被膜间质一侧的 6-*O*-α-D-硫酸异鼠李糖基转移酶以 DAG 为糖基受体，以 UDP-Rha SO_3H 为糖基供体催化 SQDG 的合成。

Arabidopsis 系列突变体为阐明植物膜脂合成路线提供了重要的信息。例如，*fad4* 突变体 PG 中缺乏 $t\Delta^3$-16：1 而 16：0 相应增加，说明 *fad4* 编码一种专一作用于 PG *sn*-2 位 16：0 的 $t\Delta^3$-去饱和酶。野生型 MGD 的 *sn*-2 位为 16：3 脂酰基，而 *fad5* 突变体 MGD 中无 16：3 脂酰基，其他膜脂的 16：0 水平相应增大，说明 *fad5* 编码一种专一作用于 MDG *sn*-2 位 16：0 的 ω-9 去饱和酶。*fad7* 突变体膜脂中 16：3 和 18：3 含量分别比野生型减少 80%和 60%，而 16：2 和

18∶2 相应增加。*fad6* 突变体中 16∶3 和 18∶3 明显减少而 16∶1 和 18∶1 相应增加。以上提示 *fad6* 和 *fad7* 控制多种甘油酯类 *sn*-1 和 *sn*-2 位上多烯脂肪酸链的去饱和反应。这两种去饱和酶定位于质体膜双分子层中的疏水区，根据已存在的双键与末端甲基的距离确定去饱和反应发生部位，因而推知 *fad6* 编码一种 ω-6 去饱和酶，*fad7* 编码一种 ω-3 去饱和酶（表 8-1）。

二、真核途径合成的膜脂

与原核途径相似的是第一步反应都从 G3P 脂酰化开始，不同的是酰基供体是脂酰-CoA，催化这个反应的酰基转移酶与内质网膜缔合，优先利用 16∶0-CoA，也可以转移 18∶0 或 18∶1。第一步反应的产物随即被内质网膜中 LPA∶18∶1-CoA 酰基转移酶所利用，把油酰基转移到 LPA 的 *sn*-2 位生成真核型磷脂酸。真核型 PA 水解成 DAG，用于合成 PC、PE；或消耗 CTP 生成 CDP-DAG，参与 PG、PI、PS 等磷脂的合成（图 8-10）。

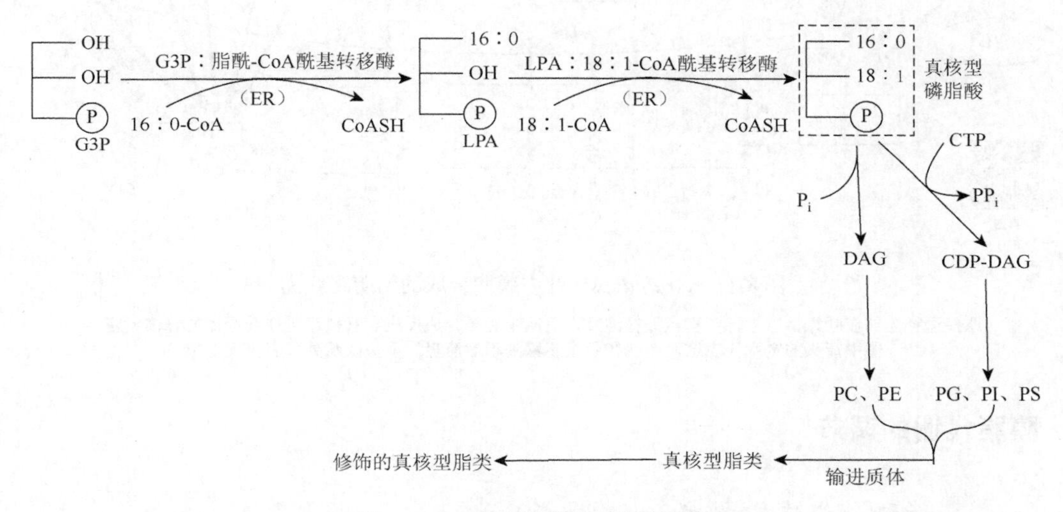

图 8-10　真核型磷脂合成途径简图

PC 是最重要的磷脂。动物可通过 PE 连续甲基化合成 PC，而植物中没有催化这个反应的酶或者活性很低。因而在植物中 PC 合成主要由磷酸乙醇胺（EP）∶*S*-腺苷甲硫氨酸（SAM）转甲基酶催化 EP 甲基化生成 *N*-甲基乙醇胺磷酸（MEP）；再由 MEP∶CTP 胞苷酰转移酶催化生成 CDP-甲基乙醇胺，然后再由 *N*-甲基乙醇胺磷酸转移酶以 DAG 为受体生成磷脂酰甲基乙醇胺（PME），最后再以 SAM 为甲基供体，经两步甲基化反应生成 PC。也可以利用游离胆碱生成磷酸胆碱，再消耗 CTP 转变成 CDP-胆碱，最后与 DAG 反应生成 PC。PE 可以由 DAG 与 CDP-乙醇胺生成，或由 PS 脱羧转化成 PE。CDP-DAG 分别与丝氨酸、肌醇和甘油起反应，生成 PS、PI 和 PG。

对 *fad2* 和 *fad3* 突变体膜脂的脂肪酸组成进行的分析表明，这两个基因分别编码 Δ^{12}-去饱和酶和 Δ^{15}-去饱和酶，负责细胞中大部分膜脂中多烯脂肪酸的合成。很可能还存在其他次要的同工酶也参与亚油酸和亚麻酸的合成。在叶肉细胞内质网中合成的 PC 大部分用来为叶绿体膜生物发生提供合成真核型 MGDG、DGDG、SQDG 所需的真核型 DAG。综上所述，拟南芥叶片内膜脂合成的概况可总结于图 8-11。

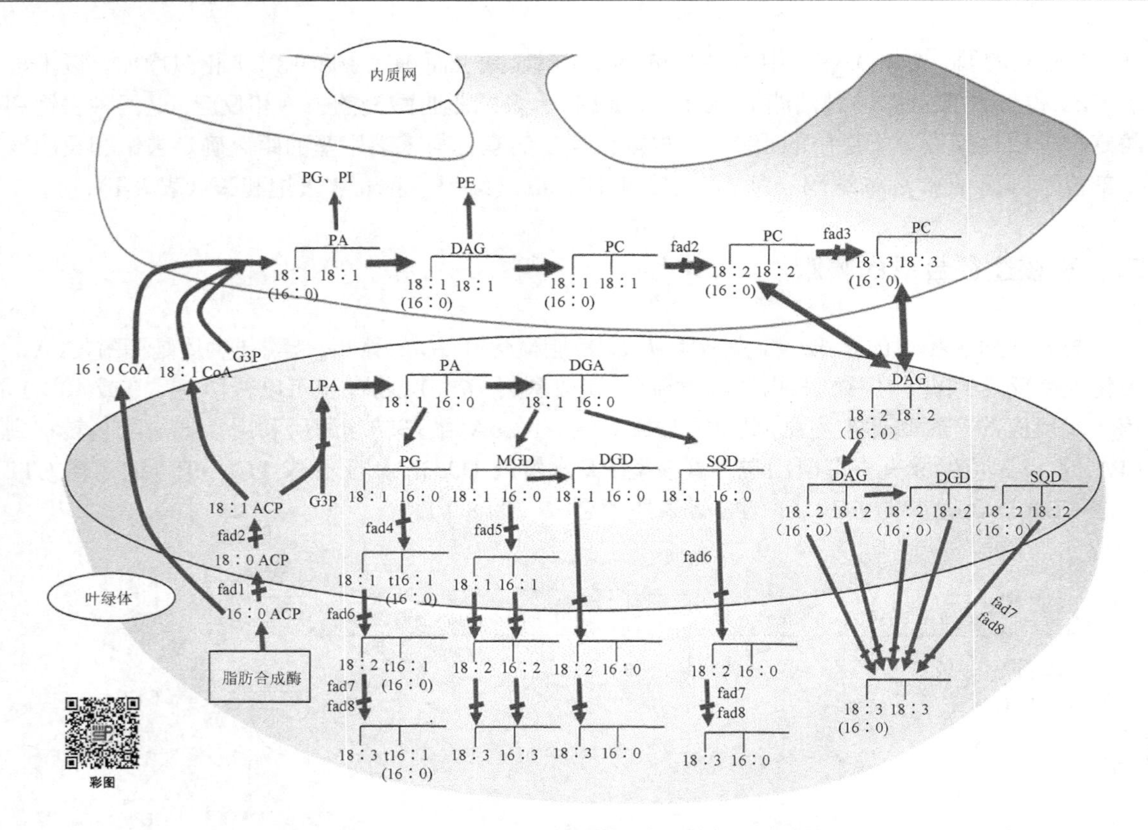

图 8-11 *Arabidopsis* 叶中膜脂合成的简明路线图

原核途径全部在叶绿体内进行；真核途径涉及内质网中脂类合成反应和真核脂类在叶绿体的修饰反应。图中箭头的宽度代表这两个途径各个步骤的相对流量。箭头阻断处代表突变部位

三、膜脂代谢的调节

（一）膜脂酰基组成的调控

膜脂的组成必须保持相对稳定才能维持生理活动正常进行。研究表明，膜脂的酰基组成由三个因素控制：其一是酰基转移酶的底物专一性；其二是酰基供体代谢库的可利用性；其三是修饰作用，如对已酯化的酰基进行去饱和等修饰。

酰基转移酶的底物专一性还表现出种属差异。例如，许多植物催化原核途径第一步反应的 G3P：脂酰-ACP 酰基转移酶对 18：1-ACP 有显著的选择性；而另一些植物中的这种酶则优先利用 16：0-ACP 或 18：0-ACP。与此相类似，催化真核途径第一步反应的 G3P：脂酰-CoA 酰基转移酶在有些植物中优先利用 16：0-CoA，而在另一些植物中却选择 18：0-CoA 或 18：1-CoA。同样形成鲜明对照的是，催化第二步反应的酶没有物种差异，原核途径中这个质体内被膜结合的酶只对 16：0-ACP 专一；内质网膜结合的真核途径中这种酶只选择 18：1-CoA。许多对寒冷敏感的植物质体被膜中 PG 的 *sn*-1 和 *sn*-2 位上含有较多的饱和脂酰基或有反式双键的脂酰基，这样的酰基组成导致在低温下在膜中形成凝胶相板块，60%以上会呈现寒冷敏感性。

最近对离体叶绿体中酰基-ACP 含量的测定暗示，叶绿体脂类合成受 G3P 酰基转移酶和 G3P 可利用性的调控。通过去饱和酶调节膜脂分子中脂酰基的去饱和而控制膜的特性，其中

fad4、*fad7* 和 *fad3* 基因表达水平的调节是控制这些去饱和反应的首要因素；*fad5*、*fad6* 和 *fad2* 的调节作用较为逊色。

（二）两个途径之间酰基流量的调控

放射性同位素标记研究揭示，在质体中合成的脂酰基按一定的比例分配给原核途径与真核途径，真核型脂类也有一定份额重新回到质体。以 16：3 植物 *Arabidopsis* 为例，新合成的脂酰基约有 38%直接进入原核途径，用于合成原核型糖脂和 PG；其余 62%输出到细胞质，以酰基-CoA 的形式进入真核途径，合成真核型脂类（PC、PE、PI、PS、PG 等），其中的 56%（约占总量的 34%）又以真核型脂类的形式输回叶绿体（图 8-12）。质体与内质网中甘油酯合成的相对数量在不同物种或不同组织中是可变的。如像豌豆、大麦等，PG 是原核途径合成的，其余叶绿体膜脂都是真核途径的产物。与此形成对照，16：3 植物叶片多达 40%的甘油酯是在叶绿体内合成的。因为 18：3 植物只有极少量 $\Delta^{7,10,13}$-16：3 脂酰基，而含这种 16：3 组分的甘油酯是原核途径的主要产物，所以根据这种脂肪酸组分存在与否很容易确定通过叶绿体原核途径的相对流量。酰基在这两条途径之间的相对流量至少在有些植物中与其生长温度有关。例如，对 *Arabidopsis* 组织培养物的分析表明，在低温下通过真核途径的酰基流量增大。

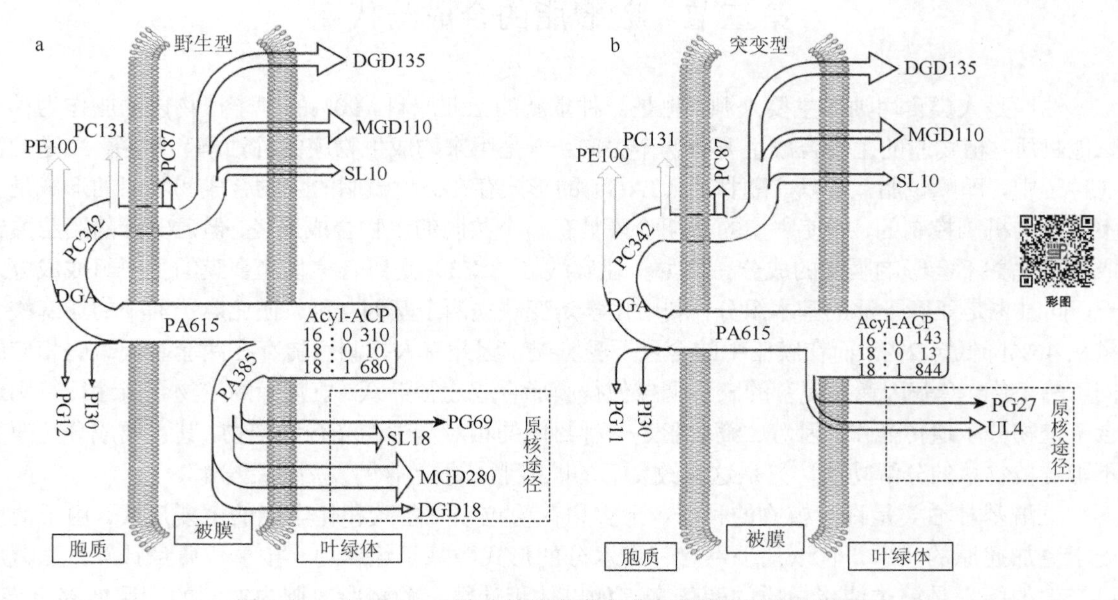

图 8-12　*Arabidopsis* 叶片甘油酯类合成中酰基流量分配简图

a. 野生型新合成的脂酰-ACP 中 16：0 占 31%，18：1 占 68%，18：0 占 1%。其中 38.5%流入原核途径、28%用于 MGD、6.9%用于 PG、1.8%用于 DGD、1.8%用于 SL；其余 61.5%输出到细胞质流入真核途径，3%用于 PI、1.2%用于 PG、10%用于 PE、13.1%用于胞质中的 PC；而 34.2%的 PC 又回到叶绿体，除 8.7%掺入叶绿体膜，剩下的 13.5%转变成 DGD、11%转变为 MGD、1%转化成 SL。b. *act1* 突变体新合成的脂酰-ACP 中 16：0 占 14.3%，18：1 占 84.4%，18：0 占 1.3%。其中流入原核途径的为 3.1%，2.7%用于 PG，0.4%为未知脂类。其余 96.9%均输出到细胞质进入真核途径，3.6%用于 PI，1.1%用于 PG，10.5%用于 PE，21%用于胞质中的 PC；剩下的 60.7%PC 回到叶绿体，除 9%的 PC 直接掺入叶绿体膜，其余的变为真核型 DAG，18%用于生成 DGD，31.5%变为 MGD，2.2%生成 SL

细胞控制酰基在两条途径间分配的分子机制尚未阐明。有人提出，ACP 的亚型与酰基分配有关；18：1-ACPⅡ被 G3P 酰基转移酶优先利用，用于原核途径的甘油酯合成；而 18：1-ACPⅠ则被硫酯酶优先利用，输出到细胞质，用于真核途径的甘油酯合成。还有人认为，质体中有一个原核型 DAG 代谢库，ER-Golgi 系统则有一个真核型 DAG 代谢库，涉及脂类合成的酶各具特有的底物专一性，共同影响着酰基相对流量的分配。但是这样的模式与 *Arabidopsis* 突变体出现的脂类代谢改变不相符。正如图 8-12 所示，*act1* 突变体叶绿体 G3P 酰基转移酶的活性不到野生型的 5%，而其膜脂总量与野生型相似，并未积累 18∶1-ACP 和 16∶0-ACP，却改变了脂酰基流向，真核途径占绝对优势，类似于 18∶3 植物，弥补了原核途径缺陷给膜脂合成造成的损失。又一次表明，的确存在着一种至今尚不明了的机制，控制着酰基在两个途径之间的分配，以维持正常的生物膜合成。

（三）膜蛋白的调节作用

在 *E. coli* 中过度表达细菌膜蛋白，导致脂类合成增加，并形成囊泡容纳过剩的膜蛋白。在动物细胞中也观察到类似现象。根据这些结果推测，植物细胞的生理生化需要，如需要光合膜、细胞质膜、线粒体膜等，首先活化膜蛋白的合成。这些膜蛋白的积累通过一种强有力的未知机制调节脂类的合成，使各种脂类的数量和分子结构恰好适应最佳膜功能的需求。

第三节　贮藏脂的合成与代谢

油脂是人类食用油的主要来源，也是一种重要的工业原料。90%的种子植物以油脂作为种子贮能物质。植物脂的生物合成主要有两个去向：一是用来构成生物膜的甘油酯和磷脂，二是贮藏在种子中，即贮藏脂，常以三酰甘油（TAG）的形式存在。贮藏脂的生物合成和膜脂的形成是受不同遗传机制控制的，即使它们的早期阶段具有一个共同的生物合成途径，但贮藏脂的脂肪酸组成的变化并不会影响膜脂的成分。例如，亚麻酸（18∶3）是所有植物光合膜的主要组成成分之一，同时也是亚麻子油的基本组分，利用化学诱变缺失两个基因功能，使亚麻子油中的亚麻酸含量从 46%降低至 2%，而在膜脂中的含量不受影响。因此有人推测可能存在两套基因编码相应的同工酶，或一套基因通过复杂的表达调控使得膜脂合成途径活跃。植物脂的生物合成途径特别适合于植物分子遗传操作，因为贮藏态脂是一种封闭的相对惰性的光合终产物，其主要成分的改变不影响植物总的分解功能，只是这种改良后的贮藏脂必须适合萌发后的脂分解。

三酰基甘油类是许多植物的种子、果实和花粉粒中贮备碳和化学能的主要形式。由于油脂处于更加还原的状态，且以几乎不含任何水分的形式贮藏于组织内，按单位质量计算，贮藏脂可产生的能量是糖类或蛋白质的两倍多；如以体积计算，贮藏脂对胞内空间的利用效率更高。此外，植物油含有人类营养必需的不饱和脂肪酸：亚油酸（18∶2）、亚麻酸（18∶3）和花生四烯酸（20∶4），是动物性油脂无法替代的。在工业上，油脂是制造洗涤剂、涂料、塑料、专用润滑剂等产品的基本原料。油脂的脂肪酸组成决定其用途和商业价值。目前，有重要商业价值的植物油中有 5 种脂肪酸，即棕榈酸（16∶0）占 11%，硬脂酸（18∶0）占 4%，油酸（18∶1）占 34%，亚油酸（18∶2）占 34%，亚麻酸（18∶3）占 5%，这些约占脂肪酸总量的 90%。某些植物油中特殊的稀有脂肪酸具有特殊用途，如蓖麻酸、月桂酸、芥酸等。研究种子贮藏脂合成与调控的生物化学与分子生物学，有助于利用生物技术育种改善油脂组成，生产出适用于不同用途的专化的油脂。

一、油体

脂类是植物种子储藏能量最有效的形式，大部分植物种子都将脂类作为主要储藏物质存于某种亚细胞器颗粒中，为代谢过程提供能量。几乎所有植物中的脂类物质主要以三酰甘油（triacylglycerol，TAG）的形式贮藏，但植物种子中的 TAG 与白色脂肪组织（white adipose tissue）中的 TAG 不同，白色脂肪组织中的 TAG 以大的亚细胞球体形式存在，主要用于隔热和长期储存，而种子的 TAG 分子之间不是彼此聚合的，而是分散成许多小的相对稳定的亚细胞微滴，这些小的亚细胞微滴称为油体（oil body），也称油质体（oleosome）。油体是生物细胞中一种重要的细胞器，由单层磷脂酸膜包裹中性脂肪酸形成，膜上镶嵌有与油体性质相关的多种膜蛋白。油体作为油脂储存的基本单位，主要存在于种子贮藏组织的细胞内，在细胞生殖分化、抗病抗寒和发育调控等多种生命活动中起重要作用，作为同化产物的临时存储场所参与碳源的分配。

三酰甘油是疏水物质，不溶于水，这使它分割成细小的微滴不致影响细胞溶胶的渗透压。它的相对较突出的化学惰性，也使它即使大量贮藏在细胞内，也不会与细胞组分发生反应而干扰正常的细胞活动。但这也使油脂的利用不像水溶性物质那样便捷。

（一）油体的一般特征

油体通常呈圆球状，直径 0.2～2.5 μm，形状和大小可因物种、部位、营养和环境条件而有所改变，是植物细胞中体积最小的细胞器之一。与其他细胞器相比，油体密度最小，能够漂浮在水溶液的表层，易于分离。油体含有 92%～98%（*m*/*m*）的中性脂肪（三酰甘油和微量二酰甘油、游离脂肪酸）、1%～4%的磷脂和 1%～4%的蛋白质。三酰甘油的结构包括酰基组成和酰基位置，具有物种高度专一性。油体磷脂主要是 PC，其次是 PE、PS 和 PI。油体中的蛋白质是其特有的，称为油体蛋白（oleosin），在油体之外的任何其他亚细胞定位都不存在有意义数量的油体蛋白。在电镜下，油体周围的膜仅 2～4 nm 厚，约为极性脂双分子层厚度的一半，表明油体被一层磷脂分子构成的“半单位膜”包围着，磷脂的极性头面对细胞溶胶，疏水的尾巴插入油体内部的三酰甘油核心。

油体具有折射光的性质，可通过相差显微镜对其进行识别。一些疏水性染料也可用来对油体进行染色，比较常用的有油红 O（oil red O）、尼罗红（Nile red）和氟硼荧染料（BODIPY）。油红 O 主要用于固定后材料的染色，可通过光学显微镜直接观察。尼罗红和氟硼荧染料在活体组织和固定后组织中具有很强的信号，均可利用荧光显微镜的激发光进行观察。

（二）油体蛋白

油体蛋白的分子质量为 15～26 kDa，为碱性蛋白，是油体的结构蛋白和脂酶专一结合部位。许多植物（如芝麻、油菜、向日葵、胡萝卜、玉米、大豆、拟南芥和棉花）的油体蛋白基因序列和氨基酸序列分析表明，其分子量各有不同，蛋白质的分子量和氨基酸序列虽有差异，但都有保守的三个基本区域：①N 端是由 40～60 个氨基酸残基构成的两亲性片段；②中部是 68～74 个残基构成的疏水域，形成反平行 β-折叠股伸进油体内的三酰甘油中，顶端为 3 个 Pro 和 1 个

Ser 残基（-PX5SPX2P-）组成的脯氨酸结；③C 端为 33～40 个残基构成的两亲性 α-螺旋，富含酸性和碱性残基，覆盖在油体表面带负电荷的磷脂单分子层上。

油体蛋白的基因没有编码信号肽的序列，大多数也没有内含子，其转录控制区含有种子成熟专一的和脱落酸调控的顺式作用元件。油体蛋白基因的表达是组织专一的和受发育信号调控的，仅在种子成熟期间在胚和糊粉层中表达，还接受脱落酸的正调控。油体蛋白的合成伴随着三酰甘油的积累。

对于油体蛋白中心疏水区高级结构的研究仍然处于理论推测和分析阶段。Tzen 等提出发夹结构模型，认为中心疏水由两个反向平行的 β-折叠，通过脯氨酸结相连，形成发夹结构，可能存在亮氨酸拉链结构。Lacey 等则提出了新的模型，即中心疏水区脯氨酸结相连的是两个 α-螺旋。但是对于极为保守的脯氨酸结得到了已有研究的公认，脯氨酸结（-PX5SPX2P-）由 3 个脯氨酸和 1 个丝氨酸组成，形成 180°的转角。

（三）油体的结构

组成油体的三种基本组分：三酰甘油、磷脂和油体蛋白组合成油体。对天然油体和重组油体的研究表明，油体内的基质是三酰甘油，外面有一磷脂单分子层，油体蛋白中部的疏水茎插入基质，N 端和 C 端区覆盖在磷脂层上。在面向磷脂的一侧，油体蛋白净带约 5 个正电荷，与带负电荷的磷脂（PS 和 PI）相互作用；面向胞液的一侧带负电荷，并借助静电斥力使油体不致相互凝集。

不同的植物油体大小不同，直径愈小，油体蛋白和磷脂相对含量愈高。玉米油体直径约为 1.45 μm，含中性脂 97.7%，磷脂 0.9%，蛋白质 1.4%，平均 1 个油体蛋白分子需要 13 个磷脂分子包装 1250 个 TAG 分子（图 8-13）；花生油体直径为 1～2 μm，含中性脂 98.1%，磷脂 0.8%，蛋白质 0.94%。油体蛋白不仅使油体在多水的细胞环境中保持稳定，还调节油体的大小，即调

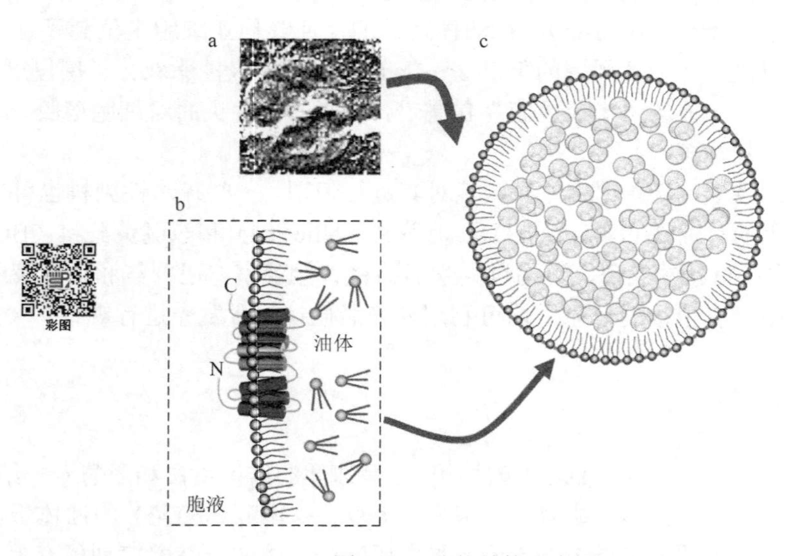

图 8-13　油体结构示意图

a. 密集的油体透射电镜照片；b. 玉米油体结构模型，油体蛋白 11 nm 长的疏水茎插入基质，N 端和 C 端的两亲性和亲水性部分构成油体外表面；c. 18 kDa 玉米油体蛋白的构象模型

节油体表面积与其体积之比，这对于油体的利用极为重要。大多数种子油体直径为0.2～2.5 μm，这为萌发期间脂酶结合提供了最大的表面积而不必消耗过多的磷脂和油体蛋白。油体直径与三种主要组分含量的理论推算结果见表 8-2。

表 8-2　油体三种主要组分含量与油体大小的理论值

直径/μm	TAG/（%，*m/m*）	磷脂/%	蛋白质/%	TAG/油体蛋白
0.1	74.1	10.0	15.9	85
0.2	85.1	5.8	9.1	170
0.5	93.5	2.5	4.0	425
1.0	96.6	1.3	2.1	836
1.5	97.7	0.9	1.4	1269
2.0	98.3	0.7	1.0	1787
2.5	98.6	0.5	0.8	2241
5.0	99.3	0.26	0.4	4515
10.0	99.7	0.13	0.2	9064

二、油料种子中贮藏脂的合成

（一）三酰甘油的合成

油料种子在发育过程中，三酰甘油的合成涉及的生化反应和酶的亚细胞定位多与膜脂合成相同。根据对 *Arabidopsis* 和其他油料种子油脂合成的研究提出的反应途径如图 8-14 所示。与叶和其他组织相似，油料种子中质体脂肪酸合酶、延长酶和 Δ^9-去饱和酶的产物主要是 16∶0-ACP、18∶0-ACP 和 18∶1-ACP，经内被膜上特异的硫酯酶水解，生成的脂肪酸转移到外被膜并转变成相应的酰基-CoA，直接进入细胞质酰基-CoA 代谢库。十字花科植物含有两种特殊的延长酶，将部分 18∶1-CoA 延长生成 20∶1-CoA 和 22∶1-CoA，也进入酰基-CoA 库。与真核途径膜脂合成相似，在 G3P 酰基转移酶和 LPA 酰基转移酶相继催化之下，首先合成磷脂酸。再由磷脂酸磷酸酶水解生成二酰甘油。在 CDP-胆碱∶二酰甘油胆碱磷酸转移酶的催化下，二酰甘油与 CDP-胆碱生成了磷脂酰胆碱（PC）。PC 中 *sn*-2 位的 18∶1 是 Δ^{12}-去饱和酶的最佳底物，很快转变成 18∶2。再经过一系列酰基交换反应，许多 PC 的 *sn*-1 和 *sn*-2 位均拥有多烯脂酰基。磷酸胆碱转移酶催化 PC 合成是一个可逆反应，所以在许多油料种子中 PC 是用于三酰甘油合成的高度不饱和二酰甘油的直接前体。或由 PC 提供的高度不饱和的二酰甘油，或通过传统的肯尼迪（Kennedy）途径，用酰基-CoA 库的脂酰基与 G3P 先合成 PA，再水解成 DAG，最后由 DAG∶酰基-CoA *O*-酰基转移酶催化生成三酰甘油。

油料中定位于内质网膜的 G3P 酰基转移酶催化 *sn*-1 位上的酰基化反应，对酰基-CoA 的选择性依次为 16∶0＞18∶1＝18∶2＞18∶0；催化 *sn*-2 位酰基化反应的 LPA 酰基转移

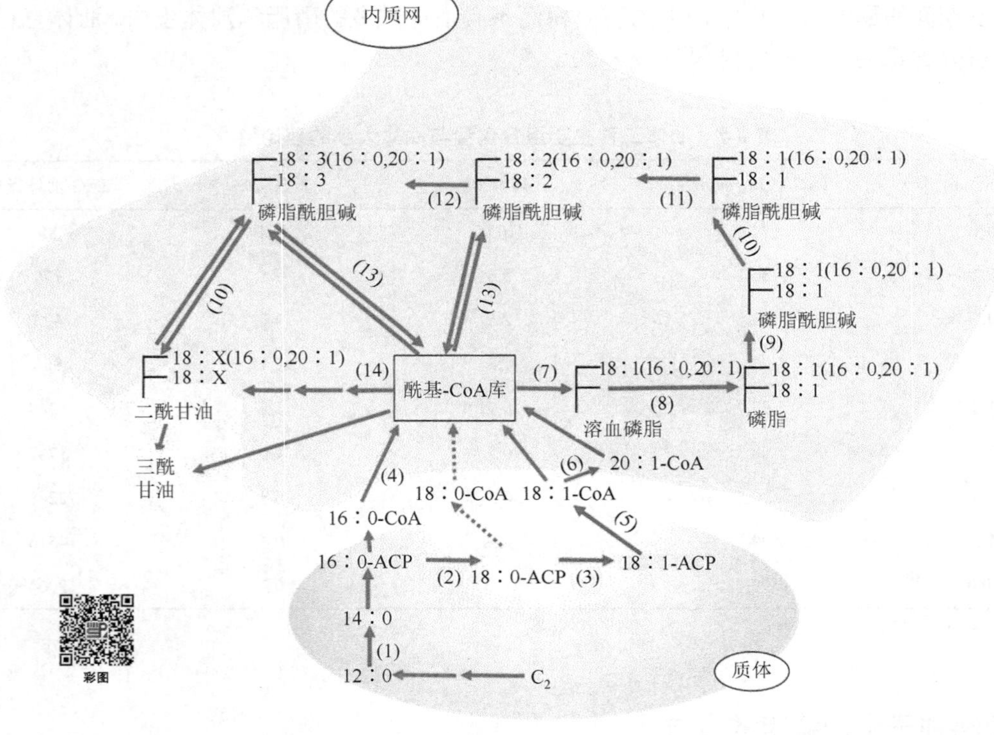

图 8-14　油料种子中三酰甘油合成反应简图

酶促反应步骤用数字标明，各步骤涉及的酶如下：（1）FAS 中的 KASⅠ和 KASⅢ；（2）FAS 中的 KASⅡ；（3）硬脂酰-ACP Δ^9-去饱和酶；（4）棕榈酰-ACP 硫酯酶；（5）油酰-ACP 硫酯酶；（6）油酸延长酶；（7）G3P：酰基-CoA 酰基转移酶；（8）LPA：酰基-CoA 酰基转移酶；（9）PA 磷酸酶；（10）CDP-胆碱：DAG 磷酸胆碱转移酶；（11）油酸去饱和酶，FAD2；（12）亚油酸去饱和酶，FAD3；（13）酰基-CoA：*sn*-1 酰基溶血磷脂酰胆碱酰基转移酶；（14）与（7）、（8）和（9）相同，但任何脂酰基都来自酰基-CoA 库

酶对 18：2-CoA 的亲和力超过 18：1-CoA，几乎完全排除 16：0-CoA 和 18：0-CoA 参与反应的可能性。此外，脂肪酸合成、去饱和反应等有关酶类的活性也影响三酰甘油的酰基组成。例如，月桂种子含有对 12：0-ACP 活性很高的硫酯酶，老品种油菜种子含有活性很高的 18：1 延长酶，所以这两种植物种子的酰基-CoA 库分别含有较多的 12：0-CoA 和 20：1-CoA，其合成的三酰甘油中也就有较多的 12：0 和 20：1 酰基组分。

（二）磷脂酰胆碱在植物贮藏脂合成中的作用

同位素标记研究表明，油料种子合成三酰甘油所需要的二酰甘油主要来自磷脂酰胆碱，Kennedy 途径只占次要地位。用[^{3}H]标记的甘油与亚麻子叶温育时，示踪原子很快出现在 DAG 中，经过很短滞后（不到 5 min）就在 PC 中积累。35～40 min 之后，放射性 TAG 才大量积累。而且[^{3}H]标记最先出现在含 18：1 的 DAG 中，然后含 18：3 的 DAG 才逐渐增多（图 8-15）。这些结果有力地支持了上面的推论。

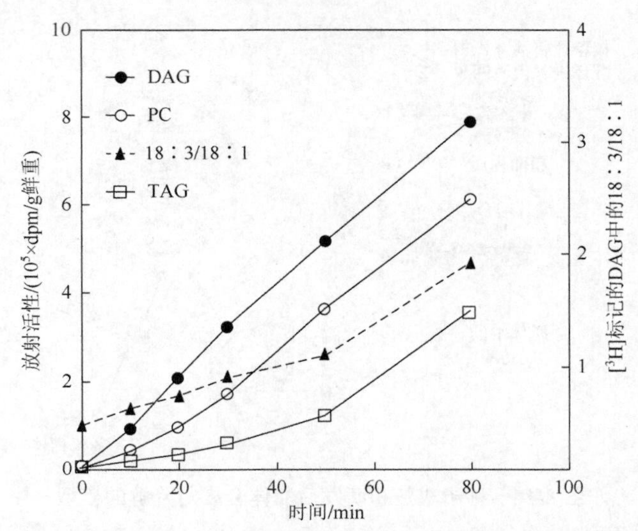

图 8-15 发育的亚麻子叶与[^{3}H]标记的甘油温育时，脂类放射活性的出现及^{3}H-标记的各种 DAG 分子中 18：3 与 18：1 的比率

对比图 8-11 和图 8-14，会发现膜脂合成与贮藏脂合成有许多反应相似并分享共同的中间代谢物，如磷脂酸、二酰甘油、磷脂酰胆碱等。因而不难理解为什么膜磷脂主要的脂酰基（棕榈酰、油酰、亚油酰、亚麻酰和硬脂酰）也是许多贮藏脂中主要的酰基组分。与此形成对照，一些稀有脂肪酸在产生它的植物种子贮藏脂中往往占全部脂肪酸的一半甚至 90%以上，但是绝不出现在膜脂中。现在认为，这些具有罕见结构的脂肪酸一旦掺入膜可能会扰乱膜的流动性，或者带来不良的化学或物理特性而破坏膜的正常功能。因此，制造这些稀有脂肪酸的植物肯定有防止它们在膜中积累的机制，从而保证了膜脂与贮藏脂脂肪酸组成的差异。

目前，对该机制的了解甚少，可能性之一就是合成膜脂的酶与合成贮藏脂的酶有不同的亚细胞定位。另外，在油料种子中，不仅合成 TAG 所需要的 DAG 主要来自 PC，而且稀有脂肪酸也是在 PC 上合成的。同时在这些制造稀有脂肪酸的油料种子内还发现能从 PC 上移去这些脂肪酸的特殊的磷脂酶及一套专化的酰基转移酶。

三、油体的代谢

（一）油体的生成

用电子显微镜和生物化学方法对成熟中的油料种子进行的研究表明，油体是内质网囊泡化的产物。油体的三种主要组分（油体蛋白、磷脂和三酰甘油）都是在内质网系统合成的。现已查明，催化 TAG 合成的 DAG：酰基-CoA *O*-酰基转移酶定位于粗面内质网中。当种子逐渐成熟时，油体蛋白基因开始表达，在粗面内质网膜上合成油体蛋白。由于油体蛋白没有可裂解的 N 端信号肽，它不能进入内质网腔。油体蛋白从核糖体上释放之后，中部形成疏水茎，在多水的胞液中不稳定，在疏水作用推动下自然地插入内质网膜中，而把亲水的和中极两性的部分留在膜外侧。与此同时，结合在内质网膜上的 DAG：酰基-CoA *O*-酰基转移酶合成大量的 TAG，疏水的 TAG 也流向内质网膜双分子层中间的疏水区并在那里积累。这样，内质网膜朝向胞液一侧的单分子层逐渐膨胀，通过出芽的方式形成油体（图 8-16）。

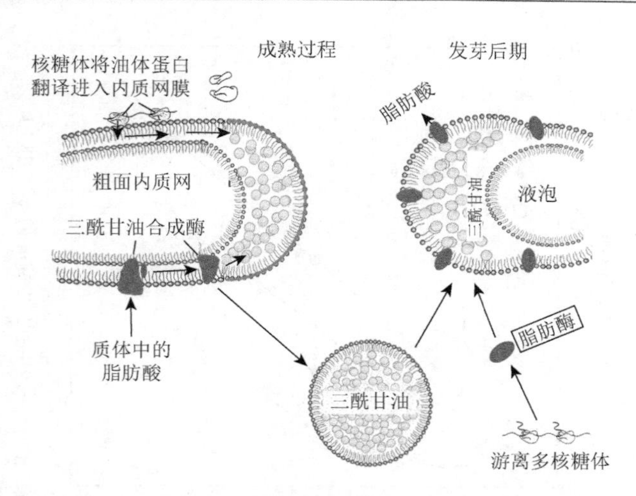

图 8-16　种子成熟和萌发后油体合成与降解的模型

（二）油体的降解

贮藏在油料种子和花粉粒中的三酰甘油作为有效的能源和碳源，在种子萌发及幼苗和花粉管生长时被动员和利用。三酰甘油首先被脂酶水解成甘油和脂肪酸，脂肪酸再活化成酰基-CoA，经β-氧化生成乙酰-CoA，即可进入三羧酸循环彻底氧化产生能量，或者经乙醛酸循环和糖异生转化为糖类。当玉米种子吸胀后，2 天即开始出现脂酶活性，5～6 天达到最高，7 天之后脂酶的 RNA 消失。这些脂酶是可溶性蛋白，合成之后自动地通过油体蛋白结合于油体表面。对多种萌发的油料种子进行的测定表明，脂酶与油体相结合；虽然在乙醛酸酶体表面发现一种脂酶，但是它的最佳底物是一酰甘油。油体特殊的构造为这些酶与底物之间提供最大接触面，使它能有效地作用于三酰甘油。对含油分别为 18%、10%和 0.5%的伊利诺伊州（Illinois）玉米进行的测定表明，萌发时它们的种子内脂酶活性与其含油量呈正相关，这表明脂酶的合成或降解与其底物可利用性或者停泊部位（如油体蛋白）的多少有关（图 8-16）。

鳄梨、油橄榄的中果皮也含有大量三酰甘油，以较大的油滴（>10 μm）分散在细胞内，而且没有油体蛋白。这些油脂在种子萌发及幼苗生长期并未被动员和利用。这一事实从另一角度暗示油体特殊的构造与三酰甘油利用之间的内在联系。

主要参考文献

胡佳，刘春林. 2017. 植物油体研究进展. 植物学报，52（5）：669-679

卢善发. 2000. 植物脂肪酸的生物合成与基因工程. 植物学通报，17（6）：481-491

仇键，谭晓风. 2005. 植物种子油体及相关蛋白研究综述. 中南林学院学报，25（4）：96-100

赵虎基，王国英. 2003. 植物乙酰辅酶 A 羧化酶的分子生物学与基因工程. 中国生物工程杂志，23（2）：12-16

Browse J.，Somerville C. R. 1991. Glycerolipid synthesis：Biochemistry and regulation. Annu. Rev. Plant physiol. Plant Mol. Biol.，42：467-506

Buchanan B. B.，Gruissem W.，Jones R. L. 2000. Biochemistry & Molecular Biology of Plant. New York：American Society of Plant Physiologists

Harwood J. L. 1988. Metabolism of fatty acid. Annu. Rev. Plant physiol. Plant Mol. Biol.，39：101-138

Huang A. H. C. 1992. Oil bodies and oleosins in seeds. Annu. Rev. Plant physiol. Plant Mol. Biol.，43：177-220

Ohlrogge J. B.，Jawoski J. G. 1997. Regulation of fatty acid synthesis. Annu. Rev. Plant Physiol. Plant Mol. Biol.，48：109-136

Shanklin J.，Cahoon E. B. 1998. Desaturation and relative modification of fatty acids. Annu. Rev. Plant Physiol. Plant Mol. Biol.，49：611-641

Somerville C. R.，Bowse J. 1987. Genetic monipulation of the fatty acid composition of plant lipids. Recent Advances in Phytochemistry，22：19-44

Vance D. E.， Vance J. E. 2002. Biochemistry of Lipids，Lipoproteins and Membranes. 4th ed. Amsterdam：Elsevier Science Publishers B.V.

（张林生）